U0197698

本书获深圳大学教材出版基金资助

数字化人机工程设计

王贤坤　主编

清华大学出版社

北　京

内 容 简 介

数字化人机工程学是一门融合人体学、工程学、环境学、社会学和IT技术(含虚拟现实技术)的相关理论、方法及研究成果，为适应数字化设计制造领域在虚拟人机环境系统下进行人机工效量化分析的迫切需要而发展起来的综合性学科。

全书共12章。第1章为数字化人机工程学概论；第2章介绍了人体特性参数(形态几何参数、物理参数、生理参数、电特性参数和振动特性参数等)；第3章介绍了人体的感知特征等；第4章介绍了人机系统作业空间、作业设施和人机界面的设计原理与原则；第5章介绍了人机环境系统的热舒适、振动舒适、光照和噪声等设计原则；第6章介绍了数字化虚拟人体模型及其建模方法；第7章介绍了数字化虚拟人运动模型建模与控制技术；第8章介绍了数字化虚拟人机工效的评价方法；第9章介绍了人机环境设计评估方法与标准规范；第10章介绍了面向数字化产品开发的数字化人机工程设计系统的基本要求、系统体系结构与工作流、系统构建策略与技术路线等；第11章介绍了载运工具汽车的概念设计(驾驶室空间设计、热舒适性设计等)，以及拖拉机的驾驶室空间设计和振动舒适性设计；第12章介绍了DELMIA软件的应用案例。

本书可以作为高等学校制造业设计制造类(机械工程、工业设计、载运工具装备设计等)专业的本科高年级、研究生的人机工程设计教材，也可供工业工程专业领域的工作者，以及从事人机环境系统研发、生产运作与管理等工作的技术人员和管理人员学习参考。

图书在版编目(CIP)数据

数字化人机工程设计 / 王贤坤主编. —北京：清华大学出版社，2022.1

ISBN 978-7-302-58389-9

Ⅰ.①数… Ⅱ.①王… Ⅲ.①人－机系统－设计 Ⅳ.①TB18

中国版本图书馆CIP数据核字(2021)第117383号

责任编辑：王　定

封面设计：周晓亮

版式设计：思创景点

责任校对：马遥遥

责任印制：曹婉颖

出版发行：清华大学出版社

网　　址：http://www.tup.com.cn，http://www.wqbook.com

地　　址：北京清华大学学研大厦A座　　邮　　编：100084

社 总 机：010-62770175　　邮　　购：010-62786544

投稿与读者服务：010-62776969，c-service@tup.tsinghua.edu.cn

质 量 反 馈：010-62772015，zhiliang@tup.tsinghua.edu.cn

印 装 者：北京同文印刷有限责任公司

经　　销：全国新华书店

开　　本：185mm×260mm　　印　　张：26.25　　字　　数：672千字

版　　次：2022年2月第1版　　印　　次：2022年2月第1次印刷

定　　价：98.00元

产品编号：076517-01

前　言

人机工程学科源于欧洲，形成并发展于美国，经历了经验人机工程学、科学人机工程学、现代人机工程学阶段。随着数字化技术以计算机、通信网络为载体在人类活动(生活、工作和休闲娱乐)各领域广泛而深入的应用，人类进入数字化经济时代。人机工程学科作为既研究人类自身特点，又研究人类与人造的器物(机)及其环境三者之间关系的学科，也已进入现代人机工程学新发展阶段(也有学者称之为数字化人机工程学、数字工效学、先进人机工程学或虚拟人机工程学阶段)，其设计理论、方法与技术手段也从经验方法、定性分析法、定量与定性相结合的设计方法(如实测法、主观评价法、实验法等)，发展到现在的数字化方法(一种基于全数字化人机环境系统模型的方法)，并向智能化方向发展。与此同时，对应的人机工程设计技术也发展成一门融合人体学、工程学、环境学、社会学和 IT 技术(含虚拟现实技术)的相关理论、方法及其成果的综合性技术，即数字化人机工程设计技术，也有学者称之为计算机辅助人机工程设计技术(computer aided ergonomics design technology，CAEDT)等。它是为适应一切数字化设计制造领域在虚拟人机环境系统下进行人机工效量化分析的迫切需要而发展起来的综合性技术。与传统的人机工程设计技术相比，其最大特点是将人机环境系统中的真人(或实物仿真人)用数字化虚拟人替代，并相应地发展和应用数字化的工效评估方法，从而实现人机环境系统的数字化设计中各环节的人机工效设计与评估，提高设计制造主体在产品、时间、质量、成本、服务和环保指标上的市场竞争力。

进一步来说，数字化人机工程学涵盖了以下内容：

(1) 应用人体测量学、人体生物力学、劳动生理学、劳动心理学等学科的数字化研究方法与技术，对人体形态结构特征、人体组织材料特性、生理与心理的机能特征等信息进行数字化研究与开发应用，为人机环境系统数字化设计提供数字化人体形态几何特征参数、生物力学参数、热物理特性参数、电特性、人的感知特性、人的反应特性，以及人在劳动活动中的心理特征和生理机能极限等数字化信息；

(2) 基于数字化方法建立人机环境系统的数字化人体模型，并对其仿真分析；

(3) 基于传统非数字化的、有效的人机工效评估方法的数字化改造研究，开发出对应的计算机软件工具；

(4) 基于人机环境系统的设计原则、标准规范，预测与评估虚拟人在使用所设计的器物或在劳动活动时的生理变化、能量消耗、疲劳与恢复，以及虚拟人对各种劳动负荷的适应性等。

本书介绍了人机工程设计的一般原理、方法、标准数据、设计原则等，并着重介绍了人机环境系统的数字化设计与评估方法，包括人体的数字化模型及其建模方法、人机系统工效评估分析数字化方法及工具和数字化人体模型的应用实例；概括介绍了国内外先进、主流的人机工程数字化设计系统平台；详细介绍了 DELMIA 软件在人机工程设计中的应用操作技能，并提供了应用实践案例(数字模型构建、仿真、评估)。通过本书，读者不但可以学习数字化人机工程设计的理论知识，而且还能掌握国内外先进的人机工程设计软件工具的应用技能。

全书共 12 章。第 1 章为数字化人机工程学概论；第 2 章介绍了人体特性参数(形态几何参数、物理参数、生理参数、电特性参数和振动特性参数等)；第 3 章介绍了人体的感知特征等；第 4 章介绍了人机系统作业空间、作业设施和人机界面的设计原理与原则；第 5 章介绍了人机环境系统的热舒适、振动舒适、光照和噪声等设计原则；第 6 章介绍了数字化虚拟人体模型及其建模方法；第 7 章介绍了数字化虚拟人运动模型建模与控制技术；第 8 章介绍了数字化虚拟人机工效的评价方法；第 9 章介绍了人机环境设计评估方法与标准规范；第 10 章介绍了面向数字化产品开发的数字化人机工程设计系统的基本要求、系统体系结构与工作流、系统构建策略与技术路线等；第 11 章介绍了载运工具汽车的概念设计(驾驶室空间设计、热舒适性设计等)，以及拖拉机的驾驶室空间设计和振动舒适性设计；第 12 章介绍了 DELMIA 软件的应用案例。

在编写本书的过程中，笔者在内容上力求系统性、先进性、实用性；在表述上力图通俗易懂、循序渐进；在人机工程数字化设计软件平台的选择上，着重考虑其先进性、成熟性和领域应用的广泛性，以满足不同读者的需求。

本书可以作为高等学校制造业设计制造类(机械工程、工业设计、载运工具装备设计等)专业的本科高年级、研究生的人机工程设计教材，也可供工业工程专业领域的工作者，以及从事人机环境系统研发、生产运作与管理等工作的技术人员和管理人员学习参考。

在编写本书的过程中，借鉴了国内外许多专家、学者的观点，参考并引用了许多相关教材、专著、网络资料，在此向有关作者一并表示崇高的敬意和衷心的感谢。本书得到深圳大学教材出版基金资助，谨此表示衷心感谢。

本书免费提供教学课件、案例设计素材，读者可扫二维码获取。

教学课件

案例设计素材

虽然笔者力求本书具有科学性、系统性和实用性，但由于数字化人机工程设计技术发展很快，再加上编者水平有限，因而书中难免有疏漏甚至错误之处，敬请各位专家、读者批评指正。

王贤坤

2021 年 8 月于深圳

目　录

第 1 章　数字化人机工程学概论

经过 80 多年的发展，人机工程学已成为现代科学领域中一门重要的学科。本章主要介绍人机工程学的基本内涵、研究内容、研究方法、发展历程，以及实现人机工程数字化设计的关键技术和数字化人机工程发展概况。

【学习目标】

1. 理解人机工程学的基本内涵。
2. 了解人机工程学的主要研究内容与研究方法。
3. 了解人机工程学的发展历程。
4. 了解数字化虚拟人的概念、数字化人机工程学的特点与关键技术。
5. 了解国内外数字化人机工程学的发展概况。

1.1　人机工程学的基本内涵

人机工程学是以人的生理、心理特征为依据，运用系统工程的观点，分析、研究人与机、人与环境以及机与环境之间的相互作用，并为设计操作简便省力、安全舒适、人机环境的配合达到最佳状态的工程系统提供理论和方法的学科。人机工程学是一门技术应用学科，旨在研究如何使设备、职业和工作场所等与使用它们的人相适应，通过将工作条件与人的生理、心理状况相适应而使人、机械、环境体系达到较完善的地步。

1.1.1　人机工程学的命名与定义

1. 人机工程学的命名

由于人机工程学研究和应用的范围极其广泛，它所涉及的各学科、各领域的专家、学者都试图从自身的研究与应用的角度来给该学科命名和定义，因而世界各国对该学科的命名不尽相同，即使同一个国家的学者对该学科名称的提法也不统一，甚至有很大差别。例如，在起源地西欧国家，多将该学科称为人类工效学(ergonomics)，在美国则称为人类工程学(human engineering)或人的因素工程学(human factors engineering)，而其他国家大多引用西欧国家对该学科的命名。

ergonomics 一词是由希腊词根 ergon(工作、劳动)和 nomos(规律、规则)复合而成，其本义为人的劳动规律。由于该词能够较全面地反映该学科的本质，又因为该词源自希腊文，便于各国语言翻译上的统一，而且该词词义保持中立性，因此目前有较多的国家采用 ergonomics 作为该学科的名称。

目前，该学科在国内的名称尚未统一，除普遍采用人机工程学外，常见的名称还有人-机-环境系统工程学、人体工程学、人类工效学、人类工程学、工程心理学、宜人学、人的因素和安全人机工程学等。名称不同，其研究与应用的侧重点略有差别。

2. 人机工程学的定义

与对该学科的命名一样，各学者对该学科所下的定义也不统一，并且随着该学科的发展，其定义也在不断发生变化。

美国人机工程学专家伍德(C. C. Wood)对人机工程学所下的定义为："设备设计必须适合人的各方面因素，以便在操作上付出最小的代价而求得最高的效率。"伍德森(W. B. Woodson)则认为："人机工程学研究的是人与机械相互关系的合理方案，也对人的知觉显示、操作控制，以及人机系统的设计、布置、与作业系统的组合等进行有效的研究，其目的在于获得最高的效率及作业时感到安全和舒适。"

2000年，国际工效学协会(IEA)重新对人类工效学做出定义：它是一门研究各种系统中人与其他元素相互作用的科学，是一种运用理论、原则、数据和方法进行系统设计的专业，以便使系统有利于人的健康和系统的全部性能得到优化。从该定义可以看出，人类工效学致力于对任务、工作、产品、环境和系统进行设计与评估，以便与人的需求、能力和局限性相互适应。这个新的定义在阐明该学科的研究对象、学科性质和目标的同时，指明了人类工效学对社会实践的指导作用。运用该学科的理论与方法，不仅可以提高工作效率，增进生产、商业或机关部门的生产效率，而且还可以使人们在工作环境中感到安全和舒适。

本书采用人机工程学的命名。从上述该学科的命名和定义来看，尽管学科名称多样、定义各异，但是该学科在研究对象、研究方法、理论体系等方面并不存在根本上的区别，这正是人机工程学作为一门独立的学科存在的理由，同时也充分体现了学科边界模糊、学科内容综合性强和涉及面广等特点。

1.1.2　人机工程学的理论体系

人机工程学的根本目的是通过揭示人、机、环境三要素之间相互关系的规律，从而达到人机环境系统总体性能的最优化。从其研究的目的来看，充分体现了该学科是人体科学、工程技术科学和环境科学的有机融合。人体科学包括人体测量学、人体解剖学、劳动生理学、人体力学和劳动心理学等；工程技术科学包括工业/工程设计、工业工程、安全工程、系统工程及管理工程等。人机工程学理论基于系统论、模型论和优化论，建立了该学科的两个重要的核心思想：一是以人为中心的设计理念；二是以人为本的管理思想。

1.2　人机工程学的研究内容与研究方法

人机工程学包括理论和应用研究两个方面，在加强人机工程学的理论基础与应用基础研究的基础上，当今研究的总趋势更侧重于结合各领域的应用研究方面。人机工程学的主要研究范围包括：人的因素，如人体的形态参数测量、生理与心理特性、劳动能力(机能)限度；人、机、环境三者彼此间的相互作用机制及彼此交互界面要素的设计与布局；作业空间、环境的设计与优化改善等。

人机工程学的研究广泛采用了人体科学、生物科学和工程技术科学等相关学科的研究方法及手段，也吸收了系统工程、控制理论、统计学等学科的一些研究方法，而且该学科在从诞生到现在的发展过程中也建立了一些自己独特的新方法。

1.2.1　人机工程学的研究内容

1. 根据IEA资料分类

人机工程学的研究内容和应用范围极其广泛，根据IEA在2000年发布的资料，可将人机工程学的研究范畴分为以下三大方面。

(1) 物理人机工程(physical ergonomics)，主要研究人体解剖、人体测量、生理和生物力学等与人体活动相关的特征。相关课题包括工作姿势、物资搬运、重复运动、肌肉骨骼疾病、工作空间布局、安全和健康等方面的研究。

(2) 认知人机工程(cognitive ergonomics)，主要研究心理过程(如知觉、记忆、推理和运动反应等)对系统中人与其他因素交互作用的影响。相关课题包括脑力负荷、决策技术效能、人机交互、人的可靠性、工作压力以及培训等与人机系统设计有关的研究。

(3) 组织人机工程(organizational ergonomics)，主要研究如何优化社会技术系统，包括组织结构、政策和过程。相关课题包括参与式设计、团队工效、组织文化、虚拟组织、沟通与协作、任务设计、新工作范式、工作时间设计、远程工作、质量管理和资源管理等方面的研究。

2. 从人机环境系统角度分类

从人机环境系统角度出发，人机工程学的研究内容可以细化为如下几个方面。

(1) 人体特性的研究。综合应用三大研究手段(理论研究、实验研究和数字化模拟仿真)进行人体的形态测量参数、生理与心理特性、劳动能力限度等研究，以及舒适、安全和极限标准与规范研究。

(2) 机器特性的研究。综合应用三大研究手段(理论研究、实验研究和数字化模拟仿真)揭示已有产品的功能、动静态性能和固有特性，并与时俱进地加以改进；创造新产品，并赋予新功能与性能等。

(3) 环境特性的研究。综合应用三大研究手段(理论研究、实验研究和数字化模拟仿真)揭示已有人机所处环境(物理构型描述，如路面、各种矢量场的变化规律、冷热交换、噪声、振动和空气)的功能、动静态性能和固有特性。

(4) 人、机关系的研究。

(5) 人、环境关系的研究。

(6) 机、环境关系的研究。

(7) 人机环境系统性能的研究。

3. 从设计制造/施工设计角度分类

对设计制造/施工设计人员来说，人机工程学研究的主要内容可概括为以下几个方面。

(1) 人体特性的研究。人体特性包括人体形态特征参数、人的感知特性、人的反应特性以及人在劳动中的心理特征等。研究的目的是使机械设备、工具、作业场所、各种用具和用品的设计与人的生理、心理特性相适应，为使用者创造安全、舒适、健康、高效的工作条件。

(2) 作业场所和信息传递装置、设施的设计。作业场所设计的合理性将对人的工作效率产生直接的影响。作业场所设计一般包括工作空间设计、座位设计、工作台或操纵台设计以及作业场所的总体布置等。这些设计都需要应用人体测量学和生物物理特性(如生物力学、热力学、电特性)等领域的知识和数据。研究作业场所设计的目的是保证作业场所适合人体的特点，使人以无害于健康的姿势从事劳动，既能高效地完成工作，又感到舒适，并且不会过早产生疲劳。

人与机械、环境之间的信息交流分为两个方面：一是机器的显示器向人传递信息；二是机器的控制器接收人发出的信息。显示器设计包括视觉显示器、听觉显示器及触觉显示器等各种类型显示器的设计，同时还要研究显示器的布置和组合等问题。控制器设计则要研究各种操纵装置的形状、大小、位置以及作用力等与人体解剖学、生物力学和心理学有关的问题，在设计过程中，还需考虑人的定向思维和习惯动作等。

(3) 环境控制与安全保护设计。从广义上说，人机工程学所研究的效率，不仅指所从事的工作在短期内有效地完成，而且指在长期内不存在对健康有害的影响，并使事故的危险性减小到最低限度。从环境控制方面应保证照明、温湿度、噪声、振动以及各种辐射等作业环境条件满足操作者的要求，保护操作者免遭因作业而引起的病痛、疾患、伤害或伤亡也是设计者的基本任务。因而在设计阶段，安全防护措施与装置就应视为机与环境的一部分。此外，还应考虑操作者在使用前的安全培训，研究操作者在使用中的个体防护等。

(4) 人机系统的总体设计。人机系统工作效能的高低首先取决于它的总体设计，也就是要在整体上使机与人体相适应。人机配合成功的基本原因是两者都有自己的特点，在系统中可以互补彼此的不足，如机器功率大、速度快、不会疲劳等，而人具有智慧、多方面的才能和很强的适应能力。如果能够在分工中取长补短，则两者的结合就会卓有成效。显然，系统基本设计问题是人与机械之间的分工以及人与机械之间如何有效地交流信息等问题。

1.2.2 人机工程学的研究方法

在人机工程学发展的过程中，人们已研究并发展了多种独特的研究方法，以探讨人、机、环境之间的复杂关系问题。这些方法包括以下几种。

1. 传统研究方法

(1) 观察分析法。为了研究系统中人和机的工作状态，常采用各种各样的观察方法，如工人操作动作分析、机械功能分析和工艺流程分析等大都采用观察法。目前，常采用的观察分析法有瞬间操作分析法、知觉与运动信息分析法、动作负荷分析法、频率分析法、危象分析法、相关分析法等。

荷兰 NOLDUS 公司的行为观察分析系统是研究人类行为的标准工具。该系统可用来记录、分析被研究对象的动作、姿势、运动、位置、表情、情绪、社会交往、人机交互等各种活动。同时，该系统可以记录被研究对象各种行为发生的时刻、发生的次数和持续的时间，然后进行统计处理，得到分析报告，可用于心理学、人因工程、产品可用性测试、人机交互等领域的实验研究。

(2) 实测法。实测法是一种借助仪器设备进行实际测量的方法。例如，对人体静态与动态参数的测量，对人体生理参数的测量，对系统参数、作业环境参数的测量等。

(3) 实验法。实验法是当实测法受到限制时采用的一种研究方法，一般在实验室或作业现场进行。例如，为了获得人对各种不同显示仪表的认读速度和差错率的数据，一般在实验室进行实验；如果需要了解色彩环境对人的心理、生理和工作效率的影响，由于需要进行长时间和多人次的观测，为获得比较真实的数据，通常是在作业现场进行实验。

(4) 模拟方法和模型试验法。由于机械系统一般比较复杂，因而在进行人机系统研究时常采用模拟的方法。模拟方法包括各种技术和装置的模拟，如操作训练模拟器、机械模型以及各种人体模型等。采用模拟方法可以对某些操作系统进行逼真的试验，可以得到由实验室研究外推所需的更符合实际的数据。因为模拟器或模型通常比它所模拟的真实系统价格便宜得多，而且可以进行符合实际的研究，所以得到较多的应用。

2. 数字化方法

(1) 计算机数字模拟仿真法。人机工程学常用的传统研究方法有实测法、实验法、测试法、询问法、观察法、实物模型模拟试验法和分析法等，其中，实物模型模拟试验法是运用各种技术和装置进行模拟，对某些操作系统进行逼真的试验，可得到更符合实际的数据的一种方法，在进行人机系统研究时常常采用这种方法，如控制台、驾驶室的设计和宇航员飞行前的模拟训练等。

由于人机系统中的操作者是具有主观意志的生命体，用传统的物理模拟和模型方法研究人机系统往往不能完全反映系统中生命体的特征，其结果与实际相比必有一定的误差。另外，现代人机系统越来越复杂，采用物理模拟和模型方法研究复杂人机系统不仅成本高、周期长，而且模拟和模型装置一经定型，就很难做修改、变动，有些试验具有很大的危险性。因此，一些更为理想而有效的方法逐渐被研究、创建并得以推广，其中的计算机数字模拟仿真法已成为人机工程学研究的一种现代方法。

数字模拟仿真是在计算机上利用系统的数学模型进行仿真性实验研究，研究者可对尚处于设计阶段的未来系统进行仿真，对系统中的人、机、环境三要素的功能、特点及其相互间的协调性进行分析，从而预知所设计产品的性能，并进行改进。应用数值仿真研究能大大缩短设计周期，并降低设计成本。

(2) 基于虚拟现实技术的计算机数字模拟仿真法。基于虚拟现实技术的计算机数字模拟仿真法是数字化方法的高级发展。虚拟现实 (virtual reality，VR)技术近年来发展迅速，它是利用计算机和其他专用硬件与软件产生另一种境界的仿真，可以仿真各种环境，参与者直观、自然地与仿真的内容实现交互。

虚拟现实技术充分利用计算机和多媒体高度发展的成果，使人机交互自然、轻松、快捷。对于人机工程学，采用虚拟现实技术极具意义。因为人机工程学要使产品设计适应人的生理、心理特征，必然要不断地获得人的身体参数并用它们去设计产品。虚拟现实技术提供自然交互方法，使上述过程变得自然、直观、简单、舒适，产品模型也容易修改。尤其当产品投入生产前，通过虚拟现实技术先让用户“感受”一番，可及时改进产品，避免不合格产品生产出来造成浪费。

国外虚拟现实技术在人机工程学上的典型应用有美国国家航空航天局(NASA)在虚拟环境中人的性能、可达性应用研究和人体工作负荷评定，在虚拟环境中使用虚拟菜单和虚拟操作工具的研究，在虚拟环境中模拟失重人的空间认知能力和方位感的研究。在航空方面，虚拟现实技术被用于空中客车的虚拟装配及客舱界面的舒适性设计。曼彻斯特大学心理学系对驾驶技术高超的司机分别在虚拟环境和真实环境中表现的状态进行了研究。

数字化方法是基于前人采用大量试验方法(含实物模型法)所得成果发展起来的。使用数字化的人机环境建模、模拟仿真与评价方法，评价效率高并且更为准确，评价过程由计算机完成，比人工评价节约大量的人力，操作动作完成之后就能得出准确的评价结果。此外，应用人机工程的数字化评估方法，能够为特殊员工提供更多满足他们特殊需求的工作岗位，增强生产的柔性。随着虚拟现实技术、增强现实技术的不断发展和应用，基于虚拟现实技术、增强现实技术的数字化人机评价方法也已得到应用，这是数字化人机工效设计评估方法的新发展。

1.3 人机工程学的发展历程

人机工程学素有起源于欧洲，形成和发展于美国之说。该学科的起源可以追溯到 20 世纪初期，作为一门独立的学科，在其形成与发展过程中大致经历了以下几个阶段。

1.3.1 经验人机工程学

19世纪末至20世纪初，英国学者泰勒(Frederick W. Taylor)在传统管理方法的基础上，基于著名的“搬运生铁块实验”和“铁锹实验”首创了新的管理方法和理论，提出了一整套以提高工作效率为目的的操作方法，考虑了人使用的机器、工具、材料及作业环境的标准化问题，由此实现劳动方法标准化，他把工人多年积累起来的知识和技艺进行收集、记录、整理，加以研究，总结出规律、规则，并对工人的劳动操作与劳动时间进行实验和研究，用科学的作业方法代替过去凭每个工人的经验进行作业的方法。

随着生产规模的扩大和科学技术的进步，科学管理的内容不断丰富，其中动作时间研究、工作流程与工作方法分析、工具设计、装备布置等，都涉及人和机械、人和环境的关系问题，而且都与如何提高人的工作效率有关，其中有些原则至今仍对人机工程学研究有一定意义。因此，人们认为他的科学管理方法和理论为开展科学的人机工程学研究奠定了基础。

从泰勒的科学管理方法和理论的形成到第二次世界大战之前，称为经验人机工程学的发展阶段。这一阶段的主要研究内容是：研究每一个职业的要求；利用测试来选择工人和安排工作；规划利用人力的最好方法；制订培训方案，使人力得到最有效的发挥；研究最优良的工作条件；研究最好的管理组织形式；研究工作动机，促进工人和管理者的通力合作。

在经验人机工程学发展阶段，研究者大多是心理学家，其中突出的代表是美国哈佛大学的心理学教授闵斯特伯格(H. Minsterberg)，其代表作是《心理学与工业效率》。他提出了心理学对人在工作中的适应与提高效率的重要性。闵斯特伯格把心理学研究工作与泰勒的科学管理方法联系起来，对选择、培训人员与改善工作条件、减轻疲劳等问题做过大量的实验。由于当时该学科的研究偏重心理学方面，因而在这一阶段大多称该学科为应用实验心理学。该学科在这一阶段发展的主要特点是：机械设计的主要着眼点在于力学、电学、热力学等工程技术方面，在人机关系上以选择和培训操作者为主，使人适应机械。

在这一阶段，人们所从事的劳动在复杂程度和负荷量上都有了很大变化，因而改良工具、改善劳动条件和提高劳动效率成为最迫切的问题，促使经验人机工程学进入科学人机工程学阶段。

1.3.2 科学人机工程学

科学人机工程学是人机工程学发展的第二阶段(20世纪30年代末至50年代末)，形成于第二次世界大战期间。在这个阶段，由于战争的需要，许多国家大力发展效能高、威力大的新式武器和装备。但由于片面注重新式武器和装备的功能研究，而忽视了其中人与机相互不适应导致操作失误而引发事故的教训屡见不鲜。例如，由于战斗机中座舱及仪表位置设计不当，造成飞行员误读仪表和误操作而发生意外事故；由于操作复杂、不灵活和不符合人的生理尺寸而造成武器在战斗中命中率低等现象经常发生。通过分析研究，设计者逐步认识到在人和武器的关系中，主要的限制因素不是武器而是人，并深深感到“人的因素”在设计中是不能忽视的一个重要条件；同时还认识到，要设计一个高效能的装备，只有工程技术知识是不够的，还必须有人体的生理学、心理学、人体测量学、生物力学等学科的知识。因此，在第二次世界大战期间，首先在军事领域开展了与设计相关学科的综合研究与应用。例如，为了使所设计的武器能够符合士兵的生理特点，武器设计工程师不得不请解剖学家、生理学家和心理学家为设计操作合理的武器出谋献策，结果收到了良好的效果。军事领域中对“人的因素”的研究和应用，使人机工程学的研究进入科学的发展阶段，形成了科学人机工程学科。

20 世纪 50 年代末，在科学人机工程学发展的后期，由于战争的结束，该学科的综合研究与应用逐渐从军事领域向民用领域发展，并逐步应用军事领域中的研究成果来解决工业与工程设计中的问题，如将研究成果应用于飞机、汽车、机械设备、建筑设施以及生活用品等。该学科的研究课题已超出了心理学的研究范畴，许多生理学家、工程技术专家投身到该学科中来共同研究，从而使该学科的名称也有所变化，大多称其为“工程心理学”。人机工程学学科在这一阶段的发展特点是重视工业与工程设计中“人的因素”，力求使机器适应于人。

1.3.3　现代人机工程学

20 世纪 60 年代，欧美各国进入工业化、大规模生产的经济发展时期。与此同时，随着科学技术的不断进步，人类的活动空间也拓展到深空、深海等航空航天与深海环境，由此也拓展了人机工程学的研究领域。例如，在宇航技术的研究中，提出人在失重情况下如何操作设备、人在超重情况下的感觉如何等新问题。又如原子能的利用、电子计算机的应用以及各种自动装置的广泛使用，使人、机关系更趋复杂。同时，在科学领域中，由于控制论、信息论、系统论和人体科学等学科中新理论的建立，在该学科中应用“新三论”来进行人机系统的研究便应运而生。所有这一切，不仅给人机工程学提供了新的理论和新的实验场所，也给该学科的研究提出了新的要求和新的课题，从而促使人机工程学进入了系统的研究阶段。20 世纪 60 年代至 90 年代中期，可以称为现代人机工程学发展阶段。

随着人机工程学所涉及的研究和应用领域的不断扩大，从事该学科研究的专家所涉及的专业和学科也就越来越多，主要有解剖学、生理学、心理学、工业卫生学、工业与工程设计、工作研究、建筑与照明工程等专业领域。IEA 指出，现代人机工程学有以下 3 个特点。

(1) 不同于传统人机工程学研究中着眼于选择和训练特定的人，使之适应工作要求，现代人机工程学着眼于机械装备的设计，使机械的操作不超出人的能力界限。强调机适应人，以人为中心的设计理念。

(2) 密切与实际应用相结合，通过严密计划设定的广泛实验性研究，尽可能利用所掌握的基本原理，进行具体的机械装备设计。

(3) 力求使实验心理学、生理学、功能解剖学等学科的专家与物理学、数学、工程学等方面的研究人员共同努力、密切合作。

现代人机工程学研究的方向是：把人、机、环境系统作为一个统一的整体来研究，以创造最适合人操作的机械设备和作业环境，使人、机、环境系统相协调，从而获得系统的最佳综合效能。

由于人机工程学的迅速发展及其在各领域中的作用越来越显著，从而引起各学科专家、学者的关注。1961 年，国际人类工效学学会正式成立，该学术组织为推动各国人机工程学的发展发挥了重大的作用。人机工程学学科在我国起步虽晚，但发展迅速，我国于 1989 年正式成立了中国人类工效学学会(CES)，并于 2009 年 8 月在北京召开了第 17 届国际人类工效学学术会议。

1.3.4　数字化人机工程学

20 世纪 60 年代至今，随着 IT 及相关技术(计算机技术、微电子技术、传感器技术、互联网技术、虚拟现实技术和人工智能技术等)的迅速发展与广泛应用，人类已进入数字化时代，几乎一切设计领域均朝着数字化设计方向发展。人机工程学作为一门综合性技术学科，在涉及人的一切设计领域中起到越来越重要的作用，但如果还主要用传统的人机工效设计分析与评估方法(基于真人或实物仿真假人、实物样机、现实环境系统的人机工效设计分析与评估方法，如观察法、实测法、实验法和调查研究法等)，其缺点(事后评价、研制周期长、研发成本高，甚至危险性极大)所产生的"木桶效应"就会极大地阻碍数字化设计技术整体的发展步伐。为此，学术界、科技界、产业界在推进数字化人机工程设计技术发展过程中做出了不懈的努力和巨大贡献。20 世纪 90 年代中期，美国波音公司的 777 和 787 飞机的全数字化设计成功(其全数字化的产品模型即量产的产品模型，达到虚拟产品虚拟销售、定制生产水平)，是人机工程设计进入数字化设计阶段的标志性成果和事件。

21 世纪以来，已有许多国内专家、学者提出了"人机工程计算机仿真""数字化人机工程""虚拟人机工程""数字化工效学""先进人机工程"和"计算机辅助人机工程"等概念，其核心思想是用数字化虚拟人来替代真人和实物仿真假人，并基于此发展相应数字化人机系统仿真、评估方法及工具系统。

1.4　数字化人机工程设计的实现

在现代产品数字化开发的全周期中，一般会涉及多个方面的人机工效设计问题，为了克服前述的"木桶效应"，需要大力研发与应用数字化人机工程设计技术，使得人机系统总体设计的合理性，作业的舒适性、可见性，操纵系统的可达性和操纵的适宜性等的仿真分析、环境设计与人机工效评估等工作得到计算机的有效辅助支持。为此，需要研究并发展数字化人机工程设计的关键技术，本节主要介绍数字化产品设计、产品数字化制造工厂、数字化人机工程学，以及基于数字化人机工程学发展的数字化人机工程设计的关键技术。

1.4.1　数字化产品开发技术概述

1. 数字化产品设计技术

数字化产品设计技术的特点是用数字形式虚拟地创造产品，并在制造实物样机之前对产品的外形、部件组合和功能、性能进行仿真分析与评估，快速地完成新产品开发。由于数字化产品开发环境中的产品实际上只是一种数字模型，因此可以随时随地对其进行观察、分析、修改、通信及更新版本，这样使新产品开发所涉及的方方面面(包括考虑人体因素的产品设计、分析、可制造性、可维护性分析等各环节的人机工效性设计与评估等)都能相互协同与并行进行。因而，可以减少大量不必要的等待时间，减少或避免传统产品开发过程中因为需要制作实物原型而投入的时间和费用，同时还能在设计过程中通过模拟仿真分析及早地发现和解决问题。

在数字化产品设计技术的组织与实施形式上，数字化产品开发平台是一个从产品订单处理、产品概念样机(方案设计)、产品虚拟物理样机设计、产品性能仿真分析与优化、产品虚拟制造与测试、产品的虚拟展示与电子交易、虚拟运维等到产品的虚拟报废与回收的全生命周期过程及数据管理平台，具有网络化、集成化、并行化、智能化、沉浸式、想象和交互等特性。通过这样的平台，可组建虚拟的产品开发小组，将设计师和制造工程师、分析专家、支持人员、供应厂商及顾客联成一体，不管他们身处何地，都可实现异地协同工作。

2. 产品数字化制造工厂

产品数字化制造工厂是一个集成化的产品制造运行环境的虚拟仿真，是数字化产品虚拟制造的重要组成部分，它将制造企业信息管理系统与产品虚拟制造的各种应用系统结合在一起，形成集成化、并行、网络化的运行环境，在产品设计阶段就定义了制造什么、采用什么制造工艺、在哪里制造以及所需的制造资源等问题。产品数字化制造工厂不仅关注产品的物质生产过程，还重视工人在生产中的作用，重视制造场地的空间布局与优化，旨在设计一个安全、以人为本的工作场所、产品和生产工艺流程。西门子公司的 UGS Tecnomatix、法国达索公司的 DELMIA 和 PTC 公司的 e-plant 等是目前主流的数字化制造的解决方案，包括工厂设计、工人操作、加工和装配过程、质量管理和资源管理的集成化仿真软件环境。

综上所述，采用数字化产品开发技术的数字化人机工效设计的一个重要特征是在数字化虚拟环境下完成人使用产品、人在产品各制造工艺环节的工作动作设计与人机工效(静态甚至动态的人机工效性)仿真分析及评估等。产品设计者用数字化虚拟人替代真实人参与产品使用、维护和生产过程活动的仿真，应该了解用户在使用所开发的产品时是否安全、方便、高效和舒适。产品制造和运维工艺过程的设计者应该了解操作者在操作机器、拆装或搬运物料时的安全性、疲劳程度和效率等。

波音 777 是世界第一款完全以 3D 全数字化技术开发的民用飞机，波音 777 整个设计工序中完全没有采用传统绘图方式，而是事先“建造”一架虚拟的 777，便于工程师及早发现任何误差，以确保成千上万的零件在被制成昂贵的实物原型前，也能清楚计算安放的位置是否稳妥，并节省了开发时间和成本。建造原型机的时候，各种主要部件一次性成功对接。波音公司在设计波音 777 飞机的过程中，采用数字化产品开发技术，减少了设计更改的需要，对比以往的飞机设计，公司减少了 94%的花费，减少了 93%的设计更改，而且使模具的设计精度提高了 10 倍，从而使费用大大降低，同时制造周期缩短了 50%。波音 777 整个开发周期只有 4 年多时间，而开发波音 787 只用了 2 年多时间。

福特公司采用数字化产品开发技术后，其产品周期从原来的 48 个月缩短为 24 个月。

实践表明，应用数字化产品开发技术可以提高设计制造/施工企业在产品/项目、时间、质量、成本、服务和环保指标上的市场竞争优势。

3. 数字化人机工程学

数字化人机工程学是应用人体测量学、人体生物力学、劳动生理学、劳动心理学等学科知识的数字化方法与技术，对人体形态结构特征、生理与心理的机能特征信息进行数字化研究与开发应用，为人机环境系统数字化设计提供数字化人体形态几何特征参数、生物力学参数、热生/物理特性参数、人的感知特性、人的反应特性，以及人在劳动活动中的心理特征和生理机能极限等；基于数字化方法建立人机环境系统的数字化模型，并对其仿真分析；基于人机环境系统的设计原则、标准规范，预测与评估虚拟人在使用所设计的器物或在劳动活动时的生理变化、能量消耗、疲劳与恢复，以及虚拟人对各种劳动负荷的适应性等。

为了适应数字化产品开发的需要，基于人机工程学原理的人机工程设计技术需要融合人体学、工程学、环境学、社会学和 IT 技术的相关理论、方法及成果，进而发展成一门综合性技术，即数字化人机工程设计技术。

进一步来说，数字化人机工程设计就是运用基于数字化人机工程学的原则、理论与数据发展的计算机辅助人机工程 CAEx 技术和工程领域的各种 CAx/DFx 技术，对产品或系统中人机交互的输出、输入部分进行统筹考虑与设计，以达到系统整体优化目标的过程。

1.4.2　实现数字化人机工程设计的关键技术

实践表明，要实现数字化人机工程设计技术的数字化人机工程设计需要解决如下几个关键技术问题。

1. 面向数字化产品开发各环节的数字化虚拟人体模型的构建技术

人体特性参数是人机工程数字化设计不可或缺的基础，主要包括人体形态尺寸(静态尺寸和动态尺寸)参数、人体惯性参数、生物力学性能参数、热物理特征参数、热生理参数、人体动态特性参数、人体感知特性和心理特征，以及人体生理机能特征等。在人体形态尺寸参数测量方面，传统的人体测量数据库都不含有三维人体形体数据，因此在建立人体模型时，只能利用多个现有人体测量数据库，或者利用专门设备进行采集和补充。为了适应数字化人机工程设计技术的发展需要，基于工程领域的逆向工程技术原理的三维数字化人体测量技术得到很大发展。目前，发展和应用人体形态尺寸参数的技术主要是非接触式三维数字化测量技术，其中有代表性的是 Vitronic、Cyberware 和 Telmat 等。Cyberware 数字化仪由传感器(光学系统)、计算机、SCSI 标准接口及 Cysurf 处理软件构成，平台有 3 个自由度(X，Y，Z)，伺服电动机驱动，典型的分辨率为 0.5mm。Cyberware 全身彩色 3D 扫描仪主要由 DigiSize 软件系统构成，能够测量、排列、分析、存储、管理扫描数据，不仅可以采集人体数据，而且还可以协助进行人体建模。发展人体其他特性参数的数字化测量方法或测量数据的数字化处理方法也是十分重要的工作。

(1) 数字化虚拟人。数字化虚拟人即将人的结构、生理学或行为学的任何数学表达式看成人的模型，包括医用虚拟人和工程上的数字化虚拟人两大类。

① 医用虚拟人是利用人体断层扫描的 CT 或者 MRI 成像技术，将人体的每个组织构建成一个三维数据库，然后利用计算机做出人体的三维解剖图形模型。

② 工程上的数字化虚拟人能表示人在计算机生成空间(虚拟环境)中的几何、物理、生理及运动特性。

数字化虚拟人不仅在医学、生物学、环境设计等相关领域获得很多应用，而且在人类活动的许多方面也存在多层次的巨大应用需求，比如军事、人机环境工程、服装、娱乐、传媒、虚拟现实、汽车、体育以及文化艺术等方面，如表 1.1 所示。

表 1.1　数字化虚拟人及其应用领域

项目	文化艺术产业与工程设计领域	医学及环境工程领域
应用	竞技体育与艺术体操、非物质文化遗产保护、产品设计、服装和数字影视	医学、航天、航空和国防
仿真	运动编辑与规划、动作创新、运动仿真与控制	物理仿真、生理仿真、生物仿真和医疗仿真
建模	人体外部构造建模(表面模型)、骨架模型、肌肉模型、皮肤模型、运动学模型和动力学模型	人体内部构造建模(解剖模型)、人体模型、器官模型、细胞模型和基因表达
技术基础	计算机技术、文化艺术、物理学、生理学、生物学、运动学、医学和心理学等	

(2) 数字化虚拟人的特点如下。

① 在计算机生成的空间与时间内，数字化虚拟人可以有自身的几何模型、物理(含力学

和热力性质)特性、生理与行为特性。

② 可以与周围的环境交互作用，感知并影响周围环境。

③ 虚拟人的行为可以由计算机程序控制，如智能体(agent)；也可以由真实人控制(通过遥现技术、动作捕捉技术)，如化身(avatar)。也就是说，数字化虚拟人之间或数字化虚拟人与真实人之间可以通过自然的方式交流(通过遥现技术、动作捕捉技术)。例如，可以用人类口头语言或肢体语言(手势)进行交互。但不论何种情况，其行为都必须表现出与真实人一致的特征。

(3) 数字化虚拟人的应用领域。数字化虚拟人体模型可应用于航空航天、军事、交通、建筑、家具、影视、教育、训练、监控、通信、医学、体育、服装、文化交流等领域。可见，人体模型的应用具有无限广阔的空间。以航天航空领域为例，数字化虚拟人体模型可以在航天航空器的概念设计阶段的人机界面上进行评估，还可以对航空航天器件的可维修性进行仿真与预测等。

① 在一般的工业产品设计领域应用。在包括机械设备在内的工业产品设计和制造企业，人机环境工程技术已得到了广泛应用。尤其在产品设计领域，人机标准数据库、三维人体模型以及一些简单的人机环境软件系统已被广泛应用于设计过程，并作为检验和分析产品设计方案与人机环境关系的工具。人机环境工程研究的是如何使机器设备与操作环境的设计更适合人的生理和心理特点，让人在操作中感到舒适和便捷，提高工作效率。

② 在运载工具(装备)设计领域应用。在运载工具设计中，虚拟人作为人体碰撞检测模型，结合有限元分析方法可以模拟各种交通事故对人体意外撞伤的实验研究，以及防护措施的改进。运载工具制造商可以利用虚拟人来测试安全装置的安全程度、座椅的舒适程度，可以模拟运载工具驾驶过程中乘员的振动舒适性和热舒适性等。

③ 在军事领域应用。虚拟人在物理刺激下的反应也应用在军事研究上。自 1996 年开始，美国橡树岭国家实验室开始进行虚拟人创新计划，将人类基因组计划与可视人计划的研究成果结合起来，完成人体的物理建模，模拟人体器官组织和整体在外界物理刺激下的反应(如胸部在钝器打击下的弹塑性变形)。

④ 在航空航天领域应用。飞行器设计中的人机环境工程研究包括驾驶舱的布局设计、人机界面的设计等。美国 NASA 和宾夕法尼亚大学计算机与信息科学系联合开发的 JACK 软件系统，经历了 10 多年时间，收集了上万人的人体测量数据。波音公司也曾利用虚拟现实技术进行虚拟座舱的布局，实现了高水平的实际座舱布局设计。虚拟人数据来自真实的人体数据，可以模拟人在航天器座舱中的运动和操作，使驾驶舱布局等的设计更加符合航天员的实际需要。

⑤ 在服装设计与展示领域应用。虚拟服装设计广泛用于立体时装设计与服装工业、三维电影、电视和计算机广告特技制作等领域。通过网络，顾客与设计师共同利用人体三维服装模型进行二维服装衣片的设计，并把服装衣片缝合后穿戴在三维人体模型上。服装网络展示与销售系统已经在服装业得到了广泛应用。消费者只要上传自己身材的相关数据和所选服装的类型信息，网站就可以计算出顾客的形体特征，然后给虚拟的顾客试穿所选款式的服装，顾客在自己的计算机终端看到服装穿着的动态效果，进而选择最合适、最满意的服装。

(4) 数字化虚拟人体建模与仿真。数字化虚拟人体模型是数字化人机工程设计技术实施的关键。与创建产品和环境的三维虚拟图形不一样，数字化虚拟人必须像真人一样，能够执行诸如行走、抓握、运送、施力等自然、合适和连贯的动作，这些要被设计人员感知到，从而评价整个设计目标。

根据复杂程度和应用目的的不同，数字化虚拟人体模型一般可以分为棒模型、二维轮廓模型、表面模型、三维体模型和层次模型等。在层次模型中，一个虚拟人体模型由基本骨架、肌肉层和皮肤层构成，有时也加入一层服饰层，表示虚拟人的头发、衣饰等人体装饰物品。其中的基本骨架由关节确定其状态，决定了人体的基本姿态，是建立人体运动模型的基础。肌肉层确定了人体各部位的变形，皮肤变形受肌肉层的影响，最后由皮肤层确定虚拟人的显示外观。

目前，主要数字化虚拟人体建模仿真技术有：①与计算机视觉、图形图像技术相结合的数字化虚拟人的几何模型(棒模型、表面模型、三维体模型和多层的复合模型)构建技术；②数字化虚拟人的弹簧-阻尼-质量力学模型构建技术；③多刚体模型构建技术；④神经-肌肉-骨骼系统模型构建技术；⑤基于数字人体图像的模型构建技术；⑥基于人工神经网络的模型构建技术等；⑦与运动学、医学相结合的能量模型构建技术；⑧与数学相结合的数理统计模型构建技术等。

本书将在第 6 章、第 7 章介绍几种常用的建模方法。

2. 数字化虚拟人的动作(运动)或行为的控制

虚拟人的动作(运动)或行为控制在数字化人机工程设计中十分重要，因为它是人机系统使用者的化身，需要在虚拟的人、机、环境系统中完成相关的操作或任务，由此来评判实际人机系统工效的各项指标，这涉及虚拟人在人机系统工效设计分析与评估应用过程中的驱动方式。研究的思路是建立虚拟人的关节及骨架模型，将人体模型看作各部分由关节顺次连接而成的一系列开式运动链，组成一个树结构，每一层关节的运动由其父关节确定。在通常情况下，人体的关节只有微量的平移(一般忽略不计)，因此，数字化虚拟人的关节模型均是旋转关节，并分为 3 种类型：单自由度关节、双自由度关节和三自由度关节。三自由度关节中，3 个关节对应按照一定旋转顺序的欧拉角的 3 个角度，称为关节变量。在某一时刻，具有 n 个自由度的虚拟人体模型中，n 个关节变量决定了虚拟人的运动状态，人体运动的连续动画就是由这 n 个变量所决定。

数字化虚拟人的动作(运动)或行为控制研究的目标是实现数字化虚拟人完成典型操作时上肢、下肢的动作等自然动作同自然人相似(初级“神似”)，也叫虚拟人运动控制或动作规划。由于人体具有 200 个以上的自由度，能够完成非常复杂的运动，所以其动作(运动)或行为的模拟就是数字化虚拟人研究中必须解决的重要课题。迄今为止，在理论研究方面，数字化虚拟人的运动控制方法主要有关键帧法、正向和逆向运动学法、基于约束或非约束的多刚体动力学法等。此外，基于不同的控制方式，又有不同的划分方法。例如，按交互方式的不同可以划分为沉浸式控制方法和非沉浸式控制方法；按驱动数据的来源又可以分为基于数据捕获技术的真人控制方法和基于程序动作生成(算法)的控制方法。

相关内容将在第 5 章介绍。

3. 人机工程设计的数字化评估方法与标准规范

人机工效学评价也是系统评价的一种形式。周前祥教授给出了人机工效学评价的定义：人机工效学评价是根据系统(产品)设计的工效学要求，针对目标任务的技术要求和环境条件，选择合适的受试者，对设计方案或产品实体进行工作空间、操作可达性、观察可视性、操作可靠性等方面的评定，给出相应的结论，并且在结果分析的基础上对不符合工效学设计要求的项目进行改进的过程。

从上面的定义可以看出，人机工效学评价具有以下 3 个方面的特点。

(1) 多因素和多指标。对一个系统(产品)而言，涉及的因素众多，结构比较复杂，其目标不但有工效方面的指标，也有安全可靠性方面的指标，而且还有研制过程中技术实现可能性等方面的要求，同时涉及诸如失重、工作空间狭小、辐射、噪声、振动、温度、湿度等环境因素，因此，在评价过程中应综合考虑，以得出一个科学的结论。

(2) 定性与定量分析相结合。在工效学评价指标体系中，既有定量指标，又有定性指标，这也是系统特点所决定的。

(3) 动态分析和迭代改进相结合。在一个系统(产品)研制的不同阶段(如方案、初样、正样等阶段)，其人机工效学设计本身是一个动态过程。由于不同阶段的目标不一样，例如，方案阶段确定产品的分配基线(如功能特性、可靠性、人机特性等)，初样阶段和正样阶段确定产品基线(产品规范、工艺规范、材料规范以及产品的技术状态、验收方法等)。通过人机工效学评价，应实现从方案设计阶段到产品研制阶段系统(产品)的工效性能迭代改进，使之最终向符合人机工效学设计要求的目标推进，确保最终实现设计目标。

4. 数字化虚拟人体模型与产品、环境数字化模型的集成技术

数字化产品开发的整个周期中，要想使人机工程设计得到计算机的有效支持，需要多种人机系统计算机辅助设计技术工具的支持，如计算机辅助人体热舒适性设计与评估、计算机辅助振动与噪声分析、计算机辅助辐射计算分析、计算机辅助环境光照设计等工具等，这些工具分别用于数字化产品开发的不同阶段，因而存在各领域 CAx、DFx(面向 x 的设计)与人机工程设计的 CAEx 技术(这里的 x 表示人机特性测量、人机几何设计与运动仿真、人机静动态特性分析、人体热舒适性分析、人体辐射分析等，所以 CAEx 称为计算机辅助人机 x 技术)间的信息集成问题。与此同时，数字化产品开发是遵循并行工程思想的，所以还存在对开发过程、开发数据和资源等有效管理的并行工作机制，以实现开发过程集成。目前，已商品化的 CAEx 均能提供与 CAx、DFx 进行数据转换的接口标准。本书第 10 章将介绍数字化产品开发平台框架下的 CAEx 与 CAx、DFx 的数据转换接口标准以及通过 PDM/PLM 实现 CAEx 与 CAx、DFx 过程集成的方法。

1.5　数字化人机工程发展概况

1.5.1　国外研究发展状况

早在 1918 年，汉密尔顿(Hamilton)就基于人体生物动力学模型研究振动对采石工人的影响，而国外的人机工程学的系统研究从 1940 年开始至今已经有 80 多年的历史了。随着计算机技术特别是计算机辅助设计技术、虚拟现实技术和高性能图形处理技术的发展，人机工程学逐步从理论公式计算，经验、资料积累以及简单的应用计算向计算机辅助人机工程设计技术方向发展。

在人体几何和惯性参数的数字化方法研究上，巴特(Barter)、汉纳范(Hanavan)和清华大学郑秀瑗教授均取得重要成果。

1959 年，波音公司的哈德逊(Hudson)指导建立了世界上第一个工程虚拟人，用于可视化

显示 CVA-19 系列运输机着陆时的座舱状态，作为着陆信号指挥官指示标度信息。其中人体模型是由线条连接 12 个点所组成的二维轮廓，后来模型得到逐步完善以满足模拟所需的逼真程度。第一个真正意义的数字化虚拟人于 1968 年完成，用于波音 747 客机仪表面板的概念学习。模型由 7 个可运动分段组成，这些肢体分段可以在骨盆、颈部、肩膀和肘部绕关节运动，模拟飞行员的各种动作。该模型是第一个出现在电视屏幕上，为 Norelco 做了 30s 电视广告的虚拟人。该模型很快得到了改进，后来陆续出现了人体测量学上更为精确的“第二人”“第三人”和“第四人”。数字化虚拟人建模的复杂程度与其应用要求直接相关，很显然，虚拟人体模型结构越接近真实人体结构，进行工效学分析所取得的结果也越有价值。

目前，美国宾夕法尼亚大学 Norman Badler 领导的人体建模与仿真研究中心(Human Modeling Simulation Center，HMS)、斯坦福大学的虚拟人交互实验室(Virtual Human Interaction Laboratory，VHIL)、加利福尼亚大学虚拟环境和行为中心(Research Center for Virtual Environments and Behavior，ReCVEB)的研究能力处在世界的前列。

1986—1996 年，美国宾夕法尼亚大学利用 1.4 亿美元高额研究经费开发了 JACK 人体建模系统。该模型具有逼真的人体行为动作、贴近真实人体的人体数据缩放、启发算法避障等功能。后来，美国 Transom 公司继续将该系统加以完善和开发，使其在机械行业、汽车行业得到了广泛的应用。福特公司已将 JACK 软件应用于其 C3P(CAD/CAM/CAE/PDM)项目中进行人体工效分析，包括舒适性、可达范围、疲劳状态、视野范围等方面，使其生产出的汽车更加符合人体的生理状况，更具竞争力。美国 EDS 公司将虚拟人 JACK、Jill 软件和旗舰产品 UG 集成统一的数字制作解决方案。

加拿大蒙特利尔 Ecole 理工大学工业工程系的研究人员在国家科学委员会的资助下，与两个公司合作开发 SAFEWORK 系统。2000 年，DIVISION 公司将 SAFEWORK 系统集成在数字制造系统 DELMIA 和三维设计软件 CATIA 中，提供了工业界第一个和设计环境完全集成的商业人体工程模型系统，使用户和设计人员可以在它的 ERGO 环境中解决装配设计问题，还可以快速为人体运动进行建模和分析。

另外，法国达索系统公司整合了旗下 Deneb、Delta 和 Safework 三家软件公司的解决方案，合并组成了 e-Manufacturing 解决方案，并开发出了 ERGO/ENVISION 集设计、分析和建造虚拟样机的交互虚拟现实环境。它提供了一个高级的、基于物理的几何 3D 环境，对涉及结构、机械和人员动作的应用进行设计、检验并快速建立原型。达索集团在 CATIA V5 平台上又开发出 Human 模块的人机工程学设计和解决方案，并通过接口技术 RTID(real-time interaction for DELMIA V5)和 ART(advanced real-time tracking)接口技术将虚拟现实技术与 DELMIA 软件进行有效集成，使基于产品虚拟样机的数字化装配三维工艺设计和装配过程仿真应用延伸至虚拟现实领域，使桌面级仿真应用提升为沉浸式虚拟现实仿真应用，从而得到更加接近真实感受的仿真验证。

英国诺丁汉大学于 20 世纪 60 年代后期开始进行计算机化人体建模系统 SAMMIE 的研究。SAMMIE 是一款较早商业化应用的人体建模软件，可提供简捷有效的工效分析手段和强大的工作场所建模功能，是畅销世界的商品化工效分析 CAD 应用系统之一。20 世纪 80 年代，德国汽车技术研究集团及多家汽车公司以及几个座椅生产厂家联合研制开发了现代计算机人体模型 RAMSIS，于 1988 年初步建立了详细的三维人体模型。RAMSIS 采用的人体数据库包括德国及 SAE 等人体数据标准，并提供各种年限作参考。用户还可以根据自己的数据建立自己的三维人体模型。RAMSIS 除了提供详尽的人体尺寸外，还特别注重应用环境的建立，它可以测量、分析人体坐姿和运动情形，并能进行视野模拟、运动模拟等交互操作。自 1995 年开始成为商业应用软件后，目前很多汽车公司都在使用 RAMSIS 进行驾驶室的设计和布置。英国的人体数据公司研制了 PeopleSize 系统，它是一个基于平面的线框人体数据系统，对人体各部分的主要尺寸及比例关系进行了比较详细的描述，由于它是一个静态的平面模型，所以远远不能满足动画制作和产品设计的要求。

国外较早期的三维人体模型还有 Chief、FRANKY 等。FRANKY 由德国埃森开发研制，在系统的复杂性和功能方面类似于 SAMMIE，但未商品化。20 世纪 70 年代，日本成立了人体科学研究所，每年为上千名妇女进行精密的人体测量，测量的身体部位多达一千多个，该研究所通过对人体建模的深入分析，开发了三维数字化人体建模系统 SinoMAN。该系统是在 UGII 软件环境下开发的寄生式人体建模系统，重点实现了构建具有不同百分位的、具有一定复杂度的人体模型，并侧重通过正向运动控制实现人体模型姿势操纵与评价，使汽车车身设计开发能针对我国特定的汽车使用群体。

比利时声学设计公司 LMS 开发出一种大型声场模拟软件系统 RAYNOISE。

在军用领域，随着武器装备信息化技术的突飞猛进，作战方式和作战理念产生了重大变化。为了适应信息化战争的需求，装备人机工效领域的研究方向不再局限于以人员生理和心理为基础的人机工效领域，扩展到了包含信息决策、脑力负荷等研究内容的认知工效领域。特别是与人机工效领域密切相关的人机交互技术，是美国 21 世纪信息技术计划的 4 项基础研究之一，其中，人机建模研究在信息技术中被列为与软件技术和计算机技术等并列的 6 项国家关键技术之一。美国国防关键技术计划不仅把人机交互列为软件技术发展的重要内容之一，而且还专门增加了与软件技术并列的人机界面这项内容。

1.5.2　国内研究发展状况

1. 古代器物的制作体现了人机工程学思想

我国具有悠久的社会发展历史，先人们在制作和使用器物方面积累了丰富的经验，也体现了人机工程学思想，他们对人造器物的宜人性已经有了深入而精湛的把握。《考工记》是我国最古老的一部科技汇编名著，编纂于 2400 多年前的战国初期。在这部古代科技名著中，对车舆、工事、兵器、农具以及礼乐器等器物的制作方法与技术做了详细的记载，其中一些器物(如弓、化铁炉、传统农具等)在宜人性方面十分考究。

2. 我国现代人机工程学发展概况

尽管我国社会发展历史悠久，先人们积累了许多充满人机工程学思想的智慧，但人机工程学作为一门学科，其建设和发展的时间与欧美等发达国家相比至少相差 50 年。

在我国，人机工程学的研究可以追溯到 20 世纪 30 年代，但该学科系统地深入发展是在 20 世纪 80 年代初期。1980 年 4 月，国家标准局成立了全国人类工效学标准化技术委员会，统一规划、研究和审议全国有关人类工效学的基础标准。1984 年，国防科工委成立了国家军用人-机-环境系统工程标准化技术委员会。这两个技术委员会的建立，有力推动了我国人机工程学研究的发展。1989 年，中国人类工效学学会成立，并于 1995 年 9 月创办了学会会刊《人类功效学》季刊，这是我国人机工程学研究发展的里程碑事件。

虽然人机工程学在中国已有所发展，但是和发达国家相比还有相当的差距。事实上，我国人口众多，很多生产过程都是靠人去操作，因此，加快人机工程学的研究有现实与工程意义。近 20 多年来，我国的人机交互、人机工程仿真技术获得了较大的发展。

目前，对于人机工程仿真技术来说，北京航空航天大学、浙江大学走在了国内的前列。北京航空航天大学袁修干教授和温文彪等将计算机图形学用于人机工效研究，开发了 MMES 软件，可用于生成静态人，结合计算机辅助设计生成的舱室及显示控制器布局可进行一定的可达域及工效评定。袁修干教授通过人体热特性的深入研究，建立了人体二维、三维中国人体热调节模型和数值仿真算法；浙江大学工业工程系最早开发出人机工程仿真与评价系统，包括人机工程咨询系统、人机工程仿真系统和人机工程仿真评价系统。此外，浙江大学的孙守迁教授等对摩托车布局设计和人机工程设计相关的设计方法进行了研究，并给出了一个人机工程评价模型系统。重庆大学徐铭陶教授等对人-摩托车-路面系统进行动态数字试验技术的研发。

在应用方面，在自动控制领域有着雄厚实力的沈阳自动化所应用 Deneb 人机分析软件在短短的两年内便取得了可观的经济效益。1994 年，华中理工大学(现名华中科技大学)CAD 国家工程中心应用 Deneb 软件完成的“珠江钢铁厂虚拟工厂仿真”项目受到广东省科委的好评。2000 年，它与蒋氏工业培训中心虚拟制造研究室联合完成的“上海正大广场施工虚拟仿真系统”，更是首次将虚拟技术和人机技术运用于建筑工程施工仿真，填补了国内空白，在国际建筑行业也属先进水平。这些例子都说明，人机工程和虚拟仿真技术在国内的应用是非常广泛的。

我国南方医科大学、中国科学院计算技术研究所、上海交通大学生命医学制造与生命质量工程研究所、浙江大学、哈尔滨工业大学、北京航空航天大学、国防科技大学等研究部门及相关部门均成立了科研队伍，从事虚拟人的基础与应用研究。国家自然基金委员会自 2000 年以来多次资助虚拟人几何形状建模、虚拟人动作控制、医学虚拟人技术、工程虚拟人等方面的研究工作。

20 世纪 90 年代初，北京航空航天大学成立了我国该专业的第一个博士学科点，随后南京航空航天大学、西北工业大学、北京理工大学、北大医学部等也先后成立了相应的专业。当前，随着我国科技和经济的发展，人们对工作条件、生活品质的要求正逐步提高，对产品的人机工程特性也会日益重视，一些厂商把“以人为本”“人体工学”的设计作为产品的卖点，也正是来源于这种新的需求。

我国 973 计划、S-863 计划、“十五”规划和“十三五”规划均将人机交互列为主要研究内容。

3. 数字化虚拟人体建模仿真与系统研究

国内虚拟人技术的研究起步较晚，研究工作主要集中在虚拟人的逼真表示及行为建模、运动控制等方面。比较有代表性的研究机构包括浙江大学、西北工业大学、北京航空航天大学、四川大学、上海交通大学、北京理工大学、中国科学院计算技术研究所、国防科技大学、军械工程学院等，这些研究机构在人机工程虚拟仿真方面进行了探索性研究并取得了许多重要成果。

浙江大学计算机科学与工程系的侯宏仑博士所提出的针对人机工程仿真的核心——人体模型而进行的系统化的分类，对存在的问题进行了改进，并纳入统一的人体模型框架中，提出适合人机仿真的虚拟人体模型。

北京航空航天大学的机器人研究所对人体的模型有较深入的研究，袁修干教授基于舒适度作为人体模型运动控制的性能指标函数做了大量工作，这些工作都对基于舒适度优化的人体模型控制方的研究起到了一定的推动作用，避免了单纯从动力学方面求解人体运动。国内很多高校和研究单位正在开展虚拟程序，提高仿真结果的真实性和合理性。

中国科学院计算技术研究所王兆其教授所带领的虚拟人合成课题组是国内虚拟人研究最为先进的团队之一，主要从事虚拟人合成与虚拟人交互方面的研究，包括三维虚拟人建模技术、人体运动的获取与理解技术，以及虚拟人运动生成与控制技术。该团队首先将虚拟人用于手语合成，研制了我国首个基于虚拟人的手语合成系统，在真实感皮肤建模、虚拟服装仿真等方面进行了深入的研究，并开发出了自主知识产权的 Joint Motion 系统，使用定位跟踪器和数据手套，可以同时测量并计算出人体双手肩关节、肘关节及各手指指关节的角度，人体颈部关节的角度，并以此确定人体上肢(包括头部)的运动。与此同时，该团队还开发出了虚拟人运动控制开发平台(VHMotion)。

浙江大学现代工业造型研究所孙守迁教授团队在利用动作捕捉数据进行虚拟人动作合成方面进行了深入的研究，其研究主要涉及人体模型构造方法以及虚拟人运动动作编排，基于现有的国家标准和 PeopleSize 2000 中的中国人人体数据，建立了中国人人体基础数据库和知识库。在体育、艺术、服装、人机工程等众多领域，对虚拟人的应用展开了积极的探索。同时在面向人机工程的虚拟人生物力学建模领域也进行了大量研究，并自主开发了人机工程软件系统 ZJU–ERGOMAN，实现了人机工程仿真和分析评价。此外，浙江大学潘志庚教授等研究了虚拟人的行为控制技术以及情绪行为的动画模型。中国民航学院贺怀清等综合利用关键帧、运动学和动力学模型等多种运动控制技术实现了虚拟人动作的个性化和多样化。西北工业大学的罗冠等、西安交通大学的王天树等分别对虚拟人运动控制与合成进行了研究。

吉林工业大学研究了如何利用因子来求取对手伸及界面具有综合影响的驾驶室尺寸综合因子，提出了用于检验驾驶室操作钮件布置合理性的检验公式和用于驾驶员手伸及测量台的设计公式。

值得指出的是，医学领域中的实体人模型的研究取得了显著的成绩，我国相关研究部门基于 CT、MRI 技术，通过对人体切片、图像采集等科研过程，完成多例数字化可视人体模型，使中国成为第 3 个拥有可视化人体数据采集技术的国家。该模型提供了一个系统、细致的人体结构基本数据和图像资料，这些数据的完整性和精确性都处于国际领先水平。如果能按照人机工程领域的科研要求修改这种人体模型的特性，做一些技术处理，例如，把肌肉组织修改为柔性变形、把人体各项肢体尺寸修改为国标百分位人体、添加关节点的自由度与活动域信息等，那么该模型的人机工程学领域应用前景是十分广阔的。目前基于此相关数据，已构建了中国数字化虚拟辐射人体模型。可视人的研究成果是有关人体组织材料的力学性能、电特性参数和热特性参数等的研究基础。

华中科技大学的陈立平教授等在基于人机工效的人机建模和动态仿真方面进行了一系列研究。

江苏理工大学计算机科学系的宋顺林教授等在 1995 年率先开始了人体动画的研究，他们用 LISP 语言开发的交互立体造型系统构造人体多面体，用三角函数方程式近似人体步行的动画曲线，得到了较逼真的人体动画。

浙江大学潘云鹤院士指导的研究小组最近开始了基于计算机视觉的人体运动研究。在“九五”预研项目中，哈尔滨工业大学智能机器人研究室洪炳熔教授开展了对虚拟人建模和运动控制技术的研究，高文教授指导的研究小组对人类面部动画的研究取得了一定的成果。

2004 年大连虚拟会议上，同济大学的陈福民教授等提出一种捕捉人体运动的方法，通过运动捕捉得到人体骨架运动序列，来实现互动虚拟娱乐中人体的运动过程。

国防科技大学的贺越生、卢晓军、李焱开发了面向维修工程的虚拟人素分析系统，该系统实现了维修仿真过程建模，以及基于维修仿真过程的人素分析功能。军械工程学院的王晓光、苏群星开发、设计了一套通用虚拟维修仿真系统，适用于多种装备的虚拟维修训练仿真。

2017 年，由中国标准化研究院与北京朗迪锋科技有限公司基于最新中国人种的测量数据库共同研发出我国第一个人机工程仿真分析软件产品，标志着国内首套人机工程仿真分析软件 SoErgo 研发成功，并填补了国内同类技术解决方案的空白。在软件功能与性能上，该软件与国外的商业化软件(如 JACK、DELMIA 等)处于同一级别水平。北京朗迪锋科技有限公司近年来还推出了基于动作捕捉技术的MakeReal3D系统。

在人机工效数字化评价方法研究方面，我国周前祥等团队开展了“虚拟人典型操作肢体疲劳度分析方法”的研究，通过记录受试者的生理信号来分析其完成典型操作时的疲劳状态与操作力、生理信号等因素的相关性，得出了典型操作时人的力、生理信号与疲劳具有相关性的结果。此外，该团队还针对虚拟人技术在人机系统工效学设计分析与评估中所面临的问题，开展了人体建模方法、工作疲劳分析方法的应用研究，取得有益的成果。

四川大学制造科学与工程学院赵志键、樊庆文、王德麾等基于成都剂量体模 CT 扫描切片集对辐射等效假人的数字化建模方法进行研究，建立了辐射等效假人物理模型及其数字化模型。西北工业大学在建立数字化评估系统方面取得实用成果。

上海交通大学的王成焘教授团队基于中国可视化人的研究成果，对“中国力学虚拟人”进行较系统的研究，建立了人体骨肌系统参数化几何模型，通过输入人体参数，可以转换为具体研究对象的骨肌系统模型；通过运动捕捉系统，可以将测量得到的人体运动转换为骨肌系统模型的运动；通过运动、动力学分析和肌肉力计算，可以得到一个行为过程中的关节力和肌肉力。该模型同时是人体全身骨肌系统的有限元模型，可以做全身骨骼或局部骨骼的有限元分析，其研究成果在医学、医疗器械设计、人机工程设计、体育与艺术科学、人身事故分析等领域获得广泛应用。

总后军需装备研究所与北京航空航天大学联合研制成功首个“单兵装备人机工程数字化仿真与评价系统 SEA”(软件著作权登记号：2011SR016774)，首次在三维仿真环境和基础数据库的支持下对单兵装备系统的可视性、可达性、舒适性等指标进行综合研究和评价。

深圳大学联合国家超算深圳中心基于虚拟现实技术等构建了一个“机电产品(模具)虚拟样机技术云平台”(软件著作权登记号：2013SR058026)。该平台曾部署在深圳市云计算中心平台上，在企业示范应用中获得令人满意的效果。该平台集成了数字化人机工程设计各单元技术系统，有效支持了产品全生命周期(包含虚拟概念样机设计、虚拟物理样机设计与功能仿真、虚拟性能样机仿真、虚拟样机虚拟制造、样机的虚拟运维、样机的虚拟回收等)各开发环节中的计算机辅助人机工程设计与评估工作。

思　考　题

1. 简述人机工程学的研究内容和方法。
2. 简述数字化人机工程设计技术的特点。
3. 试述实现数字化人机工程设计的关键技术。
4. 数字化人体模型的表现形式有哪些？它与工业产品模型、环境模型有何区别？

第2章　数字化人机工程设计基础(1)——人体特性参数

人体测量学(anthropometry)是人类学的一个分支学科，主要研究人体测量和观察方法，并通过人体整体测量与局部测量来探讨人体的特征、类型、变异和发展。人体测量包括骨骼测量和活体测量两部分。前者包括颅骨、体骨的测量和观察方法，后者包括头面部、体部的测量和观察方法。近年来，电子仪器及计算机的普遍应用，对人体数字化测量及其数据分析起着重要的作用。人体测量成果不仅对人类学的理论研究具有重要意义，而且是人机工程学不可或缺的基础。

面向人机工程学的人体测量根据测量内容的不同，可将人体参数测量分为以下4类。

(1) 人体形态参数的测量。人体形态参数是指人在动、静止状态下，对人体形态进行各种测量得到的参数，其主要内容有人体尺寸参数、人体体型参数、人体体积参数等。

(2) 活动范围参数的测量。活动范围参数是指人在运动状态下肢体的动作范围。肢体活动范围主要有两种形式：一种是肢体活动的角度范围；另一种是肢体所能达到的距离范围。通常，人体测量图表资料中所列出的数据都是肢体活动的最大范围，在产品设计和正常工作中所考虑的肢体活动范围，应当是人体最有利的位置，即肢体的最优(舒适)活动范围，其数值远小于这些极限数值。

(3) 生理学参数的测量。人的生理学参数是指人体的主要生理指标，主要包括人体表面积参数，人体各部分体积参数，耗氧量参数，心率参数，人体疲劳程度参数，人体触觉反应参数，人体热生理、热物理参数和人体电特性参数等。

(4) 生物力学参数的测量。生物力学参数是指人体的主要力学指标，主要包括人体各部分质量与质心位置参数、人体各部分转动惯量参数、动作反应特征、人体各部分体力(出力)参数、人体组织材料力学参数(如骨和软组织的弹性模量、泊松比、强度)、人体振动固有频率(动态特性参数)等。

【学习目标】

1. 了解人体形态尺寸与测量方法，包括静态尺寸(47项)和动态尺寸(功能尺寸)。
2. 了解人体惯性参数与测量方法，包括人体总质量、各环节质量与质心、转动惯量、回归方程、数学模型。
3. 了解人体组织生物力学性能参数，包括弹性模量E、泊松比μ、软硬组织等效弹性模量。
4. 了解人体热物理特征参数，包括导热系数λ、密度ρ、比热容c。
5. 了解人体热生理参数，包括代谢产热、血流量。
6. 了解人体动态特性参数，包括人体振动固有频率。
7. 了解人体感知特性和心理特征。
8. 了解人体生理机能特征，包括人体各环节运动/动作范围和机能极限。

2.1　人体形态尺寸测量的基本知识

为了使各种与人体尺寸有关的设计对象能符合人的生理特点，让人在使用时处于舒适的状态和适宜的环境之中，就必须在设计中充分考虑人体的各种形态结构和尺寸，因而也就要求设计者能了解一些人体形态尺寸测量学方面的基本知识，并能熟悉设计所必需的人体形态尺寸测量基本数据的性质和使用条件。

人体形态尺寸测量学也是一门新兴的分支学科，它通过测量人体各部位尺寸来确定个体之间和群体之间在人体尺寸上的差别，用以研究人的形态特征，从而为各种工业设计和工程设计提供人体形态尺寸测量数据。

人机工程学范围内的人体形态测量数据主要有两类，即人体构造尺寸的测量数据和功能尺寸的测量数据。人体构造上的尺寸是指静态尺寸；人体功能上的尺寸是指动态(人体整体或各环节的活动范围)尺寸，包括人在工作姿势下或在某种操作活动状态下测量的尺寸。随着人机工程设计问题的深入研究，学术界认为许多人机环境问题需要考虑人体的动力学问题，例如环境对人体的影响、人机系统中的人体生物力学问题的解决有赖于人体的生物力学参数的测量方法和技术设备的研发与应用。本节除了介绍人体形态测量的有关知识外，还介绍人体基础数据库建立方法以及有关人体生理参数等。

2.1.1　人体形态尺寸测量的主要方法

人体形态尺寸测量方法主要有以下 3 种：普通测量法、摄像法、三维数字化人体形态尺寸测量法。本小节主要介绍普通测量法、三维数字化人体形态尺寸测量法和其他测量法。

1. 普通测量法

采用普通测量法进行普通人体形态尺寸测量可以使用一般的人体生理测量的有关仪器，包括人体测高仪、直角规、弯角规、三脚平行规、软尺、测齿规、立方定颅器、平行定点仪等，其数据处理采用人工处理或者人工输入与计算机处理相结合的方式，主要用来测量人体构造尺寸。此种测量方式耗时耗力，数据处理容易出错，数据应用不灵活，但成本低廉，具有一定的适用性。

2. 三维数字化人体形态尺寸测量法

三维数字化人体形态尺寸测量可以采用手动接触式、手动非接触式、自动接触式、自动非接触式等三维数字化测量仪，最终可以根据所需速度、精度和价格确定合适的方式。下面介绍几种常用的三维数字化测量仪。

(1) 手动接触式三维数字化测量仪。美国佛罗里达 Faro 技术公司的 FaroArm 是典型的手动接触式数字化测量仪。测量时，操作者手持 Faro 手臂，其末端的探针接触被测人体的表面时按下按钮，测量人体表面点的空间位置。三维数据信息记录探针所测点的 *X*、*Y*、*Z* 坐标和探针手柄方向，并采用 DSP 技术通过 RS232 串口线连接到各种应用软件包上。

(2) 非接触式三维数字化测量仪。非接触式测量也可以获得真实人体数据，随着计算机技术和三维空间扫描仪技术的发展，高解析度的 3D 资料足以描述准确的人体模型。

3DLS_Body 激光全身人体形态尺寸扫描系统(见图 2.1)是由上海数造机电科技股份有限公司研发的产品。该产品采用对人体无害的微功率(5mW)安全级别的红色激光和 4 个高速工业 CCD 图像传感器。由于一个激光扫描头只能扫描一个扇面范围内的数据，所以采用 4 个激光扫描头扫描全身，当这 4 个激光扫描头从头到脚扫描一遍后，符合 GB 3975—1983 标注的人体全身形态尺寸数据就能自动得到(见图 2.2)。

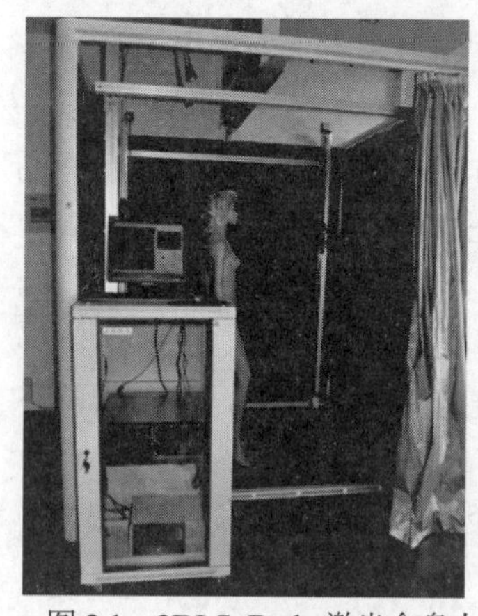

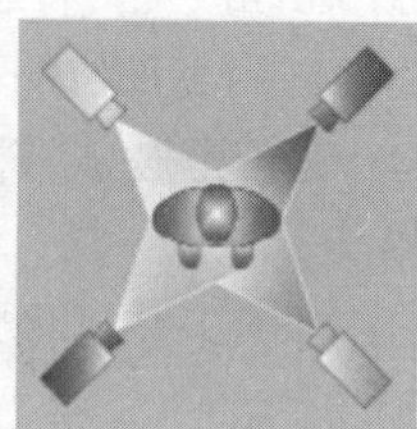

图 2.1　3DLS_Body 激光全身人体形态尺寸扫描系统

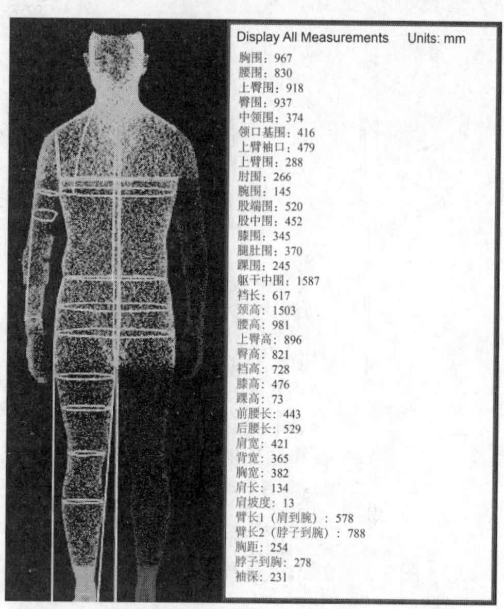

Display All Measurements　Units: mm
胸围：967
腰围：830
上臀围：918
臀围：937
中领围：374
领口基围：416
上臂袖口：479
上臂围：288
肘围：266
腕围：145
股端围：520
股中围：452
膝围：345
腿肚围：370
踝围：245
躯干中围：1587
裆长：617
颈高：1503
腰高：981
上臀高：896
臀高：821
裆高：728
膝高：476
踝高：73
前腰长：443
后腰长：529
肩宽：421
背宽：365
胸宽：382
肩长：134
肩坡度：13
臂长1（肩到腕）：578
臂长2（脖子到腕）：788
胸距：254
脖子到胸：278
袖深：231

图 2.2　人体全身形态尺寸数据(符合国家标准)

此外，还有各种人体生理环节的 3D 扫描仪，如 3D 脚部扫描仪、3D 头部扫描仪等。

目前，这些仪器已经在大规模人体形态尺寸测量、汽车驾驶室设计等方面得到了应用。采用该方法得到的人体模型已在个性化裁衣、网上服装定制、电子商务、虚拟试衣、虚拟现实开发、人体数据统计、医疗等诸多领域得到广泛应用。

2.1.2　人体形态尺寸测量的基本术语

GB 3975—1983 规定了人机工程学使用的成年人和青少年的人体形态尺寸测量术语。该标准规定，只有在被测者姿势、测量基准面、测量方向、测点等符合下列要求(国家标准规定)的前提下，测量数据才是有效的。

1. 被测者姿势

(1) 立姿指被测者挺胸直立，头部以眼耳平面定位，眼睛平视前方，肩部放松，上肢自然下垂，手伸直，手掌朝向体侧，手指轻贴大腿侧面，自然伸直膝部，左、右足后跟并拢，前端分开，使两足大致呈 45° 夹角，体重均匀分布于两足。

(2) 坐姿指被测者挺胸坐在被调节到腓骨头高度的平面上，头部以眼耳平面定位，眼睛平视前方，左、右大腿大致平行，膝弯曲大致成直角，足平放在地面上，手轻放在大腿上。

2. 测量基准面

人体形态尺寸测量基准面的定位是由三个互为垂直的轴(铅垂轴、纵轴和横轴)来决定的。人体形态尺寸测量中设定的轴线和基准面如图 2.3 所示。

(1) 矢状面。通过铅垂轴和纵轴的平面及与其平行的所有平面都称为矢状面。

(2) 正中矢状面。在矢状面中，把通过人体正中线的矢状面称为正中矢状面。正中矢状面将人体分成左、右对称的两部分。

(3) 冠状面。通过铅垂轴和横轴的平面及与其平行的所有平面都称为冠状面。冠状面将

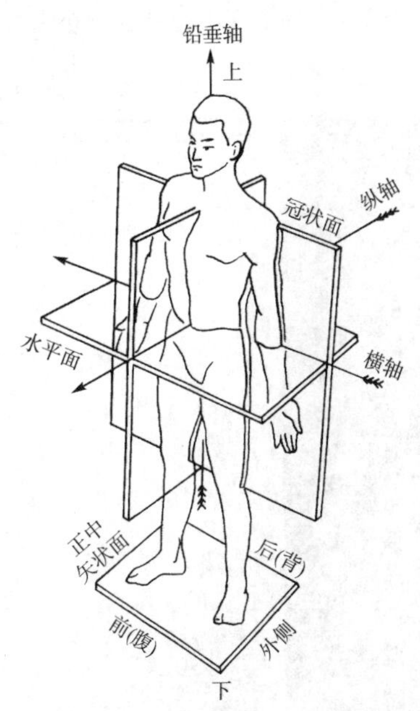

图 2.3　立姿(人体测量基准面)

人体分成前、后两部分。

(4) 横断面。与矢状面及冠状面同时垂直的所有平面都称为横断面。横断面将人体分成上、下两部分。

(5) 眼耳平面。通过左、右耳屏点及右眼眶下点的横断面称为眼耳平面或法兰克福平面。

3. 测量方向

(1) 在人体上、下方向上，将上方称为头侧端，将下方称为足侧端。

(2) 在人体左、右方向上，将靠近正中矢状面的方向称为内侧，将远离正中矢状面的方向称为外侧。

(3) 在四肢上，将靠近四肢附着部位的称为近位，将远离四肢附着部位的称为远位。

(4) 对于上肢，将桡骨侧称为桡侧，将尺骨侧称为尺侧。

(5) 对于下肢，将胫骨侧称为胫侧，将腓骨侧称为腓侧。

4. 人体支承面和衣着

立姿时，站立的地面或平台以及坐姿时的椅平面应是水平的、稳固的、不可压缩的。

要求被测者裸体或穿着尽量少的内衣(如只穿内裤和背心)测量，在后者情况下，测量胸围时，男性应撩起背心，女性应松开胸罩后进行测量。

5. 基本测点及测量项目

GB 3975—1983 中规定了人机工程学使用的有关人体形态尺寸测量参数的测点及测量项目，其中包括：头部测点 16 个和测量项目 12 项；躯干和四肢部位的测点共 22 个，测量项目共 69 项，其中立姿 40 项、坐姿 22 项、手和足部 6 项以及体重 1 项。有关测点和测量项目的定义说明可以参考该标准。

此外，GB 5703—1985 还规定了人机工程学使用的人体形态尺寸的测量方法，这些方法适用于成年人和青少年的人体形态尺寸测量，该标准对上述 81 个测量项目的具体测量方法和各个测量项目所使用的测量仪器做了详细的说明。凡需要进行测量时，必须按照该标准规定的测量方法进行测量，其测量结果方为有效。目前，利用三维数字化人体形态尺寸测量法也可自动获得符合国家标准的尺寸数据，因而该测量法更适用于大规模人体形态尺寸数据的测量。

2.1.3　人体形态尺寸测量的常用仪器

在人体尺寸参数的测量中，所采用的人体形态尺寸测量仪器有人体测高仪、人体形态尺寸测量用直脚规、人体形态尺寸测量用弯脚规、人体形态尺寸测量用三脚平行规、坐高椅、量足仪、角度计、软卷尺以及医用磅秤等。我国对人体尺寸测量专用仪器已制定了相关标准。下面介绍人体形态尺寸测量的常用仪器。

1. 人体测高仪

人体测高仪主要是用来测量身高、坐高、立姿和坐姿的眼高，以及伸手向上所及的高度等立姿和坐姿的人体各部位高度尺寸。标准化的测高仪可进行读数值精确到 1mm，测量范围为 0～1996mm 的人体高度尺寸的测量。GB 5704.1—1985 是人体测高仪的技术标准。

若将两支弯尺分别插入人体测高仪的固定尺座和活动尺座，与构成主尺杆的第一、二节金属管配合使用，即构成圆杆弯脚规，可测量人体的各种宽度和厚度。

2. 人体形态尺寸测量用直脚规

人体形态尺寸测量用直脚规用来测量两点间的直线距离，特别适合测量距离较短的不规则部位的宽度或直径，如测量耳、脸、手、足等部位的尺寸。

GB 5704.2—1985 是人体形态尺寸测量用直脚规的技术标准，此种直脚规适用于读数值精确到 1mm 和 0.1mm，测量范围为 0～200mm 和 0～250mm 的人体尺寸的测量。直脚规根据有无游标读数分为Ⅰ型和Ⅱ型两种类型，而无游标读数的Ⅰ型直脚规根据测量范围的不同又分为ⅠA 和ⅠB 两种形式。

3. 人体形态尺寸测量用弯脚规

人体形态尺寸测量用弯脚规用于不能直接以直尺测量的两点间距离的测量，如测量肩宽、胸厚等部位的尺寸。

GB 5704.3—1985 是人体形态尺寸测量用弯脚规的技术标准，此种弯脚规适用于读数值精确到 1mm，测量范围为 0～300mm 的人体尺寸的测量。按其脚部形状的不同分为椭圆型(Ⅰ型)和尖端型(Ⅱ型)。

4. 人体形态尺寸的三维数字化扫描设备

三维数字化扫描设备分为手动非接触式设备(如手持式扫描仪)和自动非接触式设备(如 CT 机和 MRI 设备)等。

虽然许多国家已经开发了用于测量人体尺寸的三维方法，但依据 ISO 7250 中定义的传统测量方法仍然是它的一种补充。将由三维数字化扫描得到的数据与 ISO 7250 的定义进行对比、确认是非常重要的，目前已有公司开发出软件，可以将由传统测量方法获得的数据与三维扫描数据进行综合。

2.2　常用的人体形态尺寸测量数据

本节主要介绍常用的人体形态尺寸测量数据。一些面向特殊应用领域的人体数据可以查询相关领域的设计标准规范。需要指出，尽管目前已经进入个性化产品和服务的定制时代，但个体的人体测量项目仍需要依据 GB 10000—1988 制定的标准与方法。此外，限于篇幅，本节所介绍的常用的人体形态尺寸测量数据中未包括我国台湾地区和澳门地区的人体测量数据。

2.2.1　我国成年人静态人体形态尺寸

静态测量是指被测者在确定的静止状态下，如立姿或坐姿，利用人体测量仪器进行的测量。

GB 10000—1988 是我国于 1989 年 7 月开始实施的成年人人体尺寸国家标准，适用于工业产品设计、建筑设计、军事工业以及工业的技术改造、设备更新及劳动安全保护等。该标准提供了 7 类共 47 项人体尺寸基础数据，标准中所列出的数据是代表从事工业生产的法定中国成年人(男 18～60 岁，女 18～55 岁)人体尺寸，并按男、女性别分开列表。在各类人体尺寸数据表中，除了给出工业生产中法定成年人年龄范围内的人体尺寸，同时还将该年龄范围分为几个年龄段：18～25 岁(男、女)、26～35 岁(男、女)、36～60 岁(男)和 36～55 岁(女)，且分别给出这些年龄段的各项人体尺寸数值。为了应用方便，各类数据表中的各项人体尺寸数值均列出其相应的百分位数。限于篇幅，本节中仅给出了工业生产中法定成年人年龄范围内的人体尺寸测量项目，其他年龄段的人体尺寸测量项目可以查阅 GB 10000—1988 文档。

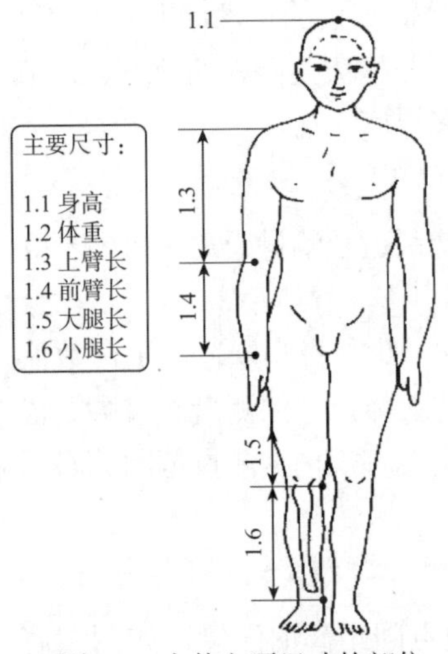

图 2.4　人体主要尺寸的部位

1. 人体主要形态尺寸测量项目

GB 10000—1988 给出身高、体重、上臂长、前臂长、大腿长、小腿长共 6 项人体主要尺寸数据，除体重外，其余 5 项主要尺寸的部位见图 2.4。表 2.1 为我国成年人人体主要尺寸。

表 2.1　人体主要尺寸

项目	年龄分组													
	男(18～60 岁)							女(18～55 岁)						
	百分位数													
	1	5	10	50	90	95	99	1	5	10	50	90	95	99
	数据													
1.1　身高/mm	1543	1583	1604	1678	1754	1775	1814	1449	1484	1503	1570	1640	1659	1697
1.2　体重/kg	44	48	50	59	70	75	83	39	42	44	52	63	66	71
1.3　上臂长/mm	279	289	294	313	333	338	349	252	262	267	284	303	302	319
1.4　前臂长/mm	206	216	220	237	253	258	268	185	193	198	213	229	234	242
1.5　大腿长/mm	413	428	436	465	496	505	523	387	402	410	438	467	476	494
1.6　小腿长/mm	324	338	344	369	396	403	419	300	313	319	344	370	375	390

2. 立姿人体尺寸

GB 10000—1988 提供的成年人立姿人体尺寸有眼高、肩高、肘高、手功能高、会阴高、胫骨点高，这 6 项立姿人体尺寸的部位见图 2.5。我国成年人立姿人体尺寸见表 2.2。

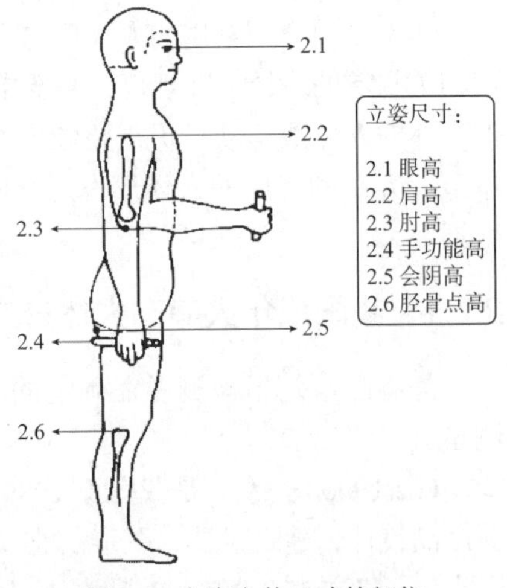

图 2.5　立姿人体尺寸的部位

表 2.2　立姿人体尺寸

项目	年龄分组													
	男(18～60 岁)							女(18～55 岁)						
	百分位数													
	1	5	10	50	90	95	99	1	5	10	50	90	95	99
	数据													
2.1　眼高/mm	1436	1474	1495	1568	1643	1664	1705	1337	1371	1388	1454	1522	1541	1579
2.2　肩高/mm	1244	1281	1299	1367	1435	1455	1494	1166	1195	1211	1271	1333	1350	1385
2.3　肘高/mm	925	954	968	1024	1079	1096	1128	873	899	913	960	1009	1023	1050
2.4　手功能高/mm	656	680	693	741	787	801	828	630	650	662	704	746	757	778
2.5　会阴高/mm	701	728	741	790	840	856	887	648	673	686	732	779	792	819
2.6　胫骨点高/mm	394	409	417	444	472	481	498	363	377	384	410	437	444	459

3. 坐姿人体尺寸

GB 10000—1988 给出的成年人坐姿人体尺寸包括坐高、坐姿颈椎点高、坐姿眼高、坐姿肩高、坐姿肘高、坐姿大腿厚、坐姿膝高、小腿加足高、坐深、臀膝距、坐姿下肢长共 11 项，其部位见图 2.6。表 2.3 为我国成年人坐姿人体尺寸。

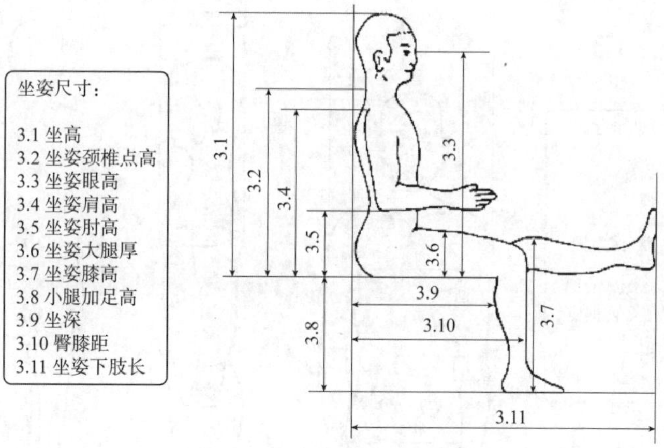

图 2.6　坐姿人体尺寸的部位

表 2.3　坐姿人体尺寸

项目	年龄分组													
	男(18～60 岁)							女(18～55 岁)						
	百分位数													
	1	5	10	50	90	95	99	1	5	10	50	90	95	99
	数据													
3.1　坐高/mm	836	858	870	908	947	958	979	789	809	819	855	891	901	920
3.2　坐姿颈椎点高/mm	599	615	624	657	691	701	719	563	579	587	617	648	657	675
3.3　坐姿眼高/mm	729	749	761	798	836	847	868	678	695	704	739	773	783	803
3.4　坐姿肩高/mm	539	557	566	598	631	641	659	504	518	526	556	585	594	609
3.5　坐姿肘高/mm	214	228	235	263	291	298	312	201	215	223	251	277	284	299

(续表)

项目	年龄分组													
	男(18～60 岁)							女(18～55 岁)						
	百分位数													
	1	5	10	50	90	95	99	1	5	10	50	90	95	99
	数据													
3.6　坐姿大腿厚/mm	103	112	116	130	146	151	160	107	113	117	130	146	151	160
3.7　坐姿膝高/mm	441	456	461	493	523	532	549	410	424	431	458	485	493	507
3.8　小腿加足高/mm	372	383	389	413	439	448	463	331	342	350	382	399	405	417
3.9　坐深/mm	407	421	429	457	486	494	510	388	401	408	433	461	469	485
3.10　臀膝距/mm	499	515	524	554	585	595	613	481	495	502	529	561	570	587
3.11　坐姿下肢长/mm	892	921	937	992	1046	1063	1096	826	851	865	912	960	975	1005

4. 人体水平尺寸

GB 10000—1988 提供的人体水平尺寸包括胸宽、胸厚、肩宽、最大肩宽、臀宽、坐姿臀宽、坐姿两肘宽、胸围、腰围、臀围共 10 项，其部位如图 2.7 所示。我国成年人人体水平尺寸见表 2.4。

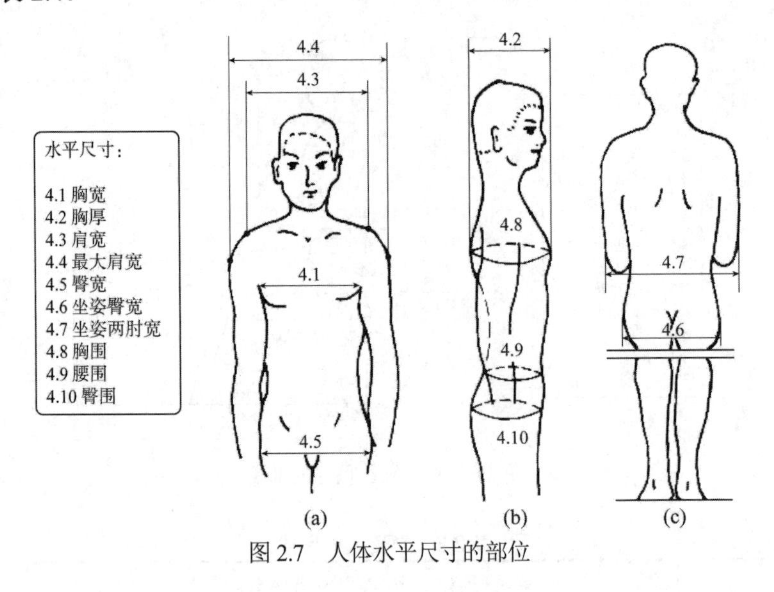

图 2.7　人体水平尺寸的部位

表 2.4　人体水平尺寸

项目	年龄分组													
	男(18～60 岁)							女(18～55 岁)						
	百分位数													
	1	5	10	50	90	95	99	1	5	10	50	90	95	99
	数据													
4.1　胸宽/mm	242	253	259	280	307	315	331	219	233	239	260	289	299	319
4.2　胸厚/mm	176	186	191	212	237	245	261	159	170	176	199	230	239	260
4.3　肩宽/mm	330	344	351	375	397	403	415	304	320	328	351	371	377	387

(续表)

项目	男(18～60 岁)							女(18～55 岁)						
	1	5	10	50	90	95	99	1	5	10	50	90	95	99
4.4　最大肩宽/mm	383	398	405	431	460	469	486	347	363	371	397	428	438	458
4.5　臀宽/mm	273	282	288	306	327	334	346	275	290	296	317	340	346	360
4.6　坐姿臀宽/mm	284	295	300	321	347	355	369	295	310	318	344	374	382	400
4.7　坐姿两肘宽/mm	353	371	381	422	473	489	518	326	348	360	404	460	378	509
4.8　胸围/mm	762	791	806	867	944	970	1018	717	745	760	825	919	949	1005
4.9　腰围/mm	620	650	665	735	859	895	960	622	659	680	772	904	950	1025
4.10　臀围/mm	780	805	820	875	948	970	1009	795	824	840	900	975	1000	1044

注：表头为“年龄分组”“百分位数”“数据”。

5. 各大区域人体尺寸的均值和标准差

一个国家的人体尺寸由于区域、民族、性别、年龄和生活状况等因素的不同而有所差异，我国是一个地域辽阔的多民族国家，不同地区间人体尺寸差异较大。因此，在我国成年人体形态尺寸测量工作中，从人类学的角度，并根据我国征兵体检等局部人体形态尺寸测量资料划分的区域，将全国(除港澳台)划分为以下 6 个区域。

(1) 东北、华北区：包括黑龙江、吉林、辽宁、内蒙古、山东、河北、北京、天津。

(2) 西北区：包括新疆、甘肃、青海、陕西、山西、西藏、宁夏、河南。

(3) 东南区：包括安徽、江苏、浙江、上海。

(4) 华中区：包括湖南、湖北、江西。

(5) 华南区：包括广东、广西、福建。

(6) 西南区：包括贵州、四川、云南。

GB 10000—1988 提供了上述 6 个区域成年人体重、身高、胸围三项主要人体尺寸的均值和标准差值。6 个区域成年人的体重、身高、胸围的均值 $\bar{x}$ 和标准差 S_D 见表 2.5。

表 2.5　6 个区域成年人的身高、胸围、体重的均值及标准差

项目		东北、华北区		西北区		东南区		华中区		华南区		西南区	
		均值 $\bar{x}$	标准差 S_D	均值 $\bar{x}$	标准差 S_D	均值 $\bar{x}$	标准差 S_D	均值 $\bar{x}$	标准差 S_D	均值 $\bar{x}$	标准差 S_D	均值 $\bar{x}$	标准差 S_D
男(18～60岁)	体重/kg	64	8.2	60	7.6	59	7.7	57	6.9	56	6.9	55	6.8
	身高/mm	1693	56.6	1684	53.7	1686	55.2	1669	56.3	1650	57.1	1647	56.7
	胸围/mm	888	55.5	880	51.5	865	52.0	853	49.2	851	48.9	855	48.3
女(18～55岁)	体重/kg	55	7.7	52	7.1	51	7.2	50	6.8	49	6.5	50	6.9
	身高/mm	1586	51.8	1575	51.9	1575	50.8	1560	50.7	1549	49.7	1546	53.9
	胸围/mm	848	66.4	837	55.9	831	59.8	820	55.8	819	57.6	809	58.8

在使用 GB 10000—1988 中成年人的体重、身高、胸围三项人体尺寸时，根据表 2.5 中相应的均值和标准差，并按照百分位数的计算方法，可求得所需的相应人体尺寸。

6. 我国香港地区成年人人体尺寸

由于在进行全国成年人人体尺寸抽样测量工作时，香港地区尚未回归祖国，因而在我国 GB 10000—1988 中所划分的全国成年人人体尺寸分布的 6 个区域内，不包括香港地区。而在此之前，香港地区已为各种设计提供了较完整的成年人人体尺寸。表 2.6 所示为香港地区常用的 P_5、P_{50}、P_{95} 三种百分位数的成年人人体尺寸。

表 2.6　香港地区常用的三种百分位数的成人人体尺寸　　单位：mm

项目	男			女			项目	男			女		
	P_5	P_{50}	P_{95}	P_5	P_{50}	P_{95}		P_5	P_{50}	P_{95}	P_5	P_{50}	P_{95}
身高	1585	1680	1775	1455	1555	1655	胯宽	300	335	370	295	330	365
眼高	1470	1555	1640	1330	1425	1520	胸深	155	195	235	160	215	270
肩高	1300	1380	1460	1180	1265	1350	腹深	150	210	270	150	215	280
肘高	950	1015	1080	870	935	1000	肩肘长	310	340	370	290	315	340
胯高	790	855	920	715	785	855	肘-指长	410	445	480	360	400	440
指关节高	685	750	815	650	715	780	上身长	680	730	780	615	660	705
指尖高	575	640	705	540	610	680	肩-指长	580	620	660	525	560	595
坐姿高	845	900	955	780	840	900	头长	175	190	205	160	175	190
坐姿眼高	720	780	840	660	720	780	头宽	150	160	170	135	150	165
坐姿肩高	555	605	655	510	560	610	手长	165	180	195	150	165	180
坐姿肘高	190	240	290	165	230	295	手宽	70	80	90	60	70	80
腿厚	110	135	160	105	130	155	足长	235	250	265	205	225	245
臀-膝长	505	550	595	470	520	570	足宽	85	95	105	80	85	90
臀-腿弯长	405	450	495	385	435	485	双臂平伸宽	1480	1635	1790	1350	1480	1610
膝高	450	495	540	410	455	500	双肘平伸宽	805	885	965	690	775	860
腿弯高	365	405	445	325	375	425	立姿垂直伸及	1835	1970	2105	1685	1825	1965
肩宽(两三角肌)	380	425	475	335	385	435	坐姿垂直伸及	1110	1205	1300	855	940	1025
肩宽	335	365	395	315	350	385	前伸及	640	705	770	580	635	690

2.2.2　我国成年人动态人体尺寸

人体动态尺寸是指人体的功能尺寸，包括人在工作姿势下或在某种操作活动下测量的尺寸。人体动态尺寸的测量通常包括人体动作范围的测量，如手、脚和四肢活动以及关节角度范围的大小和活动方向的测量。

1. 人在工作位置上的活动空间尺度

人在从事各种工作时都需要有足够的活动空间。工作位置上的活动空间设计与人体的功能尺寸密切相关，为此，本书根据 GB 10000—1988 中的人体形态尺寸测量基础数据，分析了几种主要作业姿势活动空间设计的人体尺度，以供设计参考。

由于活动空间应尽可能适用于绝大多数人，设计时应以高百分位人体尺寸为依据。所以，在以下的分析中均以我国成年男子第 95 百分位身高(1775mm)为基准。

在工作中常取站、坐、跪(如设备安装作业中的单腿跪)、卧(如车辆检修作业中的仰卧)等作业姿势。现从各个角度对其活动空间进行分析说明，并给出人体尺度图。

(1) 立姿的活动空间。立姿时，人的活动空间不仅取决于身体的尺寸，而且也取决于保持身体平衡的微小平衡动作和肌肉松弛脚的站立平面不变时，为保持平衡必须限制上身和手臂能达到的活动空间。在此条件下，立姿活动空间的人体尺度如图 2.8 所示。

图 2.8(a)为正视图，零点位于正中矢状面上(从前向后通过身体中线的垂直平面)。图 2.8(b)为侧视图，零点位于人体背点的切线上。在贴墙站直时，背点与墙相接触，以垂直切线与站立平面的交点作为零点。

(2) 坐姿的活动空间。根据立姿活动空间的条件，坐姿活动空间的人体尺度见图 2.9。

图 2.9(a)为正视图，零点在正中矢状面上。图 2.9(b)为侧视图，零点在经过臀点的垂直线上，并以该垂线与脚底平面的交点作为零点。

(3) 单腿跪姿的活动空间。根据立姿活动空间的条件，单腿跪姿活动空间的人体尺度如图 2.10 所示。

取跪姿时，呈正膝常更换。由一膝换到另一膝时，为确保上身平衡，要求活动空间比基本位置大。

图 2.10(a)为正视图，其零点在正中矢状面上。图 2.10(b)为侧视图，其零点位于人体背点的切线上，以垂直切线与跪平面的交点作为零点。

(4) 仰卧的活动空间。仰卧活动空间的人体尺度见图 2.11。

图 2.11(a)为正视图，零点位于正中中垂平面上。图 2.11(b)为侧视图，零点位于经头顶的垂直切线上，以垂直切线与仰卧平面的交点作为零点。

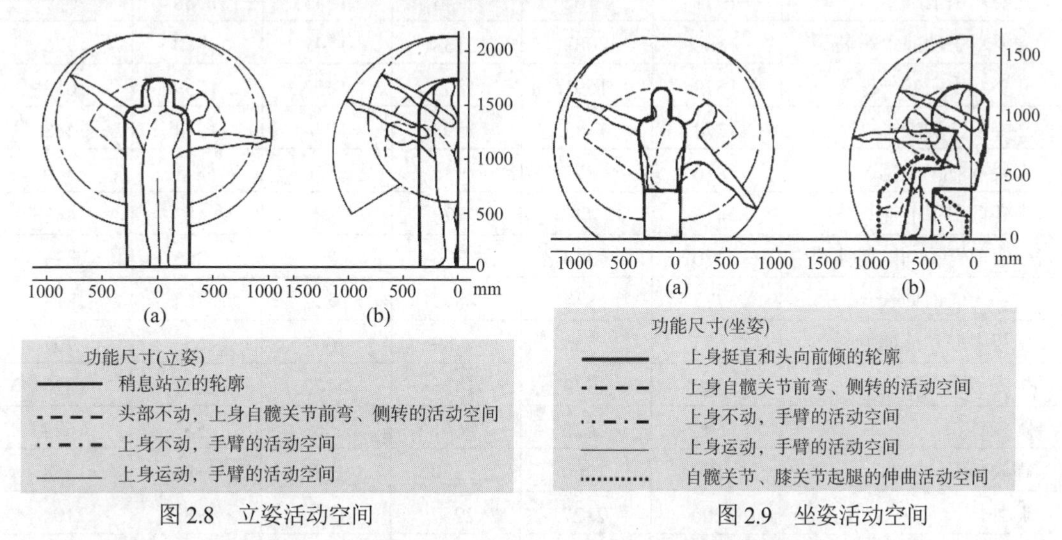

图 2.8　立姿活动空间　　　　图 2.9　坐姿活动空间

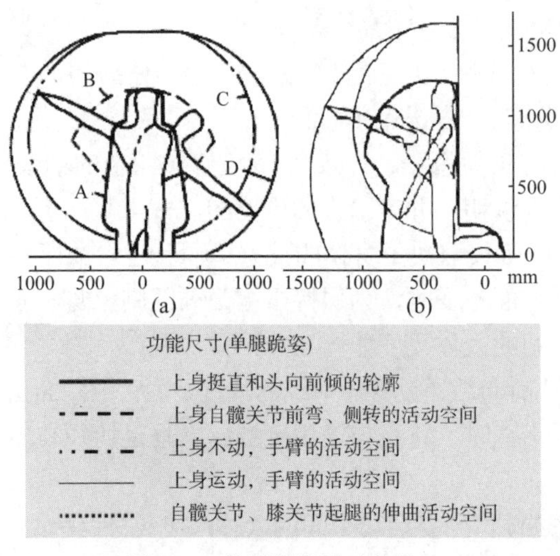

图 2.10　单腿跪姿活动空间

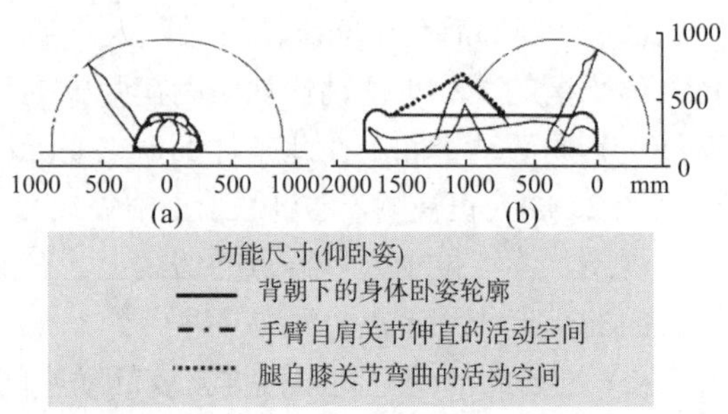

图 2.11　仰卧姿活动空间

2. 常用的功能尺寸

前述常用的立、坐、跪、卧等作业姿势活动空间的人体尺度图可满足人体一般作业空间概略设计的需要，对于受限作业空间的设计，则需要应用各种作业姿势下人体功能尺寸测量数据。GB/T13547—1992 提供了我国成年人立、坐、跪、卧、爬等常取姿势功能尺寸数据，经整理归纳后列于表 2.7。表中数据均为裸体测量结果，使用时应增加修正余量。

表 2.7　我国成年人常取姿势功能尺寸数据　　单位：mm

测量项目	男(18～60 岁)			女(18～55 岁)		
	P_5	P_{50}	P_{95}	P_5	P_{50}	P_{95}
立姿双手上举高	1971	2108	2245	1845	1968	2089
立姿双手功能上举高	1869	2003	2138	1741	1860	1976
立姿双手左右平展宽	1579	1691	1802	1457	1559	1659
立姿双臂功能平展宽	1374	1483	1593	1248	1344	1438
立姿双肘平展宽	816	875	936	756	811	869
坐姿前臂手前伸长	416	447	478	383	413	442
坐姿前臂手功能前伸长	310	343	376	277	306	333
坐姿上肢前伸长	777	834	892	712	764	818
坐姿上肢功能前伸长	673	730	789	607	657	707
坐姿双手上举高	1249	1339	1426	1173	1251	1328
跪姿体长	592	626	661	553	587	624
跪姿体高	1190	1260	1330	1137	1196	1258
俯卧体长	2000	2127	2257	1867	1982	2102
俯卧体高	364	372	383	359	369	384
爬姿体长	1247	1315	1384	1183	1239	1296
爬姿体高	761	798	836	694	738	783

2.3　人体形态尺寸测量中的主要统计函数

由于群体中个体与个体之间存在着差异，除个性化定制需要外，一般来说，某一个体的测量尺寸不能作为设计的依据。为使产品适合一个群体的使用，设计时需要的是一个群体的测量尺寸。然而，全面测量群体中每个个体的尺寸又是不现实的，通常是通过测量群体中较少量个体的尺寸，经数据处理后而获得较为精确的所需群体的形态尺寸数据。

在人体形态尺寸测量中所得到的测量值都是离散的随机变量，因而，可利用统计学分析法对测量数据进行统计分析来获得所需群体尺寸的统计规律和特征参数。

统计学中，把所要研究的全体对象的集合称为“总体”。在人体尺寸测量中，总体是按一定特征被划分的人群。因此，设计产品时必须了解总体的特性，并且对该总体命名，如中国成年人、中国飞行员等。

统计学中，把从总体取出的许多个体的全部称为“样本”。各种人体尺寸手册中的数据就是来自这些样本，因此，设计人员必须了解样本的特点及其表达的总体。

描述一个分布，必须用两个重要的统计量：均值和标准差。前者表示分布的集中趋势；后者表示分布的离中趋势。

2.3.1　均值

表示样本的测量数据集中地趋向某一个值，该值称为平均值，简称均值。均值是描述测量数据位置特征的值,可用来衡量一定条件下的测量水平和概括地表现测量数据的集中情况。对于有 n 个样本(测量的人数)的测量值 x_1， x_2， …， x_n， 其均值 $\overline{x}$ 为

$$\overline{x}=\frac{x_1+x_2+\cdots+x_n}{n}=\frac{1}{n}\sum_{i=1}^{n}x_i \tag{2-1}$$

2.3.2　标准差

由方差的计算公式可知，方差的量纲是测量值量纲的平方，为使其量纲和均值相一致，则取其均方根差值，即标准差来说明测量值对均值的波动情况。所以，方差的平方根 S_{D} 称为标准差。对于均值为 $\overline{x}$ 的 n 个样本测量值，标准差 S_{D} 的一般计算式为

$$S_{\mathrm{D}}=\left[\frac{1}{n-1}\left(\sum_{i=1}^{n}x_i^2-n\overline{x}^2\right)\right]^{\frac{1}{2}} \tag{2-2}$$

2.3.3　相关系数

统计学的相关系数(包括 Pearson 相关系数、Spearman 相关系数、Kendall 相关系数)反映的都是两个变量之间变化趋势的方向以及程度，其值范围为−1～+1，0 表示两个变量不相关，正值表示正相关，负值表示负相关，值越大表示相关性越强。相关系数 γ 的计算公式如下：

$$\gamma=\sum_{i=1}^{n}\left(x_i-\overline{x}\right)\left(y_i-\overline{y}\right)\Big/\sqrt{s_x^2s_y^2} \tag{2-3}$$

式中，n 为被测的数据个数；x_i 为某一数据值；x_i 和 y_i 表示同一个体中两项目中的第 i 个数据。

2.3.4　百分位数

人体形态尺寸测量的数据常以百分位数 P_K 作为一种位置指标、一个界值。一个百分位数将群体或样本的全部测量值分为两部分，有 K%的测量值等于和小于它，有(100 − K)%的测量值大于它。例如，在设计中最常用的是 P_5、P_{50}、P_{95} 三种百分位数。其中第 5 百分位数代表“小”身材，是指有 5%的人群身材尺寸小于此值，而有 95%的人群身材尺寸均大于此值；第 50 百分位数表示“中”身材，是指大于和小于此身材尺寸的人各为 50%；第 95 百分位数代表“大”身体，是指有 95%的人群身材尺寸均小于此值，而有 5%的人群身材尺寸大于此值。

在一般的统计方法中，并不一一罗列所有百分位数的数据，而往往以均值 $\bar{x}$ 和标准差 S_D 来表示。虽然人体尺寸并不完全是正态分布，但通常仍可使用正态分布曲线来计算。因此，在人机工程学中可以根据均值 $\bar{x}$ 和标准差 S_D 来计算某百分位数人体尺寸，或计算某一人体尺寸所属的百分位数。

1. 求某百分位数

当已知某项人体形态测量尺寸的均值为 $\bar{x}$，标准差为 S_D。需要求任一百分位的人体形态尺寸测量尺寸 x 时，可用下式计算：

$$x = \bar{x} \pm \left(S_D \times K\right) \tag{2-4}$$

式中，K 为变换系数。当求 1%～50%的数据时，式中取“−”号；当求 50%～99%的数据时，式中取“+”号。设计中常用的百分比值与变换系数 K 的关系见表 2.8。

表 2.8　百分比值与变换系数的关系

百分比/%	K	百分比/%	K
0.5	2.576	70	0.524
1.0	2.326	75	0.674
2.5	1.960	80	0.842
5	1.645	85	1.036
10	1.282	90	1.282
15	1.036	95	1.645
20	0.842	97.5	1.960
25	0.674	99.0	2.326
30	0.524	99.5	2.576
50	0.000	—	—

2. 求数据所属百分率

当已知某项人体形态测量尺寸为 x_i，其均值为 $\bar{x}$，标准差为 S_D，需要求该尺寸 x_i 所处的百分率 P 时，可按下列方法求得，按 $z=(x_i-\bar{x})/S_D$ 计算出 z 值，根据 z 值在有关手册中的正态分布概率数值表上查得对应的概率数值 p，则百分率 P 为$(0.5+p)\times100\%$。

2.4　人体物理参数

人体物理和生理参数包括人体惯性参数、人体组织力学性能参数、热生理参数和热物理参数、人体生理机能特征参数和运动输出参数。人体惯性参数是人体的基本物理参数之一，在人机工效学、运动生物力学以及相关学科的研究中有着重要的作用。人体组织力学性能参数是进行人体生物固体力学研究(如振动数字化仿真分析)的基础数据，而热生理参数(代谢产热、血流量)和热物理参数(导热系数、密度、比热容)是人体与热环境系统数字化分析的基础数据。人体生理机能特征参数和运动输出参数是描述人体在不同姿态与环境下所具有的生理能力极限判据。本节主要介绍人体惯性参数的相关内容。

人体惯性参数包括人体整体及各体段的质量、质心(重心)位置、转动惯量及转动半径，是进行人体运动及运动损伤与预防研究的基本参量，也是人机工效学、人类学及人体科学研究的重要组成部分，有重要的学术价值和实用背景。人体惯性参数的应用领域十分广泛，人体运动影片解析，体操、技巧、跳水等动作设计，战斗机弹射座椅设计，宇宙飞船专用假人设计和宇航员运动分析，安全设计，工厂厂房及载人器械和设备的护栏设计等均需要此参数。

2.4.1　人体惯性基本参数

1. 质量

质量是物体含有物质的多少，它是衡量物体平动惯性大小的物理量，用以描述物体保持原有运动状态的能力。物体质量越大，保持原有运动状态的能力也越大；反之，物体质量越小，保持原有运动状态的能力也越小。质量是物体的固有属性。质量是恒量，物体在地球任何地方，乃至在宇宙中，物体的质量始终一样。质量是具有大小，但没有方向的标量。人体各环节的质量叫作各环节的绝对质量，各环节绝对质量与人体质量之比叫作各环节相对质量。影响人体总重心位置的因素有 6 个。

(1) 性别。由于男女在青春期发育情况的差异，从总体上来说，女子重心的相对高度比男子低 0.5%～2%。

(2) 年龄。随着年龄的变化，重心的绝对高度与相对高度均会发生变化。一般来讲，婴儿重心的相对高度比成年人约高 10%～15%，随着年龄的增长，相对重心高度会下降。

(3) 运动专项。由于运动专项训练方式的不同，会使某些运动员的局部环节质量及分布发生改变。运动专项不同对人体总重心的位置有所影响，滑冰、足球和短跑等下肢肌肉肥厚的运动员的相对重心位置较低，而体操、游泳、赛艇等上肢肌肉肥厚的运动员的相对重心位置较高。

(4) 体型。体型也是影响人体重心位置的因素之一，判定体型的主要依据就是人体肌肉和骨骼的发达程度以及脂肪积蓄程度，这些都影响了人体整体的质量分布。

(5) 姿势。人体姿势的改变对重心位置有重大影响。当环节向某方向运动时，身体重心随之向该方向移动，在某些情况下，特别是当前屈或后仰时，身体总重心甚至移出体外。评价人体运动重心位置是很有用的，在各种运动项目中，人体重心轨迹对运动动作的评价是非常关键的。

(6) 生理与心理。由于人体在变换姿势或心理紧张时，内脏器官及其肌肉质量的位移、血液的重新分布等原因，使得人体总重心的位置不会固定不变。但是，这种变化是很小的，一般不会超过身高的 1%。

2. 重量

重量包括人体总重量和人体环节重量。人体环节重量称为环节绝对重量，环节绝对重量与人体总重量之比叫作环节相对重量，又称重量系数，后者去除了人的体重对指标的影响。

重量与质量有对应关系，但随着重力加速度 g 的变化，这种对应关系也随之变化。物体

的重量为 W，物体的质量为 m，重力加速度为 g，则质量与重量之间的关系为 $W = mg$。

3. 人体质心和重心

人体质心是指人体整体质量分布的加权平均位置。人体重心是人体各环节所受地球引力的合力作用点。两者物理意义不同，但计算结果一致。在解剖学姿位，人体重心在垂直轴上的位置是运动生物力学研究中的重要参数之一，也是表征运动员体型特点的指标之一。可分别用绝对值和相对值来表示人体总重心的位置，后者是前者与身高的比值，去除了个体间身高不同的影响。绝对重心高度与身高有关，相对重心高度与人体的体型有关，具有项目特征，可以作为运动选材的指标。

4. 环节质心(重心)位置

人体环节质心(重心)在各环节中几乎都有一个固定的位置。纵长环节的质心(重心)大致位于纵轴上，靠近近侧端关节。描述人体环节质心(重心)位置一般采用环节质心(重心)半径系数的概念，即近侧端关节中心至环节质心(重心)的距离与环节长度的比值。有的资料也采用远侧端作为质心(重心)测量的起点，如郑秀媛(1998)提供的人体模型。

5. 转动惯量

物体平动时，其惯性的大小由质量来量度。那么，当物体转动时，其惯性的大小又由什么来量度呢？这里引进转动惯量的概念，转动惯性是衡量物体(人体)转动惯性大小的物理量。

设物体(人体)转动部分由 n 个微小质量 Δm_i 构成，微小质量 Δm_i 距转轴的距离分别为 r_i，则转动惯量 I 的定义式为

$$I = \sum_{i=1}^{n} \Delta m_i r_i^2 \tag{2-5}$$

由式(2-5)可知，物体(人体)的转动惯量与物体(人体)的质量、质量分布和转轴位置有关。对于人体转动，整个人体或环节相对于某轴的转动惯量越大，则对该轴的转动惯性也越大。由于人体在完成某一转动动作过程中，身体质量相对恒定，所以人体的转动惯量由人体的质量分布及转轴位置决定。人体的质量分布与人体的身高和人体运动时的姿势紧密相关。因此，空翻类运动项目的运动员身高普遍较矮，例如体操运动员人矮小，转动惯量就小，容易转动。空翻类动作难度的判定与运动员的动作姿势有关，直体难于屈体；屈体难于团身。由于转动轴的不同，转动惯量也不同。例如链球对转动轴的转动半径大，转动惯量大，转动困难。因此，在指出物体转动惯量时，必须指明是对哪一转动轴而言。

6. 回转半径

由于实际应用过程中，很难了解物体中每一质点的质量及其到转动轴的距离，通常都是采用物体的整体质量。假设绕某转动轴转动的物体全部集中在离轴某一距离的一点上，即用这一点来代表整个物体的质量，这时它的转动惯量如果恰好与原物体相对此轴的转动惯量相等，则称这个距离为回转半径(R)，也叫转动半径，用公式表示为

$$I = \sum_{i=1}^{n} m_i r_i^2 = mR^2 \tag{2-6}$$

所以

$$R = \sqrt{\frac{I}{m}} \tag{2-7}$$

如果知道了转动物体的转动惯量和质量，可用式(2-7)求得回转半径。

2.4.2　人体惯性参数的测量与标准化

人体惯性参数的测量是一项非常重要的基础性工作，但由于测量方法及样本的不同，不同学者所报道的惯性参数之间差异较大。采用不同的参数，对研究结果会产生一定的影响。除非是个性化人体模型构建与应用的需要，一般情况下在研究过程中几乎不可能做到也没有必要对每个研究对象进行活体惯性参数的测量，因此，有必要对不同人群或国别的人体惯性参数有一个相对准确而又适应性较好的标准值。我国已于 20 世纪 90 年代公布了中国成年人人体质心标准《成年人人体惯性参数》(GB/T 17245—2004)。

进行人体惯性参数测量时，人体环节的划分和人体生理环节关节点的判定是参数测量中的基础性技术工作，也是决定通用型虚拟人体模型和各种面向领域问题的虚拟人体模型构建的关键工作，是不同参数系统之间是否具有可比性的依据。

人体生理结构大体分为头、躯干、四肢等部分，每个部分可以根据需要进一步划分为更小的部分，称之为生理环节、体段或部位(segments，本书统一称为环节)。由于这些环节在人体运动过程中相互间的位置不断调整和改变，这些调整和改变直接影响环节质心和人体质心的位置，因此确定环节的划分方法就显得十分重要。目前，环节划分方法有两种：一种是以人体的结构功能为依据，分割环节的切面通过关节转动中心，并以关节中心间的连线作为环节的长度。登普斯特(Dempster)于 1955 年曾对环节长度做过如下规定：环节长度为在纵轴上连接相邻两个关节中心的直线之长，如是末端环节，则是关节中心与环节质心之间的连线。另一种是以人体体表骨性标志点作为划分环节的参考标志，并以此确定环节长度。前一种划分方法与人体结构功能相适应，在影像解析时更符合运动规律，但在人体测量时不易准确确定划分点；而后一种划分方法尽管易于测量，但不如前者能更好地满足运动生物力学研究的基本要求。

在人体运动影像解析中，需要根据受试者的性别、种族等实际情况来选择不同的人体惯性参数。表 2.9 列出德国、日本、苏联、美国及中国等 5 国学者专家提供的本国人体惯性参数所采用的环节划分方法，以资比较。德国的布拉温-费希尔数据、日本的松井秀治数据和美国的国家技术情报服务处数据基本上采用的是以人体的结构功能为依据划分环节的方法，而苏联的扎齐奥尔斯基数据和中国的郑秀媛数据基本上是采用以人体体表骨性标志为依据来划分环节的方法。

表 2.9　5 国专家采用人体环节划分方法的对比

环节	德国	日本	苏联	美国	中国
头	无详细交代	头顶-平齐耳屏位	头顶-平齐第七颈椎棘突处	头顶点-颈颏交接点	头顶点-颈椎点
颈	无	平齐耳屏位-胸骨上缘	无	无	—
躯干	—	—	—	—	—
上躯干	肩关节连线中点-髋关节连线中点	胸骨上缘-髋关节连线中点	第七颈椎棘突-胸骨下点	颈颏-耻骨下缘	颈椎点-胸剑联合点
中躯干	—	—	胸骨下点-脐点	—	胸下点-髂棘上点
下躯干	—	—	脐点-髂前点	—	髂棘上点-会阴
上臂	肩关节中心-肘关节中心	肩关节中心-肘关节中心	肩峰点-肱桡点	肩关节中心-肘关节中心	肩峰与腋前-桡骨头

(续表)

环节	德国	日本	苏联	美国	中国
前臂	肘关节中心-髋关节中心	肘关节中心-髋关节中心	肱桡点-茎突点	肘关节中心-髋关节中心	桡骨头-桡骨茎突
手	无详细交代	腕关节中心-掌指关节中心	茎突点-指点	腕关节中心-第一指骨间关节中心	桡骨茎突-中指尖
大腿	髋关节中心-膝关节中心	髋关节中心-膝关节中心	髂前点-胫骨上点	髋关节中心-膝关节中心	髂前上棘-胫骨上点
小腿	膝关节中心-踝关节中心	膝关节中心-踝关节中心	胫骨上点-胫骨下点	膝关节中心-踝关节中心	胫骨下点-内踝尖
足	跟结节-足尖	踝关节-足跟	胫骨下点-指点	跟后缘-趾尖点	内踝尖-足底

2.4.3　人体惯性参数测量方法

人体惯性参数测量方法归纳起来主要分三类：人体标本测量法、活体测量法、数学模型计算法。

1. 人体标本测量法

人体标本研究是对人体标本先肢解，然后进行环节参数的测定。测量方法采用称重和悬挂法，其价值在于以人体标本实验为基础建立活体环节参数的概念，但需要考虑到死组织与活组织之间的差异性。从哈里斯(Harless，1860)肢解两具成年男性人体标本以来，至 20 世纪 70 年代，共解剖了近 50 具人体标本，研究者有布拉温和菲舍尔(Braune 和 Fisher，1889)、丹普斯特(Dempster，1955)、毛里和山本(Mori 和 Yama，1959)、克劳塞(Clauser，1969)等。大多数作者只测定了质量和环节质心位置，年龄以成年人为主，缺少女性材料。

由于不同研究者收集的人体标本数量均不多，每个研究者所研究的标本至今没有超过 20 个，加之切割技术的复杂性，各研究者采用的具体方法不同，因而所得到的结果在推广时必然会受到限制。

2. 活体测量法

人体标本研究有两个局限性：第一，标本数量小，不能完全代表人体结构的巨大个体差异；第二，死组织与活组织之间有差异性，这使人们的注意力越来越转向于活体研究。活体研究的传统方法有水浸法、称重法、数学模型法等。20 世纪 50 年代以后，各国学者对活体研究的兴趣和努力越来越大，出现了放射性同位素法、CT 法、核磁共振成像法、快速释放法等许多新的研究方法，在人体环节惯性参数研究上取得了较大突破。

(1) 水浸法。哈里斯(Harless，1860)、丹普斯特(Dempster，1955)、康蒂尼(Contini，1972)等曾利用水浸法进行活体环节惯性参数的研究。水浸法是根据阿基米德原理，浸入水中环节的体积等于被排开水的体积，然后再与人体平均密度相乘得到环节质量。水浸法又分浸入法和注入法两种，前者是将环节浸入已盛满水的容器中，后者是将水注入已放有环节的容器中。水浸法中，确定浸入水中的各关节中心平面的标志是十分重要的。水浸法的优点是简单易行，所需要的费用也较少。水浸法虽然可以得到各环节的重量，但它的不足也较为明显，就是它往往使用人体样本材料的平均密度，直接应用于活体上有一定误差，还有就是人体各环节因受骨骼、肌肉、细胞间质等密度不同的物质影响，并非具有相同比重。另外，由于先浸入水中的大体积的人体各环节的数据会影响后浸入水中人体环节的数据，因此，水浸法得到的环节惯性参数误差较大，精度不够。

(2) 称重法。称重法(又称平衡板法)有简便易行、能够直接测量人体整体和环节重量参数的优点，多年来一直受到各国学者的关注。其原理是应用力矩平衡方程测量人体总重心位置。伯恩斯坦、威廉斯、康蒂尼等分别于 1936 年、1963 年、1970 年对变换姿势称重法进行了尝试，取得了较为重要的研究结果。但是，这种尝试中最重要的一个假设是必须事先知道环节重心坐标和环节相对重量中的某一个参数。温特(David A.Winter)也曾利用一维平衡板通过改变人体远端环节姿势来获取其重量。悬挂法测环节质心如图 2.12 所示。

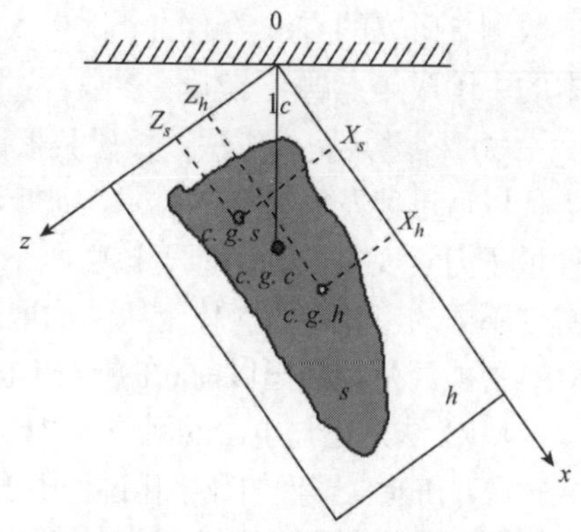

图 2.12　悬挂法测环节质心

北京体育大学金季春教授、李世明博士于 2003 年应用人体总重心圆原理，将环节(链)重量矩测量与环节(链)重心半径测量相结合，首次解决了平衡板实际测量人体运动环节重量、重心半径的基础理论问题，利用自制的两种平衡板分别实测了 9 名男性样本的头、上肢链、下肢链和小腿－足等 7 个环节(链)的重量矩、重心半径，并计算了它们的重量及躯干、大腿的重量参数；引入最优化理论，计算了上下躯干、上臂、前臂、手、小腿、足等 12 个环节的重量参数，获得了一套细化人体模型环节重量参数，为今后对特殊个体和青少年人体环节重量、重心位置的测量开拓了一种安全、可靠的方法。

(3) 放射性同位素法。莫斯科中央体育学院的扎齐奥尔斯基(Zatsiorsky)和谢鲁杨诺夫(Seluyanov)于 1978 年用放射性同位素法(又称 γ 射线扫描法)对 100 名男子和 15 名女子进行了人体环节惯性参数的研究。该方法的理论来自单能级 γ 射线窄束通过人体环节后强度发生衰减的物理定律，利用铯-137 的 γ 射线对受试者进行全身扫描，测出 γ 射线通过身体各部位后的通量密度，并计算出各部位的面密度，进而计算出各环节的质量及质心位置等惯性参数。放射性同位素法在大样本统计活人的环节惯性参数方面是一个重大突破。该方法具有诸多优点，并且将躯干分为三段，实验样本量大，所得结果已为运动生物力学工作者广泛应用。

(4) CT 法。清华大学郑秀瑗教授等利用计算机 X 射线断层照相术(computerized tomography, CT 法)，于 1988 年对 100 名受试者(男女各 50 名)进行了 3cm 间隔的全身扫描。各横截面图像用正胶片拍出，由于各种组织和器官密度不同，其吸收射线量也不同，因而反映在胶片上的图像灰度也不同。组织和器官越密吸收射线越多，其灰度越小；反之，则灰度越大。利用 CT 图像上组织与器官边缘的连续光滑曲线，采用在边缘上画点，以三次样条逼近方法拟合出一条光滑、连续的组织与器官边界线，然后对每一种组织赋予一种灰度，并填充于上述画出的边界线内，再让计算机识别并计算面积。该方法所使用的各组织和器官的密度是从 20 具经 10%福尔马林溶液处理的固定人体样本和 6 具新鲜人体样本上选取 19 种人体组织和器官材料，用水浸法测出体积，用天平称重，最后计算出每一种组织与器官的平均密度。这 19 种组织与器官分别是血液、皮、皮下组织、横纹肌、肌腱、软骨、骨干、骨端或脊椎、胸腹腔软组织、心肌、全心、平滑肌、胃肠、肺、肝、脾、胰、肾和脑。通过从 CT 图像上计算出的面积，乘以 3cm 得到体积，与不同组织密度相乘，可得到不同组织的重量。根据人体样本解剖法确定人体各环节划分的分界点，得到每个环节的 CT 图像数量。通过计算可得到各环节的质量、相对质量、质心相对位置等惯性参数。此外，以体重和身高为自变量建立了各环节质量、质心位置的二元回归方程，以多个人体环节尺寸测量参数为自变量建立了各环节质量、质心位置的多元逐步回归方程。应该说，CT 法是在人体环节惯性参数测量研究的方法学上的一次重大突破，特别值得一提的是，利用该方法首次得到了大样本的中国成年人的环节惯性参数。

(5) 核磁共振成像法。核磁共振成像(magnetic resonance imaging，MRI)法是20世纪70年代以后迅速发展起来的技术，被广泛应用于医学上，提供人体的医疗诊断。核磁共振是一种量子力学现象，利用原子核中电子运动的磁场现象，通过计算机重组而将磁场情形转换成密度不同的影像，将人体组织结构展现出来。MRI与CT都是人体测量上的一个突破，但是，MRI更能清楚地照出以前CT所照不出来的部位，进而提供作为人体环节惯性参数的有效方法。

MRI法是透过电磁的回波，以梯度磁场来编信号的位置，并以傅里叶分析来分析信号及组成影像，在建立影像的数字化过程中连接至电脑，以影像分析软件来进行骨骼、脂肪、肌肉的边界范围坐标数字化，然后求出各组织截面积，进一步计算体积和质量。之后，将上下张影像上的同组织视为去头锥体或柱体计算体积，代入各组织密度数据求出质量和质心位置。

MRI法获得的人体环节惯性参数包括各环节的体积、质量分布、质心位置等。此外，还可建立一套计算环节惯性参数质量、质心位置的回归方程。

(6) 快速释放法。快速释放法也可被用于研究环节惯性参数。美国学者Contini提出了快速释放法来测量人体各环节的转动惯量，这种方法是让被试者固定住非测量环节，让测量环节以静止力拉测力传感器，从而依据外力矩求出肌力矩，然后突然卸下外力，在被试者没有来得及反应时，可以认为被测环节在肌力矩的作用下绕关节转动，通过其他辅助装置测出那一时刻的加速度，进而根据刚体转动定律求得被测环节的转动惯量。Bouisset等利用这种方法测量了11个样本的前臂以及手部的转动惯量。该方法的缺点是对有些环节不适用，或者无法求得某个坐标轴方向的转动惯量，有一定局限性。

3. 数学模型计算法

为了适应数字化人机工程设计和人体运动生物学研究的需要，需要建立数字化虚拟人体模型，人体惯性参数数学模型是建立数字化人体模型的重要基础之一。建立人体惯性参数数学模型是广泛使用人体测量学数据(人体尺寸和体重)计算个体各环节质量、质心的通用方法，它可以计算族群的惯性参数的统计平均值和标准差，有的还可以计算个体化的人体惯性参数。

哈里斯(Harless，1860)首先建议用几何图形来模拟人体环节，如将头部模拟成正椭圆球，将躯干模拟成正椭圆柱，将四肢模拟成平截正圆锥体等，这些模型的特点是简化人体结构与功能。关节被假设为没有摩擦力的铰接，环节被假设为简单几何图形的匀质刚体，血液和软组织的位移略去不计。

汉纳范(Hanavan，1964)人体数学模型就是其中的代表。此外，美国国家技术情报服务处1975年发表了一份题为《人体惯性性质研究》的资料，给出了根据体重计算环节转动惯量的一元回归方程，即昌特勒参数(Chandler，1975)。

下面对德国、日本、美国、苏联和中国的5种世界上公认人体惯性参数模型进行描述，并介绍了汉纳范(Hanavan，1964)的人体数学模型。

(1) 布拉温·菲舍尔模型。1889年，德国学者布拉温和菲舍尔公布了他们关于人体全身及各部分的重量、体积、重心的研究成果，共解剖了4具尸体，从3具尸体中获得了数据。其研究结果表明，四肢各环节的重心是沿着环节纵轴分布的(环节纵轴即环节两端关节中心的连线)。此研究成果提供了身体各环节的相对重量数据和环节重心位置系数。

(2) 松井秀治模型。日本松井秀治于1958年公布了他的研究成果，他把人体近似于一个简单模型，用人体形态测量计算及X射线摄影等方法，利用已知的组织比重参数，计算了男、女两种环节参数，避免了其他几种方法计算女子重心时产生较大误差的问题。

(3) 昌特勒模型。美国国家技术情报服务处于 1975 年发表关于人体惯性性质的研究报告，给出了根据体重计算环节质量和转动惯量的一元回归方程，从而得出一个模型。该模型由美国宇宙医学研究实验室和美国空军等单位共同完成的，主要作者为昌特勒(Chandler)，所以也称为昌特勒参数模型。

昌特勒等测量了 6 具尸体，获得了环节重量、质心位置和中心主转动惯量，每具尸体被分割成 14 个环节，测量了每个环节的质量、质心、转动惯量和体积，也进行了整体和环节的标准三维人体测量，获得了一份较完整的人体惯性参数资料。

(4) 扎齐奥尔斯基模型。苏联 B. M. 扎齐奥尔斯基和 B. H. 谢鲁杨诺夫于 1978 年用放射性同位素扫描的方法对 100 名青年学生进行测试，该材料的实验方法及实验的样本数都是较为可靠的，是一份完整的人体惯性参数资料。测试人数超过了 100 人，有男女之分；在环节划分上，细化了躯干不同部位的功能和作用，获得了由身高、体重计算各环节重量、转动惯量的回归方程，也获得了环节重心位置系数数据。在同位素测定和统计学处理的基础上建立起的回归方程，比通过尸体解剖获得的参数更为精确。

(5) 神经网络法。浙江大学林捷等基于 BP 模型建立了对人体整体质心预测模型，在人体惯性参数技术研究的基础上做了新的尝试。其研究成果表明，该预测模型同样可以运用到其他人体惯性参数的相关研究中。

2.4.4　人体惯性参数数学模型及其计算式

汉纳范于 1964 年建立了一个由 15 个简单几何体通过铰头连接组成的人体数学模型，汉纳范人体数学模型中的每一个几何体代表人体的一个环节，这些环节及其序号如图 2.13 所示。结合 25 项标准人体测量学数据，即可预测人体在任何姿势下身体的质量、质心、转动惯量、惯性积、主转动惯量和惯性主轴等参数。通过对 66 名男性实验对象的数学模型计算(预测)值与实验测试数据进行比较，验证了其模型具有良好的个体化特征。

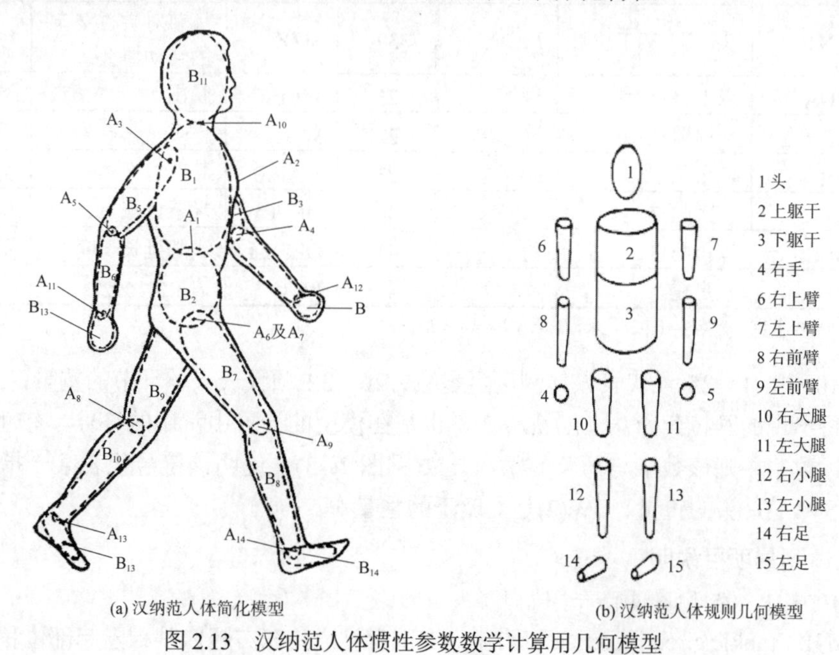

(a) 汉纳范人体简化模型　　(b) 汉纳范人体规则几何模型

图 2.13　汉纳范人体惯性参数数学计算用几何模型

各环节模型的几何和惯性参数是根据具体的人体测量学参数来确定，从而使模型具有真正的个体化特征。

1. 各测量项目的符号

为了便于描述模型的几何尺寸和惯性参数，以及编制计算机程序，汉纳范使用了表 2.10 所示的测量项目的符号及度量单位。

表 2.10　测量项目的符号及度量单位

序号	符号	意义	单位	序号	符号	意义	单位
1	ANKC	踝围	英寸	11	HEADC	头围	英寸
2	AXILC	腋下臂围	英寸	12	HIPB	髋宽	英寸
3	BUTTD	臀厚	英寸	13	SHLDH	肩高	英寸
4	CHESB	胸宽	英寸	14	SITH	坐高	英寸
5	CHESD	胸厚	英寸	15	SPHYH	内踝高	英寸
6	ELBC	肘围	英寸	16	STAT	身高	英寸
7	FISTC	拳围	英寸	17	SUBH	胸骨下缘高	英寸
8	FOARL	前臂长	英寸	18	THIHC	大腿围	英寸
9	FOOTL	足长	英寸	19	TIBH	胫骨高	英寸
10	GKNEC	膝围	英寸	20	TROCH	转子高	英寸
21	UPARL	上臂长	英寸	33	SL	环节长度	英寸
22	W	体重	英寸	34	CG	环节重(质心)	英寸
23	WAISB	腰宽	英寸	35	SW	环节重量	磅
24	WAISD	腰厚	英寸	36	SM	环节质量	斯拉格
24	WAISD	腰厚	英寸	37	SIXX	环节对质心 X 轴的转动惯量	″• 英寸 ^{2}
25	WRISC	腕围	英寸	38	SIYY	环节对质心 Y 轴的转动惯量	″• 英寸 ^{2}
26	HNT	头、颈、躯干总重	磅	39	SIZZ	环节对质心 Z 轴的转动惯量	″• 英寸 ^{2}
27	BUA	双上臂重	磅	25	WRISC	腕围	英寸
28	BFO	双前臂重	磅	22	W	体重	英寸
29	BH	双手重	磅	23	WAISB	腰宽	英寸
30	BVL	双大腿重	磅	40	DELTA	环节比重	磅/英寸 ^{3}
31	BLL	双小腿重	磅	41	DELSH	大腿延长长度	英寸
32	BF	双足重	磅	42	PI	π=3.1415927	—

注：1 磅=0.4536 千克，1 英寸=0.0254 米，1 斯拉格=14.6 千克。

表 2.10 中，1～25 项代表人体测量学参数，26～32 项代表人体环节的重量，33～42 项以及后面将出现的欧拉角 $\theta(I, 1)$、$\theta(I, 2)$，也是在模型的计算中常用的符号。有时在符号后面出现下标数字，则该数字与环节的序号一致(见图 2.13)，说明该符号代表某一指定环节的参数，如 SW(1)是头的重量、SW(2)是上躯干的重量等。

2. 人体测量项目说明

表 2.10 中 1～25 测量项目介绍如下。

(1) ANKC(ankle circumference，踝围)：受试者站立，在右腿内外踝隆起部位稍上方用皮尺量最小围长。

(2) AXILC(axillary arm circumference，腋下臂围)：受试者直立，右臂上举，放好皮尺后臂下垂，将皮尺尽量上靠腋窝，水平量上臂之围长。

(3) BUTTD(buttock depth，臀厚)：受试者直立，将人体测量仪放在受试者右侧，于臀部向后最突出处的水平面上量臀厚。

(4) CHESB(chest breath，胸宽)：受试者直立，两臂上举，放好人体测量仪后两臂下垂，在正常呼吸的情况下在乳头的水平面上量胸宽。

(5) CHESD(chest depth，胸厚)：受试者直立，两臂上举，放好人体测量仪后两臂下垂，在正常呼吸的情况下在受试者右侧于乳头的水平面上量胸厚。

(6) ELBC(elbow circumference，肘围)：受试者直立，右臂水平向前伸直，用皮尺在鹰嘴上量肘部一圈的周长。

(7) FISTC(fist circumference，拳围)：受试者右手握紧拳头，拇指横握于拳端，用皮尺沿拇指和各掌指关节量拳围长。

(8) FOARL(forearm length，前臂长)：受试者站立，右臂伸直于体侧，沿前臂纵轴用人体测量仪量桡骨点(桡骨小头上缘的最高点)和茎突之间的距离。

(9) FOOTL(foot length，足长)；受试者站立，右足立于测足盘中，足底用力均匀，足刚好碰测足盘之侧、后壁，且纵轴与侧壁平行，用刻度尺于测足盘基面上沿纵轴量足长。

(10) GKNEC(knee circumference，膝围)；受试者站立，用皮尺在髌骨中点水平面上量右膝围。

(11) HEADC(head circumference，头围)：受试者直立，在受试者眉嵴上沿测量绕头部一周的长度。

(12) HIPb(hip breadth，髋宽)：受试者直立，用人体测量仪水平地测量两髋之间的最大宽度。

(13) SHLDH(shoulder height，肩高)：受试者直立，用人体测量仪量地面至右肩峰的垂直距离。

(14) SITH(sitting height，坐高)：受试者坐立，头位于法兰克福平面，两脚搁于地面保持膝弯曲成 90º，用人体测量仪紧靠颅顶盖量头顶至坐平面的垂直距离。

(15) SPHYH(sphyrion height，内踝高)：受试者直立，两腿稍分，用人体测量仪量地面至内踝的垂直距离。

(16) STAT(stature，身高)：受试者站立，头位于法兰克福平面，用人体测量仪紧靠颅顶盖量头顶至地面的垂直距离。

(17) SUBH(substernale height，胸骨下缘高)：受试者直立，用人体测量仪量地面至胸骨下缘点(胸骨体与剑突连接处)的垂直距离。

(18) THIHC(thigh circumference，大腿围)：受试者站立，两腿稍分，用人体测量仪于臀沟最低处的水平面上量右大腿的围长。

(19) TIBH(Tibiale height，胫骨高)：受试者直立，两腿稍分，用人体测量仪量地面至右腿胫骨点(内侧髁内侧缘上的最高点)的垂直距离。

(20) TROCH(trochanteric height，转子高)：受试者直立，用人体测量仪量地面至右腿转子点(股骨大转子最高的一点)的垂直距离。

(21) UPARL(uppe arm length，上臂长)：受试者站立，右背于体侧伸直，沿上臂纵轴用人体测量仪量肩峰至桡骨点(桡骨小头上缘的最高点)的距离。

(22) W(weight，体重)：用医用体重秤量裸体重量。

(23) WAISB(waist breadth，腰宽)：受试者直立，腹部放松，用人体测量仪水平地量腹部左右最外侧内凹处之间的最小距离。

(24) WAISD(waist depth，腰厚)：受试者直立，腹部放松，用人体测量仪在受试者右侧腰部最外侧外凹处水平面上量腹部前后之距离。

(25) WRISc(wrist circumference，腕围)：右臂右手伸直，用皮尺过尺骨茎突近侧量腕围。

3. 模型环节惯量参数的计算

汉纳范人体数学模型中的各环节重量分布采用巴特(Barter)的回归方程(见表 2.11)计算得出，但由这些回归方程算出的身体总重量不等于输入的体重，为了修正这个偏差，应将这两者的差值按比例分配给各环节，以使两者相等。

表 2.11　巴特推算环节重量分布回归方程

环节重量/磅	回归方程	标注误差估计
头+颈+躯干	=0.47 体重①+12.0	±6.4
头+颈②	=0.079 体重	—
双上臂	=0.08 体重−2.9	±1.0
双前臂	=0.04 体重−0.5	±1.0
双手	=0.01 体重+0.7	±0.4
双大腿	=0.18 体重+3.2	±3.6
双小腿	=0.11 体重−1.9	±1.6
双足	=0.02 体重+1.5	±0.6

注：① 体重以磅为单位；

② 由于三个研究者切割躯干的方法不同，巴特采用丹普斯特的环节重量比。

汉纳范人体数学模型中的各环节的转动惯量参数计算式见表 2.12(各式中的“ • ”代表乘号)。

表 2.12　人体模型各环节的转动惯量参数计算式

参数计算式		图示及说明
头	头的模型是一个正椭圆球(见图 2.14)，与 *X-Y* 平面平行的截面是一个圆，与 *X-Y* 平面正交的截面是椭圆。头的几何参数和有关转动惯量参数为 *R*=0.5 • (STAT−SHLDH) RR=HEADC/(2 • PI) SL=(STAT−SHLDH) ETA=*η*=0.5 SW=0.079 • W SM=SW/32.2 DELTA=3 • SW/(4 • *R* • (RR)2 • PI) SIXX=0.2 • SM • ((*R*)2+(RR)2) SIYY=SIXX SIZZ=0.4 • SM • (RR)2	图 2.14　正椭球体和铰头

(续表)

	参数计算式	图示及说明
上躯干	躯干的模型是正椭圆柱(见图 2.15)，与 *X-Y* 平面平行的数面是椭圆。整个躯干的重量为头、颈，躯干总重量(HNT)减去头的重量(SW(1))，根据密度的差异将整个躯干分为上、下两部。上躯干的几何参数和有关转动惯量参数为 *R*=0.5 · CHESB RR=0.25 · (CHESD+WAISD) SL=SHLDH−SUBH ETA=*η*=0.5 V2=上躯干体积=PI · *R* · RR · SL V3=下躯干体积=PI · *R* · RR · SL DELTA=(HNT−SW(1))/(V2+ V3 · 1.01/0.92) SW=DELTA · V2 SM=SW/32.2 SIXX=SM · (3 · (*R*)2+(SL)2)/12 SIYY= SM · (3 · (RR)2+(SL)2)/12 SIZZ= SM · (3 · (*R*)2+(RR)2)/12	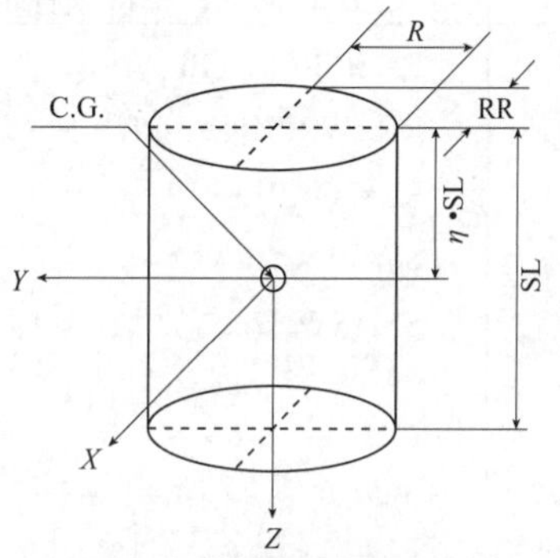 图 2.15　椭圆柱体和铰头
下躯干	下躯干的模型也是正椭圆柱(见图 2.15)，与 *X-Y* 平面平行的截面是椭圆。下躯干的几何参数和有关转动惯量参数为 *R*=0.5 · HIPB RR=0.25 · (WATSD+BUTTD) SL=SITH−(STAT−SUBH) ETA=*η*=0.5 V3=下躯干体积=PI · *R* · RR · SL SW=HNT−SW(1) −SW(2) DELTA=SW/(PI · *R* · RR · SL) SM、SIXX、SIYY、SIZZ 的计算分别与(2*i*)(2*j*)(2*k*)(2*l*)相同	
手	手的模型是球体(见图 2.16)。手的几何参数和有关转动惯量参数为 *R*=FIRST/2 · PI RR=*R* SL=2 · *R* ETA=*η*=0.5 SW=0.5 · BH SM=SW/32.2 DELTA=3 · SW/(4 · PI · R3) SIXX=0.4 · SM · (*R*)2 SIZZ=SIYY=SIXX	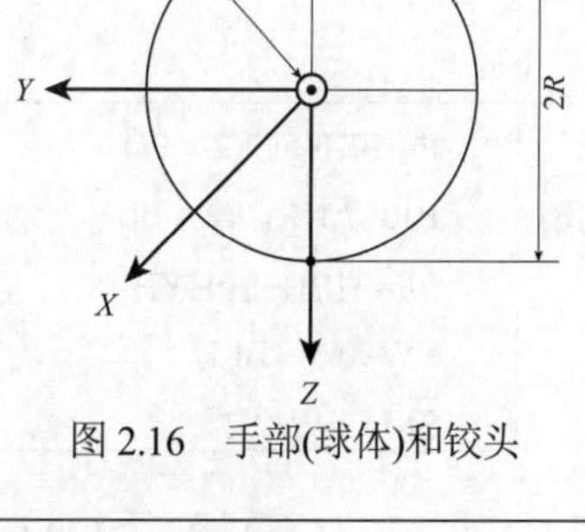 图 2.16　手部(球体)和铰头

(续表)

参数计算式		图示及说明
上臂	上臂的模型是平截头正圆锥体(见图 2.17)，与 $X-Y$ 平面平行的截面是圆。上臂的几何参数和有关转动惯量参数为 R=AXILC/(2 • PI) RR=ELBC/(2 • PI) SL=UPARL SW=0.5 • BVA SM=SW/32.2 由于上臂和其余环节的模型都是平截头正圆锥体，它们共同的性质将在后面统一给出	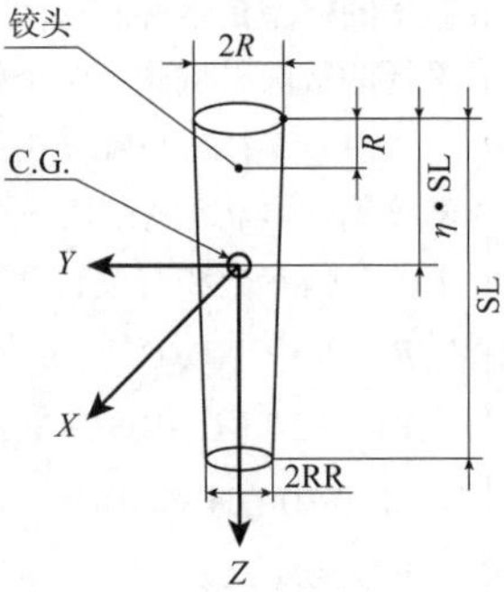 图 2.17　正圆锥体和铰头(上臂)
前臂(见图 2.18)	R=ELBC/(2 • PI) RR=WRISC/(2 • PI) SL=FOARL SW=0.5 • BFO SM=SW/32.2	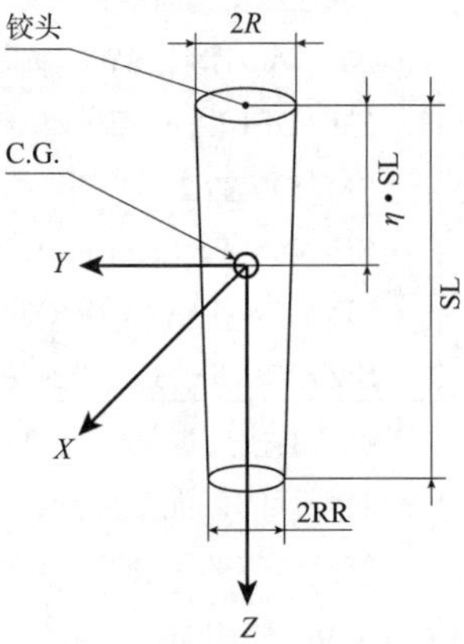 图 2.18　正圆锥体和铰头(前臂、小腿)
大腿(见图 2.19)	R= THIHC/(2 • PI) RR= GKNEC/(2 • PI) SL=STAT−SITH−TIBH DELSH=STIH−STAT+TROCH SW=0.5 • BUL SM=SW/32.2	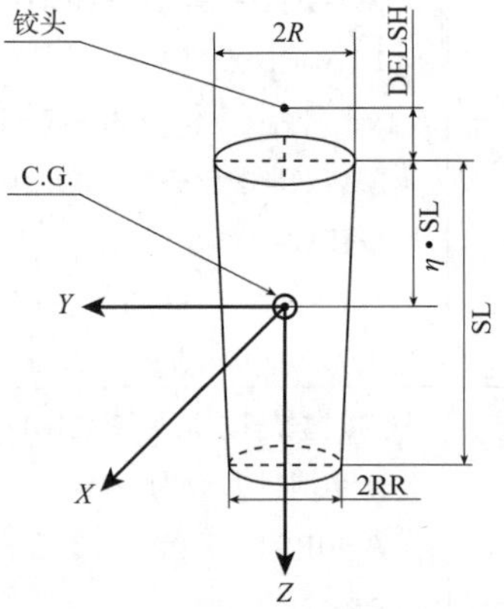 图 2.19　正圆锥体和铰头(大腿)
小腿(见图 2.18)	R= FKNEC/(2 • PI) RR= ANKC/(2 • PI) SL=TIBH−SPHYH SW=0.5 • BLL SM=SW/32.2	—

(续表)

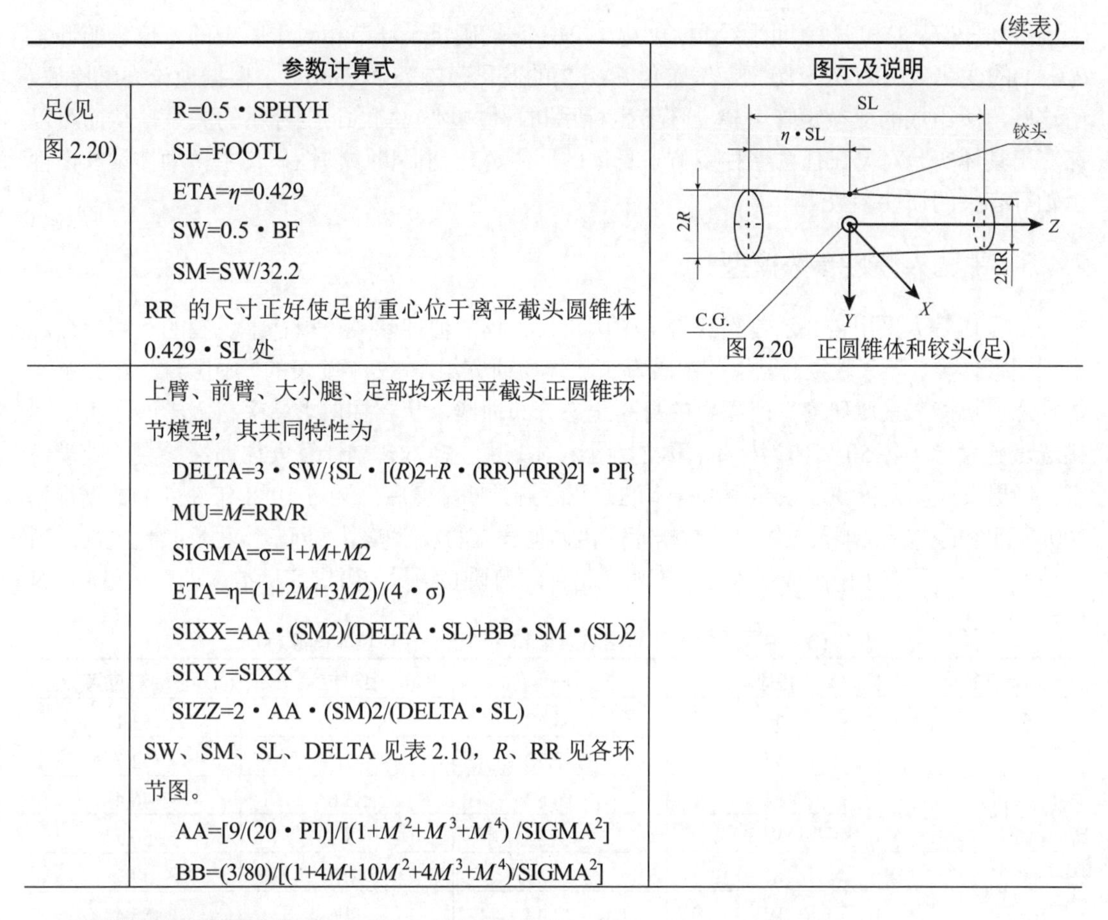

参数计算式		图示及说明
足(见图 2.20)	R=0.5 · SPHYH SL=FOOTL ETA=η=0.429 SW=0.5 · BF SM=SW/32.2 RR 的尺寸正好使足的重心位于离平截头圆锥体 0.429 · SL 处	图 2.20　正圆锥体和铰头(足)
	上臂、前臂、大小腿、足部均采用平截头正圆锥环节模型，其共同特性为 DELTA=3 · SW/{SL · [(*R*)2+*R* · (RR)+(RR)2] · PI} MU=*M*=RR/R SIGMA=σ=1+*M*+*M*2 ETA=η=(1+2*M*+3*M*2)/(4 · σ) SIXX=AA · (SM2)/(DELTA · SL)+BB · SM · (SL)2 SIYY=SIXX SIZZ=2 · AA · (SM)2/(DELTA · SL) SW、SM、SL、DELTA 见表 2.10，*R*、RR 见各环节图。 AA=[9/(20 · PI)]/[(1+M^2+M^3+M^4) /$SIGMA^2$] BB=(3/80)/[(1+4*M*+10M^2+4M^3+M^4)/$SIGMA^2$]	

4. 模型连接的欧拉角

在汉纳范模型中，首先规定人体模型的头、上躯干和下躯干之间无相对运动，各肢体之间以及肢体与躯干之间通过铰链连接。球铰由铰头和铰窝构成，其作用类似球窝关节。肢体是以球铰为瞬时中心而运动。铰头是肢体或肢体无质量延长部分上的一个点，铰窝则在相邻肢体或相邻肢体无质量延长部分上。例如：

(1) 上臂铰头如图 2.17 所示，铰窝在上躯干外部，位于上躯干的 *Y-Z* 平面上离上底和母线各为 *R*(5)的地方。

(2) 前臂的铰头如图 2.18 所示，铰窝位于上臂下端半径为 RR 的截面中心。

(3) 大腿的铰头如图 2.19 所示，铰窝在下躯干内部，位于下躯干的 *Y-Z* 平面上离下底和母线分别为 DELSH 和 *R*(7)的地方。

(4) 小腿的铰头如图 2.18 所示，铰窝位于大腿下端半径为 RR 的截面中心。

(5) 脚(足部)的铰头如图 2.20 所示，铰窝位于小腿下端半径为 RR 的截面中心。

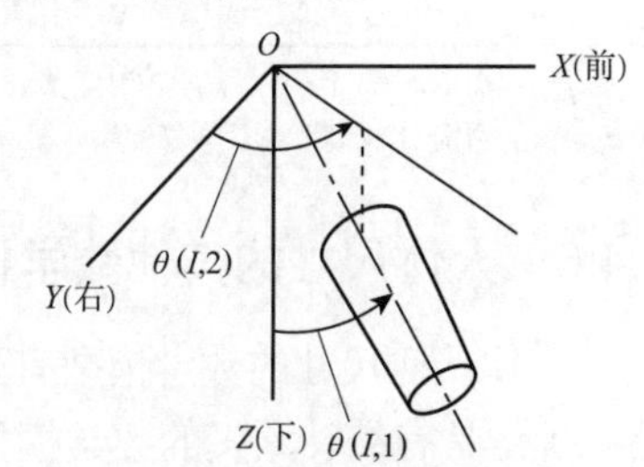

图 2.21　模型的连接欧拉角

对每一个可运动的环节(肢体)规定两个欧拉角来描述身体的姿势。显然，对于假定不动的头、上躯干和下躯干无须规定欧拉角。由于运动环节是一些旋转体，它们对纵轴是对称的，因而对每个可运动的环节规定两个欧拉角足以描述它们的运动。如图 2.21 所示，这两个欧拉角是仰角

(即俯仰角)$\theta(I，1)$和偏航(即平经角)角 $\theta(I，2)$，它们确定了环节相对于躯干的方位。俯仰角$\theta(I，1)$的变化范围为 0～180°，偏航角 $\theta(I，2)$的变化范围为 0～360°。根据理论力学原理，由这些角所组成的变换矩阵可建立环节坐标系与身体质心(总质心)坐标系的关系，从而可以计算出具体实验对象在任意一种姿势下身体的质心、转动惯量、惯性积、主转动惯量和惯性主轴等有关的惯性参数。

2.4.5　中国人惯性参数模型

郑秀瑗等人采用 CT 法首次获得了中国正常人体的惯性参数，填补了我国的一项空白。根据国家体委、国家教委、卫生部中国青少年体质研究组 1982 年发表的“中国青少年儿童身体形态、机能与素质研究”所摆出的身高正态分布曲线，从吉林白求恩医科大学的学生中，挑选出男女青年各 50 名作为样本，称之为小样本。用小样本建立计算人体惯性参数的数学模型，经男女成年人各 300 余名中型样本的修正达到预期精度后，又与 1988 年建立的数据量为 300 多万个的中国成年人人体尺寸数据库衔接，使建立的数学模型、回归方程更具代表性。国家技术监督局发布了中国成年人环节相对质量和环节质心相对位置国家标准，如表 2.13 所示。

表 2.13　中国成年人环节相对质量和环节质心相对位置国家标准

环节名称	性别	相对质量/%	质心相对位置/L_{cs}	质心相对位置/L_{cx}
头颈	M	8.62	46.9	53.1
	W	8.20	47.3	52.7
上躯干	M	16.82	53.6	46.4
	W	16.35	49.3	50.7
下躯干	M	27.23	40.3	59.7
	W	27.48	44.6	55.4
大腿	M	14.19	45.3	54.7
	W	14.10	44.2	55.8
小腿	M	3.67	39.3	60.7
	W	4.43	42.5	57.5
上臂	M	2.43	47.8	52.2
	W	2.66	46.7	53.3
前臂	M	1.25	42.4	57.6
	W	1.14	45.5	54.5
手	M	0.64	36.6	63.4
	W	0.42	34.9	65.1
足	M	1.48	48.6	51.4
	W	1.24	45.1	54.9

注：M 表示男子；W 表示女子。L_{cs} 指各环节质心上部尺寸占本环节全长的百分比；L_{cx} 指各环节质心下部尺寸占本环节全长的百分比。

2.4.6　人体尺寸的其他数学模型

人体几何尺寸的数学模型有两种：第一种是具有个性化特征的数学模型，如汉纳范模型；第二种是具有统计意义的数学模型。具有统计意义的模型又分为概率型模型和极限型模型，前者是基于体重和身高的各种人体几何尺寸和人体惯性参数的计算回归方程获得，而极限数学模型是基于贝格积分法获得。相对来说，基于统计意义的回归方程更为常用。

由于各种客观条件(如时间、经费等)的限制，常常有部分人体测量值会缺乏。GB 10000—1988 中只提供了有限的 47 项人体测量项目。为了得到需要的人体尺寸值，只能通过一定的经验公式估算得到。常用的估算方法有比例缩放估算方法、线性回归方程估算方法和概率统计值估算方法等，其中，比例缩放估算方法是比较常用的方法。它是一种利用已有测量值估算未知身体尺寸值的方法，也可利用两个群体的均值和标准差值来估算其中一个群体的身体尺寸变量值，很多人体建模系统都采用此方法。GB 10000—1988 中只提供了第 5、10、50、90、95 和 99 百分位的人体尺寸，不能得到任意百分位的人体尺寸。因此，采用线性插值的方法可得到任意百分位人体尺寸，从而克服了国标数据量不充分的缺点，进而得到需要的数据。以身高为例加以说明，如图 2.22 所示。其实现代码如下：

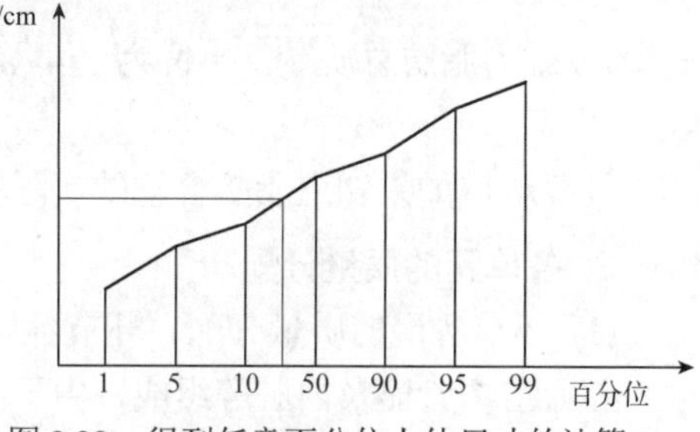

图 2.22　得到任意百分位人体尺寸的计算

```
    while(0 != strcmp(m_tablel.m_item,"height"))
       m_tablel.MoveNext();                         //从数据库中得到身高记录
    ……
    if(human_percent>=l&&  human_percent<5)    //第 1~4 百分位
       temp=human_percent*(m_tablel.m_5-m_tablel.m_1)/(5-1)+(5*m_tablel.m 1-1*m_tablel.m_5)
/(5-1);
    if(human_percent>=5&&human_percent<10)     //第 5~9 百分位
       temp=human_percent*(m_tablel.m_10-m_tablel.m_5)/(10-5)+(10*m_tablel.m_5-5*m_tablel.
m_10)/(10-5);
    if(human_percent>=]0&&human_percent<50)    //第 10~49 百分位
       temp=human_percent*(m_tablel.m_50-m_tablel.m_10)/(50-10)+(50*m_tablel.m_10-10*m_tablel.
m_50)/(50-10);
    if(human_percent>=50&&human_percent<90)    //第 50~89 百分位
       temp=human_percent*(m_tablel.m_90-m_tablel_m 50)/(90-50)+(90*m_table1.m_50-50*
m_tab1e1.m_90)/(90-50);
    if(human_percent>=90&&human_percent<95)    //第 90~94 百分位
       temp=human_percent*(m_tablel.m_95-m_tablel.m_90)/(95-90)+(95*m_table1.m90-90
*m_table1 .m95)/(95-90);
    if(human_percent>=958&human_percent<=99) //第 95~99 百分位
       temp=human_percent*(m_tablel.m_99-m_tablel_m_95)(99-95)+(99*m_table1.m_95-95*m_table1.
m_99)/(9-95);
```

建立基于测量学数据的人体模型数据库时，还应该考虑各种修正问题。按国标所规定的计测条件，人体计测数据都是在裸体或穿着单薄内衣的条件下测得的。因此，为避免由于穿着服装的厚薄、鞋帽的高矮对人体计测数据的影响，人们在使用这些数据时，应将实际的着装情况考虑进去，如我国北方冬季室外工作环境下，人们会穿戴很厚的服装和鞋帽，此时的作业器具设计就必须采用身着冬装的人体计测数据。这些在计算机程序中均需要考虑。

2.4.7　人体的其他几何参数

1. 身体的密度、脂肪与非脂肪质量

(1) 身体密度。身体的密度 ρ 可以按照下式计算：

$$\rho=\frac{0.8H^{0.242}}{m^{0.1}}+0.162 \tag{2-8}$$

式中，ρ 为身体密度，单位为 g/cm^3； H 为身高，单位为 cm；m 为体重，单位为 g。

(2) 脂肪质量分数。脂肪质量分数为

$$\omega_{\mathrm{bf}} = \frac{5.548}{\rho} - 5.044 \tag{2-9}$$

(3) 脂肪与非脂肪质量。脂肪与非脂肪质量分别为

$$m_{\mathrm{bf}} = \omega_{\mathrm{bf}} m \tag{2-10}$$

$$m_{\mathrm{lb}} = m - m_{\mathrm{bf}} \tag{2-11}$$

式中，m_{bf}为脂肪总质量，单位为 kg；m_{lb}为非脂肪总质量，单位为 kg；m 为体重，单位为 kg。

计算时，如果知道脂肪含量的实际测量值，则模型中可直接采用。

2. 各单元的质量分配

(1) 环节各层的质量分配。环节各层包括核心层、肌肉层、脂肪层。

核心层由骨骼及内脏等组成，由于两部分的比热容等参数不同，应分别考虑。核心层的质量为两部分之和，即

$$m_{\mathrm{e},i} = m_{\mathrm{lb}}(\omega_{\mathrm{es},i} + \omega_{\mathrm{ev},i}) \tag{2-12}$$

式中，$\omega_{\mathrm{es},i}$、$\omega_{\mathrm{ev},i}$ 分别为核心层中骨骼和内脏的质量分数(量纲为 1)，如表 2.14 所示。

表 2.14　环节各层的质量分数

序号	人体环节	质量分数				
		$\omega_{\mathrm{es},i}$	$\omega_{\mathrm{ev},i}$	$\omega_{\mathrm{m},i}$	$\omega_{\mathrm{f},i}$	$\omega_{\mathrm{s},i}$
1	头部	0.025 18	0.028 232	0.005 88	0.033 3	0.004 23
2	颈部	0.000 431 8	0.003 349	0.002 451	0.003 285	0.000 511 3
3	躯干	0.038 832	0.187 04	0.283 4	0.633 3	0.021 3
4	上臂	0.014 657 9	0.007 258 6	0.032 874 8	0.053 495 7	0.004 714
5	前臂	0.009 098	0.004 505 3	0.020 405 1	0.033 204 2	0.002 925 9
6	手	0.003 648	0.000 470 4	0.001 188	0.013 33	0.002 94
7	大腿	0.050 106 3	0.018 727 8	0.101 898 7	0.135 0	0.011 987 3
8	小腿	0.029 061 6	0.011 624 1	0.059 101 2	0.078 3	0.006 952 6

肌肉层质量为

$$m_{\mathrm{m},i} = \omega_{m,i} m_{\mathrm{lb}} \tag{2-13}$$

式中，$\omega_{\mathrm{m},i}$ 为肌肉层质量分数(量纲为 1)，如表 2.14 所示。

脂肪层质量为

$$m_{\mathrm{f},i} = \omega_{\mathrm{f},i} m_{\mathrm{bf}} \tag{2-14}$$

式中，$\omega_{\mathrm{f},i}$ 为脂肪层质量分数(量纲为 1)，如表 2.14 所示。

(2) 皮肤层质量为

$$m_{\mathrm{s},i} = \omega_{\mathrm{s},i} m_{\mathrm{lb}} \tag{2-15}$$

式中，$\omega_{\mathrm{s},i}$ 为皮肤层质量分数(量纲为 1)，如表 2.14 所示。

3. 人体的表面积

(1) 中国人的体表面积 A 计算式为

$$A = 0.0127m + 0.00607H - 0.0698 \tag{2-16}$$

式中，A 为中国人人体表面积，单位为 m^2；H 为身高，单位为 cm；m 为人体总质量，单位为 kg。

(2) Dubois 提出的人体表面积计算公式为

$$A_{\mathrm{D}} = 0.202m^{0.425}H^{0.725} \tag{2-17}$$

式中，A_{D} 为 Dubois 人体表面积，单位为 m^2。

(3) 各环节的表面积 A_i 计算公式如下：

$$A_i = K_i A_{\mathrm{c}} \tag{2-18}$$

式中，K_i 为面积百分比比例因数，如表 2.15 所示。

表 2.15　面积百分比例因数

序号	人体环节	比例因数 K_i/%
1	头部	6.11
2	颈部	3.52
3	上臂	8.09
4	前臂	6.41
5	手	4.93
6	大腿	19.18
7	小腿	13.29
8	足	6.95
9	躯干	31.52

4. 环节的其他几何参数

(1) 各层的体积为

$$V_{\mathrm{c},i} = \frac{m_{\mathrm{c},i}}{\rho_{\mathrm{c},i}} \tag{2-19}$$

$$V_{\mathrm{m},i} = \frac{m_{\mathrm{m},i}}{\rho_{\mathrm{m},i}} \tag{2-20}$$

$$V_{\mathrm{f},i} = \frac{m_{\mathrm{f},i}}{\rho_{\mathrm{f},i}} \tag{2-21}$$

$$V_{\mathrm{s},i} = \frac{m_{\mathrm{s},1}}{\rho_{\mathrm{s},i}} \tag{2-22}$$

式中，$V_{\mathrm{c},i}$、$V_{\mathrm{m},i}$、$V_{\mathrm{f},i}$、$V_{\mathrm{s},i}$ 分别为核心层、肌肉层、脂肪层和皮肤层的体积，单位为 m^3；$\rho_{\mathrm{c},i}$、$\rho_{\mathrm{m},i}$、$\rho_{\mathrm{f},i}$、$\rho_{\mathrm{s},i}$ 分别为核心层、肌肉层、脂肪层和皮肤层的密度，单位为 kg/m^3。

(2) 各环节的长度为

$$L_i = \frac{A_i^2}{4\pi V_i} \tag{2-23}$$

式中，V_i 为各环节的体积，是各层体积之和，单位为 m^3。

(3) 环节各层的半径计算公式如下。

① 球体单元环节各层的半径计算公式如下。

(头部)核心层半径：

$$R_{e,i}=\left(\frac{3V}{4\pi}\right)^{\frac{1}{3}} \tag{2-24}$$

肌肉层半径：

$$R_{m,i}=\left(\frac{3V_{m,i}}{4\pi}+R_{m,i}^{3}\right)^{\frac{1}{3}} \tag{2-25}$$

脂肪层半径：

$$R_{f,i}=\left(\frac{3V_{f,i}}{4\pi}+R_{e,i}^{3}\right)^{\frac{1}{3}} \tag{2-26}$$

皮肤层半径：

$$R_{s,i}=\left(\frac{3V_{s,i}}{4\pi}+R_{f,i}^{3}\right)^{\frac{1}{3}} \tag{2-27}$$

② 圆柱体环节各层的半径计算公式如下。

核心层半径：

$$R_{c,i}=\left(\frac{V_{c,i}}{\pi L_i}\right)^{\frac{1}{2}} \tag{2-28}$$

肌肉层半径：

$$R_{m,i}=\left(\frac{V_{m,i}}{\pi L_i}+R_{c,i}^{2}\right)^{\frac{1}{2}} \tag{2-29}$$

脂肪层半径：

$$R_{f,i}=\left(\frac{V_{f,i}}{\pi L_i}+R_{m,i}^{2}\right)^{\frac{1}{2}} \tag{2-30}$$

皮肤层半径：

$$R_{s,i}=\left(\frac{V_{s,i}}{\pi L_i}+R_{f,i}^{2}\right)^{\frac{1}{2}} \tag{2-31}$$

2.5　人体组织力学性能和生理参数

人体组织力学性能参数是进行人体生物固体力学研究(如振动数字化仿真分析)的基础数据，而热生理参数(代谢产热、血流量)和热物理参数(导热系数、密度、比热容)是人体与热环境系统的数字化分析的基础数据。人体生理机能特征参数和运动输出参数是描述人体在不同姿态与环境下所具有的生理能力极限判据。

2.5.1　人体的生物力学性能

人体的生物力学性能参数主要包括各组织材料的弹性模量、泊松比、强度等。表 2.16 所示为几种生物材料的弹性模量与强度。其中，骨具有拉伸、压缩不等的弹性模量和强度极限值。

表 2.16　几种生物材料的弹性模量与强度

生物材料	弹性模量/(N · m^{-2})		强度/(N · m^{-2})	
	拉伸	压缩	拉伸	压缩
节肢弹性蛋白	180	—	300	—
弹性纤维	60	—	—	—
胶原纤维	100000	—	—	—
股骨	17.6×10^9	4.8×10^9	124 ± 1.1	170 ± 4.3
胫骨	18.4×10^9	4.8×10^9	174 ± 1.2	170 ± 4.3
肱骨	17.5×10^9	4.8×10^9	125 ± 0.8	170 ± 4.3
桡骨	18.9×10^9	4.8×10^9	152 ± 1.4	170 ± 4.3
软组织	7.5×10^3	—	—	—
软硬组织组合材料的等效弹性模量经验公式①	$E_v=\sqrt{E_t\cdot E_b}$			

注：①软硬组织等效弹性模量是组成材料的软组织和硬组织的弹性模量的几何平均值(Nigam S P，Malik M，1987)。

骨的弹性模量可以使用骨的 CT 层切图像建立个性化的人体骨骼模型和骨组织参数的方法，通过自动建模技术，并根据灰度值赋予单元材料属性。其中骨的弹性模量和灰度值之间的关系如下：

$$E=-388.8+5925\times(-13.4+1\,017\times \text{Grayvalue})$$

式中，Grayvalue 为骨的 CT 扫描断层图像上的灰度值。

2.5.2　人体的热物理参数和热生理参数

1. 热物理参数

人体热物理参数如表 2.17 所示。

表 2.17　人体组织的热物理参数

序号	组织名称	热物理参数		
		密度/(kg · m^{-3})	比热/(J · kg^{-1} · ℃$^{-1}$)	导热系数/(W · m^{-1} · ℃$^{-1}$)
1	血液	1059	3850	0.47
2	结缔组织	1085	3200	0.47
3	骨骼	1357	1700	0.75
4	肌肉	1085	3800	0.51
5	脂肪	920	2300	0.21
6	皮肤	1085	3680	0.47

2. 热生理参数

(1) 基础代谢产热。通常把人体在 25℃左右环境温度条件下清醒、空腹、静卧、无紧张的精神活动时的能量代谢称为基础代谢。基础代谢表现出一定的个体差异，随年龄、性别而异。在正常情况下，年龄是影响基础代谢产热的一个主要因素，其计算公式为

$$\Phi_{\mathrm{mb}}=\left[72.91-2.03Y+0.0437(Y)^2-0.00031(Y)^3\right]A \tag{2-32}$$

式中，Φ_{mb} 为人体基础代谢产热热流量，单位为 W；Y 为年龄；A 为人体表面积，单位为 m^2。

身体各部分的基础代谢产热量 $\Phi_{\mathrm{b,i}}$ 可根据 Stolwijk 与 Hardy(1969)提出的基础代谢产热分配方法，并综合其他文献的研究成果来计算。Stolwijk 认为头部核心和躯干核心基础代谢产热占总的基础代谢产热的比例分别为 16%和 56%，皮肤基础代谢产热与肌肉总的基础代谢产热的比例为 18%，而骨骼与结缔组织的基础代谢产热的百分比为 10%，并且皮肤与脂肪的基础代谢产热取 0.35W/kg，包含在皮肤与肌肉总的基础代谢中。基础代谢产热在各组织中按质量分配。有关计算结果如表 2.18 所示。

表 2.18　人体各环节的基础代谢产热和基础血流量

序号	环节名称	基础代谢产热/W				基础血流量/(g · s^{-1})			
		核心层	肌肉层	脂肪层	皮肤层	核心层	肌肉层	脂肪层	皮肤层
1	头部	17.761	0.4421	0.838	0.1254	12.08	0.123	0	0.510
2	颈部	0	0.3950	0	0.0350	0	0.321	0	0.098
3	躯干	36.912	7.5200	0.4188	2.750	53.96	2.647	0	1.673
4	上臂	0.6545	0.9493	0.0519	0.0811	0.327	0.246	0	0.443
5	前臂	0.5896	0.4970	0.0362	0.0563	0.174	0.129	0	0.311
6	手	0.3515	0.0321	0.0291	0.031	0.103	0.008	0	0.874
7	大腿	1.0472	2.6312	0.1290	0.2133	0.472	0.699	0	0.353
8	小腿	0.8845	1.3431	0.0696	0.0700	0.421	0.348	0	0.603
9	足	0.5272	0.0323	0.0381	0.0088	0.349	0.008	0	0.595
总计		86.60				84.21			

注：表中数据是以身高 1.75m、体重 79.2kg 的个体计算得到的。

(2) 基础血流量。血液作为机体内环境的组成部分，对维持内环境稳定的作用表现在对许多生理因素的调节与平衡，血液对人体组织的灌注作用极大地改善了组织的传热能力，从而改善了人体内的传热状态，在人体的热调节过程中起重要作用。人体内的血液灌注换热量主要取决于两个因素：一个是血流量的大小，另一个是血液与组织的温差。因此，要想准确计算血液的灌注换热就要准确地确定各种组织中血流量的大小。但是准确地测量血流量的大小不是一件容易的事，现有的数据中有些数据是在间接测量的基础上通过推算获得的，有的数据是根据动物实验数据估算出来的。在此参照以往发表的数据及计算方法来确定人体不同部位及不同组织中基础血流量的大小。研究表明，头部核心的基础血流量相对稳定，大约为 45 L/h(Soheinburg，1954)；Stolwijk 和 Hardy 估计躯干核心、内脏器官的总血流量为 210L/h。在估计核心、肌肉等的基础血流量时，假定每 1.163W 的基础代谢产热需要 1.2 L/h 的血流量，这个血流量是为了满足静止器官的基础代谢的需要。皮肤中的基础血流量与其质量有关，估计时认为与其质量成正比。

2.5.3　标准人的生理参数、热物理参数、基础代谢产热和基础血流量

人体是一个非对称的物理实体，并且人体内各种组织的分布也不均匀。生物传热学的大量研究结果表明：人体组织的热物理参数直接影响人体的温度分布。另外，人体几何形状及热物理参数的不均匀性对人体温度分布影响很大。根据现有的人体解剖学数据，同时考虑到人体不同部位的传热学特点，在建立模型时，袁修干教授(2005)将整个热调节人体模型划分为 15 个环节(左右对称)，即头、颈、躯干、上臂(两个)、前臂(两个)，手(两个)、大腿(两个)、小腿(两个)、足(两个)，如图 2.23(a)所示。人体的各环节是由各种组织构成的，这些组织包括内脏、血管、骨骼、肌肉、结缔组织、脂肪、皮肤等。

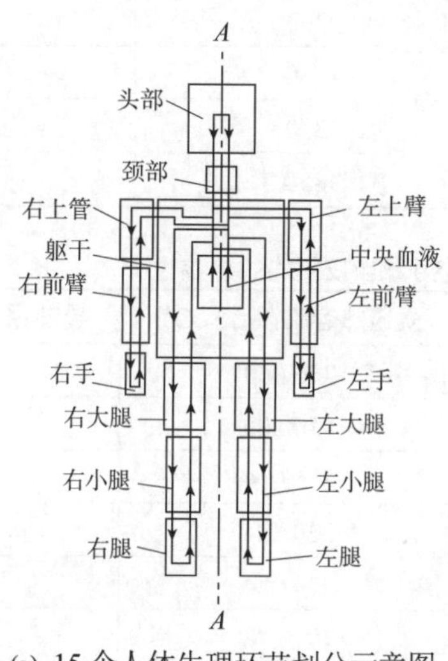

(a) 15 个人体生理环节划分示意图

(b) 人体生理环节的分层示意图

图 2.23　人体环节划分及分层

由于不同生物组织的热物理特性(如导热系数 λ、组织密度 ρ、比热容 c 等)以及热物理参数(如代谢产热、血流量等)都存在较大差别，为了考虑人体组织分布的不均匀性对人体温度分布的影响，因此将各环节进一步分成 4 个同心层：核心层、肌肉层、脂肪层及皮肤层，如图 2.23(b)所示。

周鑫博士(2015)将整个热调节人体模型划分为 17 个环节，且是左右对称的。每个人体环节基本可以分为 4 层，因此人体的物理模型由 68 个传热节点组成，如图 2.24 所示。在各个环节中，头部简化为球形，其他环节均用圆柱体进行简化建模。不同环节的分层也有差别：如胸部的核心层为肺部，腹部的核心层为内脏器官，头部的核心层为大脑，而其他环节的核心层均为骨骼。不同环节的核心层的组成不同，在进行代谢产热量的计算时也就会有一定的差别。

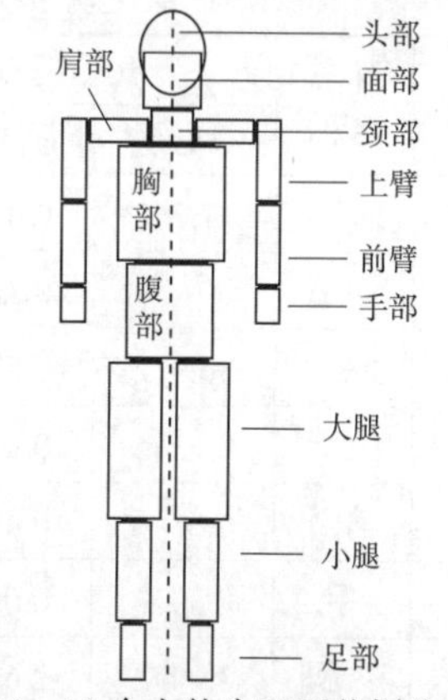

图 2.24　17 个人体生理环节划分示意图

表 2.19 给出了标准人的生理参数；表 2.20 给出了人体组织的热物理特性；表 2.21 给出了人体各环节核心层质量加权平均的热物性参数；表 2.22 给出了人体各环节的基础代谢产热和基础血流量。

表 2.19　标准人的生理参数

体重/kg	年龄	身高/cm	体积/m^3	面积/m^2
68.0	25.0	176.0	0.069	1.79

表 2.20　人体组织的热物理参数

序号	组织名称	热物理参数		
		密度/(kg · m^{-3})	质量热容/[J/(kg · ℃)]	导热系数/[W/(m · ℃)]
1	皮肤	1085	3680	0.44
2	肌肉	1085	3800	0.51
3	脂肪	920	2300	0.21
4	骨骼	1357	1700	0.75
5	结缔组织	1085	3200	0.47
6	血液	1059	3850	0.47

表 2.21　人体各环节核心层的质量加权平均的热物性参数

序号	环节名称	密度/(kg · m^{-3})	质量热容/[J/(kg · ℃)]	导热系数/[W/(m · ℃)]
1	头部	1192.80	2767.40	0.58
2	颈部	1357.00	1700.00	0.75
3	躯干	1137.41	3153.14	0.52
4	上臂	1267.57	2291.84	0.66
5	前臂	1267.57	2291.84	0.66
6	手	1328.05	1910.78	0.72
7	大腿	1281.79	2197.70	0.67
8	小腿	1281.79	2197.70	0.67
9	足	1319.03	1951.28	0.71

表 2.22　人体各环节的基础代谢产热和基础血流量

序号	环节名称	基础代谢产热/W				基础血流量/(g · s^{-1})			
		核心层	肌肉层	脂肪层	皮肤层	核心层	肌肉层	脂肪层	皮肤层
1	头部	17.761	0.4421	0.838	0.1254	12.08	0.123	0	0.510
2	颈部	0	0.3950	0	0.0350	0	0.321	0	0.098
3	躯干	36.912	7.5200	0.4188	2.750	53.96	2.647	0	1.673
4	上臂	0.6545	0.9493	0.0519	0.0811	0.327	0.246	0	0.443
5	前臂	0.5896	0.4970	0.0362	0.0563	0.174	0.129	0	0.311
6	手	0.3515	0.0321	0.0291	0.031	0.103	0.008	0	0.874
7	大腿	1.0472	2.6312	0.1290	0.2133	0.472	0.699	0	0.353
8	小腿	0.8845	1.3431	0.0696	0.0700	0.421	0.348	0	0.603
9	足	0.5272	0.0323	0.0381	0.0088	0.349	0.008	0	0.595
总计		86.60				84.21			

2.5.4　人体运动系统的生理机能及其特征参数

运动系统是人体完成各种动作和从事生产劳动的器官系统，由骨、关节和肌肉(见图 2.25)三部分组成。全身的骨经关节连接构成骨骼。肌肉附着于骨，且跨过关节。由于肌肉的收缩与舒张牵动骨，通过关节的活动而能使人体产生各种运动。所以，在运动过程中，骨是运动的杠杆；关节是运动的枢纽；肌肉是运动的动力，随着人的意志，三者在神经系统的支配和调节下协调一致，共同准确地完成各种动作。

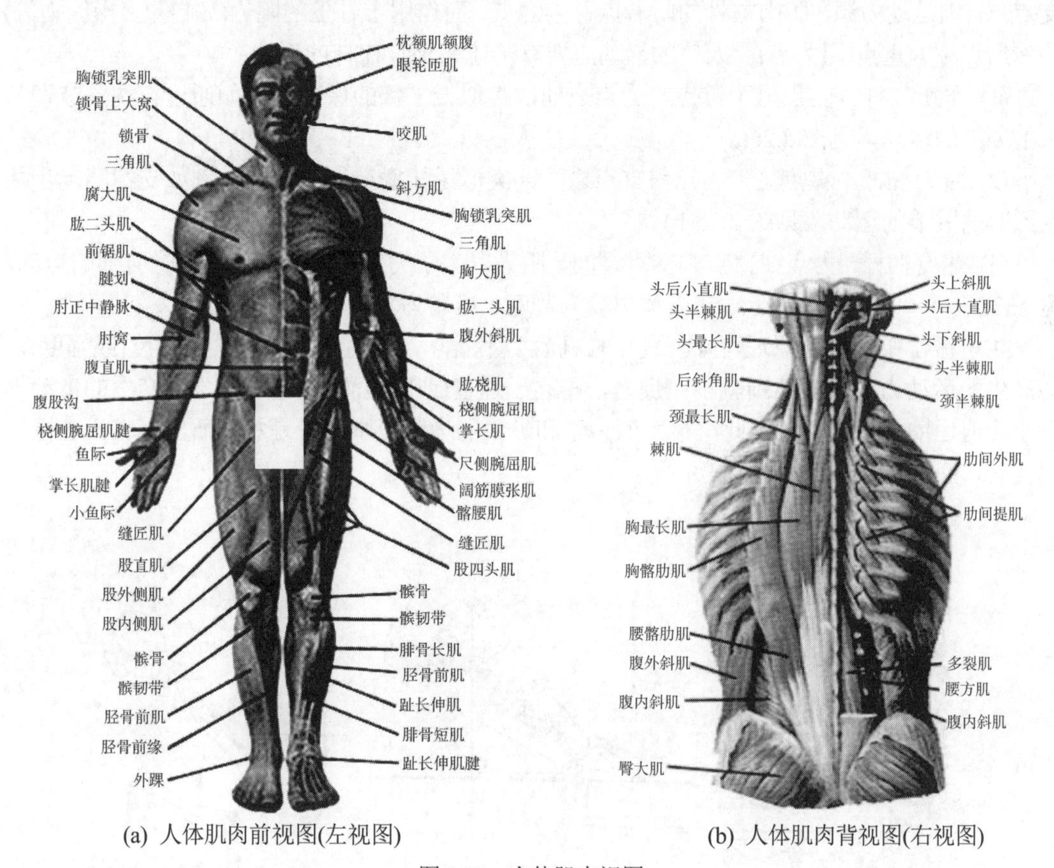

(a) 人体肌肉前视图(左视图)　　(b) 人体肌肉背视图(右视图)

图 2.25　人体肌肉视图

1. 骨的功能与骨杠杆作用原理

骨是体内坚硬而有生理特性的组织器官，主要由骨组织构成。每块骨都有一定的形态、结构、功能、位置及其本身的神经和血管。全身骨的总数约有 206 块，可分为躯干骨、上肢骨、下肢骨和颅骨四部分。

骨的复杂形态是由骨所担负功能的适应能力决定的，骨所承担的主要功能有如下几方面：

(1) 骨与骨通过关节连接成骨骼，构成人体支架，支持人体的软组织(如肌肉、内脏则官等)和支承全身的重量，它与肌肉共同维持人体的外形。

(2) 骨构成体腔的壁，如颅腔、胸腔、腹腔与盆腔等，以保护脑、心、肺、肠等人体重要内脏器官，并协助内脏器官进行活动，如呼吸、排泄等。

(3) 在骨的髓腔和松质的腔隙中充填着骨髓，这是一种柔软而富有血液的组织，其中的红骨髓具有造血功能；黄骨髓有储藏脂肪的作用。骨盐中的钙和磷，参与体内钙、磷代谢而处于不断变化状态。所以，骨还是体内钙和磷的储备仓库，供人体需要。

(4) 附着于骨的肌肉收缩时，牵动着骨绕关节运动，使人体形成各种活动姿势和操作动作。因此，骨是人体运动的杠杆。人机工程学中的动作分析都与骨的功能密切相关。

2. 骨的杠杆作用原理

肌肉的收缩是运动的基础，但是，单有肌肉的收缩并不能产生运动，必须借助骨杠杆的作用，方能产生运动。人体骨杠杆的原理和参数与机械杠杆完全一样。在骨杠杆中，关节是支点，肌肉是动力源，肌肉与骨的附着点称为力点，而作用于骨上的阻力(如自重、操纵力等)的作用点称为重点(阻力点)。人体的活动主要有下述三种骨杠杆的形式：

(1) 平衡杠杆。支点位于重点与力点之间，类似天平秤的原理，例如通过寰枕关节调节头的姿势的运动，见图 2.26(a)。

(2) 省力杠杆。重点位于力点与支点之间，类似撬棒撬重物的原理，例如支撑腿起步抬足跟时踝关节的运动，见图 2.26(b)。

(3) 速度杠杆。力点在重点和支点之间，阻力臂大于力臂，例如手执重物时肘部的运动，见图 2.26(c)。此类杠杆的运动在人体中较为普遍，虽用力较大，但其运动速度较快。

由机械学中的等功原理可知，利用杠杆省力不省功，得之于力则失之于速度(或幅度)，即产生的运动力量大而范围就小：反之，得之于速度(或幅度)则失之于力，即产生的运动力量小，但运动的范围大。因此，最大的力量和最大的运动范围两者是相矛盾的，在设计操纵动作时，必须考虑这一原理。

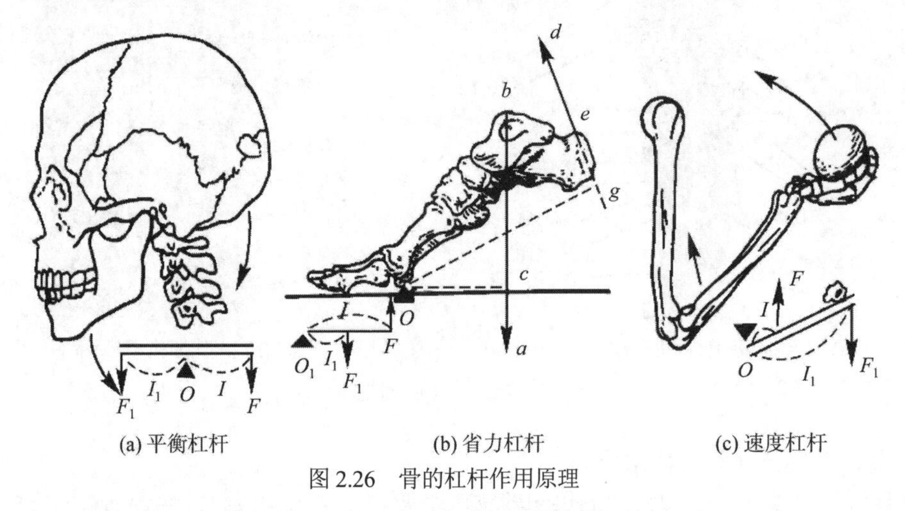

(a) 平衡杠杆　(b) 省力杠杆　(c) 速度杠杆

图 2.26　骨的杠杆作用原理

3. 人体主要关节的活动范围

全身的骨与骨之间借一定的结构相连接，称为骨连接。骨连接分为直接连接和间接连接两类。直接连接为骨与骨之间借结缔组织、软骨或骨互相连接，其间不具腔隙，活动范围很小或完全不能活动，故又称不动关节。间接连接的特点是两骨之间借膜性囊互相连接，其间具有腔隙，有较大的活动性。这种骨连接称为关节，多见于四肢。

骨与骨之间除了由关节相连外，还由肌肉和韧带连接在一起。因韧带除了有连接两骨、增加关节的稳固性的作用以外，它还有限制关节运动的作用。因此，人体各关节的活动有一定的限度，超过限度，将会造成损伤。另外，人体处于各种舒适姿势时，关节必然处在一定的调节范围内，如图 2.27～图 2.29 所示。表 2.23 为人体各环节重要活动范围和身体各部位舒适姿势的调节范围。

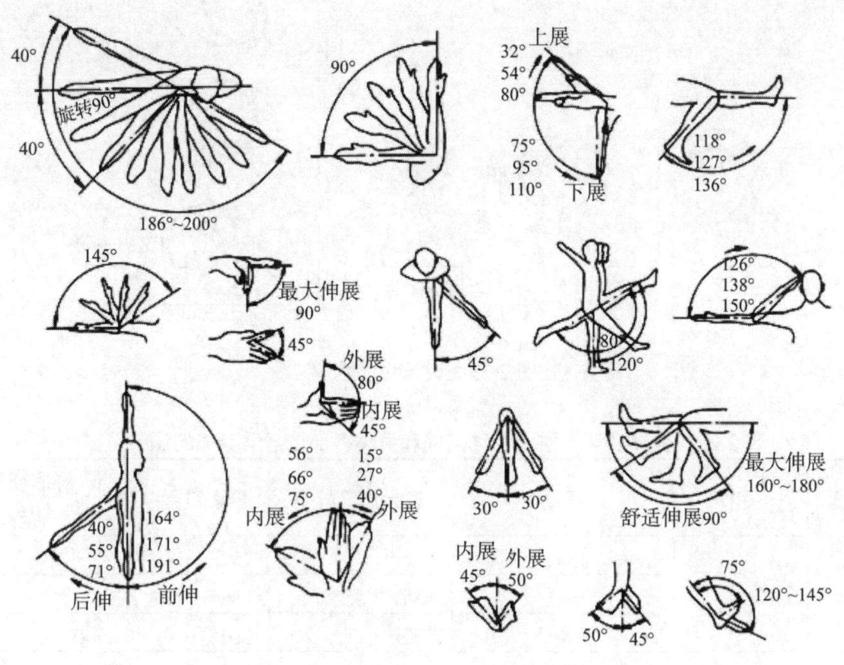

图 2.27　人体肢体各关节的活动范围

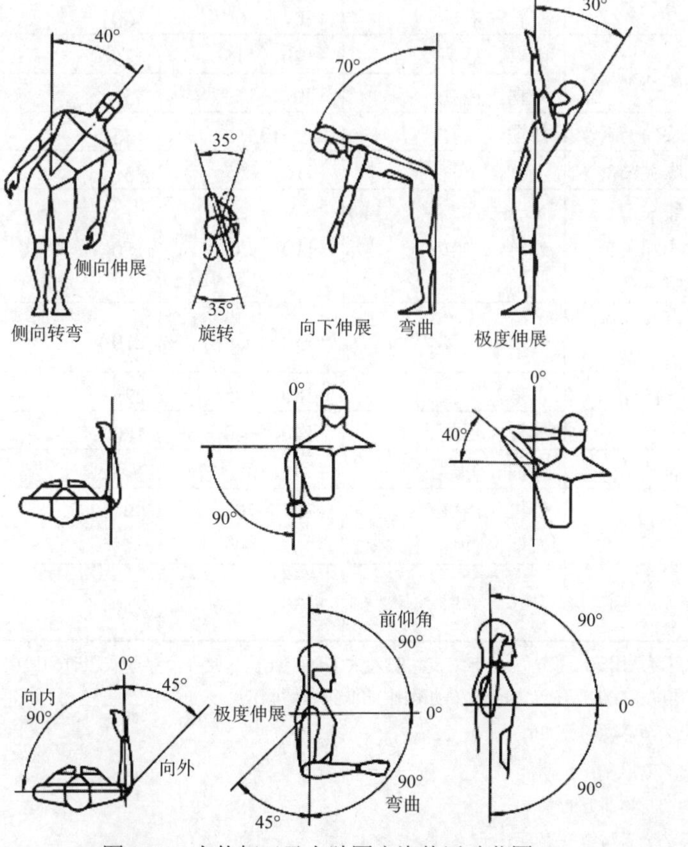

图 2.28　人体躯干及上肢固定姿势活动范围

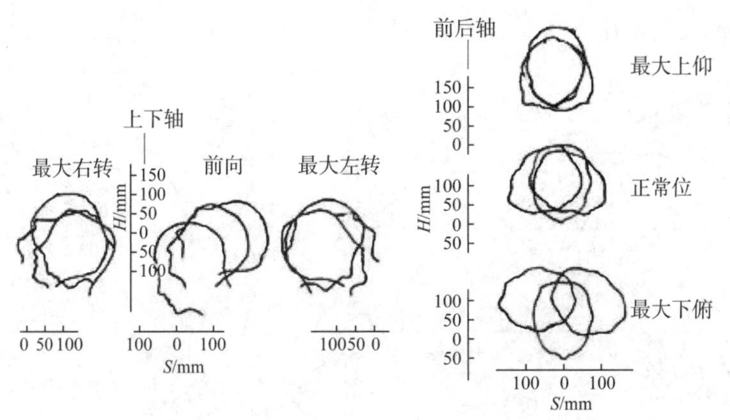

图 2.29　头部活动范围

表 2.23　人体各环节重要活动范围和身体各部位舒适姿势的调节范围

身体部位	关节	活动	最大角度/ (°)	最大范围/ (°)	舒适姿势的调节范围/ (°)
头至躯干	颈关节	低头，仰头	+40，−35①	75	+12～250
		左歪，右歪	+55，−55①	110	0
		左转，右转	+55，−55①	110	0
躯干	胸关节、腰关节	前弯，后弯	+100，−50①	150	0
		左弯，右弯	+50，−50①	100	0
		左转，右转	+50，−50①	100	0
大腿至髋关节	髋关节	前弯，后弯	+120，−15	135	0(+85～+100)②
		外拐，内拐	+30，−15	45	0
小腿至大腿	膝关节	前摆，后摆	0，−135	135	0(−90～−120)②
脚至小腿	脚关节	上摆，下摆	+110，+55	55	+85～+95
脚至躯干	髋关节、小腿关节、脚关节	外转，内转	+110，-70①	180	+0～+15
上臂至躯干	肩关节(锁骨)	外摆，内摆	+180，−30①	210	0
		上摆，下摆	+180，−45①	225	(+15～+35)③
		前摆，后摆	+140，−40①	180	+40～+90
下臂至上臂	肘关节	弯曲，伸展	+145，0	145	+85～+110
手至下臂	腕关节	外摆，内摆	+30，−20	50	0③
		弯曲，伸展	+75，−60	135	0
手至躯干	肩关节、下臂	左转，右转	+130，−120①④	250	−30～−60

注：给出的最大角度适用于一般情况。年纪较高的人大多低于此值，此外，穿厚衣服时角度要小一些。有多个关节的一串骨骼中若干角度相叠加产生更大的总活动范围(如低头、弯腰)。

① 表示得自给出关节活动的叠加值；

② 表示括号内为坐姿值；

③ 表示括号内为在身体前方的操作；

④ 表示开始的姿势为手与躯干侧面平行。

4. 肢体的出力范围

肢体的力量来自肌肉收缩，肌肉收缩时所产生的力称为肌力。肌力的大小取决于以下几个生理因素：单个肌纤维的收缩力；肌肉中肌纤维的数量与体积；肌肉收缩前的初长度；中枢神经系统的机能状态；肌肉对骨骼发生作用的机械条件。研究表明，一条肌纤维能产生 1×10^{-3}～2×10^{-3}N 的力量，因而有些肌肉群产生的肌力可达上千牛顿。表 2.24 所示数据为中等体力的 20～30 岁青年男女工作时身体主要部位肌肉所产生的力。

表 2.24 身体主要部位肌肉所产生的力

肌肉的部位		力的大小/N	
		男	女
手臂肌肉	左	370	200
	右	390	220
肱二头肌	左	280	130
	右	290	130
手臂弯曲时的肌肉	左	280	200
	右	290	210
手臂伸直时的肌肉	左	210	170
	右	230	180
拇指肌肉	左	100	80
	右	120	90
背部肌肉(躯干屈伸的肌肉)		1220	710

操纵力是指人体某部位(如手、脚)直接与操纵装置接触时，作为驱动力或制动力施加于操纵装置的动态作用力。设计操纵装置时，必须考虑人的操纵力的限度，一般是以第 5 百分位为设计标准，这样所设计的操纵装置大多数人操作起来比较舒适。

在操作活动中，肢体所能发挥的力量大小除了取决于上述人体肌肉的生理特征外，还与施力姿势、施力部位、施力方式和施力方向有密切关系。只有在这些综合条件下的肌肉出力的能力和限度才是操纵装置设计的依据。

立姿弯臂时，不同角度的力量分布如图 2.30 所示，大约在 70° 处可达最大值，即产生相当于体重的力量。这正是许多操纵装置(如转向盘)置于人体正前上方的原因所在。

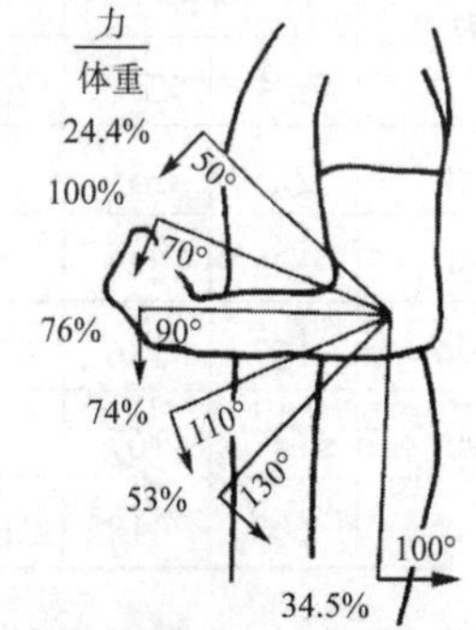

图 2.30 立姿弯臂时的力量分布

在直立姿势下臂伸直时，不同角度的拉力和推力的分布如图 2.31 所示，最大拉力产生在 180°位置上，而最大推力产生在 0°位置上。

坐姿时，手臂在不同角度与方向上的推力和拉力如图 2.32 所示。表 2.25 中的数据表明，左手弱于右手；向上的力大于向下的力；向内的力大于向外的力。

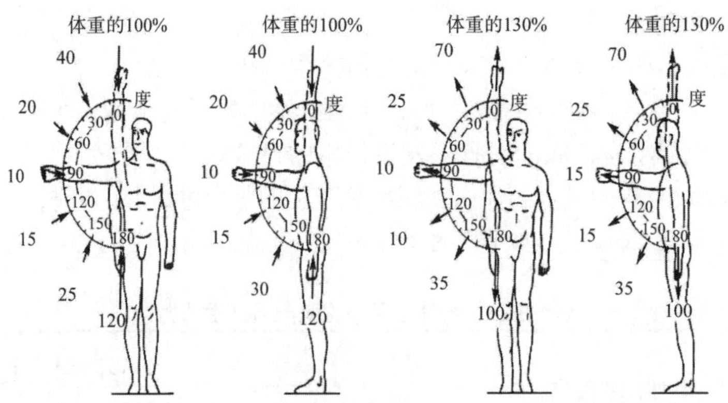

图 2.31　直立姿势下臂伸直时，不同角度的拉力和推力的分布

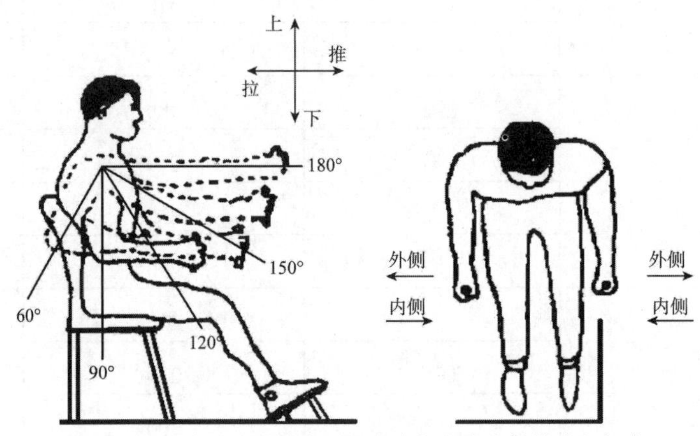

图 2.32　坐姿时，手臂在不同角度与方向上的推力和拉力

表 2.25　坐姿时手臂在不同方位的操纵力

手臂的角度/(°)	拉力/N						推力/N					
	向后		向上		向内侧		向前		向下		向外侧	
	左手	右手	左手	右手	左手	右手	左手	右手	左手	右手	左手	右手
180	225	235	39	59	59	88	186	225	59	78	39	59
150	186	245	69	78	69	88	137	186	78	88	39	69
120	157	186	78	108	88	98	118	157	98	118	49	69
90	147	167	78	88	69	78	98	157	98	118	49	69
60	108	118	69	88	78	88	98	157	78	88	59	78

根据表 2.25 数据设计的操纵装置，95%以上的健康成年人操作时不会感到困难。由表 2.25 所示数据可知，手臂操纵力的一般规律是：右手臂的力量比左手臂大；手臂处于内、外下方时，推力、拉力均较小，但其向上、向下的力量较大；拉力略大于推力；向下的力略大于向上的力；向内的力大于向外的力。双臂的扭力大小与人体所处的姿势也有关系，见表 2.26。

表 2.26　双臂的扭力　　单位：N

性别	姿态		
	立姿	弯腰	蹲姿
男	382±128	944±336	545±244
女	200±79	417±197	267±138

坐姿时，下肢不同位置上的蹬力如图 2.33(a)所示，图中的外围曲线就是足蹬力的界限，箭头表示用力方向。最大蹬力一般在膝部屈曲 160°时产生。脚产生的蹬力也与体位有关，蹬力的大小与下肢离开人体中心对称线向外偏转的角度大小有关，下肢向外偏转约 10°时的蹬力最大，如图 2.33(b)所示。

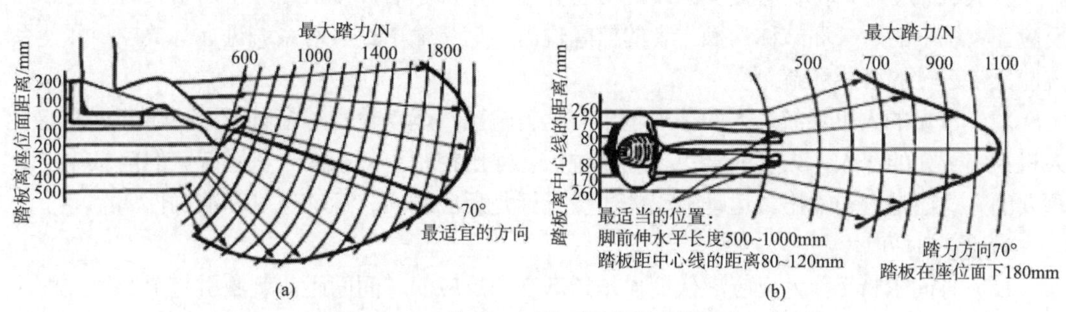

图 2.33　坐姿时，下肢不同位置上的蹬力

应该注意的是，肢体所有力量的大小都与持续时间有关。随着持续时间延长，人的力量很快衰减。例如，拉力由最大值衰减到四分之一数值时，只需要 4min，而且任何人劳动到力量衰减到一半的持续时间是差不多的。

5. 肢体的动作速度与频率

肢体动作速度的大小在很大程度上取决于肢体肌肉收缩的速度。不同的肌肉，收缩速度也不同，如慢肌纤维收缩速度慢，快肌纤维收缩速度快。通常一块肌肉中既有慢肌纤维，也含快肌纤维。中枢神经系统可能时而使慢肌纤维收缩，时而使快肌纤维收缩，从而改变肌肉的收缩速度。收缩速度还取决于肌肉收缩时所发挥的力量和阻力的大小，发挥的力量越大，外部阻力越小，则收缩速度越快。

对于操作动作速度，还取决于动作方向和动作轨迹等特征。另外，动作特点对动作速度的影响十分显著，操作动作设计合理，工效可明显提高。

同理，肢体的动作频率也取决于动作部位和动作方式。表 2.27 所示为人体各部位动作速度与频率的限度。在操作系统设计时，对操作速度和频率的要求不得超出肢体动作速度和频率的能力限度。

表 2.27　人体各部位动作速度与频率的限度

动作部位	动作速度与频率
手的运动/(cm • s^{-1})	35
控制操纵杆位移/(cm • s^{-1})	8.8～17
手指敲击的最大频率/(次 • s^{-1})	3～5

(续表)

动作部位	动作速度与频率
旋转把手与驾驶盘/(r • s^{-1})	9.42～29.46
身体转动/(次 • s^{-1})	0.72～1.62
手控制的最大谐振截止频率/Hz	0.8
手的弯曲与伸直/(次 • s^{-1})	1～1.2
脚掌与脚的运动/(次 • s^{-1})	0.36～0.72

6. 人的运动输出

在人机系统中，操作者接受系统的信息并经中枢加工后，便依据加工的结果对系统做出反应。系统中的这一环节称为操作者的信息输出，信息输出是人对系统进行有效控制并使系统能正常运转的必要环节。

对于常见的人机系统，人的信息输出有语言输出、运动输出等多种形式。随着对智能型人机系统研究的深入，人可能会更多地通过语言输出控制更复杂的人机系统。但信息输出最重要的方式还是运动输出。运动输出的质量指标是反应时间、运动速度和准确性。

1) 反应时间

反应时间(RT)又称为反应潜伏期，是指刺激和反应的时间间距。刺激引起了一种过程，这种过程包括刺激使感觉器产生活动，由传入神经传至大脑神经中枢，经过综合加工，再由传出神经从大脑传给肌肉，肌肉收缩，做出操作活动。虽然这种过程在机体内部进行时是潜伏的，但是其每一步骤都需要时间，这些时间的总和称为反应时间。

反应时间由反应知觉时间(即自出现刺激到开始执行操纵的时间)和动作时间(即执行操纵的延续时间)两部分组成，即

$$\mathrm{RT} = t_z + t_d$$

式中，RT 为反应时间；t_z为反应知觉时间；t_d为动作时间。

根据对刺激反应要求的差异，通常分为简单反应时间和选择反应时间。若呈现的刺激只有一个，只要求人在刺激出现时做出特定反应，其时间间隔称为简单反应时间。若呈现的刺激多于一个，并要求人对不同刺激做出不同反应，即刺激与反应有一一对应关系，其时间间隔称选择反应时间。如果呈现的刺激多于一个，但要求人只对某种刺激做出预定反应，而对其余刺激不做反应，其时间间隔称为析取反应时间。

简单反应的过程简单，其反应时间最短；选择反应存在刺激辨认和反应选择两种较为复杂的过程，故其反应时间最长。析取反应只存在刺激辨识过程，而不存在反应选择过程，其反应时间长短介于前两者之间。

反应时间的长短不仅与反应类型有关，还受许多因素的影响，最主要的因素有下述几种。

(1) 不同的感觉器官。各种感觉器官的简单反应时间见表 2.28。同一感觉器官接受的刺激不同，其反应时间也不同。例如，味觉对咸味的刺激反应时间最短(308ms)，甜味、酸味次之，对苦的刺激反应时间最长(1082ms)。另外，相同的感觉器官，刺激部位不同，反应时间也会不同。其中以触觉的反应时间随部位的变化最明显，例如，对手和脸部的刺激反应时间最短，小腿的刺激反应时间最长。

表 2.28　各种感觉器官的反应时间　　单位：ms

感觉器官	反应时间	感觉器官	反应时间
触觉	110～160	湿觉	180～240
听觉	120～160	嗅觉	219～390
视觉	150～200	痛觉	400～1000
冷觉	150～230	味觉	330～1100

由表 2.28 可知，感觉器官对反应时间影响十分明显，其中以触觉和听觉的反应时间最短，其次是视觉。听觉的简单反应时间比视觉快约 30 ms。据此特点，在报警信号设计中，常以听觉刺激作为报警信号形式；在常用信号设计中，则多以视觉刺激作为主要信号形式。

(2) 刺激信号的强度。人对各种不同性质刺激的反应时间是不同的，而对于同一种性质的刺激，其刺激强度和刺激方式的不同，反应时间也有显著的差异，见表 2.29。

表 2.29　不同强度刺激的反应时间　　单位：ms

刺激		对刺激开始的反应时间	对刺激中间的反应时间
声	中强度	119	121
	弱强度	184	183
	阈限	779	745
光	强	162	167
	弱	205	203

由人的感觉特征可知，刺激强度必须达到一定的物理量(即感觉阈值)才能使感觉器官形成感觉。但是，当各种刺激的刺激强度在等于或略大于人对该刺激的感觉阈值时，其反应时间较长，当刺激强度明显增加时，反应时间便缩短了(见表 2.29 中的声刺激)。强度每增加一个对数单位，反应时间便出现一定的减少，但其减少的量却越来越少，说明刺激反应时间是有极限的，此极限称为不可减的最少限。

(3) 刺激的清晰度和可辨性。刺激信号与背景的对比程度也是影响反应时间的一种因素，信号越清晰越易辨认，则反应时间愈短；反之，则反应时间延长。因此，在设计灯光信号时，要考虑信号与背景的亮度比；设计标志信号时，要考虑信号与背景的颜色对比；设计声音信号时，要考虑信号与背景的信噪比及频率的不同等。例如，重要的控制室要求有一定的隔光、隔音措施，就是为了保证操作者的反应速度。

当刺激信号的持续时间不同时，反应时间随刺激时间的增加而减少。表 2.30 为光刺激时间对反应时间影响的实验结果。由表中数据可知，刺激信号的持续时间越长，反应时间越短。但这种影响关系也有一定的限度，当刺激持续时间达到某界限时，再增加刺激时间，反应时间却不再减少。

表 2.30　光刺激时间对反应时间的影响　　单位：ms

光刺激持续时间	3	6	12	24	48
反应时间	191	189	187	184	185

此外，刺激信号的数目对反应时间的影响最为明显，即反应时间随刺激信号数的增加而

明显的延长，见表 2.31。需要辨别两种刺激信号时，若两刺激信号的差异越大，则其可辨性越好，即反应时间越短；反之，其反应时间越长。

表 2.31　可选择的刺激数目对反应时间的影响

光刺选择数目	1	2	3	4	5	6	7	8	9	10
反应时间/ms	187	316	364	434	485	532	570	603	619	622

在实际操作中，反应时间还与操纵器、显示器的设计有关，操纵器与显示器的形状、位置、大小，操纵器的用力方向、大小等因素都会影响反应时间。例如，线条运动能在视觉中枢引起有效的冲动发放，视觉显示中大量运用线条和指针是有根据的。如果用数字进行姿态显示，效果将很差。又如红光和绿蓝光在神经系统引起完全不同的反应，所以，不同颜色的照明有质的不同，因此，研究操纵器、显示器设计的人机工程学因素就成为提高系统工效的重要途径之一。

(4) 人的主体因素。人的主体因素的影响主要指习俗、个体差异、疲劳等方面的影响。

练习可提高人的反应速度、准确度和耐久力。例如，根据显示数字做相应的按钮反应，由最初每秒只能反应 1.5 个，经过几个月训练后提高到每秒 3 个，即反应速度提高了一倍。又如辨认熟悉的图形信号或训练有素的打字员，与辨认不熟悉的图形信号或不熟练的打字员相比，前者的反应速度比后者高 10～30 倍。

操作者的主体由于存在智力、素质、个性、品格、年龄、兴趣、动机、性别、教育、经验、健康等多方面的差异，在反应时间方面也有所不同。例如老年人的反应时间大于年轻人，特别是随着每个信号信息量的增加，其反应时间的差距也越来越大。

此外，机体疲劳以后，会使注意力、肌肉工作能力、动作准确性和协调性降低，从而使反应时间变长。所以，在疲劳研究中，把反应时间作为测定疲劳程度的一项指标。

人的反应速度是有限的，一般条件反射反应时间为 0.1～0.15s，听觉反应时间稍长。当连续工作时，由于人的神经传递存在 0.5s 左右的不应期，所以需要感觉指导的间断操作的间隙期一般应大于 0.5s；复杂的选择反应时间达 1～3s，要进行复杂判断和认知反应的时间平均达 3～5s。因此，在人机系统设计中，必须考虑人的反应能力的限度。

2) 运动速度

运动速度可用完成运动的时间表示，而人的运动时间与动作特点、目标距离、动作方向、动作轨迹特征、负荷重量等因素有密切关系。

(1) 动作特点。人体各部位动作一次的最少平均时间见表 2.32，由表可知，即使同一部位，但动作特点不同，其所需的最少平均时间也不同。

表 2.32　人体各部位动作一次的最少平均时间

<table>
<tr><th>动作部位</th><th colspan="2">动作特点</th><th>最少平均时间/s</th></tr>
<tr><td rowspan="4">手</td><td rowspan="2">抓取</td><td>直线的</td><td>0.07</td></tr>
<tr><td>曲线的</td><td>0.22</td></tr>
<tr><td rowspan="2">旋转</td><td>克服阻力</td><td>0.72</td></tr>
<tr><td>不克服阻力</td><td>0.22</td></tr>
<tr><td rowspan="2">脚</td><td colspan="2">直线的</td><td>0.36</td></tr>
<tr><td colspan="2">克服阻力的</td><td>0.72</td></tr>
</table>

(续表)

动作部位	动作特点	最少平均时间/s
腿	直线的	0.36
	脚向侧面	0.72～1.46
躯干	弯曲	0.72～1.62
	倾斜	1.26

(2) 目标距离。有人对定位运动时间与目标距离及目标宽度的关系进行过试验研究。该试验设定目标距离为 7.6cm、15.2cm、30.5cm 三个等级，目标宽度为 2.5cm、1.3cm、0.6cm、0.3cm 四个等级。要求被试者尽可能快地将铁笔从起点移向目标区，测定其相应的运动时间。试验结果发现，随着目标距离增加，定位运动时间增长；随着目标宽度增加，定位运动时间缩短。

(3) 运动方向。运动方向对定位运动时间的影响如图 2.34 所示。图中同心圆表示相等的距离，当被试者的手从中心起点向 8 个方向做距离为 40cm 的定位运动，其手向各个方向运动时间的差异如图中曲线所示，表明从左下至右上的定位运动时间最短。

试验表明，运动方向和距离对重复运动速度也有影响。当被试者在坐姿平面向 0°、±30°、±60°、±90°七个不同方位进行重复敲击运动，设定距离分别为 10cm、30cm、50cm 三个等级。其试验结果如图 2.35 所示。

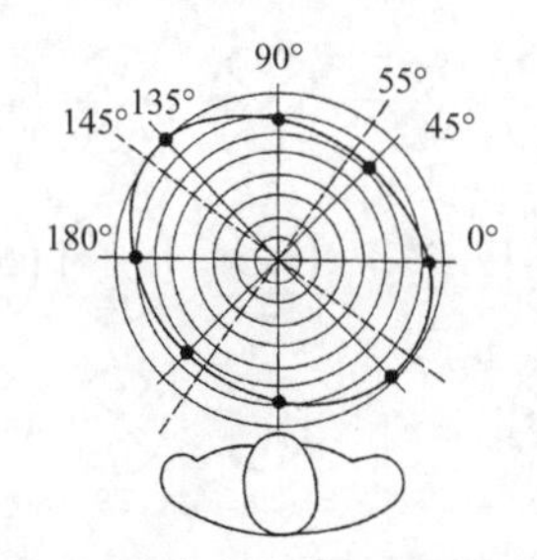

图 2.34　手向各方向运动时间差异

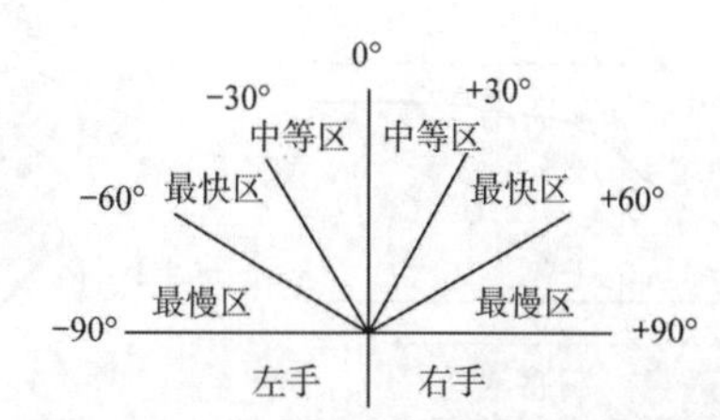

图 2.35　不同区域内手指敲击运动速度差异

人的左右手分别自 0°转至±30°区域内，其敲击速度居中；自±30°转至+60°区域内，敲击速度最高；而自±60°转至±90°区域内，敲击速度最低。

当运动距离小于 10cm 时，各方向敲击速度差异不大；当运动距离大于 30cm 时，各方向之间敲击速度差异明显，而且差异随着运动距离的增大而增大。

(4) 动作轨迹特征。按人体生物力学特性对人体惯性特点进行分析，其结果表明，动作轨迹特征对运动速度的影响极为明显，并获得下述几个基本结论：

① 连续改变和突然改变的曲线式动作，前者速度快，后者速度慢；

② 水平动作比垂直动作的速度快；

③ 一直向前的动作速度，比旋转时的动作速度快 1.5～2 倍；

④ 圆形轨迹的动作比直线轨迹动作灵活；

⑤ 顺时针动作比逆时针动作灵活；

⑥ 手向着身体的动作比离开身体的动作灵活，前后的往复动作比左右的往复动作速度快。

此外，对运动速度与负荷重量的关系进行分析，所得结论是：最大运动速度与被移动的负荷重量成反比，而达到最大速度所需的时间与负荷重量成正比。

3) 运动的准确性

准确性是运动输出质量高低的另一个重要指标。在人机系统中，如果操作者发生反应错误或准确性不高，即使其反应时间和运动时间都极短也不能实现系统目标，甚至会导致事故。影响运动准确性的主要因素有运动时间、运动类型、运动方向、操作方式等。

(1) 运动速度与准确性。运动速度与准确性两者存在互相补偿的关系，描述其关系的曲线称为速度-准确性特性曲线，见图 2.36。该曲线表示速度越慢，准确性越高，但速度降到一定程度后，曲线渐趋平坦。说明在人机系统设计中，过分强调速度而降低准确性，或过分强调准确性而降低速度都是不利的。

曲线的拐点处为最佳工作点，该点表示运动时间较短，但准确性较高。随着系统安全性要求的提高，常将实际的工作点选在最佳工作点右侧的某一位置上。

(2) 盲目定位运动的准确性。在实际操作中，当视觉负荷很重时，往往需要人在没有视觉帮助的条件下，根据对运动轨迹记忆和运动觉反馈进行盲目定位运动。有人曾研究了手的盲目定位运动准确性，其方法是在被试者的左、前、右 270°范围内选定七个方位，相邻方位间相距 45°，每个方位又分上、中、下三种位置，采用 20 个实验点，每点上悬有类似射击用的靶子。被试者在遮掉视线后做盲目定位运动，实验结果见图 2.37。图中每个圆表示击中相应位置靶子的准确性，圆越小表示准确性越高；图中的黑圆点代表击中相应象限的准确性，黑圆点越小，准确性越高。

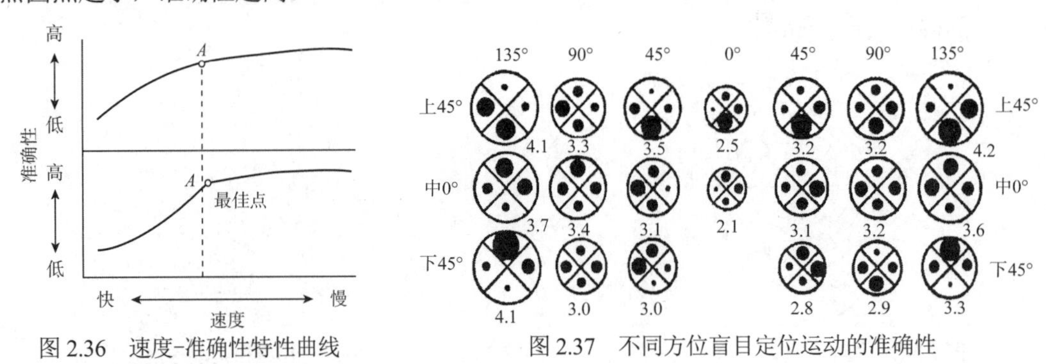

图 2.36　速度-准确性特性曲线

图 2.37　不同方位盲目定位运动的准确性

研究结果表明，正前方盲目定位准确性最高，右方稍优于左方，在同一方位，下方和中间均优于上方。

(3) 运动方向与准确性。图 2.38 为手臂运动方向对准确性影响的实验结果。当被试者握尖笔沿图中狭窄的槽运动时，笔尖碰到槽壁即为一次错误，此错误可作为手臂颤抖的指标。结果表明，在垂直面上，手臂做前后运动时颤抖最大，其颤抖是上下方向的；在水平面上，做左右运动的颤抖最小，其颤抖方向是前后的。

(4) 操作方式与准确性。由于手的解剖学特点和手的不同部位随意控制能力的不同，使手的某些运动比另一些运动更灵活、更准确。不同控制操作方式对准确性的影响分析结果如图 2.39 所示，上排优于下排。该研究结果对人机系统中控制装置的设计提供了有益的思路。

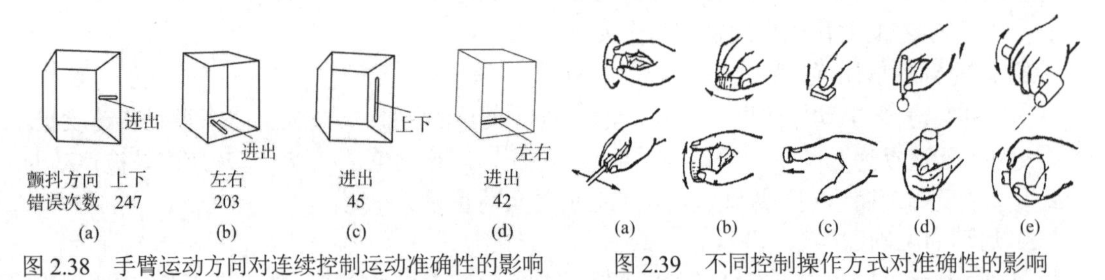

图 2.38　手臂运动方向对连续控制运动准确性的影响

图 2.39　不同控制操作方式对准确性的影响

2.6　坐姿生理学

要想了解人体怎样的坐姿才能获得舒适和不易疲劳的生理反应，首先应该了解人体脊柱的结构、腰曲变形及舒适的生理要求。

2.6.1　脊柱结构

在坐姿状态下，支持人体的主要结构是脊柱、骨盆、腿和脚等。脊柱位于人体背部中线处，由 33 块短圆柱状椎骨组成，包括 7 块颈椎、12 块胸椎、5 块腰椎和下方的 5 块骶骨及 4 块尾骨，相互间由肌腱和软骨连接，见图 2.40。腰椎、骶骨和椎间盘及软组织承受坐姿时的上身大部分负荷，还要实现弯腰、扭转等动作。对设计而言，这两部分最为重要。

正常的姿势下，脊柱的腰椎部分前凸，而至骶骨时则后凹。在良好的坐姿状态下，压力适当地分布于各椎间盘上，肌肉组织承受均匀的静负荷。当处于非自然姿势时，椎间盘内压力分布不正常，产生腰部酸痛、疲劳等不适感。

2.6.2　腰曲弧线

从图 2.40 所示的脊柱侧面可看到有四个生理弯曲，即颈曲、胸曲、腰曲及骶曲。其中与坐姿舒适性直接相关的是腰曲。图 2.41 为各种不同姿势下所产生的腰曲弧线，人体正常腰曲弧线是松弛状态下侧卧的曲线，如图中曲线 *B* 所示；躯干挺直坐姿和前弯时的腰弧曲线会使腰椎严重变形，如图中曲线 *F* 和 *G* 所示；欲使坐姿能形成几乎正常的腰曲弧线，躯干与大腿之间必须有大于 90°的角度，且在腰部有所支撑，如图中曲线 *C* 所示。可见，保证腰弧曲线的正常形状是获得舒适坐姿的关键。

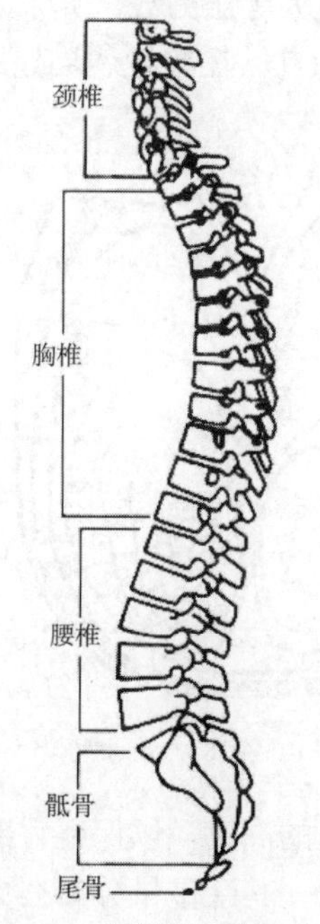

图 2.40　脊柱的形状及组成

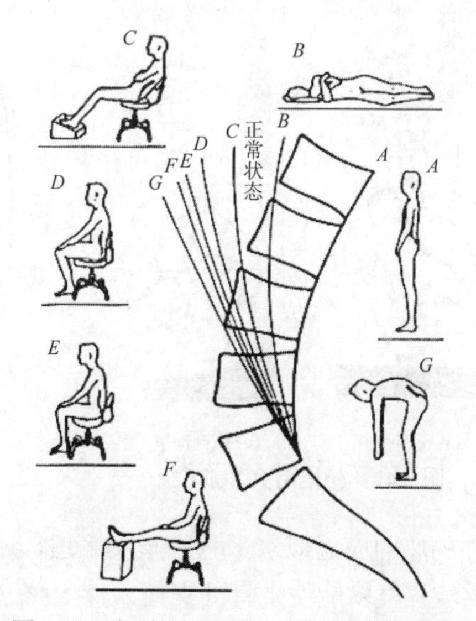

图 2.41　各种不同姿势下所产生的腰椎曲度

2.6.3　腰椎后突和前突

正常的腰弧曲线是微微前突。为使坐姿下的腰弧曲线变形最小，座椅应在腰椎部提供所谓两点支承。由于第五或第六胸椎的高度相当于肩胛骨的高度，肩胛骨面积大，可承受较大压力，所以第一支承应位于第五与第六胸椎之间，称其为肩靠。第二支承设置在第四或第五腰椎的高度上，称其为腰靠，和肩靠一起组成座椅的靠背。无腰靠或腰靠不明显将会使正常的腰椎呈图 2.42(a)中的后突形状，而腰靠过分凸出将使腰椎呈图 2.42(b)中的前突形状。腰后突和过分前突都是非正常状态，合理的腰靠应该是使腰弧曲线处于正常的生理曲线。

2.6.4　坐姿生物力学

1. 肌肉活动度

脊椎骨依靠其附近的肌肉和腱连接，椎骨的定位正是借助于肌腱的作用力。一旦脊椎偏离自然状态，肌肉组织就会受到相互压力(拉或压)的作用，使肌肉活动度增加，导致疲劳、酸痛，肌腱组织受力时，产生一种活动电势。根据肌电图记录结果可知，在挺直坐姿下，腰椎部位肌肉活动度高，因为腰椎前向拉直使肌肉组织紧张受力，提供靠背支承腰椎后，活动力则明显减小；当躯干前倾时，背上方和肩部肌肉活动度高，以桌面作为前倾时手臂的支承并不能降低活动度。这些结果与坐姿生理学是相符合的。

2. 体压分布

由人体解剖学可知，人体坐骨粗壮，与其周围的肌肉相比，能承受更大的压力。而大腿底部有大量血管和神经系统，压力过大会影响血液循环和神经传导而感到不适。所以坐垫上的压力应按照臀部不同部位承受不同压力的原则来设计，即在坐骨处压力最大，向四周逐渐减小，至大腿部位时压力降至最低值，这是坐垫设计的压力分布不均匀原则。

图 2.43 是较为理想的坐垫体压分布曲线，图中各条曲线为等压力线，所标数字的压力单位为 102Pa。研究结果指出，坐骨处的压力值以 8～15kPa 为宜，在接触边界处压力降至 2～8kPa 为宜。

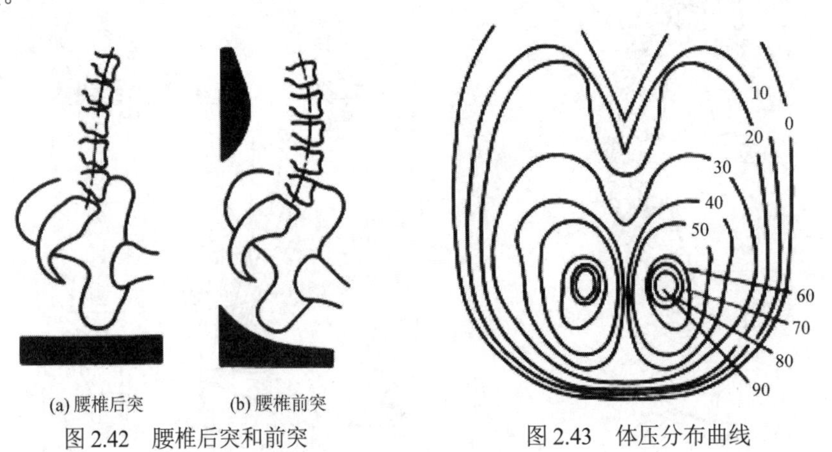

图 2.42　腰椎后突和前突　　　图 2.43　体压分布曲线

坐骨下面的座面应近似水平且应坚实平坦，还要有合适的高度，以保证臀部压力合理分布。座面的柔软程度以能使坐骨处支撑人体 60%左右的重量，其余重量分布在更大的面积上为最好。研究表明，过于松软的座面，使臀部与大腿的肌肉受压面积增大，不仅增加了躯干的不稳定性，而且不易改变坐姿，容易产生疲劳。另外，不同坐姿也会影响驾驶员体压分布。

图 2.44 为不同坐姿时的体压分布。

驾驶员座椅靠背上的压力分布也应该分布合理，应是肩胛骨和腰椎骨两个部位的压力最高(亦称肩靠和腰靠两点支撑)。坐姿时，座椅各部位的受力分布如图 2.45 所示。

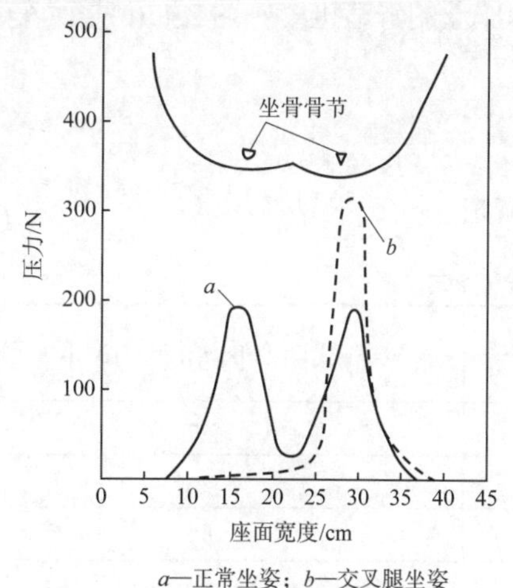

图 2.44　不同坐姿时的体压分布

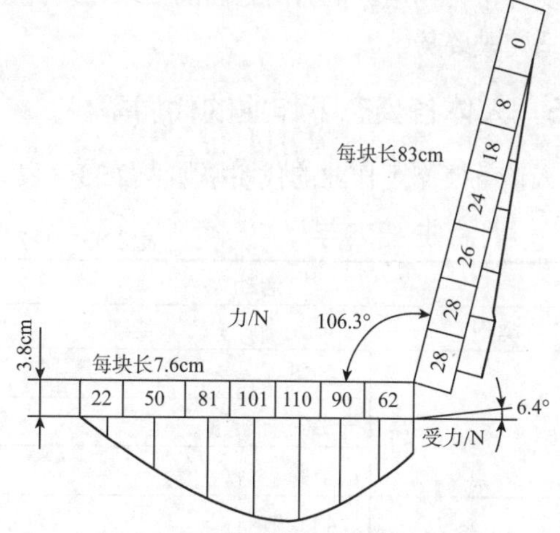

图 2.45　座椅各部位的受力分布

3. 股骨受力分析

如图 2.46(a)所示，人体在骨盆下面有两块圆骨，称为坐骨结节。坐姿时，这两块面积很小的坐骨结节能支承上身的大部分重量。坐骨结节下面的座面呈近似水平时，可使两坐骨结节外侧的股骨处于正常的位置而不受过分的压迫，故而人体感到舒适。

如图 2.46(b)所示，当坐面呈斗形时，会使股骨向上转动，见图中箭头指向。这种状态除了使股骨处于受压迫位置而承受载荷外，还造成髋部肌肉承受反常压迫，并使肘部和肩部受力，从而引起不舒适感。所以在座椅设计中，斗形坐面是应该避免的。

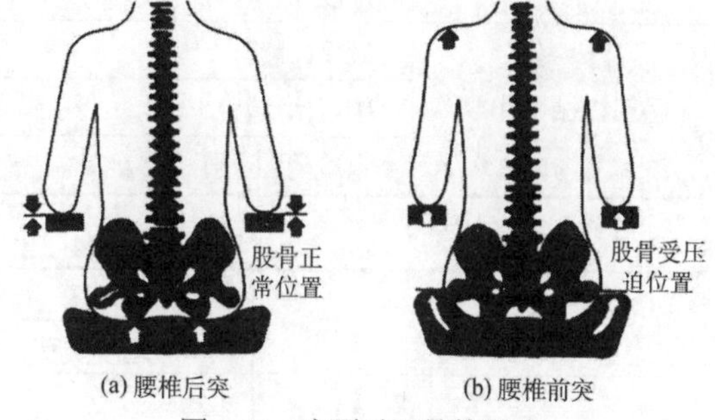

图 2.46　座面对股骨的影响

4. 椎间盘受力分析

当坐姿腰弧曲线正常时，椎间盘上受的压力均匀而轻微，几乎无推力作用于韧带，韧带不拉伸，腰部无不舒适感，见图 2.47(a)。但是，当人体处于前弯坐姿时，椎骨之间的间距发生改变，相邻两椎骨前端间隙缩小，后端间隙增大，见图 2.47(b)。椎间盘在间隙缩

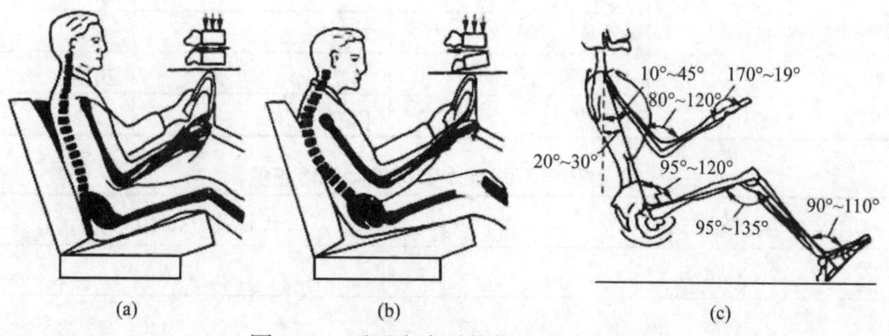

图 2.47　不同坐姿时椎间盘受力分析

小的前端受推挤和摩擦，迫使它向韧带作用一个推力，从而引起腰部不适感，长期累积作用，可造成椎间盘病变。

综合来看，从坐姿生理学角度，应保证腰弧曲线正常；从坐姿生物力学角度，应保证肢体免受异常力作用。依据两方面的要求，研究了人体作业的舒适坐姿。图 2.47(c)是汽车驾驶员舒适驾驶姿势。

2.6.5　人体各姿态下作业的代谢率

人体各姿态下作业的代谢率如表 2.33～表 2.35 所示。

表 2.33　特定作业代谢率

活动		代谢率/[kJ/(min・m^2)]
类型	特征	
休息	卧姿	2.7
	坐姿	3.3
	站姿	4.2
行走	4 km/h	9.9
	5 km/h	12
	10kg，4km/h	11.1
	30kg，4km/h	15
坐姿工作	轻度(打字)	4.2
站姿工作	轻度(打字)	5.7
	中度(擦拭、操作机器)	6.9
手工机械操作	轻度(调整)	6
	中度(组装)	8.4
	重度(手工锯)	12.6

表 2.34　坐姿作业代谢率

作业部位	取值	代谢率/[kJ/(min・m^2)]		
		轻度负荷	中度负荷	重度负荷
手部	均值	4.2	5.1	5.7
	范围	<4.5	4.5～5.4	> 5.4
单臂	均值	5.4	6.6	7.8
	范围	< 6	6～7.2	> 7.2
双臂	均值	7.2	8.4	9.6
	范围	< 7.8	7.8～9	> 9
身体	均值	10.8	14.7	20.1
	范围	< 12.6	12.6～17.1	> 17.1

表 2.35　不同身体姿态代谢率修正值

身体姿态	代谢率/[kJ/(min・m^2)]
坐姿	0
跪姿	0.6

(续表)

身体姿态	代谢率/[kJ/(min · m²)]
蹲姿	0.6
站姿	0.9
弯腰立姿	1.2

2.7　人体动态特性参数

试验研究表明，人体是一个复杂的共振系统。人体及其各种组织与器官都有自身的共振频率。生物力学研究证明，人体全身垂直振动在 4～8Hz 处有一个最大的共振峰，该频率范围称为第一共振频率，它主要由人体胸腔共振频率产生，对胸腔内脏影响最大。在 10～12Hz 和 20～25Hz 处有两个较小的共振峰，这两个频率范围分别称为第二共振频率和第三共振频率。第二共振峰主要由人体腹腔共振频率产生，对腹部内脏影响最大。此外，头部的共振频率为 2～3Hz，心脏为 5Hz，眼为 18～50Hz，脊柱为 30Hz，手为 30～40Hz，臀和足部为 4～8Hz，肩部为 2～6Hz，躯干为 6Hz。人体的振动传递与人体骨骼、姿势(站姿或坐姿)和座椅形态等有关。因此，在设计车辆和车辆座位时，必须考虑人体共振频率，采取减振措施，尽量避开人体共振效应。

人体各生理环节的固有频率如图 2.48 所示。

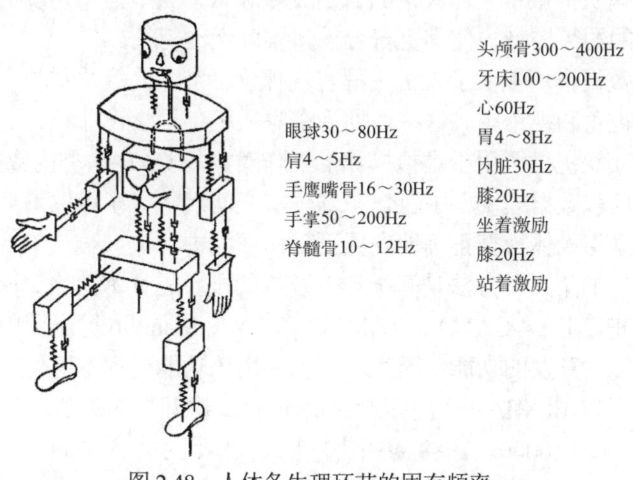

图 2.48　人体各生理环节的固有频率

2.8　人体尺寸数据库的建立

建立人体数据库的方法有两种。第一种是从头开始设计与编程开发，如韩国学者提出了建立面向对象的人体尺寸数据库的方法，我国学者宋福宏(2007)在此基础上，根据中华人民共和国国家标准《中国成年人人体尺寸》提取关键尺寸，基于 Access 和 VC++建立了 OPEHM 人体模型数据库。一方面使数据能共享，为以后编写程序提供方便；另一方面也使对必要人体尺寸的修改更加容易，当人体尺寸得到更新时，可以在不修改源代码的情况下直接更新人体模型。Access 数据库的操作和维护相对简单，其功能已能够完全满足建立人体数据库的要求，同时使用 VC++平台的 MFCoDBc 数据库接口能够在 UG 二次开发环境下轻松实现对数据的操作。OPEHM 人体模型数据库结构如图 2.49 所示，该数据库主要包括静态人体尺寸、动态人体尺寸、人机工程评价数据和工作环境数据等模块。

图 2.49 中，静态人体尺寸模块提供了建立面向人机工程学的人体模型的基本数据，包括多个百分位的各项人体测量项目的数据，如头部人体尺寸、手部人体尺寸、足部人体尺寸、立姿人体尺寸和坐姿人体尺寸等。除此之外，该模块中还包括描述人体基本姿态(站姿、坐姿、驾驶姿势)的关节角的数值。因为特殊的人体姿态是由一系列的关节角来描述的，可以通过这些关节角来旋转或移动人体身段来构造相应的工作姿态。

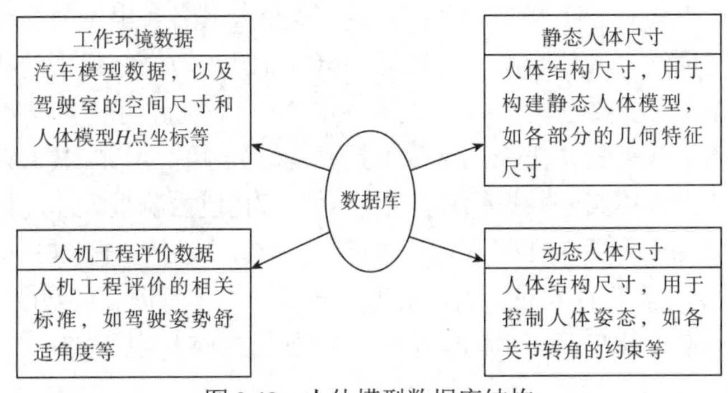

图 2.49　人体模型数据库结构

动态人体尺寸模块提供了人体关节的自由度数和人体关节运动角度的约束值等，这些数据实现了人体关节的约束控制，使其更符合人体实际运动特征。

人机工程评价数据模块提供了人机工程客观评价标准，如舒适驾驶姿势的身体关节角的范围、可视域中的视角和视距等。这些数据为车身人机工程学设计和评价提供了依据。

工作环境数据模块提供了用于虚拟操作的工作对象的 CAD 模型的数据，例如汽车 CAD 模型在“汽车驾驶环境数据模块”中包含了驾驶室空间尺寸、H 点位置、座椅靠背角等重要信息，根据这些数据将人体模型正确地安置到工作环境中。

建立人体数据库的第二种方法是基于一个开放的平台进行本地化二次开发。目前，在已商品化的 JACK、DELMIA、CATIA、RAMSIS 和 Pro/E Manikin 等平台中的人机工效设计模块均有进行本地化二次开发的功能。因此，可以利用该功能进行本地化二次开发。如 2.9 节所述即是在 CATIA 和 DELMIA 平台下进行的本地化二次开发的例子。

需要注意的是，GB 10000—1988《中国成年人人体尺寸》提供的尺寸数据虽然基本包含了日常人为活动及能够对人体运动产生影响的人体尺寸参数，但这些尺寸对于在 CATIA V5 和 DELMIA 中创建中国人群文件还不够。同济大学丁玉兰教授根据 GB 10000—1988 标准中的人体测量基础数据，推导出了我国成年人各部位的尺寸与身高 H 的比例关系。因此，在 MEAN_STDEV 段(人群的各部分人体尺寸)，创建中国人群文件时，主要尺寸均采用 GB 10000—1988 中所提供的数据，并根据丁玉兰教授推出的我国成年人各部位的尺寸与身高 H 的比例关系计算出一部分数据的平均数。剩余的一些次要尺寸参照和中国同属东亚地区的日本人体数据，对所建立的人体模型在反映人体行为的真实性方面不会产生太大的影响。在 CORR 段(人体尺寸之间的相关性系数)，由于我国目前尚未有各人体尺寸间相关性系数的测量标准，因此这部分数值也只能参照日本人群文件中的人体尺寸间相关性系数。

2.9　基于 DELMIA/CATIA 创建人体模型数据文件

本节简要说明用 CATIA 和 DELMIA 中的人体测量编辑模块创建一个可以使用的一个新的人体模型文件所必须遵循的流程与规范。创建人体模型文件的过程中，其文件的任何扩展名都可以使用，但是扩展名.sws 通常是保留用来作为这类文件特有的扩展名的。这类文件一旦被创建，就可以应用人体测量编辑模块功能进行自定义的人体模型文件加载。

一个人体模型文件要被组织到相应的数据段中，每一个段必须以一个关键字开头并且以一个关键字结尾。一个段的结尾关键字是下一个段的开头的关键字。除非上一个段的结尾关键字是“END”，所有的空行都被丢弃了，所有的以“!”开头的行都被认为是注释，也将被丢弃。

一个人群文件最多可能包含 4 个段，用到以下的关键字。

```
MEAN_ STDEV M ()
MEAN _STDEV F ()
CORR M ()
CORR F ()
```

所有的段都是可选择的，MEAN_STDEV 段必须出现在 CORR 段之前。此外，一个给定的关键字不可以在同一个文件中出现两次。

在 MEAN_STDEV 段中，用户可以提供反映研究的人群的每一个测量数值(平均数和标准差)，其中每一个条目必须有一行，并且每个条目必须以如下方式描述一个变量。

<变量> <平均数> <标准差>

其中，<变量>是指可变的参考数，<平均数>是指变量的平均数值，<标准差>是指定义的变量的标准差值。表 2.36 所示是一个简单的人群文件。

表 2.36　简单的人群文件

!This is a sample population file		
MEAN_STDEV M		
Us100	177.0	6.0
MEAN_STDEV F		
Us100	164.0	6.0
END		

在表 2.36 所示人群文件中，一个成年男性的人体模型的身高的平均值被定义为 177cm(70in)，其标准差值是 6.0。同样，一个成年女性的人体模型的身高的平均值被定义为 164cm(64.5in)，其标准差值也是 6.0。

在 CORR 段中，用户可以提供任意对变量间的相互关联的数值，两个变量之间的相关系数被定义为-1.0～1.0 的一个真实的数，它表示了两个变量之间的相关依赖性。相关绝对值越高，变量间的彼此依赖性就越高。

定义相关系数的时候，每一个栏目必须有一行，并且每个栏目必须描述一对变量间的一个相关系数。例如：

```
<变量 1><变量 2> <相关系数>
```

其中，<变量 1>是第一个变量的参考数，<变量 2>是第二个变量的参考数，<相关系数>是把两个变量联系到一起的相关性数值。需要注意的是，变量 1 必须不同于变量 2，因为根据定义，一个变量和它自己的相关系数为 1.0。此外，变量 1 的参考数必须比变量 2 的参考数小。如果给定的相关系数值不在[-1.0，1.0]之内，就会出现错误。表 2.37 为部分人群的各部分人体尺寸 MEAN_STDEV 和参照日本人群文件获得的各人体尺寸间的相关系数 CORR。

表 2.37　相关系数说明文件

!This is a sample population file		
MEAN_STDEV M		
Us100	177.0	6.0
MEAN_STDEV F		
Us100	164.0	6.0
CORR M 相关系数		
变量 1	变量 2	相关系数
Us2	Us125	0.772
Us2	Us127	0.470
Us63	Us77	0.288
Us63	Us81	0.309
Us63	Us82	0.288
CORR F 相关系数		
变量 1	变量 2	相关系数
Us2	Us125	0.744
Us2	Us127	0.386
Us63	Us77	0.231
Us63	Us81	0.320
Us63	Us82	0.313
END		

需要注意的是，出现在人群文件中的所有长度值都应该用厘米做单位，所有的重量值都应该用千克做单位，并且还要注意到，人群文件中的关键字是区分大小写的。正因为如此，关键字 mean_stdev f 会被认为是系统错误。

下面的字段和表 2.38 所示内容是一个人群文件的例子“my_population.sws”，本例具备了一般的人群文件所应包含的内容。

```
!!
!!This is a sample population file.
!!
```

表 2.38　人群文件

MEAN_STDEV M			Us69	6.31	0.32	Us9	23.27	0.96
Us3	137.03	4.96	Us70	40.02	2.41	Us10	16.71	0.77
Us4	59.14	2.58	Us72	36.75	2.17	Us11	36.66	1.40
Us6	21.90	1.27	Us73	44.78	2.14	Us12	27.35	2.00
Us7	126.05	4.80	Us74	50.86	2.19	Us13	41.87	2.02
Us8	30.62	2.22	Us75	45.44	1.94	Us24	91.87	4.26
Us9	25.06	1.06	Us76	7.54	0.52	Us25	21.79	1.46
Us10	18.40	0.81	Us77	38.32	2.47	Us26	78.16	3.45
Us11	39.46	1.72	Us79	61.00	2.82	Us27	55.04	2.21
Us12	30.36	2.13	Us81	36.74	1.73	Us28	44.94	2.03
Us13	45.79	2.15	Us87	40.21	1.94	Us29	35.51	2.03
Us24	91.92	4.44	Us88	24.04	1.37	Us30	29.59	1.68
Us25	22.48	1.75	Us89	42.09	2.58	Us31	134.87	4.86
Us26	81.91	3.77	Us92	36.00	1.77	Us33	26.27	1.45
Us27	56.71	2.29	Us93	15.18	1.18	Us34	86.55	5.34
Us28	45.99	2.29	Us94	90.95	2.99	Us35	82.07	5.66
Us29	37.15	2.24	Us100	170.0	5.45	Us36	74.06	4.01
Us30	32.15	1.83	Us104	55.00	3.61	Us37	21.53	1.91
Us31	143.38	5.04	Us105	15.58	1.18	Us38	113.34	4.31
Us33	30.13	1.83	Us107	78.50	3.0	Us39	71.63	3.40
Us34	91.13	5.43	Us108	83.42	3.79	Us50	73.32	2.67
Us35	95.58	5.53	Us113	28.85	1.80	Us52	23.18	0.91
Us36	91.13	5.43	Us115	82.88	6.02	Us53	23.71	1.20
Us37	21.74	1.76	Us116	20.75	1.98	Us58	43.00	1.67
Us38	121.35	4.59	Us120	98.57	4.10	Us59	18.49	0.75
Us39	75.07	3.74	Us125	66.07	8.08	Us60	17.11	0.39
Us50	78.98	2.92	Us127	16.83	0.76	Us63	18.72	0.59
Us52	25.08	1.05	Us130	17.25	0.43	Us66	31.48	1.53
Us53	26.52	1.53	Us132	66.50	3.04	Us66	35.80	1.74
Us58	8.48	0.35	Us133	65.94	3.41	Us68	91.28	3.72
Us59	20.52	0.85	MEAN_STDEV F			Us69	6.11	0.27
Us60	18.06	0.46	Us3	127.91	4.82	Us70	35.87	2.23
Us63	19.71	0.72	Us4	55.07	2.36	Us72	35.68	2.14
Us66	32.03	1.44	Us6	21.02	1.10	Us73	41.66	1.98
Us67	34.89	1.89	Us7	118.22	4.41	END		
Us68	95.02	4.09	Us8	28.00	2.01			

加载后，my_population.sws 将和 American、Canadian、French、Japanese 和 Korean 并列在人群数据样本目录里。my_population.sws 可以用任何文本编辑工具编制。

表 2.39 所示为 CATIA/DEMIA V5 人体数据库中的部分人体变量代码及变量名称。

表 2.39　CATIA/DEMIA V5 人体数据库中的部分人体变量代码及变量名称

人体变量	变量名称	人体变量	变量名称
Us3	肩高	Us52	足长
Us4	坐姿肩高	Us58	手宽
Us5	上臂长	Us60	手长
Us11	肩宽	Us66	臀宽
Us13	最大肩宽	Us67	坐姿臀宽
Us24	臀围	Us73	胫骨点高
Us27	臀膝距	Us74	坐姿膝盖
Us28	坐深	Us87	小腿加足高
Us33	胸宽	Us88	前臂长
Us34	胸围	Us94	坐高
Us37	胸厚	Us100	身高
Us50	坐姿眼高	Us105	坐姿大腿厚
Us51	足宽	Us115	腰围

思　考　题

1. 人体形态尺寸与测量的方法有哪些？如何获得最新人体的形态尺寸？
2. 人体惯性参数与测量方法各自有什么特点？
3. 试述人体组织生物力学性能参数及其应用。
4. 试述热物理特征参数及其应用。
5. 试述人体热生理参数及其应用。
6. 试述人体动态特性参数及其应用。
7. 人体有哪些感知特性和心理特征？
8. 人体有哪些生理机能特征？

第3章　数字化人机工程设计基础(2)——人体感知特征

人体按功能可划分为呼吸、消化、运动、泌尿、生殖、循环、内分泌、感觉和神经9个系统。从人机工程设计角度考虑，人与外界(机器和环境)直接发生联系的主要有3个系统，即感觉、神经和运动系统，其他6个系统则认为是人体完成各种功能活动的辅助系统。人体感知器官的机能及其特征是人机工效设计的主要依据。本章主要介绍人体感知特征的相关知识。

【学习目标】

1. 了解人体各种感知器官的机能及其特征。
2. 了解人体神经系统的机能及其特征。
3. 了解人体的心理现象及其特征。

3.1　人体感知特征概述

人体通过感知器官获取机器及其周围的信息，主要有感觉和知觉两大特征。本节主要介绍人体感知器官的基本生理特征等内容。

3.1.1　人体感觉器官的基本生理特征

人体各种感觉器官都有各自最敏感的刺激形式，这种刺激形式被称为适宜刺激。例如，眼睛对光的刺激敏感，产生视觉，能够识别形状、大小、位置、距离、色彩、明暗、运动方向等；耳朵对声的刺激敏感，产生听觉，可判断声音的强弱和高低，辨别声源的方向和距离等。

1. 感觉器官的感觉阈值

感觉是物理刺激作用于感觉器官的结果，刺激必须达到一定强度才能对感觉器官发生作用。但刺激强度又不能超出最高限度，否则不但无效，而且还会引起感觉器官的不舒适，甚至导致器官的损伤。这个能被感觉器官所接受的刺激强度范围称为感觉(识别)阈值。表3.1为人体不同感觉器官的感觉阈值。

表3.1　各种感觉器官的感觉阈值

感觉类型	感觉阈值	
	最低值	最高值
视觉	$(2.20\sim5.70)\times10^{-17}$J	$(2.20\sim5.70)\times10^{-8}$J
听觉	2.00×10^{-5}J	2.00×10J
触压觉	2.60×10^{-9}J	—
振动觉	振幅2.50×10^{-4}mm	—
嗅觉	2.00×10^{-7}kg/m	—
温度觉	6.89×10^{-7}kg·J/(m^3·s)	9.13×10^{-6}kg·J/(m^3·s)
味觉	4.00×10^{-7}mol/L 硫酸试剂	—

(续表)

感觉类型	感觉阈值	
	最低值	最高值
角加速度	2.10×10^{-7}rad/s^2	—
直线加速度	减速时 0.78m/s^2	加速时 49～78m/s^2
		减速时 29～44m/s^2

在刺激强度不变的情况下，感觉器官被持续刺激一段时间后，感觉会逐渐减少直至消失，这种现象称为适应。例如嗅觉器官经持续刺激后会不再发生兴奋，即通常所说的“久而不闻其香”。

在一定条件下，当受到其他刺激的干扰时，各种感觉器官对刺激的适应能力将降低。例如同时输入两个视觉信息，人往往倾向于注意其中一个而忽视另一个。视觉信息和听觉信息同时输入时，听觉信息会对视觉信息产生较大干扰。刺激消失后，感觉还会滞留一个极短时间，产生余觉。

2. 反应时间

人的反应时间是指从感觉器官开始接受外界刺激起，到运动器官开始执行操作动作所经历的时间。只对一种刺激做出一种反应的反应时间称为简单反应时间；两种以上的刺激同时输入，需要对不同的刺激做出不同的反应，称为选择反应，相应的反应时间称为选择反应时间。一般来讲，选择反应时间要比简单反应时间长。

人的反应时间的长短对于人机系统的工作效率有重要影响。人的反应时间越短，则响应速度越快，人机系统的工作效能就越高。人的反应时间与刺激的性质、强度、种类、刺激与背景对比的强弱等有关，也与执行运动的器官、人的年龄和性别、人的心理准备与疲劳程度等有关。对各种刺激形式或对不同感觉通道刺激的简单反应时间见表 3.2。

表 3.2　不同刺激形式的简单反应时间

刺激形式	简单反应时间/s	刺激形式	简单反应时间/s
光	0.180	冷、热	0.300～1.600
声	0.140	旋转	0.400
触	0.140	咸味	0.308
嗅	0.300	甜味	0.446
压痛	0.268	酸味	0.536
刺痛	0.888	苦味	1.082

3.1.2　人的感知与反应机能

1. 反射弧

神经系统调节机体的活动，对内、外环境的刺激做出一定的应答反应，称为反射。反射是神经系统调节机体活动的一种基本形式。参与一个反射活动的全部结构组成该反射的反射弧，如膝跳反射的反射弧。不同的反射弧繁简不一，但都具有 5 个基本环节，即感受器、传入神经元、中间神经元、传出神经元、效应器，如图 3.1(a)所示。

2. 信息键

人机系统中的信息在人的神经系统中的循环过程可用图 3.1(b)加以描述。感受器官从外界收集信息，经过传入通道输送到中枢神经系统的适当部位，信息在这里经过处理、评价并与储存信息相比较，必要时形成指令，并经过传出神经纤维送到效应器而作用于运动器官。运动器官的动作由反馈来监控，内反馈确定运动器官动作强度，外反馈确定用以实现指令的最后效果。

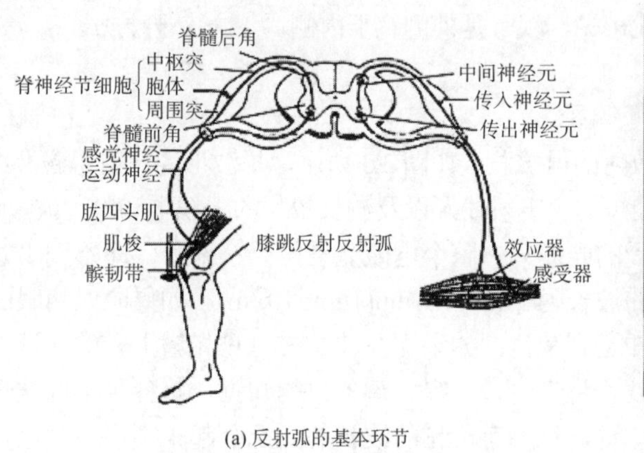

(a) 反射弧的基本环节

(b) 信息链

图 3.1　反射弧及信息链

3.1.3　感觉通道与适用的信息

人的感觉器官各有自身的特性、优点和适应能力。对于一定的刺激，选择合适的感觉通道，能获得最佳的信息处理效果，常用的是视觉通道和听觉通道。在特定条件下，触觉和嗅觉通道也有其特殊用处，尤其在视觉和听觉通道都超载的情况下，将专门的触觉传感器贴在皮肤上可作为一种有价值的报警装置。视觉、听觉和触觉通道的适用场合如表 3.3 所示。

表 3.3　不同感觉通道的适用场合

感觉通道	适用场合	
视觉通道	1. 传递比较复杂的或抽象的信息； 2. 传递比较长的或需要延迟的信息； 3. 传递的信息以后还要引用； 4. 传递的信息与空间方位、空间位置有关；	5. 传递不要求立即做出快速响应的信息； 6. 所处环境不适合使用听觉通道的场合； 7. 虽适合听觉传递，但听觉通道已过载的场合； 8. 作业情况允许操作者固定保持在一个位置上
听觉通道	1. 传递比较简单的信息； 2. 传递比较短的或无须延迟的信息； 3. 传递的信息以后不再需要引用； 4. 传递的信息与时间有关；	5. 传递要求立即做出快速响应的信息； 6. 所处环境不适合使用视觉通道的场合； 7. 虽适合视觉传递，但视觉通道已过载的场合； 8. 作业情况要求操作者不断走动的场合
触觉通道	1. 传递非常简明的、要求快速传递的信息； 2. 经常要用手接触机器或其装置的场合；	3. 其他感觉通道已过载的场合； 4. 使用其他感觉通道有困难的场合

3.2　视觉机能及其特征

视觉机能是人体感知人体以外信息的生理能力，人体所感知的 80%以上的外界信息来自视觉。因此，人体视觉机能及其特征是人机工程设计的重要依据之一。

3.2.1　视野

一只眼睛的视野称为单眼视野；两只眼睛的视野称为双眼视野；头部固定而转动眼球后所能看到的范围称为注视野。图 3.2 所示为这几种视野的垂直面概念。水平方向的单眼视野为双眼内侧 60°、外侧约 100°；垂直方向的双眼视野为视平线上方 50°(注视野为 60°)、视平线下方 65°左右(注视野也基本相同)。由此可见，视野是外侧宽于内侧，下方宽于上方。

3.2.2　视觉刺激

视觉的适宜刺激是光。光是放射的电磁波，如图 3.3 所示，呈波形的放射电磁波组成广大的光谱，其波长差异极大，包括最短的宇宙射线，以及波长较长的无线电和电力波。由图 3.4 所示内容可知，人类视力所能接受的光波只占整个电磁光谱的一小部分，即不到 1/70。在正常情况下，人的两眼所能感觉到的波长为 380～760nm(1nm=10^{-9}m)。如果照射两眼的光波波长在可见光谱上短的一端，人就知觉到紫色；如果光波波长在可见光谱上长的一端，人则知觉到红色。可见光谱两端之间的波长将产生蓝、绿、黄各色的知觉，将各种不同波长的光混合起来可以产生各种不同颜色的知觉，将所有可见的波长的光混合起来则产生白色。

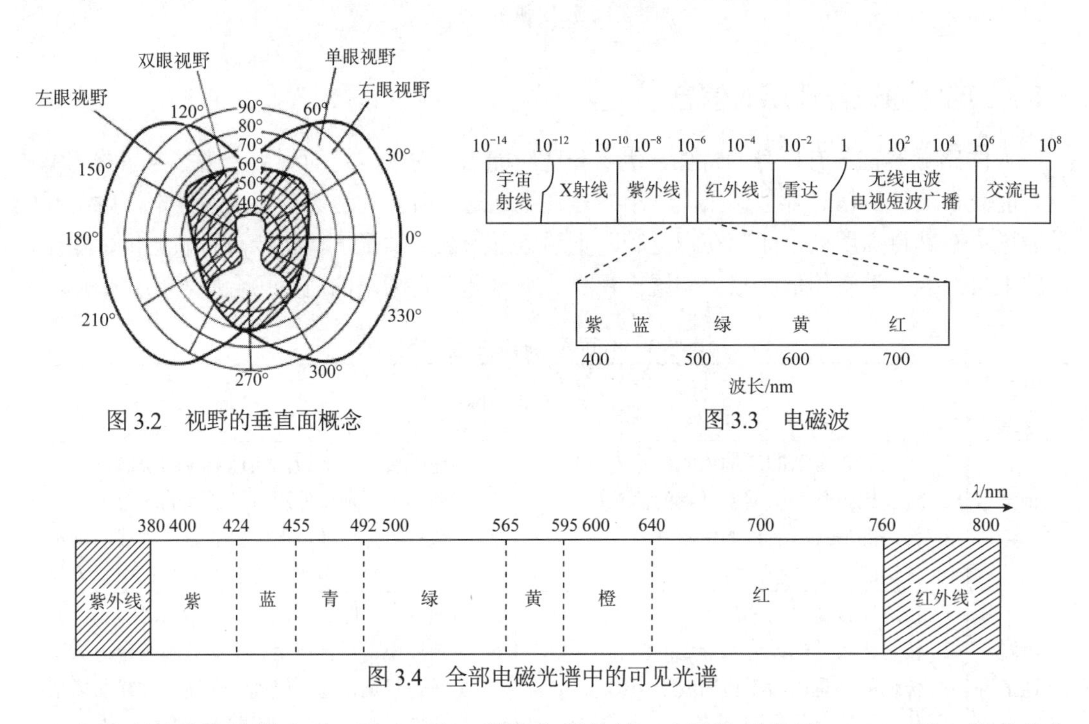

图 3.2　视野的垂直面概念

图 3.3　电磁波

图 3.4　全部电磁光谱中的可见光谱

光谱上的光波波长小于 380 nm 的一段称为紫外线；光波波长大于 760 nm 的一段称为红外线。这两部分波长的光都不能引起人的光觉。

3.2.3　视觉系统

视觉是由眼睛、视神经和视觉中枢的共同活动完成的。人的视觉系统如图 3.5 所示。

视觉系统主要是一对眼睛，它们各由一条视神经与大脑视神经表层相连。连接两眼的两条视神经在大脑底部视觉交叉处相遇，在交叉处视神经部分交叠，然后在和眼睛相反方向的大脑视神经表层上终止。这样，可使两眼左边的视神经纤维终止到大脑左边的视神经皮层上；

而两眼右边的视神经纤维终止到大脑右边的视神经皮层上。由于大脑两半球对于处理各种不同信息的功能并不都相同，就视觉系统的信息而言，在分析文字上，左半球较强，而对于数字的分辨，右半球较强。而且视觉信息的性质不同，在大脑左右半球上所产生的效应也不同。因此，当信息发生在极短时间内或者要求做出非常迅速的反应时，上述视神经的交叉就起了很重要的互补作用。

眼睛是视觉的感受器官，人眼是直径为 21～25 mm 的球体，其基本构造与照相机相类似，见图 3.6。光线由瞳孔进入眼中，瞳孔的直径大小由有色的虹膜控制，使眼睛在更大范围内适应光强的变化。进入的光线通过起透镜作用的晶状体聚焦在视网膜上，眼睛的焦距是依靠眼周肌肉来调整晶状体的曲率实现的，同时因视网膜感光层是一个曲面，能用以补偿晶状体曲光率的调整，从而使聚焦更为迅速而有效。眼球约有三分之二的内表面覆盖着视网膜，它具有感光作用，但视网膜各部位的感光灵敏度并不完全相同，中央部位灵敏度较高，越到边缘部位灵敏度就越差。落在中央部位的映像清晰可辨，而落在边缘部位的映像则不甚清晰。眼睛还有上、下、左、右共六块肌肉能对此做补救，因而转动眼球便可审视全部视野，使不同的映像可迅速依次落在视网膜中灵敏度最高处。两眼同时视物，可以得到在两眼中间同时产生的映像，它能反映出物体与环境相对的空间位置，因而眼睛能分辨出三维空间。

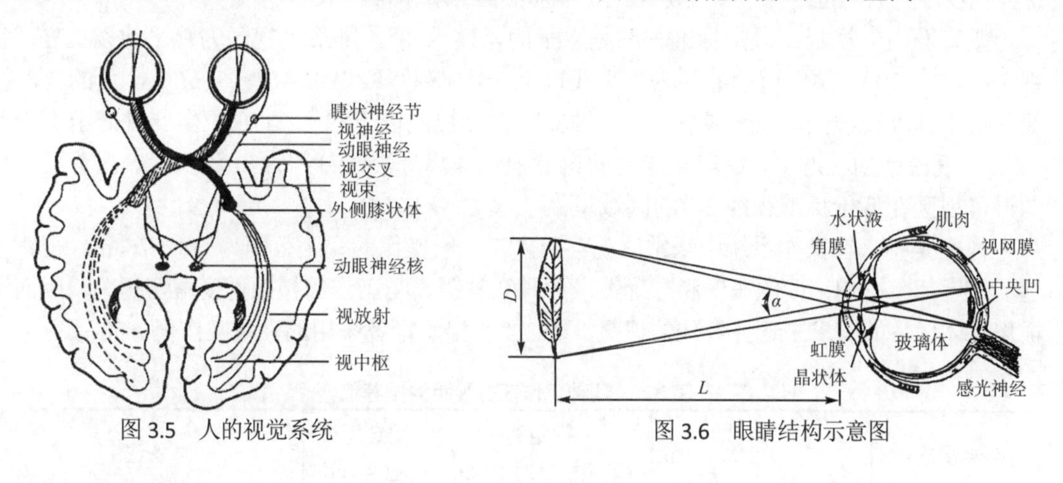

图 3.5　人的视觉系统　　图 3.6　眼睛结构示意图

3.2.4　视觉机能

1. 视角与视力

视角是确定被看物尺寸范围的两端点光线射入眼球的相交角度，视角的大小与观察距离及被看物体上两端点的直线距离有关，可用式(3-1)表示：

$$\alpha=2\arctan(0.5D/L) \tag{3-1}$$

式中，α 为视角，即(1/60)°单位；D 为被看物体上两端点的直线距离；L 为眼睛到被看物体的距离。

眼睛能分辨被看物体最近两点的视角，称为临界视角。

视力是眼睛分辨物体细微结构能力的一个生理尺度，以临界视角的倒数来表示，即

视力=1/能够分辨的最小物体的视角

检查人眼视力的标准规定，当临界视角为 1 时，视力等于 1.0，此时视力为正常。当视力下降时，临界视角必然要大于 1，于是视力用相应的小于 1.0 的数值表示。视力的大小还随

年龄、观察对象的亮度、背景的亮度，以及两者之间的亮度、对比度等条件的变化而变化。

2. 视野与视距

视野是指人的头部和眼球固定不动的情况下，眼睛观看正前方物体时所能看得见的空间范围，常以角度来表示。视野的大小和形状与视网膜上感觉细胞的分布状况有关，可以用视野计来测定视野的范围。正常人两眼的视野如图 3.7 所示。

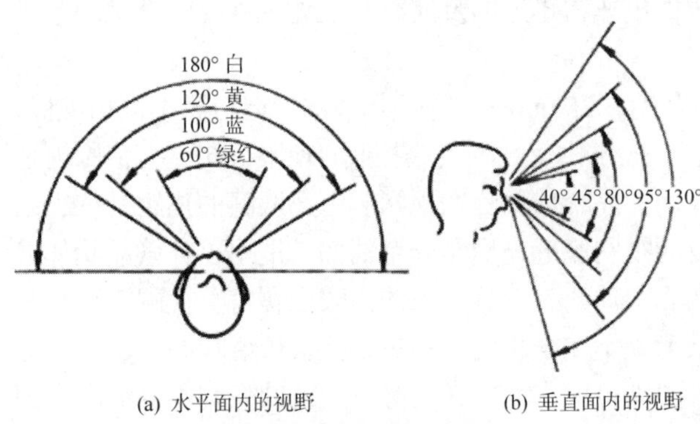

图 3.7　人的水平视野和垂直视野

水平面内的视野：双眼视区大约在左右 60°以内的区域，在这个区域里还包括字、字母和颜色的辨别范围，辨别字的视线角度为 10°～20°；辨别字母的视线角度为 5°～30°，在各自的视线范围以外，字和字母趋于消失。对于特定颜色的辨别，视线角度为 30°～60°。人的最敏锐的视力是在标准视线每侧 1°的范围内；单眼视野界限为标准视线每侧 94°～104°。

垂直面内的视野：假定标准视线是水平的，定为 0°，则最大视区为视平线以上 50°和视平线以下 70°。颜色辨别界限为视平线以上 30°，视平线以下 40°。实际上，人的自然视线是低于标准视线的，在一般状态下，站立时自然视线低于水平线 10°，坐着时低于水平线 15°；在很松弛的状态中，站着和坐着的自然视线偏离标准线分别为 30°和 38°。观看展示物的最佳视区在低于标准视线 30°的区域里。

视距是指人在操作系统中正常的观察距离。一般操作的视距范围为 38～76cm。视距过远或过近都会影响认读的速度和准确性，而且观察距离与工作的精确程度密切相关，因而应根据具体任务的要求来选择最佳的视距。表 3.4 给出了推荐采用的几种工作任务的视距。

表 3.4　几种工作任务视距的推荐值

任务要求	举例	视距离 (眼至视觉对象)/cm	固定视野 直径/cm	备注
最精细的工作	安装最小部件(表、电子元件)	12～25	20～40	完全坐着，部分依靠视觉辅助手段(小型放大镜、显微镜)
精细的工作	安装收音机、电视机	25～35(多为 30～32)	40～60	坐着或站着
中等粗活	在印刷机、钻井机、机床旁工作	50 以下	80 以下	坐或站
粗活	包装、粗磨	50～150	30～250	多为站着
远看	看黑板、开汽车	150 以上	250 以上	坐或站

3. 中央视觉和周围视觉

视网膜上分布视锥细胞较多的中央部位，其感色力强，同时能清晰地分辨物体，用这个部位视物称为中央视觉。视网膜上视杆细胞较多的边缘部位感受多彩的能力较差或不能感受，故分辨物体的能力差。但由于该部位的视野范围广，故能用于观察空间范围和正在运动的物体，称其为周围视觉。

一般情况下，既要求操作者的中央视觉良好，同时也要求其周围视觉正常。视野各方面都缩小到 10°以内者称为工业盲。两眼中心视力正常而有工业盲视野缺陷者，不宜从事驾驶飞机、车、船、工程机械等要求具有较大视野范围的工作。

4. 双眼视觉和立体视觉形成原理

人的感知有 80%来自视觉，要实现虚拟现实的目的，必须考虑人的立体视觉形成原理，即让人的眼睛感觉所处的环境跟自然界中的环境是一致的。

人们感觉到空间立体感，形成立体视觉主要是因为人类的左右眼的视野存在重叠区，这种重叠区通常被称为双眼视觉或者立体视觉。

5. 色觉与色视野

视网膜除能辨别光的明暗外，还有很强的辨色能力，可以分辨出 180 多种颜色。人眼的视网膜可以辨别波长不同的光波，在波长为 380～780nm 的可见光谱中，光波波长只相差 3nm，人眼即可分辨，但主要是红、橙、黄、绿、青、蓝、紫等七色。人眼区别不同颜色的机理常用光的“三原色学说”来解释，该学说认为红、绿、蓝(或紫)为三种基本色，其余的颜色都可由这三种基本色混合而成；并认为在视网膜中有三种视锥细胞，含有三种不同的感光色素分别感受三种基本颜色。当红光、绿光、蓝光(或紫光)分别入眼后，将引起三种视锥细胞对应的光化学反应，每种视锥细胞发生兴奋后，神经冲动分别由三种视神经纤维传入大脑皮层视区的不同神经细胞，即引起不同的颜色感觉。当三种视锥细胞受到同等刺激时，引起白色的感觉。

缺乏辨别某种颜色的能力，称为色盲；若辨别某种颜色的能力较弱，则称色弱。有色盲或色弱的人不能正确地辨别各种颜色的信号，不宜从事驾驶飞机、车辆以及各种对辨色能力要求高的工作。

由于各种颜色对人眼的刺激不同，人眼的色觉视野也就不同，见图 3.8。图中角度数值是在正常亮度条件下对人眼的实验结果，表明人眼对白色的视野最大，对黄色、蓝色、红色的视野依次减小，而对绿色的视野最小。

6. 暗适应和明适应

当光的亮度不同时，视觉器官的感受性也不同，亮度有较大变化时，感受性也随之变化。视觉器官的感受性对光刺激变化的相顺应性称为适应。人眼的适应性分为暗适应和明适应两种。

当人从亮处进入暗处时，刚开始看不清物体，需要经过一段适应的时间后，才能看清物体，这种适应过程称为暗适应。暗适应过程开始时，瞳孔逐渐放大，进入眼睛的光通量增加。同时，对弱刺激敏感的视杆细胞也逐渐转入工作形态，由于视杆细胞转入工作状态的过程较慢，因而整个暗适应过程大约需 30min 才能趋于完成。与暗适应情况相反的过程称为明适应。明适应过程开始时，瞳孔缩小，使进入眼中的光通量减少。同时，转入工作状态的视锥细胞数量迅速增加，因为对较强刺激敏感的视锥细胞反应较快，因而明适应过程一开始，人眼感受性迅速降低，30s 后变化很缓慢，大约 1 min 后明适应过程就趋于完成。暗适应和明适应曲线见图 3.9。

人眼虽具有适应性的特点，但当视野内明暗急剧变化时，眼睛却不能很好适应，从而会引起视力下降。另外，如果眼睛需要频繁地适应各种不同亮度时，不但容易产生视觉疲劳，影响工作效率，而且也容易引起事故。为了满足人眼适应性的特点，要求工作面的光亮度均匀而且不产生阴影；对于必须频繁改变亮度的工作场所，可采用缓和照明或戴一段时间有色眼镜，以避免眼睛频繁地适应亮度变化而引起视力下降和视觉过早疲劳。

7. 对比感度

对比感度是指临界对比度的倒数。临界对比度是眼睛刚能辨别观察对象时，对象与背景的最小亮度对比度，对比感度越大的人，在相同的亮度对比度下能更清楚地辨别观察对象。视力好的人对比感度约为 100，相应的临界对比度为 0.01。对比感度与观察对象的大小、观察距离、照度及眼睛的适应情况等因素有关。

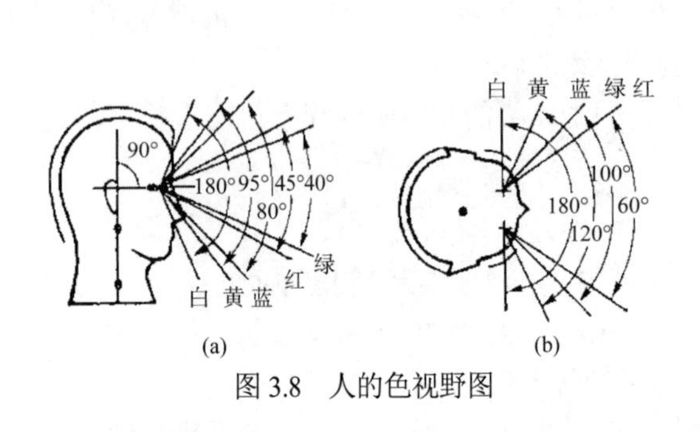

图 3.8　人的色视野图

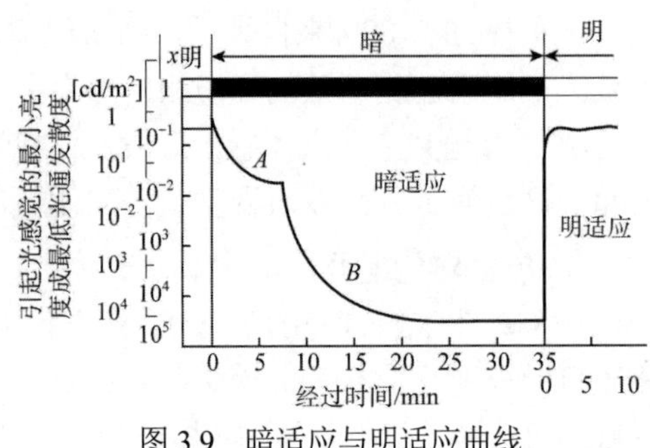

图 3.9　暗适应与明适应曲线

8. 视错觉

视错觉是指人在观察外界物体的形状、大小、位置和颜色时所得到的印象与实际情况的差异。

人们认识物体外部形象的能力，不仅与形成视觉的生理过程有关，还和人们感觉物体的条件及环境有关。由于环境、条件的不同或干扰，自身各部分之间的相互作用及人的心理状态等因素的影响，人观察外界物体形象所得到的印象与物体实际形态有一定的差异，这种存在于视觉中的差异现象叫作视错觉。视错觉是人们视觉的正常现象。视错觉的现象有很多，引起视错觉的因素也有很多，如视觉范围、视觉角度、线形尺寸、体形大小、线型之间、图形之间的方向、方位对比、色彩、明暗等，都可造成视错觉。视错觉的机理有的可得到解释，有的正在探索之中。造型设计工作是在人的习惯视觉范围内进行的图像工作，在造型图样与实体造型物之间，由于视错觉，将会造成造型物的体形、图形、线型、大小等方面的微小变化。这些变化虽小，但可能较大地影响造型物的形体美。了解这些视错觉现象，在造型设计中，利用和矫正这些视错觉，将可使造型物的形象更符合人们的视觉需求。

1) 长短错觉

附加物引起的长短错觉如图 3.10 所示，线段 *AB* 和线段 *CD* 的实际长度是相等的，即 *AB*=*CD*，但线段 *AB* 的两端有向内的附加图形，线段 *CD* 的两端有向外的附加图形，附加物的干扰使线段 *CD* 看起来长于线段 *AB*。这是由于眼睛被附加物强制向朝外方向，增加远动扫描时间的结果。

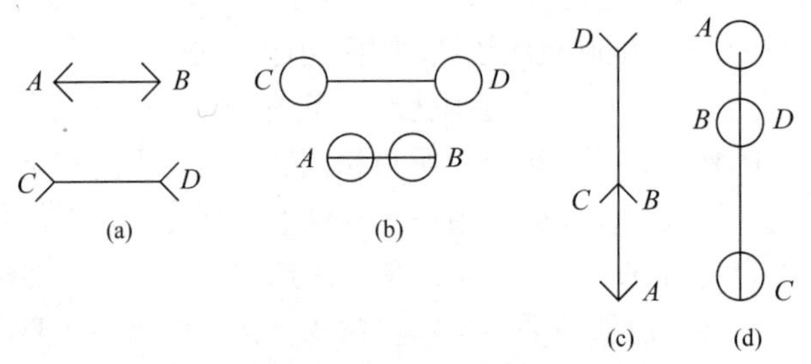

图 3.10　附加物引起的长短错觉

方位引起的错觉如图 3.11 所示，线段 *AB* 与线段 *CD* 的实际长度是相等的，*AB* 呈水平向并与竖直向的 *CD* 相互垂直。但看起来，竖线 *CD* 要长于横线 *AB*，这是由于眼睛的垂直运动速度比水平运动慢，眼睛看竖直方向的线段时间要长的缘故。同理，正方形 *ABCD* 看起来是高度大于宽度的矩形。

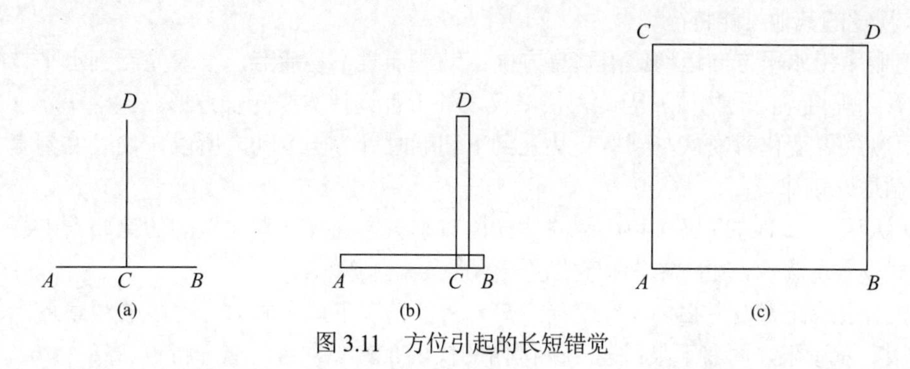

图 3.11　方位引起的长短错觉

2) 变形错觉

由于周围图形或线条的干扰，使原图形在视觉上发生了变形，称为变形错觉。如图 3.12(a)所示，有 5 条相互平行的线条，由于它们上面加了许多短线条而显得不平行。如图 3.12(b)所示，7 个圆的上切点同在一条直线上，但这些点组成的切线看起来却像一条中间向下弯曲的弧线，这些圆有中间排列的视感。

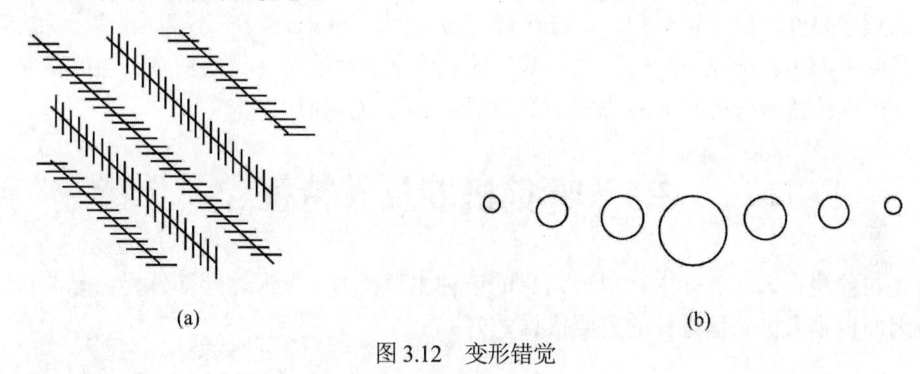

图 3.12　变形错觉

3) 位移错觉

由于某些线条或图形隔断的干扰，使原本在一个位置高度或方位的直线或图形在视觉上产生错位，称为位移错觉。如图 3.13 所示，斜线 *AB*、*CD* 本在一条直线方位，但由于其中间被数条垂直线隔断干扰，看起来 *AB*、*CD* 不在一条直线上了。

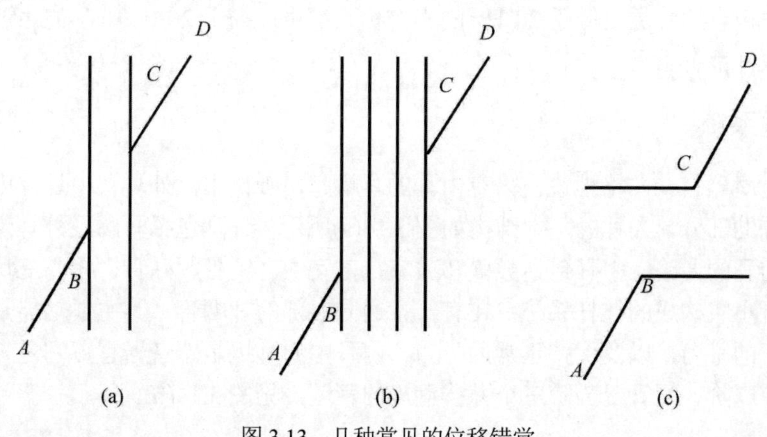

图 3.13　几种常见的位移错觉

视错觉在图形中的表现形式多种多样，现已在造型设计中得到较广泛的应用——或利用它，或避免它，以创造出优美的视觉形象。

4) 视觉的其他机能特征

(1) 眼睛沿水平方向运动比沿垂直方向运动快而且不易疲劳，一般先看到水平方向的物体，后看到垂直方向的物体。因此，很多仪表外形都设计成横向长方形。

(2) 视线的变化习惯从左到右、从上到下和顺时针方向运动。所以，仪表的刻度方向设计应遵循这一规律。

(3) 人眼对水平方向尺寸和比例的估计比对垂直方向尺寸和比例的估计要准确得多，因而水平式仪表的误读率(28%)比垂直式仪表的误读率(35%)低。

(4) 当眼睛偏离视中心时，在偏离距离相等的情况下，人眼对左上限的观察最优，依次为右上限，左下限，而右下限最差。视区内的仪表布置必须考虑这一特点。

(5) 两眼的运动总是协调的、同步的，在正常情况不可能一只眼睛转动而另一只眼睛不动。在一般操作中，不可能一只眼睛视物，而另一只眼睛不视物，因而通常都以双眼视野为设计依据。

(6) 与曲线轮廓相比，人眼更易于接受直线轮廓。

(7) 颜色对比与人眼辨色能力有一定关系。当人从远处辨认前方的多种不同颜色时，其易辨认的顺序是红、绿、黄、白，即红色最先被看到。所以，停车、危险等信号标志都采用红色。当两种颜色相配在一起时，则易辨认的顺序是黄底黑字、黑底白字、蓝底白字、白底黑字等，因而公路两旁的交通标志常用黄底黑字(或黑色图形)。

3.3　听觉机能及其特征

听觉机能也是人体感知人体以外信息的一种生理能力，是人体感知外界信息的第二重要器官，因而也是人机工程设计的重要依据之一。

3.3.1　听觉刺激

听觉是仅次于视觉的重要感觉，其适宜的刺激是声音。振动的物体是声音的声源，振动在弹性介质(气体、液体、固体)中以波的方式进行传播，所产生的弹性波称为声波，一定频率范围的声波作用于人耳就产生了声音的感觉。对于人来说，只有频率为20～20 000 Hz的振动，才能产生声音的感觉。低于20 Hz的声波称为次声；高于20 000 Hz的声波称为超声。次声和超声人耳都听不见。

3.3.2　听觉系统

人耳为听觉器官，严格地说，只有内耳的耳蜗起司听作用，外耳、中耳及内耳的其他部分是听觉的辅助部分。人耳的基本结构如图3.14(a)所示，外耳包括耳廓及外耳道，是外界声波传入耳和内耳的通路。中耳包括鼓膜和鼓室，鼓室中有锤骨、砧骨、镫骨三块听小骨以及与其相连的听小肌构成的杠杆系统；还有一条通向喉部的耳咽管，其主要功能是维持中耳内部和外界气压的平衡，以及保持正常的听力。内耳中的耳蜗是感音器官，它是一个盘旋的管道系统，有前庭阶、蜗管及鼓阶三个并排盘旋的管道，见图3.14(b)。

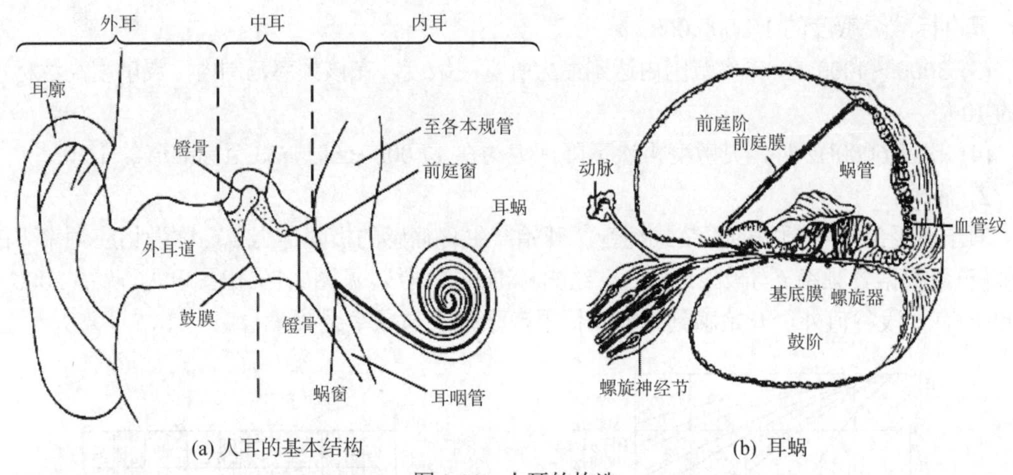

(a) 人耳的基本结构　　(b) 耳蜗

图 3.14　人耳的构造

外界的声波通过外耳道传到鼓膜，引起鼓膜的振动，然后经杠杆系统的传递，引起耳蜗中淋巴液及其底膜的振动，使基底膜表面的科蒂氏器中的毛细胞产生兴奋。科蒂氏器和其中所含的毛细胞是真正的声音感受装置，听神经纤维就分布在毛细胞下方的基底膜中，机械能形式的声波就在此处转变为听神经纤维上的神经冲动，并以神经冲动的不同频率和组合形式对声音信息进行编码，然后被传送到大脑皮层听觉中枢，从而产生听觉。

3.3.3　听觉的物理特性

人耳在某些方面类似于声学换能器，也就是通常所说的传声器。听觉具有以下物理特性。

1. 频率响应

可听声主要取决于声音的频率，具有正常听力的青少年(12～25 岁)能够觉察到的频率范围为 16～20 000 Hz。而一般人的最佳听闻频率范围是 20～20 000 Hz，可见人耳能听闻的频率比为

$$f_{\min}:f_{\max}=1:1000 \tag{3-2}$$

人到 25 岁左右时，开始对 15 000 Hz 以上频率的灵敏度显著降低，当频率高于 15 000 Hz 时，听阈开始向下移动，而且随着年龄的增长，频率感受的上限逐年连续降低。但是，对 $f<1000$ Hz 的低频率范围，听觉灵敏度几乎不受年龄的影响，听力损失曲线如图 3.15 所示。听觉的频率响应特性对听觉传示装置的设计是很重要的。

2. 动态范围

可听声除取决于声音的频率外，还取决于声音的强度。听觉的声强动态范围可表示为

$$\text{声强动态范围}=\text{正好可忍受的声音}/\text{正好能听见的声音} \tag{3-3}$$

1) 听阈

在最佳的听阈频率范围内，一个听力正常的人刚刚能听到给定各频率的正弦式纯音的最低声强 $I_{\min}$ 称为相应频率下的听阈值。可根据各个频率 f 与最低声强 $I_{\min}$ 绘出标准听阈曲线，见图 3.16，由该曲线可以得出以下几点结论。

(1) 在 800～1500 Hz 频率范围内，听阈无明显变化。

(2) 低于 800 Hz 时，可听响度随着频率的降低而明显减小。例如，在 400 Hz 时，只有在 1000 Hz 时测得的标准灵敏度的 1/10；在 90 Hz 时，只有标准灵敏度的 1/10 000；而在 40Hz

时，只有标准灵敏度的 1/1 000 000。

(3) 3000～4000 Hz 频率范围内达到最大听觉灵敏度，在该频率范围内，灵敏度高达标准值的 10 倍。

(4) 超过 6000Hz 时，灵敏度再次下降，大约在 17 000 Hz 时，减至标准值的 1/10。

2) 痛阈

对于感受给定各频率的正弦式纯音，开始产生疼痛感的极限声强 I_{max} 称为相应频率下的痛阈值。可根据各频率 f 与极限声强 I_{max} 绘出标准痛阈曲线，见图 3.16。由图可见，除了 2000～5000Hz 有一段谷值外，开始感到疼痛的极限声强几乎与频率无关。

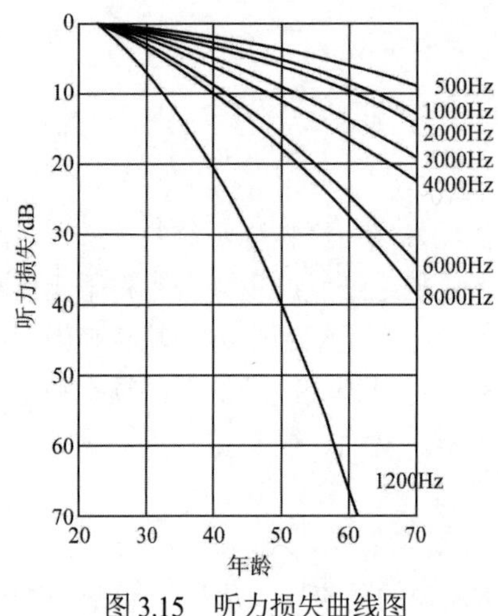

图 3.15　听力损失曲线图

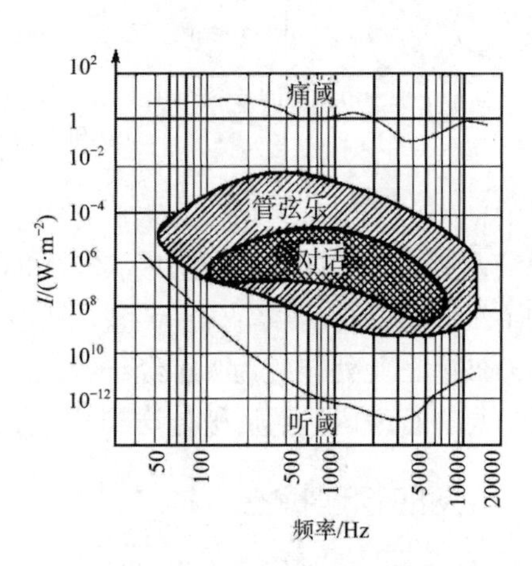

图 3.16　听阈、痛阈与听觉区域

3) 听觉区域

图 3.16 还绘出了由听阈与痛阈两条曲线所包围的听觉区(影线部分)。由人耳的感音机构所决定的听觉区中包括了标有“音乐”与“语言”标志的两个区域。

由图 3.16 可见，在 1000 Hz 时的平均听阈值 I_0 约为 10^{-12}W/m^2，在同一频率条件下痛阈 I_{max}=10 W/m^{-2}，由此可以得出，人耳能够处理的声强比为

$$\frac{I_0}{I_{max}}=\frac{1}{10^{13}}=1:10\text{万亿} \tag{3-4}$$

这种阈值虽然是一种天赋，却非常接近适合人类交换信息的有用极限。

(1) 方向敏感度。人耳的听觉本领绝大部分都涉及双耳效应。双耳效应又称立体声效应，这是正常的双耳听闻所具有的特性。当通常的听闻声压级为 50～70 dB 时，这种效应基本上取决于下列条件。

① 时差$\triangle t = t_2 - t_1$，式中 t_1 为声信号从声源到达其相距较近的那只耳朵所需的时间，t_2 为同一信号到达距离较远的那只耳朵所需的时间。实验结果表明，从听觉上刚刚可觉察到的声信号入射的最小偏角为 3°，在此情况下的时差 Δt≈30μs。根据声音到达两耳的时间先后和响度差别可判定声源的方向。

② 由于头部的掩蔽效应，造成声音频谱的改变。靠近声源的那只耳朵几乎接收到形成完整声音的各频率成分；而到达较远那只耳朵的是被“畸变”了的声音，特别是中频与高频部分或多或少地受到衰减。

图 3.17 是右耳对于各种不同频率(200 Hz、500 Hz、2500 Hz 与 5000 Hz)纯音进行单耳听闻的方向敏感度。由图可知，入射角的作用在低频时比较小，f=200 Hz 时为圆形曲线；频率越高，响应对于方向的依赖程度就越大，在 70°时达到最大值。图 3.17 可以说明人耳对不同频率与来自不同方向的声音的感受能力。人的听觉系统的这一特性对室内声学设计是极其重要的。

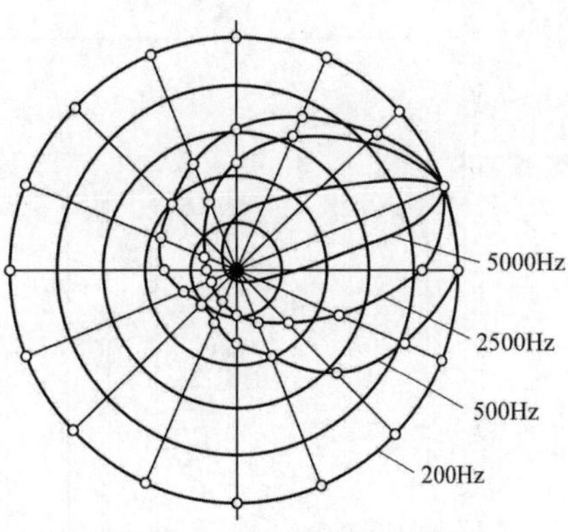

图 3.17　听觉的方向敏感度

3. 掩蔽效应

一个声音被另一个声音所掩盖的现象称为掩蔽。一个声音的听阈因另一个声音的掩蔽作用而提高的效应称为掩蔽效应。在设计听觉传递装置时，应当根据实际需要，有时要对掩蔽效应的影响加以利用，有时则要避免或克服。

应当注意的是，由于人的听阈的复原需要经历一段时间，掩蔽声去掉以后，掩蔽效应并不立即消除，这个现象称为残余拖蔽或听觉残留，其量值可表示听觉疲劳。掩蔽声对人耳刺激的时间和强度直接影响人耳的疲劳持续时间与疲劳程度，刺激时间越长，强度越高，则疲劳越严重。

3.4　肤觉

从人的感觉对人机系统的重要性来看，肤觉是仅次于听觉的一种感觉。皮肤是人体很重要的感觉器官，感受着外界环境中与它接触的物体的刺激。人体皮肤上分布着三种感受器：触觉感受器、温度感受器和痛觉感受器。用不同性质的刺激检验人的皮肤感觉时发现，不同感觉的感受区在皮肤表面呈相互独立的点状分布。

3.4.1　触觉

1. 触觉感受器

触觉是微弱的机械刺激触及了皮肤浅层的触觉感受器而引起的；而压觉是较强的机械刺激引起皮肤深部组织变形而产生的感觉，由于两者性质上类似，通常称触压觉。

触觉感受器能引起的感觉是非常准确的，触觉的生理意义是能辨别物体的大小、形状、硬度、光滑程度及表面机理等机械性质的触感。在人机系统的操纵装置设计中，就是利用人的触觉特性，设计具有不同触感的操纵装置，以使操作者能够靠触觉准确地控制各种不同功能的操纵装置。

根据触觉信息的性质和敏感程度的不同，分布在皮肤和皮下组织中的触觉感受器可分为游离神经末梢、触觉小体、触盘、毛发神经末梢、棱状小体、环层小体等。不同的触觉感受器决定了对触觉刺激的敏感性和适应出现的速度。

2. 触觉阈限

对皮肤施加适当的机械刺激，在皮肤表面下的组织将引起位移，在理想的情况下，小到 0.001 mm 的位移，就足够引起触觉。然而，皮肤的不同区域的触觉敏感性有相当大的差别，这种差别主要是由皮肤的厚度、神经分布状况引起的。测定身体不同部位对刺激的触觉敏感

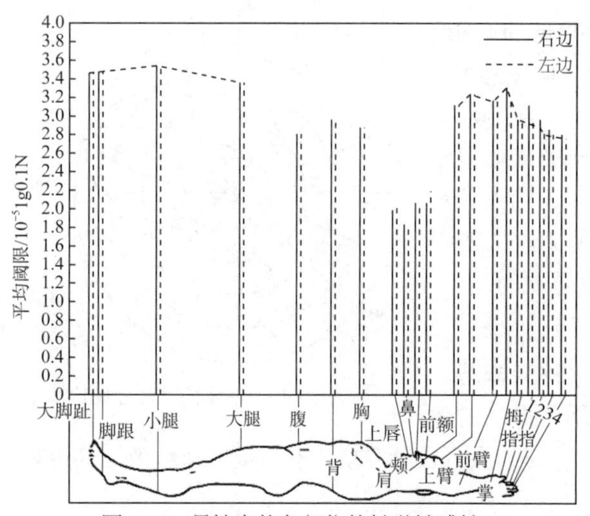

图 3.18　男性身体各部位的触觉敏感性

性，其结果如图 3.18 所示。研究表明，女性的阈限分布与男性相似，但比男性略为敏感。同时，还发现面部、口唇、指尖等处的触点分布密度较高，而手背、背部等处的密度较低。

与感知触觉的能力一样，准确地给触觉刺激点定位的能力，因受刺激的身体部位不同而异。研究发现，刺激指尖和舌尖，能非常准确地定位，其平均误差仅 1mm 左右。而在身体的其他区域，如上臂、腰部和背部，对刺激点定位能力比较差，其平均误差为 1 cm 左右。一般来说，身体有精细肌肉控制的区域，其触觉比较敏锐，研究结果见图 3.19。

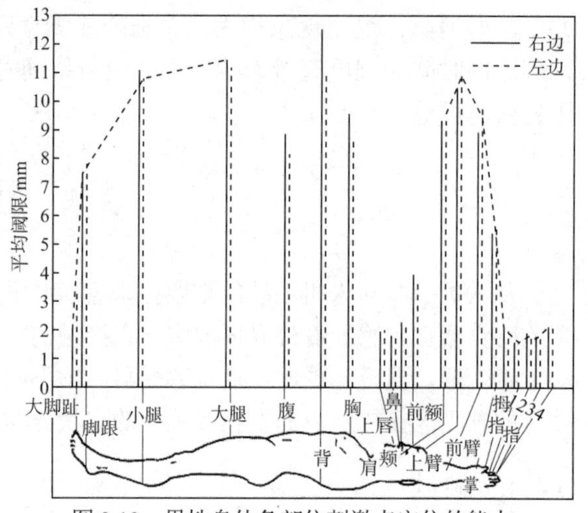

图 3.19　男性身体各部位刺激点定位的能力

如果皮肤表面相邻两点同时受到刺激，人将感受到只有一个刺激；如果接着将两个刺激略为分开，并使人感受到有两个分开的刺激点，这种能被感知到的两个刺激点间最小的距离称为两点阈限。两点阈限因皮肤区域不同而异，其中以手指的两点阈限值最低。这是利用手指触觉操作的一种“天赋”。

3.4.2　温度觉

温度觉分为冷觉和热觉两种，这两种温度觉是由两种不同范围的温度感受器引起的，冷感受器在皮肤温度低于 30℃时开始发放冲动；热感受器在皮肤温度高于 30℃时开始发放冲动，到 47℃时为最高。人体的温度觉对保持机体内部温度的稳定与维持正常的生理过程是非常重要的。

温度感受器分布在皮肤的不同部位，形成所谓的冷点和热点。在 1cm^2 皮肤内，冷点有 6～23 个，热点有 3 个。温度觉的强度，取决于温度刺激强度和被刺激部位的大小。在冷刺激或热刺激不断作用下，温度觉就会产生适应。

3.4.3　痛觉

凡是剧烈性的刺激，不论是冷、热接触，还是压力等，肤觉感受器都能接受这些不同的物理和化学的刺激，而引起痛觉。组织学的检查证明，各个组织的器官内都有一些特殊游离神经末梢，在一定刺激强度下，就会产生兴奋而出现痛觉。这种神经末梢在皮肤中分布的部位就是所谓痛点。每一平方厘米的皮肤表面约有 100 个痛点，在整个皮肤表面上，痛点数目可达 100 万个。

痛觉的中枢部分位于大脑皮层。机体不同部位的痛觉敏感度不同：皮肤和外黏膜有高度痛觉敏感性；角膜的中央具有人体最痛的痛觉敏感性。痛觉具有很大的生物学意义，因为痛觉的产生将导致机体产生一系列保护性反应来回避刺激物，动员人的机体进行防卫或改变本身的活动来适应新的情况。

3.5　人体的其他感觉

人在进行各种操作活动的同时能给出身体及四肢所在位置的信息，这种感觉称为本体感觉。本体感觉系统主要包括两个：一个是耳前庭系统，其作用主要是保持身体的姿势及平衡；另一个是运动觉系统，人体通过该系统感受并指出四肢和身体不同部位的相对位置。

3.5.1　人体的本体知觉

在身体组织中，可找出三种类型的运动觉感受器：第一类是肌肉内的纺锤体，它能给出肌肉拉伸程度及拉伸速度方面的信息；第二类位于腱中各不同位置的感受器，它能给出关节运动程度的信息，由此可以指示运动速度和方向；第三类是位于深部组织中的层板小体，埋藏在组织内部的这些小体对形变很敏感，从而能给出深部组织中压力的信息。在骨骼肌、肌腱和关节囊中的本体感受器分别感受肌肉被牵张的程度；肌肉收缩的程度和关节伸屈的程度，综合起来就可以使人感觉到身体各部位所处的位置和运动，而无须用眼睛去观察。例如，综合手臂上双头肌和三角肌给出的信息，操作者便可以了解自己手臂伸展的程度；再加上双头肌、三头肌腱，肩部肌肉给出的进一步信息，就会使人意识到手臂需要给予支持，换句话说，肌肉给出的信息说明此时手臂的位置处于水平方向。

运动觉系统在研究操作者行为时经常被忽视，原因可能是这种感觉器官用肉眼看不到，而作为视觉器官的眼睛，作为听觉器官的耳朵，则是明显可见的。然而，在操纵一个头部上方的控制件时，往往不需要用眼睛看着脚和手的位置，并会自觉地对四肢不断发出指令。

在训练技巧性的工作中，运动觉系统有非常重要的地位。许多复杂技巧动作的熟练程度都有赖于有效的反馈作用。例如在打字中，因为有来自手指、臂、肩等部肌肉及关节中的运动觉感受器的反馈，操作者的手指就会自然动作，而不需操作者本身有意识地指令手指往哪里去按。已完全熟练的操作者能发现自己的一个手指放错了位置，而且能够迅速纠正。例如，汽车司机一直用右脚控制加速器和制动，左脚控制离合器。如果有意识地让左脚去制动，司机的下肢及脚踝都会有不舒服之感。由此可见，本体感觉在技巧性工作中的重要性。

3.5.2　嗅觉

嗅觉是一种感觉，它由两感觉系统参与，即嗅神经系统和鼻三叉神经系统。嗅觉和味觉会整合和互相作用。嗅觉是外激素通信实现的前提。嗅觉是一种远感，意思是说，它是通过长距离感受化学刺激的感觉。相比之下，味觉是一种近感。

在听觉、视觉损伤的情况下，嗅觉作为一种距离分析器具有重大意义。盲人、聋哑人运用嗅觉就像正常人运用视力和听力一样，他们常常根据气味来认识事物，了解周围环境，确定自己的行动方向。

3.5.3　味觉

味觉是指食物在人的口腔内对味觉器官化学感受系统的刺激并产生的一种感觉。

味觉的适宜刺激是能溶解的、有味道的物质。当味觉刺激物随着溶液刺激到味蕾时，味蕾就将味觉刺激的化学能量转化为神经能，然后沿舌咽神经传至大脑中央，引起味觉。

最基本的味觉有甜、酸、苦、咸四种，我们平常尝到的各种味道，都是这四种味觉混合的结果。舌面的不同部位对这四种基本味觉刺激的感受性是不同的，舌尖对甜、舌边前部对咸、舌边后部对酸、舌根对苦最敏感。

味觉的感受性和机体的生理状况也有密切的联系。例如，饥饿时对甜和咸的感受性比较高，对酸和苦的感受性比较低；吃饱后就相反了，对酸和苦的感受性提高了，对甜和咸的感受性降低了。因此饿的时候吃东西香，饱了以后吃什么都不觉得香了。

味觉的感受性和嗅觉有密切的联系，在失去嗅觉的情况下，如感冒的时候，吃什么东西都没有味道，可见嗅和味是密不可分的。

1. 味觉的生理基础

(1) 味觉产生的过程。呈味物质刺激口腔内的味觉感受体，然后通过一个收集和传递信息的神经感觉系统传导到大脑的味觉中枢，最后通过大脑的综合神经中枢系统的分析，从而产生味觉。不同的味觉由不同的味觉感受体产生，味觉感受体与呈味物质之间的作用力也不相同。

(2) 味蕾。口腔内感受味觉的主要是味蕾，其次是自由神经末梢，婴儿有10 000个味蕾，成人有几千个，味蕾数量随年龄的增大而减少，对呈味物质的敏感性也降低。味蕾大部分分布在舌头表面的乳状突起中，尤其是舌黏膜皱褶处的乳状突起中最密集。味蕾一般由40～150个味觉细胞构成，10～14天更换一次，味觉细胞表面有许多味觉感受分子，不同物质能与不同的味觉感受分子结合而呈现不同的味道。人的味觉从呈味物质刺激到感受到滋味仅需1.5～4.0ms，比视觉(13～45ms)、听觉(1.27～21.5ms)、触觉(2.4～8.9ms)都快。

(3) 味觉传导。舌前2/3味觉感受器所接受的刺激，经面神经之鼓索传递；舌后1/3的味觉由舌咽神经传递；舌后1/3的中部和软腭、咽和会厌味觉感受器所接受的刺激由迷走神经传递，味觉经面神经、舌神经和迷走神经的轴突进入脑干后终于孤束核，更换神经元，再经丘脑到达岛盖部的味觉区。

味觉主要分布在舌头中间、舌根、舌尖和舌两侧。

2. 味觉的形成机理

味觉的感受器是味蕾，味蕾呈卵圆形，主要由味细胞和支持细胞组成，味细胞顶部有微绒毛向味孔方向伸展，与唾液接触，细胞基部有神经纤维支配。味觉的形成机理是：分布于味蕾中味细胞顶部微绒毛上的苦味受体蛋白与溶解在液相中的苦味质结合后活化，经过细胞内信号传导，使味觉细胞膜去极化，继而引发神经细胞突触后兴奋，兴奋性信号沿面神经、舌咽神经或迷走神经进入延髓束核，更换神经元到丘脑，最后投射到大脑中央后回最下部的味觉中枢，经过神经中枢的整合最终产生苦味感知。

3. 味的阈值

在四种基本味觉中，人对咸味的感觉最快，对苦味的感觉最慢，但就人对味觉的敏感性来讲，苦味比其他味觉都敏感，更容易被觉察。

阈值：感受到某种物质的味觉所需要的该物质的最低浓度。常温下，蔗糖(甜)为0.1%，氯化钠(咸)为0.05%，柠檬酸(酸)为0.0025%，硫酸奎宁(苦)为0.0001%。

阈值的测定方法的不同，又可将阈值分为以下几类。

绝对阈值，指人从感觉某种物质的味觉从无到有的刺激量。

差别阈值，指人感觉某种物质的味觉有显著差别的刺激量的差值。

最终阈值，指人感觉某种物质的刺激不随刺激量的增加而增加的刺激量。

酸和嘴里唾液不发生反应，只有甜和咸味；发生反应后，有咸和苦味，是和 pH 值大小感觉出来的影响因素。

1) 物质的味道

糖类：甜味；酸类：酸味；盐类：咸味；生物碱：苦味。

2) 物质的水溶性

物质必须有一定的水溶性才可能有一定的味感，完全不溶于水的物质是无味的，溶解度小于阈值的物质也是无味的。水溶性越高，味觉产生得越快，消失得也越快，一般呈现酸味、甜味、咸味的物质有较大的水溶性，而呈现苦味的物质的水溶性一般。

3) 温度

一般随温度的升高，味觉加强，最适宜的味觉产生的温度是 10～40℃，尤其在 30℃时最敏感，大于或小于此温度都将变得迟钝。温度对物质的阈值也有明显的影响。

25℃：蔗糖 0.1%，食盐 0.05%，柠檬酸 0.0025%，硫酸奎宁 0.0001%。

0℃：蔗糖 0.4%，食盐 0.25%，柠檬酸 0.003%，硫酸奎宁 0.0003%。

4) 味觉的感受部位

通过味蕾感受味觉，每一个味蕾包含 50～150 个不同味道的受体细胞，每一个味蕾都能够感受到所有的基本味觉。所以，无论味蕾如何分布，舌头各个区域对于不同味觉的敏感程度都是相差无几的。

5) 味的相互作用

两种相同或不同的物质进入口腔时，会使两者的味觉都有所改变的现象，称为味觉的相互作用。

(1) 味的对比现象，指两种或两种以上的呈味物质，适当调配，可使某种呈味物质的味觉更加突出的现象。例如，在 10%的蔗糖中添加 0.15%氯化钠，会使蔗糖的甜味更加突出；在醋酸中添加一定量的氯化钠，可以使酸味更加突出；在味精中添加氯化钠，会使鲜味更加突出。

(2) 味的相乘作用，指两种具有相同味感的物质进入口腔时，其味觉强度超过两者单独使用的味觉强度之和，又称为味的协同效应。甘草铵本身的甜度是蔗糖的 50 倍，但与蔗糖共同使用时，末期甜度可达到蔗糖的 100 倍。

(3) 味的消杀作用，指一种呈味物质能够减弱另外一种呈味物质味觉强度的现象，又称为味的拮抗作用，如蔗糖与硫酸奎宁之间的相互作用。

(4) 味的变调作用，指两种呈味物质相互影响而导致其味感发生改变的现象。例如，刚吃过苦味的东西，喝一口水就觉得水是甜的；刷过牙后吃酸的东西，就有苦味产生。

(5) 味的疲劳作用，指当长期受到某种呈味物质的刺激后，感觉刺激量或刺激强度减小的现象。

3.5.4　人体感觉通道的信息传递率与物性

人体各种感觉通道的信息传递率与物性如表 3.5 和表 3.6 所示。

表 3.5　人体各种感觉通道在不同处理阶段的信息传递率

不同处理阶段	最大信息传递率/(bit · s^{-1})	不同处理阶段	最大信息传递率/ (bit · s^{-1})
感官感受	109	意识(感知)	16
神经联系	3×106	永久储存	0.7

表 3.6　人体感觉通道的物性比较

比较项目	物性感觉通道							
	视觉	听觉	嗅觉	触觉	味觉			
					酸	甜	苦	辣
反应时间/s	0.188～0.206	0.115～0.182	0.200～0.370	0.117～0.201	0.536	0.446	1.082	0.308
刺激种类	光	声	挥发性物质	冷、热、触、压	物质刺激			
刺激情况	瞬间	瞬间	一定时间	瞬间	一定时间			
感知范围	有局限性	无局限性	受风向影响	无局限性	无局限性			
知觉难易	容易	最容易	容易	稍困难	困难			
作用	鉴别	报警、联络	报警	报警	报警			
实用性	大	大	很小	不大	很小			

3.6　神经系统机能及其特征

神经系统是人体最主要的机能调节系统，人体各器官、系统的活动都是直接或间接在神经系统的控制下进行的。人机系统中，人的操作活动也是通过神经系统的调节作用，使人体对外界环境的变化产生相应的反应，从而与周围环境达到协调统一，保证人的操作活动得以正常进行。对人体神经系统机能与特征的研究是智能化人机复杂自适应系统设计的重要基础。

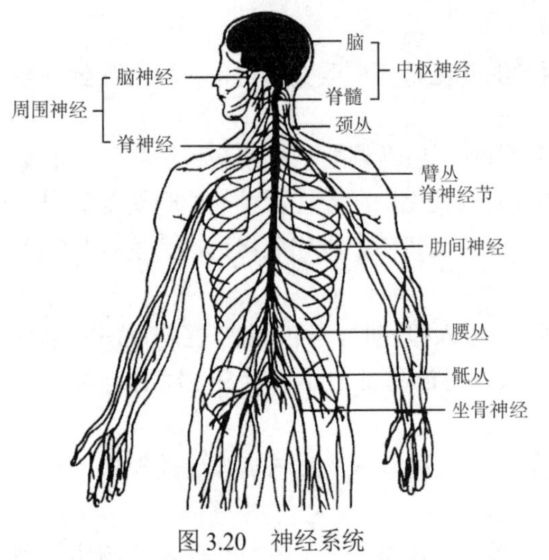

图 3.20　神经系统

3.6.1　神经系统

人体神经系统(见图 3.20)可以分为中枢神经系统和周围神经系统两部分。

1. 中枢神经系统

中枢神经系统包括脑和脊髓。脑位于颅腔内，脊髓在椎管内，两者在枕骨大孔处相连。覆在左、右大脑半球表面的灰质层称大脑皮质，它控制着脊髓和脑的其余部分，是调节人体活动的最高中枢所在部位。脊髓则是初级中枢所在部位，它通过上、下行传导束与脑部密切联系，其功能受各级脑中枢的制约。

2. 周围神经系统

周围神经系统是指中枢神经以外全部神经的总称，它起始于中枢神经，分布于周围器官。周围神经系统按是否起始于中枢部位可分为
脑神经和脊神经；按分布器官结构可分为躯体神经和内脏神经。周围神经的基本形态呈条索状和细丝状，如图 3.20 所示。

周围神经的基本功能是在感受器与中枢神经之间以及中枢神经与效应器之间传导神经冲动。组成周围神经的纤维按其分布的器官结构和传导冲动方向分为四种，即躯体传入纤维、躯体传出纤维、内脏传入纤维和内脏传出纤维。

3.6.2　大脑皮质功能定位

大脑皮质是神经系统的最高级中枢。从人体各部经各种传入系统传来的神经冲动向大脑皮质集中，在此汇通、整合后产生特定的感觉，或维持觉醒状态，或获得一定的情调、感受，或以易化的形式储存为记忆，或影响其他的脑部功能状态，或转化为运动性冲动传向低位中枢，借以控制机体的活动，应答内外环境的刺激。大脑皮质的不同功能往往相对集中在某些特定部位，其主要的功能定位如下。

1. 躯体感觉区

对侧半身外感觉和本体感觉冲动传到躯体感觉区，产生相应的感觉。身体各部分在此区更精细的代表区是倒置的，身体各部分代表区的大小取决于功能的重要性，见图 3.21(a)。

2. 躯体运动区

躯体运动区接受来自肌、腱和关节等处有关身体位置、姿势以及各部运动状态的本体感觉冲动，借以控制全身的运动。如图 3.21(b)所示，身体各部分在此区更精细的代表区基本上是倒置的，但头面部仍是正的，部位的运动越精细，如手、舌、后等，代表区的面积越大。

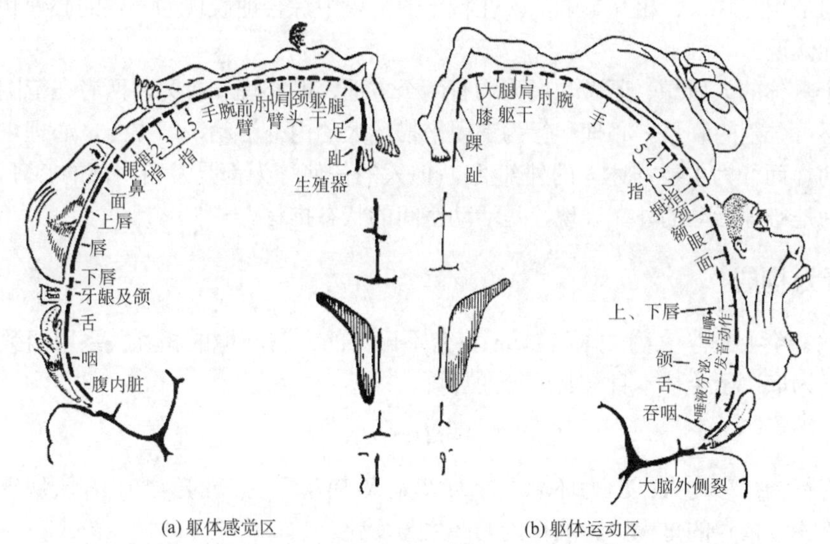

图 3.21　躯体感觉区和躯体运动区

3. 其他功能区

除了躯体感觉区和躯体运动区外，还有视区、听区、嗅区，可接受相应的神经冲动。语言代表区是人的大脑皮质所独有的，该代表区又分为书写中枢、说话中枢、听话中枢和阅读中枢。

3.6.3　大脑皮质联络区

大脑皮质单项感觉区和运动区之外的部分具有更广泛、更复杂的联系，它们可将单项信息进行综合分析，形成复杂功能，且与情绪、意识、思维、语言等功能有密切关系，这些部位称为联络区，三个基本联络区如下。

(1) 第一区(保证调节紧张度或觉醒状态的联络区)。它的机能是保持大脑皮层的清醒，使选择性活动能持久地进行。如果这一区域的器官(脑干网状结构、脑内侧皮层或边缘皮层)受到损伤，人的整个大脑皮层的觉醒程度就下降，人的选择性活动就不能进行或难以进行，记忆也变得毫无组织。

(2) 第二区(接受、加工和储存信息的联络区)。如果这一区域的器官(如视觉区的枕叶、听觉区的颞叶和一般感觉区的顶叶)受到损伤，就会严重破坏接受和加工信息的条件。

(3) 第三区(规划、调节和控制人复杂活动形式的联络区)。它负责编制人在进行中的活动程度，并加以调整和控制。如果这一区域的器官(脑的额叶)受到损伤，人的行为就会失去主动性，难以形成意向，不能规划自己的行为，对行为进行严格的调节和控制也会受到阻碍。

可见，人脑是一个多输入、多输出、综合性很强的大系统。长期的进化发展使人脑具有庞大无比的机能结构，以及很高的可靠性、多余度和容错能力。人脑所具有的功能特点使人在人机系统中成为一个最重要的主导环节。

3.7　人体心理现象及其特性

心理学是研究人的心理现象及其活动规律的科学。心理是人的感觉、知觉、注意、记忆、思维、情感、意志、性格、意识倾向等心理现象的总称。人的心理活动是一个整体，各种心理现象之间是相互联系、相互影响的，在特定的情境中综合地表现为一定的心理状态，并在行为上得到体现。

每一个具体的人所想、所做、所为均有两个方面，即心理和行为。两者在范围上有所区别，又有不可分割的联系。心理和行为都用来描述人的内外活动，习惯上，心理主要描述人的内部活动，而行为主要描述人的外部活动(但人的任何行为都是发自内部的心理活动)。所以人的行为是心理活动的外在表现，是活动空间的状态推移。

3.7.1　行为构成

著名的社会心理学家列文(K. Lewin)将密不可分的人与环境的相互关系用函数关系来表示，认为行为取决于个体本身与其所处的环境。即

$$B=f(P\cdot E) \tag{3-5}$$

式中，B 为行为；P 为人；E 为环境。行为(B)是人(P)及环境(E)的函数(f)，表现出人与其所处的环境在相互依存的过程中影响行为的产生与变化。

就个体人而言，遗传、成熟、学习是构成行为的基础因素。遗传因素在受精卵形成时就已被决定，其以后的发展都受所处的环境因素影响，故公式(3-5)可简化为

$$B=f(H\cdot E) \tag{3-6}$$

式中，H 为遗传。

展开来分析行为的发展，其基本模式可概括为

$$B=H\times M\times E\times L \tag{3-7}$$

式中，B 为行为；H 为遗传；M 为成熟；E 为环境；L 为学习。

公式(3-7)说明行为受遗传、成熟、环境、学习四个因素的相互作用、相互影响。遗传因

素一经形成，就已被决定，后天无法对其发生影响。

成熟因素受到遗传因素和成熟环境两种因素的共同作用、共同影响。一般来说，个体成熟遵循一定的自然规律，先后顺序是固定的，例如，婴儿先会爬后会站立，先会走后会跑。但是在自然成熟过程中，其所处环境的诱导刺激因素的作用是不能低估的。

学习因素是个体发展中必经的不可缺少的历程。个体经过尝试与练习，或接受专门的训练培养，或个体自身主动地探求、追索，使行为有所改变，逐渐丰富了知识和经验。学习与成熟是个体发展过程中两个互相关联的因素，两者相辅相成。成熟提供学习的基本条件和行为发展的先后顺序，学习的效果往往受成熟的限制。常有这种现象，有些儿童到了某一年龄段，智慧“开窍”了，功课突飞猛进，表现十分突出，这就是因为成熟使潜在学习能力发挥出来的结果。

环境因素是人与环境系统中的客观侧面。上面讨论了构成人的主观侧面的遗传、成熟、学习各因素，其中在成熟与学习因素中已经含有环境因素。只是已经涉及的环境是近距离的、近身的，而行为模式中单独提出的环境因素则是广义的。广义的环境既可是微观的、近距离的，又可是宏观的、远距离的；既有自然环境，又有社会环境；既可以是自然的环境，又可以是加工改造或人们创造的人工环境。

3.7.2　感觉的基本特性

感觉是一种最简单而又最基本的心理过程，在人的各种活动过程中起着极其重要的作用。人除了通过感觉分辨外界事物的个别属性和了解自身器官的工作状况外，一切较高级的、较复杂的心理活动，如思维、情绪、意志等都是在感觉的基础上产生的。所以说，感觉是人了解自身状态和认识客观世界的开端。

1. 适宜刺激

人体的各种感觉器官都有各自最敏感的刺激形式，这种刺激形式称为相应感觉器的适宜刺激。人体各主要感觉器的适宜刺激和识别特征如表 3.7 所示。

表 3.7　人体各主要感觉器官的适宜刺激和识别特征

感觉类型	感觉器官	适宜刺激	刺激来源	识别外界的特征
视觉	眼	一定频率范围的电磁波	外部	形状、大小、位置、远近、色彩、明暗、运动方向等
听觉	耳	一定频率范围的声波	外部	声音的强弱和高低，声源的方向和远近等
嗅觉	鼻	挥发的和飞散的物质	外部	辣气、香气、臭气等
味觉	舌	被唾液溶解的物质	接触表面	甜、咸、酸、辣、苦等
皮肤感觉	皮肤及皮下组织	物理和化学物质对皮肤的作用	直接和间接接触	触压觉、温度觉、痛觉等
深部感觉	肌体神经和关节	物质对肌体的作用	外部和内部	撞击、重力、姿势等
平衡感觉	半规管	运动和位置变化	内部和外部	旋转运动、直线运动、摆动等

2. 感觉阈限

刺激必须达到一定强度才能对感觉器官发生作用。刚刚能引起感觉的最小刺激量，称为感觉阈下限；能产生正常感觉的最大刺激量，称为感觉阈上限。刺激强度不允许超过上限，否则不但无效，而且还会引起相应感觉器官的损伤。能被感觉器官所感受的刺激强度范围，称为绝对感觉阈值。感觉器官不仅能感觉刺激的有无，而且能感受刺激的变化或差别。刚刚能引起差别感觉的刺激最小差别量，称为差别感觉阈限。不同感觉器官的差别感觉阈限不是一个绝对数值，而是随最初刺激强度变化而变化，且与最初刺激强度之比是一个常数。对于中等强度的刺激，其关系可用韦伯定律表示，即

$$\Delta I/I = K \tag{3-8}$$

式中，I 为最初刺激强度；ΔI 为引起差别感觉的刺激增量；K 为常数，又称韦伯分数。

3. 适应

感觉器官经持续刺激一段时间后，在刺激不变的情况下，感觉会逐渐减小以致消失，这种现象称为适应。通常所说的“久而不闻其臭”就是嗅觉器官产生适应的典型例子。

4. 相互作用

在一定条件下，各种感觉器官对其适宜刺激的感受能力都将受到其他刺激的干扰影响而降低，由此使感受性发生变化的现象称为感觉的相互作用。例如，同时输入两个视觉信息，人往往只倾向于注意其中一个而忽视另一个；同时输入两个强度相同的听觉信息，对其中一个信息的辨别能力将降低 50%；当视觉信息与听觉信息同时输入时，听觉信息对视觉信息的干扰较大，视觉信息对听觉信息的干扰较小。此外，味觉、嗅觉、平衡觉等都会受其他感觉刺激的影响而发生不同程度的变化。

利用感觉相互作用规律来改善劳动环境和劳动条件，以适应操作者的主观状态，对提高生产率具有积极的作用。因此，对感觉相互作用的研究在人机工程学设计中具有重要意义。

5. 对比

同一感觉器官接受两种完全不同但属同一类的刺激物的作用，而使感受性发生变化的现象称为对比。感觉的对比分为同时对比和继时对比两种。几种刺激物同时作用于同一感受器官时产生的对比称为同时对比。例如，同样一个灰色的图形，在白色的背景上看起来显得颜色深一些，在黑色背景上则显得颜色浅一些，这是无彩色对比；而灰色图形放在红色背景上呈绿色，放在绿色背景上则呈红色，这种图形在彩色背景上而产生向背景的补色方向变化的现象叫彩色对比。

几个刺激物先后作用于同一感受器官时，将产生继时对比现象。例如，吃了糖以后接着吃带有酸味的食品，会觉得更酸；又如，左手放在冷水里，右手放在热水里，过一会以后，再同时将两手放在温水里，则左手感到热，右手会感到冷，这都是继时对比现象。

6. 余觉

刺激取消以后，感觉可以存在极短的时间，这种现象叫余觉。例如，在暗室里急速转动一根燃烧着的火柴，可以看到一圈火花，这就是由许多火点留下的余觉组成的。

3.7.3　知觉的基本特性

知觉是人脑对直接作用于感觉器官的客观事物和主观状况整体的反映。人脑中产生的具体事物的印象总是由各种感觉综合而成的，没有反映个别属性的知觉，也就不可能有反映事物整体的感觉。所以，知觉是在感觉的基础上产生的。感觉到的事物个别属性越丰富、越精确，对事物的知觉也就越完整、越正确。

虽然感觉和知觉都是客观事物直接作用于感觉器官而在大脑中产生对所作用事物的反

映，但感觉和知觉又是有区别的，感觉反映客观事物的个别属性，而知觉反映客观事物的整体。例如，作为听知觉反映的是一段曲子、一首歌或一种语言，而作为听觉反映的只是一个个高高低低的声音。所以，感觉和知觉是人对客观事物的两种不同水平的反映。

在生活或生产活动中，人都是以知觉的形式直接反映事物，而感觉只作为知觉的组成部分而存在于知觉之中，很少有孤立的感觉存在。由于感觉和知觉关系如此密切，所以，在心理学中就把感觉和知觉统称为感知觉。

1. 整体性

在知觉时，把由许多部分或多种属性组成的对象看作具有一定结构的统一整体，这一特性称为知觉的整体性。例如，观察图 3.22 时，不是把它感知为四段直线、几个圆或虚线，而是一开始就把它看成正方形、三角形和圆形。在感知熟悉对象时，只要感知到它的个别属性或主要特征，就可以根据积累的经验而知道它的其他属性和特性，从而整体地感知它。例如，有些艺术家绘画时故意留些缺笔，观赏者在心目中自然会把它弥补起来。

在感知不熟悉的对象时，则倾向于把它感知为具有一定结构的有意义的整体。在这种情况下，影响知觉整体性的因素有以下几个方面。

(1) 接近。图 3.23(a)中，圆点被看成 4 个纵行，因为圆点的排列在垂直方向上比水平方向上明显接近。

(2) 相似。图 3.23(b)中，点之间的距离是相等的，但同一横行各点颜色相同，由于相似组合作用的结果，这些点就被看成 5 个水平横行。

(3) 封闭。如图 3.23 (c)所示，由于封闭因素的作用，把两个距离较远的纵行组合在一起，图形被知觉为两个长方形。

(4) 连续。如图 3.23 (d)所示，由于受连续因素的影响，图形被知觉为一条直线和一个半圆。

(5) 美的形态。图 3.23 (e)中，由于点的形态因素的影响，图形被知觉为两圆相套。

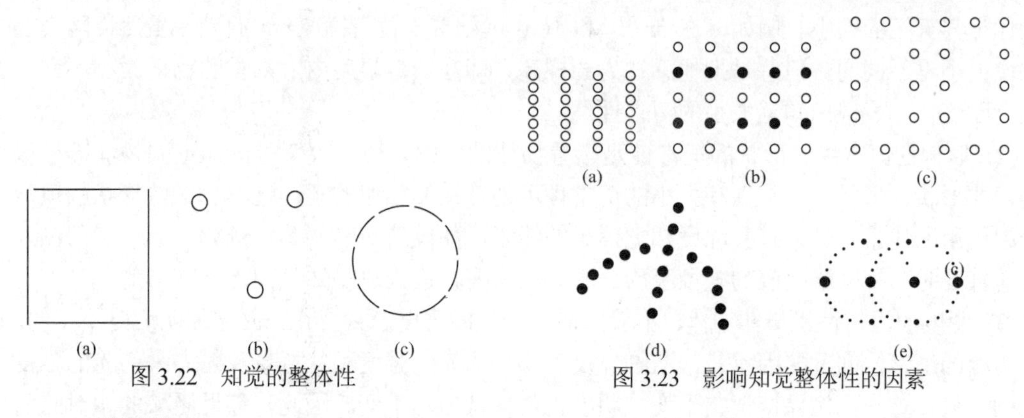

图 3.22　知觉的整体性　　　　图 3.23　影响知觉整体性的因素

2. 选择性

在知觉时，把某些对象从某背景中优先地区分出来，并予以清晰反映的特征，叫知觉选择性。从知觉背景中区分出对象来，一般取决于下列条件。

(1) 对象和背景的差别。对象和背景的差别越大(包括颜色、形态、刺激强度等方面)，对象越容易从背景中区分出来，并优先突出，给予清晰的反映；反之，就难于区分。例如，重要新闻用红色套印或用特别的字体排印就非常醒目，特别容易区分。

(2) 对象的运动。在固定不变的背景上，活动的刺激物容易成为知觉对象。例如，航道的航标用闪光作为信号，更能引人注意，提高知觉效率。

图 3.24　双关图

(3) 主观因素。人的主观因素对于选择知觉对象相当重要，当任务、目的、知识、经验、兴趣、情绪等因素不同时，选择的知觉对象便不同。例如，情绪良好、兴致高涨时，知觉的选择面就广泛；而在抑郁的心境状态下，知觉的选择面就狭窄，会出现视而不见、听而不闻的现象。

知觉对象和背景的关系不是固定不变的，而是可以相互转换的。如图 3.24 所示，在知觉这种图形时，既可知觉为黑色背景上的白花瓶，又可知觉为白色背景上的两个黑色侧面人像。

3. 理解性

在知觉时，用以往所获得的知识、经验来理解当前的知觉对象的特征，称为知觉的理解性。正因为知觉具有理解性，所以在知觉一个事物时，同这个事物有关的知识、经验越丰富，对该事物的知觉就越丰富，对其认识也就越深刻。例如，同样一幅画，艺术欣赏水平高的人，不但能了解画的内容和寓意，而且还能根据自己的知识、经验感知到画的许多细节；而缺乏艺术欣赏能力的人，则无法知觉到画中的细节问题。

语言的指导能唤起人们已有的知识和过去的经验，使人对知觉对象的理解更迅速、完整，但是不确切的语言指导会导致歪曲的知觉。

4. 恒常性

知觉的条件在一定范围内发生变化，而知觉的印象却保持相对不变的特性，叫知觉的恒常性。知觉的恒常性是经验在知觉中起作用的结果，也就是说，人总是根据记忆中的印象、知识、经验去知觉事物的。在视知觉中，恒常性表现得特别明显。关于视知觉对象的大小、形状、亮度、颜色等的印象与客观刺激的关系并不完全服从于物理学的规律，尽管外界条件发生了一定变化，但观察同一事物时，知觉的印象仍相当恒定。视知觉的恒常性主要体现在以下几方面。

(1) 大小的恒常性。看远处物体时，人的知觉系统补偿了视网膜映像的变化，因而知觉的物体是其真正的大小。例如，在 5m 远和 10m 远处看一位身高 1.8m 的人，虽然视网膜上的映像大小是不同的，但总是把他感知为一样高，即在一定限度内，知觉的物体大小不完全随距离而变化，表现出知觉大小的恒常性。

(2) 形状的恒常性。形状的恒常性是指看物体的角度有很大改变时，知觉的物体仍然保持同样的形状。形状的恒常性和大小的恒常性可能都依靠相似的感知过程。保持形状的恒常性最起作用的线索是带来有关深度知觉信息的线索，如倾斜、结构等。例如，当一扇门在人的面前打开时，视网膜上门的映像经历一系列的改变，但人总是知觉门是长方形的。

(3) 明度的恒常性。一件物体，不管照射它的光线强度怎么变化，而它的明度是不变的。决定明度的恒常性的重要因素是，从物体反射出来的光的强度和从背景反射出来的光的强度的比例，只要这一比例保持恒定不变，明度也就保持恒定不变。因此，邻近区域的相对照明是决定明度保持恒定不变的关键因素。例如，无论是在白天还是在夜空下，白衬衣总是被知觉为白的，那是因为它反射出来的光的强度和从背景反射出来的光的强度比例相同。

(4) 颜色的恒常性。颜色的恒常性是与明度的恒常性完全类似的现象。因为绝大多数物体之所以可见，是由于它们对光的反射，反射光这一特征赋予物体各种颜色。一般来说，即使光源的波长变动幅度相当宽，只要照明的光线既照在物体上也照在背景上，任何物体的颜色都将保持相对的恒常性。例如，无论是在强光下还是在昏暗的光线里，一块煤看起来总是黑的。

5. 错觉

错觉是对外界事物不正确的知觉。总体来说，错觉是知觉恒常性的颠倒。例如，在大小的恒常性中，尽管视网膜上的映像在变化，而人的知觉经验却完全忠实地把物体的大小和形状等反映出来。错觉表明的另一种情况是，尽管视网膜上的映像没有变化，而人知觉的刺激却不相同，图 3.25 中列举了一些常见的几何图形错觉。

错觉产生的原因目前还不很清楚，但它已被人们大量地用来为工业设计服务。例如，表面颜色不同而造成同一物品轻重有别的错觉早被工业设计师所利用，小巧、轻便的产品涂着浅色，使产品显得更加轻便、灵巧；而机器设备的基础部分则采用深色，可以使人产生稳固之感。从远处看，圆形比同等面积的三角形或正方形要大出约 1/10，交通上利用这种错觉规定圆形表示“禁止”或“强制”的标志等。

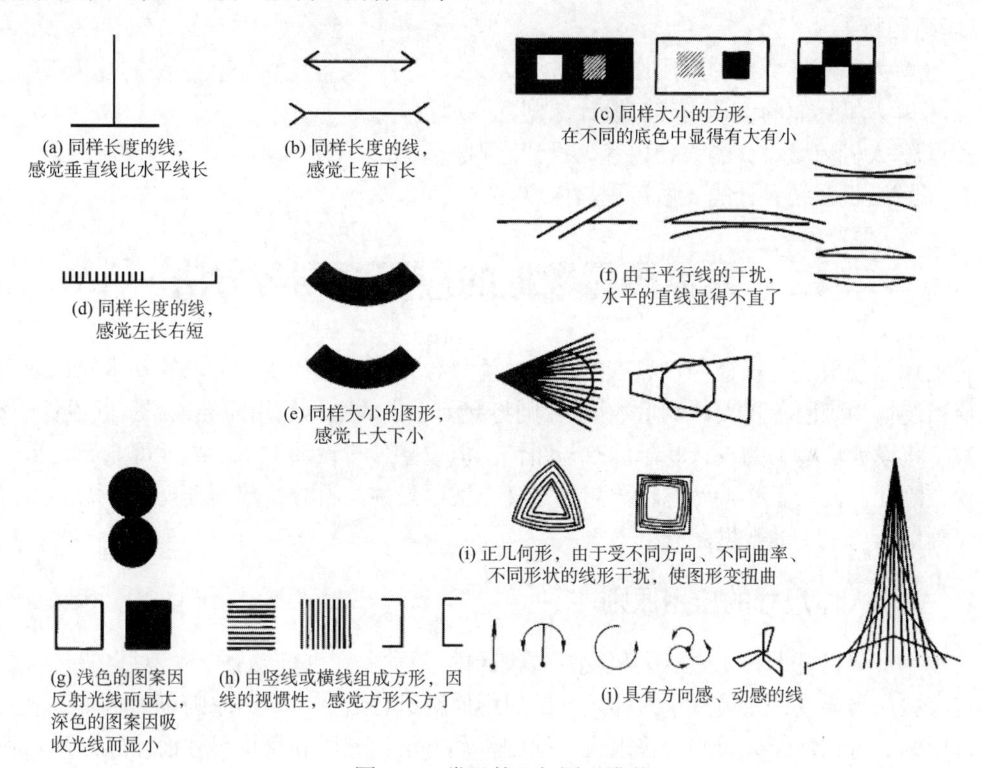

图 3.25　常见的几何图形错觉

思　考　题

1. 试述人体感知器官的机能及其特征。
2. 试述感觉的规律。
3. 知觉有哪些基本特性？
4. 试述人体的其他感觉机能及其特征。

第4章　人机工程设计原理与原则

数字化人机工程设计是指在人机工程学理论指导下的、得到计算机辅助技术有效支持的设计，因此，设计者还需要掌握人机系统中有关考虑人的因素的设计原理、方法和原则等知识。限于篇幅，本章简要介绍人机工程学的相关设计原理、原则和方法，包括人体测量数据的应用原则与方法，作业空间布局设计，作业设施设计，载运工具作业空间设计，基于人机交互信息的人机界面设计，手持式作业工具设计，作业姿势与动作的设计原则、依据和要点等。

【学习目标】

1. 理解人体测量数据的应用原则与方法。
2. 了解人机界面的设计内容、设计原则、原理及方法。
3. 了解人机环境设计的设计内容、设计原则、原理及方法。
4. 了解人机系统设计的一般流程与内容。

4.1　人体测量数据的应用原则与方法

在人体系统数字化设计中，只有熟悉人体测量数据的应用原则与方法等基本知识之后，才能恰当选择和应用各种人体测量数据，否则将会因不当的数据应用而导致严重的设计错误，尽管数字化设计环境下的设计易于修改与纠错，但也会影响设计效率，甚至可能产生想当然的错误。因此，设计者必须熟悉数据测量定义、适用条件、百分位数的选择等方面的知识，才能正确地应用有关的数据。

4.1.1　主要人体尺寸的应用原则

在利用计算机辅助技术进行人机交互式设计的过程中，某些产品和环境对象的几何参数的确定有些还需要设计人员基于人体尺寸的应用原则进行选定。这些原则包括用最新数据和标准化原则、可调性设计原则、极限设计原则、动态设计原则和平均尺寸设计原则等，利用这些原则可以使人体形态尺寸测量数据能有效地为设计者所利用。

表4.1列出了从第2章所介绍的人体形态尺寸测量数据中精选出的部分设计中常用的数据项目、应用条件、百分位选择和注意事项等(丁玉兰，2015)。

表4.1　人体尺寸常用的数据项目、应用条件、百分位选择和注意事项

人体尺寸	应用条件	百分位选择	注意事项
身高	用于确定通道和门的最小高度。然而，一般建筑规范规定的、成批生产制作的门和门框高度都适用于99%以上的人，所以，这些数据可能对于确定人头顶上的障碍物高度更为重要	由于主要的功用是确定净空高度，所以应该选用高百分位数据。因为天花板高度一般不是关键尺寸，设计者应考虑尽可能适应100%的人	身高一般是不穿鞋测量的，故在使用时应给予适当补偿

(续表)

人体尺寸	应用条件	百分位选择	注意事项
立姿眼高	可用于确定剧院、礼堂、会议室等场所人的视线，用于布置广告和其他展品，用于确定屏风和开敞式大办公室内隔断的高度	百分位选择将取决于关键因素的变化。例如，如果设计中的问题是决定隔断或屏风的高度，以保证隔断后面人的秘密性要求，那么隔离高度就与较高人的眼睛高度有关(第95百分位或更高)，其逻辑是假如高个子人不能越过隔断看过去，那么矮个子人也一定不能；反之，假如设计问题是允许人看到隔断里面，则逻辑是相反的，隔断高度应考虑较矮人的眼睛高度(第5百分位或更低)	由于这个尺寸是光脚测量的，所以还要加上鞋的高度，男子大约需加2.5cm，女子大约需加7.6cm。这些数据应该与脖子的弯曲和旋转以及视线角度资料结合使用，以确定不同状态、不同头部角度的视觉范围
肘部高度	确定柜台、梳妆台、厨房案台、工作台以及其他站着使用的工作表面的舒适高度时，肘部高度数据是必不可少的。通常，这些表面的高度都是凭经验估计或是根据传统做法确定的。然而，通过科学研究发现最舒适的高度是低于人的肘部高度7.6cm。另外，休息平面的高度应该低于肘部高度2.5～3.8cm	假定工作面高度确定为低于肘部高度约7.6cm，那么96.5(第5百分位数据)～111.8cm(第95百分位数据)范围内都将适合90%的男性使用者。考虑到第5百分位的女性肘部高度较低，这个范围应为88.9～111.8cm，才能对男女使用者都适用。由于其中包含许多其他因素，如存在特别的功能要求和每个人对舒适高度见解不同等，所以这些数值也只是假定推荐的	确定上述高度时必须考虑活动的性质，有时这一点比推荐的“低于肘部高度7.6cm”还重要
挺直坐高	用于确定座椅上方障碍物的允许高度。进行节约空间的设计时，例如利用阁楼下面的空间吃饭或工作，都要由这个关键的尺寸来确定其高度。确定办公室或其他场所的低隔断要用到这个尺寸，确定餐厅和酒吧里的隔断也要用到这个尺寸	由于涉及间距问题，采用第95百分位的数据是比较合适的	座椅的倾斜、座椅软垫的弹性、衣服的厚度以及人坐下和站起来时的活动都是要考虑的重要因素
放松坐高	用于确定座椅上方障碍物的最小高度。进行节约空间的设计时，例如利用阁楼下面的空间吃饭或工作，都要根据这个关键尺寸来确定其高度。确定办公室和其他场合的低隔断要用到这个尺寸，确定餐厅和酒吧里的隔断也要用到这个尺寸	由于涉及间距问题，采用第95百分位的数据是比较合适的	座椅的倾斜、座椅软垫的弹性、衣服的厚度以及人坐下和站起来时的活动都是要考虑的重要因素
坐姿眼高	当视线是设计问题的中心时，确定视线和最佳视区要用到这个尺寸，这类设计对象包括剧院、礼堂、教室和其他需要有良好视听条件的室内空间	假如有适当的可调节性，就能适应从第5百分位到第95百分位或者更大的范围	应该考虑本书中其他地方所论述的头部与眼睛的转动范围、座椅软垫的弹性、座椅面距地面的高度和座椅的调节范围

(续表)

人体尺寸	应用条件	百分位选择	注意事项
坐姿的肩中部高度	大多数用于机动车辆中比较紧张的作业空间的设计中，很少被建筑师和室内设计师所使用。但是，在设计对视觉、听觉有要求的空间时，这个尺寸有助于确定妨碍视线的障碍物，在确定火车座的高度以及类似的设计中有用	由于涉及间距问题，一般使用第 95 百分位的数据	要考虑座椅软垫的弹性
肩宽	该数据可用于确定环绕桌子的座椅间距和影剧院、礼堂中的排椅座位间距，也可用于确定公用和专用空间的通道间距	由于涉及间距问题，应使用第 95 百分位的数据	使用这些数据要注意可能涉及的变化。要考虑衣服的厚度，对薄衣服要附加 7.6mm，对厚衣服要附加 7.9cm。另外，由于躯干和肩的活动，两肩之间所需的空间会加大
两肘之间宽度	可用于确定会议桌、餐桌、柜台和牌桌周围座椅的位置	由于涉及间距问题，应使用第 95 百分位的数据	应该与肩宽尺寸结合使用
臀部宽度	该数据对于确定座椅内侧尺寸和设计酒吧、柜台、办公座椅极为有用	由于涉及间距问题，应使用第 95 百分位的数据	根据具体条件，与两肘之间宽度和肩宽结合使用
肘部平放高度	与其他数据和考虑因素联系在一起，用于确定椅子扶手、工作台、书桌、餐桌和其他特殊设备的高度	肘部平放高度既不涉及间距问题也不涉及伸手够物的问题，其目的只是使手臂得到舒适的休息。选择第 50 百分位左右的数据是合理的。在许多情况下，这个高度为 14～27.9cm，可以适合大部分使用者	座椅软垫的弹性、座椅表面的倾斜以及身体姿势都应予以注意
大腿厚度	该数据是设计柜台、书桌、会议桌、家具及其他一些室内设备的关键尺寸，这些设备都需要把腿放在工作面下面。特别是有直拉式抽屉的工作面，要使大腿与大腿上方的障碍物之间有适当的间隙，这些数据是必不可少的	由于涉及间距问题，应选用第 95 百分位的数据	在确定上述设备的尺寸时，其他一些因素也应该同时予以考虑，例如腿弯高度和座椅软垫的弹性
膝盖高度	该数据是确定从地面到书桌、餐桌和柜台底面距离的关键尺寸，尤其适用于使用者需要把大腿部分放在家具下面的场合。坐着的人与家具底面之间的靠近程度，决定了膝盖高度和大腿厚度是否是关键尺寸	要保证适当的间距，故应选用第 95 百分位的数据	要同时考虑座椅的高度和坐垫的弹性
腿弯高度	该数据是确定座椅面高度的关键尺寸，尤其对于确定座椅前缘的最大高度更为重要	确定座椅高度，应选用第 5 百分位的数据，因为如果座椅太高，大腿受到压力会使人感到不舒服。例如一个座椅的高度能适应小个子，也就能适应大个子	使用该数据时必须注意坐垫的弹性

(续表)

人体尺寸	应用条件	百分位选择	注意事项
臀部至腿弯长度	该数据用于座椅的设计中，尤其适用于确定腿的位置、长凳和靠背椅等垂直面的长度，以及椅面的长度	应该选用第5百分位的数据，这样能适应最多的使用者，如臀部至膝腘部长度较长和较短的人。如果选用第95百分位的数据，则只能适合该长度较长的人，而不适合该长度较短的人	要考虑椅面的倾斜度
臀部至膝盖长度	用于确定椅背到膝盖前方的障碍物之间的适当距离，例如，用于影剧院、礼堂的固定排椅设计中	由于涉及间距问题，应选用第95百分位的数据	这个长度比臀部至足尖长度要短，如果座椅前面的家具或其他室内设施没有放置足尖的空间，就应该使用臀部至足尖长度
臀部至足尖长度	用于确定椅背到膝盖前方的障碍物之间的适当距离，例如，用于影剧院、礼堂的固定排椅设计中	由于涉及间距问题，应选用第95百分位的数据	如果座椅前方的家具或其他室内设施有放脚的空间，而且间隔要求比较重要，就可以使用臀部至膝盖长度来确定合适的间距
臀部至脚后跟长度	对于室内设计人员来说，该数据的使用是有限的，当然可以利用它们布置休息室座椅或不拘礼节地就坐座椅。另外，还可用于设计搁脚凳、理疗和健身设施等综合空间	由于涉及间距问题，应选用第95百分位的数据	在设计中，应该考虑鞋、袜对尺寸的影响，一般对于男鞋要加上2.5cm，对于女鞋则加上7.6cm
坐姿垂直伸手高度	主要用于确定头顶上方的控制装置和开关等的位置，所以较多地被设备设计人员所使用	选用第5百分位的数据是合理的，这样可以同时适应小个子和大个子	要考虑椅面的倾斜度和椅垫的弹性
立姿垂直手握高度	可用于确定开关、控制器、拉杆、把手、书架以及衣帽架等的最大高度	由于涉及伸手拿东西的问题，如果采用高百分位的数据就不能适应小个子，所以设计出发点应该基于适应小个子，这样也同样能适应大个子	尺寸是不穿鞋测量的，使用时要给予适当的补偿
立姿侧向手握距离	有助于设备设计人员确定控制开关等装置的位置，还可以用于某些特定的场所，如医院、实验室等。如果使用者是坐着的，这个尺寸可能会稍有变化，但仍能用于确定人侧面的书架位置	该数据的主要功用是确定手握距离，这个距离应能适应大多数人，因此，选用第5百分位的数据是合理的	如果涉及的活动需要使用专门的手动装置、手套或其他某种特殊设备，这些都会延长使用者的一般手握距离，对于这个延长量应予以考虑
手臂平伸手握距离	有时人们需要越过某种障碍物去取一个物体或者操纵设备，该数据可用来确定障碍物的最大尺寸。本书中列举的设计情况是在工作台上方安装搁板或在办公室工作桌前面的低隔断上安装小柜	选用第5百分位的数据，这样能适应大多数人	要考虑操作或工作的特点
人体最大厚度	尽管这个尺寸可能对设备设计人员更为有用，但它们也有助于建筑师在较紧张的空间里考虑间隙问题或在人们排队的场合下设计所需要的空间	应该选用第95百分位的数据	衣服的厚薄、使用者的性别以及一些不易察觉的因素都应予以考虑

(续表)

人体尺寸	应用条件	百分位选择	注意事项
人体最大宽度	可用于通道宽度、走廊宽度、门和出入口宽度，以及公共场所等的设计	应该选用第 95 百分位的数据	衣服的厚薄、人走路或做其他事情时的影响，以及一些不易察觉的因素都应予以考虑

4.1.2　人机系统设计中人体尺寸的确定方法

1. 确定所设计产品的类型

在遵循上述人体尺寸应用原则的基础上，进行涉及人体尺寸的产品设计时，设定产品尺寸的主要依据是人体尺寸百分位数，而人体尺寸百分位数的选用又与所设计产品的类型密切相关。在 GB/T 12985—1991 标准中，依据产品使用者人体尺寸的设计上限值(最大值)和下限值(最小值)对产品尺寸设计进行了分类，产品类型的名称及定义列于表 4.2。凡涉及人体尺寸的产品设计，首先应按该分类方法确认所设计的对象是属于其中的哪一类型。

表 4.2　产品尺寸设计分类

产品类型	产品类型定义	说　明
Ⅰ型产品	需要两个人体尺寸百分位数作为尺寸上限值和下限值的依据	又称双限值设计
Ⅱ型产品	只需要一个人体尺寸百分位数作为尺寸上限值或下限值的依据	又称单限值设计
ⅡA 型产品	只需要一个人体尺寸百分位数作为尺寸上限值的依据	又称大尺寸设计
ⅡB 型产品	只需要一个人体尺寸百分位数作为尺寸下限值的依据	又称小尺寸设计
Ⅲ型产品	只需要第 50 百分位数(P_{50})作为产品尺寸设计的依据	又称平均尺寸设计

2. 选择人体尺寸百分位数

确认所设计的产品类型及其等级之后，选择人体尺寸百分位数的依据是满足度。人机工程学设计中的满足度，是指所设计产品在尺寸上能满足多少人使用，通常以适合使用的人数占使用者群体的百分比表示。产品尺寸设计的类型、等级、满足度与人体尺寸百分位数的关系见表 4.3。

表 4.3　人体尺寸百分位数的选择

产品类型	产品重要程度	百分位数的选择	满足度
Ⅰ型产品	涉及人的健康、安全的产品	选用 P_{99} 和 P_1 作为尺寸上、下限值的依据	98%
	一般工业产品	选用 P_{95} 和 P_5 作为尺寸上、下限值的依据	90%
ⅡA 型产品	涉及人的健康、安全的产品	选用 P_{99} 和 P_{95} 作为尺寸上限值的依据	99%或 95%
	一般工业产品	选用 P_{90} 作为尺寸上限值的依据	90%
ⅡB 型产品	涉及人的健康、安全的产品	选用 P_1 和 P_5 作为尺寸下限值的依据	99%或 95%
	一般工业产品	选用 P_{10} 作为尺寸下限值的依据	90%
Ⅲ型产品	一般工业产品	选用 P_{50} 作为产品尺寸设计的依据	通用
成年男、女通用产品	一般工业产品	选用男性的 P_{99}、P_{95} 或 P_{90} 作为尺寸上限值的依据，选用女性的 P_1、P_5 或 P_{10} 作为尺寸下限值的依据	通用

表 4.3 中给出的满足度指标是通常选用的指标，特殊要求的设计的满足度指标可另行确定。设计者当然希望所设计的产品能适合特定使用者总体中所有的人使用，尽管这在技术上

是可行的，但在经济上往往是不合理的。因此，满足度的确定应根据所设计产品使用者总体的人体尺寸差异性、制造该类产品技术上的可行性和经济上的合理性等因素进行综合优选。

需要进一步说明的是，在设计时虽然确定了某一满足度指标，但采用一种尺寸规格的产品却无法达到这一要求，在这种情况下，可考虑采用产品尺寸系列化和产品尺寸可调节性设计原则来解决。

3. 确定动态尺寸的修正量

首先，有关人体尺寸标准中所列的数据是在裸体或穿单薄内衣的条件下测得的，测量时不穿鞋或穿着纸拖鞋。而设计中所涉及的人体尺度应该是在穿衣服、穿鞋甚至戴帽条件下的人体尺寸。因此，考虑有关人体尺寸时，必须给衣服、鞋、帽留下适当的余量，也就是在人体尺寸上增加适当的着装修正量。其次，在人体形态尺寸测量时要求躯干为挺直姿势，而人在正常作业时，躯干为自然放松姿势，因此应考虑由于姿势不同而引起的变化量。最后，还需考虑实现产品不同操作功能所需的修正量，所有这些修正量的总计为功能修正量。功能修正量随产品不同而异，通常为正值，但有时也可能为负值。

通常用实验方法求得动态尺寸的修正量，但也可以从统计数据中获得。对于着装和穿鞋修正量可参照表 4.4 中的数据确定。姿势修正量的常用数据：立姿时的身高、眼高减 10mm；坐姿时的坐高、眼高减 44mm。考虑操作动态尺寸的修正量时，应以上肢前展长为依据，而上肢前展长是后背至中指尖点的距离，因而对操作不同功能的控制器应做不同的修正，如按钮开关可减 12mm；推滑板推钮、扳动扳钮开关则减 25mm。

表 4.4　正常人着装身材尺寸修正值

项　　目	尺寸修正量/mm	修正原因	项　　目	尺寸修正量/mm	修正原因
站姿高	25～38	鞋高	两肘间宽	20	—
坐姿高	3	裤厚	肩-肘	8	手臂弯曲时，肩肘部衣物压紧
站姿眼高	36	鞋高	臂-手	5	—
坐姿眼高	3	裤厚	叉腰	8	—
肩宽	13	衣	大腿厚	13	—
胸宽	8	衣	膝宽	8	—
胸厚	18	衣	膝高	33	—
腹厚	23	衣	臀-膝	5	—
立姿臀宽	13	衣	足宽	13～20	—
坐姿臀宽	13	衣	足长	30～38	—
肩高	10	衣(包括坐高 3mm 及肩 7mm)	足后跟	25～38	—

4. 确定心理修正量

为了克服人们心理上产生的空间压抑感、高度恐惧感等心理感受，或者为了满足人们求美、求奇等心理需求，在产品最小功能尺寸上附加一项增量，称为心理修正量。心理修正量一般通过被试者主观评价表的评分结果进行统计分析求得。

5. 产品动态尺寸的设定

产品功能尺寸是指为确保实现产品某一功能而在设计时规定的产品尺寸。该尺寸通常是以设计界限值确定的人体尺寸为依据，再加上为确保产品某项功能实现所需的修正量。产品功能尺寸有最小功能尺寸和最佳功能尺寸两种，具体设定的通用公式如下：

最小功能尺寸=人体尺寸百分位数+动态尺寸的修正量

最佳功能尺寸=人体尺寸百分位数+动态尺寸的修正量+心理修正量

4.1.3　人体身高在人机设计中的应用方法

人体尺寸主要决定人机系统的操纵是否方便和舒适宜人。因此，各种工作面的高度和设备高度，如操纵台、仪表盘、操纵件的安装高度以及用具的设置高度等，都要根据人的身高来确定。以身高为基准确定工作面高度、设备和用具高度的方法，通常是把设计对象归成各种典型的类型，并建立设计对象的高度与人体身高的比例关系，以供设计时选择和查用。图 4.1 是以身高为基准的设备和用具的尺寸推算图，图中各代号的定义见表 4.5。

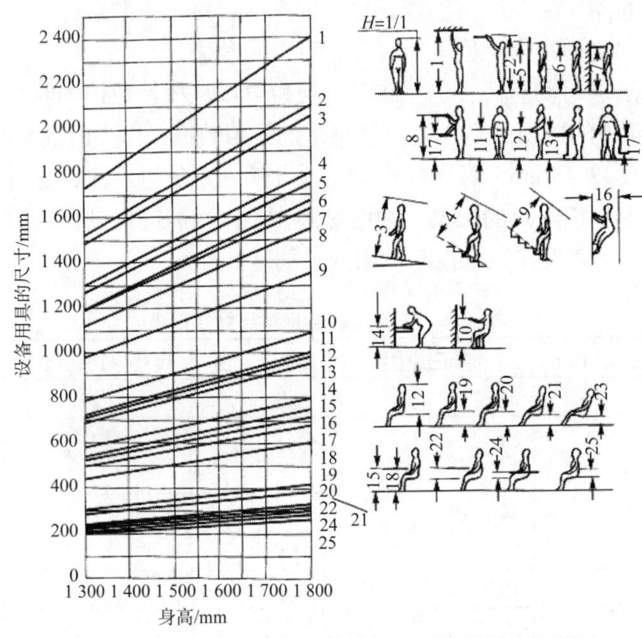

图 4.1　以身高为基准的设备和用具的尺寸推算图

表 4.5　设备及用具的高度与身高的关系

代号	定　义	设备高与身高之比
1	举手达到的高度	4/3
2	可随意取放东西的隔板高度(上限值)	7/6
3	倾斜地面的顶棚高度(最小值，地面倾斜度为 5°～15°)	8/7
4	楼梯的顶棚高度(最小值，地面倾斜度为 25°～35°)	1/1
5	遮挡住直立姿势视线的隔板高度(下限值)	33/34
6	直立姿势眼高	11/12
7	抽屉高度(上限值)	10/11
8	使用方便的隔板高度(上限值)	6/7
9	斜坡大的楼梯的天棚高度(最小值，倾斜度为 50°左右)	3/4
10	能发挥最大拉力的高度	3/5

(续表)

代号	定　义	设备高与身高之比
11	人体重心高度	5/9
12	采取直立姿势时工作面的高度	6/11
12	坐高(坐姿)	6/11
13	灶台高度	10/19
14	洗脸盆高度	4/9
15	办公桌高度(不包括鞋)	7/17
16	垂直踏棍爬梯的空间尺寸(最小值，倾斜 80°～90°)	2/5
17	手提物的长度(最大值)	3/8
17	使用方便的隔板高度(下限值)	3/8
18	桌下空间(高度的最小值)	1/3
19	工作椅的高度	3/13
20	轻度工作的工作椅的高度*	3/14
21	小憩用椅子的高度*	1/6
22	桌椅高差	3/17
23	休息用的椅子的高度*	1/6
24	椅子扶手的高度	2/13
25	工作用椅子的椅面至靠背点的距离	3/20

注：*座位基准点的高度(不包括鞋)。

4.1.4　人机工程分析中的样本生成技术

产品设计通常要满足使用群体中的大多数使用者的要求。能满足的使用者人数占群体人数的百分比称为适应度，它是产品设计的一项重要指标。但检查产品对于群体中每个人是否适合很难做到，通常抽取一定数量的样本，对其适应性进行检查。只要样本抽取得当，就有理由认为样本的检查结果以一定的概率反映群体的适应性。通常，平均尺寸附近的人对产品设计要求容易得到满足；处于尺寸分布边缘的人，是设计中需要重点考虑的，可用来作为样本，生成的人体模型称为边缘人体模型。

1. 百分位法

在传统设计中，许多问题常常局限于从一维角度出发，将设计问题与一维尺寸变量相联系。此时，百分位数是把握设计尺度(适应度)最简单、有效的办法，但要求对与设计问题相关的设计变量十分清楚。以轿车顶盖高度设计为例，当乘坐参考点和设计躯干角度确定后，顶盖高度主要与坐高有关；为适合 95%的使用者要求，可使用第 95 百分位男子坐高尺寸来生成人体模型。对于多维设计问题，情况比较复杂。多维尺寸变量不具有单调性，更不易与百分位概念建立直接联系。整个人群的适应度虽可通过相关肢体尺寸变量的多维分布情况计算，但由于肢体尺寸具有相关性，整个设计问题的适应度通常小于容纳肢体尺寸的百分位数。

2. 中心区域边界法

对于双边设计问题，如果多维设计变量符合正态分布，则可采用中心区域法来产生样本。一维情况下，肢体尺寸数据分布主要集中在均值附近，则样本位于数据集中区域的边缘，具体视所需适应度而定(见图 4.2)。对于多维情况，多维肢体尺寸变量数据分布图形呈超椭球状，样本位于超椭球的边界上(超椭球面需根据适应度确定，二维情况为椭圆)。此时，在中心区域边界上存在无数满足要求的样本。可将超椭球面近似为多面体，取顶点处的个体作为样本，还可以采用主成分分析等技术在椭球面上选取样本。图 4.3 为驾驶员眼睛位置在车辆坐标系 xOz 视图方向的分布图形和适应度为 95%的数据分布边界椭圆。采用 PCA 方法可找到椭圆主轴方向，主轴与椭圆的交点可作为样本。同时，在交点的轮廓上均匀选若干点也可作为样本，这些样本就可用作视野分析。

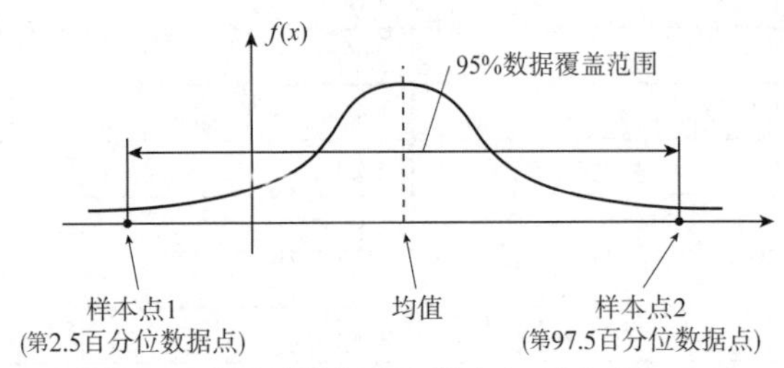

图 4.2　一维正态数据分布样本点(适应度为 95%)

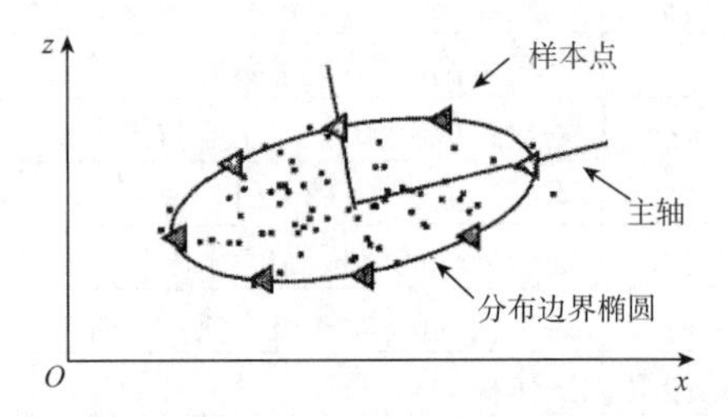

图 4.3　驾驶员眼睛位置分布和样本选取

近年来的理论分析和试验研究表明，边缘人体模型技术存在一定的不足，主要体现在根据它产生的样本往往不能覆盖足够的目标群体百分比。例如，密歇根大学交通研究所的研究人员发现，确定驾驶员座椅调节范围时，第 5 百分位女子和第 95 百分位男子平均座椅位置之间的距离要比根据男女驾驶员群体各自座椅位置分布计算得到的水平范围短，因此，采用第 5 百分位女子和第 95 百分位男子作为样本设计的调节范围要小。

4.2　作业空间布局设计

作业空间是人类有序组织生活所需要的物质基础。人对空间的需要是一个从低级到高级，从满足生活上的物质要求，到满足心理上的精神需要的发展过程。任何一个客观存在的三维空间都是由不同虚实视觉界面围合而成的，在空间知觉中，顶界面是关键的一个面，无顶界面的空间是外部空间，有顶界面的空间是内空间，由此可见，有无顶盖是区别内空间和外部空间的主要标志。居住空间、办公空间、载运工具的人员空间是满足人们工作、生活需要的人造空间，是范围有限、边界比较明晰的内空间。这里所讲的是内空间。

在工作系统中，人、机、环境三个基本要素是相互关联而存在的，每一个要素都根据需要占用一定的空间。空间布局设计时，应按优化系统功能的原则，使这些空间有机地结合在一起。

4.2.1　作业空间的类型

具体来说，作业空间可以分为如下几种。

(1) 作业接触空间，指人体在规定的位置上进行作业(如操纵机器、维修设备等)时，必须触及的空间，即作业范围。

(2) 作业活动空间，指人体在作业时或进行其他活动(如进出工作岗位、在工作岗位进行短暂的放松与休息等)时，人体自由活动所需要的范围。

(3) 安全防护空间，指为了保障人体安全，避免人体与危险源(如机械转动部位等)直接接触所需要的空间。

(4) 近身作业空间，指在不同姿态下，由人体的静、动态尺寸所决定的舒适的肢体末端所能触及的空间，包括坐姿作业空间、立姿近身作业空间、脚作业空间和受限近身作业空间，也就是所谓的可及域。

(5) 个体作业与总体空间，指操作者及其周围与作业有关的、包含设备因素在内的作业区域，如载运工具(装备)的操作业空间、计算机操作台、控制柜和机床等。不同个体作业场所的布置构成总体作业空间，如计算机房、网吧、办公室、教室、车间等。

(6) 受限作业空间，一般指临时的作业空间，如建筑、管道内安装和运维施工的作业空间，装备产品装配和运行维护操作的工艺性空间。受限作业空间是用来判断可装配性和可维护性的主要指标。在人机工效设计中，主要考虑受限作业空间的碰撞、力负荷评估问题。

4.2.2　作业空间设计的基本原则

现代化作业中，对作业空间的要求很高，要求所有的机器、设备、工具与人们的操作活动功能之间联系合理，使作业空间既经济、合理，又能给操作者的操作带来方便并使操作者感到舒适。所以，设计作业空间需要遵循作业空间设计原则。

作业空间设计时，一般应遵守以下原则。

(1) 根据生产任务和人的作业要求，首先应总体考虑生产现场的适当布局，避免在某个局部的空间范围内，把机器、设备、工具和人员等安排得过于密集，造成空间劳动负荷过大，然后再进行各局部之间的协调。在作业空间设计时，总体与局部的关系是相互依存和相互制约的。若总体布局不好，就不能保证每个局部都有适当的作业空间。而只保证个别局部有适当的作业空间，也不能保证整个工作系统满足安全、高效、舒适与方便的人机工程学要求。因此，必须正确协调总体设计与局部设计相互之间的关系。

(2) 作业空间设计要着眼于人，落实于设备，即结合操作任务要求，以人员为主体进行作业空间的设计。也就是说，首先要考虑人的需要，为操作者创造舒适的作业条件，再把有关的作业对象(机器、设备和工具等)进行合理的排列布置。否则，往往会使操作者承受额外的心理上的和体力上的负担，其结果不仅降低工作效率，而且也不经济、不安全。考虑人的活动特性时，必须考虑人的认知特点和人体动作的自然性、同时性、对称性、节奏性、规律性、经济性和安全性。在应用有关人体测量数据设计作业空间时，必须至少在 90%的操作者中具有适应性、兼容性、操纵性和可达性。

(3) 作业空间人体尺寸及应用原则(参见 4.1 节和第 2 章内容)。

① 作业空间立姿人体尺寸(6 项)。

② 作业空间坐姿人体尺寸(5 项)。

③ 作业空间跪姿、俯卧姿、爬姿人体尺寸(6 项)。

(4) 作业空间设计的一般原则。

GB/T 16251—1996《工作系统设计的人类工效学原则》给出了作业空间设计的以下一般性原则。

① 作业空间设计时，应以人为中心，以人体尺度为基准确定操作或工作空间。操作高度应适合操作者的身体尺寸及工作类型，座位、工作面(工作台)应保证适宜的身体姿势，即身体躯干自然直立，身体重量能得到适当支撑，两肘置于身体两侧，前臂呈水平状。

② 座位调节到适合人的解剖、生理特点的位置。

③ 为身体的活动，特别是为头、手臂、手、腿、脚的活动提供足够的空间。

④ 操纵装置设置在肌体功能易达或可及的空间范围内，显示装置按功能重要性和使用频度依次布置在最佳或有效视区内。

⑤ 把手和手柄满足手功能的解剖学特性。

4.2.3 作业空间与人机工程

1. 作业空间的大小

空间的大小包括几何空间尺度的大小和视觉空间尺度的大小。前者不受环境因素的影响，几何尺度大的空间显得大，相反则显得小。而视觉空间尺度，无论是在空间内还是在空间外，都是由比较而产生的视觉概念。

视觉空间大小包含两种观念。

(1) 围合空间的界面和实际距离的比较，距离大的空间大，距离小的空间小，实的界面多的空间显得小，虚的界面多的空间显得大。此外，视觉空间的大小还受其他环境因素的影响，如光线、颜色、界面材质等。

(2) 人和空间的比较，尤其在室内，空间中人多了，空间显得小；空间中人少了，空间显得大。容纳多人的空间由少量人使用显得大；反之，显得小。

作业空间尺度的大小取决于两个主要因素：一是行为空间尺度，如体育馆的作业空间大小主要取决于体育活动占有的空间和观众占有的空间大小；二是知觉空间的大小，如视觉、听觉等对作业空间的要求。

2. 作业空间的形状

空间的形状是由其界面形状及构成方式所决定的。正方形、圆形、正多边形等平面规则的形状，形体明确、肯定，稳定而无方向性，这类空间形状较适合表达严肃、隆重的气氛。三角形的平面空间则会形成不规则、活泼的心理空间。常见的作业空间都有一定的形状，它是由基本的几何体(如立方体、球体、椎体等)组合、变异而构成的，常见的作业空间形态有以下几种。

(1) 下沉式作业空间。室内地面局部下沉，在统一的作业空间中产生一个界限明确、富有变化的独立空间。由于下沉式作业空间比周围空间要低，因此有一种隐蔽感、保护感和宁静感，使其成为私密的小天地。但一般来说高度差不宜过大，否则就会产生楼上、楼下和进入底层地下室的感觉，失去下沉式作业空间的意义。

(2) 地台式作业空间。地台式作业空间与下沉式作业空间相反，是将地面升高形成一个台座，和周围空间相比变得十分明确，其功能、作用几乎和下沉式作业空间相反。由于地面升高形成一个空间，和周围空间相比变得十分醒目突出，因此该空间的用途适宜于引人注目的展示、陈列或眺望。许多商店常利用地台式作业空间将最新产品布置其上，使人一目了然，很好地发挥了商品的宣传作用。

(3) 内凹与外凸作业空间。内凹作业空间就是在室内局部退进的一种作业空间形态，由于内凹空间通常只有一面开敞，因此在大空间中受干扰比较少，从而形成安静的一角。凸凹是一个相对的概念，如凸出空间就是一个对内部空间而言的内凹，相对于私密而言就显得醒目突出。

(4) 回廊与挑台。回廊与挑台也是作业空间中独具一格的空间形态。回廊常运用于门厅和休息厅，以增强其入口宏伟、壮观的第一印象和丰富垂直方向的空间层次。挑台居高临下，可以提供丰富的俯视视角环境。

(5) 交错、穿插作业空间。现代作业空间设计早已不满足于封闭六面体和静止的空间形状，人们上下活动交错，俯仰相望，静中有动，交错、穿插空间形成的水平、垂直方向空间流通，不但有扩大空间的效果，也给空间环境增添了活力。

(6) 母子作业空间。在大空间内围合出小空间，这种封闭与开敞相结合的形式，既满足了使用要求又丰富了空间层次。

3. 作业空间方向

通过作业空间各个界面的处理、构配件的设置和空间形态的变化，使作业空间产生很强的方向性。例如矩形平面的空间，如果是纵向的就具有一定的长边导向性，横向的则有展示性。

4. 人的行为与作业空间分布

作业空间是各种因素的综合设计，人的行为只是其中的一个主要因素，关于行为因素与作业空间的关系，主要表现在以下几个方面。

1) 确定行为空间尺度

根据作业空间的行为表现，作业空间可分为大空间、中等空间、小空间及局部空间等不同行为空间。

大空间主要指公共行为的空间，如体育馆、大礼堂、餐厅、商场等，其特点是要特别处理好人际行为的空间关系，在空间里个人空间基本是等距离的，空间感是开放性的，空间尺度是大的。

中等空间主要指事务行为的空间，如办公室、教室、实验室等。这类空间既不是单一的个人空间，又不是相互间没有联系的公共空间，而是少数人由于某种事务的关联而聚合在一起的行为空间。这类空间既有开放性，又有私密性。确定这类空间尺度，首先要满足个人空间的行为要求，再满足与其相关的公共事务行为要求。

小空间一般指具有较强个人行为的空间，如卧室、客房、载运工具操作者的作业空间等，其最大的特点是具有较强的私密性和独立性。这类空间一般不大，主要是满足个人的行为活动要求。

局部空间主要指人体功能尺寸空间。该空间尺度的大小主要取决于人的活动范围。例如，人站立、坐、卧、跪时，其空间大小主要是满足人的静态空间要求；人在室内走、跑、跳、爬时，其空间大小主要是满足人的动态空间要求。

2) 确定行为空间分布

根据人在作业空间中的行为状态，行为空间分布表现为有规则和无规则两种情况。

(1) 有规则的行为空间，这种空间分布主要表现为前后、左右、上下及指向性等分布状态，且多数为公共空间。

① 前后状态的行为空间，如报告厅、教室等具有公共行为的作业空间。在这类空间中，人群基本分为前后两部分，每一部分各有自己的行为特点，又相互影响。

② 左右状态的行为空间，如展览厅、画廊、室内步行街等具有公共行为的作业空间。在这类空间中，人群分布呈水平展开，并多数呈左右分布状态。这类空间分布的特点是具有连续性，故这类空间设计时，首先要考虑人的行为流程，确定行为空间秩序，然后再确定空间距离和形态。

③ 上下状态的行为空间，如电梯、中庭、下沉式广场等具有上下交互行为的作业空间。

在这类空间里，人的行为表现为聚合状态，故这类空间设计的关键是解决疏散问题和安全问题。

④ 指向性状态的行为空间，如走廊、通道、门厅灯具有显著方向感的作业空间，人在这类空间中的行为状态指向性很强。故这类作业空间的设计，要特别注意人的行为习性，空间方向要明确，并具有导向性。

(2) 无规则的行为空间。这种空间多数为个人行为较强的作业空间，如居室、办公室等。人在这类空间中的分布较随意，故这类空间的设计要特别注意灵活性，应能适应人的多种行为要求。

3) 确定行为空间形态

人在作业空间中的行为表现具有很大的灵活性。行为和空间形态的关系，也就是常说的内容和形式的关系常常表现为一种内容有多种形式，一种形式有多种内容。比如，方形教室、长方形教室、圆形教室都可以上课；方形的教室可以上课，也可以就餐，还可以看电影。究竟采用什么形态的作业空间要根据人在作业空间中的行为表现，包括活动范围、分布状况、知觉要求、环境可能性，以及物质技术条件等诸因素确定。

4) 行为空间的组合

作业空间的尺度、作业空间的行为分布、作业空间形态基本确定后，就要根据人们的行为和知觉要求对作业空间进行组合与调整。

4.2.4　现代办公空间设计

1. 现代办公空间组成与功能区域划分

根据办公机构(这里指企事业、政府、团体组织，后同)设置与人员配备的情况来合理划分、布置办公室空间是现代办公空间设计的首要任务。

一般来讲，现代办公空间由接待区、会议室、总经理办公室、财务室、员工办公区、机房、储藏室、茶水间、机要室等部分组成。其中，接待区、会议室、总经理办公室是主要部分，下面对这 3 部分进行重点介绍。

接待区主要由接待台、机构标志、招牌、客人等待区等部分组成。接待区是一个机构的门面，其空间设计要反映一个机构的行业特征和机构管理文化。对于规模不是很大的办公室，有时也会在接待区内设置一个供员工更衣用的衣柜。客人等待区内一般会放置沙发、茶几和供客人阅读用的报纸杂志架，有的机构会利用报纸杂志架将本机构的刊物、广告等一并展示给来访的每一位客户，有的推行了 ISO 14000 环境管理标准的机构还会向客户宣传机构的环境管理方针等。接待区是办公空间中最重要的空间之一，是现代办公空间装修设计的重点。

一般来说，每个机构都有一个独立的会议空间，主要用于接待客户、机构内部员工培训和会议，会议室也是现代办公空间装修设计的重点。会议室中应放置电视柜、能反映机构业绩的锦旗、奖杯、荣誉证书、与名人合影照片等，还要设置白板(屏幕)等工具。有的机构还配有自动打印设备、电动投影设备等，也有的机构在会议室内设置衣柜等。

总经理办公室在现代办公空间设计时也是一个重点，一般由会客(休息)区和办公区两部分组成。会客区由小会议桌、沙发、茶几等组成，办公区由书柜、板台、板椅、客人椅组成。空间内要反映总经理的一些个人爱好和品位，同时要能反映机构的文化特征。

2. 现代办公空间的几个常用参数(尺寸)

(1) 接待台：高度为 1.15m 左右；宽度为 0.6m 左右；员工侧离背景墙距离为 1.3～1.8m；

(2) 总经理室最小办公空间：宽度为 6m；长度为 4.8m；文件柜宽度为 0.37m；总经理办公桌规格一般为 2m×1m；板椅位宽度为 1m 左右；

(3) 会议室最小办公空间：宽度为 6m 左右；长度为 5m；电视柜宽度为 0.6m；

(4) 部门经理办公室办公空间：宽度为 2.7m 左右；长度为 6m 左右。背柜宽度为 0.37m 左右；办公桌尺寸为 1.8m×0.9m；部门经理与总经理的座位朝向尽可能保持一致。

(5) 员工区：办公桌尺寸为 1.4m×0.7m 或 1.2m×0.6m(财务、会计用)，屏风高 1.2m，主通道宽度为 1.2m (消防要求)；座位宽度为 0.7m；

办公室是脑力劳动的场所，机构的创造性大都来源于该场所的个人创造性的发挥。因此，重视个人环境兼顾集体空间，借以活跃人们的思维，努力提高办公效率，这也是提高机构生产率的重要手段。从另一个方面来说，办公室也是机构整体形象的体现，一个完整、统一而美观的办公室形象能增加客户的信任感，同时也能给员工以心理上的满足。

3. 办公室设计的基本要素

从办公室的特征与功能要求来看，办公室设计有如下几个基本要素。

(1) 秩序感。设计中的秩序是指形的反复、形的节奏、形的完整和形的简洁。办公室设计应运用这一基本理论来创造一种安静、平和与整洁的环境。秩序感是办公室设计的一个基本要素。

要使办公室设计有秩序感，应做到：家具样式与色彩的统一；平面布置的规整性；隔断高低尺寸与色彩材料的统一；天花的平整性与墙面不带花哨的装饰；合理的室内色调及人流的导向等。这些都与秩序感密切相关，可以说秩序感在办公室设计中起着最为关键性的作用。

(2) 明快感。让办公室给人一种明快感也是设计的基本要求，办公环境明快是指办公环境的色调干净明亮、灯光布置合理、有充足的光线等，这也是办公室的功能所决定的。明快的色调可带给人愉快的心情，给人一种洁净之感，同时明快的色调也可在白天增加室内的采光度。

目前，有许多设计师将明度较高的绿色引入办公室，这类设计往往给人一种良好的视觉效果，也是一种明快感在室内的创意手段。

(3) 现代感。目前，我国许多机构为了便于思想交流，加强民主管理，办公室往往采用共享空间的开敞式设计方案，这种设计已成为现代新型办公室的特征，形成了现代办公室新空间的概念。

现代办公室设计还注重办公环境的研究，将自然环境引入室内，绿化室内外的环境，给办公环境带来一派生机，这也是现代办公室的另一特征。

4. 现代办公空间设计的步骤与要点

办公室的布局、通风、采光、人流线路、色调等的设计适当与否，对工作人员的精神状态及工作效率影响很大，过去陈旧的办公设备已不再适应新的需求。如何使高科技办公设备更好地发挥作用，就要求有好的空间设计与规划。下面简要阐述现代办公空间设计的步骤与要点。

(1) 对机构类型及文化进行深入了解。只有充分了解机构类型和文化，才能设计出能反映该机构风格与特征的办公空间，使设计具有个性与生命。

(2) 对机构内部设置及其相互关系进行深入了解。只有了解机构内部设置，才能确定各部门所需面积，设置和规划好人流线路。事先了解公司的扩充性也相当重要，这样可使机构在迅速发展的过程中不必经常改变办公室流线。

(3) 前瞻性设计。现代办公室中，计算机不可缺少。较大型的办公室经常使用网络系统，因此规划通信、计算机及电源、开关、插座时必须注意其整体性和实用性。

(4) 勿忘舒适标准。现代办公空间设计应尽量利用简洁的建筑手法，避免烦琐的内部装饰，减少过多、过浓的色彩点缀。在规划灯光、空调和选择办公家具时，应充分考虑其适用性和舒适性。

(5) 倡导环保设计。现代办公空间设计中应融入环保观念。智能化隔断的尺度设计不仅注重效率，对空间的利用也倍加重视，既需要有封闭、半封闭的私人工作间、会议室，也要有开放式的区域，以方便信息交流。工作间或会议室隔断高度应在 1.8m 或以上，这种高度隐蔽的空间，储物方式非常灵活，常用作公司职位较高的员工办公室，会议室则常用于机密级别比较高的会议。在办公空间设计中，这种隔断使用较少。半封闭私人工作间或会议室隔断高度为 1.2～1.6m，这种比较隐蔽的空间，除了可以添置储物柜外，也可以安放计算机等办公自动化设备，常用于普通员工的办公室或一般会议室。高 1.2m 左右的隔断是最基本的工作间，隔断的顶部可以加储物柜。在现代办公空间设计中，这种类型的隔断使用最多。

4.3　作业设施设计

作业设施通常也是作业空间中的环境设置的一部分。本节主要介绍控制台、办公台、工作座椅等设施的设计原理、原则和方法。

4.3.1　控制台设计

由于工作岗位不同，工作台种类繁多。在现代化生产系统中，常将有关的显示器、控制器等器件集中布置在工作台上，让操作者方便、快速地监控生产过程，具有这一功能的工作台称为控制台。

对于自动化生产系统，控制台就是包含显示器和控制器的作业单元，它小至像一台便携式打字机，大到可达一个房间。此处仅介绍一般常用控制台的设计。

1) 控制台的形式

(1) 桌式控制台。桌式控制台的结构简单，台面小巧，视野开阔，光线充足，操作方便，适用于显示、控制器件数量较少的控制，如图 4.4(a)所示。

(2) 直柜式控制台。直柜式控制台的结构简单，台面较大，视野效果较好，适用于显示、控制器件数量较多的控制，多用于无须长时间连续监控的控制系统，如图 4.4(b)所示。

(3) 组合式控制台。组合式控制台的组合方式千变万化，有台和台、台和箱、柜和柜等组合方式，具体视其功能要求而定。与桌式控制台相比，虽然组合式控制台的结构较复杂，但它除了布置显示、控制器件，还可以将有关的电气元器件配置在箱柜中，是一种风格独特的控制台，如图 4.4(c)所示。

(4) 弯折式控制台。弯折式控制台与弧形控制台属于一种形式，其结构复杂，适用于显示、控制器件数很多的控制，一般多用于需长时间连续监控的控制系统。与直柜式控制台相比，具有监视视野佳，控制操作舒适、方便等特点，如图 4.4(d)所示。

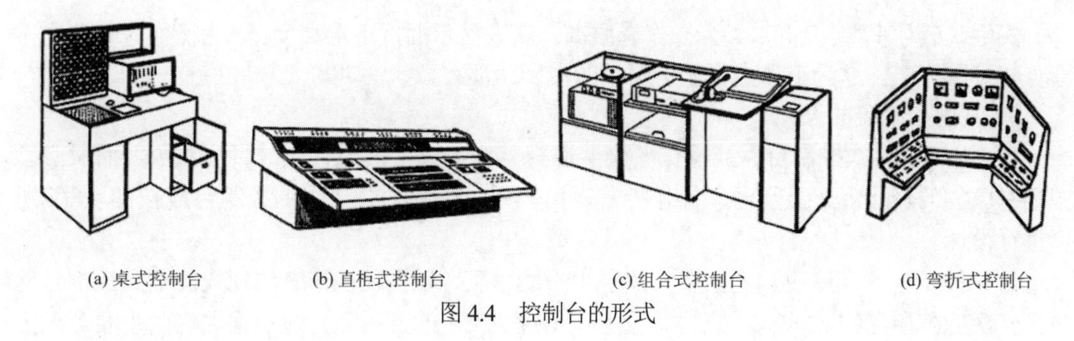

(a) 桌式控制台　(b) 直柜式控制台　(c) 组合式控制台　(d) 弯折式控制台

图 4.4　控制台的形式

2) 拉制台的设计要点

控制台的设计，最关键的是控制器与显示器的布置必须位于操作者正常的作业空间范围内，保证操作者能良好地观察必要的显示器，操作所有的控制器，以及为长时间作业提供合适的作业姿势。控制台有时在操作者前侧上方也有作业区，当然所有这些区域都必须在可视可及区内。因此，控制台设计的主要工作是客观地掌握人体尺度。

(1) 控制台作业面。推荐的控制台作业面布置区域如图 4.5 所示。该区域是基于第 2.5 百分位的女性作业者人体测量学数据得出的。根据图 4.5 中阴影区的形状来设计控制台，可使得操作者具有良好的手眼配合协调性。

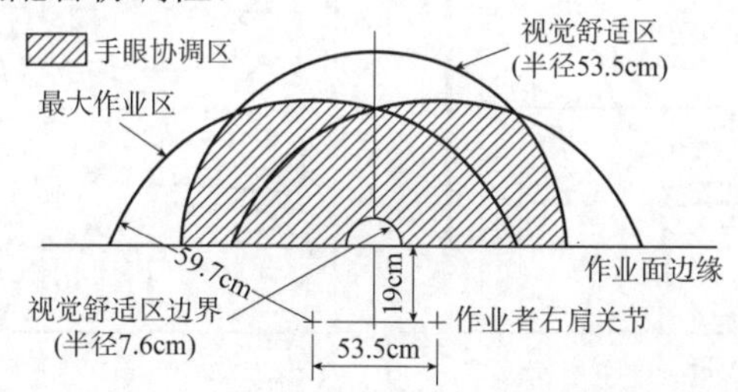

图 4.5　推荐的控制台作业面布置区域

(2) 显示器面板类型。控制台显示器面板大多为平坦的矩形，但大型控制室常将控制台设计成显示、控制分体式，即显示器面板与控制台分开配置，此种类型的控制台的面板形状应具有灵活性。图 4.6 所示为各种不同类型的显示器面板，分体式控制台应采用展开 U 形或半圆形等，选型时应充分考虑操作人员的立体操作范围。

(3) 控制台上方干涉点高度。对于分体式控制台，控制台高度方向上的干涉点可能遮挡视线，在显示面板的下方产生死角，在死角部分不能配置仪表，如图 4.7 所示。

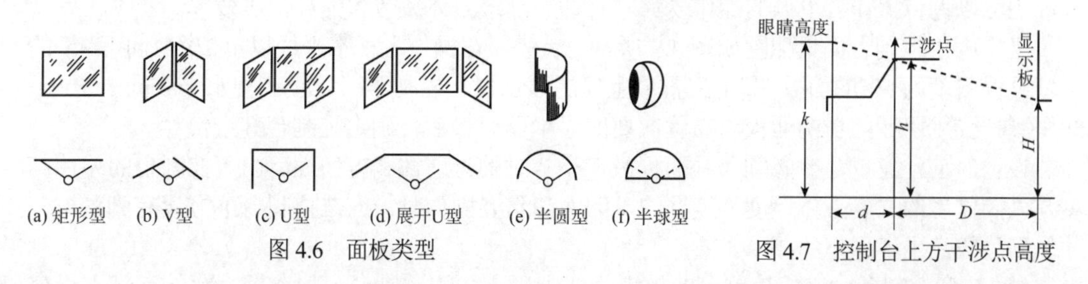

(a) 矩形型　(b) V型　(c) U型　(d) 展开U型　(e) 半圆型　(f) 半球型

图 4.6　面板类型

图 4.7　控制台上方干涉点高度

设计时，为保证操作者能方便地观察到显示面板的仪表，控制台上方干涉点的高度 h 可用下式计算：

$$h=(D \cdot k+d \cdot H)/(D+d) \tag{4-1}$$

式中，h 为干涉点高度；k 为操作者眼高；H 为显示面板下端高度；d 为操作者眼睛与干涉点的投影距离；D 为干涉点与显示面板的投影距离。

3) 常用控制台的设计

(1) 坐姿低台式控制台。当操作者坐着监视其前方固定的或移动的目标对象，而又必须根据对象物的变化观察显示器和操作控制器时，则满足此功能要求的控制台应按图 4.8(a)所示进行设计。

首先控制台的高度应降到坐姿人体视水平线以下，以保证操作者的视线能达到控制台前方；其次应把所需的显示器、控制器设置在斜度为 20°的面板上；最后根据这两个要点确定控制台其他尺寸。

(2) 坐姿高台式控制台。当操作者以坐姿进行操作，而显示器数量又较多时，则设计成高台式控制台。与低台式控制台相比，其最大特点是显示器、控制器分区域配置，如图 4.8(b)所示。

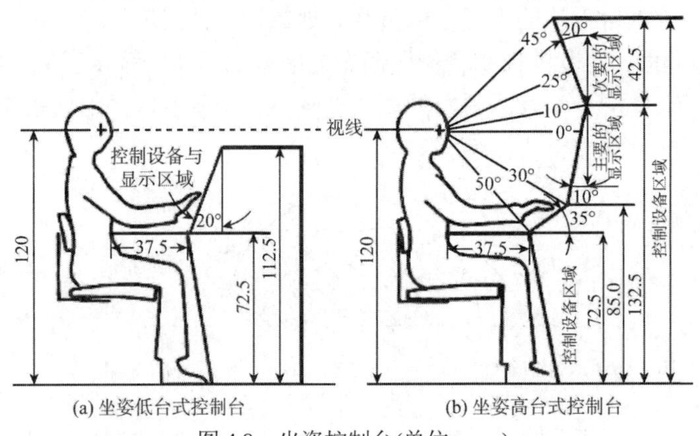

图 4.8　坐姿控制台(单位：cm)

首先，在操作者视水平线以上 10°至以下 30°内设置斜度为 10°的面板，在该面板上配置最重要的显示器；其次，在视水平线以上 10°～45°内设置斜度为 20°的面板，这一面板上应设置次要的显示器；再次，在视水平线以下 30°～50°内设置斜度为 35°的面板，其上布置各种控制器，最后确定控制台其他尺寸。

(3) 坐立姿两用控制台。操作者按照规定的操作内容，有时需要坐着，有时又需要立着进行操作时，则设计成坐立两用控制台。这一类型的控制台除了能满足规定操作内容的要求外，还可以调节操作者单调的操作姿势，有助于延缓人体疲劳和提高工作效率。

坐立两用控制台面板配置如图 4.9 所示。首先，在操作者视水平线以上 10°至向下 45°的区域设置斜度为 60°的面板，其上配置最重要的显示器和控制器；其次，在视水平线向上 10°～30°区域设置斜度为 10°的面板，布置次要的显示器。最后，确定控制台其余尺寸。

设计时应注意的是，必须兼顾两种操作姿势时的舒适性和方便性。由于控制台的总体高度是以操作者的立姿人体尺度为依据的，因而当坐姿操作时，应在控制台下方设有脚踏板，才能满足较高坐姿操作的要求。

(4) 立姿控制台。立姿控制台的配置类似于坐立两用控制台，但在控制台的下部不设容腿空间和踏脚板，故下部仅设容腿空间或封板垂直。

(5) 标准控制台。作业姿势不同，控制台的尺寸范围也不相同。图 4.10 是一种控制台的标准设计，在三种作业姿势及其他有关条件下，各种尺寸范围见表 4.6。

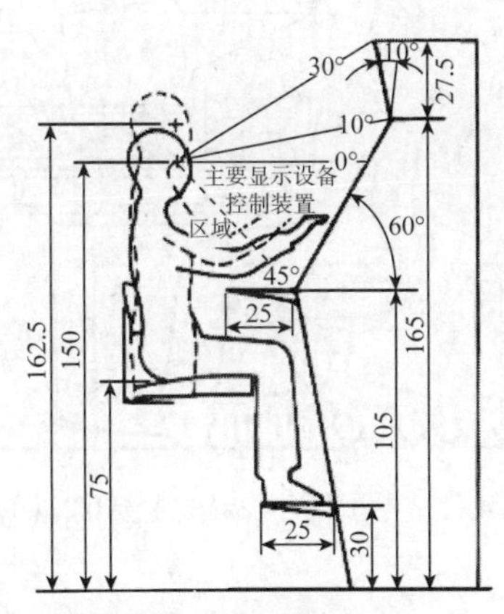

图 4.9　坐立两用控制台(单位：cm)

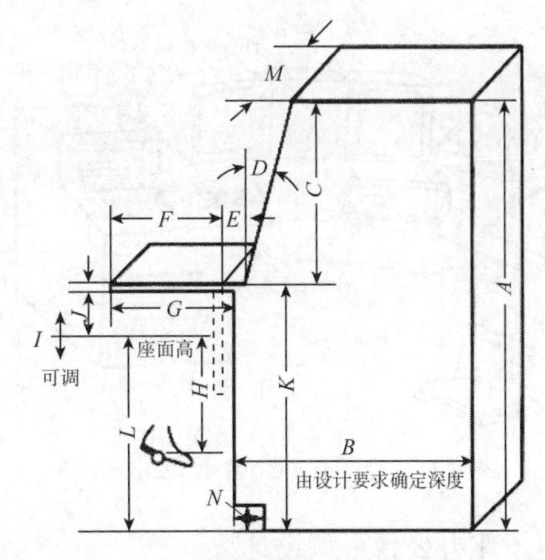

图 4.10　一种标准控制台的设计

表 4.6　标准控制台尺寸　　单位：cm

尺寸序标	尺寸名称	坐/站姿	坐　姿	站　姿
A	控制台最大高度	158	138～158	183
B	控制台深度	—	—	—
C	台面至顶部高度	66	66	91
D	面板倾角/(°)	38	38	38
E	笔架最小深度	10	10	10
F	书写表面最小深度	40	40	40
G	最小容膝空间	45	45	45
H	座面至支脚高度	45	45	45
I	座高调整范围	10	10	10
J	最小大腿空间	16.5	16.5	16.5
K	书写表面高度	91	65～91	91
L	座高	72	45～72	
M	控制面板最大宽度	91	91	91
N	最小容脚空间	10	10	10

4.3.2　办公台设计

采用信息处理机、电子计算机、复印机、传真机、电视会议系统等电子设备处理办公室的日常事务已成为现代化办公的重要手段。随着现代化办公设备的更新和完善，进行与电子化办公设备相适应的办公家具设计变得非常重要。

1) 电子化办公台人体尺度

图 4.11 是电子化办公台示意图，由图可见，现代电子化办公室内大多数人是长时间面对显示屏进行工作，因而要求办公台像控制台一样具有合理的形状和尺寸，以避免工作人员肌肉、颈、背、腕关节疼痛等职业病。

按照人机工程学原理，电子办公台尺寸应符合人体各部位尺寸。图 4.12 是依据人体尺寸确定的电子化办公台的主要尺寸，该设计所依据的人体尺寸是从大量调查资料中获得的平均值。

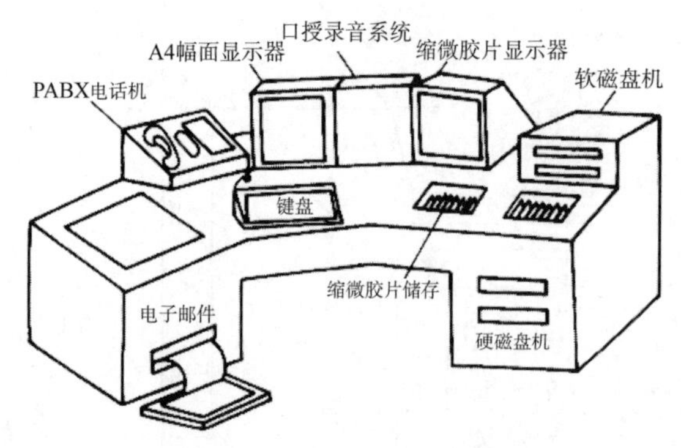

图 4.11　电子化办公台示意图

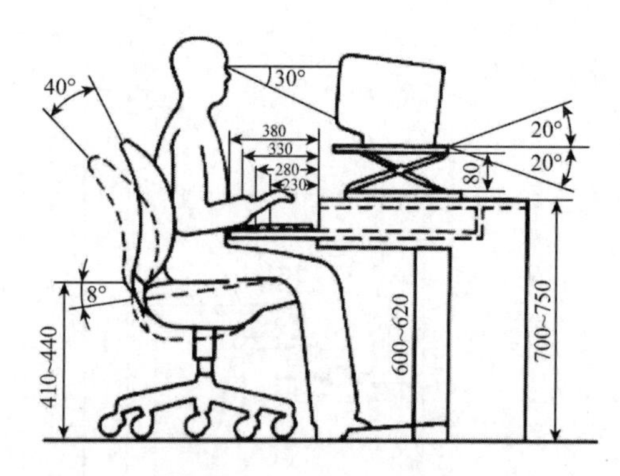

图 4.12　电子化办公台的主要尺寸(单位：cm)

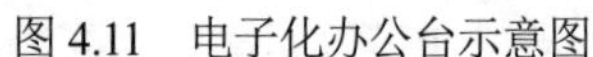

2) 电子化办公台可调设计

由于实际上并不存在符合平均值尺寸的人，即使身高和体重完全相同的人，其各部位的尺寸也有出入。因此，在电子化办公台按人体尺寸平均值设计的情况下，必须给予可调节的尺寸范围，如图 4.12 所示办公台下部的三个高度尺寸范围和座椅靠背范围可调节。

电子化办公台的调节方式有垂直方向的高低调节、水平方向的台面调节及台面的倾角调节等，如图 4.13 所示。国外电子化办公台使用实践证明，采用可调节尺寸和位置的电子化办公台，可大大提高舒适程度和工作效率。

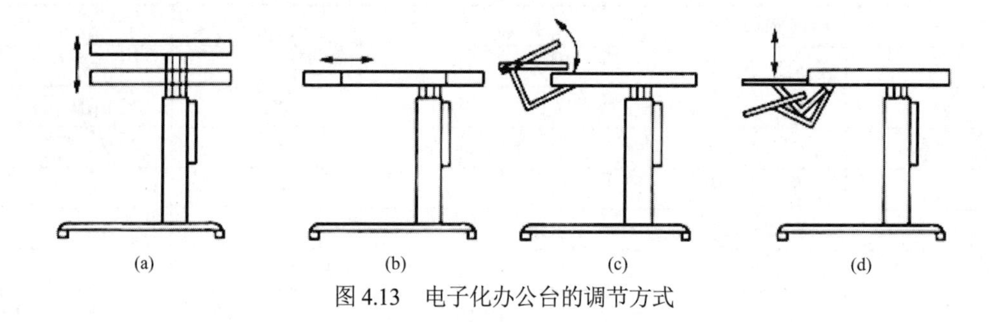

图 4.13　电子化办公台的调节方式

3) 电子化办公台组合设计

采用现代办公设备和办公家具，即意味着办公室内部的重新布置，因而要求办公室有隔断，办公单元系列化，办公台易于拆装、变动灵活等特点。为适应这些要求，电子化办公台大多采用拆装灵活的组合设计，如图 4.14(a)所示。

根据电子化办公台的几种基本组合单元，可组合成各种形式多变的办公单元系列，见图 4.14(b)。

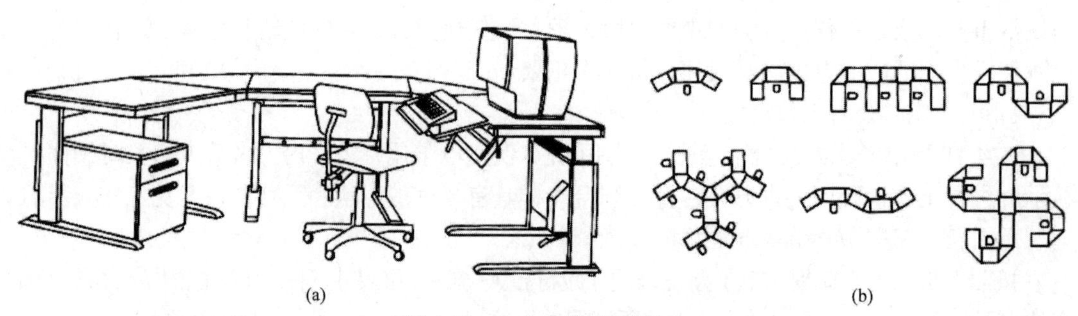

图 4.14　办公台的组合设计

4.3.3　工作座椅设计

坐姿是人体较自然的姿势，它有很多优点。当站立时，人体的足踝、膝部、臀部和脊椎等关节部位受到静肌力作用，以维持直立状态；而坐着时，可免除这些肌力，减少人体能耗，消除疲劳。坐姿比站立更有利于血液循环，站立时，血液和体液会向下肢积蓄；而坐着时，肌肉组织松弛，使腿部血管内血流静压降低，血液流回心脏的阻力也就减少。坐姿还有利于保持身体的稳定，这对精细作业更合适。在脚操作场合，坐姿保持身体处在稳定的姿势，有利于作业，因而坐姿是最常采用的工作姿势。

目前，大多数办公室工作人员、脑力劳动者、部分体力劳动者都采用坐姿工作。随着技术的进步，越来越多的体力劳动者也将采取坐姿工作。在工业化国家，三分之二以上的岗位是坐姿工作。可以设想，坐姿也将是我国未来劳动者主要的工作姿势。因而，工作座椅设计和相关的坐姿分析日益成为人机工程学工作者和设计师们关注的研究课题。

1) 座椅设计的一般原则

(1) 座椅的形式和尺度与坐的目的或动机有关；

(2) 座椅的尺度必须与相对的人体测量值配合；

(3) 座椅的设计必须能提供坐者足够的支撑与稳定作用；

(4) 座椅的设计必须能使坐者改变其姿势，但其椅垫必须足以防止坐姿行为中的滑脱现象；

(5) 靠背，特别是在腰部的支撑，可降低脊柱所产生的紧张压力；

(6) 坐垫必须有充分的衬垫和适当的硬度，使之有助于将人体的压力分布于坐骨结节附近。

2) 座椅的几个关键参数

(1) 座椅座高。正确的座高应使坐者大腿保持水平，小腿垂直，双腿平放在地面上。这是因为大腿底部的柔软肌肉并不适合承受过度的压力，坐垫前端所受的压力常使人感到很不舒适。当腿短的人坐在比他的小腿还高的座面上时，双腿常需悬空，双脚无法平贴于地面，坐垫前端压迫大腿底部，妨碍血液循环，导致小腿麻木。建议坐垫前端应比人体膝窝低约 5cm，而且使膝窝感受不到压迫感，坐垫前端宜有半径 2.5～5cm 的弧度。但座面太低对腿长的人也不合适，同时因骨盘后倾，致使正常的腰部曲线为之伸直，导致腰酸背痛。休息用椅、工作用椅、多用途椅三者的座高设计原则互不相同，主要原因在于使用的功能互有差异。休息用椅需使腿部能向前方舒适地伸展，这种姿势对腿部而言是一种较佳的松弛方式，而且也有助于身体稳定。而对工作用椅而言，人体通常需保持较直立的姿势且双脚平放于地面，其座高宜比休息用椅稍高。许多研究认为，工作用椅的座高宜设定为可调整式的，以适应多数人使用。因此，休息用椅座高宜为 38～45cm，工作用椅座高为 35～50cm。

(2) 座椅座宽。座宽的设定必须适合身材高大者，其相对应的人体测量值是臀宽。这种人体尺寸值受性别的差异影响较大，座宽宜采用较高百分位的女性测量值为设计依据。对于排列成行的座椅，例如礼堂用的观众座席，其座宽则应以两肘间的距离为基准，如此人体才不致有压迫感。因此，座椅座宽宜为 38～48cm。

(3) 座椅座深。正确的坐姿使坐者人体容易寻求到合适的腰椎支撑。如果座深尺寸值超过身材较小者的大腿长，即臀部至膝窝距离，座面前缘将压迫膝窝的压力敏感部位，使坐者人体为使躯干达到靠背的支撑面而改变腰部曲线，或向前滑坐，导致骶椎与腰椎无靠背支撑而呈不良坐姿。就工作用椅而言，它的使用者分布很广，其座深可取身材较矮小者的人体测量值作为设计依据。身材高大者，其唯一的不利因素在于其双膝略微露出座面前端而已，只要设定的座高使双腿能平放在地面上，就不至于在大腿底部引起压力疲劳。因此，休息用椅座深为 42～45cm；工作用椅座深为 30～40cm。

(4) 座椅座面角度。座面角度应以与坐垫的水平夹角衡量。坐垫后倾有两种作用：首先，由于重心力，躯干会向靠背后移，使背部有所支撑，降低背部肌肉的静态肌力；其次，在长期的坐姿下，坐垫后倾以防止臀部逐渐滑出座面。对坐于不同靠背角度座椅的人体，研究表明具有与正中垂直线呈 20°的靠背倾斜可获得良好的背部支撑。然而，就座椅功能和坐的动机而言，休息用椅和工作用椅的座面角度有很大的差异。坐于休息椅的目的是让身心松弛，当然最佳的松弛状态是身体躺下呈水平的姿势，而后倾的坐垫面有助于维持类似姿势。但工作用椅的目的在于获得一种使它很容易接近前方工作区的姿势，后倾的座面使坐者必须以躯干向前的姿势工作，脊柱形成了不正常弯曲。大部分工作需要以人体躯干朝前弯曲的姿势来进行，前倾式的座面符合这种条件。而坐在座面后倾即使只有 5°工作椅上，也会引起腰部曲线拉直而产生不舒适感。坐在前倾 5°的座面比坐在后倾的座面有较少的肌肉伸张，而座面压力分布更为均匀。

工作座椅的座面如果为前倾式，必须设置弹性坐垫，否则前倾的座面会降低身体稳定性，增加向前滑动的可能。此外在这种情况下，靠背支撑的必需性不太明显，因而人体其他部位的肌肉必须产生较大的作用力，以平衡背部肌肉所减少的负荷。

(5) 座椅靠背高度与宽度。座椅的设计必须提供正确的腰部曲度，使脊柱处于自然均衡状态(见图 2.46(a))。图 2.46(a)由于无靠背或不正确的背部姿势以致产生脊柱后凸，使两椎骨间产生过度的压力，图 2.46(b)具有正确的腰部支撑形成脊柱前弯的姿势，是一种合乎自然的姿势。这种姿势可由两种座椅设计条件获得：一种是考虑面与背之间的角度，另一种是必须正确地支撑腰椎部位。成年人腰部前弯曲率厚度为 1.5～2.5cm，纵向弧度半径约为 25cm，中心位置在座面上方 23～26cm 处，而腰椎的支撑点位置则应稍高一些，以达到支撑人体背部重量的目的。

靠背的尺寸与臀部底面到肩部的高度及肩宽有关，其高度尺寸值(如有坐垫椅面)必须取自人体坐定受压后的座面。然而靠背的线性尺寸值只是靠背设计问题的一部分，靠背的功能主要是维持一种避免疲劳的松弛式脊柱姿势，因此其形状和角度才是最重要的。每个人的脊柱曲率形态有很大的差异，因而靠背高度和形状之间的关系也就更为复杂。为了配合落座时人体向后突出的骶骨和臀部柔软的需要，同时又要使腰部能坚实地配合在靠背上，学者建议，在坐垫正上方的靠背必须有一开口区域或向后倾斜退缩，其高度空间为 12.5～20cm。此外，高靠背对于某些工作(如打字)，可能会妨碍手臂和肩膀的动作，此时则应采用支撑腰部区域的低矮式靠背。因此，必须根据使用场合采用不同的靠背高度，取值范围宜为 46～61cm；靠背宽为 35～48cm。

(6) 座椅靠背角度。与坐垫角度相同，为了防止人体坐姿向前滑动和引导腰弯部位(包括骶椎)依靠在靠背上，设计时必须考虑靠背与坐垫之间的角度。从人体脊柱形状角度而言，靠背角度为 115°较为合适，接近自然的腰部形状。不过也有人主张比直角稍大的 95°～100°可使人获得较佳的舒适感。Jones 用一种能调节高度的汽车用椅，让坐者采用不同的坐姿，研究了姿势与舒适性的关系。经过研究，他建议最佳的靠背角度是 108°，阅读时最佳的角度是 101°～104°，而纯粹为了放松身心的休闲椅的最佳角度为 105°～108°。

(7) 座椅的扶手高度。座椅设计时常需考虑扶手，人体活动时，扶手会妨碍到躯干、肩部和手臂的灵活性。扶手的主要功能在于使手臂有所依靠，使人体处于较稳定的状态，也作为改变坐姿和从座椅上站起等动作的支柱，在某些依靠手指的控制操作中，它也常被用作稳定装置的代用品。

扶手不可设得太高，太高的扶手使肩膀高耸成圆状，肩部与颈部的肌肉拉伸，导致肩颈僵硬；而太低的扶手则使手肘支撑不良，导致弯腰或使躯干斜向一侧等。一般座椅的扶手高度可定为距离座面上方 21～22cm。

(8) 座椅椅垫。椅垫具有两种重要功能：首先，它有助于将坐骨结节和臀部的体重所产生的压力予以分散，若此种压力无法排除，则会引起不舒适甚至疲劳感等；其次，它使身体采取一种稳定的姿势，将身体凹陷入椅垫并予以支撑。不过 Branton 提出椅垫不可太柔软，当人体坐在柔软椅垫上，在排除压力的同时，很容易使整个身体无法得到应有的支撑，从而产生坐姿不稳定的感觉。人体坐在休闲椅的柔软材质上时，只有双脚踩在坚实的地面上才有稳定感。因此，弹力太大的座椅非但无法使人体获得依靠，甚至由于需要维持一种特定姿势，肌肉内应力会增加导致疲劳产生。由柔软的布套、垫物、弹簧等构成的椅垫，人体臀部和大腿会深深地陷入坐垫，全身受到坐垫的接触压力，不便调整坐姿，排除压力的效率也差。另外，人体长时间坐在柔软的椅垫物上，需要通过肌肉的收缩以维持坐姿稳定，所以坐垫不可太柔软。

3) 座椅的类型

考虑座椅的用途，座椅可简单地分成 3 种。

(1) 用于休息的座椅，设计重点在于使人体获得最大的舒适感，因此要判定这种座椅的设计是否有效、合理，应以人体的压力感觉是否减至最小，以及人体任何部位的支撑结构只有最少的不舒适等为评判基准。

(2) 各种作业场所的工作用椅，稳定性是其重点考虑因素，腰部必须有正确的支撑，而且体重分布在座垫上。

(3) 多用途椅，常用于多方面的目的，例如可能与桌子配合使用，有时用它工作，或者用作备用椅，常常需要收藏起来。

4) 座椅设计的主要依据

座椅设计的主要依据是坐姿人体测量尺寸和人体的坐姿生理特性。与座椅设计相关的人体测量主要尺寸如图 4.15 所示，其具体测量数值可参考第 2 章。

图 4.15　对座椅设计有用的人体尺寸

4.4 载运工具作业空间设计

载运工具(如车辆等)作业空间的驾驶室的设计包括驾驶员、驾驶座椅、显示装置、操纵装置，以及驾驶室的门、顶棚、板壁之间的合理匹配关系的设计等，主要涉及两类设计问题：其一是驾驶室环境的静态舒适性设计；其二是驾驶室环境的动态舒适性设计问题，包括热舒适性、振动舒适性的设计与评估等。

4.4.1　载运车辆的驾驶室环境的静态设计

车辆驾驶室的设计以驾驶员、驾驶座椅、显示装置、操纵装置以及驾驶室的门、顶棚、板壁之间的合理匹配为基本依据。车辆驾驶室的作业空间应宽敞适度、易于出入，要给驾驶员的脚和手留有足够的活动空间，驾驶室的内部高度最好能使第 95 百分位的男性驾驶员站起时不碰到头部，至少当挺直坐在高度调节到最高位置的座椅上面时，头顶距离驾驶室顶部内表面还有一定的间距，驾驶室的门和上下车梯踏板的尺寸及其相关位置均应保证驾驶员出入驾驶室的安全和方便。操纵装置相对于驾驶座椅的位置应便于驾驶员操作，显示装置相对于驾驶座椅的位置应适合驾驶员准确认读，门、窗玻璃相对于驾驶座椅的位置应使驾驶员操作时有良好的视野。

车辆驾驶座椅的舒适性设计要比一般室内坐姿操作用的工作座椅复杂得多，它通常包括静态舒适性、动态舒适性、操作舒适性 3 个方面的设计任务，而这 3 个方面的设计标准却往往由于实际要求的相互矛盾而难以完全满足。好的驾驶座椅设计必须保证驾驶员在长时间连续操作中，身体能够得到很好的支持；一般车辆驾驶室座椅必须是可调节的，以适应第 5 百分位女性驾驶员到第 95 百分位男性驾驶员范围内所有人的不同需要；应设计不同密度的坐垫和靠背垫来支撑身体的敏感部位。座椅必须有额外空间，以满足驾驶员在座椅一侧改变座椅角度，使驾驶员的肌肉暂时放松。

在确定驾驶座椅在车辆上的安装位置之前，必须先确定坐姿驾驶员与座椅结构的相对位置。美国汽车工程师协会(society of automotive enginers，SAE)已将车辆驾驶座椅设计的参考点标准化(SAE J1163)，这个参考点称为座椅的标志点(seat index point，SIP)，具体参考本书第 8 章的案例分析。人体身躯与大腿的转动中心为 H，SIP 和高个子男性的 H 重合，座椅标志点 SIP 的位置由靠背基准平面和座椅基准平面来确定，两个平面相交在座椅基准点(seat reference point，SRP)，由 SRP 即可找到 SIP。为了便于实际应用，SAE 把 SIP 到靠背基准平面的距离 135mm 和 SIP 到座椅基准平面的距离 97mm 定为标准尺寸，该尺寸适合第 97.5 百分位的男性，而对于第 2.5 百分位的女性，其身躯与大腿的转动中心 H_1 同 SIP 并不重合，有 25mm 的差距，这个差距就被忽略了。

我国国家标准 GB/T 12552—1990《载货汽车驾驶员操作位置尺寸》、GB/T 13053—1991《客车驾驶区尺寸》、GB/T 6235—1997《农业拖拉机驾驶座及主要操纵位置尺寸》，以及我国机械行业标准 JB/T 6716—1993《农业拖拉机驾驶门道、紧急出口与驾驶员的工作位置尺寸》、JB/T 6715—1993《农业拖拉机驾驶座标志点》等许多标准中，规定了有关车辆驾驶室的作业空间布置和尺寸的推荐数据。

具体来说，驾驶室人机工程设计工作主要包括：人体的布置与 H 位置的确定，协助确定车辆主要控制尺寸，确定不同人体尺寸的驾驶员及乘员的乘坐位置和驾驶姿态，对人体乘坐姿态及其舒适性进行分析和评估，确定室内手操纵装置和操纵钮键的布置(踏板、转向盘、操纵杆、仪表及控制按钮等零件的布置位置)并进行操作合理性评价，模拟乘员上下车姿态以评估上下车的方便性，驾驶员及乘员的座椅位置确定及安全带固定位置的确定，模拟座椅的滑动及杆件操纵的运动过程并进行评价，校核驾驶员驾驶过程中的直接视野和通过内外后视镜的间接视野的法规符合性，协助进行仪表板布置和仪表板盲区的校核，确定合理的车内宽度和头顶空间，分析人体重量在座椅上的力的分布，对手及脚对操纵部件操作时所施加的力进行评估，检查设计间隙及干涉分析和座椅的动、静态舒适性评估等。

载运车辆的驾驶室环境的静态数字化设计方法可以参见第 11 章中的案例。

4.4.2　载运车辆的驾驶室环境的动态设计

载运车辆的驾驶室环境的动态设计工作主要包括：基于第 6 章的全身人体有限元模型进行坐压舒适性的模拟仿真与评估，基于第 6 章介绍的坐姿振动生物力学模型进行人体振动舒适性(车辆的平顺性)设计、模拟仿真与评估。具体设计方法可以参见第 11 章中的案例。

4.5　基于人机交换信息的人机界面设计

人机界面是指人机系统中，人与机器之间进行信息交换的界面。人机交换信息包括人通过感知器官(视觉、听觉、触觉，甚至味觉和嗅觉器官)从机器和环境中获取的各类信息，如视频(可见光)、音频(声音波)、触感信息(温度、湿度、压力和纹理等)、气体中的化学成分和液体中的化学成分。因此，人机界面设计指的是机传给人信息时所需要的各种装置，以及人体获得各类信息并处理后发给机的生理与行为信息所需要装置的设计。这里的装置是指计算机和计算机以外的仪器设备。事实上，随着虚拟现实技术的发展，人机交换的方式和信息内容更加丰富，因此，人机交换信息的人机界面设计内容也非常广泛，人的感官对应的各种接口设备如表 4.7 所示。本节主要介绍基于视觉、听觉和触觉特征的人机界面装置(除计算机及其外设硬件外)及计算机软件界面的设计知识。

表 4.7　人的感官对应的各种接口设备

人的感官	说明	接口设备
视觉	感觉各种可见光	显示器或投影仪等
听觉	感觉声音波	耳机、喇叭等
嗅觉	感知空气中的化学成分	气味放大传感装置
味觉	感知液体中的化学成分	味觉传感装置*
触觉	皮肤感知温度、压力和纹理等	触觉传感器*
力觉	肌肉等感知的力度	力觉传感器
身体感觉	感知肌体或身躯的位置与角度	数据仪
前庭感觉	平衡感知	动平台

注：表中带有*号的项，是指目前已有初级的原型成果，尚未产业化。

4.5.1　概述

在人机系统中，各种从机(除计算机及其外设外的仪器设备)呈现给人各种信息的装置统称显示器，具体包括仪表、信号灯、信号板、信号牌、各种标记和符号、雷达显示屏、电视屏，以及其他显示信息的装置。在人机系统中，人为了操纵机器和监视运行状况，将人的生理和行为信息传递给机器所需要的装置称为操纵装置。从机器角度来看，显示器是输出，而从操纵机器的人的角度来看，显示器是输入。显示器一般分为视觉显示器、听觉显示器、触觉显示器等，其中主要的是视觉显示器和听觉显示器。三种显示方式传递的信息特征如表 4.8 所示。

表 4.8　三种显示方式传递的信息特征

<table>
<tr><th>显示方式</th><th>传递的信息特征</th><th>显示方式</th><th>传递的信息特征</th></tr>
<tr><td rowspan="2">视觉显示</td><td rowspan="2">1. 比较复杂、抽象的信息或含有科学技术术语的信息、文字、图表、公式等
2. 传递的信息很长或需要延迟者
3. 需用方位、距离等空间状态说明的信息
4. 以后有被引用的可能的信息
5. 所处环境不适合听觉传递的信息
6. 适合听觉传递，但听觉负荷很重的场合
7. 不需要急迫传递的信息
8. 传递的信息常需同时显示、监控</td><td>听觉显示</td><td>1. 较短或无须延迟的信息
2. 简单且要求快速传递的信息
3. 视觉通道负荷过重的场合
4. 所处环境不适合视觉通道传递的信息</td></tr>
<tr><td>触觉显示</td><td>1. 视、听觉通道负荷过重的场合
2. 使用视、听觉通道有困难的场合
3. 简单并要求快速传递的信息</td></tr>
</table>

4.5.2　视觉信息显示装置设计

视觉显示器显示信息是通过人眼的视神经而传递给大脑的。当外界物象刺激了视网膜上的感光细胞后，这些细胞产生的神经冲动沿视神经传入大脑皮层的视觉中枢，于是就产生了视觉。人的视觉与光的强度、颜色、周围环境等有关。因此，视觉信息显示装置设计需要依据人的视觉生理特征和机能极限(参见第 2 章)进行设计，使其显示的各种信息清晰、易辨和准确。

视觉信息显示装置设计原则如表 4.9 所示。

表 4.9　视觉信息显示装置设计原则

<table>
<tr><th>基本原则</th><th>应用法则</th><th colspan="2">设计视觉资料</th></tr>
<tr><td>刺激</td><td>容易看见的法则</td><td rowspan="7">(a) 观察对象条件</td><td>(1) 图案</td></tr>
<tr><td>抑制</td><td>知觉形状零碎的法则</td><td>(2) 背景</td></tr>
<tr><td>诱导</td><td>对比法则</td><td rowspan="5">⋮</td></tr>
<tr><td>对抗</td><td>远近视法则</td></tr>
<tr><td>传递</td><td>运动视法则</td></tr>
<tr><td>疲劳</td><td>炫目法则</td></tr>
<tr><td rowspan="6">反馈</td><td>方向性法则</td></tr>
<tr><td>对抗作用法则</td><td rowspan="5">(b) 观察者条件</td><td>(1) 休息</td></tr>
<tr><td>暗适应法则</td><td>(2) 时间</td></tr>
<tr><td>错视、错觉法则</td><td rowspan="3">⋮</td></tr>
<tr><td>应急反应、疲劳法则</td></tr>
<tr><td>注意法则和调和法则</td></tr>
</table>

4.5.3　仪表显示装置设计

仪表是一种广泛应用的视觉显示装置，种类很多，按其功能可分为读数用仪表、检查用仪表、追踪用仪表和调节用仪表等，按其结构形式可分为指针运动式仪表、指针固定式仪表和数字式仪表等。任何显示仪表，其功能都是将系统的有关信息输送给操作者，因而其人机工程学性能的优劣直接影响系统的工作效率，甚至影响系统的安全性。所以，在设计和选择仪表时，必须全面分析仪表的功能与特点，如表 4.10 所示。

表 4.10　仪表的功能与特点

比较项目	模拟显示仪表		数字显示仪表
	指针活动式	指针固定式	
数量信息	读数困难程度为中等；指针活动时读数困难	读数困难程度为中等；刻度移动时读数困难	读数困难程度较小；能读出精确数值，速度快，差错少
质量信息	读数困难，程度较小；易判定指针位置，不需读出数值和刻度时，能迅速发现指针的变动趋势	读数困难程度较大；不需读出数值和刻度时，难以确定变化的方向和大小	读数困难程度较大；必须读出数值，否则难以得知变化的方向和大小
调节性能	读数困难，程度较小；指针运动调节活动具有简单而直接的关系，便于调节和控制	读数困难程度为中等；调节运动方向不明显，指针的变动不便于监控，快速调节时难以读数	读数困难程度较小；数字调节的监测结果精确，快速调节时难以读数
监控性能	读数困难，程度较小；能很快地确定指针位置并进行监控，指针位置与监控活动关系最简单	读数困难程度为中等；指针无变化有利于监控，但指针位置与监控活动关系不明显	读数困难程度较大；无法根据指针的位置变化进行监控
一般性能	读数困难程度为中等；占用面积大，仪表照明可设在控制台上，刻度的长短有限，尤其在使用多指针显示时，认读性差	读数困难程度为中等；占用面积小，仪表须有局部照明，由于只在很小的范围内认读，其认读性好	读数困难程度较小；占用面积小，照明面积也最小，刻度的长短只受字符、转鼓的限制
综合性能	价格低，可靠性高，稳定性好，易于显示信号的变化趋势，易于判断信号值与额定值之差		精度高，认读速度快，无视读误差，过载能力强，易与计算机联用
局限性	显示速度较慢，易受冲击或振动影响，过载能力差		价格偏高，显示易于跳动或失效，干扰因素多，需内附或外附电源
发展趋势	降低价格，提高精度与显示速度，采用模拟与数字显示混合型仪表		降低价格，提高可靠性，采用智能化显示仪表

1) 仪表的形状

研究表明，显示器表盘的形状对读数的精确性有着重要作用。开窗式直接读数显示器的误读率仅为 0.5%，圆形或环形的则为 10.9%，半环状的则增大到 16.6%，而竖直式的则高达 35.5%。视觉显示器按用途分有数量认读、质量认读和检查认读等用途的显示仪表，因此设计时，应尽量符合使用目的。例如供质量认读的仪表，要求越简单、越清晰则越好。

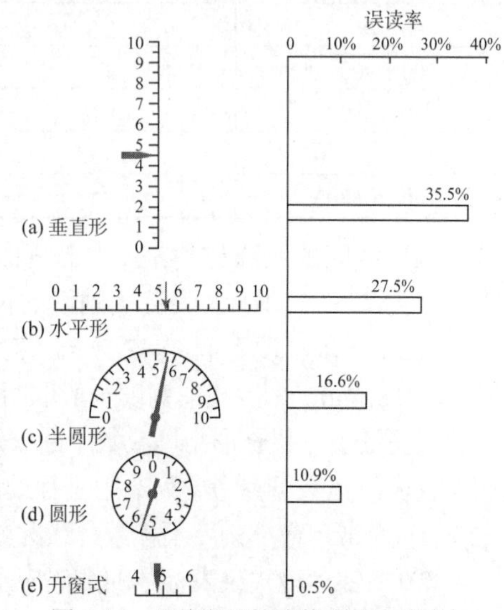

图 4.16　几种常见的读数式仪表形式与误读率的关系

2) 仪表的形式

仪表的形式因其用途不同而异，现以读数式仪表为例来分析确定仪表形式的依据。图 4.16 所示为几种常见的读数式仪表形式与误读率的关系，其中垂直形仪表的误读率最高，而开窗式仪表的误读率最低。但开窗式仪表一般不宜单独使用，常以小开窗插入较大的仪表表盘中，用来指示仪表的高位数值。通常将一些多指针仪表改为单指针加小开窗式仪表，使得这种形式的仪表不仅可增加读数的位数，而且还大大提高读数的效率和准确度。

指针活动式圆形仪表的读数效率与准确度虽不如数字式仪表高，但这类仪表可以显示被测参数的变化趋势，因而仍然是常用的仪表形式。

3) 表盘的尺寸

表盘尺寸与刻度标记的数量和观察距离有关，一般表盘尺寸随刻度数量和观察距离的增加而增大。以圆形仪表为例，其最佳直径 D 与目视距离 L、刻度显示最大数 I 之间的关系如图 4.17 所示。由图可知，I 一定时，D 随 L 的增加而增大；L 不变时，D 随 I 的增加而增大。

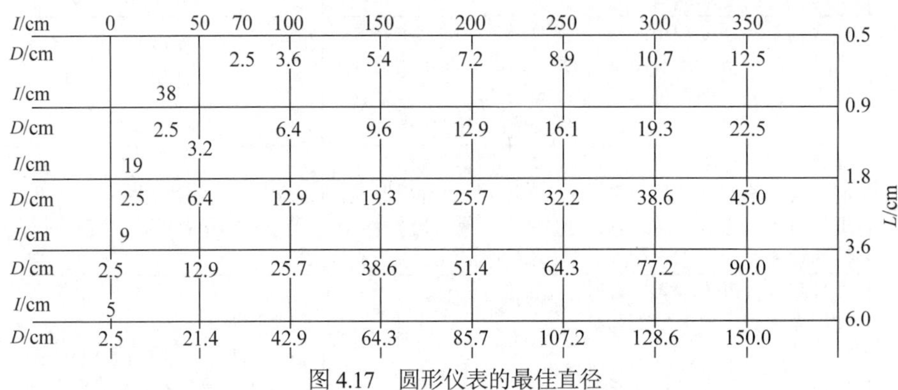

图 4.17　圆形仪表的最佳直径

4) 刻度与标数

表盘上的刻度线、刻度线间距，以及文字或数字的高度等的尺寸也是根据视距来确定的。人机工程学的有关实验已提供了视距与上述各项尺寸的关系。仪表刻度线一般分为长刻度线、中刻度线和短刻度线三级。各级刻度线和文字的高度可根据视距按表 4.11 所列选用。

表 4.11　视距与刻度线的最佳高度　　单位：mm

视距	文字或数字的高度	刻度线高度		
		长刻度线	中刻度线	短刻度线
500	2.3	4.4	4	2.3
500～900	4.3	10	7	4.3
900～1800	8.5	19.5	14	8.5
1800～3600	17	39.2	28	17
3600～6000	27	65.8	46.8	27

刻度线间的距离称为刻度。若视距为 L 时，小刻度的最小间距为 $L/600$，大刻度的最小间距为 $L/50$。对于人眼直接判读的仪表刻度，最小尺寸不宜小于 0.6～1mm，最大可取 4～8mm，一般情况下取 1～2.5mm。对于用放大镜读数的仪表，若放大镜的放大率为 f，间距可取 $(1/f)$mm。刻度线的宽度一般取间距大小的 5%～15%。当刻度线宽度为间距的 10%时，判读误差最小。狭长形字母或数字的分辨率较高，其高度比常取 5:3 或 3:2。

仪表的标数可参考下列原则进行设计。

(1) 通常，最小刻度不标数，最大刻度必须标数。

(2) 指针运动式仪表标数的数码应当垂直，表面运动的仪表数码应当按圆形排列。

(3) 若仪表表面的空间足够大，则数码应标在刻度记号外侧，以避免它被指针挡住。若表面空间有限，应将数码标在刻度内侧，以扩大刻度间距。指针处于仪表表面外侧的仪表，数码一律标在刻度内侧。

(4) 开窗式仪表窗口的大小至少应能显示被指示数字及其上下两侧的两个数字，以便观察指示运动的方向和趋势。

(5) 对于表面运动的小开窗仪表，其数码应按顺时针排列。当窗口垂直时，数码应安排在刻度的右侧。当窗口水平时，数码应安排在刻度的下方，并且都使字头向上。

(6) 对于圆形仪表，不论表面运动式或指针运动式，均应使数码按顺时针方向依次增大。数值有正负时，0 位设在时钟 12 时的位置上，顺时针方向表示"正值"，逆时针方向表示"负值"。对于长条形仪表，应使数码按向上或向右的顺序增大。

(7) 不采用多圈使用的圆形仪表，最好在刻度全程的头和尾之间断开，其首尾的间距以相当于一个大刻度间距为宜。

仪表刻度与标数的优劣对比如图 4.18 所示。

5) 仪表的指针

(1) 指针的形状和长度。指针的形状应以头部尖、尾部平、中间等宽或狭长三角形为好。实验结果表明，指针长度对读数误差影响很大，当指针与刻度线的距离超过 6mm 时，距离越大，认读误差就越大；相反，从 6mm 开始，越接近 0，认读误差越小，当间隔接近 1～2mm 时，认读误差保持不变。因此，指针与刻度线的间隔宜取 1～2mm。指针的针尖应与最小刻度线等宽，指针应尽量贴近表面，以减少认读时的视差。

(2) 指针的零位设置。仪表指针零位一般设在时钟 12 时或 9 时的位置上。指针不动，表面运动的仪表指针零位应在时钟 12 时位置，追踪仪表应处于 9 时或 12 时位置，圆形仪表可视需要安排或设在 12 时的位置上，危险区和安全区则处于其两侧。仪表的警戒区应设在 12 时处。

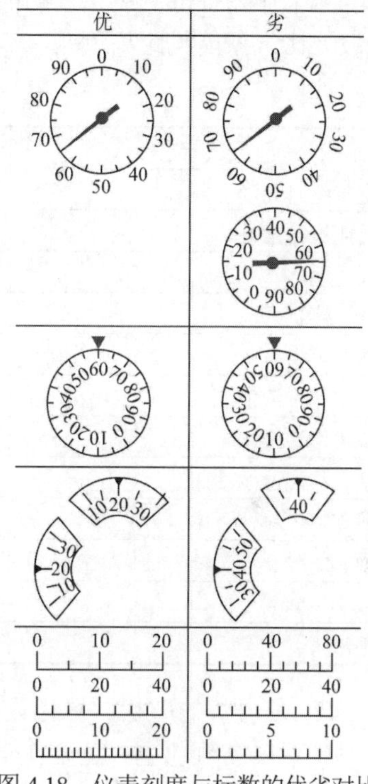

图 4.18　仪表刻度与标数的优劣对比

6) 仪表的色彩

仪表的色彩对认读速度和误读率都有影响。由实验获得的仪表颜色与误读率关系可知，墨绿色和淡黄色仪表表面分别配上白色和黑色的刻度线时，其误读率最小，而黑色和灰黄色仪表表面配上白色刻度线时，其误读率最大，不宜采用。

4.5.4　信号显示装置设计

1) 信号灯设计

视觉信号是指由信号灯产生的视觉信息，目前已广泛用于飞机、车辆、航海、铁路运输及仪器仪表板上。视觉信号的特点是面积小、视距远、引人注目、简单明了，但信息负荷有限，当信号太多时，会产生杂乱现象并相互干扰。信号灯主要有两个作用：一是指示性的，即引起操作者的注意或指示操作，具有传递信息的作用；二是显示工作状态，即反映某个指令、某种操作或某种运行过程的执行情况。

信号灯是以灯光作为信息载体的，在设计上涉及光学原理和人的视觉特性，在实践上是比较复杂的，这里仅从人机工程学的角度出发，介绍信号灯设计所依据的主要原则。

(1) 信号灯的视距设计。信号灯应清晰、醒目，保证必要的视距。在一定视距下能引起人注意的信号灯，其亮度至少应两倍于背景的亮度，同时背景以灰暗无光最好，但信号灯的亮度太大会造成眩目而影响观察。对于远距离观察的信号灯，如交通信号灯、航标灯等，应保证在较远视距下也能看清，而且在日光亮度和恶劣气候条件下清晰可辨。因此，可选用空气散射小、射程较远的长波红光信号灯，或选用功率消耗较少的蓝绿光信号灯。

对于远距离通信用的信号灯，还必须考虑信号灯在各种气象条件下的能见距离，此处的能见距离是指当物体到达某一距离时，人眼不能再分辨的临界距离。能见距离不仅受空气透明度的影响，也受物体本身大小、亮度和颜色，以及物体与背景关系的影响。在一般白昼日照条件下，人眼看清一个天空背景上黑色客体的能见距离叫作气象能见距离，它是在气象上作为标准测量条件的能见距离，如表 4.12 所示。其他非绝对黑色客体的能见距离一般要比气象能见距离近些。

表 4.12　能见距离与空气透明度的关系

大气状态	透明系数	能见距离/km
空气绝对纯净	0.99	200
透明度非常好	0.97	150
很透明	0.96	100
透明度良好	0.92	50
透明度中等	0.81	20
空气稍许混浊	0.66	10
空气混浊(霾)	0.36	4
空气很混浊(浓霾)	0.12	2
薄雾	0.015	1
中雾	2×10^{-4}～8×10^{-10}	0.5～0.2
浓雾	10^{-19}～10^{-34}	0.1～0.05
极浓雾	$<10^{-34}$	几十～几米

(2) 信号灯的形状、标记设计。不同信号的指示灯应当选用不同的颜色，当信号灯很多时，不仅在颜色上，还要在形状、标记上加以区别，而形状、标记应与其表示的意义有逻辑联系，如“→”表示指向，“X”表示禁止，“!”表示警告，慢闪光表示慢速等。为引起注意，可用强光和闪光信号，闪光频率为 0.67～1.67Hz，闪光方式可分为明暗、明灭、似动(并列两灯交替明灭)等。

不同背景的灯光信号对人的认读效果有较大的影响。人们曾做过这样的测试，如果背景的灯光信号也为闪光，人将很难辨认出作为警告用的闪光信号灯。表 4.13 为不同背景下人对信号灯辨认效果的影响。

表 4.13　不同背景下人对信号灯的辨认

信号灯	背景灯光	认读效果	信号灯	背景灯光	认读效果
闪光	稳光	最佳	稳光	闪光	好
稳光	稳光	好	闪光	闪光	差

(3) 信号灯的颜色选择。信号灯的颜色不宜过多，以防误认。常用的 10 种颜色不易混淆的次序为黄、紫、橙、浅蓝、红、浅黄、绿、紫红、蓝、黄粉。对单个信号灯而言，以蓝绿色为

最清晰。作为警戒、禁止、停顿或指示不安全情况的信号灯最好用红色，提醒注意的信号灯用黄色，表示正常运行的信号灯用绿色，其他信号灯的颜色可按用途任选，如表 4.14 所示。

表 4.14　常用指示信号灯的颜色及其含义

颜　色	含　义	说　明	举　例
红	危险或告急	有危险或需要立即采取行动	1. 润滑系统失压 2. 温升已超(安全)极限 3. 有触电危险
黄	注意	情况有变化或即将变化	1. 温升(或压力)异常 2. 发生尚能承受的暂时过载
绿	安全	正常或允许运行	1. 冷却通风正常 2. 自动控制运行正常 3. 机器准备启动
蓝	按需要指定用意	除红黄绿三色之外的任何指定用意	1. 遥控指示 2. 选择开关为准备外置
白	无特定用意	任何用意	操作正在进行

(4) 信号灯的布置。重要信号灯与重要仪表一样，必须布置在最佳视区视野中心 3°范围内，一般信号灯在 20°范围内，次要信号灯布置在离视野中心 60°～80°范围内，但仍须在不必转头即能看到的范围内。信号灯显示与操纵或其他显示有关时，应与有关器件位置靠近，成组排列，而且信号灯的指示方向与操作方向保持一致，如开关向上时，上方信号灯亮等。

(5) 重要信号灯的设计。采用信号灯来显示特别重要的信号或危险信号时，可考虑同时采用听觉、触觉等多重显示的方式，以引起特别的注意。

2) 荧光屏设计原理

(1) 荧光屏的显示特征。随着电子和信息技术的发展，在视觉信息显示方面，新的视频显示装置得以广泛应用，目前使用越来越多的是荧光屏，如图文电视屏幕、计算机的高分辨率(1600 像素×1280 像素)显示器、示波器、彩超及雷达等。荧光屏显示的独特优点在于既能显示图形、符号、信号，又能显示文字；既能追踪显示，又能显示多媒体的图文动态画面。

(2) 目标的亮度、呈现时间。所谓目标，是指在荧光屏上显示的视觉信息载体，例如一个图形、文字、符号和信号等，它在背景颜色的衬托下显示出来。因此，目标亮度越高则越易觉察，但是当目标亮度超过 $34cd/m^2$ 时，视敏度不再有较大的改善，所以目标亮度不应超过 $34cd/m^2$。为了在屏面上突出目标，屏面的亮度不宜调节到最亮，而当调节为合适的亮度时，工作效率最优。

(3) 目标的运动速度。目标的运动状态对视觉辨别有很大影响。一般来说，运动的目标比静止目标易于察觉，但难以看清。因此就视觉辨别效率来说，目标运动速度越大越不利。视敏度与目标运动状态的关系如表 4.15 所示，从表中可看出，视力大体上与目标运动速度成反比，人对静止目标的视力比对运动目标的视力平均高一倍。当目标运动速度超过 80°/s 时，已很难看清目标，视觉工作效率急剧下降。因此，设计时应限制目标的运动速度。

表 4.15　视敏度与目标运动状态的关系

目标运动速度/[(°)·s^{-1}]	静止	20	60	90	120	150	180
视敏度/(′)$^{-1}$(视角)	2.04	1.95	1.84	1.78	1.63	0.90	0.94

(4) 目标的形状、大小和颜色。对屏面上不同形状目标的辨认效率不同，其一般的优劣次序为三角形、圆形、梯形、方形、长方形、椭圆形和十字形。当干扰光点强度较大时，方形目标优于圆形目标。

从视敏度的角度来看，目标越大越易察觉。一般来说，目标的能见度随着目标面积的增大而提高，大体上呈线性关系。可是目标太大，占用空间就太多，因而应有一个适宜的大小。荧光屏上字符的大小与视距的关系如表 4.16 所示。字符的高宽比可取 2:1 或 1:1，其笔画宽与字高之比可取 1:8 或 1:10。

表 4.16　荧光屏字符的大小与视距的关系　　单位：mm

视距	字符直径
500	3
1000	6
3000	10

(5) 目标与背景的关系。目标的视见度受制于目标与背景的亮度对比值，即

$$亮度对比度=\frac{目标亮度-背景亮度}{背景亮度}$$

目标的亮度必须达到亮度对比度高于能见的阈值，目标才能被看见。在背景亮度为 0.34～34cd/m^2 的情况下，亮度对比阈一般随着背景亮度的增大而缩小，大体上呈线性关系。在背景亮度为 68cd/m^2 时，达最大值的 90%，以后背景亮度再增大，亮度对比阈只有很小的改变。

(6) 屏面的大小。屏面的大小与视距和需要显示的目标大小有关。一般视距的范围为 500～700mm，此时，屏面的大小以在水平和垂直力向对人眼形成不小于 30°的视角为宜。

3) 信息显示中的图形符号

信息显示中广泛使用了各种类型的图形和符号指示。由于人在知觉图形和符号信息时，辨认的信号和辨认的客体有形象上的直接联系，其信息接收的速度远远高于抽象信号。图形和符号在产品上的应用有利于操作者迅速观察和辨认，可以提高操作者操作的准确性和工作效率，同时提高信息传递的速度。图 4.19 为电子产品上使用的部分图形符号。

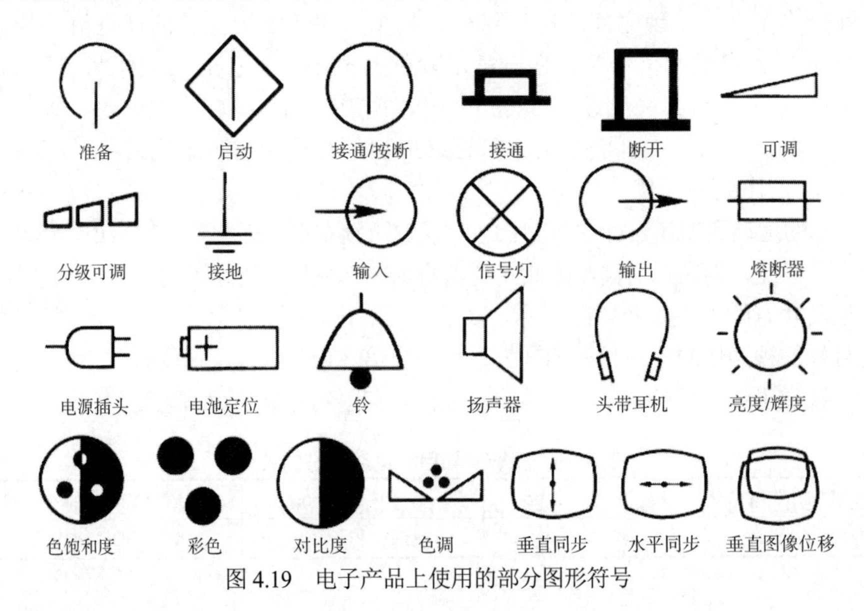

图 4.19　电子产品上使用的部分图形符号

4.5.5　听觉信息传示装置设计

外界的声波经过人的外耳道传到鼓膜，引起鼓膜的振动，刺激内耳的听觉感受器，使听觉感受器产生神经冲动，这种神经冲动沿与听觉有关的神经传送到大脑皮层的听觉中枢形成了人的听觉。听觉显示器的显示信号就是通过人的听觉器官，使操作人员做出反应来控制机器装置，系统设计人员应根据信息的作用、特征和作业现象的具体情况，做出是否采用听觉显示器的决定。例如，在许多作业现场中，视觉信息负荷往往很大，若能用听觉通道分担一部分任务，则可以减轻视觉通道的信息负荷，达到安全生产和提高工作效率的目的。

听觉信息传示具有反应快，传示装置可配置在任一方向上，用语言通话时应答性良好等优点，因而在下述情况下被广泛采用：信号简单、简短时；要求迅速传递信号时，传示后无必要查对信号时；信号只涉及过程或时间性事件时；视觉负担过重或照明、振动等作业环节又不利于采用视觉信息传递时；操作人员处于巡视状态，并需要从干扰中辨别信号时等。听觉信息传示装置的种类较多，常见的为音响报警装置，如铃、蜂鸣器、枪声、汽笛、哨笛等。

1) 设计听觉信息传示装置应遵循的原则

(1) 一致性原则。可用信号本身来说明设备的运转情况，并且使信号和人们所熟悉的现象有逻辑地联系起来。

(2) 可分辨原则。要考虑作业现场的实际情况，与其他声响有明显的区别。

(3) 简明性原则。信号尽量简单、清楚，信号不应过多或太复杂。

(4) 不变性原则。要求相同的听觉信号必须始终表示同样的信息。

2) 听觉信息传示装置设计依据

听觉信息传示装置设计必须考虑人的听觉特性，以及装置的使用目的和使用条件。

(1) 为提高听觉信号传递效率，在有噪声的工作场所应选用声频与噪声频率相差较远的声音作为听觉信号，以削弱噪声对信号的掩蔽作用。

听觉信号与噪声强度的关系常以信号与噪声的强度比值(信噪比)来描述，即

$$信/噪=10\lg(信号强度/噪声强度)$$

信噪比越小，听觉信号的可辨性越差，所以应根据不同的作业环境选择适宜的信号强度。几种常用听觉信号的主宰频率和强度如表 4.17 所示。

表 4.17　几种常用听觉信号的主宰频率和强度

分类	听觉信号	平均强度水平/dB		主宰可听频率/Hz
		距离 3m 处	距离 0.9m 处	
大面积、高强度	100mm 铃声	65～77	75～83	1000
	150mm 铃声	74～83	84～94	600
	250mm 铃声	85～90	95～100	300
	喇叭	90～100	100～110	5000
	汽笛	100～110	110～121	7000
小面积、低强度	重声蜂鸣器	50～60	70	200
	轻声蜂鸣器	60～70	70～80	400～1000
	25mm 铃声	60	70	1100
	50mm 铃声	62	72	1000
	75mm 铃声	63	73	650
	钟声(谐音)	69	78	500～1000

(2) 使用两个或两个以上听觉信号时，信号之间应有明显的差异，某一种信号在所有时间应代表同样的信息意义，以提高人的听觉反应速度。

(3) 应使用间断或变化信号，避免使用连续的稳态信号，以免人耳产生听觉适应性。

(4) 要求远传或绕过障碍物的信号，应选用大功率低频信号，以提高传示效果。

(5) 对危险信号，至少应有两个声学参数(声压、频率或持续时间)与其他声信号或噪声相区别，而且危险信号的持续时间应与危险存在时间一致。

3) 各种听觉信息传示装置设计

(1) 蜂鸣器设计。它是音响装置中声压级最低，频率也较低的装置。汽车驾驶员在操纵汽车转弯时，驾驶室的显示仪表板上就有一个信号灯亮和蜂鸣器鸣笛，显示汽车正在转弯，直到转弯结束。蜂鸣器还可作报警器用。

(2) 铃的设计。因铃的用途不同，其声压级和频率有较大差别，例如电话铃声的声压级和频率只稍大于蜂鸣器，主要是在宁静的环境下让人注意。而用作指示上下班的铃声和报警器的铃声，其声压级和频率就较高，可在有较高强度噪声的环境中使用。

(3) 角笛和汽笛的设计。角笛的声音有吼声(声压级 90～100dB、低频)和尖叫声(高声强、高频)两种，常作为高噪声环境中的报警装置。汽笛声频率高，声强也高，较适合作为紧急事态的音响报警装置。

(4) 警报器的设计。警报器的声音强度大，可传播很远，频率由低到高，发出的声音富有调子的上升和下降，可以抵抗其他噪声的干扰，特别能引起人们的注意，并强制性地使人们接受。它主要用作危急事态的报警，如防空警报、救火警报等。

(5) 言语传示装置设计。人与机器之间也可用言语来传递信息。传递和显示言语信号的装置称为言语传示装置。例如麦克风这样的受话器就是言语传示装置，而扬声器就是言语显示装置。

用言语作为信息载体，其优点是可使传递和显示的信息含义准确、接收迅速、信息量较大等，缺点是易受噪声的干扰。在设计言语传示装置时应注意以下几个指标。

① 言语的清晰度。用言语(包括文章、句子、词组及单字)来传递信息，在现代通信和信息交换中占主导地位。对言语信号的要求是语言清晰，言语传示装置的设计首先应考虑这一要求。在工程心理学和传声技术上用清晰度作为言语的评定指标。所谓言语的清晰度，是指人耳对通过它的音语(音节、词或语句)正确听到和理解的百分数。言语清晰度可用标准的语句表通过听觉显示器来进行测量，若听正确的语句或单词占总数的 20%，则该听觉显示器的言语清晰度就是 20%。表 4.18 是言语清晰度(室内)与人的主观感觉的关系。由此可知，设计一个言语传示装置，其言语的清晰度必须在 75%以上，才能正确传示信息。

表 4.18　言语的清晰度与人的主观感觉的关系

言语清晰度/%	人的主观感觉	言语清晰度/%	人的主观感觉
96	言语听觉完全满意	65～75	言语可以听懂，但非常费劲
85～96	很满意	65 以下	不满意
75～85	满意		

② 言语的强度。言语传示装置输出的语音，其强度直接影响言语清晰度。当语音强度增至刺激阈限以上时，清晰度的分数逐渐增加，直到差不多全部语音都被正确听到的水平，强度再增加，清晰度分数仍保持不变，直到强度增至痛阈为止。不同学者的研究结果表明，语音的平均感觉阈限为 25～30dB(即测听材料可有 50%被听清楚)，而汉语的平均感觉阈限是 27dB。

当言语强度达到 130dB 时，受话者将有不舒服的感觉，达到 135dB 时，受话者耳中即有发痒的感觉，再高便达到了痛阈，将有损耳朵的机能。因此，言语传示装置的语音强度最好在 60～80dB。

③ 噪声环境中的言语通信充分性。为了保证在有噪声干扰的作业环境中讲话人与收听人之间能进行充分的言语通信，则应按正常噪声和提高了的噪声定出极限通信距离。在此距离内，在一定语言干涉声级或噪声干扰声级下可期望达到充分的言语通信，言语通信与噪声干扰之间的关系如表 4.19 所示。

表 4.19　言语通信与噪声干扰之间的关系

干扰噪声的 A 计权声级 LA/dB	语言干涉声级/dB	认为可以听懂正常噪声下口语的距离/m	认为在提高了的噪声下可以听懂口语的距离/m
43	36	7	14
48	40	4	8
53	45	2.2	4.5
58	50	1.3	2.5
63	55	0.7	1.4
68	60	0.4	0.8
73	65	0.22	0.45
78	70	0.13	0.25
83	75	0.07	0.14

充分的言语通信是指通信双方的言语清晰度达到 75%以上。距声源(讲话人)的距离每增加 1 倍，言语声级将下降 6dB，这相当于声音在室外或室内传至 5m 左右。不过，在房间中，声级的下降还受讲话人与收听人附近的吸声物体的影响。在有混响的房间内，当混响时间超过 1.5s 时，言语清晰度将会降低。

使用言语传示装置(如电话)进行通信时，对收听人来说，对方的噪声和传递过来的言语音质(响度、由电话和听筒产生的线路噪声)可能会有起伏，尽管如此，表 4.20 所给出的关系仍然是有效的。

表 4.20　在电话中言语通信与干扰噪声的关系

收听人所在环境的干涉噪声		言语通信的质量
A 计权声级 LA/dB	语言干涉声级 Lail/dB	
55	47	满意
55～65	47～57	轻微干扰
65～80	57～72	困难
80	72	不满意

4) 听觉信息传示装置的选择原则

(1) 在设计和选择音响、报警装置时，应注意以下原则。

① 在有背景噪声的场合，要把音响显示装置和报警装置的频率选择在噪声掩蔽效应最小的范围内，使人们在噪声中也能辨别出音响信号。

② 对于引起人们注意的音响显示装置，最好使用断续的声音信号，而对报警装置最好采用变频的方法，使音调有上升和下降的变化，更能引起人们注意。

③ 要求音响信号传播距离很远时，应加大声波的强度，使用较低的频率。

④ 在小范围内使用音响信号，应注意音响信号装置的多少。

(2) 言语传示装置比音响、报警装置表达更准确、信息量更大，因此，在选择时应与音响、报警装置相区别，并注意下列原则。

① 需显示的内容较多时，用一个言语传示装置可代替多个音响、报警装置，且表达准确，各信息内容不易混淆。

② 言语传示装置所显示的言语信息表达力强，较一般的视觉信号更有利于指导检修和故障处理工作。语言信号还可以用来指导操作者进行某种操作，有时可比视觉信号更为细致、明确。

③ 在某些追踪操作中，言语传示装置的效率并不比视觉信息显示装置的效率差。

④ 在一些非职业性的领域中，如娱乐、广播、电视等，采用言语传示装置比音响装置更符合人们的习惯。

4.5.6　触觉显示与操纵装置设计

触觉显示装置一般应用在那些视觉和听觉负担过重的工作中。触觉接受并对刺激做出反应的速度与听觉几乎一样快，并且在多数情况下比视觉更加迅速。在高噪声的区域或者视觉和听觉失效的时候，触觉警告信号具有很大的优势。如前所述，触觉显示装置主要指通过接触式感知或操纵机器的装置，如键盘、虚拟现实系统的交互设备、旋钮、操纵杆、鼠标等，大量存在于现代化生产过程装置和生活消闲娱乐设施中，它们的设计都是为了减轻视觉负担，改善操控性。旋钮、操纵杆的手柄具有不同的形状，以便人们利用触觉进行辨认。此外，触觉的形状、大小的知觉特性对研制智能机器人也非常重要。

触觉的特性对于盲人来说更为重要。吉尔达德(Geldard)曾经开发了一种触觉交流的技术，通过这种技术，盲人可以学习触觉编码，这种编码代表着不同的字母和数字。在产品设计中，合理利用触觉的作用，有时候会起到提高工作效率的作用。例如，在钥匙设计中，一般都会在钥匙上设置一个凸起或凹陷，表明钥匙使用的方向。键盘设计中，在 F 和 J 两个字母位置上有一个小的凸起，它们可以提高用户在盲打时的定位效率。

1) 操纵装置的类型

图 4.20 是各类操纵装置的形态。

图 4.20　各类操纵装置的形态

(1) 操纵装置的分类。

① 按动力分类。

- 手控。用手控制的操纵装置有触摸屏、按钮、开关、选择器、旋钮、曲柄、杠杆和手轮等。
- 脚控。用脚控制的操纵装置有脚踏板、脚踏钮、膝操纵器等。
- 其他。其他控制方式的操纵装置有声控开关、光控或利用敏感元件的换能装置、实现启动或关闭的机件。

② 按操作时的运动形式分类。

- 旋转运动。做旋转运动的操纵装置有曲柄、手柄、手轮、旋塞、旋钮、钥匙等。
- 摆动运动。做摆动运动的操纵装置有开关杆、调节杆、杠杆键、拨动式开关、踏板、摆动开关等。
- 平移运动。做平移运动的操纵装置有按钮、按键、键盘、钢丝脱扣等。
- 牵拉运动。做牵拉运动的操纵装置有拉手、拉钮、拉环、拉圈等。

③ 按功能分类。

- 开关控制。只使用开或关就能实现启动或停止的操纵装置，如按钮、踏板、手柄等。
- 转换控制。用于将几种工作状态转换成另一种工作状态的操纵装置，如选择开关、选择按钮、操纵盘等。
- 调整控制。使用这种操纵装置可以使系统的工作参数稳定地增加或减少，如按钮、操纵盘等。
- 制动控制。紧急状态下的启动或停止的操纵控制，要求可靠性强，灵敏度高，如制动闸、操纵杆、手柄和按钮等。

(2) 操纵装置的用力特征。设计操纵装置时，应该按照用力的要求选择合适的操纵方式，从而达到工作效率最优。研究人的肢体的运动规律，对认识操纵装置的用力特征是很重要的。

① 手的运动方向与速度。手在垂直面内的运动速度比在水平面内的运动速度快，且准确度也高，手从上往下运动比从下往上运动快，手在水平面内的前后运动速度比左右运动速度快，做旋转运动比做直线运动快。

② 人体的姿势与用力的关系。立姿时的拉力比推力大，坐姿时推力稍大于拉力，右手的拉力比左手拉力大。男子平均拉力比女子平均拉力大，前后操作力比左右扳力大，双脚蹬踩力比单脚蹬踩力大，右脚蹬力比左脚蹬力大，一般情况下脚操作力比手操作力大。

③ 关于操纵阻力。操纵装置的阻力的大小与操纵装置的类型、位置、操作频率、力的方向等因素有关。操纵装置的阻力主要包括静摩擦力、弹性阻力、黏滞阻力和惯性等，如表 4.21 所示。

表 4.21　操纵装置的阻力特性

阻力类型	特征	使用举例
静摩擦力	运动开始时阻力最大，此后显著降低，可用于减少控制器的偶发启动，但控制准确度低，不能提供控制反馈信息	开关、闸刀等
弹性阻力	阻力与控制器位移距离成正比，可作为有用的反馈源。控制准确度高。放手时，控制器可自动返回零位，特别适用于瞬时触发或紧急停车等操作。可用于减少控制器的偶发启动	弹簧作用等

(续表)

阻力类型	特征	使用举例
黏滞阻力	阻力控制运动的速度成正比。控制准确度高，运动速度均匀，能帮助平稳的控制，防止控制器的偶发启动	活塞等
惯性	阻力与控制运动的加速度成正比。能帮助平稳地控制，防止控制器的偶发启动。但惯性可阻止控制的速度和方向的快速变化，易于引起控制器调节过度和操作者疲劳	大曲柄等

④ 避免使用静态肌力。设计操纵装置时，要避免静态下肌肉持续用力。一般来说，当操作者保持某一姿态不动，不论这一姿态多么舒服，也会很快导致肌肉疲劳。肌肉在静态下持续用力时，由于肌肉组织收缩而压迫血管，阻碍血液循环和能量交换。

(3) 操纵装置的特征编码与识别。当许多形式相同的操纵装置排列在一起时，赋予每个操纵装置以自己的特征和代号，就叫操纵装置的编码。编码在设计中具有非常重要的意义。编码的形式有以下几种。

① 形状编码。将不同功能的操纵装置设计成不同形状，以其特有的形式做便于区分的编码称为形状编码。图 4.21 是一组形状编码设计的示例。图 4.21(a)应用于连续转动或频繁转动的旋钮，一般不用于传递控制信息。图 4.21(b)应用于断续转动的旋钮，一般不用于显示重要的控制信息。图 4.21(c)应用于特别受到位置限制的旋钮，它能根据其位置给操作人员以重要的控制信息。

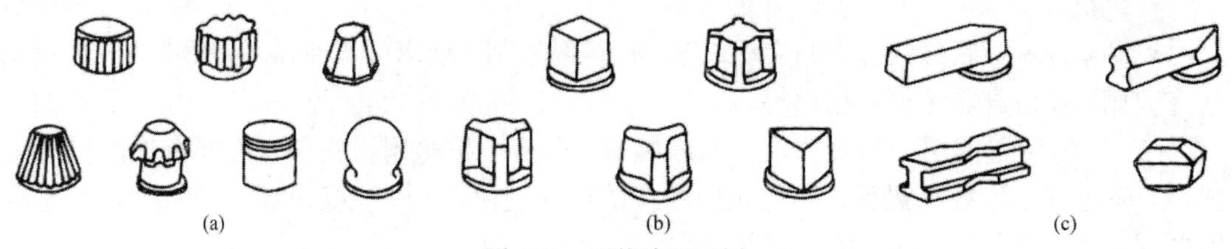

图 4.21　形状编码示例

② 位置编码。根据安装位置不同区分操纵装置，称为位置编码。位置编码的操纵数量不多，并且需与人的操作程序和操作习惯相一致。若将位置编码标准化，操作者可不必注视操作对象就能进行正确操作。值得指出的是，采用位置编码时，操作装置之间的距离不小于 125mm，以便盲目定位操作。汽车上的离合器、制动器和加速器的踏板就是采用位置编码的。

③ 尺寸编码。利用操纵器的尺寸不同，使操作者能分辨出其功能之间的区别，称为尺寸编码。由于手操纵器的尺寸首先必须适合手的尺度，因而利用尺寸进行编码的应用是有限的。例如把旋钮分为大、中、小三挡，并叠放在一起的结构形式，是尺寸编码设计的最佳实例。

④ 颜色编码。利用色彩不同来区分操纵装置，称为颜色编码。颜色编码受使用条件限制，因为颜色编码只能在采光照明条件较好的情况下才能有效地分辨。另外，颜色种类不宜过多，否则容易混淆，不利于识别。如果将颜色编码与位置编码及形状编码组合使用，效果更佳。

⑤ 符号编码。将符号或文字标在操纵装置上称为符号编码。当采用符号编码时，要充分考虑相关因素。说明文字应在与操纵装置的最接近处，应简洁明了，选择通用的缩写，明确介绍该操纵装置的控制内容，采用规范、清晰的字体，并有充足的照明条件。符号编码一

般作为形状编码、位置编码的辅助标记。

(4) 操纵装置的空间位置设计。

① 当操纵装置较多时，应选位置编码作为主要的编码方式，以形状、颜色和符号作为辅助编码。

② 操纵装置应当按照其操作程序和逻辑关系排列。

③ 操纵装置应优先布置在手(或脚)活动最灵敏、辨别力最好、反应最快、用力最强的空间范围和合适的方位之上，即按操纵装置的重要性和使用频率分别布置在最好、较好和较次的位置上。

④ 应按照操纵装置的功能进行分区，且用不同的位置、颜色、图案或形状来区分。

⑤ 联系较多的操纵装置应尽量相互靠近，并与操作装置的编码相适应。

⑥ 操纵装置和显示器应符合相合性原则。

⑦ 操纵装置的排列和位置应适合人的使用习惯。

⑧ 操纵装置的空间位置和分布应尽可能做到在盲目定位时具有良好的操纵效率。为避免误操作，各操作装置之间应保持一定的距离。

2) 手动操纵装置设计

设计手动操作装置应考虑手的生理特点。就手掌而言，指球肌、大鱼际肌和小鱼际肌是肌肉丰满的部位，是手掌上的天然减震器，而掌心部位肌肉最少，指骨间肌则是布满神经末梢的部位，如图 4.22(a)所示。因此，在设计手动操纵装置中手柄形状的时候，应注意在手柄被握住部位与掌心和指骨间肌之间留有间隙，以改善掌心和指骨间肌受力集中状况。这样可以保证手掌血液循环良好，神经不受过强的压迫。

如图 4.22(b)～(d)所示，三种形态的手柄适用于持续用力且时间较长的操作。

如图 4.22(e)～(g)所示，三种形态的手柄适用于瞬间操作或施力不大时的操作。

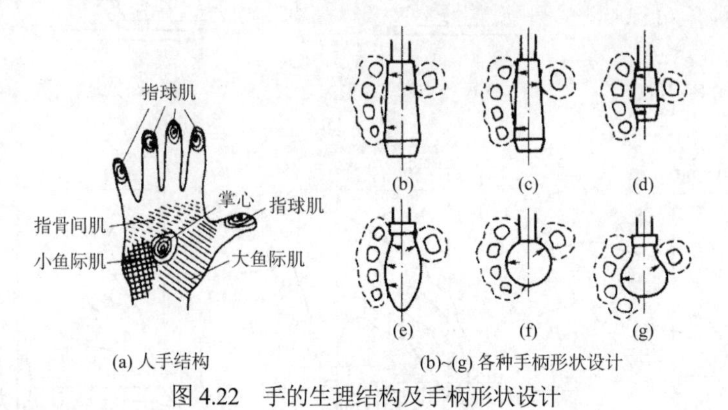

(a) 人手结构　　(b)~(g) 各种手柄形状设计

图 4.22　手的生理结构及手柄形状设计

(1) 固定式旋转操纵装置的设计。常见的手动旋转操纵装置有旋钮、手轮、摇柄、十字把、舵轮及手动工具，如图 4.23 所示。

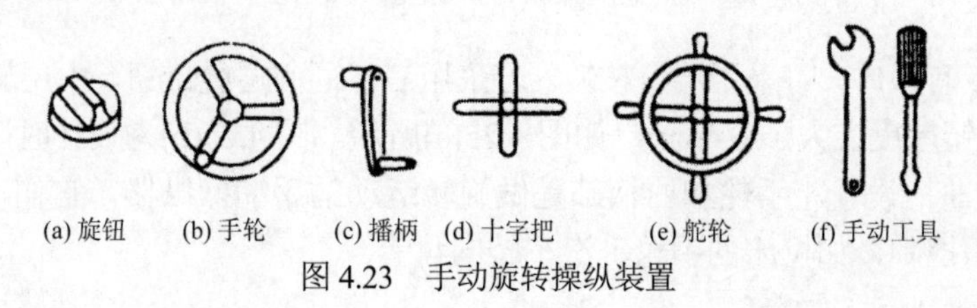
(a) 旋钮　(b) 手轮　(c) 播柄　(d) 十字把　(e) 舵轮　(f) 手动工具

图 4.23　手动旋转操纵装置

① 旋钮的设计。旋钮是应用最广泛的手动操纵装置之一，一般为单手操纵。按其使用功能分成三种：第一种可旋转 360°或大于 360°；第二种旋转角度小于 360°；第三种定位转动，一般用于传递重要信息。前两种一般用于传递不太重要的信息。旋钮的设计主要根据使用功能和人手相协调的原则进行。

- 旋钮的形状设计。如果是连续、平稳的旋转操作，旋钮的形状与运动要求在逻辑上应趋于一致。对于旋转角度 360°以上的操作，旋钮外形应设计成圆柱或锥台形；对于旋转角小于 360°的操作，旋钮外形应设计成接近圆柱形的多边形；对于定位转动的操作，因旋钮传递的信息比较重要，应设计成简洁的多边形，用来强调刻度或工作状态。
- 旋钮的尺寸。旋钮的尺寸应根据操作时所使用手指和手的部位而定。比如，直径要以能够保证动作的速度和准确性为前提。通常旋钮的尺寸是根据操纵力确定的，尺寸过大或过小都会使操作者不舒服。具体尺寸可参考表 4.22 和图 4.24。

表 4.22　旋钮尺寸和操纵力的关系

旋钮直径/mm	10	20	50	60～80	120
操纵力/N	1.5～10	2～20	2.5～25	5～20	25～50

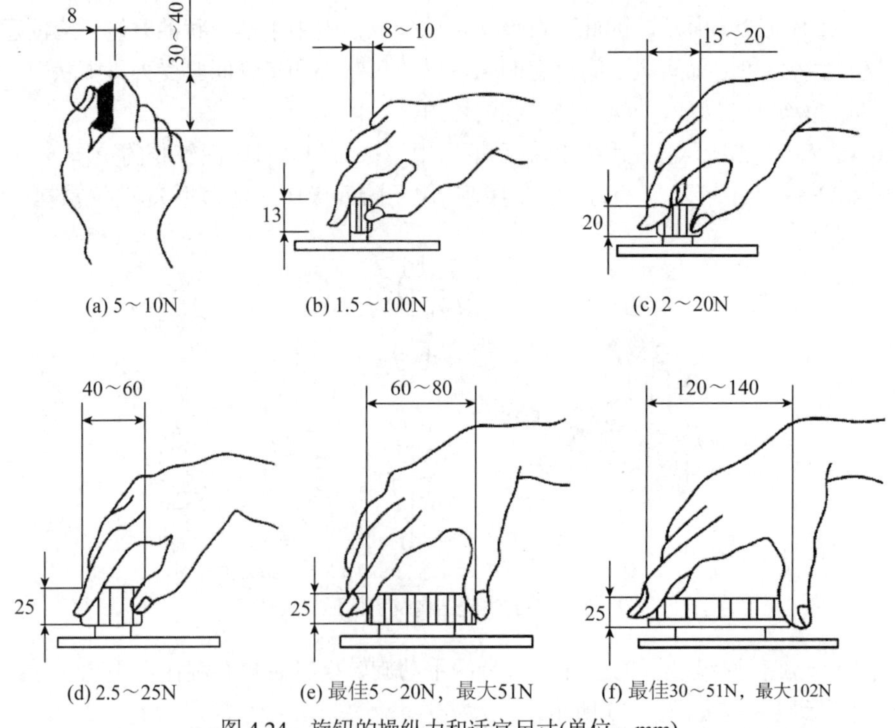

(a) 5～10N　(b) 1.5～100N　(c) 2～20N

(d) 2.5～25N　(e) 最佳5～20N，最大51N　(f) 最佳30～51N，最大102N

图 4.24　旋钮的操纵力和适宜尺寸(单位：mm)

当控制面板有限时，可采用层叠按钮。若采用三层同心层叠旋钮，中层旋钮直径为 38～64mm，底层旋钮厚度应大于 6.4mm，如图 4.25(a)所示。图 4.25(b)为设计时应注意问题。

② 手轮和曲柄设计。手轮和曲柄都是做旋转运动的手动操纵器，它们可连续旋转，常用于机械设备的控制，如机床的手轮、汽车转向盘等。

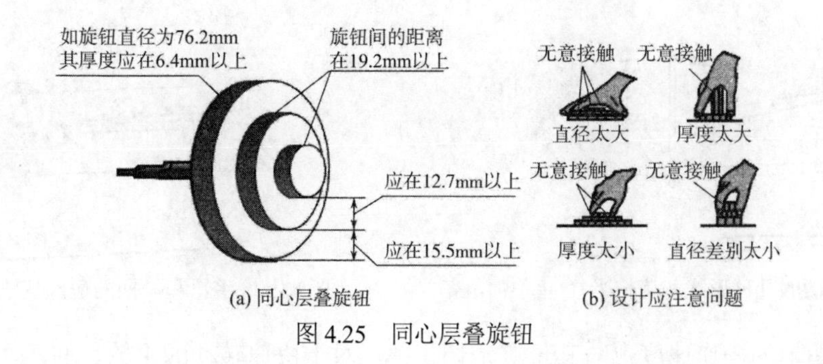

图 4.25　同心层叠旋钮

- 手轮和曲柄的回转直径。回转直径一般根据用途来定，通常为 80～520mm。机床上用的小手轮直径为 60～100mm，汽车转向盘则有几百毫米。手轮上握把直径为 20～50mm。表 4.23 所示为手轮、曲柄在不同操作情况下的旋转半径。图 4.26 是曲柄的几种形状和旋转半径。

表 4.23　手轮、曲柄的旋转半径

手轮及曲柄	应用特点	建议采用的 *R* 值/mm
R　*R*	一般转动多圈	20～51
	快速转动	28～32
	调节指针到指针刻度	60～65
	追踪调节用	51～76

- 手轮和曲柄的操纵力。单手操作时，操纵力为 20～130N；若为双手操作，操纵力也不得超过 250N。
- 手轮和曲柄的安装位置。实践证明，手轮、曲柄的操作效率和尺寸与其安装位置有很大关系。表 4.24 所示为手轮、曲柄的安装位置和尺寸的推荐值，供设计参考。图 4.27 所示为手轮和曲柄的适宜位置。

表 4.24　手轮、曲轮的安装位置和尺寸

安装高度/mm	安装位置/(°)	手轮或曲柄	操纵扭力/(N · m)		
			0	4.6	10
			旋转半径/mm		
610	0	手轮	38～76	127	203
910	0	手轮	38～102	127～203	203
910	倾向	手轮	38～76	127	127
	0	曲柄	38～114	114～191	114～191
990	90	手轮	38～127	127～203	203
	90	曲柄	64～114	114～191	114～191
1020	−45	手轮	38～76	76～203	127～203
	−45	曲柄	64～191	114～191	114～191
1070	45	手轮	38～114	127	127～203
	45	曲柄	64～114	64～114	114
480	0	手轮	38～76	102～203	127～203
	0	曲柄	64～114	114	114～191

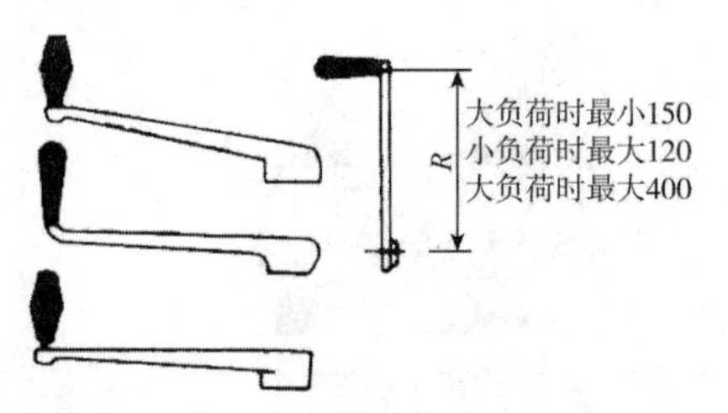

图 4.26　曲柄的几种形状和旋转半径(单位：mm)

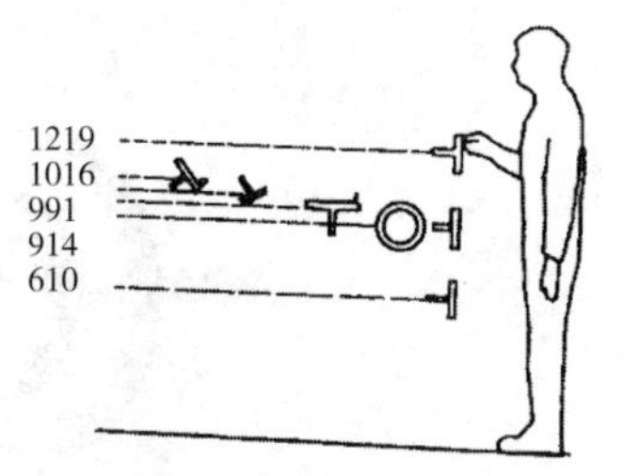

图 4.27　手轮和曲柄的适宜位置(单位：mm)

手轮和曲柄的操作速度也与其位置密切相关。对于快速转动的手轮、曲柄，其转轴应与人体前方平面成60°～90°夹角，当操作力较大时，应使手轮和曲柄的转轴与人体前方平面相平行，曲柄应设置在比肩峰点略高的位置，便于施力，如图 4.28 所示。

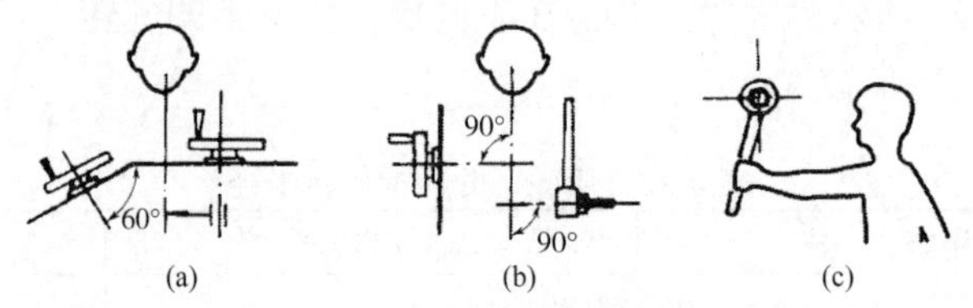

图 4.28　手轮和曲柄的转轴方向

较大的手轮或十字把的操纵要用双手施力才能旋转。人的性别不同，操作时的姿势不同，输出扭力的大小也不同。表 4.25 是不同直径的手轮和曲柄的适宜扭力推荐值。

表 4.25　不同直径的手轮和曲柄的适宜扭力

离地高度/mm	离开水平的斜度/(°)	操作器	扭力与操纵器的直径或半径/mm			
			0N·m	2.3N·m	4.6N·m	10N·m
914	0(前方)	手轮	76～200	254～406	254～406	46
914	0(侧方)	手轮	76～152	254	254	254
914	0(前方)	手轮	38～114	64～191	114～191	114～191
1006	−45	手轮	76～152	254～406	152～406	254～460
1006	−45	手轮	64～191	64～191	254	254～406
1067	+45	手轮	76～152	152～254	254	254～406
1067	+45	曲柄	64～114	64～114	64～114	114

图 4.29 所示为手轮和十字把处于不同高度位置和手臂不同操纵方式下的最大扭力。

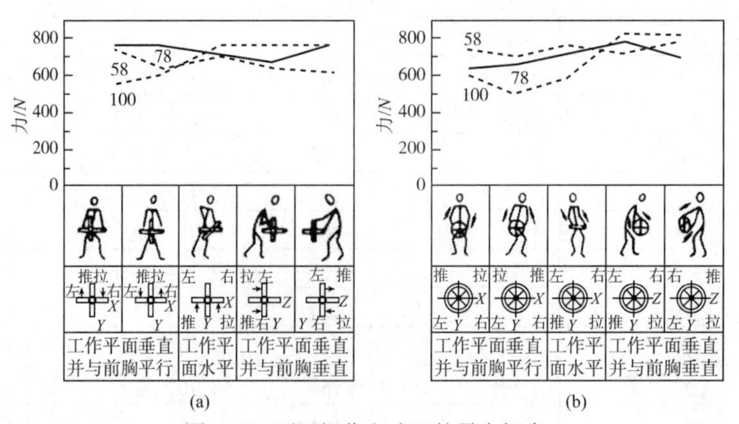

图 4.29　不同操作方式下的最大扭力

③ 钥匙、旋塞设计。当对安全有特殊要求时，或者为避免非授权操作、无意识调节等情况发生，可采用钥匙控制。通常钥匙只适用于一个工位上的调节。

当要求无级调节或分级开关操作时，可选择旋塞。旋塞应设计指针或带有指示标记。

表 4.26 所示为旋转操纵装置的适宜用力。

表 4.26　旋转操纵装置的适宜用力

适宜用力	手轮		小曲柄	手轮直径 254mm	手轮直径 457mm
	直径 200mm	直径<200mm		曲柄半径 127mm	曲柄半径 229mm
操作方式	操作调节	水平尾随追踪操作	高速转动	中速转动	低速转动
适宜扭力/(N·m)	3	40	9～22.7	0～22.7	0～54.4

(2) 移动式操纵装置的设计，包括以下方面。

① 切换开关设计。切换开关即拨动开关，常用于快速切换、接通、断开和快速就位的场合，一般只有开和关两个切换位置，特殊情况下有三个切换位置。

切换力一般为 3～5N。用手指切换时最大力为 12N，用全手切换时最大力不超过 20N。

② 手闸设计。手闸常用于操纵频率较低的操作。如果操纵阻力不大，可作为两个终点工位间的精度调节。手闸的特点是其工位容易保持且可以看见和触及。手闸的操作行程为 10～400mm，操纵力为 20～60N。

③ 指拨滑键设计。指拨滑键按受力分成两类。

- 驱动滑键的力通过滑键的凸起形状传递，允许控制两个以上及无级调节。其特点是调节量与移动量成正比，调节迅速并能保持位置。
- 驱动滑键的力通过滑键表面与手之间的摩擦力传递，一般只允许两个工位的调节。其特点除了调节量与移动距离成正比外，还可以防止无意识操作。

(3) 按压式操纵装置的设计。按压式操纵装置按照使用情况和外形的不同分为两种。

① 按钮设计。按钮主要用于两个工位控制，如机器设备的启动或停止。

按钮的形态一般应为圆形或矩形。为便于操作，按钮表面一般设计成凹形。

按钮的尺寸设计及操纵力如下：用食指按压的按钮直径为 8～18mm，矩形按钮边长为 10～20mm，压入深度为 5～20mm，压力为 5～15N；用拇指按压的按钮直径为 25～30mm，压力为 10～20N；用手掌按压的按钮直径为 30～50nm，压入深度为 10mm，压力为 100～150N。按钮一般高出台面 5～12mm，行程为 3～6mm，间距一般为 12.5～25mm。

② 按键的设计。按键的尺寸应按手指的尺寸和指端弧形设计。图 4.30(a)为外凸弧形按键，操作时手感不舒服，用于小负荷和使用频率低的场合。按键应凸出面板一定的高度以便操作，如图 4.30(b)所示。按键之间应留有一定的间距以避免误操作，如图 4.30(c)所示。按键表面应为凹形以便操作，如图 4.30(d)所示。图 4.30(e)为按键的参考尺寸。对多个按键组合，应按图 4.30(f)所示进行设计。纵行的排列多采用阶梯式，如图 4.30(g)所示。键盘上若需标示字母和数字时，它们应符合国家标准和国际标准。同样，键盘的布局也应符合国家标准和国际标准。按键只允许有两个工位，可按不同用途给每个键配以不同颜色，适用于地方受限的场所或单手同时操纵多个控制器时。表 4.27 列出了几种按压操纵装置的工作行程和操纵力的适宜范围，供设计时参考。

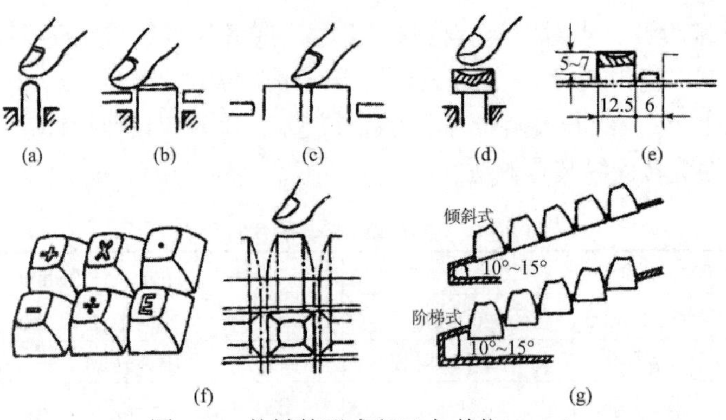

图 4.30　按键的形式和尺寸(单位：mm)

表 4.27　几种按压器操纵装置的工作行程和操纵力的适宜范围

控制器	行程/mm	操纵力/N
钢丝脱扣器	10～20	0.8～3
按钮	用手指：2～40	1～8
	用手：6～40	4～16
	用脚：12～50	15～90
键盘	用手指：2～6(电器断路器)	0.8～3
	用手指：6～16(机械杆件)	

设计以上操纵装置的位置应注意，若操作时躯干不动，操纵钮应设计在以肩为圆心且半径为 500mn 区域内，操作时允许躯干运动，半径为 760mm。常用的操纵钮要设计在以肘为圆心且半径为 360mm，若允许肘运动可扩大到 410mm，操纵钮的水平排列不如垂直排列易于分辨，操纵钮间距越小，操纵失误率越高，通常各钮相距 120mm。

(4) 摆动式操纵装置的设计，包括以下方面。

① 操纵杆设计。操纵杆的自由端装有把手或手柄，另一端与机器或设备相连。操纵杆可以根据需要设计成较大的杠杆比，进行阻力较大的操纵。操纵杆常用于一个或几个平面内的推、拉的摆动运动。

- 操纵杆的形态。操纵杆的粗细一般为 22～32mm，球形圆头直径为 32mm。若采用手柄，其直径不可太小，否则会引起肌肉紧张，长时间操作会产生疲劳。
- 操纵杆的位置。操纵杆相对于操作者的位置是设计操纵杆的主要依据之一。当操纵力较大和采用站姿工作时，操纵杆手柄的位置应与人的肩同高或低于肩的位置；坐姿工作时，操纵杆的手柄应设在与人肘部几乎等高的位置。这样符合操纵习惯，用力方便。
- 操纵杆的行程及扳动角度。行程和扳动角度应适合人的手臂特点，尽量做到只用手臂而不移动身躯就可以完成操作。对于短操纵杆(150～250mm)，行程为 150～200mm，左右转角不大于 45°，前后转角不大于 30°；对长操纵杆(500～700mm)，行程为 300～350mm，转角为 10°～15°。通常操纵杆的动作角度为 30°～60°，不超过 90°。
- 操纵杆的操纵力。操纵杆的操纵力，最小为 30N，最大为 130N。使用频率高的操纵杆最大不应超过 50N，如汽车挡位操纵杆的操纵力为 30～50N。操纵杆的长度与操纵频率有很大关系。操纵杆越长，动作频率应越低，如表 4.28 所示。

表 4.28　转动频率与操纵杆长度关系

最大转动频率/(m·min^{-1})	操纵杆长度/mm	最大转动频率/(m·min^{-1})	操纵杆长度/mm
26	30	23.5	140
27	40	18.5	240
27.5	60	14	580
25.5	100		

② 摆动开关设计。摆动开关是手触方式操纵，主要用于两工位的控制，可以单手操纵，也可以同时操纵多个控制器。它占地少，同时适用于某一工位的快速调整和某一工位的准确调整。摆动开关的行程一般为 4～10mm，其操纵力一般为 2～8N。

(5) 按照 1991 年修订的 NIOSH 提举公式，进行手柄设计时应遵循以下要求。

① 手柄为圆柱形，表面平整并且能够防滑。

② 手柄的设计。

- 直径为 1.9～3.8cm；
- 长度至少达 11.5cm；
- 净空长度 5cm。

③ 最佳的握柄尺寸。

- 直径为 3.8cm 或较大点；
- 长度至少达 11.5cm；
- 手动净空长度为 5cm；
- 壁厚至少达 0.635cm；
- 半卵圆形；
- 表面材质防滑。

④ 接近货柜底部的扶手能够使工作人员搬运的负荷邻近关节的高度，并且尽量减少上肢肌肉的静负荷。

⑤ 容器的边缘应为圆角，以消除负荷与手、臂和身体之间的接触应力。

总之，物料搬运用的把柄设计需要考虑如下因素：第一，负荷重量或施力方式，如搬运、推或拉；第二，容器的尺寸；第三，负荷的分配；第四，耦合质量；第五，负荷的稳定性。

3) 脚动操纵装置设计

脚动操纵装置的设计首先考虑的是其结构与形式要充分适应人的生理特点和运动特点。

(1) 脚动操纵装置的形式。

① 脚踏板。脚踏板可分为往复式、回转式和直动式，如图 4.31 所示。

直动式脚踏板又分成以脚跟为转轴和脚悬空两类。以脚跟为转轴的脚踏板有汽车油门踏板，如图 4.32 所示；脚悬空的脚踏板有汽车的制动踏板，如图 4.33 所示。图 4.33(a)表示座位较高，小腿与地面夹角很大，脚的下压力不能超过 90N；图 4.33(b)图表示座位较低，小腿与地面夹角比图 4.33(a)小，脚的踏力不能超过 180N；图 4.33(c)图表示座位很低，此时，小腿较平，蹬力可达 600N。当操纵力较大时，踏板的安装高度应与座面等高或略低于座椅面。

② 脚踏钮。脚踏钮与按钮的形式相似，可用脚尖或脚掌操纵，脚踏表面多粗糙，如图 4.34 所示。

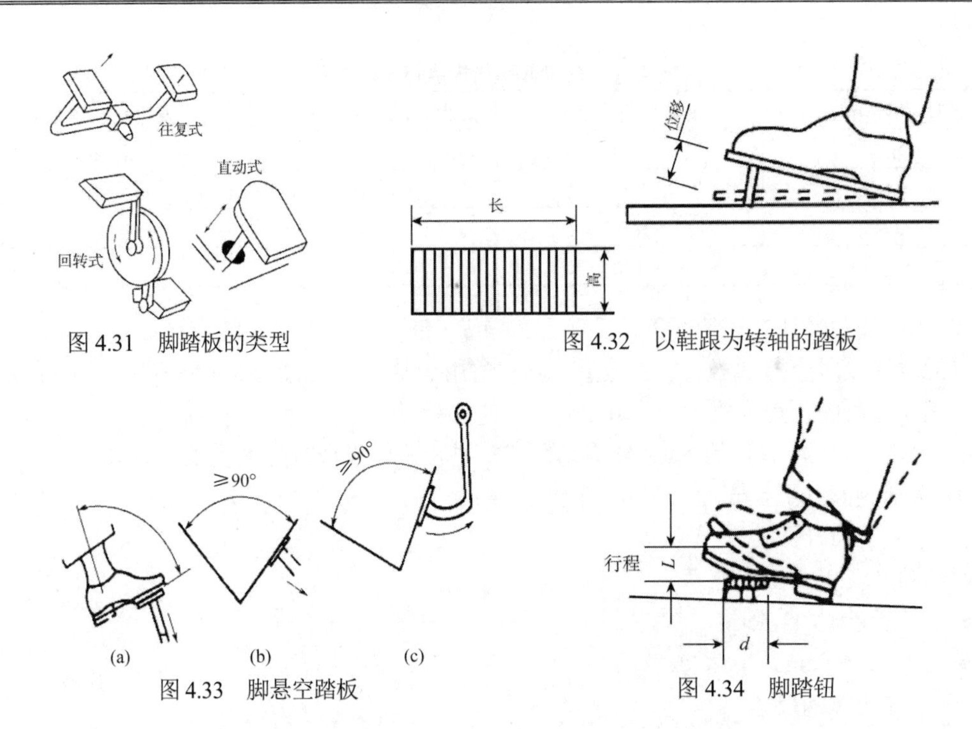

图 4.31　脚踏板的类型

图 4.32　以鞋跟为转轴的踏板

图 4.33　脚悬空踏板

图 4.34　脚踏钮

(2) 操纵特点。脚动操纵器多采用坐姿操作，只有当操纵力小于 50N 或特别需要时才采用立姿操作。对于操纵力大、速度快和准确性高的操作宜用右脚。而操纵频繁且不是很重要的操作应考虑两脚交替进行。脚踏板操纵方式和操纵特征分别如表 4.29 所示。

操纵时人脚通常是放在操纵器上的。为防止误操作，脚动操纵器应有启动阻力，至少大于脚休息时脚动操纵器的承受力。

表 4.29　脚踏板操作方式

操纵方式	示意图	操纵特征
整个脚踏		操纵力脚踏大于 50N，操纵频率较低，适用于紧急制动器的踏板
脚掌踏		操纵力在 50N 左右，操纵频率较高，适用于机床刹车的脚踏板
脚掌和脚跟踏		操纵力小于 50N，操纵迅速，可连续操纵，适用于有一定动作频率的踏钮

(3) 脚动操纵装置的形态。应按脚的使用部位、使用条件和用力大小设计脚动操纵装置的形态。常用的脚踏面有矩形和圆形两种，图 4.35 所示为脚踏板的形式和尺寸。

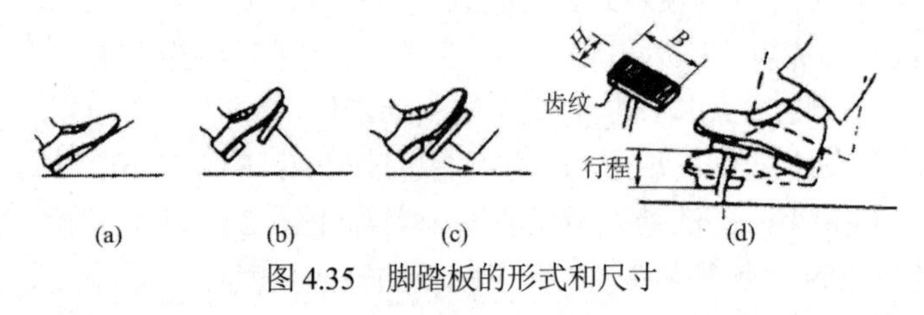

图 4.35　脚踏板的形式和尺寸

B=75～300mm；H=25～90mm；L=60～100mm

(4) 脚动操纵装置的布置。脚动操纵装置的位置影响操纵力和操纵效率。因此其前后位置要设计在脚所能及的距离之内，左右位置应在人体中线两侧 10～15cm，应当使脚和腿在操作时形成一个用力单元。对蹬力较小的脚动操纵装置，为使坐姿时脚施力方便，大、小腿夹角以 105°～110°为宜。

图 4.36(a)为脚踏钮的布置情况，图 4.36(b)为蹬力要求较小的脚踏板空间布置，供设计参考。若采用立姿操作，其脚动操纵装置空间位置如图 4.37 所示，图中阴影线范围是适宜的工作区域。

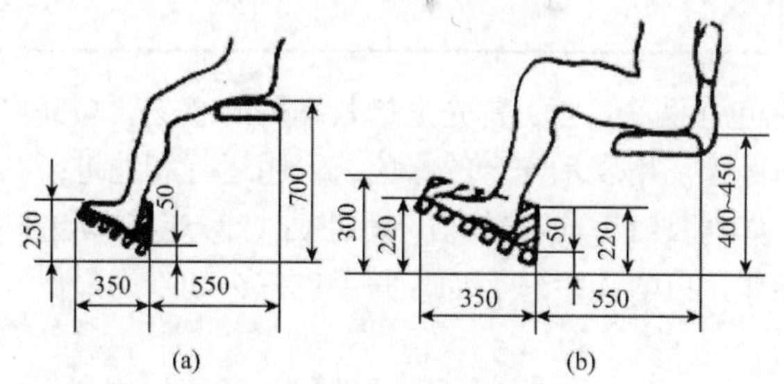

图 4.36　脚动操纵装置的布置 (坐姿) (单位：mm)

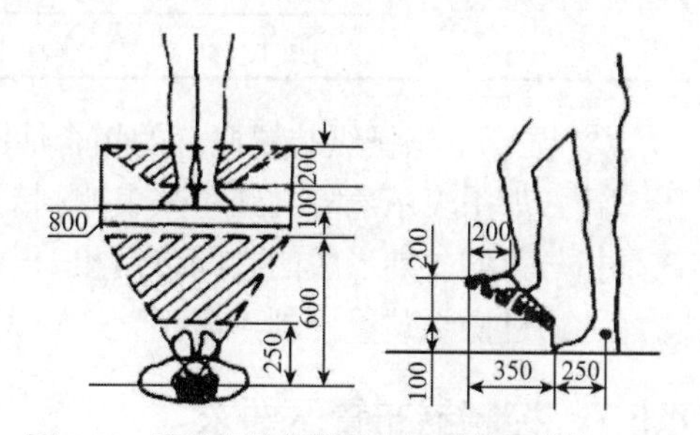

图 4.37　脚动操纵装置的布置(立姿) (单位：mm)

4) 操纵与显示的相合性

设计操纵装置与显示装置的时候，不仅应当考虑它们各自的适用性，同时也必须考虑它们彼此配合的一致性，这就叫作相合性。具体来说，相合性包括位置相合性、运动方向相合性和概念相合性等。

① 位置相合性。操纵装置与显示装置的空间应相互保持一致性关系，叫作位置相合性。在操纵装置中，许多控制器的旋钮分别对应不同的显示器。它们之间的排列对应关系应利于认读和操作。如果显示器排成长方形，控制器也应排成长方形；信号灯排成直行，按钮也应排成直行等。这样不仅可以减少误读和降低误操作率，同时能提高工作效率。

图 4.38 为两种操纵装置与显示器位置相合性设计。

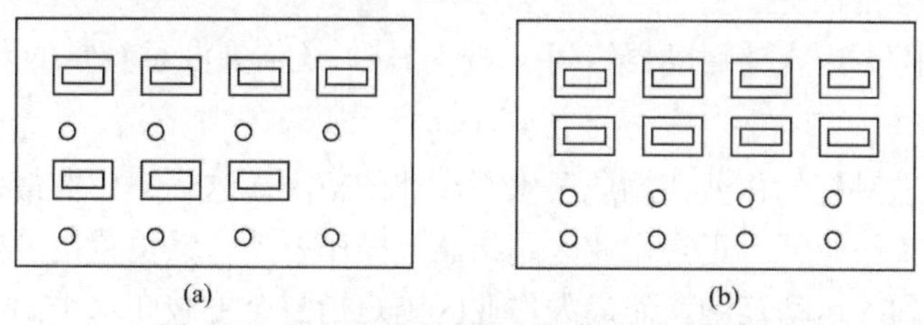

图 4.38　操纵装置与显示器位置相合性设计

② 运动方向相合性。显示器指针运动方向与操纵装置运动方向的一致性叫作运动方向相合性。这种运动的相合关系表现了两种运动关系的逻辑合理性和运动的直观性，符合人们的习惯，便于记忆、掌握，操纵动作能达到最佳效果。比如，操纵杆向上运动最好引起指针或光点向上移动，这就是运动相合。若将这种关系反过来当然会感到很不自然、很不适应，这是因为运动方向不相合的缘故。显示器与操纵装置的样式有很多，运动方式多种多样，况且两者未必位于同一平面，所以运动方向的相合问题比较复杂。表 4.30 是系统显示顺序从下往上变化时，操作不同运动方向的控制器的准确性情况。由表 4.30 可知，控制器的操作方向与系统变化方向偏离越大，操作者产生的失误越多，准确度越差。

表 4.30　操作准确性与控制其操作方向的关系

系统反应方向	控制其操作方向	操作错误数占试验总数的百分数/%	
		单手操作	双手操作
从下往上	向上	5.0	7.0
	向前(离开自己)	7.5	8.8
	向侧面(向左和向右)	11.7	15.3
	向后(向自己)	11.3	18.5
	向下	16	19.8

③ 显示器与操纵装置概念的相合性。它包含两个方面：首先是指其编码的意义要与其作用一致，如用表示危险的红色来表明制动与停止，用表示安全的绿色来表明运行和通过；其次是指与人们长期形成的共同习惯相一致，如驾驶汽车向右转弯，就朝顺时针方向转动方向盘，人通过操纵装置控制“假手”远距离操作，以“人手怎么动，假手也怎么动”为最优。

4.5.7　控制器布置区要求

1. 控制器布置

控制器布置区是指人手(或脚)操作操纵器时，活动最灵活，反应最灵敏，用力最适宜的空间范围和例行的方位。手动控制器布置区要求如下。

(1) 肘不运动时，以肘为圆心，半径为 35.6cm 的球形区域内，肩高的水平位置上下为最优；肘运动时，上述球形区域半径可扩大到 40.6cm。

(2) 躯体不运动时，以肩为圆心，半径为 61cm 的球形区域内。

(3) 躯体允许运动时，上述半径可扩大到 76cm。

脚动控制器布置区是，当人坐着操作时，脚踏板不得偏离人体中心线 7.5～12.5cm，脚踏板的高度不得超过椅面高度。若是站立操作，则脚踏板高度不得超过地面 75cm，最佳是高出地面 20cm 或再稍低些。

控制器的布置除考虑人的运动器官(手、脚等)外，还需要注意视觉的要求。

2. 水平作业区

凡在操作平台上进行的作业，均属于水平作业的范围，这一类作业最多。水平作业区分为正常作业区和最大作业区。正常作业区是指靠近操作者的自然位置范围内，上肢在水平方向上能够很容易达到的运动范围。而最大作业区则是指整个上肢在水平面上能够达到的最大运动范围。

3. 工作岗位设计

工作岗位的类型与工作岗位尺寸的设计按 GB/T 14776—1993、GB/T 12985—1991 和 GB 10000—1988 标准进行。

4.6　手握式工具设计

工具是人类四肢功能的扩展，使用工具使人类增加了动作范围、力度，提高了工作效率。

工具的发展历史几乎与人类历史一样悠久。为了适合精密性作业，各学者对手的解剖学机能及工具的构造都曾做过大量研究。人们在作业或日常生活中长久使用设计不良的手握式工具和设备，造成很多身体不适、损伤与疾患，降低了生产率，甚至使人致残，增加了人们的心理痛苦与医疗负担。对于动力手持式工具，还需要注意振动引起的积累性的职业病风险。因此，工具的设计、选择、评价和使用是一项重要的人机工程学内容。

4.6.1　手握式工具设计原则

1. 一般原则

手握式工具必须满足以下基本要求，才能保证使用效率。

(1) 必须有效地实现预定的功能。

(2) 必须与操作者身体成适当比例，使操作者发挥最大效率。

(3) 必须按照作业者的力度和作业能力进行设计，所以要适当地考虑性别、作业强度和身体素质上的差异。

(4) 手握式工具要求的作业姿势不能引起过度疲劳。

(5) 手握式动力作业工具需要进行动静态设计。

2. 解剖学因素

(1) 避免静肌负荷。当使用手握式工具时，臂部必须上举或长时间抓握，会使肩、臂及手部肌肉承受静负荷，导致疲劳，降低作业效率。例如在水平作业面上使用直杆式工具，则肩部必须外展，臂部抬高，因此应对这种工具设计做出修改。把工具的工作部分与把手部分做成弯曲式过渡，可以使手臂自然下垂。例如，传统的烙铁是直杆式的，当在工作台上操作时，如果被焊物体平放于台面，则手臂必须抬起才能施焊。改进的设计是将烙铁做成弯把式，操作时手臂就可能处于较自然的水平状态，减少了抬臂产生的静肌负荷，如图 4.39 所示。

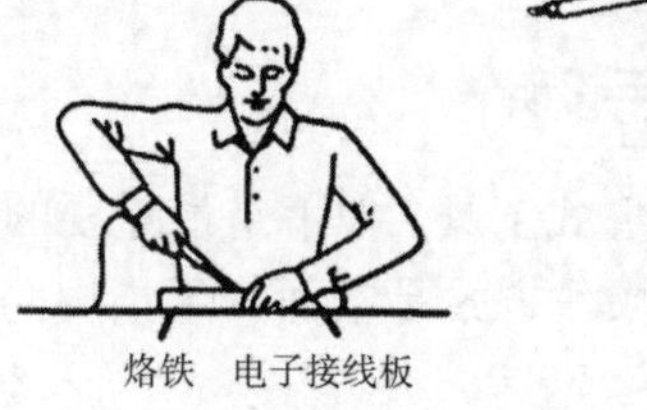

图 4.39　烙铁把手的设计

(2) 保持手腕处于顺直状态。手腕顺直操作时，腕关节处于正中的放松状态，但当手腕处于掌屈、背屈、尺偏等不自然状态时，就会产生腕部酸痛、握力减小，如果长时间这样操作，会引起腕管综合症、腱鞘炎等症状。图 4.40 所示是传统设计与改良设计的钢丝钳，传统设计的钢丝钳造成掌侧偏，改良设计使握把弯曲，操作时可以维持手腕的顺直状态，而不必采取侧偏的姿势。使用这两种钢丝钳操作后患腱鞘炎人数的比较如图 4.41 所示。可见，在使用传统钢丝钳后第 10～12 周内，患者显著增加，而改良钢丝钳的使用者中没有此现象。

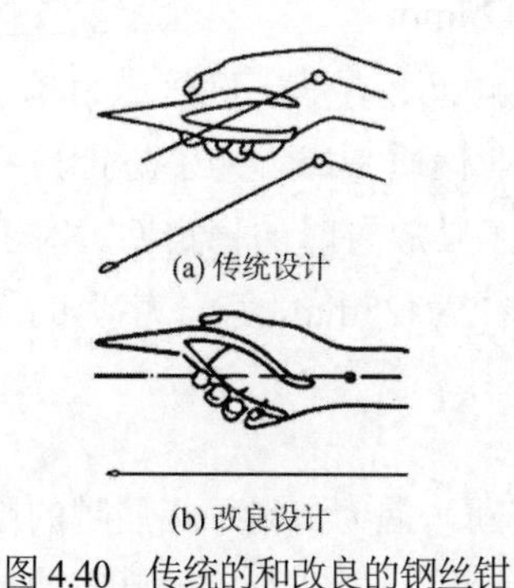

图 4.40　传统的和改良的钢丝钳

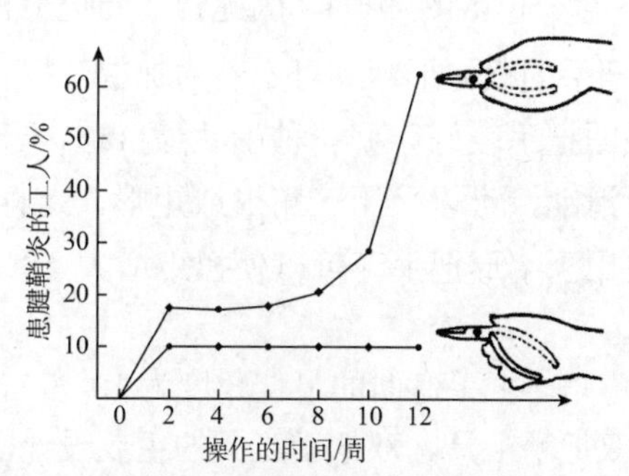

图 4.41　使用不同的钢丝钳之后患腱鞘炎人数的比较

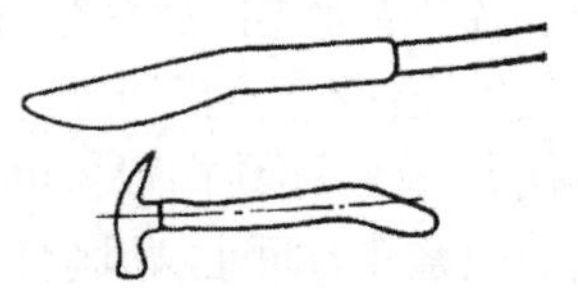

图 4.42　把手弯曲的手握式工具

一般认为，将手握式工具的把手与工作部分弯曲 10°左右效果最好。把手弯曲的手握式工具可以降低疲劳，较易操作，对于腕部有损伤者特别有利，如图 4.42 所示。

(3) 避免掌部组织受压力。操作手握式工具时，有时常要用手施相当的力。如果工具设计不当，会在掌部和手指处造成很大的压力，妨碍血液在尺动脉的循环，引起局部缺血，导致麻木、刺痛感等。科学的把手设计应该具有较大的接触面，使压力能分布于面积较大的手掌上，减小应力，或者使压力作用于不太敏感的区域，如拇指与食指之间的虎口位，图 4.43 所示把手就是这类设计的实例。有时，把手上有指槽，但如没有特殊的作用，最好不留指槽，因为人体尺寸不同，不合适的指槽可能造成某些操作者手指局部的应力集中。

(4) 避免手指重复动作。如果反复用食指操作扳机式控制器时，就会导致扳机指(狭窄性腱鞘炎)，扳机指症状在使用气动工具或触发器式电动工具时常会出现。设计时，应尽量避免食指做重复动作，而以拇指或指压板控制代替，如图 4.44 所示。

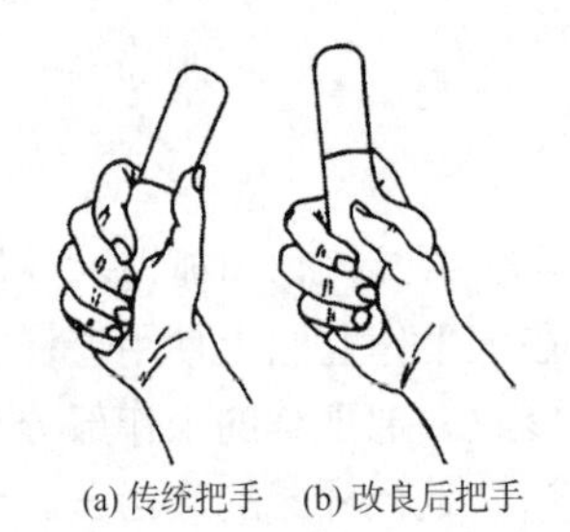

(a) 传统把手　(b) 改良后把手

图 4.43　避免掌部压力的把手设计图

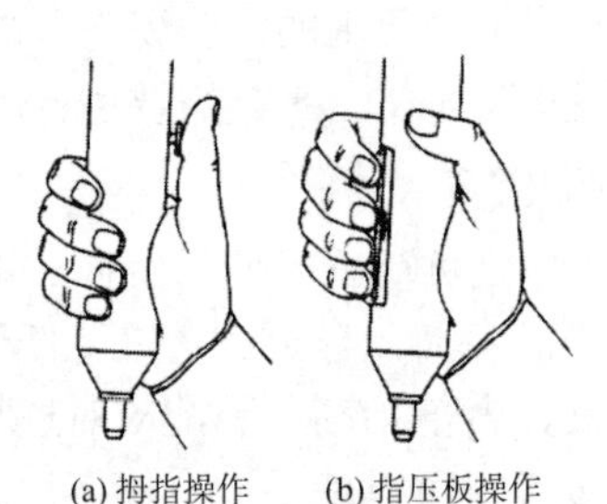

(a) 拇指操作　(b) 指压板操作

图 4.44　避免单小指(如食指)反复操作的设计

4.6.2　把手设计

操作手握式工具，把手是最重要的部分，所以有必要单独讨论其设计问题。对于单把手工具，其操作方式是掌面与手指周向抓握，其设计因素包括把手直径、长度、形状、弯角等。

(1) 直径。把手直径取决于工具的用途与手的尺寸。对于螺丝起子，直径大可以增大扭矩，但直径太大会减小握力，降低灵活性与作业速度，并使指端骨弯曲增加，长时间操作，则易导致指端疲劳。比较合适的把手直径是着力抓握 30～40mm，精密抓握 8～16mm。

(2) 长度。把手长度主要取决于手掌宽度。掌宽一般为 71～97mm(女性第 5 百分位数至男性第 95 百分位数的数据)，因此合适的把手长度为 100～125mm。

(3) 把手的截面形状。对于着力抓握，把手与手掌的接触面积越大，则压应力越小，因此圆形截面把手较好。哪一种形状最合适，一般应根据作业性质考虑。为了防止与手掌之间的相对滑动，可以采用三角形或矩形，这样也可以增加工具放置时的稳定性。对于螺丝起子，采用丁字形把手，可以使扭矩增大 50%，其最佳直径为 25mm，斜丁字形的最佳夹角为 60°。

(4) 弯角。把手弯曲的最佳角度为 10°左右。

(5) 双把手工具。双把手工具的主要设计因素是抓握空间，握力和对手指屈腱的压力随抓握物体的尺寸和形状而不同。当抓握空间宽度为 45～80mm 时，抓力最大。其中两把手平行时为 45～50mm，而当把手向内弯时为 75～80mm。图 4.45 所示为抓握空间与握力的关系，可见，对不同的群体而言，握力大小差异很大。为适应不同的使用者，最大握力应限制在 100N 左右。

(6) 性别差异。男女使用工具的能力也有很大的差异。女性约占人群的 48%，其平均手长约比男性短 20mm，握力值只有男性的 2/3。设计工具时，必须充分考虑这一点。

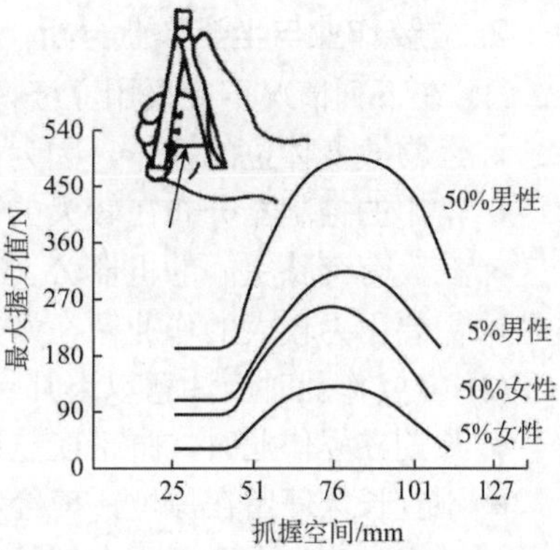

图 4.45　双把手工具抓握空间与握力的关系

4.6.3　手握式动力工具的动态设计

在现代化生产的许多领域，有相当数量的工人从事有剧烈振动的作业，他们在工作中需要紧握剧烈振动的工具与设备，如凿岩机、捣固机、铆钉机、风铲、风钻等风动工具，链锯、电锤、电捣固机等电动工具，砂轮机、抛光机、研磨机和伐木油锯等高速转动动力工具。这些工人广泛患有一种职业病——振动病，在医学界称为雷诺氏病，这是一种肢端动脉痉挛性疾病，并且伴有中枢神经系统紊乱的全身性损伤。它使患者产生手麻、手痛、手僵、手无力、手多汗等局部症状，并发展至伴有头晕、头痛、耳鸣、睡眠障碍、周身不适、腕肩颈腰等关节酸痛的全身症状，严重的甚至丧失劳动能力及生活自理能力(如手捏不紧筷子等)。

因此，对于手握式动力工具，不仅需要按照传统人机工程设计原则进行静态设计(动作姿势设计，避免因为不合理的动作姿势而产生肌肉静负荷，避免由此引起的肌肉疲劳和累积损伤)，还需要利用手臂振动生物力学模型与动力工具的振动模型集成为人手臂动力工具的振动系统进行模拟仿真，依据手持振动舒适性的评价方法与标准(GB/ T19740—2005、ISO 10068：1998、ISO 5349)进行动态设计。

4.7　作业姿势的选择与设计

人体在作业、生活或娱乐活动中，身体的几何构型是各种各样的，这样的几何构型称为人体姿势，但有些构型间具有明显的几何生理特征区别，如坐姿、卧姿和立姿之间的差别是很明显的，这三种姿势是比较常见且能相对维持较长时间的。因此，在人机工效设计中，通常针对这三种姿态进行设计与评估。

4.7.1　作业姿势的选择

1. 决定作业姿势的因素

(1) 工作空间的大小与照明条件。

(2) 体力负荷的大小及用力方向。

(3) 工作场所各物(包括仪器、工具、加工物件等)的安放位置。

(4) 工作台面的高度，有无合适的容膝空间。

(5) 操作时起、坐的频率。

(6) 应尽量避免一些不良体位。

2. 立姿作业与坐姿作业分析

(1) 在下列情况下应采用立姿操作：

- 经常改变体位的操作，因为站着比频繁的起坐动作消耗能量少；
- 常用的控制器分布在较大的区域，需要手足有较大幅度的活动；
- 在没有容膝空间的机器旁工作，立姿操作优于坐姿操作；
- 需要用力较大的作业，在站立时易于用力；

(2) 立姿作业时应注意以下几点；

- 长期立姿作业时，脚下应垫以柔软而有弹性的垫子；
- 不宜长久停留在原位，应经常改变体位；
- 站立时应力求避免不自然的体位，以免肌肉做不必要的静力功；

(3) 坐姿操作在下列作业中宜采用坐姿操作；

- 持续时间较长的工作应尽可能采取坐姿操作，以免疲劳；
- 精确而细致的操作应采取坐姿，因在坐姿状态下，可完成较精确的操作；
- 需要手足并用的作业。

坐姿操作的缺点在于，作业过程中不易改变体位，施力受到限制，工作范围有局限性，长期久坐作业易引起脊柱弯曲等职业损伤。

4.7.2 作业姿势的设计原则

1. 动作经济原则

动作经济原则又称动作经济与效率法则，它是一种为保证动作经济而又有效的经验性原则。动作经济原则是吉尔布雷斯首先提出的，后来的许多学者又在吉尔布雷斯研究的基础上改进、发展了这些原则。

2. 动作重构原则

研究动作重构原则是为了寻求省力、省时的操作方法，以提高作业效率。在动作设计时，可列出操作的全部动作，找出必不可省的动作，再依据取消、合并、重排和简化的原则，按人的动作姿势特性对作业操作动作进行重构。

4.7.3 作业姿势的设计依据

人体作业动作和姿势设计依据第 2 章介绍的人体肢体的活动范围(极限、舒适的活动范围)、人体在不同姿势下的施力和能耗数据，以及作业姿势的设计原则。

4.7.4 作业姿势的设计要点

人的运动行为可分成有意识动作与下意识动作两大类，通常可以把有意识动作分成如下几类。

(1) 定位动作。根据某一目的把身体的某一部位移到一个特定的位置，如伸手抓茶杯、按开关等，是一个控制程度较高的动作。借助视觉帮助的定位动作叫视觉定位动作，衡量其质量好坏的标准是动作的速度和准确性，它与目标物体的位置、大小、形状和色彩等因素有关。

(2) 逐次动作。一系列不同目标的定位动作加起来就是逐次动作。比如，根据某一号码按电话键或按固定程序开走一辆汽车均属此类。逐次动作的质量用速度、准确性和差错率衡量，它主要受动作逻辑性的影响。

(3) 重复动作。在一段时间内重复同一动作，如走路、骑自行车都是重复动作。

(4) 连续动作。对控制对象进行连续控制的动作，如用枪追踪并瞄准一个运动目标，或按一个看不见的套路打太极拳都是连续动作。

(5) 调整动作。动作调整是肌体的一种自我保护方式，通过不断地调整动作以改善某一部分的受力状态。

1. 避免静态肌肉施力

提高人体作业的效率，一方面要合理使用肌力，降低肌肉的实际负荷；另一方面要避免静态肌肉施力。无论是设计机器设备、仪器、工具，还是进行作业设计和工作空间设计，都应遵循避免静态肌肉施力这一人机工程学的基本设计原则。避免静态肌肉施力的设计要点如下。

(1) 避免弯腰或其他不自然的身体姿势，如图 4.46(a)所示。当身体和头向两侧弯曲造成多块肌肉静态受力时，其危害性大于身体和头向前弯曲所造成的危害性。

(2) 避免长时间地抬手作业，抬手过高不仅引起疲劳，而且降低操作精度和影响人的技能的发挥。在图 4.46(b)中，操作者的右手和右肩的肌肉静态受力，容易疲劳，会导致操作精度降低，工作效率受到影响。

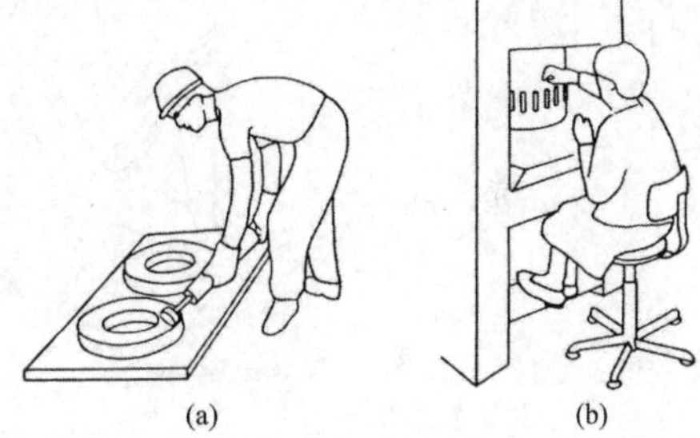

(a)　　(b)

图 4.46　不良的作业姿势

(3) 坐着工作比立着工作省力。

(4) 双手同时操作时，手的运动方向应相反或者双手做对称运动，单手作业容易造成背部肌肉静态施力。另外，双手做对称运动有利于神经控制。

(5) 作业位置高度应按工作者的眼睛和观察时所需的距离来设计。

(6) 常用工具都应按其使用的频率或操作频率放置在人的附近。

(7) 当手不得不在较高位置作业时，应使用支撑物来托住肘关节、前臂或者手。

(8) 利用重力作用。当一个重物被举起时，肌肉必须举起手和臂本身的重量。当要从高到低改变物体的位置时，可以采用自由下落的方法。如果是易碎物品，可采用软垫，也可以使用滑道，把物体的势能改变为动能，同时在垂直和水平两个方向上改变物体的位置，以代替人工搬移，如图 4.47 所示。

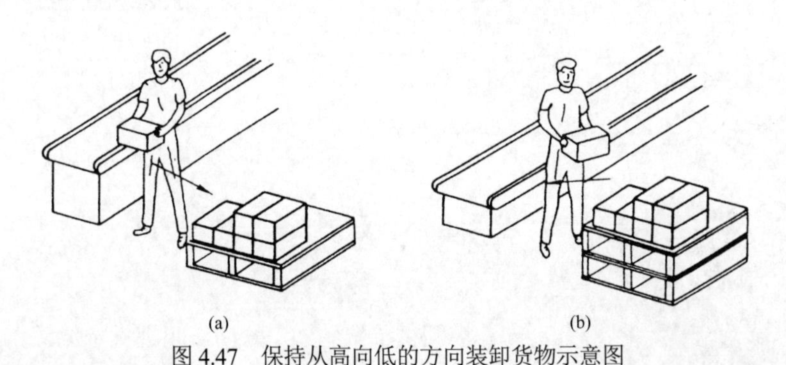

(a)　　(b)

图 4.47　保持从高向低的方向装卸货物示意图

2. 避免弯腰提起重物

人的脊柱为 S 形，12 块胸椎骨组成稍向后凹的曲线，5 块腰椎骨连接成向前凸的曲线，每两块脊椎骨之间是一块椎间盘。由于脊柱的曲线形态和椎间盘的作用，使整个脊柱富有一定的弹性，人体跳跃、奔跑时完全依靠这种曲线结构来吸收受到的冲击能量。

用不同的方法提起重物，对腰部负荷的影响不同。如图 4.48(a)所示，直腰弯膝提起重物时椎间盘内压力较小，而弯腰直膝提起重物会导致椎间盘内压力突然增大，尤其是椎间盘的纤维环受力极大，如图 4.48(b)所示。

因为弯腰改变了腰脊柱的自然曲线形态，不仅加大了椎间盘的负荷，而且改变了压力分布，使椎间盘受压不均，前缘压力大，后缘方向的压力逐渐减小，如图 4.48(b)所示，这就进一步恶化了纤维环的受力情况，成为损伤椎间盘的主要原因之一。人们经过长期的劳动实践和科学研究总结了一套正确的提重方法，即直腰弯膝。

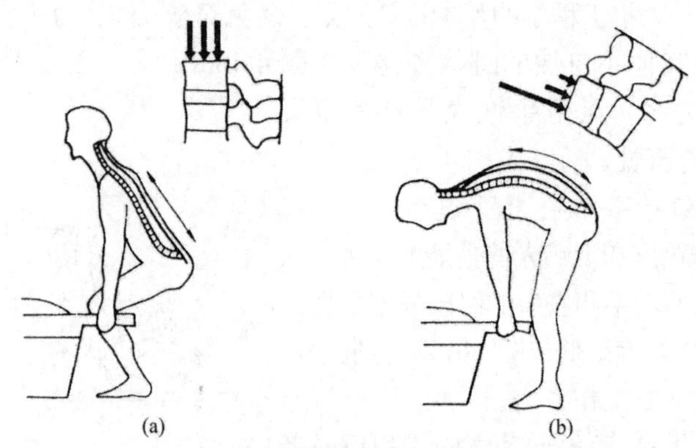

图 4.48　直腰弯膝与弯腰直膝提起重物示意图

思　考　题

1. 人体测量数据的应用原则与方法是什么？如何结合领域问题合理运用该原则？
2. 试述人机界面设计的内容、原则、原理及方法。
3. 试述人机环境设计的内容、原则、原理及方法。
4. 结合领域问题，拟定人机系统设计的一般流程与内容。

第 5 章　人机环境设计原理与原则

作业环境因素是指人们在不同场合、不同工种、不同环境下工作时，所面临的不同环境和条件，如冶炼作业的高温，纺织车间的高温，原子能工业的辐射，深水作业的高压，高空的缺氧、失重、噪声、振动、光照等。这些不利的环境因素都直接或间接地影响着人的作业，轻则降低工作效率，重则影响整个系统的运行并危害人体安全。一般情况下，影响人们作业的环境因素主要有：物化性质的环境因素，包括化学性气体、水蒸气、粉尘、熏烟、雾滴等；物理性质的环境因素，包括光、辐射、振动、湿度、噪声、水气压等。

本章简要介绍人机环境设计的原理与原则，包括对热环境、气流分配、照明环境、声环境、空气质量和振动等方面的要求等。

【学习目标】

1. 了解人机环境热舒适性设计的内容与方法。
2. 了解人机声环境设计的主要内容与方法。
3. 了解人机环境光照设计要求与原则。
4. 了解人机环境振动设计方法。
5. 了解面向系统的人机系统设计流程。

5.1　人机环境热舒适性设计

工作、生活和娱乐空间，室内或载运工具的作业空间的热环境(又称作业环境的气象条件或微气候)，是指作业环境局部的气温、湿度、气流，以及作业场所的设备、产品和原料等的热辐射条件。人体热舒适是人体对于热环境的综合的生理与心理因素的反映，随着人们生活水平的提高，人们对热环境的要求越来越高。本节主要介绍影响热环境的因素、环境热舒适性设计要求、室内热环境设计要求和载运工具作业空间的热环境设计等内容。

5.1.1　热环境概述

1. 影响热环境的因素

(1) 气温。空气的冷热程度称为气温。作业环境中的气温主要取决于大气温度和太阳辐射，因此，它随着季节变化。另外，气温也受作业环境中的其他各种热源的影响。热源通过传导、对流使环境中的空气加热，并通过辐射加热周围物体，形成二次热源，扩大了直接加热的空气面积，使气温升高。

(2) 湿度。空气的干湿程度称为湿度。作业环境中湿度同气温一样，主要取决于大气湿度。作业环境的湿度常用相对湿度表示，相对湿度在 70%以上称为高气湿，低于 30%称为低气湿。高气湿主要是由于水分蒸发与释放蒸汽所致，如纺织、印刷、造纸车间以及潮湿的矿井、隧道等作业场所。

当无风时，环境以温度 16～18℃、湿度 45%～60%为宜。冬季感觉舒适的温度为 18℃±3℃、湿度为 40%～60%。夏季感觉舒适的温度为 21℃±3℃、湿度为 45%～65%。

(3) 气流速度。空气流动的速度称为气流速度。作业环境中气流除受外界风力的影响外，还与作业场所的热源有关。因为气流是在温度差形成的热压力作用下产生的，热源使空气加热而上升，室外的冷空气从门窗和下部缝隙进入室内，造成空气对流。气流速度以 m/s 表示。在舒适的温度范围内，人感到空气清新的平均气流速度为 0.15m/s。

(4) 热辐射。热辐射主要指红外线及一部分可视线。太阳及作业环境中的各种热源，如熔炉、开放火焰、熔化的金属等均能产生大量热辐射。红外线不能直接加热空气，但可加热周围的物体。当周围物体表面温度超过人体表面温度时，周围物体表面则向人体散热辐射而使人体受热，称为正辐射。相反，当周围物体表面温度低于人体表面温度时，人体表面则向周围物体辐射散热，称为负辐射。负辐射有利于人体散热，在防暑降温方面有一定的意义。

2. 舒适的热环境

人体热舒适是人体对于热环境的综合的生理与心理因素的反映。影响环境的热舒适性的主要因素有 6 个，对于室内热环境，有 4 个因素与作业空间环境有关，即空气的干球温度、空气中的水蒸气压力、空气流速，以及室内物体和界面辐射温度，另外有两个因素与人有关，即人的新陈代谢和服装。此外，还有一些次要因素，如大气压力、人的肥胖程度、人的汗腺功能等。舒适的热环境设计要求包括以下方面。

(1) 舒适的温度。舒适的温度有两种理解，一指人的主观感到舒适的温度，二指人体生理上的适宜温度。

生理学上对舒适温度的规定为：人坐着休息，穿薄衣(相当于 1 个隔热单位)，无强烈热对流，在正常地球引力和海平面气压条件下，未经热适应的人感到舒适的温度，定为标准舒适温度。按照这一规定，舒适温度一般为 21±3℃。

以人主观感到舒适的温度作为舒适温度，其影响因素有很多，如季节不同则舒适温度不同；夏季比冬季高；热带人与寒带人不同，前者稍微偏高，后者偏低；不同劳动条件、不同衣着、不同性别与年龄的人，舒适温度不同等。

- 坐姿脑力劳动(办公室、教室、机房等)的舒适温度为 18～24℃；
- 坐姿轻体力劳动(操控室等)的舒适温度为 18～23℃；
- 立姿轻体力劳动(仪表安装、车工等)的舒适温度为 17～22℃；
- 立姿重体力劳动(工厂、沉重零件安装等)的舒适温度为 15～21℃。

(2) 舒适的湿度、气流速度。湿度高于 70%称为高气湿，人的皮肤将感到不适；低于 30%称为低气湿，人会感到口鼻干燥。最适宜的湿度是 40%～60%。

舒适的气流速度与场所的用途和室温有关。普通办公室最佳气流速度为 0.3m/s；教室、阅览室、影院为 0.4m/s。从季节来看，春秋季节为 0.3～0.4m/s；夏季为 0.4～0.5m/s；冬季为 0.2～0.4m/s。

有关作业环境的合理温度、湿度和风速参数可查阅国标《采暖通风和空调设计规范》获得。

3. 人体与室内热环境

在人与环境交互作用的过程中，皮肤是保护人体不受或减轻自然气候侵害或伤害的第一道防线，衣着是第二道防线，房屋则是第三道防线。

(1) 皮肤。不同种族、不同地区、不同性别、不同职业、不同年龄的人，皮肤对气候的适应和调节的能力是不同的，但差异在一个较小的范围内。

(2) 衣着。衣着与人的生活习惯和生活条件有关，也与劳动保护措施有关。

(3) 房屋。房屋建筑结构的隔热和保温性能，以及房屋的供暖、送冷和通风设备的条件和性能等也是室内热环境的决定因素。

人对环境温度的冷热调节与适应范围是有限的，因此，人们利用房屋、衣着、采暖、送冷和通风等办法减轻体温调节的负担，通过各种设备创造适合人体需要的健康的空内热环境。

5.1.2　室内热环境设计要求

1. 供暖设计要求

冬季供暖首先考虑室外的热环境，根据个人、衣着、职业的特点，确定室内合适的温度，参照有效温度线图，确定恰当的舒适温度，根据国家采暖规范确定供暖标准。室内供暖温度可适当高一点，但不宜过高，否则从室内到室外会感到更加寒冷。

由于房间的部位不同，室内温度变化幅度是相当大的，房间和走廊不一样，厕所、浴室和居室也不一样，有的温度差在冬季可达 10℃，这就会造成生理负担，因此要进行局部采暖。由于冬季空气干燥，供暖更加干燥，这就容易使流感病毒繁衍，故供暖时要考虑一定的湿度，以利于健康。

2. 送冷设计要求

夏季送冷的设计要求与冬季供暖的设计要求相同，就是不要使室内温度降过头。过量的冷会使人感到不舒服，而且再到室外会感到更热，一般室内外温度差控制在 5℃以内，最多也不应超过 7℃。

夏季送冷时还要注意气流问题，从空调的出风口或室内冷气设备的出风口直接送出来的风，在 2m 处的风速也有 1m/s，而且冷气的温度只有 16～17℃，这样就会感到过冷，容易生病，故要避免风口直接对着人体。

3. 通风设计要求

通风与换气的方法有自然通风和机械通风(或空气调节)两种。自然通风是借助热压或风压使空气流动，使室内空气进行交换，而不使用机械设备。

一般应尽可能采用自然通风，不仅节省设备和投资，而且更有利于健康。在冬季适当进行自然通风和换气，可以防止病毒的传播。在夏季，自然通风也有利于人体健康，可以增强舒适感。

只有当自然通风不能保证卫生标准或有特殊要求时，才能通过机械通风或空气调节来解决。

5.1.3　载运工具作业空间的热环境设计

载运工具(如汽车等)作业空间的空调热舒适性在载运工具设计中越来越重要，逐渐成为提高载运工具市场竞争能力的重要手段。作业空间内部环境的热舒适性与作业空间内空气三维流场和温度场的分布密切相关。作业空间内流场和温度场不仅与作业空间内结构有关，还与作业空间空调和风道结构、形状密切相关，相互影响。因此，了解载运工具作业空间内和风道内气流流动的规律与分布对设计载运工具空调系统有重要意义。

5.1.4　数字化热舒适性设计方法

数字化热舒适性设计可以基于第 6 章的人体热调节模型、人体热平衡方程以及所研究的作业空间的边界与初始条件、热舒适性评价指标与标准，利用第 9 章介绍的热管理与模拟仿真分析工具对所设计的作业空间的热舒适性进行仿真分析与评估。本书第 11 章给出了汽车热舒适性数字化设计的案例，可供读者借鉴。

5.2　人机声环境设计

室内声环境就是根据声音的物理性能、人的听觉特征和室内环境特点，创造一个符合使用者听觉要求的良好的室内声音环境。一般民用建筑和工业建筑室内的声音环境设计主要是噪声的控制和音质设计，即保证室内没有噪声干扰和音质缺陷。还有一些环境，如音乐厅、礼堂、剧场、电影院、KTV、体育馆、录音室、实验室等具有专业声音要求的空间，除无噪声干扰外，还要求环境具有合适的音质和响度，声道分布均匀，具有一定的清晰度和丰满度等。

5.2.1　材料和结构的声学特征

室内声音环境的形成及特性，一方面取决于声源的情况，另一方面取决于室内空间环境的情况。室内就是指空间形状及形成这个空间的物质实体界面，以及各种构造和结构方式结合起来的材料，甚至包括空间中的人与物。所以，在室内空间环境中，无论是创造良好的音质还是控制噪声，都需要了解并掌握材料和结构的声学特征。

声波入射到物体上会产生反射(包括散射和绕射)、吸收和透射。材料和结构的声学特征正是从这三个方面来描述的。通常把材料和结构分成吸声的、隔声的、反射的，但上述三种材料和结构并没有严格的界限和精确的定义，任何材料和结构总要对声波产生反射、吸收和透射，只是三者的比例不同。材料和结构的声学特性与入射声波的频率、入射角度有关。

1. 吸声材料

吸声材料的种类有很多，根据材料的外观和构造特征加以分类，大致可以分为如下几类。

(1) 无机纤维材料类，如离心玻璃棉、岩棉、超细玻璃棉、矿棉及其制品等；

(2) 泡沫塑料类，如聚氨酯泡沫塑料、氨基甲酸酯泡沫塑料等；

(3) 有机纤维材料类，如棉、麻、木屑、植物纤维、海草、棕丝及其制品等；

(4) 吸声建筑材料类，如泡沫玻璃、膨胀珍珠岩、陶土吸声砖、加气混凝土等。

2. 吸声结构

(1) 多孔吸声材料。这里需要强调的是，多孔吸声材料具有良好的吸声性能的原因不是表面粗糙，而是多孔材料具有大量内外连通的微小空隙。当声波入射到多孔材料上，声波能顺着微孔进入材料内部，引起空隙中空气的振动，由于空气的黏滞阻力、空气与孔壁的摩擦和热传导作用等，使相当一部分声能转化为热能而被损耗。

因此，只有孔洞对外开口，孔洞之间相互连通，且孔洞深入材料内部，才可以有效地吸收声能。明确表面粗糙材料和多孔材料的区别，认为拉毛水泥等表面粗糙的材料吸声好的概念是错误的。还有一些材料，如聚苯、部分聚氯乙烯泡沫塑料及加气混凝土等，内部也有大量的气孔，但大部分单个闭合，互不连通，它们可以作为隔热保温材料，但吸声效果却不好。

在实际使用中，会对多孔材料做各种表面处理。为了尽可能地保持原有材料的吸声特性，饰面应具有良好的透气性。进行表面粉饰时，要防止涂料把孔隙封闭，以采用水质涂料喷涂为宜，不宜采用油漆涂刷。

(2) 空腔共振吸声结构。物体在声波的激发下会产生振动，振动的物体及其结构由于自身内摩擦和与空气的摩擦，要把一部分振动能量转变成热能而损耗，因此振动物体及其结构都要消耗声能，产生吸声效果。

结构和物体都各自具有固定的振动频率，当声波频率和物体或结构的固有频率相同时，产生共振现象，这时物体和结构的振动最剧烈，振幅和速度达到最大值，吸声效果最好。

空腔共振吸声结构就是结构中间封闭有一定体积的空腔，并通过有一定深度的小孔和声场空间连通，形成共振器来消耗声能。

(3) 薄膜、隔板共振吸声结构。人造革、塑料膜等材料具有不透气、柔软、有弹性等特征，这些薄膜材料可与其背后封闭的空气层形成共振结构。

把胶合板、硬质纤维板、石膏板、石棉水泥板、金属板等板材周边固定在框架上，连同板后的封闭空气层也构成振动结构。大面积的抹灰吊顶天花板、架空木地板、玻璃窗、薄金属板等也相当于薄板共振吸声结构，对低频声音有较大的吸收。

3. 隔声结构和隔声特性

一个空间的围合结构受到声场的作用或者直接受到物体的撞击而发生振动，这个围合结构就向空间传递辐射声能，这就叫传声；使用围合结构消减一部分声能，这就叫隔声。

单层、均匀、质地密实的围蔽结构的隔声性能和入射声波的频率有关，其频率特性取决于结构本身的单位面积、质量、刚度、材料的内阻尼，以及结构的边界条件等因素。

单层围蔽结构的厚度增加一倍，隔声量只增加 6dB，显然，靠增加结构的厚度来提高隔声量是不合理的。如果把结构体一分为二，做出双层结构，中间留有空气间层，隔声量明显提高。将多层密实板材用多孔材料(如玻璃棉、岩棉、泡沫塑料等)分隔，做成夹层结构，则隔声量可以提高很多。

总之，提高隔声多采用多层复合、双层分立、薄板叠合、弹性连接、加填吸声材料、增加结构阻尼等措施。

4. 反射和反射体

当声波从一个介质传到另一个介质时，在两种介质的分界面上会发生反射。反射波的传播方向满足几何反射定律，反射角等于入射角。

定向反射，即设计的反射面能够使一定方向来的入射声波反射到指定的方向上，只要反射面的尺度比声波波长大得多，就可以按照几何反射定律来设计反射面。

扩散反射，即无论声波从哪个方向入射到界面上，反射声波向各个方向反射。如果反射面表面是无规则的、随机起伏的，并且起伏的尺度和入射声波波长相当，就可以起到扩散反射的作用。如果表面不规则起伏的尺度和声波波长相比较小时，声波的反射仍然满足几何反射定律，而不会形成扩散。所以认为拉毛粉刷面就会扩散声波的看法是错误的。

在空间内无规则地悬吊不规则形状的扩散板或者扩散体，可以使空间的声场更好地扩散。

5.2.2　室内噪声控制

人们工作、学习、生活时，使人思想不集中、感到烦恼或有害的各种声音，都被认为是噪声，也可以认为凡是人们不愿意听的各种声音都是噪声。任何一个噪声污染事件都是由三个要素构成的，即噪声源、传声途径和接收者，当然噪声控制也主要从这三个方面着手。

1. 噪声的危害

高于 85dB 的噪声就会造成人身的危害，噪声越大，危害越大，噪声危害可归纳为以下几点。

(1) 噪声对听觉器官的损害。当人们进入较强烈的噪声环境时，会感到刺耳、难受，经过一段时间就会产生耳鸣现象。这时进行检查，将发现听力有所下降，但只要在安静的地方停留一段时间，听力就会恢复，这种短时间或不是很强烈的噪声引起人耳的功能性病变就是听觉疲劳。

如果长年累月处在强烈噪声环境中，这种听力损伤就难以消除，而且日益严重，以致形成永久性听阈偏移，即噪声性耳聋。噪声性耳聋与噪声的频率和强度都有关系，频率越高、强度越大时，越容易引起这种职业病，长期在 90dB 以上的噪声环境中工作，就容易形成噪声性耳聋。

还有一种爆震性耳聋，即当人耳忽然受到 150dB 以上的强烈噪声作用时，可使听觉器官受到急性外伤，造成鼓膜破裂等，使两耳完全失去听觉，一次就可使人耳聋。

(2) 噪声引起多种疾病。噪声作用于人的中枢神经时，使人的基本生理过程的平衡失调。较强噪声作用于人体引起的早期生理异常一般都可以恢复正常，但久而久之会影响到植物性神经系统，出现中枢神经功能障碍，同时会对心血管系统、消化系统、内分泌系统产生较大影响，导致多种疾病。

(3) 噪声对生活的影响。一个人是否愿意听一种声音，不仅取决于这种声音的响度，而且取决于它的频率、连续性、发出的时间和信息内容，同时取决于发出声音的主观意愿以及听到声音的人的心理状态和性情。一首优美的歌曲，对欣赏者来说是一种享受，而对于一个下夜班需要休息的人来说则是引起反感的噪声。噪声会引起烦躁、焦虑、心神不定、急躁、生气等情绪。

人在准备睡眠休息时，30～40dB 的声音就会产生干扰。在 40～45dB 的噪声刺激下，睡熟的人脑电波就出现觉醒的反应。随着噪声强度的增高，这些噪声不仅影响人们的休息，而且还会干扰人们相互交谈、电话通信、听课等。

(4) 噪声对工作的影响。在嘈杂的环境中，人们心情烦躁，工作容易疲劳，反应也迟钝，特别是对于一些要求注意力高度集中的工作，影响更为显著。对打字工作进行试验，随着噪声的增加，出错率明显上升。噪声作用于听觉器官，由于神经传入系统的相互作用，使其他感觉器官的功能状态也发生变化。此外，噪声还会对人产生心理作用，分散人们的注意力，容易引起工伤事故。

2. 噪声评价标准和法规

噪声控制一方面属于工程技术问题，另一方面属于行政管理问题。声音环境中噪声允许达到什么程度，即有害噪声需要降低到什么程度，这涉及噪声允许标准。

噪声允许标准通常有国家颁布的国家标准《民用建筑隔声设计规范》、由主管部门颁布的部颁标准及地方性标准。在以上三种标准尚未覆盖的场所，可以参考国内外有关的专业性资料。

3. 室内噪声控制

噪声在环境中只是造成空气物理性质的暂时变化，噪声源的声音输出停止后，污染立即消失。噪声的防治主要是控制声源的输出和声音的传播途径，以及对接收者进行保护。

(1) 对声源进行噪声控制。从声源上进行噪声控制，这是最积极、最有效的措施之一，可采取以下两种方法。

① 降低声音的发声强度。通过改进机械设备的结构，选用发声小的新型材料，改良传动方式，提高加工质量与精度以及装配的质量，采取合理的操作方法及先进的生产工艺，以降低声源的噪声发射功率。

② 控制声源的噪声辐射。利用声音的吸收、反射、干涉等特性，采取吸声、隔声、减震等技术手段，以及安装消声器，改进设计，尽可能使设备的发声方向不要与声音的传递方向一致等方法，有效地控制声源的噪声辐射。

(2) 在传声途径中的控制，包括以下方面。

① 增加传递途径。声音在传播中的能量是随着距离的增加而衰减的，因此使噪声源远离使用者，可以达到一定的降噪效果。

② 改变声源发声方向。声音的辐射一般有指向性，处于声源距离相等而方向不同的地方，接收到的声音强度也就不同。低频的噪声指向性很差，随着频率的增高，指向性就增强。因此，控制噪声的传播方向(包括改变声源的发射方向)是降低高频噪声的有效措施。

③ 利用吸声、隔声材料降噪。应用吸声材料和吸声结构，将传播中的声能吸收掉，或建立隔声屏障来阻挡噪声的传播。在室内空间顶棚、墙壁表面装饰吸声材料或制成吸声结构，在空间悬挂吸声体，布置室内绿化或隔断，用来阻挡声音的传播或吸收声音。

(3) 对接收者进行保护。在接收点进行防护，防止噪声对人产生危害，佩戴护耳器，如耳塞、防声棉、耳罩、防噪头盔等，减少在噪声中的暴露时间。

5.2.3　室内音质设计

室内音质设计是室内声音环境设计的一项重要内容。室内音质设计的根本目的就是根据声音的物理性能、听觉特征、环境特点，创造一个符合使用者听音要求的良好的室内声音环境。室内音质设计可以分为以下两大类：一是住宅等一般民用建筑和普通的工业建筑的室内音质设计，其室内的声环境主要是噪声控制和隔振设计；二是音乐厅、剧场、礼堂、电影院、体育馆、多功能厅堂等公共建筑，以及录音室、演播室等具有声音要求的专业场合，就要进行科学的音质设计，保证这些空间没有音质缺陷和噪声干扰，同时要根据室内环境的使用要求，保证具有合适的响度，声道分布均匀，具有一定的清晰度和丰满度等良好的音质。

良好的音质设计应遵循以下几个原则。

(1) 防止室外的噪声和振动传入室内，使室内保持足够低的背景噪声级。

(2) 使室内各处都具有合适的响度、一定的清晰度和丰满度。响度就是人们感受到的声音的大小。足够的响度是室内具有良好音质的基本条件。对于语言，要使被听者容易听到，具备良好的清晰度；对于音乐，响度要求有一个较大的变化范围，声音比在室外丰满、有力，即具有一定的丰满度。与响度对应的物理量是声压级，与丰满度相对应的物理量主要是混响时间，所以丰满度又称混响感。而清晰度就是听者能够正确听到的音节数占发音人发出的全部音节数的百分比。

(3) 使室内具有与使用目的相适应的混响时间。混响是指声源停止发声后，声场中还存在来自各界面的迟到的反射声形成的声音暂留现象。与清晰度相反，音乐的丰满度要求有足够的混响声，要求室内保持有较长的余音，造成一种整个室内空间都在“响应”的效果。一定程度的前后声音的叠加虽然对语言的清晰度不利，却有助于音乐美好音质的展现。混响设计的任务是使室内具有适合使用要求的混响时间及频率特性。

(4) 安排足够的近次反射声。听者接收到的直接来自声源的声音叫直达声。经过天花板、墙面等反射后接收到的声音叫反射声。实验表明，在直达声后 35～50ms 到达的反射声具有加强直达声、提高响度和清晰度的作用，这样的反射声叫作近次反射声。近次反射声对于音乐的丰满度也是重要的，首先，它能够加强直达声，提高响度，增强力度感。其次，使直达声与混响声连续，不使中间脱节，从而使声音的成长与衰减曲线平滑。某些容积较大的空间，虽然混响时间较长，但丰满度不够，重要原因之一就是缺少必要的近次反射声。

(5) 采用适当的扩散处理。扩散处理就是用起伏的表面或吸声与反射材料的交错布置等方法，使反射声波发生散乱。扩散处理不仅可以消除回声和声聚焦，而且可以提高整个空间的声场扩散程度，增加大厅内声道分布的均匀性，使声音的成长和衰减过程顺滑，同时有助于保持声源固有的音色不致由于室内声学条件产生失真。

(6) 防止出现回声、多重回声等声学缺陷。回声就是在听到原来的声音后，又重复听到与之相同的声音的现象，回声听起来相当清楚，因而不同于混响声。在某种情况下，回声有时会以一定的时间间隔重复出现，形成所谓多重回声。回声的形成是一个复杂的问题，在设计阶段不可能完全准确地预测，但在实际的设计工作中，为了安全必须对所设计的空间是否出现回声的可能性进行检查，方法就是利用声线法检查反射声与直达声的声程差是否超过17m，即延时是否超过50ms。也可利用抛物面等特殊造型使声能反射后集中于某一处，应避免大规模的长方形平面和对称平行结构。还可以增加室内吸音效果，在天花板、墙壁、地面等界面使用适宜的吸音材料，使声音能充分吸收，减少反射。

(7) 合理使用材料。进行室内音质设计与噪声控制时，必须了解各种材料的隔声、吸声、反射特性，从而合理地选用材料。

在数字化人机工程设计中，可将所设计的作业空间的环境噪声进行实测，而后将获得的实测音频数据加载到所设计的作业空间数字化模型(即人+机+空间)上，再通过虚拟现实沉浸式环境获得设计者的真实体验，以此替代基于实物作业空间的传统实测方法。

5.3　人机环境光照设计

阳光是大自然馈赠的财富，灯光的设置对室内的照明和气氛的烘托起到决定性的作用，不论是自然光还是人工照明，它们共同组成了室内的光环境。室内光环境主要包括采光、照明、色彩环境等，合理利用采光、照明和色彩环境是人机工程学的重要研究课题，掌握采光、照明及色彩环境与人的关系，进行合理利用和科学设计，以保证人体健康，创造安全、舒适的室内光环境。

5.3.1　光环境设计的基本原则

照明的目的大致可以分为以功能为主的明视照明和以舒适感为主的气氛照明。作业场所的光环境，明视性虽然重要，而环境的舒适感也是非常重要的。前者与视觉工作对象的关系密切，而后者与环境舒适性的关系很大。为满足视觉工作和环境舒适性的需要，光环境设计应考虑以下几项基本原则。

(1) 保持合理的照度平均水平，同一环境中，亮度和照度不应过高或过低，也不要过于一致而产生单调感。

(2) 光线的方向和扩散要合理，避免产生干扰阴影，但可保留必要的阴影，使物体有立体感。

(3) 不让光线直接照射眼睛，而应让光源光线照射物体或物体的附近，只让反射光线进入眼睛，以防止晃眼。

(4) 光源光色要合理，光源光谱要有再现各种颜色的特性。

(5) 让照明和色相协调，使气氛令人满意，这称为照明环境设计美的思考。

(6) 创造理想的照明环境不能忽视经济条件的制约，因而必须考虑成本。

5.3.2　室内光环境人机设计

室内的天然采光对工作和生活都有很大意义。利用自然采光，不仅可以节约能源，并且在视觉上更为习惯和舒适，在心理上能和自然接近、协调。长期在不良的采光条件下生产和生活，会引起视觉感官的紧张和疲劳，引起头痛、近视等机能衰退和其他眼疾。采光对人们的工作效率也有很大影响，随着采光条件的改善，人们对物体的辨别能力、识别速度、物象调节等机能也随之提高，从而提高工作效率。

室内采光的质量，除了有充足的光线外，还必须考虑光线是否均匀、稳定，光线的方向如何，以及是否会产生暗影和眩光等现象，主要取决于采光部位和采光口的面积大小与布置形式。室内采光一般分为侧光、高侧光和顶光三种形式。侧光可以选择良好的朝向，可以看到室外的景色，使用维护较方便，但当空间的进深增加时，采光效率急剧降低，常加高窗户的高度或采用双向采光来弥补这一缺点。高侧窗采光，照度比较均匀，留有较多墙面进行布置、陈设及装饰，但采光效率较低。顶光的照度分布均匀，影响室内照度的因素很少，但管理和维修较为困难。

室内采光光线是否充足还取决于昼光，即我们白天才能感到的自然光。昼光由直射地面的阳光和阳光经过大气层的吸收与散射形成的天光组成。阳光的光源是太阳，太阳连续发射的辐射能量相当于 6000K 色温的黑色辐射体，但太阳的能量到达地球的表面，经过了化学元素、水分、尘埃微粒的吸收和扩散，被大气层扩散后的太阳能产生蓝天，或称为天光。天光才是天空亮度的有效光源，它和大气层外的直射太阳光不同，当太阳高度角较低时，由于在大气中通过的路程长，太阳光谱分布中的短波成分相对减少更为显著，早晨、黄昏的天空呈红色。当大气的水蒸气和尘埃过多，混浊度大时，天空亮度高而呈白色。

室内采光还受到室外周围环境和室内界面装饰处理的影响，如室外临近的建筑物，即可阻挡太阳光的直接照射，又可从墙面反射一部分日光进室内。

此外，窗子的方位也影响室内的采光，当面向太阳时，室内所接收的直射光线要比其他方向的要多，阳光对活跃室内气氛、创造室内空间立体感以及光影的对比效果，都起到重要作用。窗户采用的玻璃材料的透射性不同，则室内的采光效果也不同。

自然采光一般采取遮阳措施，以避免阳光直射室内引起的眩光和过热的不适感。防止眩光一般采用提高背景的相对平均亮度或者提高窗口高度等办法，使窗下的墙体对眼睛产生一个保护角。

5.3.3　照明的设计

照明设计就是利用各种人造光源的特性，通过灯具造型设计和分布设计，形成特定的人工光环境。由于光源的革新、装饰材料的发展，人工照明已不只是满足室内一般照明、工作照明的需要，而进一步向环境照明、艺术照明发展。人工照明在住宅、商业以及大型公共空间的室内环境中，已经成为不可或缺的环境设计要素。

1. 人造光源类型

人造光源包括烛光、火炬、白炽灯、荧光灯、气体放电灯等。所有通过人的行为而得到的光，都可以称为人造光源。下面介绍几种常见人造光源。

(1) 白炽灯。白炽灯是由支撑在玻璃柱上的钨丝以及包围它们的玻璃外壳、灯头(螺口或卡口)、电极等组成，白炽灯的发光原理是由于电流通过钨丝时，钨丝热到白炽化而发出可见光。当温度达到 500℃左右，白炽灯开始出现可见光谱并发出红光，随着温度的增加由红色变成橙黄色，最后发出白色光。

白炽灯可用不同的装潢和外罩制成，一般采用光亮、圆滑的玻璃，一些采用喷砂或酸蚀消光，或用硅石粉末涂在灯泡内壁，使光柔和。色彩涂层也可运用在白炽灯灯泡内壁上，如珐琅质涂层、塑料涂层及其他油漆涂层。

白炽灯的优点有以下几点。

① 光源小，便宜，通用性大，交流直流均可，颜色品种多。

② 有高度的集光性，便于光的再分配，具有定向、散射、漫射等多种形式。

③ 具有种类极多的灯罩形式，使用和安装简单、方便。

④ 辐射光谱连续，显色性优异。

⑤ 适于频繁开关，点灭对性能及寿命影响小。

⑥ 光色最接近太阳光色，呈橘红色。

白炽灯的缺点有以下几点。

① 发光效率低，对所需电的总量来说，发出的光通量较低，产生的热为 80%，光仅 20%。

② 寿命相对较短(1000h)。

③ 带暖色和黄色光，有时不一定受欢迎。

(2) 卤钨灯。这种灯是白炽灯中的一种，属于改良的白炽灯，能有效地防止灯泡的黑化，灯泡在整个寿命期间保持稳定的透光，减少光通量的损失，其特点如下。

① 寿命较长，最高能达到 2000h，平均 1500h，是白炽灯的 1.5 倍。

② 发光效率较高，光效可达 10～30lm/W。

③ 显示性能较好，能与电源或电池简单连接。

④ 不适用于易燃、易爆以及灰尘较多的场所，因卤钨灯工作温度高，灯丝耐振性差，不宜在振动场所使用，容易损坏。

⑤ 卤钨灯的光线中都含有紫外线和红外线，因此受它长期照射的物体易褪色或变质。

(3) 节能冷光灯。灯泡玻璃壳面镀有一层银膜，银膜上面又镀一层二氧化钛膜，这两层膜结合一起，可把红外线反射回去加热钨丝，而只让可见光透过，因而大大提高光效，使用 40W 的节能冷光灯，相当于 100W 的普通白炽灯。

(4) 荧光灯。荧光灯是一种预热式低压汞蒸汽放电灯。灯管内充有低压惰性气体氩以及少量汞，管内壁涂有荧光粉，两端装有电极钨丝。当电源接通后，灯管启动器开始工作，电流将钨丝预热，使电极产生电子，同时两端电极之间产生高的电压脉冲，使电子发射出去。电子在管内撞击汞蒸汽中的汞原子，发出紫外线。紫外线辐射到灯壁上的荧光粉，通过荧光粉把这种辐射转变为可见光。

荧光灯的特点如下。

① 寿命长，可达 3000h 以上，平均寿命比白炽灯大 3 倍。

② 发光效率高，25～67lm/W。

③ 荧光灯产生均匀的散射光，光线柔和，发光面积大，亮度高，眩光小。

④ 荧光灯通过管内荧光粉涂层可以控制颜色，有冷白色、暖白色、月白色和增强光等，以适应不同场所的需要。

⑤ 有霎光效应，不能频繁开闭，启动次数影响寿命。

⑥ 显色指数较低。

(5) 霓虹灯。霓虹灯又称氖气灯，多用于商业标志和装饰照明。

霓虹灯管是一根密封的玻璃管，管内抽真空后充入氖、氩、氦等惰性气体的一种或多种，还可以充入少量的汞。灯管可以是无色的，也可以是彩色的，管内壁涂抹荧光粉，根据充入的气体、玻璃管的色彩和荧光粉的作用，可以得到不同光色的霓虹灯。

使用时，必须通过变压器将 10～15kV 高压加压到霓虹灯上才可以发光，要有接地保护，费电，使用寿命长。

(6) 高压放电灯。高压放电灯的工作原理是电流流经一个充有高压的不同元素气体的小放电管，使管内气体经过电作用而产生不同颜色的光，和荧光灯不同，放电管被封在一个外壳中，外壳的作用之一是避免大气对放电管的影响。高压放电灯一直用于工业和街道照明。小型的高压放电灯在形态上和白炽灯相似，有时稍大，内部充满汞蒸汽、高压钠或者各种蒸汽的混合气体，它们能用化学混合物或在管内涂荧光粉涂层，将色彩校正到一定程度。高压水银灯冷时趋于蓝色，高压钠灯冷时带黄色，多蒸汽混合灯冷时带绿色。高压灯都要求有一个镇流器，这样最经济，因为它们能产生很大的光效和很少的热，并且比荧光灯寿命长 50%。

(7) 氙灯。氙灯的光效高，被称作“人造小太阳”，光色很好，接近日光，显色指数高，启动时间短，点燃瞬时就有 80%的光输出；不用镇流器，使用方便，节省电工材料，寿命可达 1000h。氙气灯紫外线辐射较大，使用时不要用眼睛直接注视，要装设滤光装置，防止紫外线对人视力的伤害。视功率大小选悬挂高度，一般为得到均匀和大面积照明，选用 3000W 灯管时高度不低于 12m，选用 1000W 灯管时高度不低于 20m。

(8) 金属卤化物灯。金属卤化物灯的灯泡是由一个透明的玻璃外壳和一根耐高温的石英玻璃放电管组成的。外壳和灯管之间充氢气或惰性气体，内管充惰性气体。放电管内除汞外，还含一种或多种金属卤化物(如碘化钢、碘化铊、碘化铟等)。卤化物在灯泡的正常工作状态下，被电子激发，发出与天然光谱接近的可见光。

金属卤化物灯发光效率高，但寿命较低，有较长的启动过程，光色很好，接近自然光。

2. 照明方式

如果不对裸露的光源加以处理，则既不能充分发挥光源的效能，也不能满足室内照明环境的需要，有时还会产生眩光的危害。因此，利用不同材料的光学特性，利用材料的透明、不透明、半透明，以及不同表面质地制成各种各样的照明设备和照明装置，重新分配照度和亮度，根据不同的需要来改变光的发射方向和性能，是室内照明设计的重点。

(1) 直接照明。通过照明灯具直接照射时，有 90%～100%的发射光通量到达工作面上，其照明形式为直接照明。

直接照明所选的照明灯具大多数是定向式照射灯具，这种照明形式使光全部直接作用于工作面，光的工作效率很高。但在室内使用单一的直接照明会产生强烈的明暗对比的光环境，对人的心理和生理都会产生冲击。一方面会使人集中注意力，如工作中的台灯、展厅中对展品进行直接照明等；另一方面在视觉范围内长时间出现强烈的明暗对比，短时间会使人兴奋，长时间易使人产生疲劳感。

(2) 间接照明。光源的光线以 10%以下的发射光通量直接到达工作面上，90%以上的发射光通量通过反射间接作用于工作面上，这种照明形式为间接照明。间接照明使发射光通量在反射过程中被部分消耗，所以说它的工作效率较低，但因为通过反射光进行照明，所以工作面得到的光线就比较柔和。

(3) 半直接半间接照明。光源光线 10%～50%的发射光通量直接到达工作面，50%～90%的发射光通量通过反射作用于工作面。半直接半间接照明方式在满足工作面照度的同时，也能使非工作面得到一定的照明，这时光环境明暗对比不是很强烈，但主次分明，总体光线环境是柔和的。

3. 照明的控制

为了使照明水平适合视觉作业的功能要求，国际照明委员会(CIE)通过两个途径来进行研究，以达到上述要求：一是在实验室研究照明水平对模拟视觉工作的亮度阈限的影响，只要使照明水平超过视工作的亮度阈限值，则可满足视觉功能的要求；二是直接研究大于亮度阈限值范围的照明水平对视觉功能的影响，把照明水平规定在给定的视觉功能要求值的位置。

(1) 照度控制。人们曾经试图应用视觉功能的测试结果去解释实践中获得的照明印象，然而在许多情况下，单从视觉功能角度进行的测量是不可能建立整体环境的照明规范的。大多数实际的视觉作业是复杂的，除工作区外，还有室内交通和其他活动区域，以及需要创造特殊气氛的区域。

国际照明委员会(CIE)在《室内照明指南》(1975)中建议，在制定照明规范时应该推荐三种照明范围，即 20～200lx、200～2000lx、2000～20000lx，将这三个范围再细分成许多级，得出推荐的照度水平等级为 0.2lx、0.5lx、1lx、2lx、3lx、5lx、10lx、20lx；30lx、50lx、75lx、100lx、150lx、200lx；300lx、500lx、750lx、1000lx、1500lx、25001x。

水平照度达到 20lx 刚能看出人的面部特征；达到 200lx 能够满足看出人的面部特征，人在室内停留较长时间的最低要求；达到 2000lx 是在通常的工作室内获得最佳观看效果的条件；达到 20000lx 可以完成低对比和精细的临界作业。

(2) 亮度控制。亮度设计是光环境设计中的一个重要环节，是照度设计的补充。因为室内环境中各表面的亮度决定了整个空间光环境的质量和效果，在同样照度的前提下，各表面的反射比不同所形成的光环境也就不同。

日常经验和实验室的研究证明，人的眼睛能够适应一定范围的亮度，也就是明适应和暗适应现象。

研究表明，物体的亮度与背景的亮度成正比时，识别灵敏度会达到最大值(人对物体的识别)，信息的损失达到最小值。因此，对室内亮度的控制主要考虑亮度比。

室内各部分最大允许亮度比如下：视力作业面与附近工作面之比 3:1，视力作业面与周围环境之比 10:1，光源与背景之比 20:1，视野范围内最大亮度比 40:1。

室内亮度最小值：人脸的最小亮度值，如刚好可以辨认出脸部特征所需要的亮度值为 1cd/m^2；刚好可以看清面部，不特别费力就能认出脸部特征所需要的亮度值为 10～20cd/m^2。

室内亮度最佳值：墙为 50～150cd/m^2，顶棚为 100～300cd/m^2，作业区域为 100～400cd/m^2，人脸为 250cd/m^2。

室内亮度最大值：1000～10000cd/m^2 是可以容许的灯具的最大亮度值，2000cd/m^2 的亮度值标志着光源开始引起眩光。

表 5.1 为推荐的室内照度。

表 5.1　推荐的室内照度

序号	照度范围/lx	场所或活动类型
1	20～30～50	室外活动场所及工作场所，如走廊、储藏室、楼梯间、浴室、咖啡厅、酒吧、站前广告等
2	30～100～150	流通场所、短程旅行的方向定位，如电梯前室、客房服务台、酒吧柜台、室内菜场营业厅、值班室、邮电局、游艺厅、剧场、进站大厅、问讯处、诊室、商场通道区等
3	100～150～200	非连续使用的工作场所，如办公室、接待室、客房写字台、商店货架、柜台、小卖部、厨房、售票房、排演厅、检票处、手术室、放射室、广播室、总机室、电教室、理发室等
4	200～300～500	简单视觉要求的作业场所，如阅览室，设计室，橱窗，陈列室，美容、烹调、体育运动的场所，玻璃、石器、金属品展览厅，保龄球、排球、羽毛球、武术等比赛场等
5	300～500～700	中等视觉要求的作业场所，如体操、网球、篮球比赛场，游泳、跳水比赛场，绘图室，印刷机房、木材机械加工、一般精细作业、粗加工、机床区、电修车间等
6	500～750～1000	较强视觉要求的作业场所，如乒乓球、围棋、象棋等比赛场，金属加工厂、机电装配车间的小件装配、电修车间(精密)、打字室、抛光车间等
7	750～1000～1500	较高视觉要求的作业场所
8	1000～1500～2000	特殊视觉要求的作业场所
9	2000 以上	进行精确操作的作业场所

(3) 眩光的控制。在视野内有亮度极高的发光物体或强烈亮度对比，就可以引起不舒适感，并造成视觉降低的现象，叫作眩光。眩光是影响照明质量的最重要因素，因此防止眩光的产生是室内照明设计人员首要考虑的问题。

防止和控制眩光可采取的措施如下。

① 限制光源亮度。当光源亮度大于 2000cd/m^2 时，就会产生严重的眩光，应考虑通过某种遮挡提高光的漫射性能，使灯光柔和，或用几个低照度灯具代替一个高照度灯具。

② 移动光源位置。尽可能将光源布置在视线外的微弱刺激区，如采用适当的悬挂高度，使光源在视线 45°以上。

③ 隐蔽光源。遮光灯罩可以隐蔽光源，避免眩光，遮挡角与保护角之和为 90°，遮挡角的标准各国规定不同，一般为 60°～70°，保护角为 20°～30°。

④ 避免反射眩光。改变光源与工作面的位置，使反射光在人的视觉工作区域之外，也可以利用倾斜工作面、通过改变工作面为粗糙面或吸收面，使光扩散或吸收，避免反射眩光。

(4) 适当提高环境亮度。使物体亮度与背景亮度的对比减少，也可起到减弱眩光的作用。

在数字化人机工程设计中，可将所设计的作业空间的光照环境通过基于虚拟现实技术或增强现实技术构建的沉浸式虚拟环境，获得设计者的真实体验，以此替代基于实物作业空间光照环境的传统实测与评价方法。

5.4　人机环境振动设计

振动是自然界最普遍的现象之一，大至宇宙，小至亚原子粒子，无不存在振动。各种形式的物理现象，包括声、光、热等都包含振动。在工程技术领域中，振动现象也比比皆是。例如，桥梁和建筑物在阵风或地震激励下会产生振动，飞机和船舶在航行中会产生振动，机床和刀具在加工时会产生振动，各种动力机械会产生振动，控制系统中会产生自激振动，等等。

在许多情况下，振动被认为是消极因素。例如，振动会影响精密仪器、设备的功能，降低加工精度和光洁度，加剧构件的疲劳和磨损，从而缩短机器和结构物的使用寿命。振动还可能引起结构的大变形，有的桥梁曾因振动而坍毁；飞机机翼的颤振、机轮的抖振往往造成事故；车船和机舱的振动会劣化乘载条件；强烈的振动噪声会造成严重的公害。

5.4.1　人机系统中人体接触到的振动源

在日常生活、工作中人体可能接触到的振动源如下。

(1) 动力工具：风动工具、电动工具，如电钻、电锯、林业用油锯、砂轮机、抛光机、研磨机、养路捣固机等)。

(2) 载运工具(装备)：机动与非机动装备，如汽车、列车、飞机、飞船、舰艇和潜水器、工程机械、电动车、自行车等。

(3) 拖拉机、收割机、脱粒机等农业机械。

5.4.2　机械振动的分类

通常情况下，机械振动的分类方法有如下几种。

(1) 按能否用确定的时间函数关系式描述，可将振动分为两大类，即确定性振动和随机振动(非确定性振动)。确定性振动能用确定的数学关系式来描述，对于指定的某一时刻，可以确定相应的函数值。随机振动具有随机特点，每次观测的结果都不相同，无法用精确的数学关系式来描述，不能预测未来任何瞬间的精确值，而只能用概率统计的方法来描述规律。例如，路面凹凸不平引起的振动源即为一种随机振动源。确定性振动又分为周期振动和非周期振动。周期振动包括简谐周期振动和复杂周期振动。简谐周期振动只含有一个振动频率，而复杂周期振动含有多个振动频率，其中任意两个振动频率之比都是有理数。非周期振动包括准周期振动和瞬态振动。准周期振动没有周期性，在所包含的多个振动频率中至少有一个振动频率与另一个振动频率之比为无理数。瞬态振动是一些可用各种脉冲函数或衰减函数描述的振动。

(2) 按系统运动自由度分，可将振动分为单自由度系统振动和多自由度系统振动。有限多自由度系统与离散系统相对应，其振动由常微分方程描述；无限多自由度系统与连续系统(如杆、梁、板、壳等)相对应，其振动由偏微分方程描述。方程中不显含时间的系统称自治系统；显含时间的系统称非自治系统。

(3) 按系统受力情况分，可将振动分为自由振动、衰减振动和受迫振动。

自由振动是去掉激励或约束之后，机械系统所出现的振动。振动只靠其弹性恢复力来维持，当有阻尼时振动便逐渐衰减。自由振动的频率只取决于系统本身的物理性质，称为系统的固有频率。

受迫振动是机械系统受外界持续激励所产生的振动。简谐激励是最简单的持续激励。受迫振动包含瞬态振动和稳态振动。在振动开始一段时间内所出现的随时间变化的振动称为瞬态振动，经过短暂时间后，瞬态振动即消失。系统从外界不断地获得能量来补偿阻尼所耗散的能量，因而能够做持续的等幅振动，这种振动的频率与激励频率相同，称为稳态振动。例如，在两端固定的横梁的中部装一个激振器，激振器开动短暂时间后，横梁所做的持续等幅振动就是稳态振动，振动的频率与激振器的频率相同。系统受外力或其他输入作用时，其相应的输出量称为响应。当外部激励的频率接近系统的固有频率时，系统的振幅将急剧增加。激励频率等于系统的共振频率时则产生共振，设计和使用机械时必须防止共振。例如，为了确保旋转机械安全运转，轴的工作转速应处于其临界转速的一定范围之外。

自激振动是在非线性振动中，系统只受其本身产生的激励所维持的振动。自激振动系统本身除具有振动元件外，还具有非振荡性的能源、调节环节和反馈环节。因此，不存在外界激励时它也能产生一种稳定的周期振动，维持自激振动的交变力是由运动本身产生的且由反馈和调节环节所控制。振动一停止，此交变力也随之消失。自激振动与初始条件无关，其频率等于或接近系统的固有频率，飞机飞行过程中机翼的颤振、机床工作台在滑动导轨上低速移动时的爬行、钟表摆的摆动和琴弦的振动都属于自激振动。

(4) 按振动位移的特征，可将振动分为扭转振动和直线振动。

(5) 按弹性力和阻尼力性质分，可将振动分为线性振动和非线性振动。

(6) 振动又可分为确定性振动和随机振动，后者无确定性规律，如车辆行进中的颠簸。

5.4.3　振动对人体各生理系统的影响

振动对人体的不利影响如下。

(1) 脑电图改变；条件反射潜伏期改变；交感神经功能亢进；血压不稳、心律不稳等；皮肤感觉功能降低，如触觉、温热觉、痛觉，尤其是振动感觉最早出现迟钝。

(2) 40～300Hz 的振动能引起周围毛细血管形态和张力的改变，表现为末梢血管痉挛、脑血流图异常；心脏方面可出现心动过缓、窦性心律不齐和房内、室内、房室间传导阻滞等。

(3) 握力下降，肌电图异常，肌纤维颤动，肌肉萎缩和疼痛等，视力和手操控精度降低。

(4) 40Hz 以下的大振幅振动易引起骨和关节的改变，骨的 X 光底片上可见到骨质形成、骨质疏松、骨关节变形和坏死等。

(5) 振动引起的听力变化以 125～250Hz 频段的听力下降为主，但在早期仍以高频段听力损失为主，而后才出现低频段听力下降。振动和噪声有联合作用。

(6) 长期使用振动工具可产生局部振动病。局部振动病是以末梢循环障碍为主的疾病，亦可累及肢体神经及运动功能。发病部位一般多在上肢末端，典型表现为发作性手指变白(简称白指)。寒冷是振动病发病的重要外部条件之一，寒冷可导致血流量减少，使血液循环发生改变，导致局部供血不足，促进振动病发生。接触振动时间越长，振动病发病率越高，所以工间休息对预防振动病有积极意义。我国 1957 年就将局部振动病定为职业病。

(7) 在极端情况下，当人体以外的激励频率与人体某部位的固有振动频率一致时就会产生共振，使人体的共振部位组织受到极大的伤害，如果共振持续时间长，甚至会危及生命。例如，某载人飞船进入太空的过程中，存在飞船与人体共振的现象。因此，设计者必须考虑人机环境系统的动态设计问题。

5.4.4 对人体产生影响的振动参数

对人体产生影响的振动参数主要是振动频率、振动加速度和振动振幅。人体只对 1～1000Hz 的振动产生振动感觉。频率在发病过程中有重要作用。30～300Hz 的振动主要引起末梢血管痉挛，发生白指。频率相同时，加速度越大，其危害也越大。振幅大、频率低的振动主要作用于前庭器官，并可使内脏产生移位。频率一定时，振幅越大，对机体影响越大。人对振动的敏感程度与身体所处姿势有关。人体立位时对垂直振动敏感，卧位时对水平振动敏感。有的作业要采取强制体位，甚至胸腹部或下肢紧贴振动物体，振动的危害就更大。加工部件硬度大时，工人所受危害也大，冲击力大的振动易使骨、关节发生病变。

5.4.5 振动危害的控制

(1) 减少振动源。在机的设计中，改进其制造工艺，用液压、焊接、黏接代替铆接，从而减少甚至取消使用动力工具的作业。

(2) 减振措施。从改变振动源的振动频率、加速度和振幅途径出发，在人与机、人与环境、机与环境的界面上，人机与环境的界面上增加隔振或减振(主动、被动的隔振，阻尼减振，动力吸振)结构设计。

(3) 采用自动、半自动操纵装置，以减少肢体直接接触振动源。

(4) 手持振动工具者应戴双层衬垫无指手套或衬垫泡沫塑料无指手套。在低温环境下作业的工作者要注意保暖防寒。新工人应进行就业前体检，血管痉挛和肢端血管失调及神经炎患者，禁止从事振动作业。

(5) 接触振动的作业工人应定期体检，间隔时间应为 2～3 年；应对振动病患者给予必要的治疗，应将反复发作者调离振动作业岗位。

5.4.6 振动设计问题与方法

解决振动设计问题的理论基础是振动学，借助数学、物理、实验和计算技术，探讨各种振动现象的机理，阐明振动的基本规律，以便克服振动的消极因素，利用其积极因素，为合理解决实践中遇到的各种振动问题提供理论依据。

在实践中，源于振动学理论的振动设计问题的解决方法不外乎通过理论分析和实验研究，两者是相辅相成的。振动的理论分析中大量应用了数学工具，特别是数字模拟仿真技术的发展为解决复杂振动问题提供了强有力的手段。20 世纪 60 年代中期以来，振动测试技术有了重大突破和进展，这又为振动问题的实验、分析和研究开拓了广阔的前景。

除了振动源预测问题，振动设计问题一般分为如下三类。

1. 振动系统识别问题

首先，将实际的人机环境系统抽象为振动力学模型，并建立数学模型：

$$M\ddot{X} + C\dot{X} + KX = F(t)$$

再通过测试技术系统测得人体系统的输入、输出数据，通过对实测数据进行模式识别，获得人机系统的物理参数，从而建立人机系统的振动微分方程组。这个问题成为系统识别的问题。通常采用模态分析法解决这类问题。

模态分析是研究结构动力特性的一种近代方法，是系统辨别方法在工程振动领域中的应用。模态是机械结构的固有振动特性，每一个模态具有特定的固有频率、阻尼比和模态振型。

在模态分析过程中，如果是由有限元法取得的，则称为计算模态分析；如果通过试验将采集的系统输入与输出信号经过参数识别获得模态参数，称为试验模态分析。模态分析的最终目标是识别出系统的模态参数(即系统的物理参数 M、K、C)，为结构系统的振动特性分析、振动故障诊断和预报，以及结构动力特性的优化设计提供依据。同时，模态分为自由模态分析与约束模态分析。通过有限元软件对汽车车身进行自由模态分析可以得出其固有频率及各阶主振型。对与车辆其他耦合的部位(人体固有频率、环境激励频率)进行分析，避免共振区，提高零部件的使用寿命。同时可以通过模态叠加原理将其运用到刚柔耦合的动力学分析中，如 ANSYS 与 ADAMS 相结合进行平顺性分析。与刚体多体动力学相比，以上建立的刚柔耦合模型计算出的结果具有更大的准确性。一旦经试验验证的数学模型 $M\ddot{X}+C\dot{X}+KX=F(t)$ 成立，就可以进行多方案的数字化分析与优化设计。

2. 振动分析问题

解决振动分析问题的基本方法有理论分析法(即通过建立人机系统的振动运动微分方程来求解响应)、实验研究、理论与实验相结合的方法。$M\ddot{X}+C\dot{X}+KX=F(t)$ 为典型的振动微分方程，根据 $F(t)$是否为零，分为自由振动或强迫振动；根据 C 是否为零，分为有阻尼或无阻尼振动。

自然界中存在的振动问题往往很复杂，为了简化振动问题，同时不失真，可以将非线性振动转换为线性振动，得出系统特征根，从而判断系统稳定性；也可将周期振动通过傅里叶级数转化为最简单简谐函数之和，得出频谱图；对于任意激励下的振动(即瞬态响应)，非简谐也非周期，则可通过杜哈美积分法或傅式积分法等将其在时域与频域上进行转化，从而得出响应。振动系统又可以从自由度的角度，将其简化为适当的单自由度、二自由度、多自由度的问题。例如在对汽车操纵特性进行研究时，首先将其简化为只具有侧向与横摆的两自由度问题，验证模型的研究为之后考虑更复杂的因素研究起到了代表性的作用。

在振动研究中，不论是单自由度模型还是两自由度模型，甚至多自由度模型，都可以通过频率响应函数找出其固有频率或主振型，从而对系统特性进行分析；也可以通过求解系统特征根来判别系统稳定性；还可以根据输入功率谱来对系统响应进行分析，即频谱分析。以上三大分析过程都是互相依赖、互相作用的。具体的建模方法有集中参数法、有限元法和多体系统动力学法。

3. 振动综合或设计的问题

基于振动系统的结果，对人机系统进行设计，这就是振动综合或设计的问题。解决这类问题是振动系统识别和振动分析两类问题解决方法的综合应用。

5.4.7　汽车振动问题的研究内容和方法

不失一般性，本节以汽车为例，简述其振动问题的研究内容和方法。

汽车行驶路面不平、车速与运动方向变化、车轮发动机传动系不平衡，以及齿轮的冲击等各种外部和内部的激振作用会产生强烈振动，这种情况使汽车的动力性得不到充分发挥，同时损害车辆的经济性，降低汽车通过性、操纵稳定性和平顺性(主要考虑人体的舒适性)，使司机、乘员产生不舒服、疲劳的感觉，长期积累造成腰部损伤，甚至损坏汽车零部件与运载货物，缩短使用寿命。

汽车的振动系统是最典型的质量、弹簧、阻尼振动系统，各零件组成部分具有不同的固有频率，所以汽车在各种激励下的振动研究对汽车动态特性有着十分积极的作用。动力传动系统、悬架系统、转向系统都属于汽车中最具代表性、最重要的系统。下面探讨三大系统中振动分析的应用。

由离合器、变速器、万向节、传动轴、主减速器、驱动半轴和轮毂组成的动力传动系统，在发动机输出的交变力矩作用下会产生周期性弯曲振动与扭转振动。当一些部位达到固有频率时，产生共振时载荷明显增加，降低使用寿命。通过建立的无阻尼扭振模型，计算出系统的固有频率与相应的振型，节点的振幅越小，节点处扭转切应力越大。通过对系统的低频特性与高频特性分别进行研究，提出相应的减振措施，并通过改善临界转速来避开共振点。

研究汽车操纵特性时，如果考虑汽车转向系统本身的弹性，则将转向柱与转向系统的变形均视为扭转变形，将转向系统的总扭转刚度 K_s 应用到操纵特性研究中。采用拉格朗日方法进行模型的推导，得到拉格朗日方程，将其写为状态方程，最后进行特征值求解，可以对操纵特性进行稳定性分析。对系统进行频率响应分析得出横摆角速度与侧向加速度的幅频与相频特性图，来判断车辆的操纵动力学特性响应的好坏。

在汽车平顺性研究中，可以将车辆系统简化为多自由度的集中参数振动模型(最多可达20个自由度)，对车辆垂直方向的动力学进行研究，但相应三个系统中的等效质量 M_e 必须满足总质量、质心位置、转动惯量不变。在汽车加速、制动、转弯等运行工况下，计算车辆垂向加速度均方根值、悬架动行程、轮胎动载荷，为悬架设计提供量化指标。同时，也可反向设计悬架动力学参数刚度 K 与阻尼 C，优化车辆的平顺性和操纵稳定性。

5.5　面向系统的人机系统设计

人机工程学的最大特点是把人、机、环境看作一个系统的三大要素，在深入研究三要素各自性能和特征的基础上，着重强调从系统的总体性能出发，并运用系统论、控制论和优化论三大基础理论，使系统三要素形成最佳组合的优化系统。

5.5.1　人机系统

人机系统是指人为了达到某种预定目的，由相互作用、相互依存的人和机器两个子系统构成的一个整体系统，是由人和机器构成并依赖于人机之间相互作用而完成一定功能的系统。现代生产管理和工程技术设计中，合理地设计人机系统，使其可靠、高效地发挥作用是一个十分重要的问题。这里的机器是指人所操纵或使用的各种机器、设备、工具等的总称。

人机系统中，一般的工作循环过程可用图 5.1 来加以说明，人在操作过程中，机器通过显示器将信息传递给人的感觉器官(如眼睛、耳朵等)，中枢神经系统对信息进行处理后，指挥运动系统(如手、脚等)操纵机器的控制器，改变机器所处的状态。由此可见，从机器传来的信息，通过人这个环节又返回机器，从而形成一个闭环系统。人机所处的外部环境因素(如温度、照明、噪声和振动等)也将不断影响和干扰此系统的效率。因此，从广义来讲，人机系统又称人机环境系统。

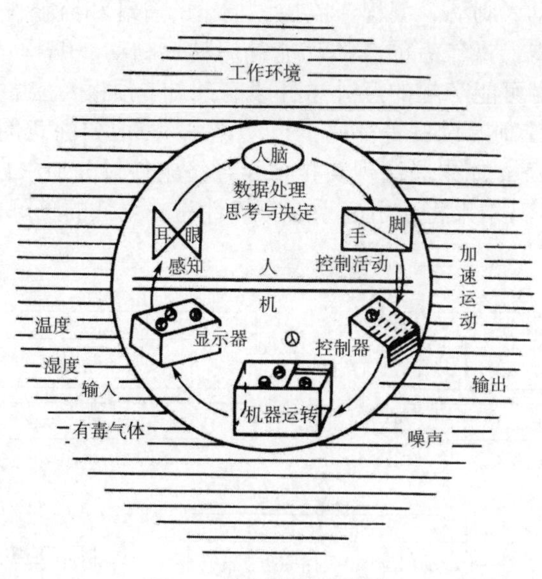

图 5.1　人机系统示意图

5.5.2　人机系统的类型

1. 按有无反馈控制分类

反馈是指系统的输出量与系统的输入量结合后重新对系统发生作用。按反馈分类，人机系统可分为开环人机系统和闭环人机系统。

(1) 开环人机系统。开环人机系统是指系统中没有反馈回路，或输出过程中也可提供反馈的信息，但无法用这些信息进一步直接控制操作，即系统的输出对系统的控制作用没有直接影响。例如，操纵普通车床加工工件就是开环人机系统。

(2) 闭环人机系统。闭环人机系统是指系统有封闭的反馈回路，输出对控制作用有直接影响。若由人来观察和控制信息的输入、输出和反馈，如在普通车床加工工件，再配上质量检测构成反馈，则称为人工闭环人机系统；若由自动控制装置来代替人的工作，如利用自动车床加工工件，人只起监督作用，则称为自动闭环人机系统。

2. 按系统自动化程度分类

(1) 手工操作系统。手工操作系统包括操作者和一些辅助机械及手工工具，人自始至终在起作用，操作者直接把输入转变为输出。操作者提供体力作为动力，凭技能控制生产过程，机械与工具只是增强操作者的力量并提供工作条件。例如，钳工锉削、刮研、木工操作、手工造型等均属于手工操作系统，如图 5.2(a)所示。

(2) 半自动化系统。半自动化系统由操作者控制具有动力的机器设备，操作者和机器相互作用，共同来感知生产过程的信息，然后由操作者使用控制装置启动或停止机器，并进行各种调整。操作者也可能为系统提供少量动力。在闭环系统中反馈的信息，经过操作者的处理输入机器，以改变其运动状态，如图 5.2(b)所示。这样不断地反复调整，保证人机系统得以正常运行。凡是操纵具有动力的设备均属于这种系统，例如，操纵各种机床加工零件、驾驶工程车辆等。

(3) 自动化系统。自动化系统中的信息接收、储存、处理和执行等工作，全部由机器完成，操作者只起启动、制动、编程、监控、调试的管理和监督作用。如图5.2(c)所示，系统的能源从外部获得，操作者的具体功能是启动、制动、编程、维修和调试等。为了安全运行，系统必须对可能产生的意外事件设有感知、预报及应急处理功能。数控机床、机器人和一些计算机控制的设备等都属于自动化系统。但要注意的是，这种系统投资大，用于小批量生产不经济。如果脱离现实技术及经济条件过分追求自动化，将适合人操作的功能也采用自动化，其结果将会引起系统可靠性和安全性的下降，导致操作者与机器不相协调。

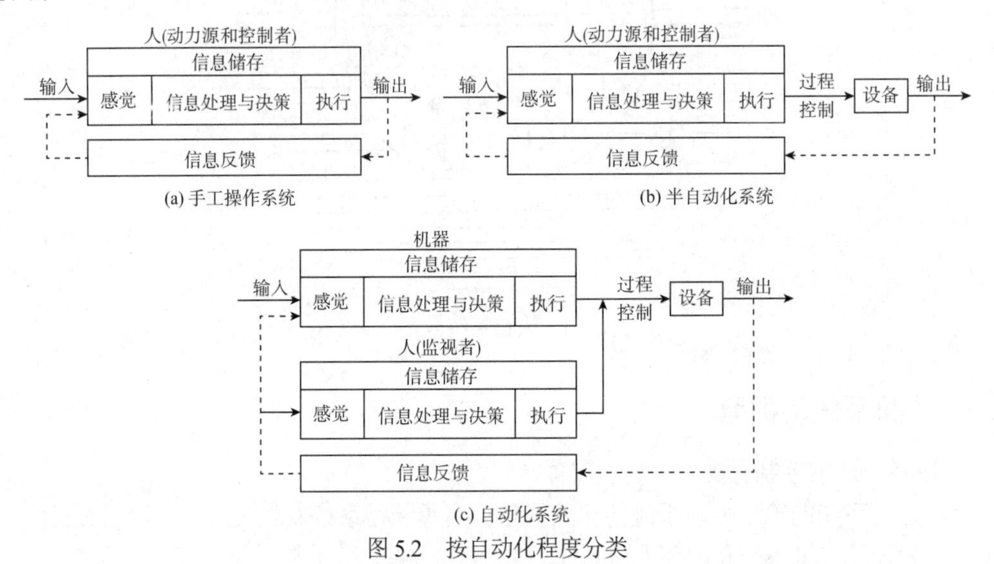

图5.2　按自动化程度分类

上述三种人机系统，其效果比较如表5.2所示。

表5.2　手工操作系统与半自动化、自动化系统效果比较

系统种类	系统特性				
	自动化程度	操作可靠性	费用	创造能力	维护能力
手工操作系统	低	低	低	高	好
半自动化、自动化系统	高	高	高	低	差

3. 按人与机器的结合方式分类

按人与机器的结合方式，人机系统可分为人机串联、人机并联和人机串并联混合三种类型，如图5.3所示。

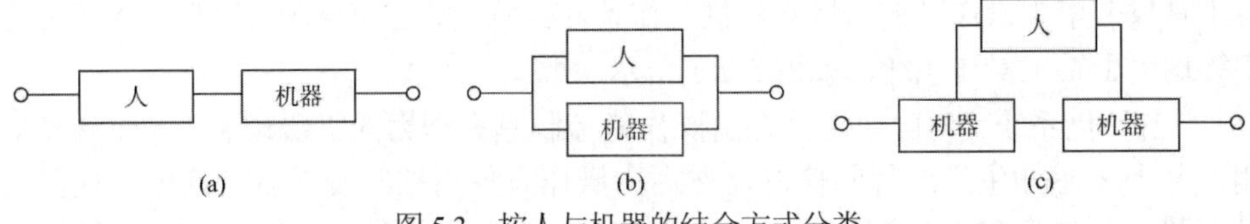

图5.3　按人与机器的结合方式分类

(1) 人机串联。人与机器串联的结合方式如图5.3(a)所示。操作时，人在工作系统中直接操纵机器设备。人与机器的结合增大了人的优点和作用，但是也存在人机特性的互相干扰。由于受人的能力特性的制约，机器特长不能充分发挥，而且还会出现种种问题。例如，当人的能力下降时，机器的效率也随之降低，甚至会由于人的失误而发生事故。

(2) 人机并联。人机并联的结合方式如图 5.3(b)所示。操作时，人在工作系统中以监视、管理为主，手工操作为辅。这种结合方式，使人与机器的功能互相补充，如机器的自动化运转可弥补人的能力特性的不足。但是人与机器结合不可能是恒常的，当系统正常时，机器以自动运转为主，操作者不受系统的约束，当系统出现异常时，机器由自动变为手动，操作者必须直接介入系统之中，人机结合从并联变为串联，要求操作者迅速而正确地判断和操作。

(3) 人机串并联。人与机器串并联混合的结合方式如图 5.3(c)所示。这种结合方式多种多样，实际上是人机串联和人机并联两种方式的综合，往往同时兼有两种方式的基本特性。在人机系统中，无论是单人单机、单人多机、单机多人还是多机多人，人与机器之间的联系都发生在人机界面上。而人与人之间的联系主要通过语言、文字、文件、电信、信号、标志、符号、手势和动作等进行。

如图 5.4 所示，人接收到来自机器的信息，经大脑加工处理后做出决策，再通过运动器官操作机器上的控制系统(装置)，从而实现人机信息传递。这里人和机器组成一个闭环系统。人机信息交流都是通过人的活动联系在一起的，体现出人的主导作用。人与机之间存在一个相互作用的界面，所有人机信息交流都发生在这个作用界面上，通常称为人机界面，简言之，人机界面就是“人”“机”子系统的匹配面。

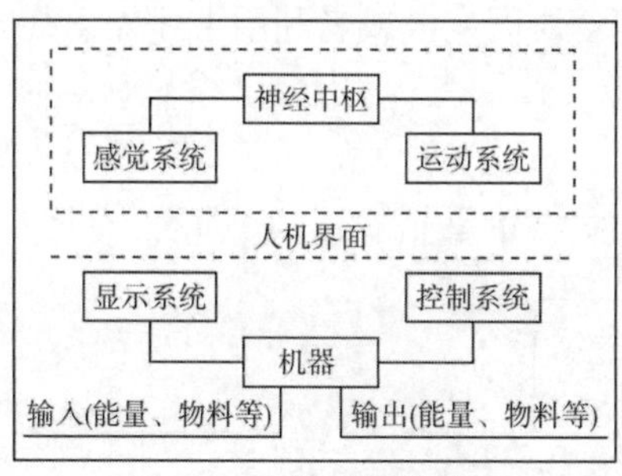

图 5.4　人机系统模式图

人机界面一般包括：测量系统终端，如各种形式的显示器；操纵控制器，如操纵杆、操纵舵、开关、阀门、旋钮、计算机键盘等；通信装置终端，如扩音器、话筒、声光信号等。这些统称为界面类环节。这几部分的有机组合，加上作为主体操作的人的能动作用，构成了界面，实现界面上的“对话”。界面上信息的交换和处理十分频繁，内容也十分丰富。

5.5.3　人机系统设计的目标

人机系统结构复杂、形式繁多、功能各异，但是，结构、形式、功能均不相同的人机系统设计的总体目标是一致的。因此，研究人机系统的总体设计具有重要意义。人机系统设计时必须考虑系统的目标，由图 5.5 可知，人机系统的总体目标也就是人机工程所追求的优化目标。因此，在人机系统总体设计时，要求满足安全、高效、舒适、健康和经济 5 个指标的总体优化。

5.5.4　人机系统设计

人机系统设计是人机工程学科的一个重要组成部分，具有很强的综合性和实用性。人机系统设计是一个广义的概念，可以说，凡是人和机相结合的设计，小至一个按钮、开关，一件手工工具，大至一个大型复杂的生产过程、一个现代化系统(如宇宙飞船)的设计，均为人机系统设计。它不仅包括某个系统的具体设计，而且也包括作业及作业辅助设计、人员培训和维修等。

1. 人机系统设计的基本思想

人机系统设计的思想在不断改变。最初的设计思想是首先确定机器，然后根据机器的操作要求进行设计。随着机器运行速度的提高，要求操作者的反应速度必须提高，而人的能力与机器对操作者的要求差距越来越大，因此产生了人机界面设计问题。这种设计思想着重研究显示器怎样设计才能使操作者在尽可能短的时间内正确判读，也着重研究控制器的位置、形状、阻力在什么情况下最适合操作。此设计思想的局限性是没有进行合理的功能分配，往往让机器或操作者承担不擅长的工作，这样，无论界面设计得多好，系统也不能发挥其最优功能而达到高效率。

现代系统设计的思想是将系统的性能、可靠性、费用、时间和适应性作为设计所追求的目标，从功能分析入手，合理地将系统的各项功能分配给机器和操作者，从而达到系统的最佳匹配。

系统设计的思想和过程可总结为图 5.6 所示的模型，特别适用于不能从以前的设计中汲取经验的全新设计。系统设计不是单一专业领域操作者所能胜任的，而应该由工程师、人类学家、心理学家、人机工程学者协同完成或者利用上述知识共同完成。

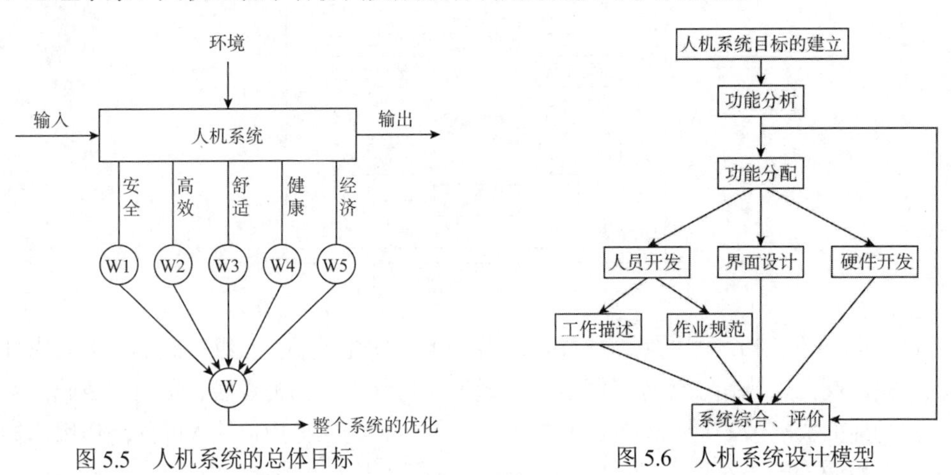

图 5.5　人机系统的总体目标　　图 5.6　人机系统设计模型

人机系统设计的根本目的是，根据人的特性设计出最符合人操作的机器、设备、器具，最醒目的显示器，最方便使用的控制器，最舒适的环境、条件、坐标和工作姿势，最合理的操作程序、标准和作业方法等，使整个人机系统保持安全可靠、高效率和高效益。

人机系统设计的主要要求如下。

(1) 能达到预定的功能目标，完成预定的任务。

(2) 在人机系统中，人与机都能发挥各自的作用并协调地工作。

(3) 人机系统的输入功能和输出功能都必须符合设计的能力。

(4) 人机系统要考虑环境因素的影响。例如在工厂里，这个环境因素包括厂房建筑结构、照明、噪声、大气环境等。人机系统设计不单只是处理人和机器的关系问题，应把和机器运行过程相对应的周围环境一并考虑。环境始终是影响人机系统的一个重要因素。

(5) 人机系统应有完善的反馈闭环回路。输入的比率可以进行调整，用补偿输出的变化或者用增减设备和人员的办法调整输出来适应输入的变化。

2. 人机系统设计的内容

人机系统设计的内容包括以下几个方面。

(1) 确定人机系统的功能及其在人与机器之间的合理分配。人机功能分配是人机系统设计的重要一环，其目的是根据系统工作要求，使人机系统可靠、有效地发挥作用，达到人与机器的最佳配合。人机功能分配必须基于人和机器各自的功能特点。在市场调查和预测的基础上，确定机械产品的设计目标，明确人机系统的功能，以便在人与机器之间合理地进行功能分配。

(2) 人机界面设计。人机界面设计主要是显示器、控制器、操作者，以及它们之间的几何位置关系的设计，包括显示器的选型、设计和布置，控制器的选型、设计和布置，人机界面的设计、评价和优化匹配，机器危险区分析和安全防护设计，操作空间设计等一系列设计活动。

(3) 人机系统的可靠性设计。可靠性的数量指标为可靠度。人机系统的可靠度是由机器的可靠度与人的操作可靠度两部分构成。

(4) 操作环境的设计和控制。根据人机系统的具体特点，分析其操作环境因素对操作者和机器的影响，对环境条件进行合理设计和适当控制，为操作者创造安全而舒适的工作环境，以减轻疲劳、提高工效，避免或减少误操作，并提高机器的工作效率和使用可靠性。

3. 人机系统设计的流程

具体的人机系统设计流程如图 5.7 所示。该流程包括以下几个方面。

(1) 了解整个系统的必要条件，如系统的任务、目标，系统使用的一般环境、条件，以及对系统的机动性要求等。

(2) 调查系统的外部环境，如对系统执行造成障碍的外部大气环境，外部环境的检验或监测装置等。

(3) 了解系统内部环境的设计要求，如采光、照明、噪声、振动、温度、湿度、粉尘、气体、辐射等操作环境以及操作空间等的要求，并从中分析对系统执行造成障碍的内部环境。

(4) 进行系统分析，即利用人机工程知识对系统的组成、人机联系、操作活动方式等内容进行方案分析。

(5) 分析构成系统各要素的机能特性及其约束条件，如操作者的最小操作空间、最大操作力、操作效率、可靠性、机体疲劳、能量消耗，以及系统费用、输入和输出功率等。

(6) 优化操作者与机器的整体配合关系，如分析操作者与机器工作分工的合理性，人机共同工作时关系的适应程度等配合关系。

(7) 确定人、机、环境的各种要素。

(8) 利用人机工程标准对系统方案进行评价，如选定合适的评价方法，对系统的可靠性、安全性、高效性、完整性以及经济性等方面做出综合评价，以确定方案是否可行。

图 5.8 为人机界面设计程序的示例流程图。

4. 人机系统设计的步骤

人机工程专家要参与人机系统开发的全过程，在不同开发阶段，所参与的工作不同。人机系统设计的步骤及应考虑的人机工程问题见表 5.3。

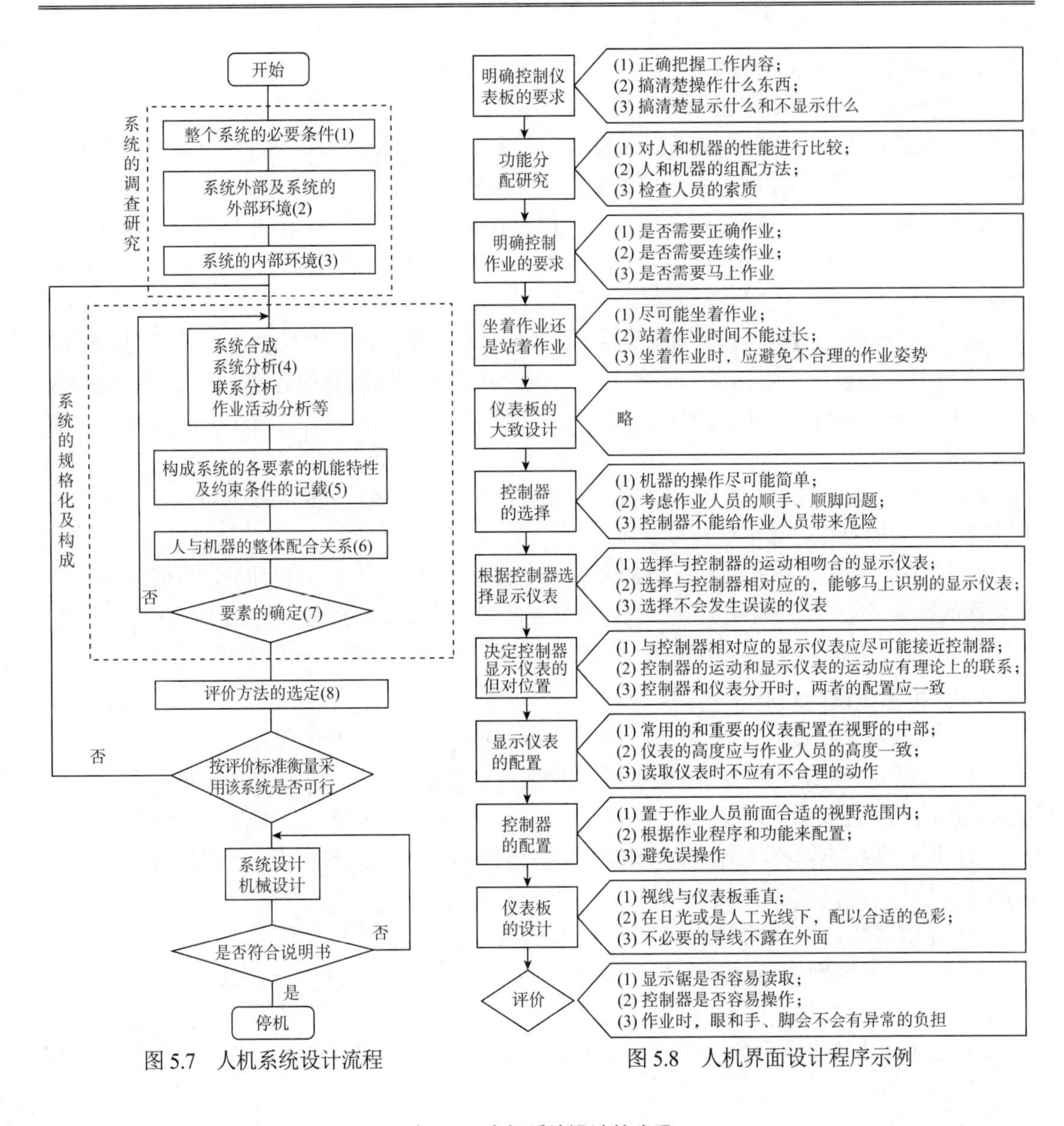

图 5.7　人机系统设计流程

图 5.8　人机界面设计程序示例

表 5.3　人机系统设计的步骤

系统开发阶段	各阶段主要内容	人机系统设计注意事项	人机工程专家设计事例
明确系统的重要事项	确定目标	主要操作者的要求与制约条件	对主要操作者的特点、训练等有关问题调查和预测
	确定使命	①系统使用及环境的制约条件；②组成系统的操作者的数量和质量	对安全性和舒适性有关条件的检验
	明确适用条件	能够确保主要操作者的数量和质量，以及能够得到的训练设备	预测对操作者精神、动机的影响
系统分析和系统规划	详细划分系统的主要事项	详细划分系统的主要事项及其性能	设想系统性能
	分析系统功能	对各项设想进行比较	实施系统轮廓及其分布图

(续表)

系统开发阶段	各阶段主要内容	人机系统设计注意事项	人机工程专家设计事例
系统分析和系统规划	系统构思的发展(对可能的构思进行分析、评价)	①系统的功能分配；②与设计有关的必要条件，与操作者有关的必要条件；③功能分析；④主要人员配备与训练方案制定	①对人机功能分配和系统功能的各种方案进行比较与研究；②对各种性能的操作进行分析；③调查确定必要的信息显示与控制的种类
	选择最佳设想和必要的设计条件	人机系统的试验评价设想与其他专家组进行权衡	①根据功能分配，预测所需人员的数量和质量，以及训练计划和设备；②提出试验评价方法，设想与其他子系统的关系和准备采取的对策
系统设计	预备(大纲)设计	设计师应考虑与人有关的因素	准备合适的人机工程数据
	设计细则	设计细则与操作人的关系	①提出人机工程设计标准；②关于信息与控制必要性的研究，实现方法的选择与开发；③研究操作性能；④居住性的研究
	具体设计	①在系统的最终构成阶段，协调人机系统；②操作和保养的详细分析与研究(提高可靠性和维修性)；③设计适应性高的机器；④人所处空间的安排	①参与系统设计最终方案的确定，最后决定人机之间的功能分配，使人在操作过程中能够迅速、准确地进行动作、联络、掌握信息；②对安全性的考虑，防止工作热情下降的措施；③显示装置、控制装置选择和设计，以及控制面板的配置；④提高维修对策；⑤空间设计、操作者和机器的配置决定照明、温度、噪声等环境条件和保护措施
	人员的培养计划	人员的指导训练和配备计划与其他专家小组的折中方案	①决定使用说明书的内容和式样；②决定系统运行和保养所需人员的数量与质量，以及训练计划的开展和器材配置情况
系统的试验和评价	模型制作阶段原型、最终模型的缺陷诊断和修改的建议	根据试验数据分析、修改设计	①设计图纸阶段的评价；②模型或操作训练用模拟装置的人机关系评价；③确定评价标准(试验法、数据种类、分析法等)；④对安全性、舒适性、工作热情的影响评价；⑤机械设计的变动、使用程序的变动、人的操作内容的变动、人员素质的提高、训练方法的改善、对系统规划的反馈
生产	生产	以上几项为准	以上几项为准
使用	使用、保养	以上几项为准	以上几项为准

(1) 设定系统，分析、研究该系统的目标和功能、必要的和制约的条件，然后进行系统分析和规划。这里主要是指系统的功能分析、操作者的动作与时间分析、工序分析、职务分析等，其中包括提供操作者进行操作的必要条件和必需的信息，分析操作者的判断和操纵动作。

在系统设计阶段，功能分配要充分考虑和研究人的因素。考虑信息处理的可靠性时，既要提高机器设备的可靠性，又要提高控制机器设备的操作者的可靠性，使整体人机系统的可靠性得到提高。

(2) 对机器设备进行人机工程设计，必须保证操作者使用时得心应手。它包括人机界面设计，如控制器和显示器的选择与设计、操作空间设计、操作辅助设计等，并要为提高人机系统的安全性及可靠性采取具体对策，必要时还要制订操作人员的选择和训练计划。

(3) 对人机系统的试验和评价，试验该系统是否具有完成既定目标的功能，并进行安全性、可靠性等的分析和评价。

综上所述，人机系统的设计步骤可归纳为：①明确系统目的和条件；②进行操作者和机器的功能分配；③进行操作者和机器的相互配合；④对系统或机器的设计；⑤对系统进行分析和评价。

5. 人机系统设计的要点

人机系统的显著特点是对于系统中的人、机和环境三个组成要素，不单纯追求某一个要素的最优，而是在总体上、系统级的最高层次上正确地解决人机功能分配、人机匹配、操作要求、操作分析、人机界面、操作辅助设计、系统的验证和发展等方面的问题，以求得满足系统总体目标的优化方案。因此，应该掌握人机系统总体设计的要点。

(1) 人机功能分配。人机功能分配是指为使系统达到最佳匹配，在研究、分析操作者与机器特性的基础上，充分发挥操作者与机器的潜能，合理地将系统各项功能分配给操作者和机器的过程。人机功能分配的任务是决定系统中由操作者完成的功能和由机器完成的功能，同时必须对操作者和机器的特性进行分析与对比，如表 5.4 所示。

表 5.4　人与机器的特性比较

能力种类	人的特性	机器的特性
物理方面的功率	10s 内能输出 1.5kW，以 0.15kW 的输出能连续工作 1 天，并能做精细的调整	能输出极大的和极小的功率，但不能像人手那样进行精细的调整
计算能力	计算速度慢，常出差错，但能巧妙地修正错误	计算速度快，能够正确地进行计算，但不会修正错误
记忆容量	能够实现大容量的、长期的记忆，并能实现同时和几个对象联系	能进行大容量的数据记忆和取出
反应时间	最小值为 200ms	反应时间可达微秒级
通道	只能单通道	能够进行多通道的复杂动作
监控	难以监控偶然发生的事件	监控能力很强
操作内容	超精密重复操作时易出差错，可靠性较低	能够连续进行超精密的重复操作和按程序进行常规操作，可靠性较高
手指的能力	能够进行非常细致而且灵活、快速的动作	只能进行特定的工作
图形识别	图形识别能力强	图形识别能力弱
预测能力	能对事物的发展做出相应的预测	预测能力有很大的局限性
经验性	能够从经验中发现规律性的东西，并能根据经验进行修正和总结	不能自动归纳经验

功能分配是一个复杂问题，要在人机系统的功能分析基础上依据人机的特性进行分配，一般分配原则如下。

① 分配给操作者完成的工作。要求图形辨认或者多种信息输入的形式，需要归纳推理、判断，需要对未来的不能预期的状态做处理等。

② 安排给机器完成的工作，如单一的、重复性的计算、存储、检查、整理工作，长期、大功率、高速度的操作，环境条件恶劣的操作，以及需检测操作者不能识别的物理信号的操作等。

在人机系统设计中，对操作者和机器进行功能分配，主要考虑的是系统的效能、可靠性和成本。功能分配也称划定人机界限，通常应考虑以下几点：第一，操作者与机器的性能、负荷能力、潜力及局限性；第二，操作者进行规定操作所需的训练时间和精力限度；第三，对异常情况的适应性和反应能力的人机对比；第四，操作者个体差异的统计；第五，机器代替人的效果和成本等。

通常认为，用机器代替操作者，在等效等质条件下，符合下列关系才是经济可行的：

设备原值×(折旧率+大修率)+设备能耗+设备维修保养费+设备原值的银行利率<人工工资+工资附加费+社会保险费

人机功能分配的结果形成了由人与机器共同作用而实现的人机系统功能。现在，人机系统的功能包括信息接收、存储、处理、反馈、输入/输出以及执行等。

(2) 人机匹配。在复杂的人机系统中，人是一个子系统。为使人机系统总体效能最优，必须使机器设备与操作者之间达到最佳的配合，即达到最佳的人机匹配。人机匹配包括显示器与操作者的信息通道特性的匹配、控制器与操作者运动特性的匹配、显示器与控制器的匹配、环境(气温、噪声、振动和照明等)与操作者适应性的匹配、人机要素与操作的匹配等。设计时，要选用最有利于发挥操作者的能力、提高人的操作可靠性的匹配方式，应有利于操作者很好地完成任务，既能减轻操作者的负担，又能改善操作者的工作条件。例如，设计控制与显示装置时，必须研究操作者的生理、心理特点，了解感觉器官功能的限度和能力，以及使用时可能出现的疲劳程度，以保证操作者与机器的最佳配合。随着人机系统现代化程度的提高，脑力操作及心理紧张性操作的负荷加重将成为突出的问题，这种情况下往往易导致重大事故的发生。

在设备设计中，必须考虑操作者的因素，使操作者既舒适又高效地工作。随着电子计算机的不断发展，人机配合、人机对话将进入新的阶段，使人机系统形成一种新的组成形式：人与智能机的结合、人类智能与人工智能的结合、人与机械的结合，从而使人在人机系统中处于新的主导地位。

(3) 操作要求。每一项分配给人的功能都对操作者提出操作品质的要求，如精度、速度、技能、培训时间、满意度等。设计者必须确定操作要求，并作为以后人机界面设计、操作辅助设计的参考依据。

(4) 操作分析。操作分析是按照操作对工作者的能力、技能、知识、态度的要求，对分配给操作者的功能做进一步的分解和研究。操作分析包括两方面内容：一是子功能的分解与再分解，一项功能可以分解为若干层次的子功能；二是每一层次的子功能的输入和输出的确定，即引起操作者功能活动的输入和操作者功能活动的输出响应，是刺激响应过程的确定。

操作分析的功能分解要达到可以定义出操作单元水平为止。对于特定使用者来说，最易懂易做的功能分解水平，就是操作单元水平。因此，操作分析是指将分配给人的系统功能分解为使用者或操作者能够理解、学习和完成的操作单元。每一个操作单元的定义形式是它的输入和输出，它是有始有终的行为过程。

一组操作单元又可再组合为一个操作序列，一个操作序列是分配给一类特定使用者的一组相互关联的操作单元。通常，一个给定操作序列可以由一个以上的使用者或操作者完成。操作分析除了对系统正常条件下的功能过程进行分析和研究以外，还应特别研究非正常条件下操作者的功能，例如偶发事件的处理过程。美国三里岛核电站设计中，缺乏对事故处理过程中操作者的因素分析和研究，延误了人做出正确判断的时间，这是一个典型的设计失误事例。

(5) 人机界面设计。完成初步设计，确定系统的总体性能和操作者的操作要求后，就开始转入人机界面设计。人机界面设计主要是指显示器、控制器以及它们之间关系的设计。操作空间分析也是人机界面设计的内容。

人机界面设计必须解决好两个主要问题：人控制机器的问题和人接收信息的问题。图 5.8 是控制仪表板的人机界面设计流程与内容要点的示例。

(6) 操作辅助设计。为获得高效能的操作，必须设计各种操作辅助技术和手段。操作辅助设计的内容主要包括以下两方面：一是制定使用者的素质要求和选择操作人员的标准；二是编制设计操作手册，设计操作辅助手段，设计安全操作规范的培训方案。

操作辅助是一个大概念，所有用于保证操作效能的技术和手段，除系统本体的硬件(包含机器)以外，都属于操作辅助的范围。从起作用的时间来看，操作辅助有长时长效的，如操作人员的培训、选拔标准，也有现场即时使用的，如检测表、操作记录等。操作辅助设计的要求必须明确，必须符合使用者的需要，不能过多或过少。例如，操作说明书可分为详尽的解释说明书和具体、简明的现场提示操作说明书两种。所有操作手册、使用说明书都必须经过实际验证，不能认为设计师看得懂就行，应该选择若干使用者，让他们阅读后进行实际操作，验证所编操作手册和使用说明书的指导效果。

(7) 系统验证。系统设计最后通过生产制造、施工转变为一个实体。其中每一个生产环节、每一个零部件(硬件、软件)都要经过检验，最后对整个系统进行检验。因此，设计和检验、制造和检验都是不可分割的过程。系统检验的目的是验证系统是否达到系统定义和设计的各种目标。

系统验证阶段的工作包括制定验证标准、实施验证和得出验证结论。

人机系统的验证可在系统开发的各个时期进行局部验证，如人机界面设计、操作辅助设计等都可进行局部的验证。在数字化人机工程设计中，最终的人机系统中的虚拟产品样机，可以通过沉浸式虚拟现实系统进行使用或操作体验与验证。

人机系统的验证以人的操作效能为主要标准，人机系统必须保证人的操作符合各项目的操作要求。

如果认为系统运行以后设计任务就结束了，系统将得不到进一步的改进和完善。因此，人体系统设计将是设计、评价、再设计、再评价不断迭代的过程。其中，评价包括两个方面：人体系统作业标准和人的工效标准。前者包括产品的质量、产量、设备利用率和能耗等标准，具体内容视人机系统所涉及领域而定；后者包括考虑人的生理特点、工作效能、舒适性、职业健康安全性等评价方法、标准和规范(具体参见第 8 章有关内容)。

综合来看，系统验证的标准包括以下几方面。

① 安全标准。在保证使用者的舒适、方便、高效的情况下，系统运行安全，有安全措施的软硬件支持，如安全防护设施和安全作业规范。系统在制造或施工过程中，必须考虑工艺或方案的宜人性。

② 可靠标准。系统运行可靠，在额定的时间内不出故障。特别是安全保护装置的可靠性要有保障。

③ 经济效益。系统运行高效、低成本、低能耗、易维护。

④ 社会经济效益。系统运行过程中，不对环境产生危害，坏品易于回收、处理等。

目前，尽管在心理认知的舒适性，如产品(系统)呈现给用户观察的信息显示规则、要求用户的操作程序等符合人的心理认知特性等方面的数字化评价方法还不成熟。但如下几方面的数字化仿真与评价在技术上已经较成熟：第一，视觉上的舒适性，如产品(系统)呈现给用户的信息的颜色、字符字体与字号、亮度、对比度等符合人眼观察要求的程度；第二，触觉的舒适性，如操控件形状的舒适性，指产品(系统)供用户使用的手柄、手轮、按钮、按键等的形状、尺寸、提示信息等符合手操控使用要求的程度；第三，工作空间布局的舒适性，指用户在操作或使用产品(系统)的过程中所处的工作空间符合用户操控要求的程度；第四，环境条件(如噪声、温湿度、振动、电磁辐射等)符合用户操控要求的程度；第五，工作力、姿势负荷的适当性，如产品(系统)在被操作或使用的过程中，附加给操控者的施力、代谢性能耗、生理性职业病累积风险等方面的数字化评价。

思　考　题

1. 简述人机环境热舒适性设计的内容与方法。
2. 简述人机声环境设计的主要内容与方法。
3. 简述人机环境光照设计要求与原则。
4. 简述人机环境振动设计方法。
5. 结合专业领域，简述某人机系统的设计流程与内容。

第 6 章　人体模型与构建

在数字化人机工程设计的整个生命周期中，涉及人的因素的设计问题很多，各设计阶段涉及的领域不同，考虑人的因素也就不同，如作业空间设计考虑人的因素与环境设计考虑人的因素有很大不同。与此同时，由于人体十分复杂，依据目前科技水平还难以构建一个与真人完全一样的数字化虚拟人。为此，在实际设计实践中，一般需要针对具体的问题建立相应的、经过适当简化的数字化人体模型。本章就数字化人机工程设计中可能用到的各种人体模型及其构建方法进行介绍，以利于读者更好地选用或开发领域中的数字化人机工程设计软件，主要内容包括人体模型定义与分类、人体几何模型表示方式及构建方法、人体分层模型构建方法、面向环境设计领域的人体模型及其构建方法等。人体的运动行为模型的构建方法与控制技术将于第 7 章介绍。

【学习目标】

1. 了解人体模型的定义与分类。
2. 了解数字化人体几何模型的构建方法。
3. 了解面向振动环境设计的人体模型构建方法。
4. 了解 THUMS 全身类人有限元模型构建方法。
5. 了解全身坐姿人体-座椅有限元模型构建方法。
6. 了解人体热调节模型与人体热舒适性模型构建方法。
7. 了解光学照明环境建模方法。
8. 了解人体静态生物力学模型构建方法。
9. 了解数字化辐射人体模型构建方法。

6.1　人体模型分类

“人体模型”这个术语从提出以来，各种文献中给出了多种定义。随着人体模型的深入研究与开发应用，其内涵与外延也在不断变化。例如，丁玉兰教授将人的结构、生理学或行为学的任何数学表达式看成人的模型；周前祥教授等将面向人机工效学设计的虚拟人表述为产品或系统用户群体的特征人体的计算机模型，作为产品或系统用户的替身(agent)或化身(avatar)；美国巴德勒(Badler)教授和中国郝建平教授认为虚拟人，也叫作虚拟人体模型，是人在计算机生成空间(虚拟环境)中的几何特性与行为特性的表示，是多功能感知与情感计算的研究内容，并将人体模型分为几何外观型、功能模型、基于时序的控制模型、自助性模型和个体特征模型；王成涛教授认为虚拟人技术是把人体形态学、物理学和生物学等信息，通过巨型计算机处理而实现的数字化虚拟人体，是一个可替代真实人体进行实验研究的虚拟技术平台。虚拟人技术将从多个层次形成人体数字模型，即将人的动态生理学和物理过程用数学方法进行描述，并建立相应的等效意义上的数字化模型。虚拟人体研究可分为 3 个阶段：虚拟可视人研究、虚拟物理人研究和虚拟生理人研究。

综合而言，人体模型是以人体测量参数为基础建立的用于描述人体形态特征、物理(含力学、传热学、人体电特性等)与生理特征、行为特征，甚至心理特征的有效载体，是人机系统研究、分析、数字化设计、评价、数值试验中不可或缺的重要辅助工具(含实物模型和数字化虚拟模型)。

人体模型的分类方法主要有按人体模型的用途划分、按人体模型存在的形式划分和按人体模型所承载的信息量划分等。

6.1.1　按人体模型的用途划分

按人体模型的用途划分，可分为医用人体模型和工效设计用人体模型(含有艺术、娱乐、虚拟现实中的人体模型)两大类。工效设计用人体模型是面向一切设计领域的，可以实现人体的工作姿势分析、动作分析、运动学分析、动力学分析、人机界面匹配与布局评价、人机环境系统设计、数字化动态试验等多种功能。

6.1.2　按人体模型存在的形式划分

按人体模型存在的形式划分，可分为实物模型与数字化人体模型，前者为现实世界里试验用的样本性生物人体模型(尸体和真实志愿者真人)和工业用的人体模型(含 2D 模板和 3D 模型，如 Hybrid III、BioRID 和 ADAM 等，有时也称仿真假人模型，在模型的各部位甚至还安装各种传感器)，后者为计算机里所构建的虚拟环境中的各种数字化虚拟人体模型。

6.1.3　按人体模型所承载的信息量划分

按人体模型所承载的信息量划分，数字化虚拟人体模型又分为具有几何属性的人体可视化模型(以形似为理想标准)、具有几何属性和物理属性(生物力学、热生理、热物理、人体电特性等)的数字化物理型人体模型(或称数字化生理型人体模型)、具有物理属性和感知特征的数字化生物型人体模型，以及具有思维特征的数字化生物型人体模型(也称智能型人体模型或认知型人体模型，这是最理想的数字化人体模型，可以达到既形似又神似的境地)。

目前，实际人机系统设计实践中比较实用的、成熟的人体模型为人体几何模型和数字化物理型人体模型。

1. 2D 人体模板

通常所说的 2D 人体模板(见图 6.1)是目前人机系统设计时使用的一种实物仿真模型。这种人体模板是根据人体测量数据进行处理和选择而得到的标准人体尺寸，利用塑料板或密实纤维板等材料，按照 1:1、1:5、1:10 等工程设计中常用的制图比例制成各个关节均可活动的人体模型。将人体模板放在实际作业空间或置于设计图纸的相关位置上，可用于校核设计的可行性和合理性。

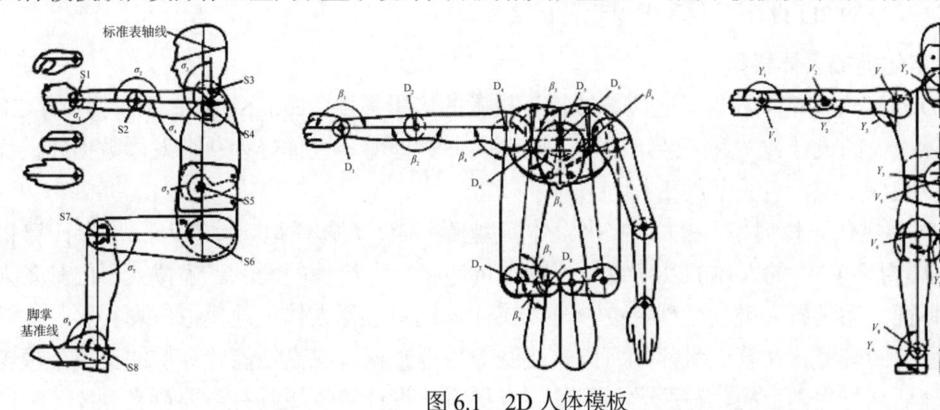

图 6.1　2D 人体模板

德国 Kieler Puppe 人体模板是较早应用于汽车和航空工业的人体模板(DIN 33408)。在美国，Ford 公司 S. P. Geoffrey 开发了 2D 人体模板。1962 年，该人体模板被 SAE 收录到 J826 标准中。至今，SAE J826 人体模板仍是车身布置最常用的模板之一。人体模板主要用于辅助制图、校核空间尺寸和各种人机关系等。

2. 3D 仿真假人模型

3D 仿真假人模型是目前人机系统设计中常用的实物仿真假人模型。它由背板、座板、大腿杆及头部空间探测杆等构件组成，各构件的尺寸、质量及质心位置均以人体测量数据为依据，SID、BioRID CG、SKF、LRE 和 ADAM 是国际上具有代表性的产品。图 6.2 所示为 H 点 3D 人体模型；图 6.3 所示为 Hybrid Ⅲ 50th 成年男性仿真假人，有的仿真假人内有模拟人体内脏器官，称为类人体模型，可用于载运车辆的正面碰撞试验，甚至用于极端环境的安全与防护装置设计，如高温、高压、高腐蚀、高辐射、深空、深海作业人员的防护服等设计与验证等；图 6.4 为穿着宇航服的第四代 THUMS(total human model for safety)类人体模型。

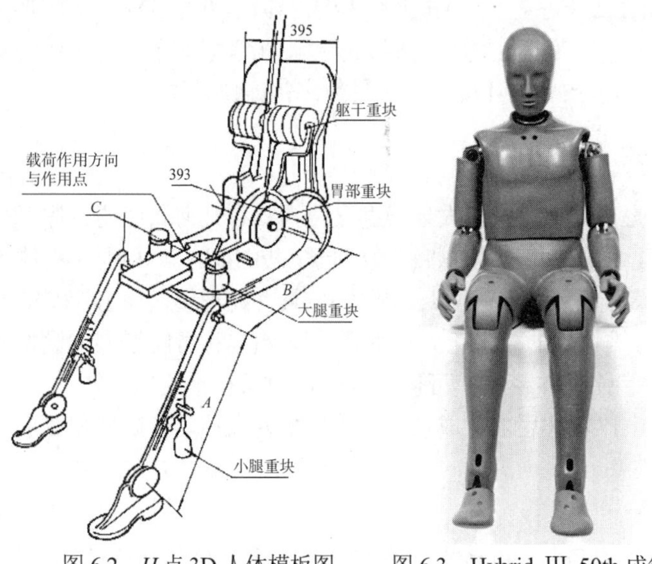

图 6.2　H 点 3D 人体模板图

图 6.3　Hybrid Ⅲ 50th 成年男性仿真假人

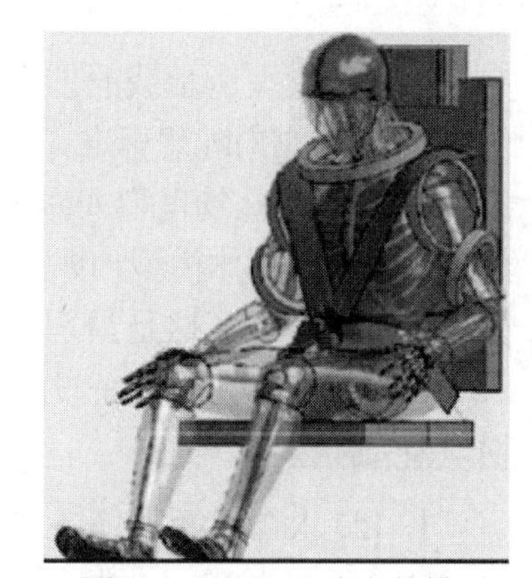

图 6.4　THUMS 类人体模型

人体假人模型无法很好地对视野、伸及能力、舒适性等深层次问题进行评价，也无法适应快速发展起来的 3D 设计平台和虚拟设计的要求。

3. 数字化虚拟人体模型

(1) 2D 数字人体模板。为了适应虚拟设计技术的应用需要，egor SHAPE 系统提供了 2D 数字化人体模板的设计方案和芬兰、北美、欧洲人体数据库，人体分为 9 个人体数据库，而且大小可以缩放，但没有关节约束。

(2) 3D 数字化人体模型。3D 数字化人体模型又称 3D 人体模型或虚拟人，是指计算机生成空间(虚拟环境)中的人体的几何特性、物理特性和行为特性的表示。虚拟人不但具备人类的外表特征，还具备人类的生理特性，可以在计算机中进行人体生理模拟仿真实验，能够体现人体所有的脏器、血管、骨骼、肌肉、皮肤等生理数据，在高性能计算机的支持下模拟人类的生理活动与生理反应，在医学、保健、人机系统设计等领域具有重要意义。

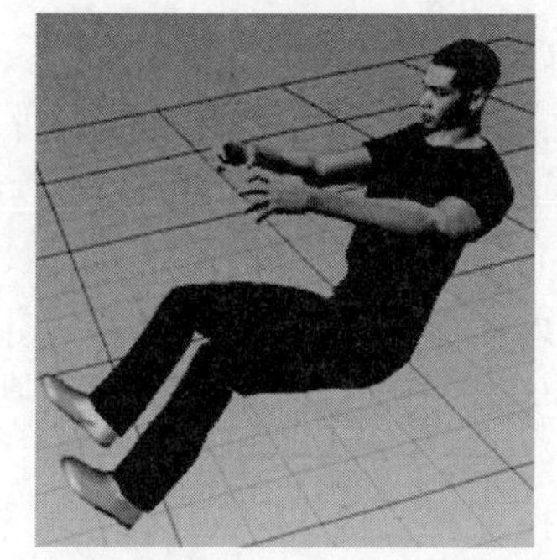

图6.5　SoErgo软件的3D虚拟人体模型

目前，主流的商业化CAED软件多数具有3D虚拟人体模型的建模功能，如Jack(Simens UGNX)、法国达索公司CATIA/DELMIA、RAMSIS、BOEMAN、ANYBODY、LifeMOD、SoErgo、SAMMIE、Safework、ProE Manikin等，它们均可实现基于人体测量数据库建立面向人机工程设计的3D虚拟人体模型、实现人体模型姿势分析、人体测量编辑、人体运动分析、干涉检查、舒适性分析、视野分析等功能。图6.5所示为SoErgo软件的3D虚拟人体模型。

6.2　数字化人体几何模型的构建

数字化人体几何模型是数字化人体模型的核心部分，其构建方法主要研究如何逼真地表达与显示人体表面各方面的详细特征信息与外观数据，以及对重构的3D人体模型进行渲染与编辑。至今已出现了多种构建与实现人体几何模型的方法，如直接建模法、2D照片识别法、模板匹配法和统计综合建模法等，其优缺点如表6.1所示。

表6.1　各种人体几何建模方法的优缺点比较

方法		优点	缺点
直接建模法	基于3DCAD(如3DSMAX、POSER等)软件建模法	不参考任何真实人的尺寸，对人体进行构建与编辑渲染	对操作人员经验要求高，耗时较高
	3D逆向工程法	精度比较高	针对特定的姿势，耗时较高
	骨骼建模法	建立的模型非常逼真	对操作人员要求高，耗时较高
2D照片识别法	—	成本低，操作简单	建立的3D人体模型精度低
模板匹配法	参数化建模法	方法简单，易于实现	受人体几何模型约束，精度比较低
	模板拟合法	方法简单、易行	精度不高，无法表达各环节间的变换关系
统计综合建模法	—	能产生系统中不存在的人体模型，建模效率较高	维护数据库成本高，具有一定的局限性

目前还没有一种在操作难易性、模型逼真性和构建效率上完全满意的方法。通常取长补短地综合应用某几种方法，以达到建模目的。

本节主要介绍目前主流人机工程计算机辅助软件常用的几何建模方法的相关知识。现在，数字化人体模型在人体数据、骨架模型、外表的表达、运动学、动力学模拟以及专业功能等方面已越来越完善了。

6.2.1　人体简化与有限环节的划分

人体形态与结构极其复杂，骨骼、关节和骨骼肌组成的运动系统的自由度总数达244个，其生理特性、行为特性等很难完美地在计算机中模拟出来，因此，在计算机平台下进行仿真模拟时应视具体研究问题采用必要的简化以降低系统复杂性，但这种简化必须以保证对应用目的而言能够真实地反映人体几何、物理属性、生理与行为特性为前提。源于SAFEWORK

的 CATIAV5/DELMIA 人机系统辅助设计模块基于 104 组人体测量数据和 100 个无约束的连接，能实时构建运动自由度达到 148 个的人体模型，其人体模型的拓扑结构符合 H-Anim 标准，含全关节的手、脊柱等子模型；Jack 软件中将人体模型划分为 69 个环节，68 个关节，17 段脊柱环节，16 个环节的手、肩/锁骨关节，运动自由度为 135 个，提供了准确的多层式骨骼肌系统模型，具有运动学、动力学和生物力学仿真算法，其人体模型基于 26 项人体测量数据；Hanavan 将人体模化为 15 个规则实体环节(头部、上、下躯干、左右上臂、左右前臂、左右手、左右大腿、左右小腿、左右足)；1972 年，米勒(Miller)等在建立人体热调节模型时将人体模化为 17 个环节构成的人体模型(头部、颈部、躯干、左右上臂、左右前臂、左右手、左右大腿、左右小腿、左右足)，每个环节均是圆柱体，由四层组成(核心层、肌肉层、脂肪层和皮肤层，见图 2.23(b))；Nigam 和 Malik 在计算立姿人体振动固有频率时将人体模化为 15 个均质均弹性模量环节，除左右手和足为球台体外，其他环节均为椭圆体台体；Xu Mingtao 在建立非均质非均弹性模量的立姿人体振动模型时采用 Hanavan 法将人体模化为 15 个环节。SAMMIE 软件将人体划分为 21 个环节和 17 个关节，提供了采用平面化人体皮肤的人体模型。

按照 H-Anim 标准，人体骨骼要模化为各种骨骼关节结构连接的多刚性连杆机构模型。基于人体的解剖结构，可将人体中的骨骼关节结构分为表 6.2 所示的类型。

表 6.2　各类骨关节的自由度个数

类型	铰链(滑车)关节	鞍状关节	滑动关节	轴状关节	球面关节	球窝关节
图片						
自由度个数	1	2	2	3	3	3
名称	肘关节	腕关节、踝关节	肩锁关节	颈关节	髋关节	肩关节

图 6.6 为 eHuman 软件建立的有向关节图和肢体图。

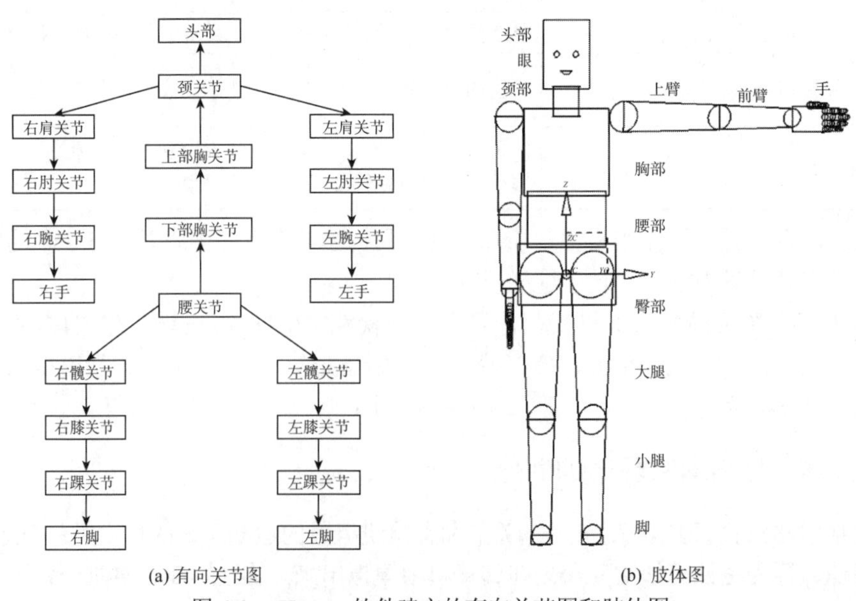

图 6.6　eHuman 软件建立的有向关节图和肢体图

6.2.2　面向数字化人体工程设计的数字化人体模型的建模要求

(1) 在考虑人体各环节之间相互作用的正确性和运动外观的逼真性、模型通用性的情况下，建模时可对骨骼形状、关节类型以及关节接触面进行适当地简化，以降低系统复杂性，提高人体运动仿真的实时性，降低对仿真计算力资源的要求。当然，随着计算力资源的不断充裕和更高效算法的发展，可以提高模型的复杂性，即提高模型的自由度数，尤其是肩关节、脊柱环节和肢体末端的精细动作的可视化仿真分析与评估，以及与年龄特征相匹配的人体皮肤精细化仿真等。目前商用人体模型系统所能建立的人体运动自由度为 1～148 个，区别于所提供的手、足、肩和脊椎的详尽程度。

(2) 人体模型的运动和反应必须像真实人体，且应该与真实人体的物理、热生理、电特性有合理一致性，应该与真实人体在相似条件下的经验、数据具有良好的一致性。

(3) 人体模型必须是基于精确而有效的人体测量学数据(无论是统计学数据还是个性化测量数据)构建的，具有参数化改变人体测量尺寸的功能。同时，应采用数据库系统进行管理，以提高人体模型的使用效率和灵活性，以及人体测量数据的更新和拓展效率。

(4) 人体模型的结构数据表达符合虚拟现实建模语言(VRML)中的虚拟人数据标准 H-Anim。

(5) 应提供对模型的行为或作业进行工效学分析的能力。利用计算机的信息处理功能，实现人体的运动和操作行为的可视化，并能与真实人体应有的反应进行对比。

(6) 人体模型系统必须方便适用。具有参数化构建人体模型的能力，为模型的使用者提供良好的人机界面，操作过程要求直观，易于记忆。

(7) 人体模型系统应该具有相应的虚拟环境构建能力。例如工作场所的房间、光照、工作台、座椅、工具和设施等，可依需要进行交互创建、修改，或与第三方 3D 建模系统和虚拟现实系统之间具有无缝的接口。

6.2.3　数字化人体模型的构建过程

数字化人体建模的过程如下：

(1) 结合领域问题特点，简化并确定人体模型的几何结构与组成部分，包括各部件(器官)、约束(关节和姿态)及其几何外形。

(2) 取得描述人体模型的空间方位、几何及运动参数或物理参数等。

(3) 确定全局坐标系，组装模型，并使各部件的局部坐标简化，便于分析和计算。

(4) 对人体模型初步校核，消除尺寸误差，限定各关节的运动范围。

(5) 对人体模型添加约束、力和运动，构造人机系统模型，将其应用于具体问题中进行分析和研究。

(6) 若需要，根据实际情况对人体模型及其环境适当简化而不影响分析结果，从而更有利于模型的建立，实现运动仿真。

6.2.4　数字化人体模型的几何形态表现形式

在现有商业化人机辅助设计软件中，可以通过如下几种方式来表示人体的几何模型，以满足不同情况下的显示需要，且在仿真过程中各种显示形式可以相互转换。

1. 棒型人体模型

棒型人体模型是最早出现的虚拟人体几何模型，它将人体骨骼简化为棒体，主要用于实现人体骨架模型。人体被认为由一系列具有分级层次关系的刚体部件(如前臂)通过关节连接组成，这些部件往往附着在代表人体骨架的连线上，当给这些连线加入反向运动学的约束时，就可以利用这样一个模型来实现运动模拟等任务。3D 的棒型人体模型反映了所建模型的骨骼结构简化情况(环节数和关节数以及运动自由度数)，对人体结构进行了较大简化，因而其真实感较差，仅适用于进行骨架层的人机环境评价方法，无法进行涉及肌肉等其他生理结构的复杂人机环境评价方法。人体可以表示为分段和由关节组成的简单连接体，使用运动学模型来实现动画模拟。简单的骨架模型只是模拟人体的大致动作，不涉及皮肤的表示和变形计算。图 6.7(a)所示为 LifeMOD 表示的人体骨骼结构及棒型人体模型。

2. 实体型人体模型

实体模型可以基于体素模型构建，利用基本规则实体表示人体，包括圆柱/锥体、椭球体、球体、椭圆环等进行构建(如 Hanavan 模型)和基于 CSG 模型构建，然后采用隐表面的显示方法，即使用光线投射法确定身体表面皮肤。实体模型对人体结构进行了一定简化，较为简单，外观真实感较差，仅适用于进行骨架层的人机环境评价方法，无法进行涉及肌肉等其他生理结构的复杂人机工效评价方法，但可以用于人机环境设计与评价(如多体系统动力学仿真分析、振动生物力学模型构建、人体电磁模型表示等)。图 6.7(b)所示为 LifeMOD 表示的椭球体人体模型。

3. 表面型人体模型

表面模型分为两个层次：第一层为骨架层，按照人体各肢体的层次关系排列，形成虚拟人运动系统的基础；第二层为皮肤层，表面模型由一系列多边形(如 SAMMIE 定义的人体几何外观)或曲面片的表面将人体骨骼包围起来表示人体外形，主要有多边形法、参数曲面法(Bezier 曲面、B 样条曲面、NURBS 曲面)和有限元法等。皮肤的几何外形变形由底层的骨架驱动。表面型人体模型真实感较强，但数据量大、计算复杂而且建模速度较慢。图 6.7(c)所示为 LifeMOD 表示的表面型人体模型。

早期数字化虚拟人的几何表示常采用棒型人体模型、实体型人体模型和表面型人体模型。棒模型和实体型人体模型这两种方法简单、使用方便、数据量少、计算时间代价少，但无法表示人体表面的局部变化，逼真度不够。另外，棒型人体模型很难区分遮挡情况，对扭曲和接触等运动无法表示。表面型人体模型真实感较强，但数据量大、计算复杂而且建模速度较慢。为了克服上述单个模型表现方式的不足，发展形成了一种人体分层模型的表示形式。

4. 多层复合模型

多层复合模型是最接近人体解剖结构的模型，图 6.7(d)所示为 LifeMOD 软件表示的人体多层复合模型。这种模型综合了棒型、表面型和实体型人体模型的优点，可以满足不同层次的逼真性要求。多层复合模型是由基本骨架(骨骼层)、肌肉层和皮肤层构成的，有时也加入一层服饰层，表示虚拟人的头发、衣饰等，其中的基本骨架由关节确定其状态，决定了人体的基本姿态。肌肉层确定了人体各部位的变形，皮肤变形受肌肉层的影响，最后由皮肤层确定虚拟人的显示外观。在人体运动过程中，皮肤随着骨骼的弯曲和肌肉的伸展与收缩而变化，因此，皮肤的动态挤压和拉伸效果由底层骨架运动及肌肉体膨胀、脂肪组织的运动获得。

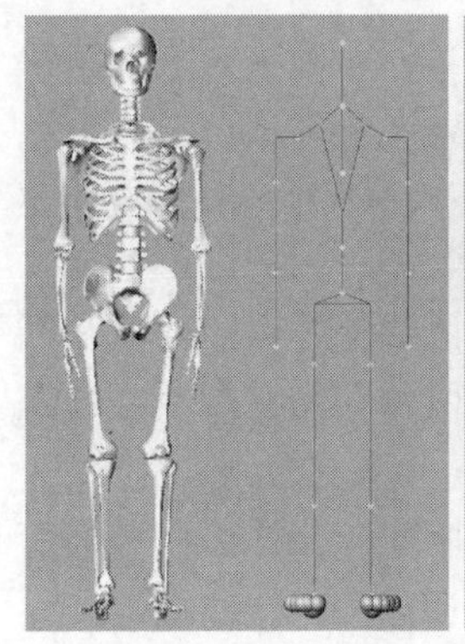

(a) 人体骨骼结构及棒型人体模型

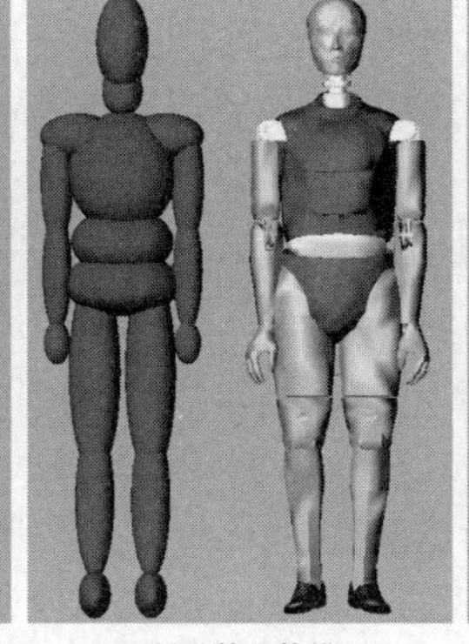

(b) 椭球体人体模型

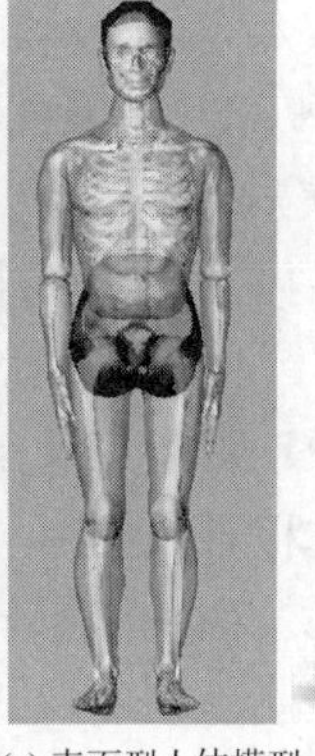

(c) 表面型人体模型

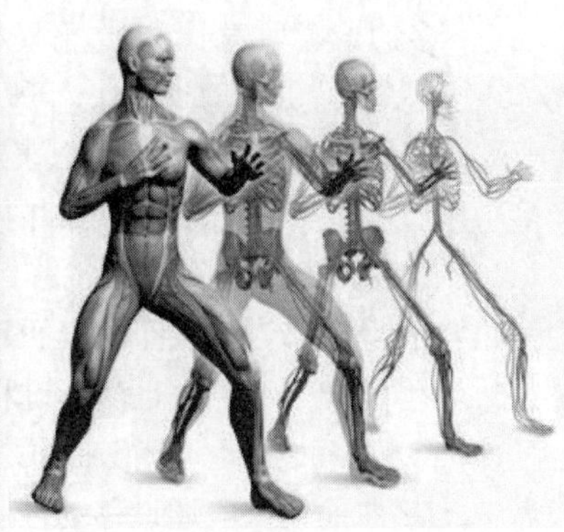

(d) 人体多层复合模型

图 6.7　人体几何模型的表示形式(LifeMOD)

以上几种人体模型的表示方式各有其优越性，在应用时选择合适的人体模型表示方式可为设计带来很大的方便性。一般来说，棒型人体模型能够清楚地表达人体各关节间的相互位置关系及各关节间的角度，在人体姿势舒适性分析、可达性设计时能使人体各关节间角度表达更加直观；实体型人体模型能够清楚地表达人体模型所占的空间，在空间设计时能清楚地表达人体模型所占的空间范围，且不影响设计人员对与人体模型有关的部件设计的视觉观察；表面型人体模型，比较适用于与人体接触部件的设计，如坐姿、卧姿体压有限元分析等，服装类设计，冷热舒适性设计，艺术影视游戏动画、虚拟现实环境中的虚拟人等要求人体形态逼真性高的领域。

6.2.5　数字化虚拟人体几何模型的构建方法

1. 棒型人体模型

为了方便研究、分析人体动作范围、作业姿势、作业区域等人机工程问题，可利用数学方法对人体各部位的尺寸和相对位置进行描述，建立适用的人体数学模型。如图 6.8 所示，在平面直角坐标系中以 P_i 点(i=1，2，…，11)表示人体的 11 个特征部位，相邻两点间的连线表示人体的某一体段，如躯干、四肢等，相邻两体段间的夹角 θ_i(i–1，2，…，10)表示人体关节点处相邻两体段间的夹角，两角间的距离为 $d_i(t)$。P_i、θ_i、d_i 都是时间的函数。HOV 为基坐标系统。根据观察得到的 $d_i(t)$、$\theta_i(t)$ 可求出各 P_i 点的位置坐标(x_i，y_i)，从而确定人体的作业姿势。

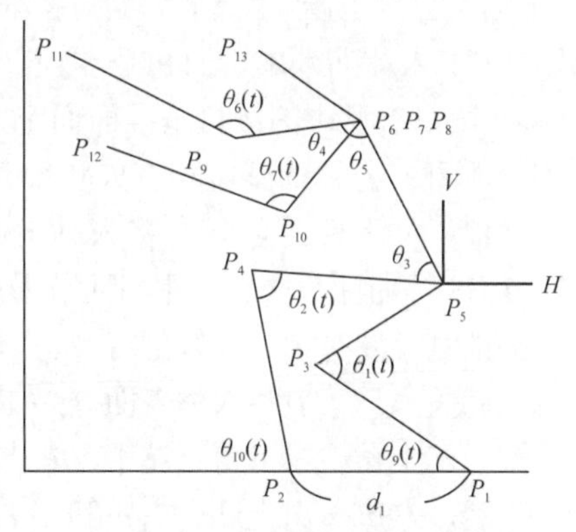

图 6.8　人体侧面数学模型构成图

2. 表面型人体模型

1) 皮肤表示方法

动态的皮肤变形与静态的皮肤表示和几何建模密切相关，皮肤的表示和几何建模方法决定了动态皮肤变形所能使用的方法和手段以及最后的变形效果。

到目前为止，三维虚拟人皮肤表示主要有 3 种方法：多边形模型表示、隐表面表示和参数曲面表示。

(1) 多边形模型表示。多边形模型是最简单和最普遍的模型，一般情况下使用三角网格表示物体表面。其优点是运算速度快，可以表示任意的拓扑结构，适用于人体这种复杂的带分支结构。主要缺点是本身为平面结构，所以表示复杂表面需要大量多边形，且变形通常是通过移动一个或者多个多边形顶点实现的，顶点间内在的连通性很难保持，变形剧烈时常会出现退化现象。

(2) 隐表面表示。隐表面(也称等参表面)由隐函数定义，通过指定函数的标量值获取空间中三维点的坐标作为隐表面的表面顶点。其优点是隐函数公式简洁、所需存储空间小；缺点是很难表示出细节特征，且变形过程难以控制。

(3) 参数曲面表示。参数曲面是采用相对较少的控制点来表示光滑表面，如 B 样条曲面或者 Bezier 曲面，一般通过移动控制点来实现变形。其优点是数学表达简单，容易理解，曲面平滑性好，不会出现多边形表示中的退化问题。缺点是不同曲面间的连续性不好保持，表示人体这种复杂分支表面较难。

目前，由于速度和表达能力方面的限制，在虚拟人动画领域，皮肤仍以多边形表示为主。

2) 三维虚拟人皮肤的几何建模方法

三维虚拟人皮肤的几何建模方法主要可分为 3 类：创造的方法、重建的方法和插值的方法。

创造是指根据人体解剖结构和外形特性，利用 3DCAD 软件(如 3DS MAX、MAYA、POSER 和工程三维 CAD 系统)人机交互式绘制虚拟人的骨架、肌肉、组织和皮肤。这种方法需要有经验的建模人员才可以得到逼真的模型，建模过程复杂，需要的时间较长。重建的方法是随着硬件设备的出现和相应数据处理技术的成熟而出现的。研究人员使用立体照片、三维扫描仪等三维设备，或者利用二维照片和摄像机图像等二维信息，经过重建获得非常逼真的人体皮肤模型。

插值方法是使用一组实例模型和一个插值算法创建新的模型，因为插值算法在已有模型和新模型之间充当了高效和高可控的桥梁，所以在虚拟人皮肤建模方面应用越来越普遍。

(1) 人体的基本切面和基本轴。首先，建立人体空间测量坐标面，人体的基本切面和基本轴按第 2 章中的测量基准面而定，即人体的基本切面有矢状面、额状面和水平面，三者相互垂直；人体的基本轴有矢状轴、额状轴和垂直轴，三者也相互垂直。

(2) 人体表面划分。将人体分成数个环节，每个环节采用 NURBS 等曲面片表示，相邻环节用过渡面光滑地连接起来。人体表面的划分要考虑人体解剖特性、人体外形特征以及各曲面片之间的依赖关系。一般将人体表面分为 15 块曲面，分别为头、胸部、腹部、左上臂、左下臂、左手、右上臂、右下臂、右手、左上腿、左下腿、左脚、右上腿、右下腿、右脚(见图 6.9)。当然，也可以按其他方式来划分。各曲面都有唯一的标识号，人体曲面数据结构中包含了人体曲面片的控制顶点和各曲面之间的拓扑关系。

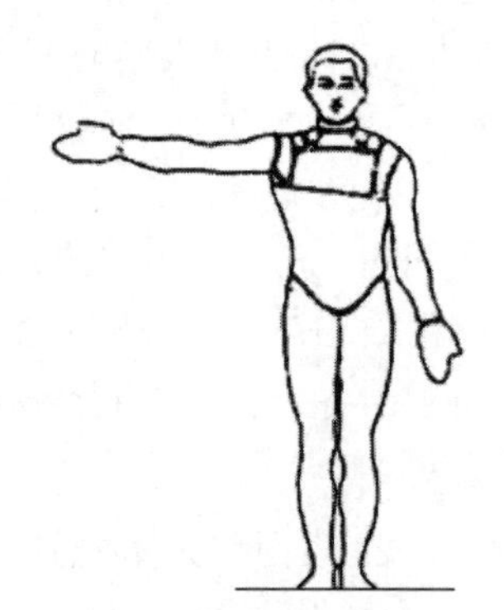

图 6.9　曲面片人体模型

(3) 人体曲面数据来源。人体数据包括个体数据和群体数据。个体数据指某个特定人体的测量数据。群体数据是对某类人群进行测量，并对测量数据进行统计分析后得到的。根据不同使用目的或对于差异很大的人机系统，还需要建立不同内容的人体测量数据库。现在通过非接触式扫描系统的逆向工程法(即第 2 章介绍的 3D 数字化人体形态尺寸测量方法)，可以对真人的外形进行关键性数据采样，然后对这些空间的 3D 数据进行有限元三角剖分，再进行 3D 曲面重建，最后得到一个真人外形的近似“复制”。

(4) 用 B 样条曲面生成各环节的表面。国际标准化组织(ISO)于 1991 年把非均匀有理 B 样条(non uniform rational B spline，NURBS)方法作为定义产品几何形状的唯一数学方法。这里采用 B 样条曲面来表示人体的某一曲面片。

按照人体表面的拓扑结构，将人体表面划分为若干曲面片，用曲面造型的方法构造出人体外形。则对每一 B 样条曲面片来说，其曲面方程为

$$p_{ij} = p(u_i, v_j) = \sum_{i=0}^{m}\sum_{j=0}^{n} d_{ij} N_{i,k}(u) N_{j,l}(v) \tag{6-1}$$

将式(6-1)展开，可得

$$\begin{aligned} p(u,v) = {} & N_{0,k}(u)[N_{0,l}(\mathrm{v})d_{00} + N_{1,l}(\mathrm{v})d_{01} + N_{2,l}(\mathrm{v})d_{02} + \cdots + N_{n,l}(\mathrm{v})d_{0n}] + \cdots + \\ & N_{m,k}(u)[N_{0,l}(\mathrm{v})d_{m0} + N_{1,l}(\mathrm{v})d_{m1} + N_{2,l}(\mathrm{v})d_{m2} + \cdots + N_{n,l}(\mathrm{v})d_{mn}] \end{aligned} \tag{6-2}$$

对于由 r 个数据点构成的曲面片，代入式(6-2)可得 r 个线性方程，写成矩阵的形式如下：

$$\boldsymbol{Q} = \boldsymbol{CB} \tag{6-3}$$

式中，$\boldsymbol{Q}$ 为由表面数据点坐标值组成的 $r\times3$ 矩阵，$\boldsymbol{C}$ 为 $r\times mn$ 阶矩阵，$\boldsymbol{B}$ 为 $mr\times3$ 阶矩阵，其中 m 和 n 分别为 U 和 V 向控制多边形的数目。

由式(6-3)可得

$$\boldsymbol{B} = [\boldsymbol{C}^{\mathrm{T}}\boldsymbol{C}]^{-1}\boldsymbol{C}^{\mathrm{T}}\boldsymbol{Q} \tag{6-4}$$

为了满足各曲面片拼合的 G^0 连续，在反算曲面片控制顶点时还应满足一定的边界条件，这样可使整个人体曲面模型“密封”在一起。而要使各曲面片达到 G^0 连续，就要求邻接的两曲面片的控制多边形的边缘顶点重合。因此，可得到

$$\boldsymbol{Q} = \left[\boldsymbol{C}_{\mathrm{i}} \middle| \boldsymbol{C}_{\mathrm{edge}}\right] \times \left[\frac{\boldsymbol{B}_{\mathrm{i}}}{\boldsymbol{B}_{\mathrm{edge}}}\right] \tag{6-5}$$

这里 i 和 edge 分别代表内部和边界部分。

$$\boldsymbol{Q}_{\mathrm{edge}} = \boldsymbol{C}_{\mathrm{edge}}\boldsymbol{B}_{\mathrm{edge}} \tag{6-6}$$

式(6-5)可变为

$$\boldsymbol{Q} = \boldsymbol{C}_{\mathrm{i}}\boldsymbol{B}_{\mathrm{i}} + \boldsymbol{Q}_{\mathrm{edge}} \tag{6-7}$$

因此，可得

$$\boldsymbol{B}_{\mathrm{i}} = \left[\boldsymbol{C}_{\mathrm{i}}^{\mathrm{T}}\boldsymbol{C}_{\mathrm{i}}\right]^{-1}\boldsymbol{C}_{\mathrm{i}}^{\mathrm{T}}\left(\boldsymbol{Q} - \boldsymbol{Q}_{\mathrm{edge}}\right) \tag{6-8}$$

至此，可以得出构成人体的各曲面片，并使其满足 G^0 连续。

(5) 用超限插值法构造各环节间的过渡曲面。由于本节采用的是人体模型的动态造型，各肢体间要发生相对运动，这就使得肢体间会发生“挤压”和“分离”的现象(见图 6.10)，即各曲面片相向或背离运动，为消除这种现象，在构造人体模型的过程中用超限插值的方法

构造各曲面间的过渡曲面。

这里介绍一种构造过渡曲面的方法——构建五次及三次超限插值曲面的方法。如图 6.11 所示，设 $X^0(u,v)$ 和 $X^1(u,v)$ 分别为两个曲面片，$\gamma^0(s)$ 和 $\gamma^1(s)$ 为两个曲面片上任意连续的 C^1 曲线，在两个曲面间构造过渡曲面。

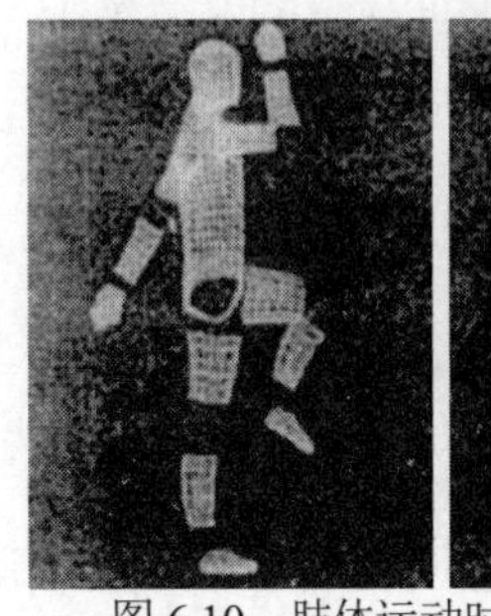
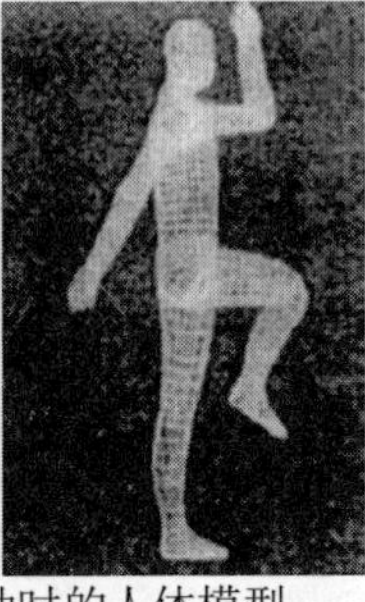

图 6.10　肢体运动时的人体模型

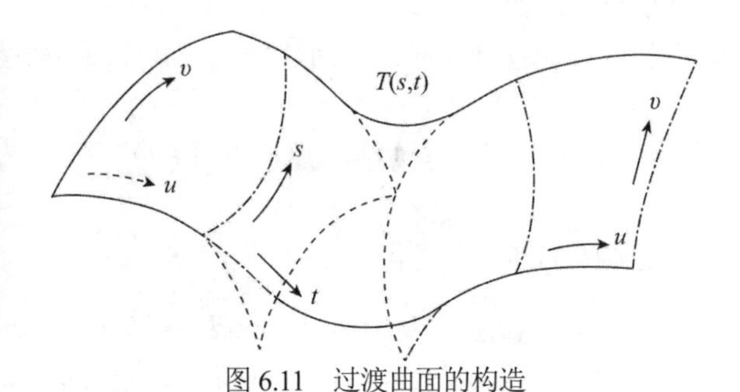

图 6.11　过渡曲面的构造

$$\gamma^0(s)=\left(u^0(s),v^0(s)\right),\ \gamma^1(s)=\left(u^1(s),v^1(s)\right)$$

得到两条位于曲面上的曲线

$$G^0(s)=x^0\left(u^0(s),v^0(s)\right),\ G^1(s)=x^1\left(u^1(s),v^1(s)\right)$$

所求的过渡曲面方程为

$$T(s,t)=f_0(t)G^0(s)+f_1(t)G^1(s)+g_0(t)R^0(s)+g_1(t)R^1(s)+h_0(t)K^0(s)+h_1(t)K^1(s) \tag{6-9}$$

其中，

$$\begin{aligned}&T(s,0)=G^0(s),\ T(s,1)=G^1(s)\\&T_t(s,0)=R^0(s),\ T_t(s,1)=R^1(s)\\&T_u(s,0)=K^0(s),\ T_u(s,1)=K^1(s)\end{aligned} \tag{6-10}$$

$f_0(t)$、$f_1(t)$、$g_0(t)$、$g_1(t)$、$h_0(t)$、$h_1(t)$ 的选取要满足式(6-10)，本节中采用的五次过渡函数为

$$f_0(t)=-6t^5+15t^4-10t^3+1,\ f_1(t)=6t^5-15t^4+10t^3 \tag{6-11}$$

$$g_0(t)=-3t^5+8t^4-6t^3+t,\ g_1(t)=-3t^5+7t^4-4t^3 \tag{6-12}$$

$$h_0(t)=-\frac{1}{2}t^5+\frac{3}{2}t^4-\frac{3}{2}t^3+\frac{1}{2}t^2,\ h_1(t)=\frac{1}{2}t^5-t^4+\frac{1}{2}t^3 \tag{6-13}$$

同样可以构造出三次过渡函数：

$$\begin{cases}f_0(t)=2t^3-3t^2+1\\f_1(t)=-2t^3+3t^2\end{cases} \tag{6-14}$$

$$\begin{cases}g_0(t)=t^3-2t^2+t\\g_1(t)=t^3-t^2\end{cases} \tag{6-15}$$

五次过渡函数使过渡曲面达到 G^2 连续，而三次过渡函数使过渡曲面达到 G^1 连续。至于 $I^0(s)$、$I^1(s)$、$R^0(s)$、$R^1(s)$、$K^0(s)$、$K^1(s)$ 的确定方法，针对本节要解决的具体问题，在第一曲面的 U=1 和第二曲面的 U=0 之间构造过渡曲面，因此可以很方便地求出 $I^0(s)$、$I^1(s)$、$R^0(s)$、$R^1(s)$、$K^0(s)$、$K^1(s)$。

式(6-10)即可转化为求两曲面片上相应参数 S 处的坐标值和 U 向的一阶、二阶偏导数，德布尔给出了 B 样条的导数公式：

$$\frac{\mathrm{d}}{\mathrm{d}u}N_{i,k}(u)=k\left[\frac{N_{i,k-1}(u)}{u_{i+k}-u_i}-\frac{N_{i+1,k-1}(u)}{u_{i+k+1}-u_{i+1}}\right]（其中规定 \frac{0}{0}=0） \tag{6-16}$$

由式(6-1)、式(6-16)可计算出 B 样条曲面上对应点不同参数方向的导数。且该式表明，k 次 B 样条 $N_{i,k}(u)$ 对参数 U 求一阶导数，就等于将德布尔-考克斯递推公式右端两个低一次的 B 样条的系数对 U 求一阶导数，然后乘以次数 k。

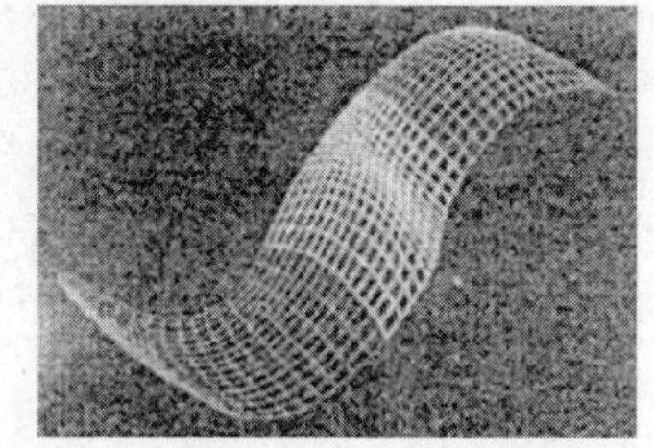

图 6.12　两曲面片之间的过渡曲面

在此基础上可进一步求得二阶、三阶或更高阶的导数，因而可以求出所要求的 $I^0(s)$、$I^1(s)$、$R^0(s)$、$R^1(s)$、$K^0(s)$、$K^1(s)$。

两曲面片用超限插值进行拼合的结果如图 6.12 示。用超限插值法进行过渡曲面拼合前和拼合后的人体模型如图 6.13 所示。

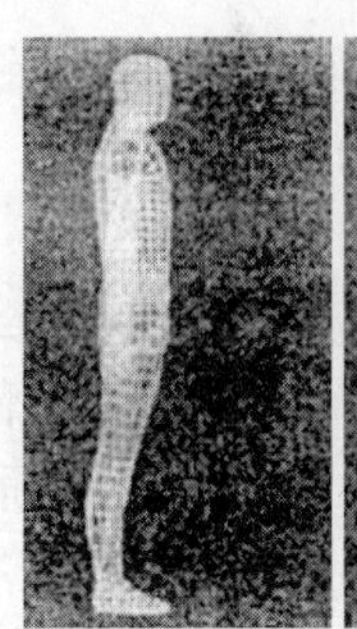
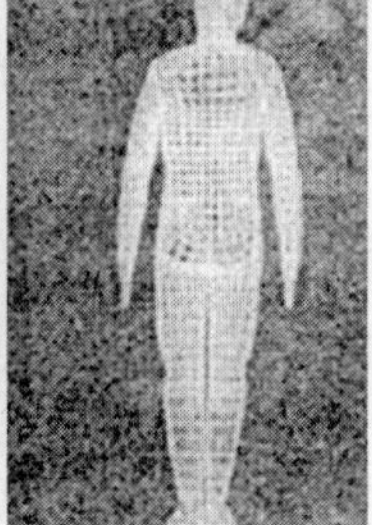

(a) 拼合前

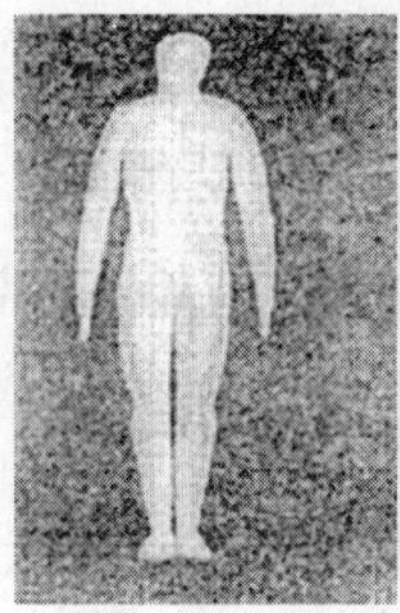
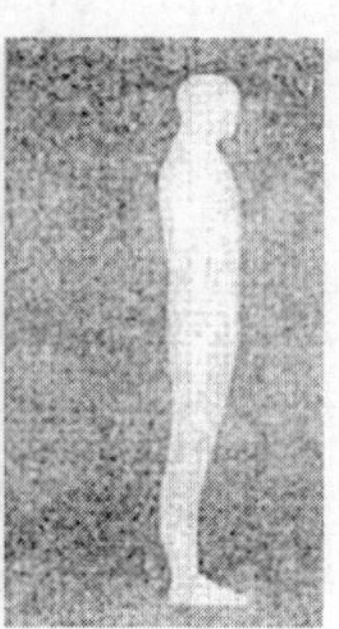

(b) 拼合后

图 6.13　完整的人体曲面模型

3) 表面模型皮肤变形方法

(1) 刚性变形。刚性变形方法出现在虚拟人应用的早期，对应的虚拟人模型为表面模型。虚拟人由多个彼此独立的部位组成，每个部位对应的皮肤就是骨架上面固定的刚性多边形网格。通过把每个网格映射到特定关节上，可以获得随骨架一起运动的刚性皮肤。

这种方法只需很少的计算资源便可得到快速的运动序列，但各部位皮肤网格彼此独立，在关节点附近相互贯通，运动时皮肤分段之间可看到明显的不连贯，同时皮肤网格被当作刚体处理，没有考虑肌肉的隆起等变形效果，所以逼真度不高。

(2) 局部变形算子法。刚性变形的失真使其无法满足日益提高的虚拟人逼真性要求，新的皮肤变形方法逐渐出现，局部变形算子法就是较早的非刚性皮肤变形方法，通过使用关于关节值的连续变形函数解决表面模型中刚性变形带来的大部分问题。塔尔曼(Thalmann)等人首先引入了依赖于关节的局部变形(joint dependent local deformation，JLD)算子的概念，这些

JLD 算子控制皮肤表面的变形。每一个 JLD 算子应用于人体皮肤表面上一些特定的区域，这些区域称为算子域。JLD 算子根据影响它的关节组的自然状态确定，算子本身的值是所有定义算子的关节角度的函数。JLD 算子应用于人体和人手建模，都取得了满意的效果。

小松(Komatsuu)提出一种类似的局部皮肤变形控制方法。应用 14 个关节的棒状体表示骨架结构，然后使用自由表面覆盖在骨架上模拟皮肤。皮肤的每个部分由一组 4 次 Bezier 表面定义，所有的部分都平滑连接。根据关节角度调整表面控制点可以模拟皮肤的弯曲、扭曲和扩张等效果。

局部变形方法存在以下问题：①每个关节都要采用特定的变形函数；②对于描述极具复杂性和可变性的人体解剖结构，单纯使用几个数学函数有很大局限性；③对于确定的算法，建模人员无法方便地控制变形。

(3) 骨架驱动变形。骨架驱动变形(skelet on driven deformation，SDD)是一种经典的皮肤变形方法，又叫骨架子空间变形(sub-space deformation，SSD)。不同于早期的局部变形算子法，SDD 是一种插值方法，可以满足各种类型的关节变形，对于变形的控制也全部由建模人员确定。SDD 技术简单、执行速度快且效果较好，视频游戏和电影制作中常采用这种方法。通过在关节层次结构中添加新的关节点，可以实现呼吸引起的胸腔变形或肌肉变形等变形效果。但 SDD 方法也存在一定的局限性：首先，指定各控制点的权值冗长乏味，要得到满意的变形效果需要大量手工工作；其次，对于一些相当灵活的身体区域，例如肩膀，某些骨架姿态下的变形严重失真。产生问题的原因是某些期望的变形结果并不一定存在于骨架局部坐标系所定义的子空间中，所以无论怎么改变蒙皮的权值参数，也无法得到满意的结果，特别是前臂弯曲和扭曲时的肘关节区域皮肤的变形失真。

尽管 SDD 具有上述缺陷，但由于该方法简单有效，所以在皮肤变形领域得到了广泛使用，已经是三维建模软件中成熟的算法之一。许多研究人员在 SDD 的基础上继续其研究工作，试图提高构造模型的速度，克服典型的失真问题。

苏恩(Sun)等人采用法向实体(normal-volume)的概念将高分辨率网格映射到低分辨率的控制网格上。控制网格随着骨架姿态变化而变形，并随之驱动高分辨率的皮肤网格的变形。使用这种方法，他们获得了较快的皮肤变形速度。辛格(Singh)等人使用基于表面的 FFD 变形皮肤，类似苏恩的工作，建模人员可以定义低分辨率的控制网格，实现对高分辨率物体的变形控制。福西(Forsey)使用带有控制点的层次 B 样条曲面来实现表面皮肤变形，克服了平滑关节处的不连续问题。

瑞士日内瓦大学图像处理实验室(MIRALab)的舍恩(Shen)和佳乐(Kalra)等人在 SDD 算法的基础上提出了交叉截面变形的概念，显著提高了变形速度和变形逼真性。

交叉截面变形算法的基本思想是利用人体躯干和四肢具有近似圆柱体形状的特性，将皮肤顶点按轮廓线分组，通过设置和改变每条轮廓线的方向、大小和位置，得到人体四肢和躯干的平滑变形。这种方法按轮廓而非针对单独的顶点执行变形计算，速度快，并且不需要烦琐的权值指定工作。另外，通过将轮廓顶点的坐标转换为局部坐标，有效避免了蒙皮算法的典型问题。当手臂扭曲时，横截面执行相应的旋转，因此不会产生手臂的皱缩现象。这种变形机制还可以用于粗略地模拟肌肉的收缩和膨胀，缺点是轮廓仅由两个相邻关节确定，这样导致了一些区域(如肩部)的不理想效果，而且皮肤网格需要特殊的组织方式，肢体和躯干之间就产生了额外的缝补问题。

最近，莫尔(Mohr)等人给出了一个扩展 SDD 的皮肤变形方法，通过在标准骨架层次结构的已有关节之间加入虚关节并尽量减少相邻关节之间的不一致性，可以克服 SDD 的典型失真问题，并仿真一些非线性的身体变形(如肌肉膨胀等)。对于预定义好的 SDD 变形模型，利用给定的一组实例数据求解待定皮肤变形模型的参数，一旦所有的附加关节都被定义好，使用线性回归的方法由一个固定的程序来求解这些关节的蒙皮参数，包括权值以及标准姿态下顶点的坐标。模型求解以后，丢弃实例数据，使用变形模型直接计算皮肤变形，取得了较好的效果。

(4) 基于实例的插值变形方法。基于实例的插值变形方法是另一种可以实现实时皮肤变形的有效方法。建模人员首先预定义一组关键形状，然后通过在关键形状间插值获得新的姿态下的皮肤形态。关键形状一般是特定骨架姿态下的皮肤三角网格，网格表面顶点可以通过光学三维扫描仪等数字化设备获得，或者通过二维图像三维重建和手工建模的方法获得。关键形态由研究人员任意指定，这些形态在骨架参数空间中不规则分配，形状变形可以看作离散数据插值问题。研究人员针对不同的关键形状获取方法和不同的插值方法进行了有益的尝试。

姿态空间变形算法(pose space deformation，PSD)是插值方法的典型代表，结合了关键形状插值和骨架驱动变形两种方法，是一系列关键姿态间的骨架驱动的变形，其思想来源是几种类型的变形都可以统一地看作底层骨架或者其他抽象的参数构成的姿态空间向皮肤所在子空间的偏移的映射。关键形态形成了一个抽象的空间，新的形态可以通过对这一空间的内插或外插得到。给定的每个实例对包含两类数据：表示人物姿态的参数和相应的皮肤网格顶点坐标。该方法采用径向基函数作为插值函数，皮肤表面的每个顶点都与计算其在给定姿态下位置的径向基函数的组合有关，径向基函数可由实例对求出。姿态参数可以是骨架姿态，也可以是其他抽象的参数表示。PSD 处理皮肤变形非常有效，逼真性好，很好地解决了蒙皮技术中的典型问题。肌肉的收缩扩张可以通过预定义的实例准确重构，甚至可以通过子空间的外插计算实现夸大的变形效果。通过支持矩阵运算的硬件加速卡在配置较高的 PC 上可以实现实时变形。

PSD 的主要缺点是计算皮肤变形局限于计算平滑插值和连贯的形态外插，需要模型具有一致的网格拓扑结构，即具有相同数量的顶点和相互连接关系。而且随着可调参数数量的增加，所需关键姿态的个数也呈指数级增加，需要大量的数据处理工作。最近，凯瑞(Kry)等人提出了 PSD 算法的一个改进，通过使用 PCA 分析，考虑最佳的优化算法，提高了变形的速度。

莱恩(Len)等人同样使用基于实例的方法获得了逼真的皮肤变形效果。通过使用三维扫描获得具有高度逼真性的人体关键姿态，每一个重建的姿态都与底层的骨架形态有关。新的姿态可以通过关键姿态间的离散数据插值得到，这种方法成功地建立了人体上身的动画，而且通过使用细分表面方法不需要实例之间保持同样的拓扑结构和点与点的一一对应，克服了前人方法的局限性，缺点是大量三维扫描数据的处理过程复杂。

基于实例的插值方法建模过程简单有效、逼真性较高，设计者可任意增加关键形状的个数，以实现对变形过程的精确控制。但这也是其缺点所在，即关键形状所需的个数随着参数个数(如骨架结构中自由度的个数)的增加而指数增加，而且插值函数对变形的影响并不明确。

综合而言，目前在数字化领域内常用的皮肤变形算法是蒙皮算法，其原理表达式为

$$v=\sum_{i}^{n}\omega_i M_i D_l^1 v_\mathrm{d},\quad \sum_{i}^{n}\omega_i=1 \tag{6-17}$$

这种方法指定皮肤顶点 v_d 和骨骼的连接关系，以及相应的权重，当骨骼运动时，使用加权相加的方法将与皮肤顶点相关的骨骼的运动传递到皮肤顶点上。该算法的提出和应用活化了人体模型的皮肤，为后来真实地表示人体组织变形做好铺垫，是目前表现皮肤变形的最佳方法。

6.3　多层人体模型的构建

最初的分层模型包含人体的皮肤和骨骼，查德威克(Chadwick)等在 1989 年首次将分层模型加上了肌肉层。这样多层模型便是以人的物理和生理特征为基础，将人体分成了骨骼层、肌肉层、脂肪层和皮肤层，其中骨骼层决定了人体的基本姿态，肌肉层、脂肪层可以进行膨胀和拉伸变形，皮肤层使虚拟人外观显示逼真。多层建模便是采用基于解剖学的 3D 人体骨骼模型、肌肉几何模型和皮肤变形方法来构建与显示。分层模型各层间通过代数信息及物理原理连接起来。骨骼层的建模主要遵循 H-Anim 标准，兼顾了兼容性、适应性和简洁性。

6.3.1　人体骨骼模型

1. 人体骨骼结构

数字化人体模型构建过程中，通常将图 6.14 所示人体骨骼解剖结构模型简化为图 6.15 所示的抽象的人体关节链模型。图 6.16 所示为 H-Anim 标准的人体骨架模型。

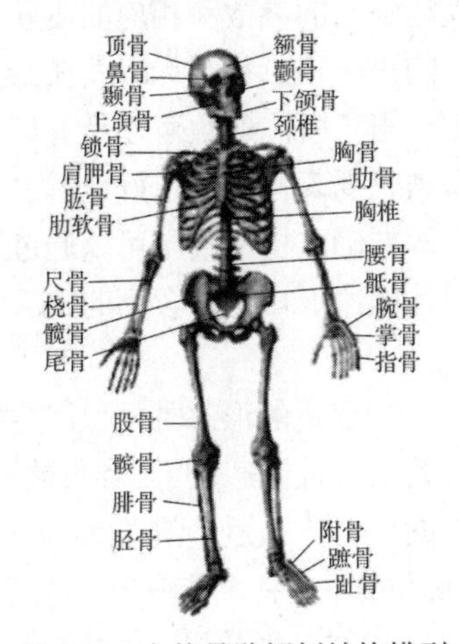

图 6.14　人体骨骼解剖结构模型

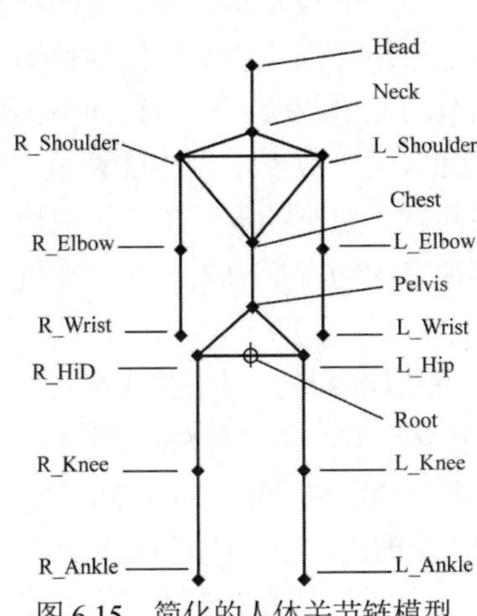

图 6.15　简化的人体关节链模型

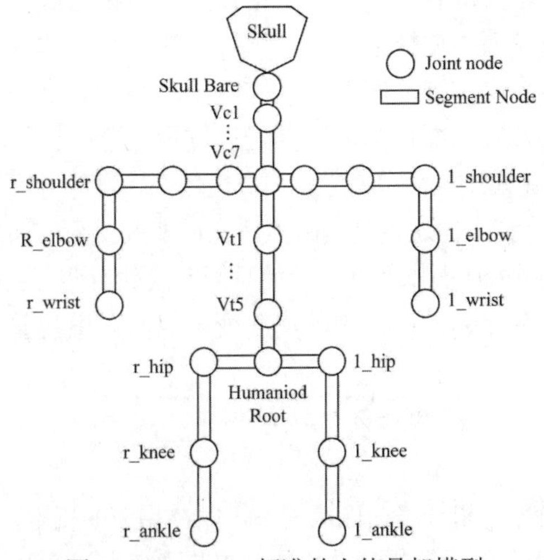

图 6.16　H-Anim 标准的人体骨架模型

2. 关节类型、运动范围和运动约束条件

在人体解剖学中将关节分为单轴关节、双轴关节和多轴关节三类，各类关节的自由度如表 6.2 所示，滑车关节和车轴关节属于单轴关节。滑车关节通常只能绕冠状轴做屈伸运动，车轴关节可沿垂直轴做旋转运动；椭圆关节和鞍状关节属于双轴关节。椭圆关节可分别沿冠状轴和矢状轴做屈、伸和内收外展运动，并可做环转运动；鞍状关节也可沿两轴做屈伸、收展和环转运动。球窝关节是典型的多轴关节，具有两个以上的运动轴，可做屈、伸、收、展、旋内、旋外和环转运动。平面关节也属于多轴关节，可做多轴性的滑动或转动。肩关节、髋关节、胸锁关节、肩锁关节等属于多轴关节，肘关节、膝关节、腕关节、踝关节等属于双轴关节。人体骨骼模型中各关节的活动范围参见第 2 章的表 2.23。

关节运动约束的采用欧拉角描述。关节所在的坐标系绕其三个坐标轴的运动情况(朝向)。这里规定欧拉角的旋转顺序为 Z、Y、X，表示绕某个轴旋转一定角度后的旋转变换矩阵 $\boldsymbol{R}$，则在通常情况下，关节的运动可表示如下：

(1) 设 a 代表 X、Y、Z 中的任意一轴，则单轴关节的运动表示为 $\boldsymbol{R}_a(\theta)$；

(2) 双轴关节的运动表示为 $\boldsymbol{R}_y(\beta)\boldsymbol{R}_x(\alpha)$；

(3) 多轴关节的运动表示为 $\boldsymbol{R}_z(\gamma)\boldsymbol{R}_y(\beta)\boldsymbol{R}_x(\alpha)$。

下面以 θ 约束条件进一步阐述不同类型关节运动约束的实现。

第一，单轴关节。单轴关节通常只能绕冠状轴做屈伸运动或绕垂直轴做旋转运动。设 θ 表示关节旋转的角度，$t\,(t>0)$为旋转次数，$\theta_{\min}$、$\theta_{\max}$ 分别表示该关节运动范围的极值，根据

$$\theta_{\min} \leqslant \theta \leqslant \theta_{\max} \tag{6-18}$$

对关节的运动进行约束判断。对于第 1 次旋转：

- 当$\sum_{i=1}^{t}\theta_i \leqslant \theta_{\max}$时，$\theta_i = \theta_{\max} - \sum_{i=2}^{t}\theta_{i-1}$；
- 当$\sum_{i=1}^{t}\theta_i < \theta_{\min}$时，$\theta_i = \theta_{\min} - \sum_{i=2}^{t-1}\theta_{i-1}$。

第二，双轴关节。双轴关节能绕两个互相垂直的轴做两组运动，也可进行环转运动。定义绕垂直轴(Z 轴)旋转的关节运动为自转；绕冠状轴(X 轴)或矢状轴(Y 轴)旋转的关节运动为摆动。则双轴关节的运动可分解为以下两种：第一种由自转和摆动两种运动组成，表示为 $R_z(\gamma)\cdot R_y(\beta)$ 或 $R_z(\gamma)\cdot R_x(\beta)$；第二种只包含摆动的运动，表示为 $R_y(\beta)\cdot R_x(\alpha)$。对于第一种类型(如膝关节)，由于自转与摆动这两种运动是相对独立的，因此双轴关节的运动约束问题可以转化为分别求解两个单轴关节(自转和摆动)的运动约束；对于第二种类型可看作多轴关节的一个特例，将在多轴关节部分进行详细阐述。

第三，多轴关节。多轴关节具有两个以上的运动轴，可做多方向的运动。在人体的关节中大多数的多轴关节都属于球窝关节。为了避免欧拉角的奇异性问题，在此采用轴-角坐标描述关节的运动。如图 6.17 和图 6.18 所示，两次连续摆动的结果是使与该关节相连的骨由 Z 轴转到 Z' 轴所在的位置，r 为两次连续摆动的旋转轴，且其总是位于 X 轴与 Y 轴所确定的平面内，因此，可以根据旋转轴的运动轨迹(椭圆)对关节的运动约束范围进行判断，此方法可以有效地解决关节的运动依赖性问题(如两个连续的摆动运动)。

具体算法步骤如下：

第一步，以人体解剖学姿势为初始位姿的坐标系，建立关于旋转轴的约束椭圆：

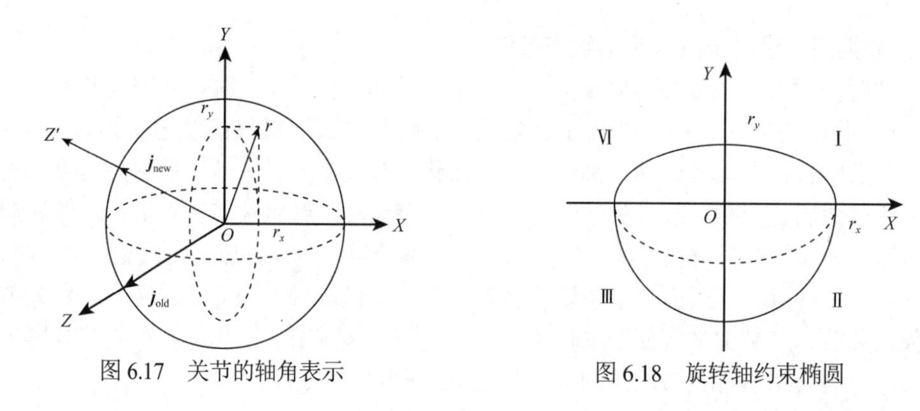

图 6.17　关节的轴角表示　　　　图 6.18　旋转轴约束椭圆

$$f(x,y)=(x/r_x)^2+(x/r_y)^2 \tag{6-19}$$

根据关节的运动约束条件$\beta_{\min}\leqslant\beta\leqslant\beta_{\max}$及$\alpha_{\min}\leqslant\alpha\leqslant\alpha_{\max}$，将旋转轴的运动分为四个区域(见图 6.18)，确定各区域内约束椭圆的边界半径r_x、r_y。

第二步，计算旋转轴r：$\boldsymbol{j}_{\text{old}}$表示初始位姿下 Z 轴上的单位向量，$\boldsymbol{j}_{\text{new}}$为此次旋转后 Z 轴由初始位姿旋转到Z'后相对于初始位姿的单位向量，有$\boldsymbol{j}_{\text{new}}=\boldsymbol{T}\cdot\boldsymbol{j}_{\text{old}}$，其中 $\boldsymbol{T}$ 表示相对于该关节的初始位姿的变换矩阵，最后，通过$r=\boldsymbol{j}_{\text{old}}\cdot\boldsymbol{j}_{\text{new}}$得以计算。

第三步，将r代入相应的约束椭圆进行判断。对于图 6.18 中以实线为边界的椭圆部分，当$f(x,y)-1<0$时，表示在约束范围内；而图 6.18 中Ⅱ、Ⅲ区域中以虚线为边界的椭圆部分，当$f(x,y)-1\geqslant 0$时，表示在约束范围内。

第四步，采用与单轴关节相同的方法，根据$\gamma_{\min}\leqslant\gamma\leqslant\gamma_{\max}$判断其自转是否有效。

3. 关节中心几何位置的计算

吕治国等(2008)在人体真实感建模时，依据 H-Anim 标准提出了一种骨架提取算法来计算关节的中心点C_j：

$$\begin{cases} C_{j-x}=\dfrac{1}{m_i}\sum\limits_{i}^{m}P_x \\ C_{j-y}=\dfrac{1}{m_i}\sum\limits_{i}^{m}P_y \\ C_{j-z}=\dfrac{1}{m_i}\sum\limits_{i}^{m}P_z \end{cases} \tag{6-20}$$

式中，P 为满足关节处两身体段相交部分与另外一个相交部分之间最大距离的 1/2 点，或小于 1/2 的点，m 为关节处两身体段相交的点数。利用中心法计算人体的关节点，对于复杂的人体而言是一种理想的情况，这一算法为计算精确的关节点数据信息提供了方向。

6.3.2　肌肉层几何模型构建法

肌肉是人体运动系统中受神经控制的动力器官。人体骨骼肌在神经系统支配下收缩和舒张，收缩时，以关节为支点牵引骨改变位置，产生运动。肌肉长时间保持某种状态或不停地收缩和舒张，则会引起行动能力的下降，即产生所谓的生理疲劳。为此，大量学者投身于以肌肉为主要研究对象的人机工程分析评价算法的研究中，其中较为著名的有疲劳/恢复分析、静态施力分析、能量代谢分析等。与此同时，丹麦奥尔堡大学的拉斯穆森(John Rasmussen)等开发的 AnyBody 软件、MSC 软件公司开发的 LifeMOD 和 1975 年由荷兰的 TNO 公路汽车研究学会开发的 MADYNO 等软件均提供建立包含肌肉层的人体模型的功能，并使用该模型以生物学原则为约束条件对人机系统进行优化设计。下面介绍肌肉层几何模型构建的相关知识。

1. 肌肉的解剖结构

从人体解剖结构来看，人体肌肉的构造复杂，依据其结构不同可分为平滑肌、心肌和骨骼肌。其中，骨骼肌主要存在于躯干和四肢，收缩迅速而有力，但易疲劳，受躯体神经支配，称为随意肌。这种肌肉的最大特点是可由个人意识控制收缩的时间、幅度和强度，而且这类肌肉的尺寸大小可随着训练、使用的程度而出现显著的变化，其功能是通过收缩使它所附着的骨骼运动，来完成人体各类活动。按照肌肉纤维收缩的快慢又可将骨骼肌分为快肌和慢肌两种。快肌又称为白肌，能在很短的时间内快速地运动，产生巨大的爆发力，但较易疲劳，不耐持久。慢肌又称为红肌，这类肌肉的收缩速度较慢，爆发力差，但较持久，不易产生疲劳，是日常生活活动的主要肌群。

骨骼肌通常以两端附着在两块或两块以上的骨面上，中间跨过一个或多个关节。通常把接近身体正中面或四肢部靠近近侧的附着点看作肌肉的起点或定点；把另一端看作止点或动点。骨骼肌在关节周围分布的方式和多少与关节的运动轴一致。单轴关节通常配备两组肌，如肘关节和踝关节，前方有屈肌，后方有伸肌。双轴关节通常有 4 组肌，如挠腕关节和拇指腕掌关节，除屈肌和伸肌外，还配布有内收肌和外展肌。三轴关节周围配备 6 组肌，如肩关节和髋关节，除屈、伸、内收和外展肌外，还有排列在垂直轴相对侧的旋内和旋外两组肌。

2. 肌肉的几何表示法

位于骨架层之上的是肌肉层，Nedell 等使用弹簧系统来模拟肌肉的变形，是一种贴近人体肌肉特点的方法，为人体其他部位和组织的建模提供了先例。但这种方法只能模拟肌肉的收缩，不能体现出肌肉收缩是人体神经对环境反应的结果。因此，人们开始探讨随骨骼一起运动的骨骼肌的变形机制定量表述方法。在早期的肌肉建模及其变形研究中，大多采用 FFD 自由变形机制，如 Chadwick 等采用基于 FFD 的变形机制建立肌肉层。类似地，Dirichlet(狄利克雷)采用 DFFD(dirichlet free form deformation)变形机制实现了手部肌肉的变形。我国科学院计算技术研究所的李锦涛、左力等人提出了一种基于解剖学的人体肌肉层建模和变形的方法，同时开发了人体肌肉层的建模工具。该肌肉模型采用轴变形技术与横截面变形技术相结合的变形方法实现。后来，隐式曲面也被广泛用于肌肉的几何建模中。近年来，一些学者鉴于大多数肌肉的外形呈纺锤形，故常采用椭球体作为肌肉模型的基本组成部分。例如 Scheeped 等采用体积不变的椭球体来表示纺锤形肌肉，并提出了一个通用的肌肉模型用于满足不同的肌肉形态。该模型实现了纺锤形肌肉、多肌腹肌肉的建模，对肌肉的收缩变形实现了等长收缩和等张收缩两种变形。威廉斯(Wilhelms)等用离散的圆柱体实现肌肉建模，该模型中，肌肉的形状可以通过参数进行控制、调整，且跟随关节的运动自动产生形变。为了达到更逼真的变形效果，丹利尔(Daniel)、塔尔曼(Thahlmann)等采用基于物理的建模方法，用作用线实现肌肉的变形，并且采用一种新的关节角弹簧来控制肌肉的体积，进而实现肌肉的变形表述。然而，这种方法在建模中需要手工调整活动线的弹性系数，关节处的弯曲还需额外引入大小合适的圆球体以及复杂的用力计算。

此外，一些研究人体步态的学者采用肌肉作用线表示法对人体下肢肌肉进行建模，该模型虽然能够对肌肉的生物力学特性进行表示，但由于这些模型过于简化，因此不适合直接应用于人机工程的仿真分析。

综上所述，大多数肌肉模型侧重于几何形态及变形机制，注重视觉上的逼真效果。由于这些模型过于复杂，因此，不易于对肌肉的生物力学特性进行表示。此外，虽然有些模型能够对肌肉生物力学提供支持，但由于其太过简化而丧失了真实性和准确性。

建立生物力学模型时，目前主流软件(如 JACK、DELMIA/CATIA、SAFEWORK、ANYBODY、LifeMOD 和 MADYNO 等)均采用将肌肉对骨骼的作用力以作用力线的形式表示，包括力的作用点、作用线和作用方向。

3. 肌肉几何建模的实现

目前，以肌肉力作用线来表示肌肉的几何属性的建模方法主要有以下两种。

第一种为直线段(straight-line)法，它由连接某块肌肉的起止点直线段组成。这种方法对于满足以下三种情况的肌肉来说都是行之有效的：第一，肌肉起止点的附着位置可以简化为一点；第二，肌肉的肌腱纤维和肌肉纤维处于同一直线，即没有夹角；第三，肌肉纤维的活动不会受其他相邻组织的影响。但是上述三种情况通常都难以得到满足，因此，在实际应用中常采用下面介绍的第二种方法。

第二种为质心线段(centroid-line)法。该方法假定作用在肌肉上的力的曲线是由肌肉横截面上的质心构成的，它更多地考虑了肌肉在骨骼上的附着点的真实区域以及肌纤维的方向。由此可见，质心线段法和直线段法在单位向量与肌肉力的线性对应关系中有着显著的区别。尽管这种方法对于较长的并行纤维组成的肌肉来说是精确的，但是当肌肉切面与力的作用线没有垂直正交时，尤其对于较短肌肉来说，还是会出错。

以上两种方法都存在一个主要缺点，即它们涉及了模型的一个位置。因而，由此产生了一种介于两者之间的方法，即轮廓线(contour line)法，该方法是对准确与简单的一个平衡。

综上所述，无论哪种方法，都假定用肌肉作用线来表示作用在肌肉横截面上力的方向，而且在这条作用线上肌肉不产生力矩。当然，这些近似的方法从解剖学和机械学角度来看并不总是有效的。例如一些肌肉(如宽肌)的附着面很宽，而有些肌肉可以分成附着到不同骨骼上的肌束。观察可知，力的方向上很小的改变也会引起很大的力矩改变，因此，在实际建模时，需要根据具体情况选择适当的方法进行建模。

目前，已应用上述方法建立了许多肌肉与骨骼的模型，如约翰逊(Johnson)、冈萨雷斯(Gonzalez)等的上肢模型，潘迪(Pandy)等的下肢模型以及舍伦(Seireg)等的全身模型。在这些模型中，有两个极具应用价值的模型，其一是由霍格福斯(Hogfors)等建立的肩部肌肉模型，如图 6.19 所示，该模型考虑了涉及肩部运动的 21 块肌肉，共 33 根肌肉作用线，该模型后来被卡尔松(Karlsson)等用于肩部肌肉力的预测；其二是由荷蒙(Helm)等提出的肩膀肌肉模型，该模型侧重对阔肌的力学效果的精确建模，由于阔肌的附着面很大，所以模型的肌肉数量也随之增大(见图 6.20)。

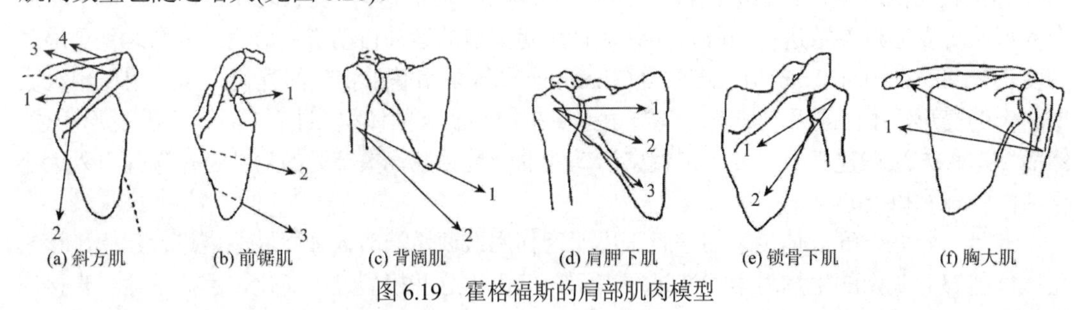

图 6.19　霍格福斯的肩部肌肉模型

基于上述三种方法的综合应用，浙江大学开发了 ZJIJ-ERGOMAN 系统，该系统所建的人体模型中的骨骼肌几何模型的四类建模方法(徐孟，2006)见表 6.3。全身骨骼肌共计 50 块(其中颈部 4 块、背肌 1 块、胸肌 2 块、上肢肌 19 块、髓肌 10 块、下肢肌 14 块)。在此模型中，肌肉之间的线段代表了肌肉力的作用线，可以用来表示肌肉力，进而对整个肌肉与骨骼系统进行动力学仿真研究。在已知肌肉力的情况下，应用正向动力学可获得整个人体的运动信息；在已知人体运动的情况下，应用逆向动力学就可以对作用在人体各环节上的力进行求解，从而判断人体是否会受到伤害。

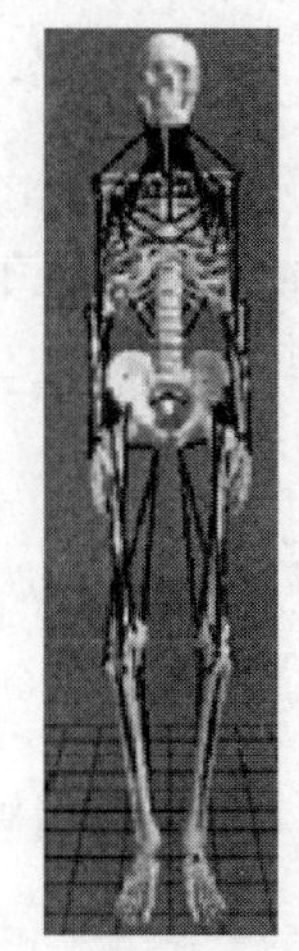

图 6.20　人体全身骨骼肌模型

所以，人体骨骼肌的几何模型具有如下特点：

(1) 与人体解剖学结构相近的骨骼和人体表面骨骼肌模型；

表 6.3　骨骼肌的四类建模方法

肌肉建模方法	肌肉类型	建模结果
直线段法(用从肌肉起点到止点的一条线段表示)	短肌(如小圆肌)	
轮廓线法(用从肌肉起点到止点的多条线段表示)	长肌(如挠侧腕屈肌)	
由多条从起点到同一止点的线段组成，且每条线段采用轮廓线法	多头肌(如股四头肌)	
由多条从起点到多个止点的线段组成，且每条线段采用轮廓线法	阔肌(如背阔肌)	

(2) 面向人体测量学的参数化的模型，能够提供人体数据咨询；

(3) 有效的关节运动约束机制，使模型满足人体运动特性；

(4) 基于解剖学的表面骨骼肌模型，为肌肉力学效应的预测提供支持；

(5) 支持人机系统关于静动态的负重负荷和姿势负荷的仿真分析与职业损伤风险评估。

6.3.3　皮肤层模型构建法

目前，主流的人机工程计算机辅助设计软件提供的皮肤变形数字化处理算法主要是蒙皮算法，即表面模型皮肤变形方法。

6.3.4　骨架模型、肌肉层(含脂肪层)与皮肤模型的集成方法

分层建模结束之后是将各层次连接起来。适合分层建模的连接方法是由 Schneider 等最早提出的，后来塔尔曼等研究形成的连接思路与其不同，认为皮肤是从内部结构生成的而不是单独设计的。这两种思路考虑到人体各层次之间的关联性，但在建模时不能用数据或模型体现出来。

人体多层模型采用基于解剖学的 3D 人体骨骼模型、肌肉几何模型和皮肤变形方法来构建与显示。骨骼层的建模主要遵循 H-Anim 标准，兼顾了兼容性、适应性和简洁性。分层模型各层通过代数信息及物理原理连接起来，实现各层模型信息的集成。

6.3.5　人体骨骼模型数据结构

对应于图 6.21 中的人体树状图，各环节可用数据结构来存储人体各环节信息。为了便于进行生物力学、热物理、电特性分析计算，数据结构中存储环节质量、质心、转动惯量、关节信息、生物组织材料力学性能参数、热物理和生理参数、电特性参数等。对于每个环节来说，影响其运动的关节是确定的，定义统一的数据结构如下：

```
Seg_Joi_Class:
Seg_ID: Byte;              //环节内部标识
Seg_Name: String;          //环节外部名称
Seg_Father: String;        //父环节名称
Joi._Type: String          //影响环节运动的关节类型
Joi_Pos: Matrix;           //环节的运动关节位置矩阵
JoiAng: TVec3f;            //表示环节旋转的旋转角
Joi_LRot: 0010;            //关节旋转方向约束
Seg_Dof: Byte;             //影响环节运动的关节自由度个数
Seg Len: Float;            //环节的长度
Seg_Mass: Byte;            //环节的质量
Seg_Centroid: TVec3f       //环节质心的位置
Seg_Moment: Byte;          //环节转动惯量
Seg E: Float;              //环节的弹性模量
Seg E: Float;              //环节的弹性模量
Seg V: Float;              //环节组织材料的泊松比
Seg_LLimit: TVec3f;        //最小约束角
Seg_ULimit: TVec3f;        //最大约束角
Seg_State: Byte;           //环节的活动标识，表示关节是否在活动状态
```

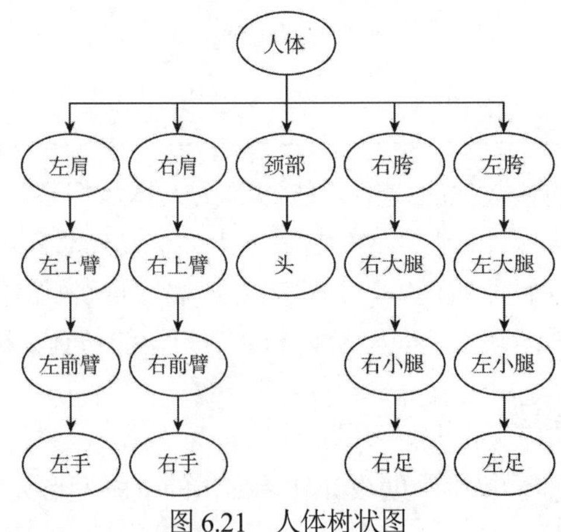

图 6.21　人体树状图

6.4　面向振动环境设计的人体模型的构建

振动与冲击是许多工程领域中影响人机系统的协调性、最佳效能发挥和人体健康的一个重要因素，引起了国内外有关专家、学者的普遍关注，形成了以人体为主的生物振动分析的重要研究课题。

从物理学的观点看，人体是一个十分复杂的系统。大量实验研究表明，在较低振动水平作用下，在低频范围内(低于 100Hz)，人体可以描述为一个多自由度的集中参数的系统，依据研究侧重点的不同，可以将人体模化为 1～16 自由度，显然自由度越多，精度也越高，研究越具体，但模型的实验验证难度也越大，甚至无法验证。在较高的频率范围内(高至 100 000Hz)，人体需要描述为复杂的分布参数系统。

人体受到的振动分为全身振动和局部振动两种。全身振动是由振动源(振动机械、各类航空航天动力装备、陆上动力移动装备和海里动力游弋装备、活动的工作平台)通过身体的支持部位(立姿和坐姿的足部、坐姿的臀部、卧姿的支撑面)，将振动沿下肢或躯干传布全身引起的振动为主；局部振动主要是由振动源通过振动工具(如砂光机、研磨机、削片机、槽刨工具、钻具、锯子、凿岩机工、水泥振实器、伐木油锯和冲击钻等)传递给操作者的手和前臂等部位。

至今，国内外学者提出了多种数学模型用来研究坐姿人体的动力学响应。早在 1918 年，哈米尔顿(Hamilton A.)就提出了人体动力学模型。此后，又有各种不同的模型相继出现，这些模型可以分为三类：集总参数模型、有限元模型和多体动力学模型。本节主要介绍集总参数模型的构建方法。

集总参数模型构建的主要步骤如下：

(1) 对人体各器官进行划分。在集总参数模型中，人体被分割成不同的质量块，用弹簧和减震器将这些质量块连接在一起，作为人体的柔性连接。

(2) 确定各质量块的质量和惯量参数。

(3) 将不同离散点上的集总质量用弹簧和减震器连接起来。

(4) 确定弹簧的刚度和减震器的阻尼值。

(5) 依据牛顿第二定律建立人体的振动生物力学模型，即振动微分方程。

(6) 建立人机环境系统的振动微分方程，并求解方程，获得系统的动态响应和动态特性，并与实验结果比较。

6.4.1　基于人体测量数据的立姿人体振动生物力学模型构建方法

由于基于实物人机系统的物理模拟实验法研究人体振动问题存在耗资大、耗时长、振动环境难以模拟，以及实验的安全性难以保障等问题，促使人们另辟蹊径。休斯顿(Huston，1987)和法里德(Farid，1987)及阿米丘奇(Amicuche，1987)等利用多刚体系统动力学原理、计算机技术以及信号处理技术来研究人体振动与碰撞问题，其模型物理参数均是通过真人实验模态识别法获得。尼甘(Nigam，1987)和马利克(Malik，1987)在对人体进行了大胆假设(视人体为整体均质、整体均弹性模量)的情况下，基于人体的测量尺寸和生物力学性能参数给出了立姿人体无阻尼集中参数模型的物理参数计算法。徐铭陶(Xu Mingtao，1990)等人提出的等效弹性模量法较好地解决了人体长骨的拉压不等弹性模量的问题，考虑了人体的非均密度问题。该方法视人体为非均弹性模量的时不变体，将人体离散化为多刚性生理环节-

弹簧-阻尼的离散模型，如图 6.22 所示。人体环节的弹性和阻尼可分别集中反映在环节间的等效弹簧、阻尼元件上，它们可以是线性或非线性。

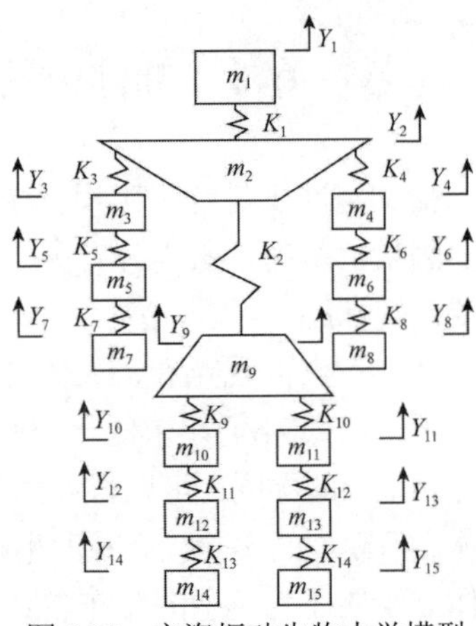

图 6.22　立姿振动生物力学模型

1. 立姿人体自由振动方程

由牛顿第二定律可推导图 6.22 所示模型的振动微分方程为

$$[\boldsymbol{M}]\{\ddot{Y}\}+[\boldsymbol{K}]\{Y\}=0 \tag{6-21}$$

式中，$[\boldsymbol{M}]$、$[\boldsymbol{K}]$分别为 15×15 阶正定质量阵、半正定刚度阵。$[\boldsymbol{M}]$、$[\boldsymbol{K}]$中的元素值是直接基于将人体按照 Hanavan 方法划分为 15 个环节，以及 Hanavan 模型的人体几何形状测量参数和人体的软、硬组织材料的力学性能参数来计算的。

2. 算例

(1) 确定各环节的质量 m_i。目前，人们已发展了多种求取人体各生理环节的惯性参数的方法。为了节省篇幅，本算例直接利用第 2 章介绍的汉纳范人体惯性参数计算法和人体模型的测量数据来求取图 6.22 中的各环节质量 m_i(i=1，2，…，15)，结果列于表 6.4。

表 6.4　立姿人体模型的 15 个生理环节的参数

环节序号	环节几何参数 m			环节质量 m_i / kg	环节密度 ρ_i /(kg·m^{-3})	骨骼等效弹性模量 E_{bvi} /(GN/m^2)	环节当量弹性模量 E_{vi} /(MN/m^2)	环节当量刚度 S_{Ki}
	R_{1i}	R_{2i}	L_i					
1	0.0823	0.0823	0.286	4.74	1168.3	22.6	13.0	
2	0.143	0.096	0.178	8.9	1157.4	0.0218	0.404	
3	0.135	0.0938	0.394	20.0	1276	0.034	0.384	
4、5	0.0501	0.03979	0.30	1.74	909.3	8.489	7.87	
6、7	0.0398	0.02547	0.22	1.058	1451.1	8.260	7.88	
8、9	0.047	0.047	0.094	0.46	1058.0	22.6	13.0	
10、11	0.0844	0.0557	0.344	6.125	1140.0	8.286	7.88	
12、13	0.0557	0.04456	0.336	2.87	1077.5	8.412	7.94	
14、15	0.032	0.02062	0.245	0.9	1663.3	22.6	13.0	

(2) 确定各环节间的等效弹簧刚度值 K_m。典型相邻环节 Bi 和 Bj 间的等效弹簧刚度值 K_m 由两环节的等效刚度 S_{Ki} 和 S_{Kj} 计算得出，即 $K_m=S_{Ki}S_{Kj}/(S_Ki+S_{Kj})$($m$=1, 2, …, 15)。各环节 S_K 值的计算式分别如下(由于篇幅所限，这里略去了计算各 S_K 值的公式的推导过程)。

对于环节 i=1，7，8，14，15(椭球/球台体)：

$$S_{Ki}=6.283E_{vi}R_{1i}R_{2i}/(L_i+\ln(2-t_{ri})/t_{ri}) \tag{6-22}$$

对于环节 i=3～6，10～13(圆锥台)：

$$S_{Ki}=E_{vi}(R_{1i}+R_{2i})(R_{1i}+R_{2i})/(L_i+\ln(2-t_{ri})/t_{ri}) \tag{6-23}$$

对于环节 i=2，9(椭圆柱体)：

$$S_{Ki}=3.1415E_{\mathrm{v}i}R_{1i}R_{2i}/L_i \tag{6-24}$$

上述各式中的 $E_{\mathrm{v}i}=\sqrt{E_t E_{\mathrm{bv}i}}$，$E_{\mathrm{v}i}$、$E_{\mathrm{bv}i}$ 和 E_t 分别是各环节在 Y 方向上的软硬组织、硬组织、软组织的等效弹性模量，对于环节 i=3～6 和 10～13，$\mathrm{E}_{\mathrm{bv}i}=(\sqrt{E_{\mathrm{l}i}E_{Yi}})/(\sqrt{E_{\mathrm{l}i}}+\sqrt{E_{Yi}}))^2$；对于环节 i=2、9，$E_{\mathrm{bv}i}=L_i E_{\mathrm{b}i}^{'}E_{\mathrm{b}i}^{''}/(nL_{\mathrm{l}i}E_{\mathrm{b}i}^{'}+mL_{2i}E_{\mathrm{b}i}^{''})$，这里对于 i=2 时，m=12，n=12，L_1=25mm，L_2=5mm；i=9 时，n=m=6，L_1=27mm，L_2=9mm；E_l 和 E_y 值见第 2 章的表 2.16，算得 $E_{\mathrm{bv}2}$=21.8MN/m^2；而其他环节的 E_{bv}=22.6MN/m^2；E_t=7.5kN/m^2；$R_{\mathrm{l}i}$、R_{2i}、R_{3i}、L_i、t_{ri} 为第 i 环节的几何尺寸。

根据上述各参数取值和公式计算得各环节的 $E_{\mathrm{bv}i}$、$E_{\mathrm{v}i}$，值列于表 6.4，K_1=528.8kN/m，K_2=27.8kN/mm，$K_{3,\ 4}$=61.6kN/m，$K_{5,\ 6}$=68.96kN/m，$K_{7,\ 8}$=524.8kN/m，$K_{9,\ 10}$=63.46kN/m，$K_{11,\ 12}$=121.2kN/m 和 $\mathrm{K}_{13,\ 14}$=528.4kN/m。

3. 立姿人体振动分析结果分析与结论

由表 6.4 的有关参数值可求出[$\boldsymbol{M}$]、[$\boldsymbol{K}$]的元素值，用广义雅可比法求解方程(6-21)得到的 15 个立姿人体无阻尼自由振动的固有频率(单位：Hz)：f_1=0.0，f_2=6.5，f_3=9.1，f_4=13.6，f_5=19.6，f_6=23.7，f_7=36.2，f_8=36.7，f_9=50.8，f_{10}=51.3，f_{11}=67.4，f_{12}=140.4，f_{13}=140.4，f_{13}=204.8，f_{15}=204.8。其中 f 的下标号不是图 6.22 中的人体环节号。该案例计算所得频率分布与前人的试验结果相近。

6.4.2　坐姿人体振动生物力学模型构建方法

1. 坐姿人体划分

依据研究侧重点，可以将坐姿人体模化为 1～17 自由度，因篇幅所限，本章仅介绍 7 自由度坐姿人体振动模型(垂直方向)。

为了更准确地预测动态环境下人体系统的振动响应，对于坐姿人体来说，通常可以分为头部、上躯干、下躯干(包括臀部)、左下肢、右下肢五个部分。如不考虑水平、侧向振动的影响且侧重于脊柱及腰部、内脏等的振动响应，则可以将坐姿人体简化为 7 自由度的非线性全身振动模型(该模型是帕蒂尔 1977 年提出的一种无座椅靠背支持的坐姿人体振动模型，并经实验验证)，如图 6.23 所示。帕蒂尔模型的特点是把头颈和脊柱以外的躯干部分与脊柱分开来考虑。图 6.23 中，m_7 为头和第一颈椎的质量；背部质量 m_6 为第一颈椎以外的全部脊柱质量，k_6 和 c_6 为胸椎及腰椎(包括椎骨及椎间盘)部分的刚度系数和阻尼系数；m_5 代表上躯干外壳结构(包括胸骨、肋骨及肩、臂等)的质量；m_4、m_3 和 m_2 分别为胸内部器官(包括心脏和肺)、横膈膜和腹部内部器官(包括胃、肝、肠等全部内脏)的质量，它们的刚度系数和阻尼系数分别以 k_4、k_3、k_2 和 c_4、c_3、c_2 来表示；身体的其余部分(包括骨盆、下肢等)的质量以 m1 来表示。要注意的是，指标 5 以下的刚度系数和阻尼系数都是非线性的。图中以不同下标表示的 Z 分别为对应于上述部分的位移。此模型中未考虑躯干内部的力。

该模型也是一种机械振动响应的等效模型(后同)，它将人体各生理环节等效为质量、刚度、阻尼等机械元件。

2. 7 自由度坐姿人体的振动微分方程

由图 6.23 可以得到其离散体的受力分析图，如图 6.24 所示。依据牛顿第二定律，推导出 7 自由度人体振动微分方程的矩阵形式为

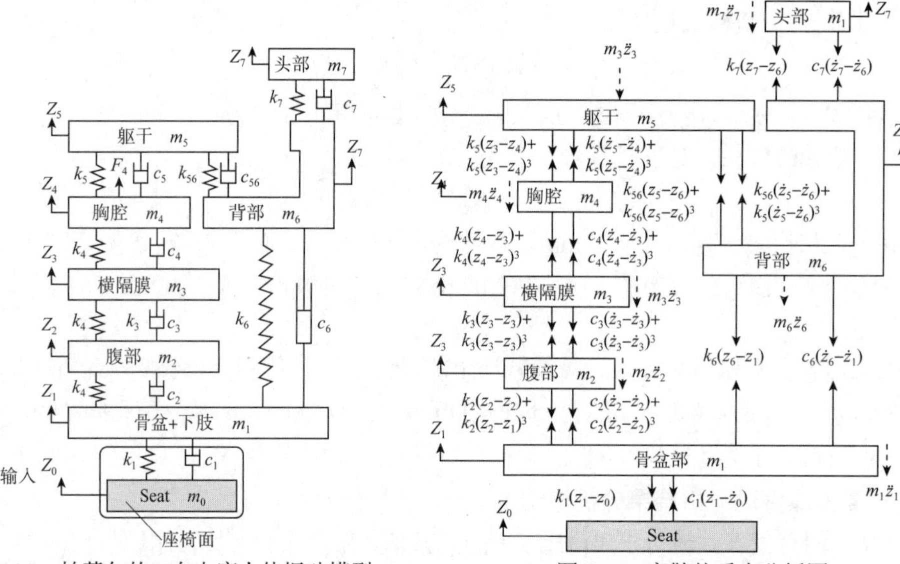

图 6.23　帕蒂尔的 7 自由度人体振动模型　　　图 6.24　离散体受力分析图

$$[\boldsymbol{M}]\{\ddot{Z}\}+[\boldsymbol{C}]\{\dot{Z}\}+[\boldsymbol{K}]\{Z\}+\{\Phi\}=\{f_z\} \tag{6-25}$$

$$[\boldsymbol{M}]=\begin{bmatrix} m_1 & 0 & 0 & 0 & 0 & 0 & 0 \\ 0 & m_2 & 0 & 0 & 0 & 0 & 0 \\ 0 & 0 & m_3 & 0 & 0 & 0 & 0 \\ 0 & 0 & 0 & m_4 & 0 & 0 & 0 \\ 0 & 0 & 0 & 0 & m_5 & 0 & 0 \\ 0 & 0 & 0 & 0 & 0 & m_6 & 0 \\ 0 & 0 & 0 & 0 & 0 & 0 & m_7 \end{bmatrix};\{z\}=\begin{Bmatrix} z_1 \\ z_2 \\ z_3 \\ z_4 \\ z_5 \\ z_6 \\ z_7 \end{Bmatrix};\quad \{f_z\}=\begin{Bmatrix} c_1\dot{z}_0+k_1z_0 \\ 0 \\ 0 \\ 0 \\ 0 \\ 0 \\ 0 \end{Bmatrix} \tag{6-26}$$

$$[\boldsymbol{K}]=\begin{bmatrix} k_1+k_2+k_6 & -k_2 & 0 & 0 & 0 & -k_6 & 0 \\ -k_2 & k_2+k_3 & -k_3 & 0 & 0 & 0 & 0 \\ 0 & -k_3 & k_3+k_4 & -k_4 & 0 & 0 & 0 \\ 0 & 0 & -k_4 & k_4+k_5 & -k_5 & 0 & 0 \\ 0 & 0 & 0 & -k_5 & k_5+k_6 & -k_6 & 0 \\ -k_6 & 0 & 0 & 0 & -k_{56} & k_{56}+k_6+k_7 & -k_7 \\ 0 & 0 & 0 & 0 & 0 & -k_7 & k_7 \end{bmatrix} \tag{6-27}$$

$$[\boldsymbol{C}]=\begin{bmatrix} c_1+c_2+c_6 & -c_2 & 0 & 0 & 0 & -k_6 & 0 \\ -c_2 & c_2+c_3 & -c_3 & 0 & 0 & 0 & 0 \\ 0 & -c_3 & c_3+c_4 & -c_4 & 0 & 0 & 0 \\ 0 & 0 & -c_4 & c_4+c_5 & -k_5 & 0 & 0 \\ 0 & 0 & 0 & -c_5 & k_5+k_6 & -k_6 & 0 \\ -c_6 & 0 & 0 & 0 & -k_{56} & k_{56}+k_6+k_7 & -k_7 \\ 0 & 0 & 0 & 0 & 0 & -k_7 & k_7 \end{bmatrix} \tag{6-28}$$

$$\{\Phi\}=\left\{\begin{array}{r}c_2\left(\dot{z}_1-\dot{z}_2\right)^3+k_2\left(z_1-z_2\right)^3\\c_2\left(\dot{z}_2-\dot{z}_1\right)^3+c_3\left(\dot{z}_2-\dot{z}_3\right)^3+k_2\left(z_2-z_1\right)^3+k_3\left(z_2-z_3\right)^3\\c_3\left(\dot{z}_3-\dot{z}_2\right)^3+c_4\left(\dot{z}_3-\dot{z}_4\right)^3+k_3\left(z_3-z_2\right)^3+k_4\left(z_3-z_4\right)^3\\c_4\left(\dot{z}_4-\dot{z}_3\right)^3+c_5\left(\dot{z}_4-\dot{z}_5\right)^3+k_4\left(z_4-z_3\right)^3+k_5\left(z_4-z_5\right)^3\\c_5\left(\dot{z}_5-\dot{z}_4\right)^3+c_{56}\left(\dot{z}_5-\dot{z}_6\right)^3+k_5\left(z_5-z_4\right)^3+k_{56}\left(z_5-z_6\right)^3\\c_{56}\left(\dot{z}_6-\dot{z}_5\right)^3+k_{56}\left(z_6-z_5\right)^3\\0\end{array}\right\} \tag{6-29}$$

模型的物理参数见表 6.5。

表 6.5　模型中的人体物理参数(总质量：80kg)

系统中的质量/kg		系统中的弹簧系数/(N · m^{-1})		系统中的阻尼系数/(N · s/m)	
m_7	5.45	k_7	52600.0	c_7	3580.0
m_6	6.82	k_6	52600.0	c_6	3580.0
—	—	k_{56}^{+}	52600.0	c_{56}^{+}	3580.0
m_5	32.762	k_5^{+}	877.0	c_5^{++}	292.0
m_4	1.362	k_4^{+}	877.0	c_4^{++}	292.0
m_3	0.455	k_3^{+}	877.0	c_3^{++}	292.0
m_2	5.921	k_2^{+}	877.0	c_2^{++}	292.0
m_1	27.23	k_1	25 500	c_1	371.0

注：带+者，其线性与非线性单位分别为 N/cm 和 N(cm)^3；

带++者，其线性与非线性单位分别为 N/(cm/s)和 N/(cm/s)。

6.4.3　卧姿人体振动生物力学模型构建方法

卧姿反映了夜间居住建筑内人群睡觉时和旅客在大巴、列车、轮船或飞机等上睡觉时的俯卧、仰卧或半仰卧姿势，还有把病人运到医院或转院、战场上运送伤员时，采用的也是仰卧姿势。前田(Maeda)等发现，仰卧、俯卧、左侧卧、右侧卧 4 种不同姿态下感知阈值没有明显不同。频率高于 4Hz 时，y 方向振动和 z 方向振动的感知阈值基本相同，频率低于 4Hz 时，人体对 x 方向的振动感知要比在 y、z 方向的振动感知敏感。卧姿基本中心(心脏)坐标系见图 6.25，卧姿人体可以模化为三自由度的集总参数模型(ISO 5982 及 GB/T 16440 中的卧姿人体垂直振动模型)。如图 6.26 所示，卧姿的人体振动生物力学模型的构建方法与坐姿振动模型的构建方法一样。

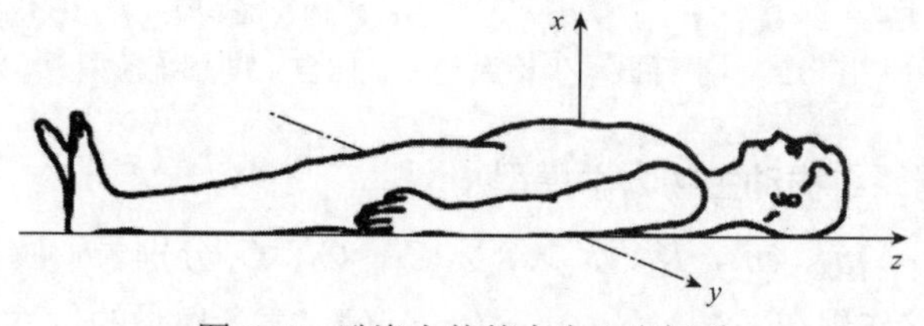

图 6.25　卧姿人体基本中心坐标系

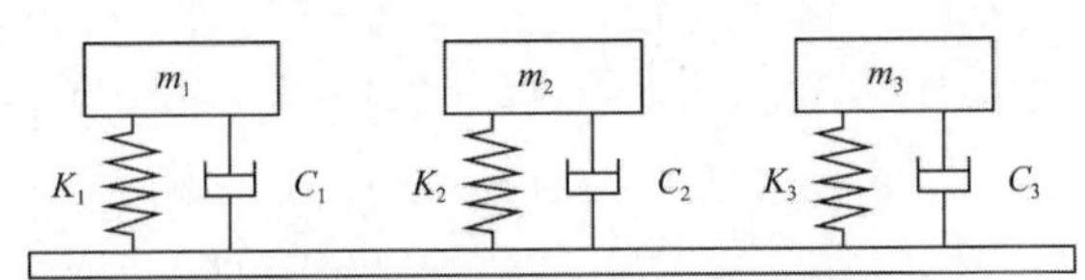

图 6.26　三自由度卧姿人体集总参数模型(ISO 5982 及 GB/T 16440 中卧姿人体垂直振动模型)

6.4.4　人体局部振动(手臂振动)的生物力学模型

在现代化生产的许多领域，还有相当数量的工人从事振动作业，他们在工作中需要紧握剧烈振动的工具与设备，如凿岩机、捣固机、铆钉机、风铲、风钻等风动工具，链锯、电锤、电捣固机等电动工具，砂轮机、抛光机、研磨机等高速转动工具进行作业。长此下去，在这些工人中广泛流行着一种职业病——振动病，在医学界称为雷诺氏症，这是一种肢端动脉痉挛性疾病，并且伴有中枢神经系统紊乱的全身性损伤。患者会产生手麻、手痛、手僵、手无力、手多汗等局部症状，并发展至伴有头晕、头痛、耳鸣、睡眠障碍、周身不适、腕肩颈腰等关节酸痛的全身症状，严重的甚至丧失劳动能力及生活自理能力(如手捏不紧筷子等)。

为了提出合理的劳动卫生学标准和设计低振动水平的手动工具，必须了解手与振动工具间的耦合响应。前已述及，研究振动的方法有实验法和数值模拟法。用力学模型数值模拟人体手臂系统的动力响应的概念是德国学者迪克曼(Dieckmann)于 1958 年首先提出来的。手臂系统是一个由皮肤、肌肉、骨骼等组成的非常复杂的非均匀的连续系统，可简化为集总参数模型，即手臂可分解为许多离散的质量、线性弹簧和粘性阻尼元件。最简单的力学模型是一自由度或二自由度系统的模型，但误差较大。而三自由度系统的模型用于模拟人手，数值模拟结果与人的试验测试结果具有较好的吻合性，说明三自由度系统的模型是足够精确的。我国也建立了四自由度和三自由度系统模型国标(GB/T 19740—2005/ISO 10068：1998)，如图 6.27(b)、(c)所示。限于篇幅，本节仅列出三自由度系统模型的振动微分方程，并结合人手生理组织特点对模型进行分析。

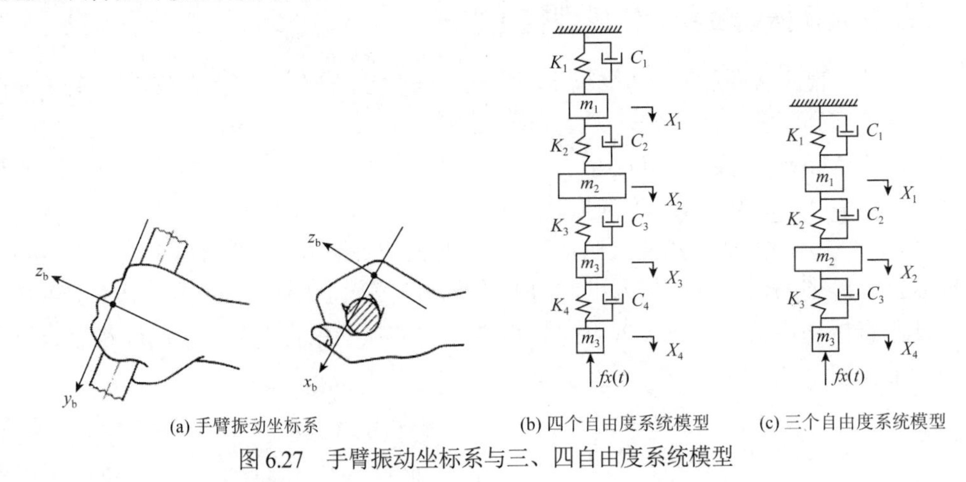

(a) 手臂振动坐标系　(b) 四个自由度系统模型　(c) 三个自由度系统模型

图 6.27　手臂振动坐标系与三、四自由度系统模型

1. 三自由度手臂系统振动生物力学模型

图 6.27(c)中，m_1、m_2、m_3，K_1、K_2、K_3，C_1、C_2、C_3 分别表示质量、弹簧刚度与阻尼系数。激励力 $f_x(t)$直接作用在 m_3 上，$x_1(t)$、$x_2(t)$、$x_3(t)$代表各质量的位移。该系统的振动微分方程为

$$m_1\ddot{x}_2(t)+\left(C_1+C_2\right)\dot{x}_1(t)+\left(K_1+K_2\right)x_1(t)-C_2\dot{x}_2(t)-K_2x_2(t)=0 \tag{6-30}$$

$$m_2\ddot{x}_2(t)+\left(C_2+C_3\right)\dot{x}_2(t)+\left(K_2+K_3\right)x_2(t)-C_2\dot{x}_1(t)-C_3\dot{x}_3(t)-K_2x_1(t)-K_3x_3(t)=0 \tag{6-31}$$

$$m_3\ddot{x}_3(t)+C_3\dot{x}_3(t)+K_3x_3(t)-C_3\dot{x}_2(t)-K_3x_2(t)=f_x(t) \tag{6-32}$$

2. 仿真模型

假定激励力与位移解具有复指数形式

$$f_x(t)=F\mathrm{e}^{\mathrm{j}\omega t} \tag{6-33}$$

及

$$x_i=X_i\mathrm{e}^{\mathrm{j}\omega t} \tag{6-34}$$

则

$$\dot{x}_i=\omega X_i\mathrm{e}^{\mathrm{j}\omega t} \tag{6-35}$$

$$\ddot{x}_i=-\omega^2X_i\mathrm{e}^{\mathrm{j}\omega t} \tag{6-36}$$

式中，i=1、2、3。方程组也可写成矩阵形式

$$-\omega^2\mathrm{e}^{\mathrm{j}\omega t}\begin{bmatrix}m_1&0&0\\0&m_2&0\\0&0&m_3\end{bmatrix}\begin{bmatrix}X_1\\X_2\\X_3\end{bmatrix}+\mathrm{j}\omega\mathrm{e}^{\mathrm{j}\omega t}\begin{bmatrix}\left(C_1+C_2\right)&-C_2&0\\-C_2&\left(C_2+C_3\right)&-C_3\\0&-C_3&C_3\end{bmatrix}\begin{bmatrix}X_1\\X_2\\X_3\end{bmatrix}$$

$$+\mathrm{e}^{\mathrm{j}\omega t}\begin{bmatrix}\left(K_1+K_2\right)&-K_2&0\\-K_2&\left(K_2+K_3\right)&-K_3\\0&-K_3&K_3\end{bmatrix}\begin{bmatrix}X_1\\X_2\\X_3\end{bmatrix}=\mathrm{e}^{\mathrm{j}\omega t}\begin{bmatrix}0\\0\\F\end{bmatrix} \tag{6-37}$$

按克莱姆法则可得到驱动点的位移 X_3 的表达式

$$X_3=\mathrm{detA}/\mathrm{detB} \tag{6-38}$$

这里，detA 为

$$\begin{vmatrix}\left[K_1+K_2+\mathrm{j}\omega\left(C_1+C_2\right)-\omega^2m_1\right]&-\left(K_2+\mathrm{j}\omega C_2\right)&0\\-\left(K_2+\mathrm{j}\omega C_2\right)&\left[K_2+K_3+\mathrm{j}\omega\left(C_2+C_3\right)-\omega^2m_2\right]&0\\0&-\left(K_3+\mathrm{j}\omega C_3\right)&F\end{vmatrix} \tag{6-39}$$

detB 为

$$\begin{vmatrix}\left[K_1+K_2+\mathrm{j}\omega\left(C_1+C_2\right)-\omega^2m_1\right]&-\left(K_2+\mathrm{j}\omega C_2\right)&0\\-\left(K_2+\mathrm{j}\omega C_2\right)&\left[K_2+K_3+\mathrm{j}\omega\left(C_2+C_3\right)-\omega^2m_2\right]&-\left(K_3+\mathrm{j}\omega C_3\right)\\0&-\left(K_3+\mathrm{j}\omega C_3\right)&\left(K_3+\mathrm{j}\omega C_3-\omega^2m_3\right)\end{vmatrix} \tag{6-40}$$

为了简化对式(6-38)的分析，采用以下变换

$$m_3/m_2=\gamma_1,m_3/m_1=\gamma_2 \tag{6-41}$$

$$\begin{cases} K_1 / m_1 = \beta_1^2 \\ K_2 / m_2 = \beta_2^2 \\ K_3 / m_{13} = \beta_3^2 \end{cases} \tag{6-42}$$

$$\begin{cases} C_1 / \sqrt[2]{K_1 m_1} = \xi_1 \\ C_2 / \sqrt[2]{K_2 m_2} = \xi_2 \\ C_3 / \sqrt[2]{K_3 m_3} = \xi_3 \end{cases} \tag{6-43}$$

$$\begin{cases} C_1 / m_1 = 2\xi_1 \beta_1 \\ C_2 / m_2 = 2\xi_2 \beta_2 \\ C_3 / m_3 = 2\xi_3 \beta_3 \end{cases} \tag{6-44}$$

驱动点位移导纳为

$$X_3 / F = C / D \tag{6-45}$$

式中，C、D 为复数，它们由式(6-41)～式(6-44)引入的参数表示。令

$$C = g + \mathrm{j}h \tag{6-46}$$

式中，g、h、q、s 也可由式(6-41)～式(6-44)引入的参数表示。

因此

$$X_a / F = |X_a / F| \mathrm{e}^{J\theta} \tag{6-47}$$

式中

$$|X_a / F| = \sqrt{(g^2 + h^2) / (q^2 + s^2)},\quad \theta = \tan\{(hq + gs) / (gq + hs)\} \tag{6-48}$$

分别是驱动点位移导纳的幅值及位移与力信号间的相角。

式(6-47)便是图 6.27(c)的三自由度系统模型的驱动点复位移导纳的解析表达式，该式可被用于描述手臂系统的响应。

3. 手臂振动的生物力学模型分析

对于低频的振动，人们通常的感觉是直接作用于手的振动经臂可一直传至肩部，当频率增加时，感觉逐渐局限于手，然后便局限于手指。该现象表明，若用图 6.27 的力学模型来描述手臂振动，则对不同频率的诸质量所代表的手与臂的部分应不同。表 6.6 中，质量相当小的事实也说明力学模型仅代表了振动对手的局部影响。

表 6.6　方向三自由度模型参数

握力	8.9	8.9	35.6	35.6
m_1(<gf)	1.75	1.75	1.75	1.75
m_2(<gf)	0.105	0.298	0.298	0.263
m_3(<gf)	0.053	0.053	0.053	0.061
$10^{-5}K_1/(\mathrm{N}\cdot\mathrm{m}^{-1})$	1.75	1.75	1.75	1.75
$K_2/(\mathrm{N}\cdot\mathrm{m}^{-1})$	175	175	175	175
$10^{-5}K_3(\mathrm{N}\cdot\mathrm{m}^{-1})$	2.45	1.23	1.23	2.98

(续表)

握力	8.9	8.9	35.6	35.6
C_1/(N • s/m)	350	350	350	175
C_2/(N • s/m)	54.3	52.5	52.5	78.8
C_3/(N • s/m)	105	158	158	175

注：第一列中的 $K_1=1.75\times10^5$，$K_3=2.45\times10^5$，其余类同。

由表 6.6 可见，m_2 是 m_3 的 2～6 倍，m_1 是 m_3 的 30～50 倍。在 m_2 和 m_3 之间的 K_3 和 C_3 非常强大；而 m_1 和 m_2 之间的 K_2 与 C_2 却非常弱；m_1 与“地”之间的 K_1 比 m_1 与 m_2 之间的 K_2 大得多，但比 m_2 与 m_3 之间的 K_3 小一些。对于 Y、Z 方向也可做类似分析。图 6.28 给出了对于三个方向手臂振动力学模型的定性描述。

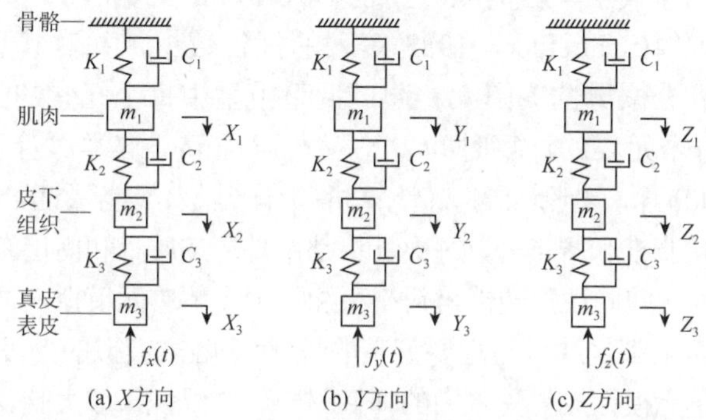

图 6.28　手臂系统振动响应的三个自由度生物力学模型示意图

手指与手的最外部组织由表皮与真皮组成。这些组织由非常紧密的细胞层构成，并有一些神经末梢伸向表皮。真皮下面是皮下组织。皮下组织与表皮和真皮相反，并不十分稠密，那里有静脉、动脉及中小动脉带着血液流经手与手指。手与手指中的大部分神经末梢也在皮下组织里。皮下组织是非常松散的且具有很高的流动性。但皮下组织与真皮之间的弹性粘结力却相当强大。皮下组织的下面是肌肉，而皮下组织与肌肉间的弹性粘结力很弱。把这些叙述与关于力学模型的叙述进行比较，不难看出，质量 m_3 对应表皮与真皮，m_2 对应皮下组织，m_1 对应肌肉组织，“地”对应骨骼系统。K_3 与 C_3 代表存在于真皮与皮下组织之间强大的联结，K_2 与 C_2 代表皮下组织与肌肉组织之间弱的联结，K_1 与 C_1 代表肌肉与骨骼之间的联结。

6.5　THUMS 全身类人体有限元模型的构建

THUMS(total human model for safety)是由丰田公司开发的、代表西方人体特征的类人体假人(含坐、立姿的第 5、50、95 百分位数人群)，其胸腹腔设计有主要内脏器官，各部分采用仿人体材料制成的。现在，利用有限元法已开发出全身类人体非线性有限元人体模型。全身类人体假人有限元模型数据与 LS-DYNA、PAM-CRASH、LS-DYNA 和 ABAQUS 等有限元软件能实现无缝对接，可用于人车碰撞的数字化仿真分析与评估、碰撞事故过程的再现等研究，也可用于分析、研究正面碰撞对于乘员人体模型的头部、胸部、腿部的伤害情况，并进行安全气囊、安全带数字化设计。该类人体假人模型能更全面地评估和预测人体损伤，有利于约束系统和损伤评估标准的改进与完善。目前，我国学者基于中西方第 50 百分位男性 20 个关键人体测量学尺寸，以 THUMS(AM50)人体数值模型为基准模型，利用比例缩放的方法建立了代表中国第 50 百分位男性、第 5 百分位女性人体特征的人体测量学尺寸的数值模型——THUMS-CHINA(AM50)，并对模型进行了尺寸误差分析及网格质量检查，确保该模型满足基准模型要求，因而能够代表中国第 50 百分位男性人体测量学尺寸。魏高峰博士(2010)建立了类人体骨肌系统全身有限元模型。下面简述丰田 THUMS 全身类人体有限元模型的构建方法。

6.5.1 THUMS 全身类人体有限元模型概述

THUMS 是一个中型成年男性的全身类人体有限元模型。它由具有解剖几何和生物力学特性的所有可变形人体部分组成(见图 6.29)，可使用 PAM-CRASH 或 LS-DYNA3D 的显式有限元软件进行分析。

THUMS 的基本几何数据来自商业数据包和人体解剖文本(Viewpoint Datalabs，视点数据实验室)。根据施耐德(Schneider，1983)等人的报告数据，并对其几何结构参数进行了缩放，以适合第 50 百分位男性美国人。通过调整模型中每个元素的大小和形状，使得所创建的 THUMS 的每个元素的计算时间步长应大于 1μm，这样尽管全身人体有限元模型的总单元数超过 80 000 个，但基于现有计算机(工作站级)，能保证合理的 CPU 时间。

在 THUMS 中，除胸椎和腰椎外，每根骨头都由外层皮质骨和内层海绵骨组成。皮质骨用壳单元模拟，其材料为各向同性弹塑性材料；海绵骨用实体单元模拟，材质同皮质骨。整个身体的每个关节在解剖学上都是通过与主要韧带的骨-骨接触来模拟的，没有任何机械关节。每个韧带都是用膜或杆单元模拟成只受张力的弹性材料。软组织，如大脑、内脏、腹部、肌肉和脂肪，用实体单元模拟为黏弹性材料，而皮肤则用壳单元模拟为弹性材料。肌肉和肌腱使用杆单元被建模为仅拉伸的弹性材料(见图 6.30)。颈部周围的肌肉可以弯曲，以模拟乘员颈部肌肉对尾部碰撞的影响。THUMS 中骨和软组织的密度、杨氏模量、泊松比、应力-应变曲线、刚度、极限应力和应变的材料特性基于现有文献(Yamada，1970；Abe 等人，1996)获得。因此，THUMS 可以模拟与物体接触引起的变形以及人体任何部位骨骼和软组织上的应力或应变分布。

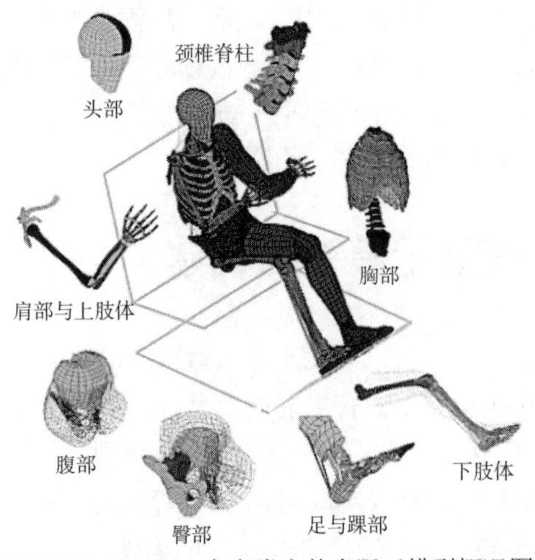

图 6.29　THUMS 全身类人体有限元模型概况图

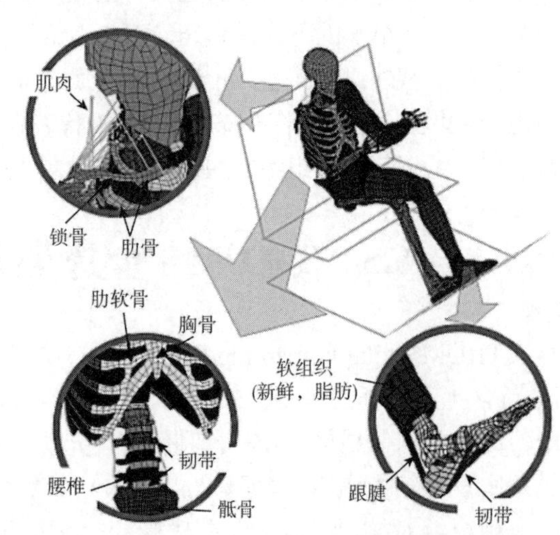

图 6.30　THUMS 全身类人体有限元模型局部放大图

该模型总节点为 60 000 个，全身模型由 1000 种材料组成，共有 83 500 个单元，其中，体单元 30 000 个，壳和膜单元 5100 个，梁单元 2500 个。

6.5.2　建模方法

将 THUMS 的数字化 3D 模型(由工程 3D CAD 软件设计，也可通过断层 CT、磁共振 MRI 数据的逆向重构而成)通过 IGES 接口文件输入 HyperMesh(通用分析预处理软件)进行有限元网格划分与修正，建立网格模型；之后建立全身类人体有限元模型的边界条件和环境条件(视具体的问题而定)；最后通过具有显式非线性积分算法的有限元工具进行数值模拟分析、评估与可视化。

THUMS 由一个基本模型和专门开发的详细模型组成。如图 6.29 所示，基础模型具有颈椎、胸部、脊柱、骨盆和下肢的详细结构，这些结构可能影响人类的整体行为，但其头部/大脑、肩部/上肢和内脏的结构简单。专门开发的详细模型，如图 6.31 所示，包括头部/面部、肩部、单个内脏的详细模型。实际应用时，可以将详细模型与 THUMS 基础模型集成。例如，详细的头部/面部模型可用于重建头骨和修复面部骨折，肩部模型可用于模拟侧面碰撞中的肩部和胸部损伤。

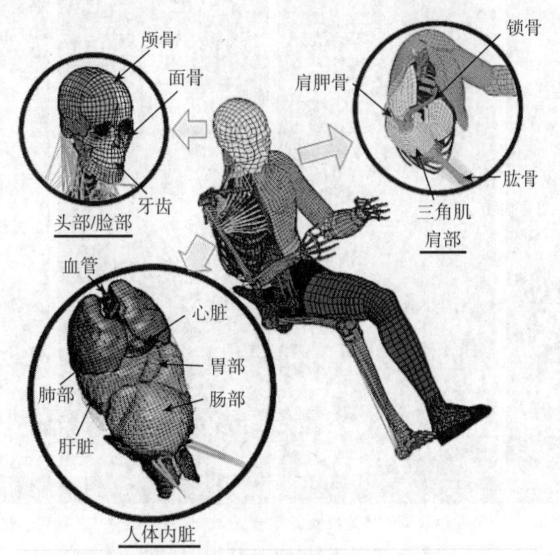

图 6.31　THUMS 类人体的局部人体环节有限元细化模型

6.6　全身坐姿人体-座椅有限元模型的构建

全身坐姿人体-座椅有限元模型是为坐姿人体与座椅间的体压数值模拟所建立的详细全身有限元模型，对坐姿人体/座椅相互作用力(坐压/体压)进行有限元计算分析，其结果可以帮助识别影响座椅舒适/不适的因素。该模型现已可以替代真人实验，其建模和计算程序如下。

6.6.1　座椅有限元模型

不失一般性，这里以汽车座椅为例来说明人体-座椅有限元模型(见图 6.32)的构建方法。

首先，使用工程 3D CAD 软件，如 CATIA，开发座椅的 3D 几何模型。然后，使用通用分析预处理软件 HyperMesh 对 CAD 模型进行预处理，以构建包含所有所需截面、材料、接头、初始和约束条件定义的网格模型。汽车座椅模型由 5 个壳体组件(脚垫(搁脚板)、座椅底座、座椅盘背面、靠背背面和头枕背面)和 3 个实体组件(座椅盘、靠背和头枕)组成，如图 6.32(a)所示。采用 3220 三节点一阶壳单元对其进行网格划分，用 21200 四节点一阶四面体单元对实体截面进行离散。

汽车座椅的壳体部件采用低碳钢材料，其弹性模量为 210GPa，泊松比为 0.3。由于座椅所承受的荷载仅由座椅乘客的重量引起，因此不会过高(未考虑座椅钢构件的塑性变形)。座椅的实体部分是用超弹性泡沫(聚氨基甲酸乙酯类材料)制成的，使用非线性各向同性可压缩超弹性泡沫(即超泡沫)材料模型表示。在超弹性泡沫材料模型公式中，应力和应变测量之间的唯一关系(通常是非线性)用弹性应变能势函数 W 表示，形式为

$$W=\sum_{i=1}^{N}\frac{2\mu_i}{\alpha_i^2}\left[\lambda_1^{a_i}+\lambda_2^{a_i}+\lambda_3^{a_i}-3+\frac{1}{\beta_i}\left(\left(J^{\mathrm{el}}\right)^{-\alpha_i\beta_i}-1\right)\right] \tag{6-49}$$

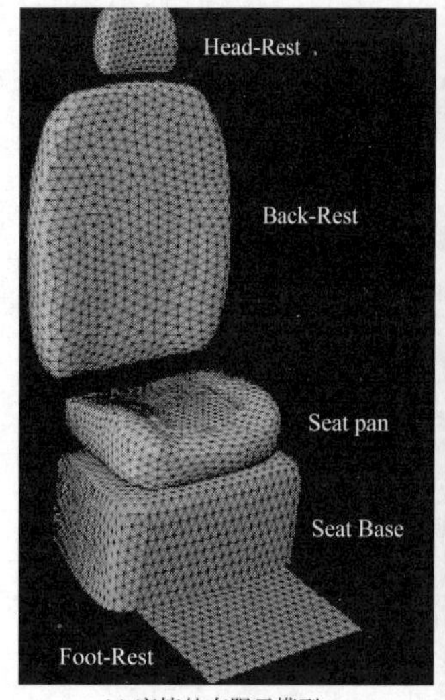

(a) 座椅的有限元模型

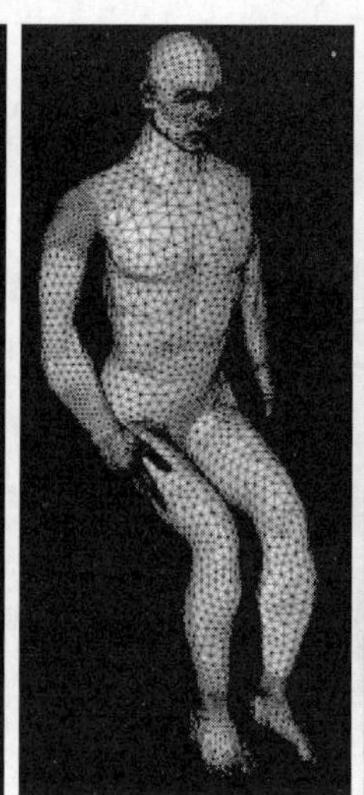
(b) 全身坐姿人体蒙皮模型

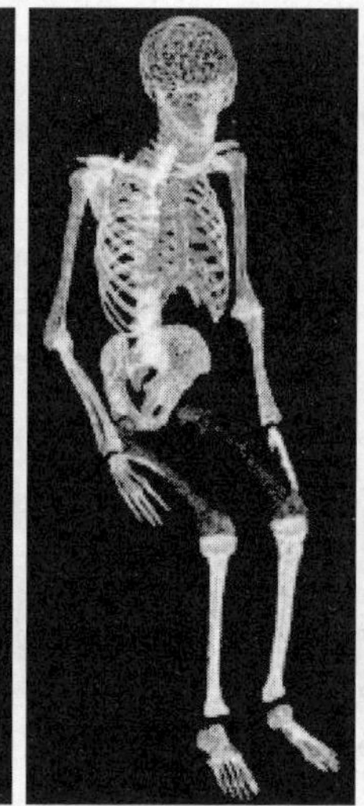
(c) 人体骨骼模型

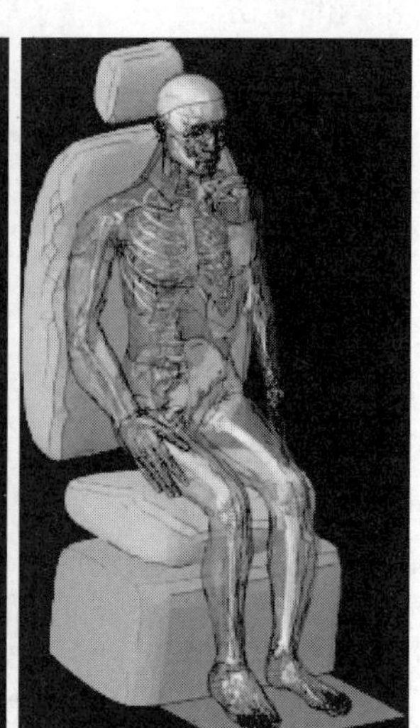
(d) 全身坐姿人体骨骼肌-座椅有限元模型

图 6.32　人体-座椅有限元模型

6.6.2　全身坐姿人体有限元模型

这里所用的人体模型是通过简化并重新设置由 Anybody 软件生成的人体骨骼模型(见图 6.32(c))并与一个人体壳模型(蒙皮模型，见图 6.32(b))相结合而成的。所使用的人体骨骼模型包括对主要骨结构(如坐骨结节、骶骨、尾骨和股骨的髂翼)的相当详细的解剖学描述。两个模型之间的空间为软组织(肌肉、韧带和脂肪等)。模型的外表面覆盖着皮肤(蒙皮)，人体任一环节的横截面由皮肤(蒙皮)、软组织、骨骼(空心)排列组成。人体模型的皮肤(蒙皮)部分使用约 60 000 个三节点壳单元，软组织部分使用 135 000 个四节点一阶四面体单元，而骨骼(空心)部分使用约 30 000 个三节点壳单元。在皮肤(蒙皮)和软组织之间，以及软组织和骨骼之间使用等效节点。三种不同的材料赋予骨骼、软组织肌肉/脂肪和皮肤，用于构建坐姿全身人体有限元模型。其中，皮肤(蒙皮)材料为线性弹性各向同性不可压缩材料，弹性模量为 0.15MPa，泊松比为 0.46，平均密度为 1100kg/m^3；人体骨骼部分的个别骨骼模型是用刚性(非变形)材料构建的。使用刚性材料近似是合理的，因为与软组织相比，骨骼所产生的变形程度非常小，

可以忽略不计。各种各样的连接部件(如球形铰、转铰等)被用来表示连接相邻骨骼的关节。例如，在腰椎和骨盆之间放置一个球形关节，在髂翼和两块股骨之间放置两个代表髋部的球形关节，在股骨和小腿之间放置两个旋转关节(膝盖)等。人体模型的骨骼部分共使用了 15 个关节；人体的肌肉部分用穆尼-里夫林(Mooney-Rivlin)超弹性各向同性材料模型表示，该模型能够解释坐着的人体软组织由于人与座椅的相互作用而可能受到的非线性弹性变形。大量研究表明，非线性超弹性各向同性材料模型是处理人体软组织时物理真实性和计算效率之间的最佳综合。在超弹性各向同性材料模型公式中，应力和应变测量之间的唯一关系(通常是非线性)用弹性应变能势函数表示。在 Mooney-Rivlin 模型中应变能势函数 W 定义为

$$W = A_1(J_1-3)+A_2(J_2-3)+A_3(J_3^{-2}-1)+A_4(J_3-1)^2 \tag{6-50}$$

$$A_3 = 0.5A_1 + A_2 \tag{6-51}$$

$$A_4 = \left[A_1(5\nu-2)+A_2(11\nu-5)\right] \div [2(1-2\nu)] \tag{6-52}$$

式中，J_1、J_2和 J_3是 Cauchy - Green 的三个不变量应变张量 $\boldsymbol{C}$，定义为

$$\boldsymbol{C} = \boldsymbol{F}^{\mathrm{T}}\boldsymbol{F} \tag{6-53}$$

式中，$\boldsymbol{F}$ 为变形梯度张量，T 表示问题张量的横截面。张量 $\boldsymbol{C}$ 的三个不变量分别定义为

$$J_1 = 迹(\boldsymbol{C})J_1 = 迹(\boldsymbol{C}) \tag{6-54}$$

$$J_2 = 0.5[迹(\boldsymbol{C})^2 - 迹(\boldsymbol{C}^2)] \tag{6-55}$$

$$J_3 = \det(\boldsymbol{C}) \tag{6-56}$$

式(6-50)～式(6-52)中，A_1、A_2和 ν 分别为 1.65、3.35 和 0.49。

应力 S 由式(6-57)计算：

$$S = 2\frac{\partial W}{\partial C} \tag{6-57}$$

$$\sigma_{\mathrm{rk}} = F_{\mathrm{r}i}S_{ij}F_{\mathrm{k}j}J^{\mathrm{el},-1} \tag{6-58}$$

图 6.33 和图 6.34 分别为超泡沫材料的正应力图和剪应力图。

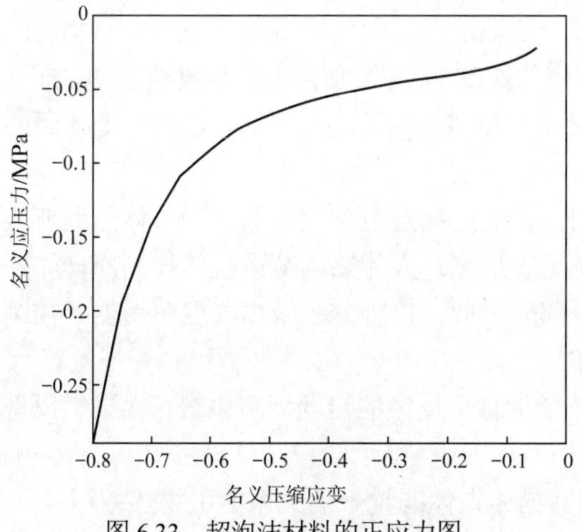

图 6.33　超泡沫材料的正应力图

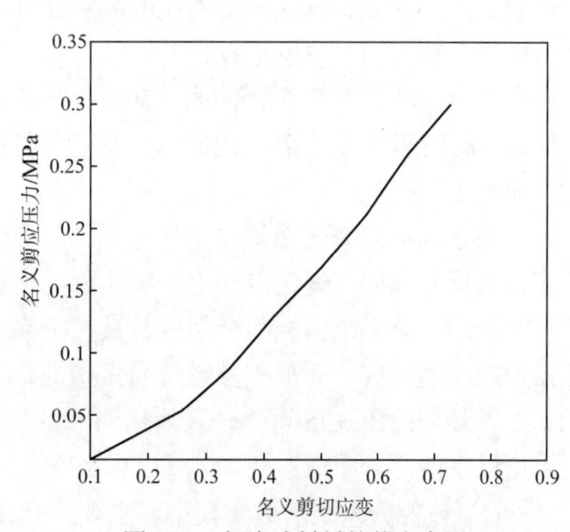

图 6.34　超泡沫材料的剪应力图

6.6.3　模型应用

上述所建的模型，已可在PC版的ABAQUS/Standard中使用“惩罚”接触法进行坐着的人与座椅、人脚与脚垫之间的相互作用力，以及潜在的人体软组织和座椅自身的相互作用力等分析工作。

6.7　人体热调节模型与人体热舒适性模型的构建

在作业空间，如载运工具的操作者和乘员/工作人员所在的空间、办公室、车间等的热舒适是人机环境系统工效设计的重要问题之一。热舒适是人对周围热环境所做的主观满意度评价(ISO 7730)。现在，这个定义已被人们所接受。人体的热舒适可以通过研究人体对热环境的主观热反应，得到人体热舒适时环境参数组合的最佳范围和允许范围，以便确定相应的热控制和调节方法。影响人体热舒适性的环境参数在不同的领域并不完全相同，但主要的参数有4个：空气的温度、气流的速度、空气的相对湿度和平均辐射温度；而人体的适应参数主要有2个：衣服热阻和生理状态(新陈代谢率)，所以人体热舒适的研究既涉及有限空间气体热物理参数的分布，又涉及人体热调节机理的生理学和人的心理学等多学科问题，还与人体的皮肤温度和出汗率有关。这些人体热参数可以直接通过实验测量。当然，也可以在给定环境条件下，间接地通过人体热调节系统来模拟工作人员产生的热量、身体温度以及与作业空间环境的热交换。因此，通过人体热调节系统以及人体生物热方程研究人体皮肤温度、核心温度和出汗率等问题，为人体热舒适性的数字化评价奠定基础。为了更好地开展作业空间内的热舒适性数字化分析与评估，需要了解人体的热调节系统和人体的生物热方程。

6.7.1　人体热调节系统的数学模型

人体热调节系统是由许多器官和组织构成的。从控制论的角度来看，它是一个带负反馈的闭环控制系统。在该系统中，体温是输出量，人体的基准温度为参考输入量。它与一般的闭环控制系统一样，也包括测量元件、控制器、执行机构与被控对象等。在人体中，广泛存在着温度感受器。感受器是系统的测量元件，这些感受器将感受到的体温变化传送到体温调节中枢；体温调节中枢把收到的温度信息进行综合处理，而后向体温调节效应器发出相应的启动指令；效应器则根据不同的控制指令进行相应的控制活动(如血管扩张与收缩运动、汗腺活动、肌肉运动等)。效应器的这些活动将控制身体产热和散热的动态平衡，从而保证体温的相对稳定。

关于人体热调节系统的工作原理，目前比较公认的是调定点学说，即认为人体热调节效应器的反应强度与调定点同下丘脑实际温度的差值成正比。人体热调节系统的控制原理如图6.35所示，该系统由控制分系统及被控分系统两部分组成，控制分系统由温度感受器、控制器及效应器组成，而被控分系统通常指的是人体。

显然，由图6.35可知，人体热调节系统是一个带有负反馈的自动调节系统，其数学模型可由以下两部分组成：

(1) 被控分系统的数学模型，主要是建立能够描述人体能量平衡关系的生物热方程。

(2) 控制分系统的数学模型，主要是对温度感受器、控制器以及效应器进行数学描述。

下面仅就被控分系统的数学模型做进一步的描述。

Stolwijk 模型将人体分为 6 个环节：头、躯干、手臂、手、脚和腿。菲亚拉(Fiala，2001)将人体分为 15 个环节，即头、颈、躯干、上臂(两个)、前臂(两个)、手(两个)、大腿(两个)、小腿(两个)及足(两个)，见第 2 章的图 2.23(a)，虽然各环节的外形不同，但为了计算方便，将人体的 15 个环节都近似成圆柱体，中央血液单元设置在人体的心脏。为了反映人体组织分布的不均匀性对人体温度分布的影响，将各环节分成 4 个同心层：核心层、肌肉层、脂肪层和皮肤层(含内皮层和外皮层)，见第 2 章的图 2.23(b)。另外，有的环节还要附加一个衣服层。各环节以及各层之间通过中央血液有机地联系在一起。按人体环节进行 2D 划分，只考虑了各环节径向和周向的温度变化，没有考虑同一环节内轴向温度变化。

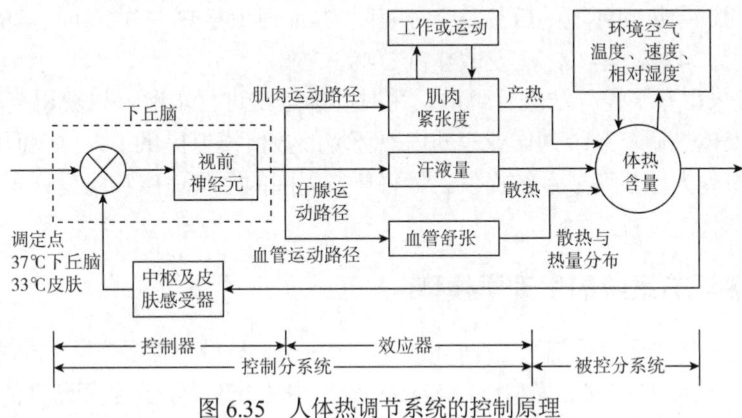

图 6.35　人体热调节系统的控制原理

6.7.2　人体生物热方程

人体是一个非对称的物理实体，并且人体内各种组织的分布也不均匀。生物传热学的大量研究结果表明，人体组织的热物理参数直接影响人体的温度分布。另外，人体几何形状及热物理参数的不均匀性对人体温度分布影响很大。根据现有的人体解剖学数据，同时考虑人体不同部位的传热学特点，在建立模型时可将人体分成 15 个环节，见第 2 章的图 2.23(a)。人体的各环节是由各种组织构成的，这些组织包括内脏、血管、骨骼、肌肉、结缔组织、脂肪、皮肤等。由于不同生物组织的热物理特性(如导热系数 λ、密度 ρ 和质量热容 c 等)以及热物理参数(如代谢产热、血流量等)都存在较大差别，为了考虑人体组织分布的不均匀性对人体温度分布的影响，这里将各环节进一步分成核心层、肌肉层、脂肪层及皮肤层四个同心层，见第 2 章的图 2.23(b)。

被控分系统(即人体)数学模型除了人体的物理构成外，还应包括人体能量控制微分方程，即生物热方程。代谢活动是人体能量的源泉，它将化学能转换成热能，通过组织的传导和血液对流换热，热能从体内传向体外，体表再以对流、辐射、传导及蒸发等方式将热量传给外环境。

影响上述过程的三个重要因素是：①人体组织的导热；②血液与组织间的对流换热；③体表与环境之间的热交换。人体的生物热方程具有如下的形式(限于篇幅，推导过程省略)：

$$\rho c\frac{\partial T}{\partial t}=\lambda\left(\frac{1}{r}\frac{\partial T}{\partial r}+\frac{\partial^2 T}{\partial r^2}+\frac{1}{r^2}\frac{\partial^2 T}{\partial \theta^2}\right)+q_{\mathrm{m}}+BC_{\mathrm{b}}(T_{\mathrm{b}}-T) \tag{6-59}$$

式中，ρ 为人体组织的密度；c 为人体组织的质量热容；λ 为人体组织的导热率；t 为时间变量。

方程(6-59)的边界条件如下。

径向：当 $r=R_0$ 时，

$$-\lambda\frac{\partial T}{\partial r}=q_{c}+q_{r}+q_{e}-q_{s} \tag{6-60}$$

周向：

$$T(2\pi)=T(0) \tag{6-61}$$

式(6-60)中，R_0 为所考虑的人体环节的半径，$T(\theta)$ 为周向 θ 角处的温度；q_c 为人体与环境之间的对流换热(W/m^2)；q_r 为人体与环境之间的辐射换热(W/m^2)；q_e 为人体蒸发散热(W/m^2)；q_s 为太阳对人体的辐射换热(W/m^2)。应当指出，q_e 包括皮肤的有感蒸发、无感蒸发以及呼吸换热三部分。很显然，有感蒸发可以通过人体热调节系统中的控制分系统得到。另外，在通常情况下人体通过导热向环境的散热是十分有限的，而对流换热占总交换热量的 32%～35%，辐射散发的热量占 42%～44%，蒸发散热占 20%～25%。

式(6-61)可采用有限差分法进行离散，用时间推进法进行求解，以获得皮肤温度和核心温度。显然，人体热调节系统为作业空间内热环境的数值模拟提供了人体表面温度信息，而流场的数值模拟为人体热调节系统提供人体每环节周围的空气速度和温度分布信息，因此，这是一个重复迭代的过程。

6.7.3　人体热调节系统的生理学模型

本节给出的人体热调节系统的生理学模型是以 Werner 模型为主要依据，同时参考 Stolwijk 模型、Hemmel 模型、Huckaba 模型以及 Shitzer 模型中的合理成分，从而建立的可用于 2D 人体温度分布计算的控制系统数学模型。

人体热调节控制系统具有感受器、控制器和效应器三种基本控制元件。温度感受器是人体热调节系统的重要组成部分，为体温调节中枢感受器输送温度信息。根据温度感受器的分布情况，又可分为外周温度感受器和中枢性温度感受器。外周温度感受器对温度的感受很灵敏，它分布在全身皮肤或某些黏膜上，并与神经末梢相联系。中枢性温度感受器指的是存在于下丘脑、脑干网状结构、脊髓中的一些对温度变化敏感的神经元。通常认为，外周温度感受器对冷感受起重要作用，而中枢性温度感受器对温热的感受起重要作用。电生理实验证明，刺激下丘脑前部可以引起产热和散热反应，而刺激下丘脑后部则效果不显著。因此，可以认为下丘脑前部是中枢性温度感受器存在的部位，而下丘脑后部可能是对体温信息进行整合处理的部位。这就是说，它将中枢性温度感受器发放的神经冲动和从皮肤温度感受器输入的神经冲动统一起来，并在当时体温的基础上对体温进行综合调节。

体温调节中枢的基本部分位于下丘脑。电生理学研究证明，体温调节神经元可以分为温度监测器和中枢神经元两种类型。下丘脑前部和视前区一带存在着密集的热感受神经元和少数冷感受神经元，这些神经元起到温度检测的作用；而中枢神经元则与监测器的突触联系。引起温度感受神经元兴奋的阈值称为调定点。在正常情况下，体温调定点为37℃，并且其变动范围很小。

效应器由血管、汗腺和肌肉组成。它可以根据体温调节中枢传来的指令完成相应的动作，从而调节人体的产热和散热情况，控制人体的温度。效应器的生理活动主要包括汗腺活动、血管扩张和收缩、肌肉运动三种。在冷环境下，人体的热调节系统包含两个基本的组成部分：身体受控系统与动态控制系统。身体受控系统表示身体特征及热传递关系，动态控制系统由周身神经系统与中枢神经系统组成。这两部分是相互交织的，只是在研究热调节系统时从概念上加以区分。

下面给出三个控制元件的数学描述。

1. 温度感受器

温度感受器的数学表达式可表示为

$$f_{\mathrm{a}}(X,t)+\tau_{\mathrm{r}}(X)\frac{\partial f_{\mathrm{a}}(X,t)}{\partial t}=K_{\mathrm{r}}(X)\left[T(X,t)+\tau_{\mathrm{d}}(X)\frac{\partial T(X,t)}{\partial t}\right] \tag{6-62}$$

式中，f_{a} 为温度感受器输出信号；τ_{r} 与 τ_{d} 为时间常数；K_{r} 为增益系数；X 为三维空间坐标；T 为人体温度(或组织温度)；t 为时间变量。

2. 温度控制器

温度控制器的数学表达式可表示为

$$f_{\mathrm{e}j}(X,t)+\tau_{\mathrm{c}}(X)\frac{\partial f_{\mathrm{e}j}(X,t)}{\partial t}=\int C_j(X,Y)f_{\mathrm{a}}(X,t)\mathrm{d}X \tag{6-63}$$

式中，f_{ej} 为温度控制器输出信号(j=1 为代谢产热；j=2 为血管运动；j=3 为出汗)；C_j 为温度感受器与效应器空间坐标的匹配矩阵(这里 j 的含义同上)；f_{a} 的定义同式(6-62)；X、Y 为效应器的三维空间坐标；τ_{c} 为时间常数；t 为时间变量。

3. 效应器

效应器的数学表达式可表示为

$$F_j(Y,t)+\tau_{\mathrm{e}}(Y)\frac{\partial F_{\mathrm{e}j}(Y,t)}{\partial t}=K_{\mathrm{f}j}(Y)f_{\mathrm{e}j}(Y,t) \tag{6-64}$$

式中，F_j 为效应器输出信号(这里 j 的含义同式(6-63))；$K_{\mathrm{f}j}$ 为效应器的增益(这里 j 的含义同上)；τ_{e} 为效应器时间常数；$f_{\mathrm{e}j}$ 的定义同式(6-63)；Y 为效应器的三维空间坐标；t 为时间变量。

以上三个方程只是给出了三种控制元件的一般数学描述。应该知道，要确定这些方程的具体形式，通常还是非常困难的。

6.8　光学照明环境模型的构建

照明环境，包括照度水平值的大小、照明光源的颜色，均会对人的视敏度、色觉、对比敏感度、视野等视觉功能产生影响。

6.8.1　光学照明环境特性

灯光分布，例如，光源眩光、光源亮度及数量、整个工作区/显示区的照明均匀性均会引起眼疲劳、不舒适、烦恼，也会妨碍视觉作业与可见性。镜面反射、光线入射角均会造成反射眩光。被观察目标的平均亮度、最大亮度与最小亮度之比、最亮与最暗区域的亮度比、作业面与周围环境的亮度比，均会对观察者产生影响。好的光源颜色会使人和物看起来自然，利于观察，因此应使用接近整个太阳光谱范围的照明。

6.8.2　光照仿真模型

在光照仿真分析中，主要介绍 Lambert 光照模型、Phong 光照模型、Whitted 光照模型辐射度方法，它们具有不同的特点并应用于不同的使用场合。

1. Lambert 漫反射光照模型

当场景表面受到 M 个点光源照射时，这些点光源对景物表面的光亮度贡献应逐个累加起来，Lambert 漫反射模型为

$$I = k_a I_a + k_d \sum_{i=1}^{M} f_i I_{li} \left(N \cdot L_i \right) \tag{6-65}$$

式中，I_a 为入射的泛光光强；k_a 为景物表面对泛光的漫反射系数；f_i 为第 i 个光源强度的衰减因子；I_{li} 为第 i 个光源强度的光强；L_i 为第 i 个光源强度的单位入射方向的向量。

Lambert 漫反射光照模型用来模拟理想漫反射表面(如石灰粉刷的墙壁、纸张等)的光亮度分布，但没有考虑镜面反射效果。

2. Phong 光照模型

表面反射光可以认为是环境反射、漫反射、镜面反射 3 个分量的组合，对于一个特定的物体表面，这 3 种分量所占的比例具有一定的值。假设 k_a、k_i 和 k_s 分别表示环境反射、漫反射和镜面反射分量的比例系数，则 Phong 模型可表示为

$$I = I_a k_a + \sum_{i=1}^{M} f_{ill} \left(k_i \cos\theta_i + k_s \cos^n a_i \right) \tag{6-66}$$

3. Whitted 光照明模型及光线跟踪算法

在 Phong 光照模型中增加环境镜面反射光和环境规则投射光，以模拟周围环境的光投射在景物表面上产生的理想镜面反射和规则透射现象。Whitted 光照模型基于下列假设：景物表面向空间某方向 V 辐射的光亮度 I 由 3 部分组成，一是由光源直接照射引起的反射光亮度 I_c；二是沿 V 的镜面反射方向 R 来的环境光 Is 投射在光滑表面上产生的镜面反射光；三是沿 V 的规则透射方向 t 来的环境光 I_t 通过投射在透明表面上产生的规则透射光，I_s 和 I_t 分别表示环境在该物体 JP2 表面上的镜面映像和透射映射。Whitted 光照模型可以用下式求出：$I = I_c + k_s I_s + k_t I_t$，其中 k_s 和 k_t 为反射系数和透射系数。Whitted 光照模型是递归计算模型，为了计算这一模型，需要使用光线跟踪技术。

在标准的光线跟踪算法中，其基本原理为从视点出发，通过图像平面上每一个像素中心向场景发出一条光线，若光线与场景中景物无交点，则光线将射出画面，跟踪结束。否则，光线与场景有交点。此时，光线在离视点最近的景物表面交点处的走向有以下 3 种可能：

(1) 当前交点所在的景物表面为理想漫反射，跟踪结束；

(2) 当前交点所在的景物表面为理想镜面，光线沿其镜面反射方向继续跟踪；

(3) 当前交点所在的景物表面为规则透明面，光线沿其规则透射方向继续跟踪。

对于光线跟踪中的阴影生成算法，阴影是真实感图形的一个重要组成部分，它对增加景物表面的细节，丰富观察者对场景的空间感起着举足轻重的作用。

光线跟踪算法有层次包围盒技术、基于空间连贯性的快速光线跟踪算法、3DDDA 算法、空间八叉树剖分技术、二叉空间剖分加速技术、光束跟踪算法、圆锥跟踪算法、分布式光线跟踪算法、双向光线跟踪算法等。

4. 辐射度方法

辐射度方法是继光线跟踪算法之后，真实感图形绘制技术的一个重要发展。基本辐射度方法可以模拟漫射表面的多重漫反射效果。基于物理学中的能量平衡原理，它采用数值求解技术来近似计算每一个景物表面的辐射度分布。x 点处的辐射度 $B(x)$为

$$B(x)\mathrm{d}A(x)=E(x)\mathrm{d}A(x)+\rho(x)H(x) \tag{6-67}$$

式中，$\mathrm{d}A(x)$为微分面元 $\mathrm{d}S(x)$的面积；$E(x)$为该表面在 x 点处的自身辐射度，若该表面为漫射光源，则 $E(x)>0$，否则 $E(x)=0$。

漫射环境简化后，辐射度方程为

$$B_i = E_i + \rho_i \sum_{i=1}^{N} F_{ij}(i = j) \tag{6-68}$$

辐射度方法的难点在于景物面片间形状因子的计算，其计算复杂度为 $O(N^2)$，因而提高形状因子的计算效率和精度是辐射度算法的关键，实践表明形状因子的计算占辐射度方法总计算量的 90%以上。

6.9　人体静态生物力学模型的构建

人体生物力学模型是用数学表达式表示人体机械组成部分之间的关系。在这个模型中，肌肉和骨骼系统被看作机械系统中的联结，肌肉和骨骼是一系列功能不同的杠杆。人体生物力学模型可以采用物理学与人体工程学的方法来计算人体肌肉和骨骼所受的力，通过这样的分析就能帮助设计者在设计时清楚工作环境中的危险并尽量避免这些危险。

在人机工程仿真分析中，通常会对两种状态下的人体进行生物力学分析与伤害评估：一种状态是静态，即人体在人机交互过程中始终保持某种姿势不变；另一种状态是动态，即在交互过程中，人体的姿势是随着时间变化的，人体除了受到静态的力外，还要受到惯性力等的影响。由于两种状态有本质上的不同，本节介绍静态情况下的人体受力平衡方程的构建方法，而动态的受力平衡方程，即动力学方程详见第 7 章介绍。

6.9.1　静态情况下的人体受力平衡方程

静态情况下，在人机交互过程中，整个人体处于静止状态，作用在人体各环节上的力有重力、负载力、关节作用力及肌肉力。其中，重力、负载力为已知力，关节作用力和肌肉力均为未知量，这里，关节作用力即为我们要求的力。

以牛顿第一定律为依据，结合空间力系平衡的充要条件，即力系的主矢和对任一点的主矩都等于零，则有空间力系的平衡方程：

$$\begin{cases} \sum Fx = 0 \\ \sum Fy = 0 \\ \sum Fz = 0 \end{cases} \tag{6-69}$$

$$\begin{cases} \sum Mx(F) = 0 \\ \sum My(F) = 0 \\ \sum Mz(F) = 0 \end{cases} \tag{6-70}$$

$$\begin{cases} Mx(F) = yFz - zFy \\ My(F) = zFx - xFz \\ Mz = xFy - yFx \end{cases} \tag{6-71}$$

由式(6-69)和式(6-71)可以看出，6 个平衡方程可以求出 6 个未知量，但是由于附着在人体各环节的肌肉的数量往往多于 5 块，因此，用式(6-69)和式(6-71)无法求出。为了解决肌肉数量过多的问题，采用空间力系简化方法，将所有的肌肉简化为一个肌肉合外力 F_m 和一个合力偶矩矢 M_o。这个方法可以将未知数的个数减少为小于 6 个，然后利用式(6-69)和式(6-71)进行求解。

6.9.2　静力平衡方程的应用——搬举物时人体生物力学模型构建

搬举货物的人体生物力学模型是定量分析从事体力作业或长时间保持一个静止的姿势的作业者低背痛主要原因的重要手段。

图 6.36 是作业者搬举货物的人体生物力学模型，在这类作业时，腰部距离双手最远，因而成为人体中受力最大的部位。躯干的体重和货物重量都会对腰部产生明显的压力，尤其是第五腰椎和第一骶椎之间的椎间盘(又称 L5/S1 腰骶间盘)。

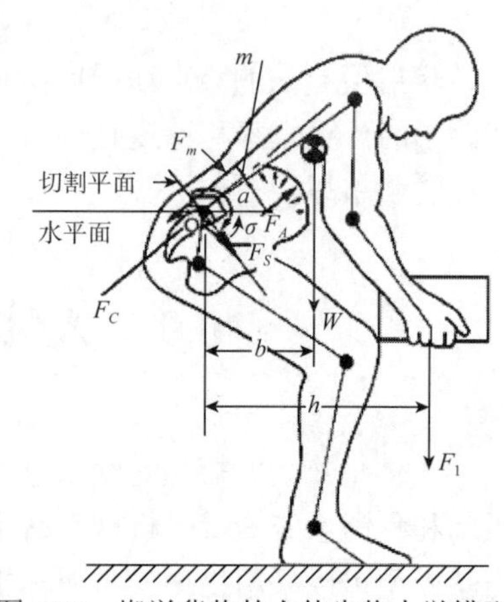

图 6.36　搬举货物的人体生物力学模型

如果想对 L5/S1 腰骶间盘所受的作用力和力矩进行精确地分析，还应该考虑横膈膜和腹腔壁对腰部的作用力，具体可见第 7 章内容。这里只简单、快速地估算腰部的受力情况。

如果某人的躯干重力为 $W_{躯干}$，抬起的重物重力为 $W_{重物}$，不考虑横膈膜和腹腔壁对腰部的作用力，这两个重力结合起来产生的顺时针力矩为

$$M_{货物和躯干重力}=W_{重物}\times h+W_{躯干}\times b \tag{6-72}$$

式中，h 是重物到 L5/S1 腰骶间盘的水平距离；b 是躯干重心到 L5/S1 腰骶间盘的水平距离。

这个顺时针力矩必须由相应的逆时针力矩来平衡。这个逆时针力矩是由背部肌肉产生的，其力臂通常为 5cm。这样，

$$M_{背部肌肉}=Fm_{背部肌肉}\times 5 \tag{6-73}$$

因为要达到静力平衡，所以

$$\sum(\text{L5/S1腰骶间盘受力})=0 \tag{6-74}$$

即

$$Fm_{背部肌肉}\times 5=W_{重物}\times h+W_{躯干}\times b$$

$$Fm_{背部肌肉}=W_{重物}\times h/5+W_{躯干}\times b/5$$

因为 h 和 b 通常都大于 5，所以 F 背部肌肉都远远大于 $W_{重物}$与 $W_{躯干}$之和。比如，假设 h=40cm，b=20cm，则有

$$\begin{aligned}Fm_{背部肌肉}&=W_{重物}\times 40/5+W_{躯干}\times 20/5\\&=8W_{重物}+4W_{躯干}\end{aligned}$$

这个公式意味着在这个典型的举重情境中，背部受力是重物重力的 8 倍和躯干重力的 5 倍之和。假设某人躯干重力为 350N，抬起 300N 的重物，根据公式可以计算出背部的作用力为 3800N，这个力可能大于人们可以承受的力。同样，如果这个人抬起 450N 的重物，则背部的作用力会达到 5000N，这个力是人们能承受的作用力的上限。据专家分析，正常人腰部

的竖立肌可承受的力为 2200～5500N。

腰骶间盘 L5/S1 的作用力和反作用力之和也必须为零，即

$$\sum(\text{L5 / S1腰骶间盘受力}) = 0 \tag{6-75}$$

将实际受力进行简化，如果不考虑腹腔的力，则有

$$F_{\text{c(压力)}}= W_{\text{重物}}\times\cos\alpha+ W_{\text{躯干}}\times\sin\alpha+ Fm_{\text{背部肌肉}} \tag{6-76}$$

式中，α 是水平线和骶骨切线的夹角(见图 6.36)，骶骨切线和腰骶间盘所受的压力互相垂直。这个公式表明腰骶间盘所受的压力可能比肌肉的作用力更大。例如，假设 α=55°时某人的躯干重力为 350N，抬起 450N 的重物，则有

$$F_{\text{c(压力)}}=450\times\cos55°+350\times\sin55°+5000=258+200+5000=5458\text{N}$$

这是大多数工人的腰骶间盘都无法承受的压力值。

由上述分析可知，货物的重量和货物的位置到脊柱重心的距离是引起脊柱累积损伤的两个主要因素，其他比较重要的因素还有躯体扭转的角度、货物的大小和形状、货物移动的距离等。针对腰部受力情况建立比较全面和精确的生物力学模型时，应该考虑到所有这些因素。

6.10　3D 数字化人体电磁模型的构建

人体暴露于电磁场中会因为吸收能量而导致机体温度上升，当这种温度上升超过人体调节阈值，将可能对人体产生不可逆转的伤害。作为电磁场安全性领域的研究者和标准制定者，应对电磁场可能对人体产生危害的“度”进行研究。评估人体暴露于无线通信设备工作环境产生的电磁场时，各个部分实际吸收的电磁场能量，并且与生物学者合作，判断人体吸收多少电磁能量的时候会导致危害健康的生物效应。

用于移动电话电磁场比吸收率的符合性测试和环境电磁场的测量方法，其优点是直观，使用专用设备能够比较快速地得到相应的数值；其缺点是需要使用替代物进行测量，得到的数值往往不是真正人体吸收的能量(如使用 SAM 人头进行 SAR 测量)，不能评估人体内部各组织实际吸收的电磁场能量。而数值模拟计算的方法可以在很大程度上弥补上述缺点。

6.10.1　人体电磁模型构建方法

近年来，随着计算机技术和数值计算方法的进步，研究者已经开始广泛使用电磁场数值方法研究人体暴露于电磁场中吸收能量的问题。既然这种研究的技术路线是通过数值计算的方法研究人体暴露于电磁场内的能量吸收问题，那么建立人体的解剖学数值模型就成为使用数值模拟计算方法评估人体暴露于电磁场研究的关键。将解剖学模型进行实体化，并赋予不同的电特性和密度等参数，就可以采用各种电磁场数值方法进行能量吸收的计算。

不同人种间存在着非常多的体格差异，这将导致各种人体模型暴露于相同电磁场时会产生不同的能量吸收(如不同的全身平均比吸收率)。因此，建立具有人群特征和代表性的人体数值模型十分重要。

中国拥有世界上最多的人口和最广大的无线通信设备使用者，为了充分保护人们的健康，建立具有中国人群特征的数值人体模型十分必要。作为世界上第三个获得完整人体全身断层切片图像的国家，我国已经具备了通过断层切片图片重建高分辨率实体化人体模型

的基础条件。

该数据集采自我国人群的数据，所以标本的体重和身高都比较接近我国人群的平均水平。但是如果将其直接用于电磁场模拟计算中，需要处理如下问题：

(1) 该数据集没有经过组织分割和重建，还不能建立3D多组织模型直接用于计算。

(2) 该模型来自特定的个体，一个孤立的数据集并不能代表全部人群的情况。我国地域广阔，地区人群差异显著，需要对数据进行部分调整，以便建立对我国人群有统计意义的模型，从而开展电磁照射剂量学的研究。

(3) 根据以往研究结果可知，用于电磁照射剂量产生学研究的数字模型往往不需要过高的精度。过高的精度将可能导致在后续的电磁照射计算时产生巨大的硬件开销，甚至可能导致“不可算”的情况出现。为此，需要甄别对电磁照射能量吸收显著和容易产生敏感效果的组织或器官，这就牵扯到器官/组织融合的问题。实际上，国际上这些经常用于电磁照射数值计算的数字模型中，也只有比较少的不同组织或器官，这就需要对原始数据进行大量的归并及后处理工作。

(4) 用于电磁照射吸收剂量学研究的人体模型需要赋予各不同器官在不同照射频率下的电介质常数，这些电介质常数随频率和年龄变化。中国可视人模型缺乏此类信息，需要对该数据集进行改造才能用于实际运算中。

6.10.2　建立电磁照射数值计算的中国人3D数字化人体模型

1. 3D数字化人体模型的建立

按国际常用的方法，3D数字化人体模型的建立分为以下5个步骤。

(1) 数据整理。人体断层影像的数据是彩色图片数据，为了对一些组织进行自动分割，需要对彩色图片进行灰度化处理。认真对数据图片进行分析和辨别，审查各个组织是否存在不能从体表发现的病变，并进行详细记录。审查能够产生比较大的形变的组织，例如肺部在切片时是否充盈，以及心脏在切片时是否充盈血液等状态信息。在后处理过程中，需要根据本过程特殊考虑组织的电特性和密度等参数。

(2) 组织分割。本步骤的功能是在断层切片图片中，分割出需要研究的器官，并用不同的灰度信息表示它们。一方面，人体电磁辐射数值计算受到计算资源和当前的硬件发展水平的限制，所以不能无限制地采用精细的分辨率；另一方面，不是所有的器官和微小器官组织都对电磁辐射能量吸收有显著效应和敏感效应。很多微小组织结构可能在功能上有非常重要的作用，但是和周围组织的组成完全相同，对这种组织的最好处理方法就是将其融合到邻近的组织中，简化计算。目前，组织分割工作通常采用手工和计算机辅助相结合的半自动方法，该工作需要大量具有解剖学知识背景的工作人员协助进行。

(3) 2D-3D重建。该步骤的目的是为将分割好的2D图片进行3D的重建而进行配准，从而得到整个3D人体的信息。对建立的3D模型进行2D-3D的交互检查，确保内部组织相对位置无异常。对模型内部主要器官进行体积和质量的测量，验证是否存在病变。

(4) 介电参数的选取。基于电磁场热效应的能量吸收的计算，对电特性参数的选取是十分重要的。导电率、相对复介电常数以及密度直接决定了比吸收率的数值。合理选择电特性参数，得到代表性的数据，更加真实地反映人体的实际电磁吸收水平是本步骤的关键。最基本的电参数的信息可以通过美国FCC和意大利IFAC网站得到。

(5) 外形尺寸的调整。外形尺寸调整的目的是取得符合人群统计特性的外形尺寸，以便达到体现整体结果的数据。目前我们已经取得的体质调查国家标准来源于20世纪80年代的人口普查数据。随着社会的发展，我国人口的数据(如身高、体重)已经有了比较大的变化，但是国家标准中仍然记录了头部和身体躯干特定部位的尺寸，这些尺寸对于我们得到符合现代人群的统计数据仍然是十分重要的。可以利用最近几年对于小范围特定年龄人口普查的数据，获得关于重量和身高的数据与已经建立的模型进行比较，确定其在一定范围的代表性。

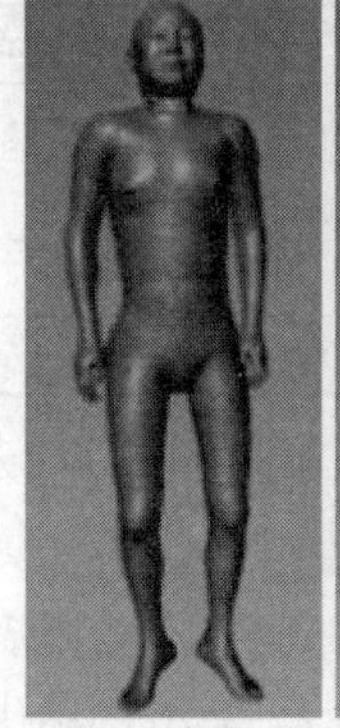

(a) 女性

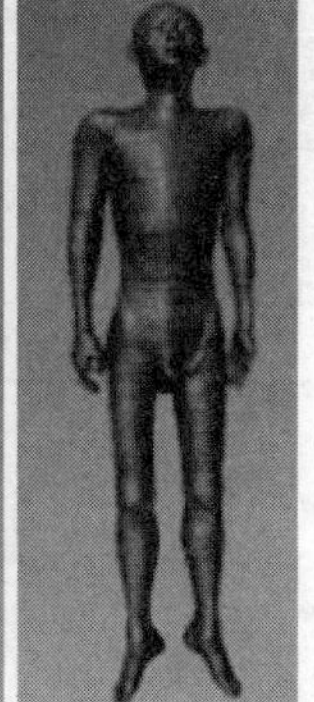

(b) 男性

图 6.37　实体模型外观图

2. 模型的解剖学性质

经过上述工作建立的中国成年人实体化数值模型的分辨率为 1.0mm×1.0mm×1.0mm。男性模型和女性模型分别含有 90 个和 87 个不同的组织，不同组织使用不同的灰度值表示，见表 6.7。女性、男性实体模型外观图分别如图 6.37(a)和图 6.37(b)所示。

表 6.7　不同组织使用不同的灰度值

解剖学结构	灰度值	解剖学结构	灰度值	解剖学结构	灰度值	解剖学结构		灰度值
板障	10	韧带	102	关节腔	50	小肠		142
膀胱	12	乳突窦	104	海马	52	小脑		144
玻璃体	14	软骨	106	红骨髓	54	韧带		146
肠腔(消化道)	16	舌	108	喉内肌	58	软骨		150
肠系膜	18	神经	110	呼吸道	62	神经		154
大肠	20	神经核	112	黄骨髓(骨髓腔)	64	神经核		156
大动脉壁	22	肾上腺	114	肌腹	66	肾上腺		158
大静脉壁	24	肾脏	116	肌腱	68	肾脏		160
大脑白质	26	十二指肠	118	脊髓	70	十二指肠		162
大脑灰质	28	食道	120	甲状旁腺	72	食道		164
胆囊	30	食管	122	甲状腺	74	食管		166
胆汁	32	视神经	124	角膜	76	视神经		168
房水	34	视网膜	126	晶状体核	78	中耳		170
肺	36	输尿管	128	晶状体皮质	80	标间盘		172
腹膜腔	38	松果体	130	泪器	82	女性	男性	
肝	40	唾液腺	132	淋巴结	84	乳腺	睾丸/附睾	180
膈	42	位听神经	134	内耳	86	卵巢	—	182
巩膜	44	胃	136	脑垂体	88	输卵管	前列腺	184
骨皮质	46	胃腔	138	脑干	90	子宫	输精管	186
骨松质	48	下丘脑	140	脑脊液	92	阴道	海绵体	188
气管	100			尿道	94	前庭大腺	精囊腺	190
				皮肤	96	阴蒂		192
				脾	98	阴道腔		194

经过与目前存在的中国大学生体制调查结果比较，证明该模型与中国大学生的体质具有

一定的符合性，可视为对中国男女青年有比较好的代表性，见表 6.8。

表 6.8　中国成年人实体化模型与大学生的体质对比

对比项目	中国成年男子实体化模型	男大学生	中国成年女子实体化模型	女大学生
身高/m	1.72	1.72	1.62	1.6
体重/kg	63.05	62.00	53.50	52.22
BMI(体重身高指数)	21.30	21.13	20.42	20.40
BSA(皮肤表面积)/m^2	1.75	1.73	.56	1.53

3. 数值模拟计算的方法

赋予人体模型人体组织的电特性参数(导电特性和介电特性)后，使用解析和非解析的方法对麦克斯维方程进行求解并赋予一定边界条件，即可求得宽频情况下的中国人体模型暴露于入射平面电磁场(电场极化方向平行于人体身高)的能量吸收值，最后与相关标准进行比较，以判断是否安全。

6.11　中国辐射虚拟人体模型 Rad-Human

核技术是把“双刃剑”，造福人类的同时也带来了辐射风险，利用虚拟人进行剂量评估是避免辐射危害的有效途径。由于目前国际辐射防护委员会(ICRP)推荐的虚拟人来自西方人群，与中国人在解剖结构上的差异会显著影响我国实验中的剂量评估结果，因此构建具有中国人体特征的高精度辐射虚拟人需求迫切。

目前，中国科学院合肥物质科学研究院核能安全技术研究所凤麟核能团队将中子输运理论与技术研究成果拓展应用于核技术交叉应用领域，基于中国人民解放军陆军军医大学(第三军医大学)提供的真实人体彩色切片，构建了辐射虚拟人体模型 Rad-Human 及完整的具有中国人体解剖特征的辐射剂量数据库。该模型基于一个女性数据集标本，指标为年龄 22 岁、身高 162cm、体重 54kg、体形匀称，非器质性疾病死亡。彩色切片图像分辨率为 3072×2048 像素，头颈部切片层间距为 0.25mm，其余部位层间距为 0.5mm，全身共计 3641 个断面，涉及人体 46 个器官，基本覆盖了 ICRP 103 号出版物中规定的辐射敏感的器官或组织，获得 288 亿个 0.15mm×0.15mm×0.5mm 的体素，并利用三维重建技术构建而成。

该模型能够很好地体现中国女性的人体特征，对中国乃至亚洲人的剂量评估具有重要意义。

该模型的构建方法类似于 3D 数字化人体电磁模型的构建方法。由于篇幅限制，这里不再详述，读者可以参考本书的参考文献[59]。

思 考 题

1. 试述人体模型的类型及特点。
2. 试述构建数字化人体几何模型构建方法的基本要求。
3. 人体在什么情况下可以模化为集总参数模型？
4. 建立全身类人有限元模型构建方法的主要思想是什么？
5. 试述人体热调节模型与人体热舒适性模型的适用条件。
6. 试述光学照明环境建模方法。
7. 试述数字化人体电磁模型和辐射人体模型的构建方法。

第7章　数字化人体运动建模仿真与控制技术

人体运动仿真是生物力学、机器人学和计算机科学交叉产生的研究领域，目的是建立计算机模型来模拟人体在给定约束下自然、真实的物理运动。人体运动学模型是求解人体末端效应器(如手和脚)的空间位姿，进行作业空间设计与工效评估(可达性、可视性、人机环境的空间尺度的协调性)的主要工具，而人体的动力学模型则是人体姿态评估、人体负荷及疲劳等人机工效分析中的重要工具。

本章将介绍基于生物力学的人体运动模型的构建方法以及运动控制技术等。

【学习目标】

1. 了解人体骨骼运动学模型的建模方法。
2. 了解数字化虚拟人体运动学及动力学基础。
3. 了解人体上下肢运动学模型。
4. 了解基于生物学的物理建模。
5. 了解数字化人体运动控制技术。
6. 了解人体信息感知、决策与运动控制系统模型。

7.1　人体骨骼运动学模型

构建人体骨骼运动学模型时，为了与 H-Anim 相兼容，通常采用树状人体建模的方法。基本思想是：确定人体的一个根节点的运动(如躯干运动)作为整个人体运动的一个描述，表示整个人体运动的空间位置和方向，确定人体各关节的树状连接关系，如图 7.1 所示。对其中能做特殊运动的人体生理环节，如手、脚、脊柱等进行单独定义。

7.1.1　建立坐标系

为了建立虚拟人的位形运动模型，必须对人体模型中相连的各肢体和这些肢体的运动连带关系进行描述。将关节看成点，将关节之间的骨骼看成杆，就可以借鉴机器人学中处理连杆运动的方法来描述和处理骨架运动。

人体骨架结构在一些关节处具有分支而形成一个树状结构，如图 7.1 所示，因此将复杂骨架表达为关节树的层次结构，树中每一节点对应于一个关节。其关节的运动有向关节图，如图 7.2 所示。

在标准站姿下，建立人体的 3 种坐标系。

(1) 地面坐标系(惯性坐标系) $Oxyz$：与地面固定，坐标原点可根据具体的运动而定，x 轴由身后指向身前并与地面平行，y 轴由身体右侧指向左侧并与地面平行，z 轴由下而上并与地面垂直，$Oxyz$ 遵守右手法则。

(2) 全局坐标系(根坐标系) $O_1x_1y_1z_1$：与下躯干固定，随下躯干的运动而运动，坐标原点位于下躯干的质心处，3 个坐标轴的方向与 $Oxyz$ 平行。

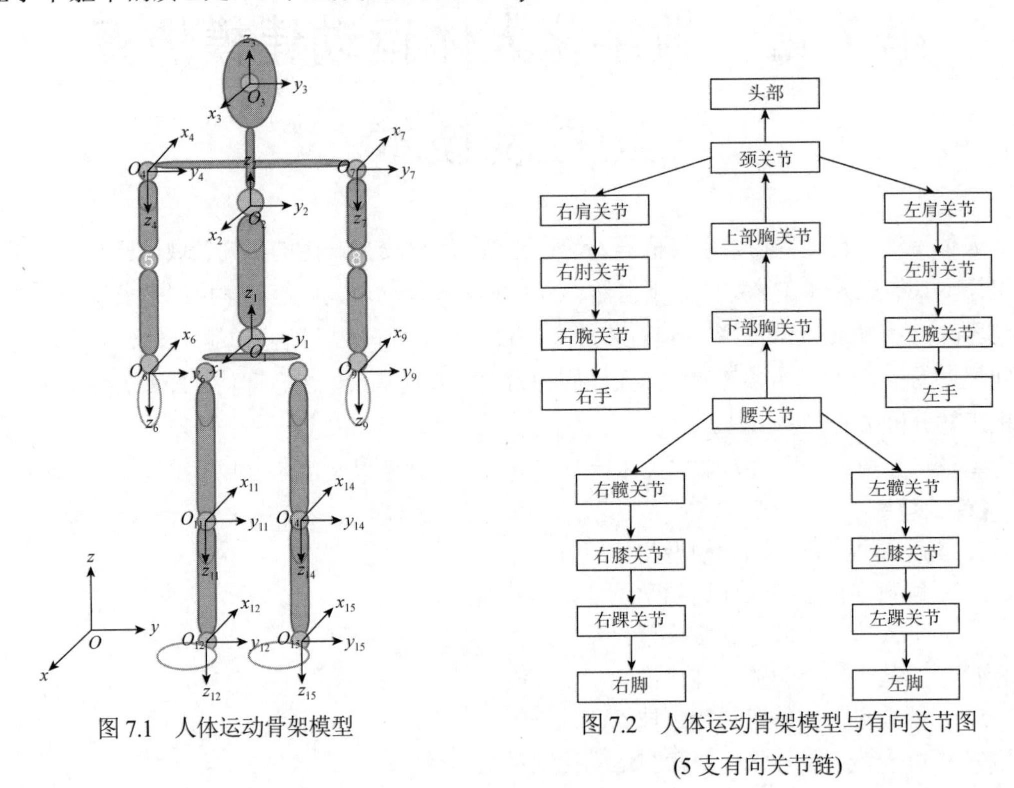

图 7.1　人体运动骨架模型

图 7.2　人体运动骨架模型与有向关节图 (5 支有向关节链)

(3) 人体环节坐标系 $O_i x_i y_i z_i$ (i=2，3，…，15)：与身体各环节固定，随各环节的运动而运动，坐标原点位于各关节处(回转中心点，回转中心坐标根据第 6 章的式(6-4)计算)，z_i 轴位于环节的轴线上，指向运动链上该环节的子节点；y_i 轴由身体右侧指向左侧并与 z_i 轴垂直，指向左侧；x_i 轴由右手法则确定。对于头、手和足，它们的坐标轴方向与运动链上的各自父节点的坐标轴方向一致。

7.1.2　方向余弦矩阵和齐次坐标变换

在多刚体(刚性杆件)运动学的研究中，有多种方法来描述某刚体的空间位形，其中最常用的运动学模型是 D-H (denavit-hartenberg)模型。在这种方法中，为了对机器人以及其他空间刚性杆件进行运动分析，需要在每个构件上设置连杆坐标系。各构件的位置和姿态可以用每个构件上的连杆坐标系的坐标变换来描述。

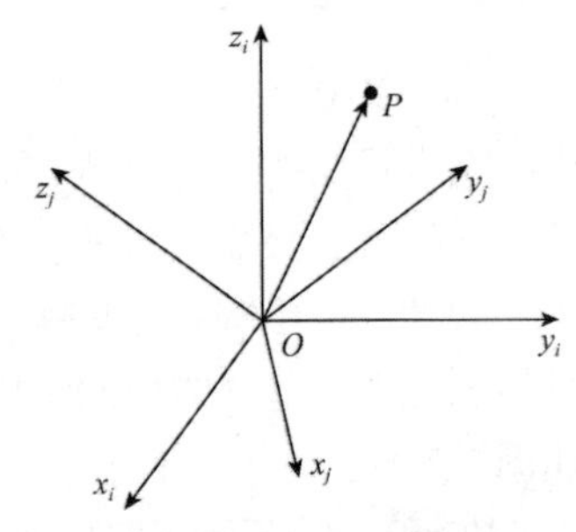

图 7.3　坐标系 $Ox_iy_iz_i$ 和 $Ox_jy_jz_j$

图 7.3 所示的两个坐标系 $Ox_iy_iz_i$ 和 $Ox_jy_jz_j$ 分别固连于刚性构件 i 和 j 上，两个构件在 O 点处连在一起。假设两个坐标系的基矢量分别为 $\boldsymbol{u}_i=\left[u_{xi},u_{yi},u_{zi}\right]^{\mathrm{T}}$ 和 $\boldsymbol{u}_j=\left[u_{xj},u_{yj},u_{zj}\right]^{\mathrm{T}}$，则空间一点 P 在这两个坐标系中的坐标列阵分别为 $\boldsymbol{d}_i=\left[x_i,y_i,z_i\right]^{\mathrm{T}}$ 和 $\boldsymbol{d}_j=\left[x_j,y_j,z_j\right]^{\mathrm{T}}$，若点 P 的向径为 r，则有

$$r = \boldsymbol{u}_i^{\mathrm{T}} \boldsymbol{d}_i = \boldsymbol{u}_j^{\mathrm{T}} \boldsymbol{d}_j \tag{7-1}$$

在等式两边同时左乘单位矩阵 $\boldsymbol{u}_i$，可得

$$\boldsymbol{d}_i = \begin{bmatrix} u_{xi} \bullet u_{xj} & u_{xi} \bullet u_{yj} & u_{xi} \bullet u_{zj} \\ u_{yi} \bullet u_{xj} & u_{xi} \bullet u_{yj} & u_{xi} \bullet u_{zj} \\ u_{zi} \bullet u_{xj} & u_{xi} \bullet u_{yj} & u_{xi} \bullet u_{zj} \end{bmatrix} \boldsymbol{d}_j = {}^j\boldsymbol{R}_i \boldsymbol{d}_j \tag{7-2}$$

式中，${}^j\boldsymbol{R}_i$ 的 9 个元素由两个坐标系相应的轴线间的方向余弦组成，构成方向余弦矩阵。下标 i 代表参考坐标系，上标 j 代表被描述的坐标系。

绕轴 x、y 或 z 做转角 θ 的旋转变换，如图 7.4(a)所示，其余弦矩阵分别表示为

$$\boldsymbol{R}(x,\theta) = \begin{bmatrix} 1 & 0 & 0 \\ 0 & \cos\theta & -\sin\theta \\ 0 & \sin\theta & \cos\theta \end{bmatrix} \tag{7-3}$$

$$\boldsymbol{R}(y,\theta) = \begin{bmatrix} \cos\theta & 0 & \sin\theta \\ 0 & 1 & 0 \\ -\sin\theta & 0 & \cos\theta \end{bmatrix} \tag{7-4}$$

$$\boldsymbol{R}(z,\theta) = \begin{bmatrix} \cos\theta & -\sin\theta & 0 \\ \sin\theta & \cos\theta & 0 \\ 0 & 0 & 1 \end{bmatrix} \tag{7-5}$$

在多刚体运动学中，通常可以采用旋转序列来重写式(7-2)，表示刚体的运动姿态。第一种是采用欧拉(Euler)角来表示，参见图 7.4(b)。如果坐标系是由坐标系经过有序的 3 个欧拉角的转动得到的，根据式(7-3)～式(7-5)，由 3 个欧拉角的转动次序可得

$${}^j\boldsymbol{R}_i = {}^j\boldsymbol{R}_n(z,\psi)\,{}^n\boldsymbol{R}_m(x,\theta)\,{}^m\boldsymbol{R}_i(z,\varphi) = \begin{bmatrix} \mathrm{c}\psi\,\mathrm{c}\varphi - \mathrm{s}\psi\,\mathrm{c}\theta\,\mathrm{s}\varphi & -\mathrm{c}\psi\,\mathrm{s}\varphi - \mathrm{s}\psi\,\mathrm{c}\theta\,\mathrm{c}\varphi & \mathrm{s}\psi\,\mathrm{s}\theta \\ \mathrm{s}\psi\,\mathrm{c}\varphi + \mathrm{c}\psi\,\mathrm{c}\theta\,\mathrm{s}\varphi & -\mathrm{s}\psi\,\mathrm{s}\varphi + \mathrm{c}\psi\,\mathrm{c}\theta\,c\varphi & -\mathrm{c}\psi\,\mathrm{s}\theta \\ \mathrm{s}\theta\,\mathrm{s}\varphi & \mathrm{s}\theta\,\mathrm{c}\varphi & \mathrm{c}\theta \end{bmatrix} \tag{7-6}$$

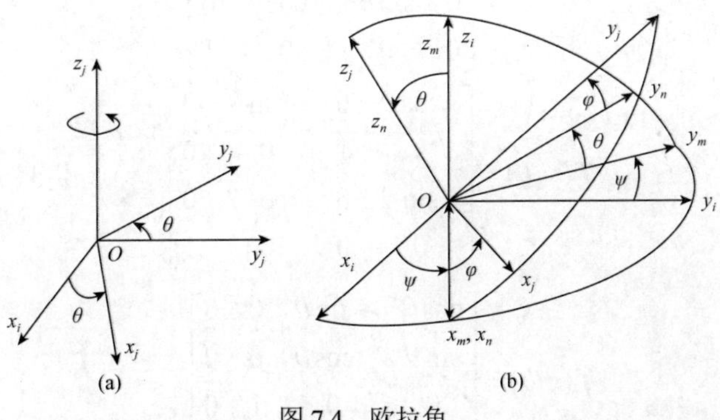

图 7.4　欧拉角

式中，s 代表 sin 函数，c 代表 cos 函数。

另一种方法是采取旋转集合，即横滚(roll)、俯仰(pitch)和偏转(yaw)的集合。对于旋转次序，一般有如下规定：先绕 x 轴旋转 ψ 角，再绕 y 轴旋转 θ 角，最后绕 z 轴旋转 φ 角。三次旋转变换计算如下：

$$
{}^{j}\boldsymbol{R}_{i}=\mathrm{RPY}(\varphi,\theta,\psi)=\begin{bmatrix}\mathrm{c}\varphi\ \mathrm{c}\theta & -\mathrm{c}\varphi\ \mathrm{s}\theta\ s\psi-\mathrm{s}\varphi\ \mathrm{c}\psi & \mathrm{c}\varphi\ \mathrm{s}\theta\ \mathrm{c}\psi+\mathrm{s}\varphi\ \mathrm{s}\psi \\ \mathrm{s}\varphi\ \mathrm{c}\theta & \mathrm{s}\varphi\ \mathrm{s}\theta\ \mathrm{c}\psi+\mathrm{c}\varphi\ \mathrm{c}\psi & \mathrm{s}\varphi\ \mathrm{s}\theta\ \mathrm{c}\psi-\mathrm{c}\varphi\ \mathrm{s}\psi \\ -\mathrm{s}\theta & \mathrm{c}\theta\ s\psi & \mathrm{c}\theta\ \mathrm{c}\psi\end{bmatrix} \tag{7-7}
$$

对于不共原点的两个坐标系的坐标变换，可以看作坐标系 $O_jx_jy_jz_j$ 对坐标系 $O_ix_iy_iz_i$ 除了绕坐标轴转动变换外，还随原点的平移变换(见图 7.5)。其中绕坐标轴的转动可以用方向余弦阵来描述，而平移则需要用坐标系 $O_jx_jy_jz_j$ 的原点 O_j 在坐标系 $O_ix_iy_iz_i$ 中的坐标列阵 $\boldsymbol{d}_i^{Oj}=\left[x_i^{Oj},y_i^{Oj},z_i^{Oj}\right]^{\mathrm{T}}$ 来描述。设空间一点 P 在坐标系 $O_ix_iy_iz_i$ 和坐标系 $O_jx_jy_jz_j$ 中的坐标阵列分别为 $\boldsymbol{d}_i=\left[x_i,y_i,z_i\right]^{\mathrm{T}}$ 和 $\boldsymbol{d}_j=\left[x_j,y_j,z_j\right]^{\mathrm{T}}$，则由图 7.5 可知

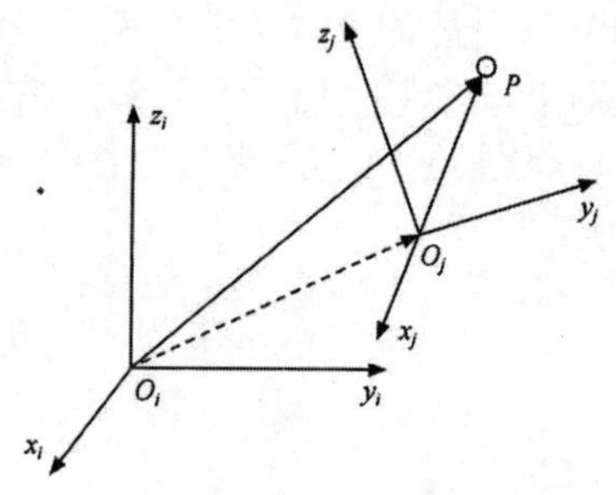

图 7.5　复合坐标变换

$$
\boldsymbol{d}_i=\boldsymbol{d}_i^{Oj}+{}^{j}\boldsymbol{R}_i\boldsymbol{d}_j \tag{7-8}
$$

式(7-8)也可以用齐次变换矩阵写成更为紧凑的形式：

$$
\begin{bmatrix}\boldsymbol{d}_i\\1\end{bmatrix}=\begin{bmatrix}{}^{j}\boldsymbol{R}_i & \boldsymbol{d}_i^{O_j}\\0 & 1\end{bmatrix}\begin{bmatrix}\boldsymbol{d}_j\\1\end{bmatrix}={}^{j}\boldsymbol{T}_i\begin{bmatrix}\boldsymbol{d}_j\\1\end{bmatrix} \tag{7-9}
$$

式中，${}^{j}\boldsymbol{T}_i$ 为齐次变换矩阵。

可见，齐次变换矩阵包含坐标系旋转变换矩阵 ${}^{j}\boldsymbol{R}_i$ 和平移变换坐标列阵 $\boldsymbol{d}_i^{O_j}$，可以充分描述坐标系 $O_jx_jy_jz_j$ 相对参考坐标系 $O_ix_iy_iz_i$ 的原点 O_j 的位置和姿态。因此，在多刚体运动学中通常使用齐次变换矩阵来描述刚性连杆坐标系和向量的运动。式(7-10)～式(7-13)分别给出了绕坐标系 x 轴、y 轴、z 轴旋转以及坐标系平移变换的齐次变换矩阵。

$$
\boldsymbol{T}(x,\theta)=\begin{bmatrix}1 & 0 & 0 & 0\\0 & \cos\theta & -\sin\theta & 0\\0 & \sin\theta & \cos\theta & 0\\0 & 0 & 0 & 1\end{bmatrix} \tag{7-10}
$$

$$
\boldsymbol{T}(y,\theta)=\begin{bmatrix}\cos\theta & 0 & -\sin\theta & 0\\0 & 1 & 0 & 0\\-\sin\theta & 0 & \cos\theta & 0\\0 & 0 & 0 & 1\end{bmatrix} \tag{7-11}
$$

$$
\boldsymbol{T}(z,\theta)=\begin{bmatrix}\cos\theta & -\sin\theta & 0 & 0\\\sin\theta & \cos\theta & 0 & 0\\0 & 0 & 1 & 0\\0 & 0 & 0 & 1\end{bmatrix} \tag{7-12}
$$

$$\boldsymbol{T}(q)=\begin{bmatrix}1&0&0&q_x\\0&1&0&q_y\\0&0&1&q_z\\0&0&0&1\end{bmatrix} \tag{7-13}$$

7.1.3　人体骨骼几何模型的位形描述——欧拉变换方程

1. 欧拉角描述

欧拉角是描述刚体转动广泛采用的参数，如图 7.4(b)所示，图中ψ为旋进角；θ为章动角；ϕ为自转角。通常欧拉角 Euler 用(ψ，θ，ϕ)表示。

2. 欧拉变换方程

在各刚体上建立连体坐标系，让每个刚体都绕本身连体坐标系转动，用欧拉角 Euler(ψ，θ，ϕ)描述可以得到变换方程。

$$\begin{pmatrix}\cos\psi&-\sin\psi&0&0\\\sin\psi&\cos\psi&0&0\\0&0&1&0\\0&0&0&1\end{pmatrix}\begin{pmatrix}\cos\theta&\sin\theta&0&0\\0&1&0&0\\-\sin\theta&0&-\cos\theta&0\\0&0&0&1\end{pmatrix}\begin{pmatrix}\cos\phi&-\sin\phi&0&0\\\sin\phi&\cos\phi&0&0\\0&0&1&0\\0&0&0&1\end{pmatrix}$$

$$=\begin{pmatrix}\cos\psi\cos\theta\cos\varphi-\sin\psi\sin\varphi&-\cos\psi\cos\theta\sin\varphi&\cos\psi\sin\varphi&0\\\sin\psi\cos\theta\cos\varphi+\cos\psi\sin\varphi&-\sin\psi\cos\theta\sin\varphi+\cos\psi\cos\varphi&\sin\psi\sin\varphi&0\\-\sin\theta\cos\varphi&\sin\theta\sin\varphi&\cos\theta&0\\0&0&0&1\end{pmatrix} \tag{7-14}$$

即假设初始坐标按欧拉角形式旋转变换至第 i 环节的当前坐标，则其旋转变换矩阵为

$$\boldsymbol{R}_{i-1}^{i}=\begin{pmatrix}\cos\psi\cos\theta\cos\varphi-\sin\psi\sin\varphi&-\cos\psi\cos\theta\sin\varphi&\cos\psi\sin\varphi&0\\\sin\psi\cos\theta\cos\varphi+\cos\psi\sin\varphi&-\sin\psi\cos\theta\sin\varphi+\cos\psi\cos\varphi&\sin\psi\sin\varphi&0\\-\sin\theta\cos\varphi&\sin\theta\sin\varphi&\cos\theta&0\\0&0&0&1\end{pmatrix} \tag{7-15}$$

7.1.4　人体环节运动分析

1. 脊柱运动分析

脊柱由 24 块独立的椎骨、1 块骶骨、1 块尾骨以及连接它们的 23 块椎间盘、关节和韧带装置构成。脊柱之间的运动幅度虽然有限，但整个脊柱的运动范围仍很大。脊柱绕额状轴可做屈伸运动，绕矢状轴可做侧屈运动，绕垂直轴可做回旋运动和环转运动。

2. 手关节运动分析

从第二到第五个手指的每个关节都具有一个自由度，即弯曲运动，手指的基部关节有弯曲和旋转两个自由度。大拇指除了弯曲运动外，还有一个外展运动。手掌可做旋转和平移运

动，具有 3 个自由度，整个手具有 27 个自由度。

3. 足部运动分析

足与踝关节相连，踝关节是整个足转动的中心，一般来说两个足的运动具有对称性。足一共由 26 块骨骼组成，一般分成 4 部分：踝关节、足跟、足中、脚趾尖，其中每部分具有 1 个自由度。踝关节的转动中心位于胫骨的下端，足跟的转动中心一般在踝关节转动中心的后下方，足中的转动中心一般位于踝和趾尖的转动中心的中间，脚趾尖的转动中心位于大脚趾之前的骨骼上。

7.2　数字化虚拟人体运动学及动力学模型构建方法

人体运动学及动力学模型是数字化人机系统设计的重要组成部分。前已述及，可将人的肢体看作多个刚体依次串联构成的树状多刚体系统。因此，可以方便地借助多刚体运动学和动力学方法对人机系统的运动学及动力学问题进行研究。现有的主流人体仿真软件如 OpenSim、Anybody、LifeMOD、DYNAMO、Human CAD 和西门子的 JACK 软件等均是求解这些问题的有力工具。其中，OpenSim 还是一款由斯坦福大学开发的用于教学和科研的开源人体仿真软件系统。这些商业化软件兼具人机工程和生物力学的分析功能，可以通过导入完整的人体肌肉骨骼模型进行产品的人类工效学设计分析及作业中的动作分析，还可以计算模型中各块骨骼、肌肉和关节的受力、变形，肌腱的弹性能，拮抗肌肉的作用和其他对于工作中的人体有用的特性等。本节主要介绍数字化虚拟人体运动学及动力学模型构建方法。

7.2.1　多刚体运动学方程

多刚体系统的关节一般多为单自由度的转动副或移动副，而多自由度关节通常也可以视为多个单自由度关节的组合，因此多刚体系统各关节之间的相对运动可以利用齐次坐标变换矩阵进行描述。D-H 模型是机器人机构运动学中最常用的方法。图 7.6 所示的多刚体系统用 D-H 模型法建立其运动学方程需要遵从如下的规则。

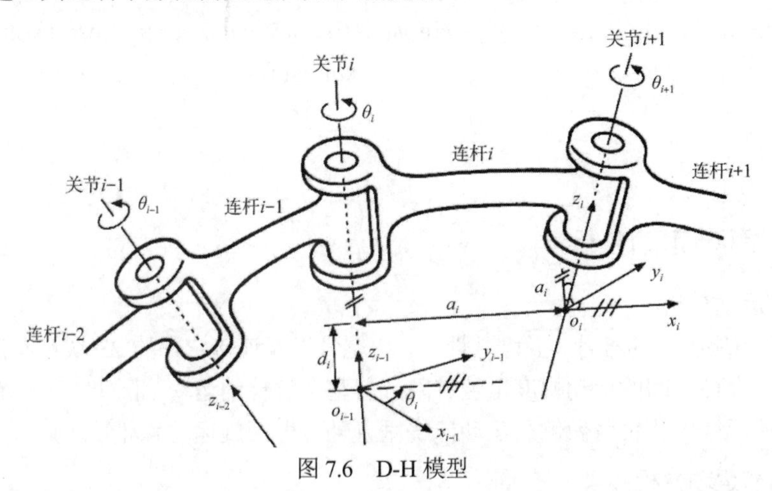

图 7.6　D-H 模型

(1) 在运动关节 1 上建立基座坐标系 $O_0x_0y_0z_0$，坐标系轴 z_0 方向沿运动关节运动副的轴线方向。

(2) 在运动关节 i+1 上建立连杆坐标系的轴 z_i，轴 z_i 方向沿运动关节 i+1 的运动副轴线方向。

(3) 在 z_i 与 z_{i-1} 的交点处建立第 i 个连杆坐标系的原点，如果轴 z_i 与轴 z_{i-1} 平行，那么第 i 个连杆坐标系的原点可建立在轴 z_i 和轴 z_{i-1} 的共法线与轴 z_i 或轴 z_{i-1} 的交点处。

(4) 在第 i 个连杆坐标系的原点建立坐标系轴 x_i，方向沿轴 z_i 与轴 z_{i-1} 叉积的正反方向，如果轴 z_i 与轴 z_{i-1} 平行，则轴 x_i 方向沿轴 z_i 与轴 z_{i-1} 的共法线方向。

(5) 根据右手法则，建立第 i 个连杆坐标系中轴 y_i。

如图 7.6 所示，通常相邻两个刚性连杆的变换矩阵可以表示为

$$
{}^{i}\boldsymbol{T}_{i-1}=\begin{bmatrix}\cos\theta_i & -\cos a_i\sin\theta_i & \sin a_i\sin\theta_i & a_i\cos\theta_i\\ \sin\theta_i & -\cos a_i\cos\theta_i & -\sin a_i\cos\theta_i & a_i\sin\theta_i\\ 0 & \sin a_i & \cos a_i & d_i\\ 0 & 0 & 0 & 1\end{bmatrix} \tag{7-16}
$$

式中，θ_i 表示轴 x_{i-1} 绕轴 z_{i-1} 旋转变换到轴 x_i 的旋转角，对于转动关节，即为关节 i 的转动角度值；d_i 表示从第 i−1 个连杆坐标系原点 o_{i-1} 到轴 z_{i-1} 与轴 x_i 的交点沿轴 z_{i-1} 方向上的距离，对于滑移关节，d_i 即为关节滑移距离值；a_i 表示从轴 z_{i-1} 与轴 x_i 的交点到第 i 个连杆坐标系原点 o_i 沿轴 x_i 方向上的距离；a_i 表示轴 z_{i-1} 绕轴 x_i 旋转变换到轴 z_i 的旋转角度。通常，θ_i、d_i、a_i 和 a_i 被称为 D-H 参数。

因此，在已知多刚体系统各个关节的连杆坐标系的齐次变换矩阵 ${}^{i}\boldsymbol{T}_{i-1}$ 的情况下，根据 D-H 模型可以非常方便地对多刚体系统的正向运动学问题进行求解，获得多刚体系统末端执行器的位姿信息。

$$
{}^{n}\boldsymbol{T}_0={}^{1}\boldsymbol{T}_0\,{}^{2}\boldsymbol{T}_1\cdots{}^{n}\boldsymbol{T}_{n-1} \tag{7-17}
$$

多刚体系统末端执行器可到达空间点的集合，称为系统的工作空间。

7.2.2　刚体运动学模型

刚体运动学中，假设已知点 A 的速度为 v_A，刚体旋转角速度为 ω，则任意点的速度可由以下基本方程决定：

$$
v=v_A+\omega\times\boldsymbol{r} \tag{7-18}
$$

式中，$\boldsymbol{r}$ 表示点 A 到该点的矢量。

根据刚体上两点距离不变的特性，$\boldsymbol{r}$ 随时间变化，与 ω 之间满足欧拉公式：

$$
\dot{\boldsymbol{r}}=\omega\times\boldsymbol{r} \tag{7-19}
$$

利用式(7-16)和式(7-18)可以得出系统中各刚体的角速度和刚体上各点的速度。这里列出相关速度公式，包括关节点速度和刚体质心速度。需要指出的是，这里列出的速度参数均是参考相应点所在刚体的连体坐标系。若需要求解相对于惯性坐标，则需要根据式(7-16)变换方程进行相应变换。式中，第一个数字下标表示刚体编号，第二个数字下标表示参考坐标系的编号。

假设系统中的第 i ($1\leqslant i\leqslant n$) 个刚体为 B_i，刚体长度为 l_i，且在自身连体坐标系中矢量为 $\boldsymbol{L}_{i,i}$，刚体质心为 C_i，关节为 J_i，第 i 个关节到第 i 个刚体质心的距离为 c_i，在自身坐标系中矢量为 $\boldsymbol{C}_i$、i，刚体 B_i 相对于自身连体坐标系的角速度、角加速度分别为 $\omega_{i,i}$、$\dot{\omega}_{i,i}$，关节线速度

和线加速度分别为$v_{i,i}$，$\dot{v}_{i,i}$，质心线速度和线加速度分别为$v_{ci,i}$、$\dot{v}_{ic,i}$，则有

$$\begin{aligned} v_{i,i} &= R_{i-1}^{i}(v_{i-1,i-1} + \omega_{i-1,i-1} \times L_{i-1,i-1}) \\ &= R_{i-1}^{i}\left[v_{i-1,i-1} + \omega_{i-1,i-1} \times L_{i-1,i-1} + \omega_{i-1,i-1} \times (\omega_{i-1,i-1} \times L_{i-1,i-1})\right] \end{aligned} \tag{7-20}$$

$$v_{ci,i} = v_{i,i} + \omega_{i-1,i-1} \times L_{ci,i} = v_{i,i} + \omega_{i,i} \times L_{ci,i} + \omega_{i,i} \times \left(\omega_{i,i} \times L_{ci,i}\right) \tag{7-21}$$

其中，对于式(7-20)及式(7-21)，$i \neq 1$。

7.2.3　多刚体动力学模型

动力学以牛顿第二定律为理论基础，主要研究作用于物体的力与物体运动的关系。将数字化虚拟人应用于人机系统工效设计时，人体动力学仿真涉及的动力学算法主要是求人体在运动过程中，关节力矩或肌肉力等力学参数。

要解决的动力学问题一般分为正向动力学和反向动力学。多刚体系统动力学的正动力学问题是给出了多刚体系统的关节驱动力、关节位移的初始条件，求解各个关节的位移、速度和加速度等运动学参数，它们可表示为

$$\begin{cases} \ddot{q} = f(F,T) \\ \dot{q} = \int \ddot{q}\mathrm{d}t \\ q = \int \dot{q}\mathrm{d}t \end{cases} \tag{7-22}$$

而动力学逆解则给出了各个关节的位移、速度和加速度，求解关节驱动力素(力和力矩)，所求的力素可表示为

$$F = g(q,\dot{q},\ddot{q}) \tag{7-23}$$

建立动力学模型的主流方法包括牛顿-欧拉法、拉格朗日法、Kane 法和变形的 Kane 法(HUSTON 法-休斯顿法)等，其中后两者最为常见。后两种方法相比较，Kane 法的主要优点是避免了对人体系统复杂的内力计算，它定义了系统内坐标和外坐标(即之前述的连体坐标和惯性坐标)，各分体的受力和运动状态分析均用内坐标表示，然后通过坐标转换变换到外坐标系统，这样的研究方法简化了人体运动计算。此外，Kane 法采用广义坐标及广义速率描述系统的状态，而由于广义速率的选取有很大的自由，因而有可能得到十分简洁的动力学方程。而且，Kane 法中大量使用加法和乘法，方便程序化编程计算。本节主要介绍拉格朗日法和 Kane 法的相关概念和建模方法。

1. 拉格朗日法

根据理论力学知识，拉格朗日法(Lagrange formulation)是根据所求系统的全部刚性杆件的动能和势能求出拉格朗日函数，代入拉格朗日方程中，最后导出刚体系的运动方程组。该法思路直观、简洁。

设整个多刚体系统的动能为K，势能为P，则拉格朗日函数L被定义为系统动能和势能之差，即$L=K-P$，K和P可以用任何方便的坐标系来表示。

设广义坐标为关节位移q_i，与之对应的广义力为τ_i，则拉格朗日方程式为

$$\tau_i = \frac{\mathrm{d}}{\mathrm{d}t}\left(\frac{\partial L}{\partial \dot{q}_i}\right) - \frac{\partial L}{\partial q_i} \quad (i=1, 2, \cdots, n) \tag{7-24}$$

由于势能与关节速度 $\dot{q}_i$ 无关，因此式(7-24)可表示为

$$\tau_i = \frac{\mathrm{d}}{\mathrm{d}t}\left(\frac{\partial K}{\partial \dot{q}_i}\right) - \frac{\partial K}{\partial q_i} + \frac{\partial P}{\partial q_i} \quad (i=1, 2, \cdots, n) \tag{7-25}$$

设杆件 i 的质心的平移速度为 v_i，绕质心转动的角速度为 ω_i，则有

$$K_i = \frac{1}{2} m_i v_i^{\mathrm{T}} v_i + \frac{1}{2} \omega_i^{\mathrm{T}} I \omega_i \quad (i = 1, 2, \cdots, n) \tag{7-26}$$

式中，m_i 为杆件质量，I 为绕杆件质心的惯性张量。

若将杆件 i 看作末端执行器，则可以通过雅可比矩阵来建立杆件 i 平移速度 v_i 及转动角速度 ω_i 与各关节速度 $\dot{q}$ 的关系。

$$\begin{cases} v_i = J_{P_1}^{(i)} \dot{q}_1 + J_{P_2}^{(i)} \dot{q}_2 + \cdots + J_{P_n}^{(i)} \dot{q}_n = J_P^{(i)} \dot{q} \\ \omega_i = J_{O_1}^{(i)} \dot{q}_1 + J_{O_2}^{(i)} \dot{q}_2 + \cdots + J_{O_n}^{(i)} \dot{q}_n = J_O^{(i)} \dot{q} \end{cases} \tag{7-27}$$

式中，

$$J_{P_j}^{(j)} = \begin{cases} \boldsymbol{z}_j & (\text{移动关节}) \\ \boldsymbol{z}_j \times (\boldsymbol{s}_j - \boldsymbol{p}_j) & (\text{旋转关节}) \end{cases} \tag{7-28}$$

$$J_{O_j}^{(j)} = \begin{cases} 0 \ (\text{移动关节}) \\ \boldsymbol{z}_j \ (\text{旋转关节}) \end{cases} \tag{7-29}$$

式中，$\boldsymbol{z}_j$ 为沿多刚体系统关节 j 的轴线方向的单位矢量；$\boldsymbol{s}_j$ 为用参考坐标系表示的从参考坐标原点至杆件 i 质心的位置矢量；$\boldsymbol{p}_i$ 为用参考坐标系表示的从参考坐标系原点至连杆坐标系 i 的原点的位置矢量。由于杆件 i 的运动仅与关节 1～i 有关，式(7-28)与式(7-29)中 $j > i$ 的列向量均为零向量，因此，式(7-27)可表示为

$$\begin{cases} J_P^{(i)} = \begin{bmatrix} J_{P_1}^{(i)} & \cdots & J_{P_i}^{(i)} & 0 & \cdots & 0 \end{bmatrix} \\ J_O^{(i)} = \begin{bmatrix} J_{O_1}^{(i)} & \cdots & J_{O_i}^{(i)} & 0 & \cdots & 0 \end{bmatrix} \end{cases} \tag{7-30}$$

根据以上关系可以得到

$$K = \frac{1}{2} \dot{q}^{\mathrm{T}} \boldsymbol{M} \dot{q} \tag{7-31}$$

式中，正定矩阵 $\boldsymbol{M}$ 称为多刚体系统的惯性矩阵。式(7-31)可改写为

$$K = \frac{1}{2} \sum_{i=1}^{n} \sum_{j=1}^{n} M_{ij} \dot{q}_i \dot{q}_j \tag{7-32}$$

其中，M_{ij} 是 $\boldsymbol{M}$ 的(i, j)元素，为多刚体系统关节角度 q_i 的函数，因此式(7-33)成立：

$$\frac{\mathrm{d}M_{ij}}{\mathrm{d}t}=\sum_{k=1}^{n}\frac{\partial M_{ij}}{\partial q_k}\dot{q}_k \tag{7-33}$$

将此式代入式(7-25)中，可得

$$\frac{\mathrm{d}}{\mathrm{d}t}\left(\frac{\partial K}{\partial q_i}\right)=\frac{\mathrm{d}}{\mathrm{d}t}\left(\sum_{j=1}^{n}M_{ij}\dot{q}_j\right)=\sum_{j=1}^{n}M_{ij}\ddot{q}_j+\sum_{j=1}^{n}\sum_{k=1}^{n}\frac{\partial M_{ij}}{\partial q_k}\dot{q}_k\dot{q}_j \tag{7-34}$$

而全部杆件的势能可表示为

$$P=\sum_{i=1}^{n}m_i\boldsymbol{g}^{\mathrm{T}}s_i \tag{7-35}$$

式中，$\boldsymbol{g}$ 为重力加速度矢量。由于 s_i 与多刚体系统关节角度 q_i 有关，因此势能是多刚体关节角度的函数，有

$$\frac{\partial P}{\partial q_i}=\sum_{j=1}^{n}m_j\boldsymbol{g}^{\mathrm{T}}\frac{\partial s_i}{\partial q_i}=\sum_{j=1}^{n}m_j\boldsymbol{g}^{\mathrm{T}}J_{P_i}^{(j)} \tag{7-36}$$

将式(7-34)及式(7-36)代入式(7-25)，整理得到广义力 τ_i 为

$$\tau_i=\sum_{j=1}^{n}M_{ij}\ddot{q}_j+\sum_{j=1}^{n}\sum_{k=1}^{n}h_{ijk}\dot{q}_k\dot{q}_j+\sum_{j=1}^{n}m_j\boldsymbol{g}^{\mathrm{T}}J_{P_i}^{(j)} \tag{7-37}$$

其中，

$$h_{ijk}=\frac{\partial M_{ij}}{\partial q_k}-\frac{1}{2}\frac{\partial M_{jk}}{\partial q_i} \tag{7-38}$$

式(7-37)中，等式右侧的第一项代表惯性张量，表示由关节 i 的加速度所产生的惯性项。当 k=j 时，第二项为速度平方项，表示由关节 j 的速度所产生的作用与关节 i 的离心力；当 $k\neq j$ 时，第二项为关节 j 及关节 k 的速度产生的作用于关节 i 的科里奥利力(Coriolisforce)。第三项为重力项。若采用矩阵及向量，式(7-37)可改写为

$$\tau=M(q)\ddot{q}+C(q,\dot{q})\dot{q}+g(q) \tag{7-39}$$

采用拉格朗日法可以不考虑杆件相互的内部约束力，但计算较复杂。

2. Kane 法

在力学中，把这些独立的、可以完全定义体系位置及运动的变量称为广义坐标，常用 $q_1,q_2,\cdots,q_n$(n 与系统自由度数相同)表示，其导数 $\dot{q}_1,\dot{q}_2,\cdots,\dot{q}_n$ 称为广义速度。广义速率和偏速度是 Kane 方程的基础概念，前者的选取对于 Kane 方程形式的复杂程度有很大影响。

(1) 广义速率。通常，由 m 个刚体 Bi(i=1, 2, ⋯, m)组成的、具有 n 个自由度的完整力学系统相对于惯性参考系的运动可以用 n 个广义坐标 q_{j} (j=1, 2, 3, ⋯, n)描述，同样的，也可以用称为广义速率的 u_r(r=1, 2, 3, ⋯, n)来描述。u_r(r=1, 2, 3, ⋯, n)是从组成系统的质点速度或刚体角速度的模值中任意选择的 n 个独立的标量，一般可表示为 q_j (j=1, 2, 3, ⋯, n)的导数 $\dot{q}_j$ (j=1, 2, 3, ⋯, n)的线性组合。

$$\mu_r = \sum_{j=1}^{n} Y_{ri}\dot{q}_j + Zr \ (r=1, 2, \cdots, n) \tag{7-40}$$

式中，Y_{ri}、Z_r 均为广义坐标 q 及时间 t 的函数。

选取 μ_r (r=1, 2, 3, …, n)时，严格的情况下需要通过反求 $\dot{q}_j$ (j=1, 2, 3, …, n)相对于 μ_r (r=1, 2, 3, …, n)的表达式，来验证所选广义速率是否相互独立。如果可以求得，则独立；反之，则不独立。

广义速率的选取原则上是要使偏速度和偏角速度的形式尽可能简单。

(2) 偏速度及偏角速度。确定了广义速率之后，组成系统的任意子刚体 Bi 相对于惯性参考系的绝对速度 v_i 和绝对角速度 ω_i 均可以唯一表示为 u_r 的线性组合，即

$$\begin{cases} v_i = \sum_{r=1}^{n} v_i^r u_r + v_i^t \\ \omega_i = \sum_{r=1}^{n} \omega_i^r u_r + \omega_i^t \end{cases} \tag{7-41}$$

式中，各矢量参数 v_i^r 、ω_i^r 及 v_i^t 、ω_i^t 均是 q 与 t 的函数。

定义 v_i^r 为刚体 Bi 上的参考点(可根据情况任取)相对于惯性参考系的第 r 偏速度，ω_i^t 称为刚体 Bi 相对于惯性参考系的第 r 偏角速度。

实际上，v_i^r 、ω_i^r 就是惯性参考系的基矢量或基矢量的线性组合。对于同一个系统，可以根据具体情况，选取不同的广义速率，进而得到不同形式的偏速度和偏角速度，但正如上面所说，需要尽可能地使偏速度和偏角速度形式上更简单。这样对于动力学方程形式的简化来讲，有很大的作用。

(3) 广义主动力和广义惯性力。广义主动力和广义惯性力是 Kane 方程中出现的两个概念，前者包含了系统所受所有主动力和主动力矩，后者是系统惯性的体现，分别用 F^r 和 F^{*r} 表示对应于第 r 广义速率 u 的广义主动力和广义惯性力，两者组成了 Kane 方程，其形式的复杂程度取决于广义速率的选取。计算公式如下：

$$\begin{cases} F^r = \sum_{i=1}^{m} (\boldsymbol{F}_i \cdot v_i^r + \boldsymbol{M}_i \cdot \omega_i^r) \\ F^{*r} = \sum_{i=1}^{m} (\boldsymbol{F}_i^* \cdot v_i^r + \boldsymbol{M}_i^* \cdot \omega_i^r) \end{cases} \tag{7-42}$$

式中，$\boldsymbol{F}_i$ 及 $\boldsymbol{M}_i$ 分别为作用在刚体参考点(根据具体情况选取)上所有主动力的力矢量(主矢)之和及相对参考点的力矩矢量(主矩)之和，而 $\boldsymbol{F}_i^*$ 及 $\boldsymbol{M}_i^*$ 分别为作用在刚体参考点上惯性力的力矢量(主矢)及相对参考点的力矩矢量(主矩)。

一般情况下，针对某一个刚体 Bi，选取参考点记为 A，则 $\boldsymbol{F}_i$ 、$\boldsymbol{M}_i$ 及 $\boldsymbol{F}_i^*$、$\boldsymbol{M}_i^*$ 的计算公式如下：

$$\begin{cases} \boldsymbol{F}_i = \sum f_A \\ \boldsymbol{M}_i = \sum (r_A \times f_A) \\ \boldsymbol{F}_i^* = -\sum m_i \cdot \dot{v}_A \\ \boldsymbol{MF}_i^* = -\left[J_A \cdot \dot{\omega}_i + \omega_i \times \left(J_A \cdot \omega_i \right) \right] \end{cases} \tag{7-43}$$

式中，f_A 为主动力的主矢；r_A 为力臂矢量；J_A 为刚体的惯量张量，一般为相对于点 A 的惯量值。

(4) Kane 方程。由 m 个刚体 $Bi(i=1, 2, \cdots, m)$组成的，具有 n 个自由度的完整力学系统相对惯性参考系的 Kane 动力学方程为

$$\boldsymbol{F}^r + \boldsymbol{F}^{*r} = 0\,(r=1, 2, \cdots, n) \tag{7-44}$$

式中，$\boldsymbol{F}^r$、$\boldsymbol{F}^{*r}$ 即上述广义主动力和广义惯性力。

数字化虚拟人运动建模计算时，我们所关心的力及力矩问题均包含在 Kane 方程中，只要已知相关运动学参数，便可求得与其相关的力学参数。

7.3　人体上下肢运动学模型

本节将利用 7.2 节介绍的多刚体系统的运动学建模方法，建立人体上下肢运动学模型。

7.3.1　人体上肢 7 自由度 D-H 模型

7 自由度模型如图 7.7 所示。其中，在人体躯干和肩关节之间建立人体上肢的基坐标($X_0Y_0Z_0$)。在肩关节处建立三个运动坐标系，分别对应肩关节的三个运动自由度：旋内/旋外($X_1Y_1Z_1$)、内收/外展($X_2Y_2Z_2$)和屈/伸($X_3Y_3Z_3$)。肘关节有屈/伸自由度，建立一个坐标系($X_4Y_4Z_4$)。手腕关节建立三个运动坐标系，分别对应自由度：旋内/旋外($X_5Y_5Z_5$)、内收/外展($X_6Y_6Z_6$)和屈/伸($X_7Y_7Z_7$)；末端执行器运动坐标系($X_8Y_8Z_8$)位于手指处。

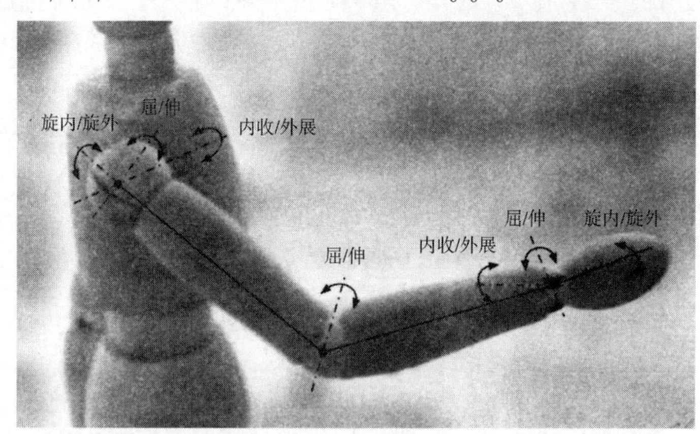

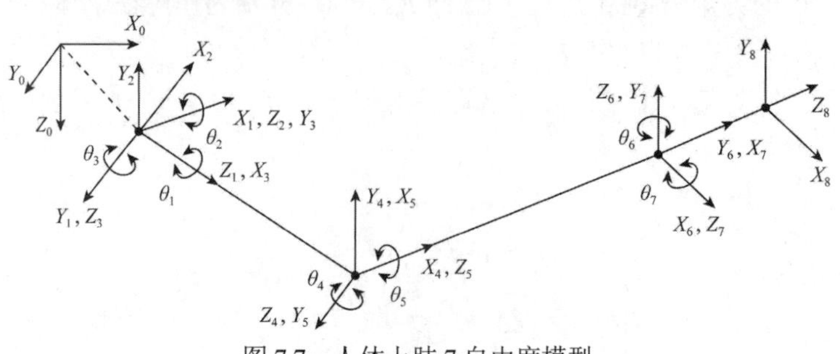

图 7.7　人体上肢 7 自由度模型

根据人体运动肢体尺寸关于人体身高的比例关系可以确定 D-H 模型中各杆件的几何参数 a_i 和 d_i，如表 7.1 所示。绕第 i 个关节自由度 Z_i 轴的旋转角度 θ_i，取决于所给出的对应关节运动自由度的运动范围 β_i。

表 7.1　人体上肢 D-H 模型参数

上肢关节	β_i	α_i	α_i	d_i	θ_i
基坐标	0°	0°	a_0	d_0	0°
旋内/旋外(肩)	−90°～90°	−90°	0	0	$\beta_1+90°$
内收/外展(肩)	−180°～50°	90°	0	0	$\beta_2+90°$
屈/伸(肩)	−180°～80°	0°	l_1	0	$\beta_3+90°$
屈/伸(肘)	−10°～145°	90°	0	0	$\beta_4+90°$
旋内/旋外(肘)	−90°～90°	90°	0	l_2	$\beta_5+90°$
屈/伸(腕)	−90°～70°	90°	0	0	$\beta_6+90°$
内收/外展(腕)	−15°～40°	0°	l_3	0	β_7

人体上肢运动学最常用的是 7 自由度 D-H 模型。由此，可以很方便地列出第 i 个坐标系相对于第 i−1 个坐标系的齐次变换矩阵 ${}^{i}\boldsymbol{T}_{i-1}$，进而对人体上肢末端执行器的运动学问题进行求解。

7.3.2　人体下肢 6 自由度 D-H 模型

同样，图 7.8 根据人体下肢的运动机理，描绘了人体下肢 6 自由度的 D-H 模型。其中，D-H 模型的基坐标系建立在髋关节与躯干之间，原点为($X_0Y_0Z_0$)；在髋关节处建立三个运动坐标系：旋内/旋外($X_1Y_1Z_1$)、内收/外展($X_2Y_2Z_2$)和屈/伸($X_3Y_3Z_3$)；膝关节建立屈/伸运动坐标系($X_4Y_4Z_4$)；踝关节具有背屈/趾屈和内翻/外翻两个运动自由度，分别建立运动坐标系($X_5Y_5Z_5$)和($X_6Y_6Z_6$)；末端执行器坐标系($X_7Y_7Z_7$)位于脚尖。表 7.2 列出了人体下肢 D-H 模型各杆件的几何参数。

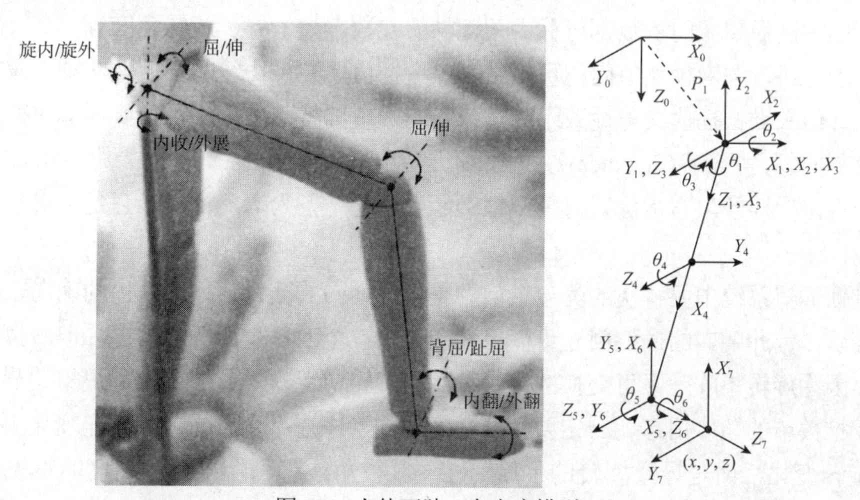

图 7.8　人体下肢 6 自由度模型

表 7.2　人体下肢 D-H 模型参数

下肢关节	β_i	α_i	α_i	d_i	θ_i
基坐标	0°	0°	a_0	d_0	0°
旋内/旋外(髋)	−50°～40°	−90°	0	0	$\beta_1+90°$
内收/外展(髋)	−20°～45°	90°	0	0	$\beta_2+90°$
屈/伸(髋)	−30°～120°	0°	l_1	0	β_3
屈/伸(膝)	0°～150°	0°	l_2	0	$\beta_4+90°$
背屈/趾屈(踝)	−40°～20°	90°	0	0	$\beta_5+90°$
内翻/外翻(踝)	−35°～20°	0°	0	l_3	β_6

7.4　数字化人体运动控制技术

人体运动是一个极其复杂的过程。近年来，国内外关于人体运动仿真的研究工作主要集中在建立人体动力学模型，利用机器人学中的动力学、运动学算法来生成动力学动画。吉拉德(Girard)等采用逆运动学仿真腿部运动，效果较好；托拉尼(Tolani)等采用逆运动学研究了人体肢体的运动；威廉斯(Wihelms)等采用动力学仿真方法得到更加逼真的物理效果，采用这种方法得到的虚拟人体运动模型具有较好的视觉效果，但是单纯的动力学仿真没有考虑人体的工效学，其人体动画中隐含着人体力量和动作之间的冲突，因为纯粹依靠动力学模型无法体现仿真主体——人的特性，即实现对力和力矩的控制。人机工程设计辅助系统中常用的传统虚拟人体运动控制的方法有关键帧方法、逆运动学方法、动力学方法、过程方法、运动捕获的方法等。本节在介绍不同层次的控制技术的基础上，介绍两种比较适用的技术以及人体运动的分层递阶控制模型等。

7.4.1　关键帧方法

关键帧方法是控制虚拟人运动细节的传统方法。关键帧的概念来源于传统的卡通动画片制作。在 3D 计算机动画中，中间帧的生成由计算机来完成，插值代替了设计中间帧的动画师。所有影响画面图像的参数都可称为关键帧的参数，如位置、旋转角度等。

从原理上讲，关键帧插值问题可归结为参数插值问题，传统的插值方法都可应用到关键帧方法中，但关键帧插值又与纯数学的插值不同，有其特殊性。为了很好地解决插值过程中的时间控制问题，斯蒂克(Steketee)等提出了用双插值的方法来控制运动参数，插入的样条中，其中之一为位置样条，它是位置对关键帧的函数；另一条为运动样条，它是关键帧对时间的函数。

关键帧插值系统中要解决的另一个问题是物体朝向的插值问题。物体的朝向一般可由欧拉角来表示，因此朝向的插值问题可简单地转化为 3 个欧拉角的插值问题，但欧拉角又有其局限性，因为旋转矩阵是不可交换的，欧拉角的旋转逆运动学方法主要是根据关节末端的位置信息反推关节的角度信息。一定要按某个特定的次序进行，等量的欧拉角变化不一定引起等量的旋转变化，而是导致旋转的不均匀性，欧拉角还有可能导致自由度的丧失。休梅克(Shoemake)为了解决因采用欧拉角表示引起的麻烦，最早把网元数引入动画中，并提出 r 用单位四元数空间上的 Bezier 样条来插值四元数。关键帧技术要求动画师除具有设计关键帧的技能外，还要特别清楚运动对象关于时间的行为。

7.4.2　动力学方法

动力学方法是根据关节末端的速度、加速度反推人在运动时所需要的力和力矩，通过力和力矩计算得到关节的角度信息。用动力学控制虚拟人的运动体现了人体运动的真实性，但运动的规律性太强。在基于动力学的模拟中，也要考虑两个问题：正向动力学问题和逆向动力学问题。正向动力学问题是根据引起运动的力和力矩来计算末端效应器的轨迹。逆动力学问题更有用，它确定产生系统中规定运动的力和力矩。对于虚拟人，为了获得位置、速度、加速度的期望时间序列，可以用不同的方法计算关节力矩的时间序列。

1. 基于非约束的方法

非约束的方法主要用于驱动关节对象。目前存在大量使用不同运动方程的等效公式，如牛顿-欧拉公式、拉格朗日公式、Gipps-Apell 公式、D̍Alembert 公式。阿姆斯特朗(Armstrong)等用递归方法设计接近实时的动力学算法，该算法在原型动画系统中得到了实现，其复杂度与自由度的个数呈线性关系，速度快而且稳定。威廉斯(Wilhelms)等在其动画系统 Dera 中使用了 Gipps-Apell 公式。Gipps-Apell 公式因其通用性而具有较大的吸引力，遗憾的是，使用该方法产生的矩阵并不稀疏，且求解加速度的计算量大得出奇($O(n^4)$)，因而该方法渐渐被人们所抛弃。艾萨克斯(Isaacs)等在其 DYNAMO 系统中使用了 ḊAlembert 公式。

2. 基于约束的方法

艾萨克斯(Isaacs)等基于矩阵公式讨论了约束仿真方法，为关节指定运动学约束，为连杆指定加速度和力。对参数化的模型施加和求解几何约束的方法是威特金(Witkin)等用能量约束的方式提出的。普拉特(Platt)等用反作用力约束和优化约束把动力学约束扩展到柔性模型。威特金(Witkin)和卡斯(Kass)提出了一种称为时空约束的新方法创建人物动画，通常该问题没有唯一解。告特勒(Gortler)等提出用小波基来表示广义自由度对时间的函数，该方法的优点在于能自动地只在需要的地方增加运动细节，从而使离散变量的数目减少到最小，求解的收敛速度更快。

7.4.3　正向和逆向运动学方法

正向和逆向运动学方法是设置虚拟人关节运动的有效方法。

1. 正向运动学方法

正向运动学是把末端效应器(如手或脚)作为时间的函数。关于固定参考坐标系，求解末端效应器的位置，与引起运动的力和力矩有关。一个行之有效的方法是把位置和速度从关节空间变换到笛卡尔坐标系。参数关键帧动画是正向运动学的最初应用，通过插入相应正向运动学的关键关节角来驱动关节肢体的运动。对于一个具有多年经验的专家级动画师，能够用正向运动学方法生成非常逼真的运动，但对于一个普通的动画师来说，通过设置各关节的关键帧来产生逼真的运动是非常困难的。

2. 逆向运动学方法

逆向运动学方法在一定程度上减轻了正向运动学方法的烦琐工作。用户指定末端关节的位置，计算机自动计算出各中间关节的位置，即关节角是自动确定的。这是关键问题，因为虚拟人的各独立变量就是关节角。但是，从笛卡尔到关节坐标的位置变换一般没有唯一解，为此，人们对关节轴进行大量的特殊安排，以便在动画进行过程中得到唯一解。

利用正向和逆向运动学原理，布利奇(Boulic)等提出了人的行走模型，之后，以预先记录的运动为参照，加入运动限制，提出了一种组合逆向/正向方法；布鲁德林(Bruderlin)等人用移动参数和 15 个属性对人体行走进行特征化处理，将所生成的运动用于人体动画 Life Forms(生命形式)中，用逆运动学解决抓取问题。基于运动学系统的模型一般直观而缺乏完整性，它没对基本的物理事实(如重力或惯性等)做出响应。

3. 人体模型的正向与反向运动学控制

控制关节链结构在两个不同空间位置间运动时，存在两个过程相反的运动控制方法，即正向运动控制和反向运动控制。对于人体模型的姿势变化，如从一种空间位置或姿态变化到另一种空间位置或姿态，正向运动学的解决过程是：根结点(H 点) →骶关节点→腰关节点→胸关节点→肩关节点→肘关节点→腕关节点，依照这样一个过程正向地改变人体环节(体段)的位置和方位，最后确定这一开放链末端效应器(手部或手指尖)在所需要的位姿。而反向运动学解决的方法与正向运动学方法刚好相反：对于同一开放链，首先指定末端效应器(手部或手指尖)的位姿，反向推出除根结点(通常为 H 点，也可以为运动链中其他关节点，如肩关节点等)之外的链中间的各关节点的位姿。过程示意如图 7.9 所示。

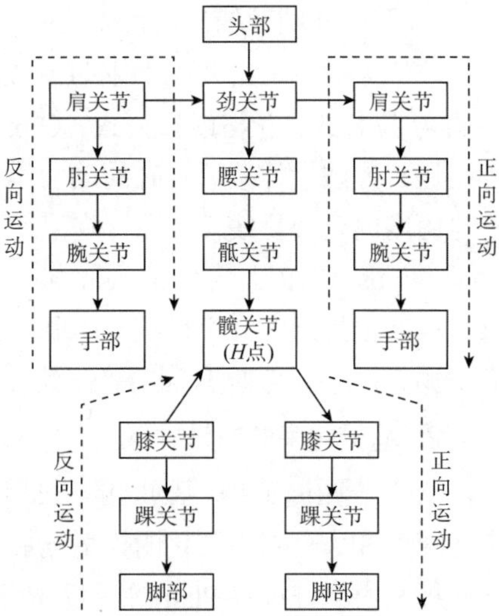

图 7.9　人体模型的正向与反向运动

从数学的角度去描述，正向运动表达为

$$X=f(\theta) \tag{7-45}$$

即给定关节角度 θ，推导出位置 X 反向运动表示为

$$\theta=f^{-1}(x) \tag{7-46}$$

即定义末端的位姿 X，推导出关节角度 θ，由于人体关节数量较多，即使是利用简化后的刚性杆状人体模型，采用正向运动与反向运动这两种数学方法都很复杂和困难。在肢体结构中，每增加一个关节至少增加一个自由度(最多 4 个)，所以研究人体的正向与反向运动中，常用的方法是机器人学和计算机图形学中的 D-H 表示法和 AP(axis-position)的关节表示法。

D-H 表示法可以采用 4 个参数描述关节相连的连杆结构，在人机工程学中使用较多，通过求解每个关节的坐标系与其相邻关节的坐标系之间的变换矩阵，逐步求出其末端位姿由 H 点和该变换矩阵所表达的式子。对于反向运动，如何通过末端点而反求出除 H 点之外的关节位姿，一般采用的是 Jacobi 矩阵的方式予以微分多次循环反复，使其构造合适的转换矩阵。

7.4.4　基于过程的运动控制法

基于过程的运动控制指的是用一个过程去控制物体的动画。过程动画技术解决一些特殊类型的运动(如行走、跑步等)是十分有效的。通过使用这种方法，动画师只需要明确一小部分的参数(如速度、行走的步长等)，通过一个具体的过程就可以计算出每一时刻的姿势。过程动画技术较关键帧技术的优势主要体现在两个方面：首先，可以很容易地生成一系列的相似的运动；其次，过程动画技术可以应用在一些用关键帧动画实现起来非常复杂的系统(如粒子系统)中。过程动画技术也可以产生群体运动。例如，可以应用群体行为的算法来获得一群飞鸟的动画，当然也可以获得一群人的运动。在迪斯尼的一些动画片中，大多数的群体场景都使用了过程动画技术。

过程动画技术的优点就是它具有生成交互性行为的潜力。例如在视频游戏中，可以预测游戏者在每种情况下的动作反应。尽管关键帧技术也可以预测游戏者的不同反应，但是游戏者的反应是局限在一个反应库中。当然，过程动画技术也有一定的局限性：首先，利用过程动画很难定义一般的运动，它只适用于某些特定类型的运动；其次，由于该技术的自动特征决定了动画师只能在动画中进行细节上的控制，因此也导致角色动画运动缺乏表情或独特性。

7.4.5　基于舒适度最大化的人体运动控制技术

袁修干教授等以人体舒适度最大化为目标，提出了一种综合考虑人体运动学、动力学及工效学三方面因素的人体运动控制技术。

1. 理论基础

人体在搬运载荷的过程中，为了考察人体在操作中的舒适性及安全性，需要考虑人体的工效学要求。福拉绪(Flash，1985)等提出了最小跃动度的人体上肢运动模型，实验证明，最小跃动度模型计算出来的轨迹在一定范围内是很理想的。但最小跃动度模型仅仅根据视觉坐标系中的几何学关系来决定目标轨迹，完全没有考虑人体的动态特性以及工效学因素。劳(Lo)提出了基于最小力矩的虚拟人体运动控制算法，但是，作业过程中关节处的绝对力矩大小并不能真正全面地代表人体的舒适程度，应该以所用力矩和关节最大可用力矩之间的相对关系来描述人体的舒适程度。关节舒适度 α 的定义为 α=1−β。其中，β 为关节的不舒适度，定义为各关节的实际力矩 τ 和最大可用力矩 τ_{max} 的比值，即

$$\beta=\tau/\tau_{max} \tag{7-47}$$

式中，τ_{max} 可通过工效学及人体测量学的数据得到，而 τ 可以通过反向动力学及人体的运动学参数得到。所以 α 可以表示为

$$a=1-\tau/\tau_{max} \tag{7-48}$$

人体在任务操作过程中的任一时刻，当关节某自由度上肌肉所施加的力矩接近最大力矩时，操作者虽然不能确切地知道此时使用了多大的力量，但是可以感觉到不舒适的程度，从而预知完成下一时刻任务的困难程度。如果执行任务的效应器感觉到紧张，那么人的大脑将做出反应，协调肌肉的运动和控制姿态。经过调整的姿态能够提供较多的力量并且减少不舒适性，如可用力量多的关节就多承担些载荷，而可用力量少的关节就少承担些载荷；已参与的关节完成任务有困难，就添加一些关节参与操作以减轻各关节上的载荷分配。总之，在任务操作过程中，通过人体本身的运动反馈机理的控制，总是尽可能地保持各关节的舒适程度处于较高的水平。基于舒适度最大化的人体运动控制技术正是利用人体的这一调节机理，综合运动学、动力学及人体工效学等，建立基于舒适度优化的人体运动控制算法。

2. 单自由度关节模型构建

人体是一个复杂的生物机械，考虑到人体手足部的运动对人体躯干和上下肢的运动影响较小，所以忽略了手足部的运动自由度，对于一些关节的自由度进行简化，如人体椎间关节的自由度统一用腰部的自由度来代替。这样，人体模型是以图 7.10 所示的骨架模型为基础的，共有 23 个自由度，涵盖了人体的各主要关节的运动形式。

为了建立人体的运动模型，必须对人体模型中相连的各肢体和这些肢体间的运动连带关系进行描述，对人体树状结构的节点和连杆进行编号。根据任务的实际情况，选择固连在惯性参考基上的关节为整个系统的根节点，记为 0 节点，和 0 节点相连的节段为 0 连杆，从 0 节点开始，以此类推进行编号。每一个节点只有一个父节点，可以有多个子节点。为了利用机器人学中的成熟理论和公式，对于多自由度关节，在保证关节自由度的前提下，可以将其化为多个单自由度关节相连。各单自由度关节之间以无长度、无质量、无惯量的虚连杆相连接。两个连续的关节点之间存在一个旋转矩阵，定义了两个节点的连体坐标系之间的转换关系。通过将多自由度关节等效转化为多个单自由度关节，就可以把人体的树状拓扑结构转化为易于研究的动力学树，这种转化关系如图 7.11 所示，图中各节点附近的数字表示该关节的自由度数目，图中的连杆 L_{d1}、L_{d2}、L_{d3} 和 L_{d4} 等都是虚连杆。

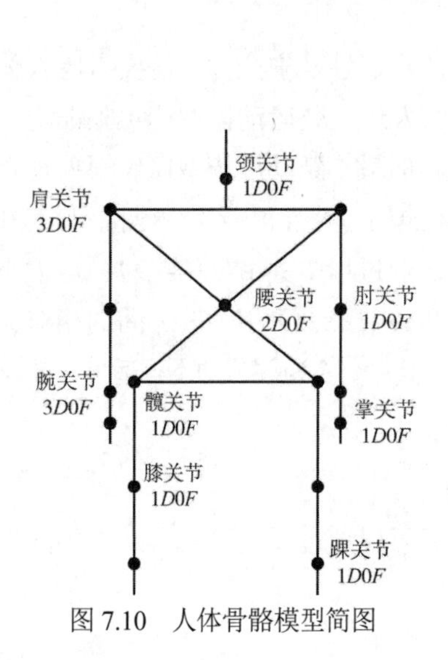

图 7.10　人体骨骼模型简图

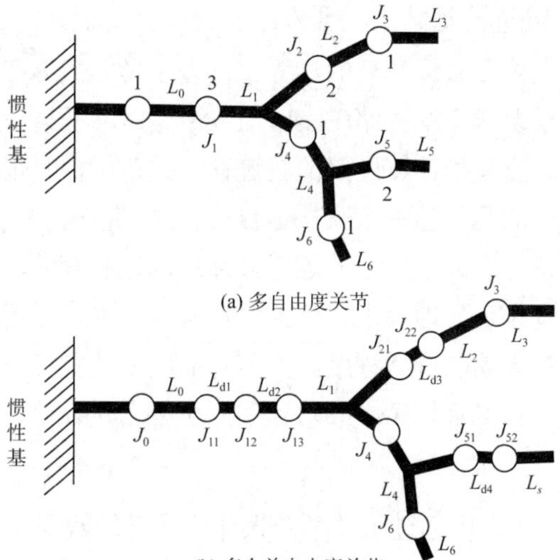

(a) 多自由度关节

(b) 多个单自由度关节

图 7.11　多自由度关节转化为多个单自由度关节示意图

3. 力量模型

人体在运动时，肌肉和骨骼构成了杠杆系统，与骨骼相连的肌肉的伸张和收缩产生了对关节点的力矩。在研究人体产生运动的促动力时，并不经常区分是哪一块肌肉的伸缩力，也不去追究肌肉施力过程的复杂生物物理本质，只考虑肌肉活动所引起的后果，即关节周围肌肉群对关节点所产生的力矩。潘迪亚(Pandya)等通过大量实验建立起肌肉的动态力量模型，得到的关节在某一转动方向上对应于某一角度 q 时的最大力矩 $\tau_{\max}$ 的表达式为

$$\tau_{\max}=\sum_{k=0}^{2}a_k q^k \tag{7-49}$$

式中，a_k $(k=0, 1, 2)$分别是对实验数据进行回归分析后得到的系数，与关节的当前转动方向、当前的角速度等有关。

4. 仿真方法

利用优化理论，在保证作业过程中人体舒适程度最大化的情况下仿真人体的运动。

(1)反向动力学。反向动力学问题是在已知人体各关节的运动学参数的情况下，求解驱动人体各关节运动的力或力矩。此处选用 Kane 方法来进行反向动力学的计算。

一般地，由 m 个刚体 $B_k\ (k=1, 2, \cdots, m)$组成的、具有 N 个自由度的完整力学系统相对惯性参考基的 Kane 动力学方程为

$$\boldsymbol{F}^r + \boldsymbol{F}^{*r} = 0\ (r=1, 2, \cdots, n) \tag{7-50}$$

式中，$\boldsymbol{F}^r$ 和 $\boldsymbol{F}^{*r}$ 分别为系统内刚体对应于第 r 维速度 u_r 的广义主动力和广义惯性力。为了便于编程，通过引入一矢量 $\tilde{\boldsymbol{F}} \in \mathbf{R}^N$，把式(7-50)改写为以下形式

$$\boldsymbol{M}\dot{\boldsymbol{u}} = \tilde{\boldsymbol{F}} \tag{7-51}$$

式中，正定矩阵 $\boldsymbol{M} \in \mathbf{R}^{NXN}$，为系统的质量矩阵；$\boldsymbol{u} \in \mathbf{R}^N$，为系统的伪速度向量；$\hat{\boldsymbol{F}} \in \mathbf{R}^N$ 是系统的力向量。

$$\tilde{\boldsymbol{F}} = \boldsymbol{F} - \tilde{\boldsymbol{F}} \tag{7-52}$$

M 的元素用下式求解。

$$m_{rs} = \sum_{k=1}^{m}\left[m_k v_k^{(r)} \cdot v_k^{(s)} + \left(I_k \omega_k^{(s)} \cdot \omega_k^{(r)} \right) \right] \quad (r, s = 1, 2, \cdots, N) \tag{7-53}$$

式中，$v_k^{(r)}$ 和 $\omega_k^{(r)}$ 为广义坐标 q 及时间 t 的函数。$v_k^{(r)}$ 称为刚体 B_k 参考点相对惯性参考基的第 r 偏速度，$\omega_k^{(r)}$ 称为刚体相对惯性参考基的第 r 偏角速度。m_k 为节段 k 的质量，I_k 为节段 k 相对于参考点的惯量张量矩阵。

力矢量 $\hat{\boldsymbol{F}}$ 的第 r 个元素可用

$$\hat{\boldsymbol{F}}_r = \boldsymbol{F}_r - \hat{\boldsymbol{F}}_r \tag{7-54}$$

求得。

$$\boldsymbol{F}_r = \sum_{k=1}^{m}\left[\boldsymbol{F}_k \cdot v_k^{(r)} + M_k \cdot \omega_k^{(r)} \right] \tag{7-55}$$

式中，$\boldsymbol{F}_r$ 为系统对应于第 r 维速度 u_r 的广义主动力；$\boldsymbol{F}_k$ 及 M_k 分别为作用在刚体 B_k 参考点上主动力的主矢及相对参考点的主距。$\hat{\boldsymbol{F}}_r$ 的表达式为

$$\hat{\boldsymbol{F}}_r = \sum_{k=1}^{m}\left\{ \sum_{s=1}^{N}\left[m_k \dot{v}_k^{(s)} \cdot v_k^{(r)} + \left(\left(I_k \dot{\omega}_k^{(s)} \right) \cdot \omega_k^{(r)} \right) \right] u_s \right\} \tag{7-56}$$

利用式(7-51)，根据关节的运动规律，可以求出作业过程中人体各时刻的关节力矩。

(2) 问题描述。给定虚拟人的初始姿态、目标姿态和一组约束，我们的问题便是如何得到虚拟人满足约束的，从初始姿态到目标姿态的一系列连续的运动轨迹。

这里，优化的目标函数是使关节舒适度向量 $\boldsymbol{\alpha} \in \mathbf{R}^N$ 最大，根据式(7-49)，舒适度的最大化也就是不舒适度的最小化，所以本案例优化的目标函数是关节不舒适度向量 $\boldsymbol{\beta} \in \mathbf{R}^N$ 的欧氏范数在时间上的积分，这保证了人体关节不舒适度在运动过程中是一个最小值，也就是舒适度是一个最大值。

目标函数受到以下条件的约束：

① 反向动力学约束；

② 人体运动的初始及终止条件；

③ 人体各关节角度的运动范围；

④ 人体各关节力矩的范围。

所以，本案例的优化问题的数学表达形式为目标函数为

$$\min\mathrm{F}\left(q,\dot{q},\ddot{q}\right)=\tfrac{1}{2}\int_{t_0}^{t_f}\boldsymbol{\beta}^{\mathrm{T}}\boldsymbol{\beta}\mathrm{d}t \tag{7-57}$$

约束条件为

$$M\left(q,\dot{q}\right)\dot{u}\left(q,\dot{q}\right)=\hat{F}\left(q,\dot{q},\tau\right) \tag{7-58}$$

式中，$q(t_0)=q_0$，$\dot{q}(t_0)=\dot{q}_0$，$q(t_f)=q_f$，$\dot{q}(t_f)=\ddot{q}_f$，$q_i^{\text{low}}\leqslant q_i\leqslant q_i^{\text{up}}$，$\tau_i^{\text{low}}\leqslant\tau_i\leqslant\tau_i^{\text{up}}$，$i=1,2,\cdots,N$。此式是含有等式约束和不等式约束的优化问题，因而可以采用增广拉格朗日乘子法求解。通过引入松弛变量，将不等式约束转化为等式约束问题，再引入拉格朗日乘子 λ 和 λ' 以及惩罚因子 ω_p，将有约束的问题转化为无约束优化问题，然后用求解无约束优化问题的方法进行优化。本案例的优化问题的增广拉格朗日函数为

$$L(q,\dot{q},\ddot{q},\lambda,\lambda',\omega_n)=F(q,\dot{q},\ddot{q})+G(q,\dot{q},\ddot{q},\lambda,\omega_p)+H(q,\dot{q},\ddot{q},\lambda',\omega_p) \tag{7-59}$$

式中，G 和 H 分别代表不等式约束和等式约束。

5. 梯度计算

利用拉格朗日乘子法，优化问题的主要方面是计算增广拉格朗日函数相对于自变量的梯度

$$\nabla L=\nabla F+\nabla G+\nabla H \tag{7-60}$$

(1) 目标函数的梯度：

$$\nabla F=\nabla\left(\frac{1}{2}\sum_{i=1}^{N}\beta_i^2\right)=\sum_{i=1}^{N}\beta_i\nabla\beta_i \tag{7-61}$$

式中：

$$\nabla\beta_i=\nabla\left(\frac{\tau_i}{\tau_{i,\max}}\right)=\frac{\nabla\tau_i\cdot\tau_{i,\max}-\tau_i\cdot\nabla\tau_{i,\max}}{\tau_{i,\max}^2}$$

根据反向动力学可以得出 τ_i 的符号表达式，对其关于 q 求导，可得梯度：

$$\nabla\tau_i\cdot\tau_{i,\max}=\sum_{k=0}^{2}a_k q_i^k \tag{7-62}$$

系数 a_k 和当前的关节转速及转动方向有关，根据实验数据可以插值求得系数。在每一个时间节点内，根据当前关节的运动参数可以插值求出系数值。

(2) 不等式约束的梯度：

$$\nabla G=\sum_{u=1}^{l}\nabla\left[\lambda_u\phi_u-\omega_p\phi_u^2\right]=\sum_{u=1}^{l}\left[\lambda_u-2\omega_p\phi_u\right]\nabla\phi_u \tag{7-63}$$

式中，l 为不等式约束条件的个数。

$$\phi_u = \max\left[g_u, \frac{\lambda_u}{2\omega_p}\right] \tag{7-64}$$

如果$g_u \geqslant \dfrac{\lambda_u}{2\omega_p}$，则$\varphi_u = g_u$，$\nabla(\phi_u)=\nabla(g_u)$；否则$\phi_u = \dfrac{\lambda_u}{2\omega_p}$，$\nabla(\phi_u)=0$。

对于$\tau_u - \tau_u^{\text{up}} \leqslant 0$，即$g_u = \tau_u - \tau_u^{\text{up}}$，可得

$$\nabla(g_u)=\nabla\left(\tau_u \cdot \tau_{u,\max}\right)=\nabla\tau_u - \nabla\tau_{u,\max} \tag{7-65}$$

对于$\tau_u^{\text{low}} - \tau_u \leqslant 0$，同理可以得到其梯度的表达式。

对于$q_u^{\text{low}} - q_u \leqslant 0$，即$g_u = q_u^{\text{low}} - q_u$，可得

$$\nabla(g_u)=\nabla\left(q_u^{\text{low}} - q_u\right)=0-\nabla(q_u)=-\nabla(q_u) \tag{7-66}$$

对于$q_u - q_u^{\text{up}} \leqslant 0$，同理可以得到其梯度的表达式。

(3) 等式约束的梯度：

$$\nabla H=\sum_{v=1}^{p}\nabla\left[\lambda_v' h_v + \omega_p (h_v)^2\right]=\sum_{v=1}^{p}\nabla\left[\lambda_k' + 2\omega_p h_v\right]\nabla h_v \tag{7-67}$$

式中，p 为等式约束条件的个数，有关等式约束条件在反向动力学计算中已经体现。

6. 计算步骤

在给定人体各关节角位移的初始值和终止值的情况下，按照以下步骤可以完成人体运动过程的仿真。

(1) 假设关节角位移的变化轨迹为抛物线形式。

(2) 采用线性等间距的离散形式对该轨迹进行离散，将时间尺度离散化，得到用于优化的关节角位移控制点。

(3) 根据控制点的值，利用变步长法对增广函数$L\left(q,\dot{q},\ddot{q},\lambda,\lambda',\omega_p\right)$进行优化，得到一组新的控制点。

(4) 判断是否满足停止迭代条件，如果满足，转步骤(6)；否则，转步骤(5)。

(5) 拉格朗日乘子、惩罚因子等利用以下公式计算：

$$\lambda_u^{(k+1)} = \lambda_u^{(k)} - 2\lambda\omega_p^{(k)}\phi_u \quad (u=1,2,\cdots,l) \tag{7-68}$$

$$\begin{cases}\lambda'^{(k+1)}_v = \lambda'^{(k)}_v - 2\omega_p^{(k)} h_v \quad (v=1,2,\cdots,p)\\ \omega_p^{(k+1)} = C\omega_p^{(k)}\end{cases} \tag{7-69}$$

式中，C 为递增系数，这里取 8 进行更新，转步骤(3)。

(6) 结束，输出$X_6Y_6Z_6$结果。

7. 仿真案例

本案例对人体提升重物的过程进行了仿真研究。载荷的初始位置位于被试者右前方一定距离处，要求在一定时间内，被试者将载荷提起并举过头顶。

实验过程中，在被试者左半侧各大关节处贴上标志点，用人体运动测试系统 Qualisys 记录并解析出这些标志点的空间坐标。在被试者左方 4 m 处安装一台固定的普通摄像机，同步

记录下被试者的运动过程。选取一段 2s 的运动过程为研究对象。首先，根据首帧和末帧计算出被试者的初始和终止姿态；然后，按照 4.4 节介绍的算法计算出首末姿态之间的变换过程，利用得到的各关节角度计算出与各标志点对应的关节的空间坐标，利用各关节空间坐标的实验测试值和理论计算值分别做出对应的人体运动杆图，如图 7.12 所示。可见，实验结果和计算结果是相当接近的。

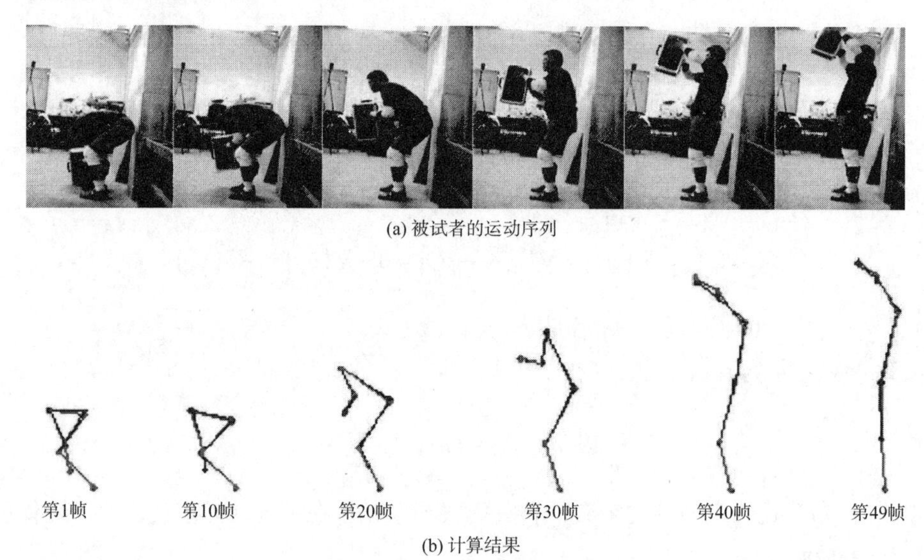

(a) 被试者的运动序列

(b) 计算结果

图 7.12　实验结果和计算结果对比图

8. 结论

本案例算法综合考虑了人体运动学、动力学及工效学等因素，算法的有效性通过仿真实验进行了验证。该算法可用于人体运动的仿真，为人机工程、医疗诊断、航天探索、军事训练、体育艺术、虚拟现实等领域，提供了一种新的人体运动的仿真算法，为各领域内人体运动的作业和动作设计提供了一种预先考察的手段，可用于及时发现设计中的问题，提高人体的舒适程度和工作效率。

7.4.6　基于运动捕获的虚拟人实时控制技术

基于运动捕获的虚拟人驱动技术较早应用于游戏、动漫和影视等虚拟环境中，强调虚拟人逼真的行为模型，如交谈时的神态、动作等。此类虚拟环境中虚拟人运动的生成，主要是基于运动捕捉数据库，采用离线编辑和运动合成的手段，剔除运动噪声，合成所需的动作片段。其主要特点是：运动捕捉过程中无交互行为，仅是仿真人体的某种动作，如跑步、跳舞等；运动捕捉数据采用离线处理的方式进行编辑与合成；与虚拟模型之间的交互行为由动画师在后期制作过程中设计并添加。在虚拟仿真环境中通过运动捕获数据来驱动虚拟人进行产品装配和拆卸仿真，是一种真实操作者控制虚拟人与虚拟模型进行实时交互的行为，如抓取工具、拧紧螺丝等操作，需要虚拟人与工具、零件之间进行碰撞检测、间隙测量和约束导航等在线计算，而且强调虚拟人体模型的准确性，以满足人机功效分析、工作空间分析等要求。因此，相对于游戏、动漫、影视等虚拟环境，虚拟仿真环境中虚拟人的实时控制需要满足较高的驱动精度和交互的实时性，它们直接影响交互过程中用户的沉浸感以及仿真效率和仿真结果。

目前，基于运动捕获实时驱动虚拟人进行产品装配、维修等仿真操作是国内外学者研究的热点。马列(Mareelino)等开发了基于约束的沉浸式虚拟环境，集成了计算机辅助设计几何内核、基于约束的建模、碰撞检测和虚拟环境管理等功能，支持虚拟拆装操作；郝建平等开发了基于 Jack 系统的沉浸式虚拟维修仿真原型系统，该系统采用 4 个 Bird 的 FOB 采集运动参数实时控制虚拟人；陈桂玲(Chen Guiling)等基于 ShapeWrap 运动捕捉系统驱动 DELMIA 环境中的虚拟人进行实时操作仿真；陈山民(Chen Shanmin)等基于光学运动跟踪系统提出一种高效的虚拟人实时运动控制算法进行产品维修仿真，以满足实时性要求；周德吉等提出真实人体驱动下的虚拟人交互装配操作实现方法，包括虚拟人对工具或产品的操作、产品在装配过程的装配关系形成等，进而支持包含完整装配要素的虚拟装配仿真。

上述研究主要集中在沉浸式虚拟装配、虚拟维修系统的整体实现上，通过真人驱动实现虚拟人的操作驱动功能，但缺少对实时驱动过程中虚拟人驱动精度的性能研究。针对上述研究的不足，本小节首先根据“人在回路”的仿真流程，分析影响虚拟人实时驱动精度的主要影响因素，在此基础上提出满足虚拟人实时驱动精度的系统解决方案及其关键技术；随后对各个关键技术的实现方法进行详细阐述；最后以发动机的虚拟装配过程为例进行应用验证。

1. 虚拟人实时驱动精度因素

虚拟环境中基于运动捕获实时驱动虚拟人进行装配、拆卸等仿真操作的核心流程如图 7.13 所示。通过运动捕捉系统、数据跟踪手套采集真人动作，将操作人员的实时运动数据“映射”到虚拟场景中的人体模型上，实现操作者直接与虚拟环境中的虚拟样机、虚拟设备交互，并通过视频、音频接口反馈给真人，最终实现“人在回路”的仿真。通过上述仿真流程分析可知，影响虚拟人实时驱动精度的因素主要包括以下两个方面：①运动捕捉系统在实时驱动过程中受到外界干扰会产生噪声数据，如光学运动捕捉系统，虽然具有速度快、精度高的优点，但是由于跟踪工具被遮挡或混淆会产生噪声，使得关节运动信息缺失或者产生计算错误，从而严重影响实时驱动精度；②由于真人与虚拟人各部件的尺寸差异，使得相同的关节转角导致两者的运动位置具有较大的差别，真人难以正确控制虚拟人进行仿真操作，进而影响仿真效率。

针对上述影响驱动精度的因素，提出系统的解决方案，如图 7.13 所示，其中包含三个环节：①驱动噪声过滤负责对实时驱动过程中产生的噪声，按照人体关节极限角度和设定前后关键帧关节角度变化幅度的大小进行过滤；②位姿补偿负责对被过滤掉的噪声基于灰色系统理论进行位姿补偿；③将补偿后数据和虚拟人尺寸信息输入实时运动控制模型，实现个性化虚拟人的实时驱动。图 7.14 为虚拟人模型结构。

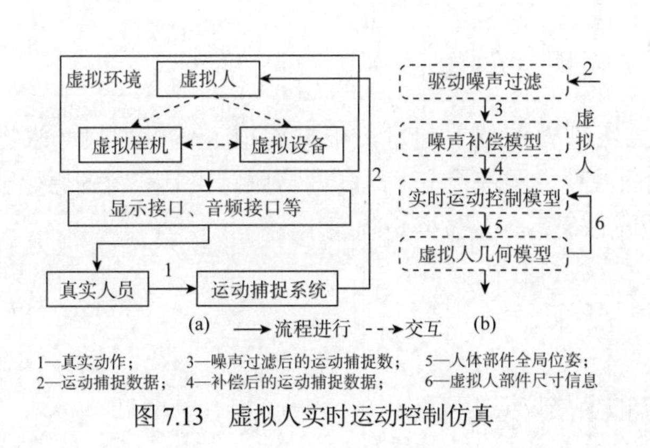

图 7.13　虚拟人实时运动控制仿真

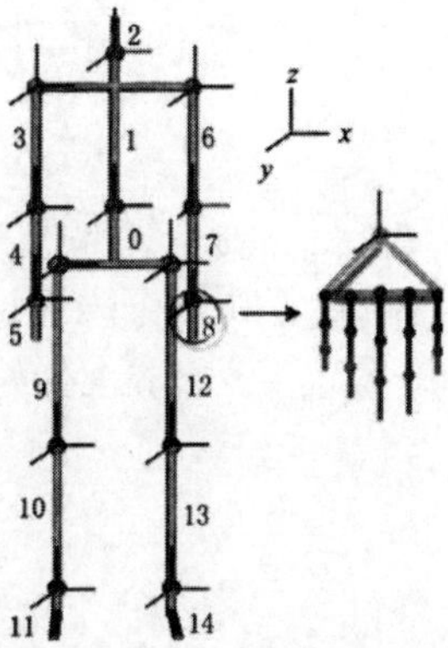

图 7.14　虚拟人模型结构

由上述分析可知，该方案主要包含以下关键技术：满足个性化人体驱动的实时运动控制模型、驱动噪声过滤准则的建立，以及基于灰色系统理论的驱动噪声补偿模型。

2. 实时运动控制模型

基于关节旋转信息的实时驱动，即在动态计算虚拟人各部件之间约束关系的前提下，通过运动跟踪系统获取各部件的全局位姿参数，换算成其相对上级部件坐标系的局部旋转矩阵进行驱动，在驱动过程中动态计算各部件的约束信息以实现个性化人体驱动。将虚拟人第 i 个部件及其对应的关节记为 p_i，各人体部件(关节)对应的序号如图 7.14 所示，p_i 对应的上级部件记为 p_{i-k}， p_i 对应的下级部件记为 p_{i+k}，则

$$P_{(i-k)}=\begin{cases} i\neq 0 \\ i=1\sim 5,7\sim 8,10\sim 11,13\sim 14:-k=1 \\ i=6:k=4 \\ i=9,12:k=i \end{cases} \tag{7-70}$$

$$P_{(i+k)}=\begin{cases} i\neq 2,5,8,11,14 \\ i=0:-k=1,9,12 \\ i=1,3,4,6,7,10,13:k=1 \end{cases} \tag{7-71}$$

为了保证真人各部件的初始状态与虚拟人各部件的初始状态一致，需要进行标定。将真人的各部件绑上跟踪工具，跟踪工具用于获取部件空间位姿，p_i 对应的跟踪工具记为 T_{tr} 。标定时真人朝向+Z 方向，身体站正，双手自然下垂，与虚拟人体的初始状态基本保持一致。标定时刻 t=0，记录此时 p_i 在全局坐标系下的初始旋转矩阵

$$\boldsymbol{M}_i^0=\begin{bmatrix} R_i^0 & 0 \\ 0 & 1 \end{bmatrix} \tag{7-72}$$

式中，R_i^0 表示标定状态 p_i 的旋转信息。对式(7-72)取逆，获取真人初始位姿状态修正矩阵

$$\boldsymbol{M}_{i\_\mathrm{Rev}}^0=\begin{bmatrix} \left(R_i^0\right)^{-1} & 0 \\ 0 & 1 \end{bmatrix} \tag{7-73}$$

P_i 相对于上级部件的约束矩阵为

$$\boldsymbol{M}_{i\_\mathrm{constraint}}=\begin{bmatrix} I & 0 \\ \boldsymbol{T}_{i\_\mathrm{constraint}} & 1 \end{bmatrix} \tag{7-74}$$

式中，$\boldsymbol{T}_{i\_\mathrm{constraint}}$ 为下级部件相对于上级部件的位置向量，根据虚拟人体模型尺寸求出，$\boldsymbol{T}_{i\_\mathrm{constraint}}$ 随着虚拟人模型尺寸的变化而改变。跟踪状态下，p_i 对应跟踪工具获得的原始全局位姿矩阵 $\boldsymbol{M}_{i\_\mathrm{Raw}}^t$ 。舍弃部件的空间位置信息后，其位姿矩阵表示为

$$\boldsymbol{M}_{i\_\mathrm{Raw}}^t=\begin{bmatrix} R_{i\_\mathrm{Raw}}^t & 0 \\ 0 & 1 \end{bmatrix} \tag{7-75}$$

对 $\boldsymbol{M}_{i\_\mathrm{Raw}}^t$ 进行修正，设修正后 p_i 的全局位姿矩阵

$$\boldsymbol{M}_i^t = \begin{bmatrix} R_i^t & 0 \\ T_i^t & 1 \end{bmatrix} \tag{7-76}$$

同理，p_i 对应当前帧上级部件修正后的全局位姿矩阵为

$$\boldsymbol{M}_{(i-k)}^t = \begin{bmatrix} R_{(i-k)}^t & 0 \\ T_{(i-k)}^t & 1 \end{bmatrix} = \begin{bmatrix} R_{(i-k)}^t & 0 \\ 0 & 1 \end{bmatrix} \bullet \begin{bmatrix} I & 0 \\ T_{(i-k)} & 1 \end{bmatrix} \tag{7-77}$$

将式(7-73)～式(7-75)、式(7-77)代入式(7-78)，通过矩阵变换，p_i 相对于上级部件的相对位姿矩阵

$$\boldsymbol{M}_{i\_\mathrm{Loc}}^t = \left(\boldsymbol{M}_{i\_\mathrm{Rev}}^0 \times \boldsymbol{M}_{i\_\mathrm{Raw}}^t\right) \times \left(\boldsymbol{M}_{(i-k)}^t\right)^{-1} \times \boldsymbol{M}_{i\_\mathrm{constraint}} \tag{7-78}$$

已知 $\boldsymbol{M}_{i\_\mathrm{Loc}}^t$ 级联其上级部件的全局位姿矩阵，可以求出修正后 p_i 的全局位姿矩阵 $\boldsymbol{M}_i^t$，

$$\boldsymbol{M}_i^t = \begin{bmatrix} R_i^t & 0 \\ T_i^t & 1 \end{bmatrix} = \boldsymbol{M}_{i\_\mathrm{Loc}}^t \times \boldsymbol{M}_{(i-k)}^t = \begin{bmatrix} \left(R_i^0\right)^{-1} \times R_{i\_\mathrm{Raw}}^t \times R_{(i-k)}^t & 0 \\ \boldsymbol{T}_{i\_\mathrm{constraint}} \times R_{(i-k)}^t + T_{(i-k)} & 1 \end{bmatrix} \tag{7-79}$$

式中，当 i=0 时，P_0 为下躯干，是人体基准部件，其空间位姿矩阵为修正后下躯干跟踪工具的位姿矩阵

$$\boldsymbol{M}_0^t = \begin{bmatrix} R_0^t & 0 \\ T_0^t & 1 \end{bmatrix} \tag{7-80}$$

因此，可由式(7-79)和式(7-80)构成递推公式，求出任意时刻任意部件修正后的全局空间位姿矩阵，进而实现人体模型的实时驱动。驱动过程中虚拟人的几何模型尺寸改变时，部件之间的约束矩阵随之变化，以适应个性化的人体驱动需求。

3. 噪声数据过滤准则

运动数据质量直接影响仿真动作的逼真性。运动捕获数据丢失可以通过设备状态进行判断；异常数据分为旋转异常与空间位置异常。人体各环节的运动主要是旋转运动，所以需要建立对采集到的旋转数据进行过滤的准则。

通过跟踪设备获取部件 P_i 第 n 帧的旋转信息 R_i^n，将其分解到三个坐标轴方向上，分别表示为 γ_{i-x}^n、γ_{i-y}^n 和 γ_{i-z}^n。首先判断 P_i 的旋转分量值是否在关节的极限角度内，如果超出人体关节极限角度，则过滤掉该部件的运动信息。α_i 表示 P_i 对应关节的极限转角向量，则

$$\alpha_i = (\alpha_{i-x}, \alpha_{i-y}, \alpha_{i-z}) \tag{7-81}$$

$$\begin{cases} \gamma_{i-x}^n < \alpha_{i-x} \\ \gamma_{i-y}^n < \alpha_{i-y} \\ \gamma_{i-z}^n < \alpha_{i-z} \end{cases} \tag{7-82}$$

式中，α_{i-x}、α_{i-y} 和 α_{i-z} 分别表示 P_i 相对于三个坐标轴的极限转角，人体主要关节的极限转角取值范围参考第 2 章的表 2.23。比较 n 帧与 n−1 帧的分量值，如果某分量角度值大于设定角度的对应分量，则将其过滤，判断准则为

$$\begin{cases} \left|\gamma_{i-x}^{n}-\gamma_{i-x}^{n-1}\right|<\beta_{i-x} \\ \left|\gamma_{i-y}^{n}-\gamma_{i-y}^{n-1}\right|<\beta_{i-y} \\ \left|\gamma_{i-z}^{n}-\gamma_{i-z}^{n-1}\right|<\beta_{i-z} \end{cases} \tag{7-83}$$

式中，β_{i-x}、β_{i-y}、β_{i-z} 分别表示 P_i 前后帧角度的变化幅值。虚拟环境中基于运动捕获驱动虚拟人进行实时操作仿真，部件位姿采样频率一般均大于 30 帧/s，虚拟人部件前后帧的角度变化幅值均不会超过 10°，一旦超出该范围即可认定为噪声数据。

4. 驱动噪声补偿模型

实时驱动虚拟人仿真过程具有运动数据缺失的不确定性且人体的运动规律难以描述等特点，通过大样本运动数据拟合来补偿丢失数据无法满足实时性的要求。灰色系统理论用于解决少数据、小样本、信息不完全和经验缺乏的不确定性问题，具有所需数据少、建模精度高等特点，它通过对原始数据进行生成处理来寻求系统变化规律，生成有较强规律性的数据序列，然后建立相应的微分方程模型，从而预测未来事物的发展趋势。针对虚拟人实时驱动的特点，引入灰色预测理论来建立噪声补偿模型。各部件的旋转姿态可用偏转角 φ、俯仰角 θ 和横滚角 ϕ 来表示：

$$(\phi(t),\theta(t),\varphi(t)) = \mathrm{decompose}(\boldsymbol{R}_i^t) \tag{7-84}$$

式中，$\boldsymbol{R}_i^t$ 表示 P_i 的旋转矩阵，φ、θ 和 ϕ 分别进行预测补偿。以肘关节横滚角为例，采用灰色预测中的一阶线性微分方程模型 GM(1, 1)建立动态噪声补偿模型，建模过程如下。

假设虚拟人实时驱动过程中第 n 帧出现噪声数据，取前 m 帧数据作为原始数据列，横滚角的原始离散数列为

$$\phi^{(0)} = (\phi^{(0)}(1), \phi^{(0)}(2), \phi^{(0)}(3), \cdots, \phi^{(0)}(m)) \tag{7-85}$$

为了弱化序列的波动性和随机性，对横滚角原始数据进行累加，得到新的数据序列

$$\phi^{(1)} = (\phi^{(1)}(1), \phi^{(1)}(2), \phi^{(1)}(3), \cdots, \phi^{(1)}(m)) \tag{7-86}$$

式中，$\phi^{(1)}(s)$ 表示对应前几项原始数据的累加。

$$\phi^{(1)}(s) = \sum_{i=1}^{s} \phi^{(0)}(k), \quad s = 1,2,3,\cdots,m \tag{7-87}$$

生成紧邻均值等权数列：

$$z^{(1)} = \left\{ z^{1}(k) \right\} \mid k = 1,2,\cdots,m\} \tag{7-88}$$

$$z^{(1)}(k) = 0.5[\phi^{(1)}(k) + \phi^{(1)}(k-1)], \quad k = 2,3,\cdots,m \tag{7-89}$$

对 $\phi^{(1)}(s)$ 建立一阶线性微分方程：

$$\frac{\mathrm{d}\phi^{(1)}(s)}{\mathrm{d}s} + a\phi^{(1)}(s) = u \tag{7-90}$$

式中，a 和 u 为待求解参数，设参数向量 $\boldsymbol{C}=\begin{bmatrix}\mathrm{a}\\u\end{bmatrix}$，用最小二乘法求解 $\boldsymbol{C}$，则

$$\boldsymbol{CB}=(\boldsymbol{B}^{\mathrm{T}}\boldsymbol{B})^{-1}\boldsymbol{B}^{\mathrm{T}}\boldsymbol{Y}_n \tag{7-91}$$

$$\boldsymbol{B}=\begin{bmatrix}-z^1(2) & 1\\ -z^1(3) & 1\\ \vdots & \\ -z^1(m) & 1\end{bmatrix},\quad \boldsymbol{Y}_n=(\varphi^{(0)}(2),\varphi^{(0)}(3),\cdots,\varphi^{(0)}(m))^{\mathrm{T}} \tag{7-92}$$

$$\widehat{\varphi}^{(1)}(s+1)=\varphi^{(0)}(1)-\frac{u}{a}\exp^{-as}+\frac{u}{a} \tag{7-93}$$

对函数表达式 $\widehat{\varphi}^{(1)}(s+1)$ 及 $\widehat{\varphi}^{(1)}(s)$，将两者做差还原 $\widehat{\varphi}^{(0)}$ 序列，得到近似原始横滚角数据：

$$\widehat{\varphi}^{(0)}(s+1)=\widehat{\varphi}^{(1)}(s+1)-\widehat{\varphi}^{(1)}(s) \tag{7-94}$$

取 s=m，计算出第 n 帧横滚角预测值，俯仰角和偏转角用相同的方法处理。由第 n 帧 P_i 的补偿角度生成旋转矩阵：

$$\boldsymbol{R}_i^n=\mathrm{makeRot}(\widehat{\phi}^{(0)}(n),\widehat{\theta}^{(0)}(n),\widehat{\varphi}^{(0)}(n)) \tag{7-95}$$

将 $\boldsymbol{R}_i^n$ 直接代入式(7-79)，得到 P_i 补偿后的全局位姿矩阵，完成对 P_i 的更新。

7.5　人体信息感知、决策与运动控制系统模型

人具有自适应能力、学习能力，能采用模糊概念对事物进行识别和判决，因此在人机系统中，人主要完成控制与决策两大功能，是人机系统中重要的组成部分。人为了对被控对象进行控制，必须首先对系统的控制误差与误差的变化率进行感知，并将感知到的信息用人脑中预先确定的概念进行判断，再根据上述的判断进行分析以决定需要采用何种控制策略，最后再通过神经与肌肉的反应来使之实现，从而产生所期望的控制量输出，如图 7.15 所示。

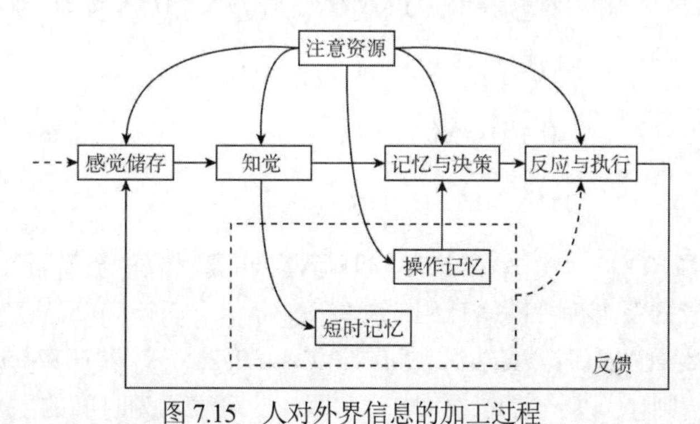

图 7.15　人对外界信息的加工过程

7.5.1　人体信息感知系统模型

人体感知模型由感受器官和与之相联系的神经系统构成。特定的感受器官将把其高度敏

感的外部刺激的能量转换为神经冲动，经过神经网络的信息加工后，传递至中枢神经系统，并在人的主观意识中引起相应的感觉。通常人体的感受器官可以分为皮肤浅层感受器(触觉、压觉、温觉、冷觉、浅痛觉)、肌内深部感觉器(运动觉、振动觉、深痛觉)、内脏感受器(心绞痛、腹胀、饥饿、恶心等)和特殊感受器(视觉、听觉、嗅觉、味觉、平衡觉等)。人体感受器官感受人体躯体各部、内脏、外界环境和本体的状态信息，并通过神经系统的神经元来完成传递。

神经元作为人体运动控制和信息处理的基本单元，能够将不同时间通过同一感受器传入的信息进行时间整合，也能对同一时间通过不同感受器传入的信息进行空间整合。通常神经元存在兴奋与抑制两种工作状态，可以用 0、1 来进行描述。

假设有 n 个信息输入变量 $x_i(t)$，其中 $i=1,2,\cdots,n$，表示第 i 个信息输入在 t 时刻的状态

$$x_i(t)=\begin{cases}1，当第i个信息输入有输入时\\0，当第i个信息输入无输入时\end{cases} \tag{7-96}$$

神经元状态的全或无定律使神经网络中每个神经元的输入、输出都成为二值变量，可以较方便地利用逻辑代数来分析神经网络。根据神经元的连接方式，可把神经网络分为逻辑与、逻辑或、延迟和逻辑非等基本逻辑运算的逻辑神经网络。图 7.16 中的 x、y、z 分别代表输入状态、输出状态和中间神经元状态；箭头代表有信息输入，圆圈代表无信息输入，三角形代表神经元。

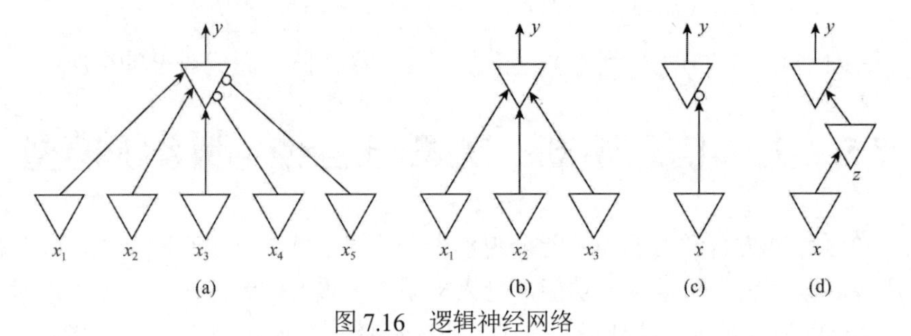

图 7.16　逻辑神经网络

各个神经元网络的逻辑表达式分别为

$$y(t+1)=x_1(t)\wedge x_2(t)\wedge x_3(t)\wedge x_4(t)\wedge x_5(t) \tag{7-97}$$

$$y(t+1)=x_1(t)\vee x_2(t)\wedge x_3(t) \tag{7-98}$$

$$y(t+1)=\overline{x}(t) \tag{7-99}$$

$$y(t)=z(t-1)=x(t-2) \tag{7-100}$$

人体神经网络的形成是一个组织过程，通过神经元之间结合系数的变化，将原本独立的神经元联系起来，成为整个神经网络自组织系统。

(1) 当第 i 个神经元兴奋时，结合系数 $a_i^{(r)}\geqslant 0\left(r=1,2,\cdots\right)$，若在 $t-r\tau$ 时刻 i 兴奋，使得在 t 时刻，$y(t)=1$，则 $a_i^{(r)}$ 以一定的比例增长，即 $a_i^{(r)}$ 可表示为时间的函数：

$$\Delta a_i^{(r)}=a_i^{(r)}\left(t+\tau\right)-a_i^{(r)}\left(t\right) \tag{7-101}$$

其变化形式可写成

$$\Delta a_i^{(r)} = a_i^{(r)} \left[\left(t - r\tau \right) y(t) \right] a_i^{(r)} \left(t \right) \tag{7-102}$$

式中，$a_i^{(r)}$ 为一个正常数。式(7-102)表示由于神经元的多次激励作用，神经网络的结合系数会逐步增加，表达了神经网络自组织系统的学习过程。由于自组织的速度比兴奋传递速度慢很多，故 $a_i^{(r)}$ 的数值很小。

(2) 当第 i 个神经元无兴奋激励时，结合系数 $a_i^{(r)}$ 又会随时间按一定比例减小，向初始值恢复，成为学习后的遗忘过程。整个遗忘过程可以表示为

$$\Delta a_i^{(r)} = -\beta^{(r)} \cdot \operatorname{sgn}\left[a_i^{(r)}(t) - a_i^{(r)}(0) \right] a_i^{(r)}(t) \tag{7-103}$$

式中，$\beta^{(r)}$ 为一个正常数，但比 $a^{(r)}$ 小得多，因为遗忘过程比学习过程更慢。

(3) 若引入 $A_i^{(r)}$ 表示的饱和值，则有

$$\Delta a_i^{(r)} = \operatorname{sgn}\left[A_i^{(r)}(t) - a_i^{(r)}(0) \right] a_i^{(r)}\left(t \right), A_i^{(r)}(t) \geqslant a_i^{(r)}(0) \tag{7-104}$$

结合式(7-101)～式(7-103)，$a_i^{(r)}(t)$ 的总增量可统一表示为

$$\begin{aligned} \Delta a_i^{(r)} = &\left\{ a^{(r)} \left[x_i(t - r\tau) y(t) \right] - \beta^{(r)} \cdot \operatorname{sgn}\left[a_i^{(r)}(t) - a_i^{(r)}(0) \right] \right\} \cdot \\ & a_i^{(r)}(t) \cdot \operatorname{sgn}\left[A_i^{(r)}(t) - a_i^{(r)}(0) \right] \end{aligned} \tag{7-105}$$

式(7-105)表达了神经网络在自组织过程中所具有的学习、遗忘及遗传因素等方面的特性。由于该模型采用了 0、1 状态来表示，可以很方便地通过硬件实现所描述的神经网络特性，实现柔性外骨骼人机智能系统中柔性外骨骼的感知能力。

7.5.2　人体信息融合识别及决策系统模型

由于人体的每种感知器官只对某种或者某些特定信息具有敏感性，因此单一感知器官所获取的信息并不足以描述人体的感觉。为了揭示感觉系统的机理，必须将各感知单元与相邻的感知单元以及与其相联系的神经网共同视为一个系统，通过多种信息的互补，对感觉信息进行全面的识别。

人的感觉信息识别由两部分组成：一部分是感觉的融合识别，另一部分是大脑中各种知识的融合识别。人通过多种感知器官获得的信息，即使这些信息含有一定的不确定性、矛盾或者错误的成分，人们也可以将其综合起来，加以相互补充、印证，从而完整地处理具有不同功能的各种信息，实现单个传感器所不能实现的识别功能。人对于信息的处理与控制决策是分层次进行的，主要包括以下几个过程：

(1) 明确任务；

(2) 确定行动的目标；

(3) 分析达到的目标；

(4) 选择行动方案；

(5) 实施方案。

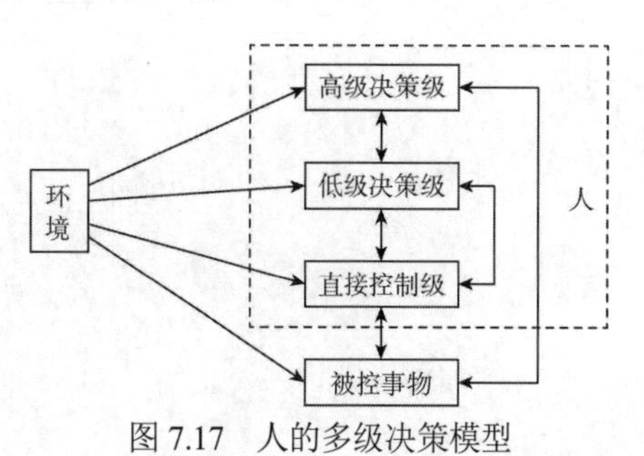

图 7.17　人的多级决策模型

图 7.17 描述了人的多级决策模型。人采用模糊概念对事物进行识别和判决，根据被控事物的关键性能参数进行总体方案决策，称之为高级决策。高

级决策仅仅是指导性的或约束性的，没有考虑外界环境不确定扰动对被控事物的影响，是不精确的控制决策，是一个模糊推理过程。高级决策过程根据人与被控事物系统 M^2 、状态空间 Ω 和初始状态 θ_0 ，在目标状态集 Ω_f 中寻求一个决策序列 $\{D_f\}$ ，使状态变量由 θ_0 变化到 θ_f 。显然，根据决策角度的不同，在决策过程中可找到若干决策序列，称为决策序列集。此时需要利用某一准则在此集中寻求最优决策。高级决策的难度在于复杂的人与环境的总体方案决策难以表达为运筹学中结构化的问题，在很大程度上需要依赖人的经验和控制水平。同样，对于同一个人来说，在运行过程中随着经历的增加和知识的增长，会改变对某些被控事物的认识，重复上述过程，从而改变高级决策。

低级决策是高级决策的延续。被控事物运行的全过程由若干个子过程组成，而在每一个子过程中可能出现许多预想不到的环境扰动或离散事件，影响被控事物按照高级决策预定的方式运行。低级决策就是针对各种扰动或事件的发生，控制被控事物的正常运行。低级决策需要人实时运用知识经验进行推理和判断，进而做出决策。直接控制级将低级决策转变为控制信号，实现一定精度要求的控制过程。低级决策仅仅是人的推理判断结果的一种描述形式，不能被被控事物所接受，必须由人的行动器官变换为连续的控制信号或离散的操纵动作，实现一定精度的控制。

7.5.3　人体运动控制系统模型

人体的运动一般可以分为三大类：反射运动、节律性运动和随意运动。人的运动受控于具有分层递阶结构的人体运动控制系统，如图 7.18 所示。

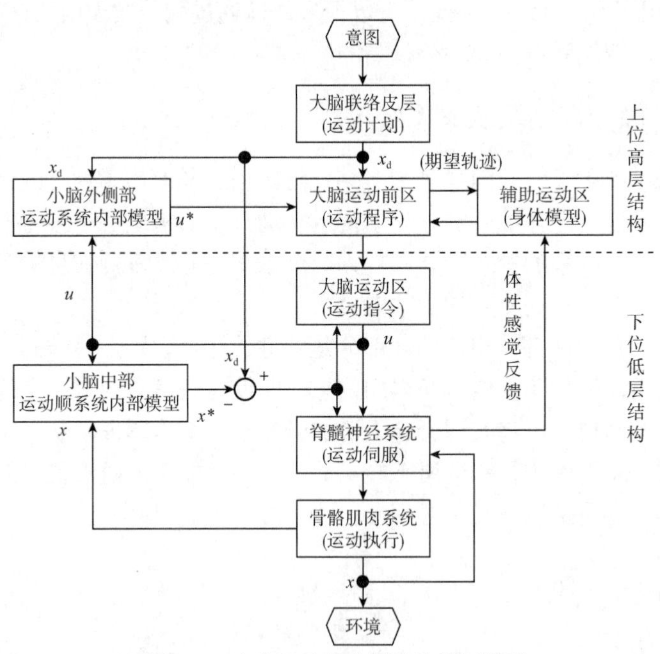

图 7.18　人体运动的分层递阶控制模型

7.6　数字化虚拟人体建模方法的发展趋势

随着对人体建模方法研究的深入，一种称为基于生物学的物理建模法成为研究热点。这种建模方法旨在几何建模和物理建模的基础上增加人体的生理特性，描绘人体的生物学原理，发展一种最能真实表达人体的建模方法。在基于生物学的建模中，Jack 软件是目前公认较成功的人体仿真模型软件，能用数据表达人体的生物学特征。Jack 软件建立的各部位的模型是相对独立的，建模的方法和方式也不尽相同，没有统一的思路，各部位的连接工作就会复杂很多，这样会影响模型的整体效果。基于生物学的建模思想将人体建模推向了智能化建模的发展方向，开拓了人体建模的道路，完善了计算机人体建模思路，是人体建模研究的思想基础。

思　考　题

1. 人体骨骼运动学模型建模的方法有哪些？其各自有什么特点？
2. 基于生物学的物理建模的关键是什么？
3. 试述数字化人体运动控制技术的特点。

第 8 章　人机工效数字化评价方法与标准规范

人与机、环境交互的过程中，错误的操作方式、不合理的作业姿势、不合理的承重量级、不合理的作业环境(如振动、噪声、光照、空气)、不合理的空间布局或产品设计都会给人体带来不同程度的伤害(如瞬时伤害、累积伤害，甚至永久性的职业病)。通常，所引起的伤害主要表现在骨骼、骨关节和肌肉这几个部位，因此，针对不同人体部位应运而生了不同的人机工程分析、评价算法，如力负荷评估法(对骨和关节的力和扭矩分析、对低背关节的受力分析、对肌肉的静态施力分析)、生理负荷的疲劳/恢复分析算法、振动噪声分析、光照响应分析、热负荷与热舒适分析等。这些评估研究的方法归纳为现场客观测试法、真人主观问卷调查法、假人体实物模型环境模型法及数字化虚拟人体数值模拟法四种。

【学习目标】

1. 理解力量负荷的评价方法。
2. 理解姿势负荷的评价方法。
3. 理解综合的人机系统工效学负荷评价方法。
4. 理解可达性与视域分析方法。
5. 理解新陈代谢分析方法。
6. 理解疲劳恢复时间分析方法。
7. 理解作业者的作业强度与标准。
8. 理解人体静态生物力学分析方法。
9. 理解手工处理极限方法。
10. 理解预测工作时间方法。

8.1　人机系统工效概述

大量研究表明，影响人机系统工效性的主要因素是人机系统中的人的体力因素、心理因素和人机系统中的环境因素等，这些因素称为工效学因素。如果作业者长期受不良工效学因素影响，不仅会导致肌肉骨骼疾患，影响工作舒适性和效率，甚至还会导致安全事故。因此，正确综合评估人机系统的工效性，对于预防作业者职业性肌肉骨骼疾患，提高操作者工作能力、工作效率和减少安全事故都具有重要的意义。

不同范畴的人机系统工效学研究领域的侧重点不同，物理范畴的人机系统工效学是研究与物理行为有关的解剖学、生理学、人体测量学以及生物力学等方面的各种特征；认识范畴的工效学研究各系统中人与其他元素相互作用时的智力过程等，如感觉、记忆、推理及运动反应等；体制范畴的工效学则研究社会生产系统的优化问题，包括它们的组织结构、政策及过程。本章主要介绍物理范畴的人机系统工效学的数字化评价方法。

人机系统工效学的主要任务是识别工作场所中存在的不良工效学因素，并对存在的工效学因素进行系统、综合的评价，预测可能对作业者的健康、安全等职业生命质量的影响，最后提出预防控制措施以保护作业者的健康和提高作业者的工作效率。

研究表明，在物理范畴的人机系统工效学中，工作(劳动)负荷(又称工效学负荷)是引起职业性肌肉骨骼疾患的重要原因之一，因此，人机系统工效学负荷的评价是人机工效评价的重中之重。至今，国际已开发出 60 多种人机系统工效学的评价方法。人机系统工效学负荷分为 4 类：由重体力的手工操作和重复用力的动作造成的力量负荷；由不良姿势(不合理的动作范围、视觉范围引起)引起的姿势负荷；由环境、社会心理因素引起的生理、心理负荷；由环境物理因素引起的环境负荷(包括环境振动引起的动态负荷、热环境下的热负荷、不合理照明引起的光(感)疲劳、噪声引起的听觉疲劳)等。本章从力量负荷(动作、负重和作业重复性)、姿势负荷、动态负荷、热负荷及光(感)疲劳方面介绍当今国内外常用的人机系统工效学负荷的评价方法、评价标准，这些方面的工效评估绝大部分已可以采用数字化评估方法进行评估。有关人机环境设计数字化评价方法与标准规范将在第 9 章中介绍。

8.2　力量负荷的评价方法

力量负荷主要指由于重体力的手工操作或是重复用力而引起的作业者机体负荷。目前，国内外关于力量负荷的主流和较成熟的评价方法主要有美国国家职业安全与健康研究所(National Institute for Occupational Safety and Heath，NIOSH)的提举公式法。提举公式是由 NIOSH 于 1981 年提出的用于评价提举任务人机系统工效学负荷的方法，并分别于 1991 年和 1994 年指导修订。该方法提出了提举重量推荐限值和提举公式，并可对相关提举任务进行人机系统工效学负荷的评价。

关于提举公式的最新研究是 Waters 等在 2009 年第 17 届国际人机系统工效学会议上提出的可变性提举任务指数，用于可变性提举任务的负荷评价，拓宽了提举公式的应用范围。该方法用于提举任务的人机系统工效学负荷的评价指标为提举指数(lifting index，LI)，提举指数由提举重量推荐限值(recommended weight limit，RWL)计算获得。RWL 指在特定的工作条件下，负荷的重量几乎可以使所有的健康作业者都可以正常工作一段足够的时间(一般为 8h/d)而不引起与提举相关疾患发生的危险度增加。LI 是提举重物实际的重量与 RWL 的比值，是评价提举任务的人机系统工效学负荷大小的主要指标。

国际上通用的标准：若 LI>1，则提示提举任务可能造成作业人群伤害；若 LI>2 甚至在 3.0 以上，则患职场肌肉骨骼伤害的危险度将会明显增加。在实际工作中，根据提举任务的性质和特点，将提举任务分为 4 类：单个提举任务、多重提举任务、顺序性提举任务和可变性提举任务。提举任务的类别不同，计算 LI 和 RWL 的方法不同，但评价标准均相近，即由提举公式获得的最终结果越大，提举任务对作业者造成职业伤害的可能性就越大，干预措施的实施就越紧迫。

8.2.1　NIOSH 提举公式

1981 年，NIOSH 发表了用于分析双手对称升降的代数方程。升降基于双手对称升降，上身没有扭转，双手之间的距离小于 75cm(30in)。这种分析需要负载和手之间以及鞋和地板表面之间的良好耦合(接触稳定、不打滑)。

(1) NIOSH 1981。1981 年，NIOSH 得出了一个数学方程，用于分析双手对称提举作业。

提举是基于双手对称的提举，并不涉及人体模型上身的弯曲，双手之间的距离小于 75cm。该分析需要提举物体载荷与双手以及双脚与地面之间的恰当配合。

(2) NIOSH 1991。NIOSH 于 1991 年提出的数学方程称为逆向提举方程，该方程解决特定程度的对称性，假设双脚与地面之间存在充分的配合。

(3) Snook 和 Ciriello 搬举与放低分析工具。该工具是 Snook 和 Ciriello 的研究成果。与 NIOSH 方程相似，该分析基于两个输入姿势，搬举是基于双手对称搬举。搬举或放下活动是由场景中的载荷决定的。与 NIOSH 提举公式一样，这种分析是基于两个输入姿态(搬举初始位姿和结束搬举位姿)的。搬举是基于双手(不是单手)对称升力。动作(升降动作)由场景中负载的位移决定。

NIOSH 提举公式是 NIOSH 为防治腰痛而建立的人机工程学评估公式。其基本思想是比较负荷水平是否在可承受范围内。L 为实际负荷重量，RWL 为提举重量推荐限制，LI 是 L 与 RWL 的比值，即提举指数：

$$\mathrm{LI}=L/\mathrm{RWL} \tag{8-1}$$

LI>l，表示负荷过度，容易产生腰痛风险；LI≤1，则表示当前负荷可以接受。RWL 的计算方法：

$$\mathrm{RWL}=\mathrm{LC}\times\mathrm{HM}\times\mathrm{VM}\times\mathrm{DM}\times\mathrm{AM}\times\mathrm{FM}\times\mathrm{CM} \tag{8-2}$$

式中，LC 为负荷常数，NIOSH 给出的标准值为 23kg。其他变量为影响 RWL 的各因素归一化为[0, 1]的乘数，相关参数位置参考图 8.1，具体含义和计算方法如表 8.1～表 8.3 所示。

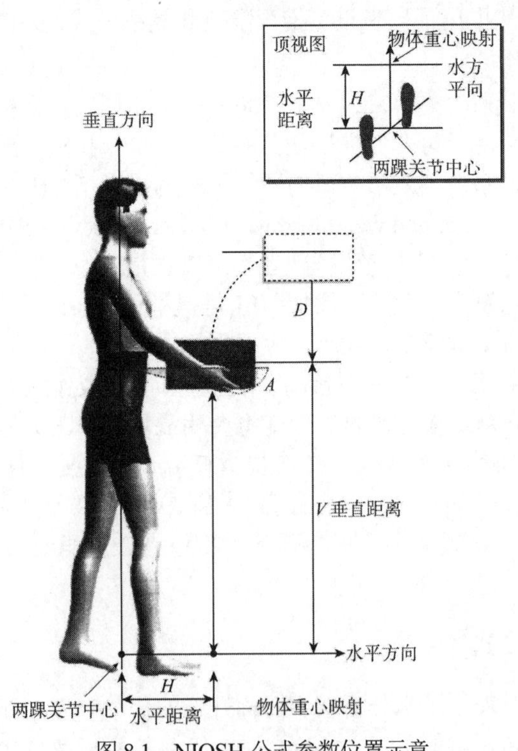

图 8.1　NIOSH 公式参数位置示意

表 8.1　NOSH 参数计算公式

符号	意义	范围	乘数符号	乘数计算公式
LC	负荷常数	常数	LC	23kg
H	水平距离	25～63cm	HM	HM=25/*H*
V	垂直距离	0～175cm	VM	VM=1-(0.003×|*V*-75|)
D	提举距离	25～175cm	DM	DM=0.82+4.5/*D*
A	身体转向角	0°～135°	AM	AM=1-0.0032*A*
F	频率(每分钟提举次数)	—	FM	查表 8.2
C	抓握状态	—	CM	查表 8.3

表 8.2　NIOSH 参数 FM 查询表

提举频率/(lifts·min^{-1})	提举时间/h					
	0～1		1～2		2～8	
	V<75	*V*>75	*V*<75	*V*>75	*V*<75	*V*>75
<0.2	1.00	1.00	0.95	0.95	0.85	0.85
0.5	0.97	0.97	0.92	0.92	0.81	0.81
1	0.94	0.94	0.88	0.88	0.75	0.75
2	0.91	0.91	0.84	0.84	0.65	0.65
3	0.88	0.88	0.79	0.79	0.55	0.55
4	0.84	0.84	0.72	0.72	0.45	0.45
5	0.80	0.80	0.60	0.60	0.35	0.35
6	0.75	0.75	0.50	0.50	0.27	0.27
7	0.70	0.70	0.42	0.42	0.22	0.22
8	0.60	0.60	0.35	0.35	0.18	0.18
9	0.52	0.52	0.30	0.30	0	0.15
10	0.45	0.45	0.26	0.26	0	0.13
11	0.41	0.41	0	0.23	0	0
12	0.37	0.37	0	0.21	0	0
13	0	0.34	0	0	0	0
14	0	0.31	0	0	0	0
15	0	0.28	0	0	0	0
>15	0	0	0	0	0	0

表 8.3　NIOSH 参数 CM 查询表

参数	抓握合理	抓握一般	抓握不便
V<75	1	1	0.9
V≤75	1	0.95	0.9

8.2.2　NIOSH 算法的使用条件

NIOSH 算法的使用条件：①提举必须由双手完成。②提举持续时间不超过 8h。③自然状态无依靠或座位。④开放的工作空间，活动区域不受过度限制。⑤无手推车、铁锹等辅助器械。⑥为单纯提举或放下动作，不伴有明显的推拉等动作。⑦提举动作不过于迅速。⑧脚与地面接触稳定，摩擦力足够大。⑨环境适宜，温度为 19～26℃，湿度为 35%～50%。

由于 NIOSH 的设计目标是满足 99%的美国男性和 75%的美国女性的职业安全，而中国人的人体与美国人存在明显的差异，因此需要对 NIOSH 的部分参数进行修正。对于 LC，需要根据中国人与美国人的负荷水平差异进行修正(见表 8.4)，LC 与性别、年龄、体型和脂肪含量等因素都相关。考虑到 NIOSH 为大样本计算，以男性体重身高比(kg/cm，即每厘米体重数)作为 LC 的修正指标，研究表明 LC 与体重身高比约为正比关系。

表 8.4　中国与美国人体身高体重差异(2005 年)

国家	男性		女性	
	身高/cm	体重/kg	身高/cm	体重/kg
中国(c)	169.7	67.7	158.6	59.6
美国(us)	175.5	86.2	162.6	73.9

针对中国人的 LC 指标计算公式为

$$\mathrm{LC_c}=\frac{体重_{\mathrm{c}}/身高_{\mathrm{c}}}{体重_{\mathrm{us}}/身高_{\mathrm{us}}}\times \mathrm{LC}=0.8122\times 23\mathrm{kg}=18.7\mathrm{kg} \tag{8-3}$$

即中国 99%的成年男子和 75%的成年女子的负荷常数为 18.7kg，如果提举高度由 75cm 调整为 72cm 时，负荷常数为 20kg(肖国兵，2004)。

V、D 与身高相关，而 H 需要根据前臂长度进行修正，同样与身高相关。以男性身高比对 H、V、D 三者进行修正，修正后的对应乘数公式为

$$\mathrm{HM_c}=\frac{25}{\frac{175.5}{169.7}H_{\mathrm{c}}}=\frac{24}{H_{\mathrm{c}}} \tag{8-4}$$

$$\mathrm{VM_c}=1-\left(0.003\times\left|\frac{175.5}{169.7}V_{\mathrm{c}}-75\right|\right)=1-\left(0.0031\times\left|V_{\mathrm{c}}-72.5\right|\right) \tag{8-5}$$

$$\mathrm{DM_c}=0.82+4.5/(175.5D_{\mathrm{c}}/169.7)=0.82+4.35/D_{\mathrm{c}} \tag{8-6}$$

对于 A、F、C，体型的差异对其影响不大，仍使用原标准。优化后针对中国人人体的 NIOSH 参数计算公式如表 8.5 所示。

表 8.5　中国人人体 NIOSH 参数计算公式

符号	意义	范围	乘数符号	乘数计算公式
$\mathrm{LC_c}$	负荷常数	常数	$\mathrm{LC_c}$	18.7kg
H_{c}	水平距离	25～63cm	$\mathrm{HM_c}$	$\mathrm{HM_c}=24/H_{\mathrm{c}}$
V_{c}	垂直距离	0～175cm	$\mathrm{VM_c}$	$\mathrm{VM_c}=1-(0.0031)\times\|V_{\mathrm{c}}-72.5\|)$
D_{c}	提举距离	25～175cm	$\mathrm{DM_c}$	$\mathrm{DM_c}=0.82+4.35/D_{\mathrm{c}}$
A	身体转向角	0°～135°	$\mathrm{AM_c}$	$\mathrm{AM}=1-0.0032A$
F	频率	—	$\mathrm{FM_c}$	查表 8.2
C	抓握状态	—	$\mathrm{CM_c}$	查表 8.3

此外，有研究(肖国兵，2004)认为我国人群的提举力约比欧美人群低 15%～30%，最大可接受提举重量(MAWL)平均低 NIOSH 推荐值(RWL)约 14.2%，一次最大可接受提举重量比欧美人群低 14.7%。流行病学调查发现，LI>2 可导致下背痛的发生明显增加。因此，将提举重量常量 23kg 减少 15%左右(即 20kg)更适合我国人群。鉴于人体测量学差异，建议对部分系数做适当调整。结合肌力、MAWL 和流行病学调查，建议将 NIOSH 提举公式中的重量常量调整为 20kg，但高度系数基准由 75cm 调整为 72cm，其他参数保持不变。

8.2.3　提举-放低(落放)分析的指导原则

在提举-放低(落放)分析中，设计者可以在三种分析指导原则(见表 8.6)中进行选择。NIOSH 1981、NIOSH 1991 以及 Snook 和 Ciriello 搬举与放低分析工具这三种分析指导原则均需要使用初始和最终的姿势，从而实现分析。

在提举-放低分析中，包含 4 个层次的提举和放下区间，并且每个区间最大距离为 75cm，具体的提举-放低区间为：①从地面到膝关节位的高度；②从膝关节高度提举到肩关节的高度；③从肩关节高度提举到手臂可触及的高度；④从胸部到手握中间部位之间的水平距离。

表 8.6　三种分析指导原则的区别

分析指导原则	特征参数	说明
NIOSH 1981	1 lift every (提举频率)	使用该具体特征来描述提举频率。单击箭头可增加或降低两次提举之间的间隔时间，也可以直接输入间隔时间的数值
	Duration (持续性/偶然性)	该下拉编辑框用于选择提举作业每天持续工作的时间。这里考虑两种情况：如果该值小于 1h，代表提举作业出现的偶然性；如果该值为 8h，则代表提举作业的连续性
	Score (评估分值)	一旦填写“提举频率”和“持续性/偶然性”编辑栏，则评估分值将立刻显示在分值显示区域。分值区域包括两个显示项目： ● “Action Limit(AL)(活动限制)”，该数值代表提举作业内容合理并安全的最大提举重量； ● “Maximum Permissible Limit(MPL) (最大允许限制)”，该数值代表一个限制，如果高于该限制，提举作业是危险的，并且需要工程技术控制
NIOSH 1991	1 lift every (提举频率)	使用该具体特征来描述提举频率。单击箭头可增加或降低两次提举之间的间隔时间，也可以直接输入间隔时间的数值
	Duration (持续性/偶然性)	该下拉编辑框用于选择提举作业每天持续工作的时间。这里考虑两种情况：如果该值小于 1h，代表提举作业出现的偶然性；如果该值为 8h，则代表提举作业的连续性
	Coupling condition (配合条件)	该下拉编辑框用于量化人体模型手部与提举物体的配合质量。配合质量分为 3 个等级： ● “Good(理想)”，适合的抓握，其中人体模型手部可以容易地抓握提举物体； ● “Fair (一般)”，抓握时手部关节弯曲达到 90°； ● “Poor(差)”，抓握物体很难(不规则、形状/体积过大、棱边锋利等)

(续表)

分析指导原则	特征参数	说明
NIOSH 1991	Object weight (物体重量)	该对话框用于设置载荷重量。这里的重量数值用于提举指数的计算
	Score (评估分值)	一旦填写“提举频率”和“持续性/偶然性”编辑栏，则评估分值将立刻显示在分值显示区域。分值区域包括两类显示项目，分别为“Origin (初始参数)”和“Destination(最终参数)”。 初始参数是基于人体模型的初始姿势，其中包含两个显示项目：“Recommended Weight Limit (推荐重量限制)”，该参数显示健康的工作者在一定的实践阶段内不存在风险的可提举的载荷重量；“Lifting Index (提举指数)”，该参数提供了一个与物理应力水平相联系的估计。 最终参数是基于人体模型的最终姿势，其中包含两个显示项目：“Recommended Weight Limit (推荐重量限制)”，该参数显示健康的操作者不存在风险的可提举的载荷重量；“Lifting Index (提举指数)”，提供了一个与物理应力水平相联系的估计
Snock 和 Ciriello 搬举与放低分析工具	1 lift every (搬举频率)	使用该具体特征来描述搬举频率。单击箭头可增加或降低两次搬举之间的间隔时间，也可以直接输入间隔时间的数值
	Population sample (人口群体样本)	提供 5 个人群百分位数，包括 90、75、50、25 和 10 百分位数。这 5 个百分位数代表人口群体能够安全地执行搬举作业的百分比。所选择的百分位数考虑了人体模型的性别
	Score (评估分值)	一旦填写“提举频率”和“持续性/偶然性”编辑栏，则评估分值将立刻显示在分值显示区域。分值区域包括“Maximum Acceptable Weight (最大可接受重量)”。最大可接受重量定义为所选择的人口群体能够合理并安全地搬举的重量

8.2.4　运用 NIOSH 搬运方程计算步骤

运用 NIOSH 搬运方程计算 RWL 时应该遵循以下步骤。

(1) 确定搬运负荷(包括货物和容器)的重量。

(2) 通过下面的参数评估搬运任务和操作者的位置：①搬运物体的水平距离(H)；②搬运物体的垂直距离(V)；③需要搬运的距离(D)；④搬运频率(F)；⑤不对称的角度(A)；⑥耦合质量(C)。

(3) 利用 NIOSH 的制度表或者软件工具为每个参数确定合理的乘数因子。

(4) 计算任务的 RWL。

(5) 计算 LI。

(6) 比较负荷的重量与已确定的任务的重量极限值。

8.3　姿势负荷的评价方法

姿势负荷是由于作业工具、设备和工作方法不符合人机系统工效学原则，引起姿势不良(如不合理的伸及动作姿势、扭转姿势、弯曲姿势、跪下姿势、蹲下姿势、头顶上方作业姿势和保持固定位置姿势等)所造成的机体负荷。国内外关于不良姿势负荷的评价方法主要有快速上肢评价法(rapid upper limb assessment，RULA)、全身快速评价法(rapid entire body assessment，REBA)、人体工作姿势分析(ovako working posture analysis system，OWAS)和基于深度神经网络(DNN)的作业姿势评估方法等。这 4 种方法也涉及其他的不良因素，但以姿势负荷为主。其中快速上肢评价法与全身快速评价法的评价过程相近，缺少对手部与物体接触情况的评价和参考。

8.3.1　快速上肢评价法

快速上肢评价法是诺丁汉大学职业人体工学研究所开发的。快速上肢评价是与上肢身体姿势风险有关的评价方法。RULA 可在不干扰工作人员工作的前提下进行不同姿势人体受力及肌肉受力状态研究，对评价的不良工作姿势进行有依据的改进。它也是一个筛查工具，用来评估颈、躯干和上肢的生物力学和姿势负荷，它在工作周期内对具体动作的姿势负荷进行评估。基于姿势偏离正常身体位置的程度和姿势的持续时间，可以选出最危险的姿势进行分析。可以对身体的左侧、右侧或左右侧同时进行评估。对于工作周期较长的工作，可以对有规律的休息间隔做出评估。RULA 系统检测下列风险因素：运动次数、静态下肌肉疲劳受力、力量大小、工作姿势、无暂停的工作时间。RULA 的分数表示为减少 MSD 需要人为干预的等级。所有因素加权后给出该姿态的最后评分(1～8 分)。评分分为四级。

(1) 1～2 分(1 级操作)，表明在没有保持或重复很长时间的情况下该姿态是可行的(分析结果颜色为绿色)。

(2) 3～4 分(2 级操作)，表明经过较长时间后需要研究并改变该姿态(分析结果颜色为黄色)。

(3) 5～6 分(3 级操作)，表明隔一段时间就应研究并改变该姿态(分析结果颜色为橙红)。

(4) 7 分以上(4 级操作)，表明应立即对当前姿态进行研究并改变该姿态(分析结果颜色为深红)。

影响 RULA 分析结果的因素有手腕和手臂的姿势、身体姿态、关节使用频率、作业过程中上肢施力以及作业周期中姿态是否改变等。

8.3.2　全身快速评价法

全身快速评价法是由 McAtamney 和 Hignett 提出的用于全身姿势负荷的快速评价方法。该方法主要通过观察作业者身体局部的姿势负荷并对其评分，利用测量或观察扭曲、负重、接触及活动情况进行负荷分数加权，得出该作业者最终负荷得分，根据最终得分来确定作业者的人机系统工效学负荷和危险度等级，从而确定干预措施实施的紧急程度。初级负荷得分通过两部分获得：一部分为躯干、颈部、腿部按三部分姿势的 REBA 法负荷等级评价标准进行分别评分，算出累加合计的分数；另一部分为上肢，即上臂、下臂、手腕三部分的姿势评价，分别评分合计。将两部分合计得分分别参考负重大小和手物接触情况进行加权加分，两部分得分相加获得初级负荷得分，在参考身体活动情况加权加分后得出最终得分。最终得分通过危险度等级的评价标准进行分析，评价标准见表 8.7。根据获得的最终得分，确定行动等级、危险度等级以及干预措施实施等级，参考评价过程中的作业者姿势、负重、接触、活动情况等，制定干预策略，以降低危险度等级，预防职场肌肉骨骼伤害的发生。

表 8.7　REBA 法工效学负荷得分及维修度等级

行动等级	REBA	危险度等级	干预措施实施等级
0	1	极低	不必
1	2～3	低	可能需要
2	4～7	中等	需要
3	8～10	高	尽快实施
4	11～15	极高	马上实施

8.3.3　人体工作姿势分析

人体工作姿势分析是 1973 年北欧芬兰钢铁公司的 Karhu 等为评价作业中作业者不同的姿势负荷发展而来的评价方法。该方法主要根据身体局部姿势的负荷等级进行分别编码，并参考负重或力度的等级编码联合成为一个四位数的总编码，通过总编码获得作业中该作业者的姿势负荷水平。评价的身体部位主要为背部、手臂和下肢，根据三部分姿势水平的不同按照 OWAS 姿势负荷标准评价，分别获得三部分的姿势负荷编码，通过观察作业者在作业过程中的负重和力量水平来获得第四个编码数字。利用获得的四位数编码在 OWAS 行为分类表中找到该姿势对应的负荷等级。负荷等级分为 4 级，1～4 级依次指：健康无害，不需改进；危害不明显，建议改进；危害性较大，建议尽快改进；危害性很大，应停止作业进行改进。根据负荷等级以及评价过程中获得的作业姿势情况，制定干预和改进策略，降低职场肌肉骨骼伤害发生的危险度。

8.3.4　基于深度神经网络的作业姿势评估方法

该方法利用人体关节点估计基于深度神经网络模型，检测现场视频中作业者的身体姿势；通过提取的骨骼关节点的空间位置，计算不同身体部位的姿势角度，并依据快速全身评估法中的身体姿势角度与危害程度的关系，自动评估作业者作业姿势的风险水平。该方法能够克服身体遮挡、设备分辨率、光照条件等影响，准确检测关节点的位置；可自动连续评估作业者的作业姿势，评估效率较高。

8.4　综合的人机系统工效学负荷评价方法

综合的人机系统工效学负荷评价方法主要指该评价方法涉及多种不良的人机系统工效学因素，几乎包含了全部不良的人机系统工效学因素的评价方法。国内外关于综合的评价方法主要有快速暴露检查法、手工操作评估表法及肌肉骨骼紧张因素判定法等。

8.4.1　快速暴露检查法

快速暴露检查法(quick exposure check，QEC)是由 Surrye 大学 Rohens 人机系统工效学中心开发、研制的一种人机系统工效学负荷评价方法，主要采用观察者观察和被观察者自评相结合的方式。观察者主要观察作业者在作业过程中身体 4 个部位的位置变化和运动幅度大小，4 个部位分别为颈部、背部、肩部以及手腕，按照位置变化和运动幅度将 4 个部位的人机系统工效学负荷分出若干等级，并根据 QEC 负荷等级评价标准予以相应评分。通过被观察者自填问卷的形式获得如下信息：手部最大重量、工作任务时间、最大力量水平、视力要求、操作时间、振动情况、工作空间大小以及压力，按照被观察者的主观回答确定各指标的等级水平和评分。观察者所获得的信息与被观察者自评的结果相结合，综合相关的两个指标获得一项得分，按照身体的 4 个部位分别获得该作业者各部位的人机系统工效学负荷总得分以及操作、振动、工作空间及压力 4 个不良因素的得分，根据 QEC 得分的评价标准，进行作业任务的评价，从而提出改善干预措施，降低职场肌肉骨骼伤害的发生危险度。

8.4.2　手工操作评估表法

手工操作评估表法(manual handing assessment chart，MHAC)是由英国健康与安全委员会(HSE)制定，用于评价提举、搬运、手部操作过程中的不良人机系统工效学因素。该方法主要评价作业过程中的 10 个内容：负担重量、提举频率、上肢位置、不对称躯干负重、动作限制、抓举情况、操作者的能力、地面情况、搬运距离、搬运途中障碍及环境因素等。将实际观察到的工作场所情况按照 MHAC 进行等级评分，分别获得该场所的作业任务各因素的评分。将 10 个因素的等级评分相加获得整个任务的人机系统工效学负荷得分，根据分数的等级进行作业任务的评价，评价标准如下：10～16 分，可以接受；17～22 分，在合适范围内，任务发生变化时需进行重新评估；23～28 分，负荷已经超出可接受范围，需要尽快进行调查并改进干预；29～34 分，立刻进行调查和改进以改善工作环境。

8.4.3　肌肉骨骼紧张因素判定法

肌肉骨骼紧张因素判定法(musculoskeletal stress factors which may have injurious effects)是由瑞典的 Kemmlert 提出的，用于判定和识别肌肉骨骼紧张因素。肌肉骨骼紧张因素判定法是通过判定被调查者回答的关于身体 5 个部位的相关问题进行评价。身体的 5 个部位包括颈肩、上背部，手、前臂、肘部，足部，膝盖、大腿部，下背部；回答的问题共有 17 个，主要是关于工作场所地面，空间限制，工具及设施舒适度，工作高度，座椅，坐与休息，踏板情况，腿部状况(包括凳子上重复脚踏、重复跳跃、长时间蹲跪、经常单脚支撑身体)重复持续工作背部状况(包括轻微前屈、严重前屈、侧弯或轻度扭曲、严重扭曲)，重复持续工作颈部状况(包括前屈、侧弯或轻度扭曲、严重扭曲、向后延伸)，提举负重，重复、持续、不舒服的手部操作，持续工作单手情况，重复情况，手部操作情况(包括材料或工具重量、不良抓举姿势)，视力要求，前臂与手部在重复作业中的姿势情况。被调查者通过回答上述 17 个问题涉及的状况是否存在，最终通过统计得出对每个问题做出肯定回答的被调查者占总调查者的比例，如果有 80%的调查者对某个问题做出肯定回答则该问题涉及的状况需要进行干预和改善。

8.4.4　其他评价方法

有关人机系统工效学负荷的综合评价方法还有利用表面肌电仪等的表面肌电描述技术、肢体倾角评价法、肌力测试法、仿真分析法等。

在上述各种人机系统工效学负荷评价方法中，OWAS 是最早用于人机系统工效学负荷评价的，MHAC 是最新研制出的负荷评价方法。其中，QEC 结合了观察者评分和作业者自评两部分的信息评价，更为客观，自评部分涉及相关的心理因素且考虑了两个因素之间的相互作用，评价更为准确，且该方法适用于大多数工作任务的人机系统工效学负荷评价。但是 QEC

不适用于高度多变的工作任务，且观察者观察的作业者身体部位未考虑下肢不良姿势和负荷的影响，仅考虑作业者的颈部、躯干、上肢，造成负荷评价的片面性。四川大学林嗣豪(2010)等的研究对此做了修正，提出了改进的方法——人机系统工效学负荷快速综合评估方法(comprehensive quick ergonomic check，CQEC)，增加了下肢部分的评价。该方法结果一致性较好，并且评估者间、评估者内信度检验尚可。MHAC 评价的不良人机系统工效学因素较为全面，涉及了个体的因素(如个人能力等)，也考虑到环境因素的影响，但是未考虑手工操作任务的持续时间，且只适用于手工操作任务的评价，适用于评价的作业范围广于提举公式，低于其他方法(如 QEC 等)。PLIBEL 评价涉及的不良人机系统工效学因素较为全面，且评价过程简单，需要干预、改善的不良人机系统工效学因素突出明确，但未考虑不良人机系统工效学因素的等级对作业者身体的影响，主观的回答使重复性较差，该方法涉及的因素也不含个人心理、个体等因素，只能作为初步筛选工具的方法，具有一定的效率和信度。提举公式法评价过程简单易行，解释清楚、明晰，利用公式的方法将各个不良人机系统工效学因素的指标予以量化，直观、有效地对提举任务过程中的各因素进行评价，但是该方法仅适用于部分提举任务，对流水线作业或其他行业的作业评价范围有限，是本章介绍方法中适用范围最小的一种。由于制定推荐提举限值的复杂性，至今没有技术测量方法可以作为 NIOSH 方程的“金标准”进行效度评价。RULA、REBA 与 OWAS 均是姿势负荷的评价方法。相比而言，OWAS 能够评价的姿势动作更多、更全面，且方法简便，更容易理解，但未考虑姿势的持续时间和重复性；REBA 相对而言涉及的身体部位更多，考虑的不良人机系统工效学因素也多于 OWAS，评价更为全面，但也未考虑姿势的持续时间和重复性；REBA 相比于 OWAS 具有一定的效度，在腿部和躯干部位的评价观察者间一致性良好，而在上肢的观察者间一致性稍差。利用表面肌电仪或是仿真分析法等，操作复杂，需要较高的技术要求，但评价也相对客观、准确，可在条件具备的情况下作为其他评价方法的辅助方法。

综合各种人机系统工效学负荷评价方法的特点而言，QEC、MHAC 和 PLIBEL 评价的内容较为全面，但 QEC 适用更广；提举公式评价准确，但应用范围有限；RULA、REBA 和 OWAS 适用于姿势负荷的评价，涉及的不良人机系统工效学因素较少。其他的评价方法在实践过程中应用较少。

现今的研究主要集中在将先进的计算机技术与更多种负荷评价方法相结合，客观、综合地评价工作者的人机系统工效学负荷，由此根据研究对象的特点，选择几种合适的人机系统工效学负荷评价方法和开发人机系统工效学负荷评价的计算机技术，是研究人机系统工效学负荷与职场肌肉骨骼伤害暴露关系的关键。

8.5　可达性与可视域分析

在作业空间设计中，可扩展性也是人机工程学中评价人机系统工效的重要指标之一。扩展方法一般针对具体的产品或操作方式，由实验或模型推导而来。扩展方法适用的范围相对狭窄，但针对性较强，对具体问题的评价也更为深入。对实验数据的统计分析能力和评价标准可以根据个体的不同而改变，这是扩展方法的特点之一。本节主要介绍两种扩展性评价方法，即可达性(可达域)分析和可视域分析。

8.5.1　可达性分析

进行可达性分析时，主要依据相关人体测量数据来判断操作者需要操作的控制装置是否在合理的作业域内。

可达性表示人在自然状态下上、下肢体末端效应器相对于整体坐标可以触及的范围，包含可达舒适范围(comfort envelope，CE)和可达最大范围(reach envelope，RE)。由于人体绝大部分操作由手来完成，因而为简化起见，将末端效应器定义为手部、足部，其可达性范围根据个体尺寸、上下肢长度的差异而有所不同。一般而言，我国男性成年人(平均身高为 169.7cm)的手部可达舒适范围在胸前 45cm 左右可达最大范围在胸前 60cm 左右；女性成年人(平均身高为 158.7cm)的手部可达舒适范围在胸前 40cm 左右，可达最大范围在胸前 55cm 左右。增大产品与人身体之间的距离，会加大施力关节力矩，而关节力矩的增加也加大了使用该产品的风险。因此，研究可达性，并在使用过程中将产品放置在合理范围内，这对人机工程学评价系统是非常重要的。

人体肢体(见图 8.2)可达最大范围与其肢体长和关节活动度相关。如图 8.3 所示，关节 q_i 活动的范围为 $\left[q_i^{\mathrm{L}}, q_i^{\mathrm{U}}\right]$，因而判断一点是否可达(在可达最大范围内)就转换成求解在 n 自由度关节链中是否存在 $\boldsymbol{q}=\left[q_1, q_2, \ldots, q_n\right]^{\mathrm{T}} \in R^n, q_i \in\left[q_i^{\mathrm{L}}, q_i^{\mathrm{U}}\right]$ 使得

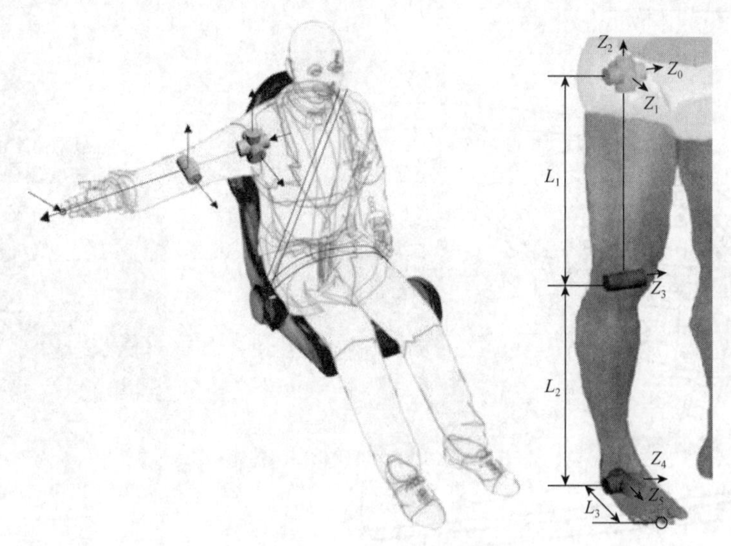

图 8.2　人体上下肢体

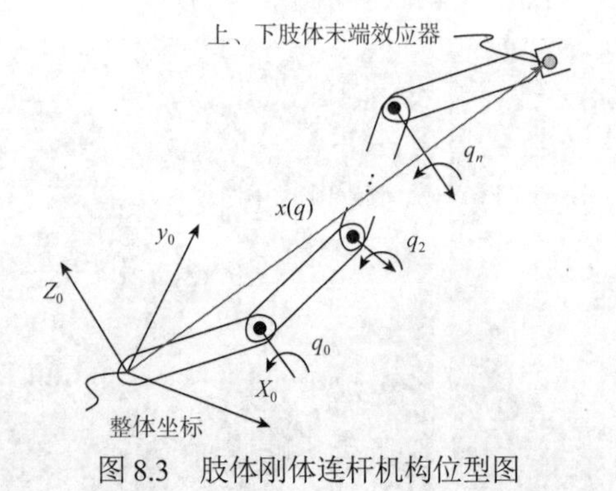

图 8.3　肢体刚体连杆机构位型图

$$P_{\text{end}}\left[\prod_{i-1}^{n}{}^{i-1}\boldsymbol{T}_i\,{}^{i-1}\boldsymbol{R}_i\right]P_{\text{root}}^{\text{global}}$$

式中，${}^{i-1}\boldsymbol{T}_i$ 和 ${}^{i-1}\boldsymbol{R}_i$ 表示从 i−1 到 i 的传递矩阵和旋转矩阵；$P_{\text{root}}^{\text{global}}$ 为关节链根节点在世界坐标系下的坐标。如果 q 不存在，则在当前关节链根节点位置不变的情况下，此空间位置不可达，需要移动身体。

可达舒适范围是人在工作空间中保持身体各关节协调、整体感觉舒适的手部活动范围。可达舒适区域范围的大小根据操作方式的不同而有所变化：按钮操作的舒适范围要大于旋钮操作的范围，推的舒适范围要大于提拉的舒适范围，利手的可达舒适范围常大于非利手的范围，操作时用力越大，舒适的范围就越小。与可达最大范围可以明确计算不同，可达舒适范围是难以量化的，一般由实验方式来确定。

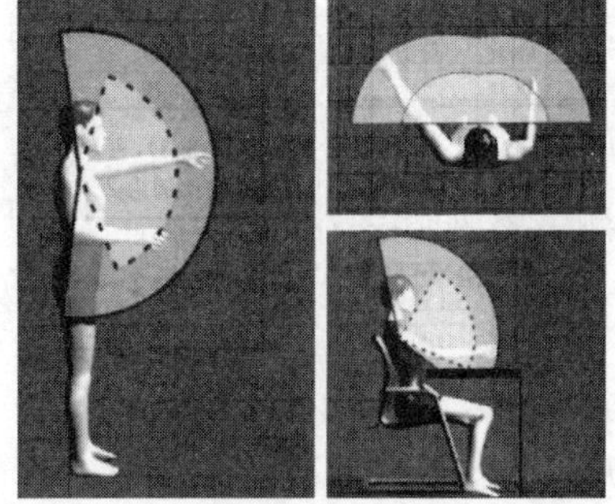

图 8.4　立、坐姿下的人体上肢可达最大范围和舒适范围三视图

此外，障碍物遮挡和视域受限等情形也会对可达性产生影响。立、坐姿下的人体上肢可达最大范围和舒适范围三视图如图 8.4 所示。人体肢体可达性的 3D 可视化图如图 8.5 所示。

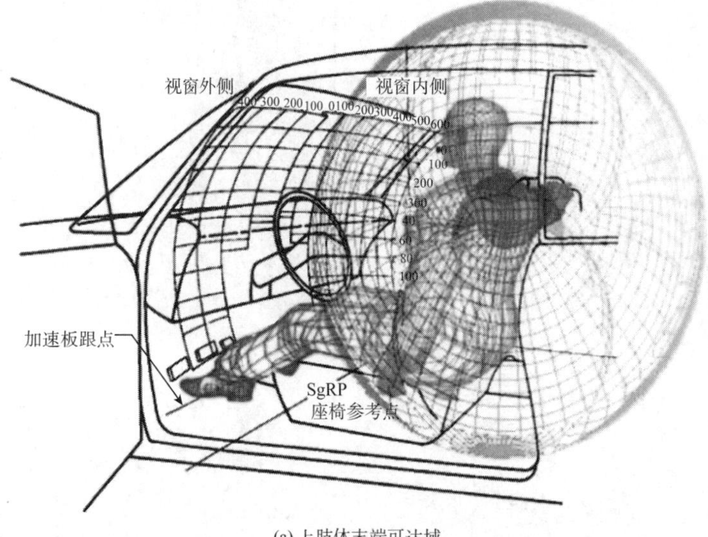

(a) 上肢体末端可达域

(b) 上肢体末端(HumanCAD)

(c) 下肢末端可达域

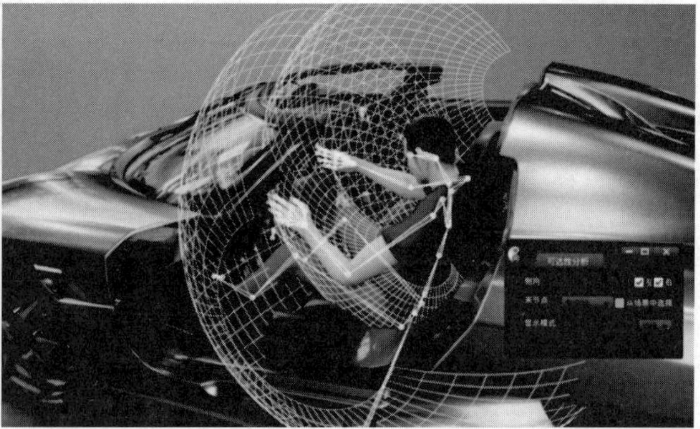

(d) 上肢体末端(SoEgro)

图 8.5　人体肢体可达性的 3D 可视化图

根据产品与人交互的频率来确定产品放置的区域：与人交互频率最高的放置在可达舒适区域，如键盘、鼠标的位置等；与人交互频率一般的，放置在可达最大区域内，如未使用状态下耳机、话筒的位置等；基本不与人交互的，或虽然需要少量交互但容易产生误操作的，对人的其他操作可能产生障碍的等，放置在可达最大区域以外，如网线、电源线和显示器的位置。但这些并不是必然的，例如有些人喜欢将打印机放置在可达最大区域以外的地方，这样可以在取打印好的资料时顺便活动一下，以达到维护健康的目的，所以，具体的布局方式还要依据实际的需求和用户的喜好。

目前较为常用的可达性分析方法就是根据相关的人体测量基础数据确定一个上肢可达域的曲面，通常称为上肢可达域包络面。我国在 GB/T 13547—1992、GJB 2873—1997 和 GJB/Z 131—2002 中对作业空间相关的尺寸做了规定，可以根据这些数据确定一个上肢可达域包络面，通过判断需要作业者进行控制的部件是否在可达域范围内来对可达性进行分析。

美国在 NASASTD 3000 中提供了人体坐姿的上肢可达域的数据，在水平、垂直方向的若干平面和身体周向每 15° 进行划分，并进行测量。根据所提供的数据也可绘制上肢可达域包络面。

随着计算机技术在人机工程中应用的发展，出现了数字化的三维人体模型，如 Jack、Safework、RAMSIS 等软件中都开发了人体模型，但是由于根据数据绘制包络面比较复杂，软件在绘制上肢可达域包络面时都是采用以肩关节为中心，将上臂、前臂和手视为刚体连杆机构，计算出包络面近似表示人体上肢可达域。我国北京航空航天大学开发的人体模型中利用人体运动跟踪技术，记录人体上肢可达域的数据，并将数据绘制成可达域包络面。

8.5.2 可视域分析

可视范围判定算法具体如下。判断坐标系为 *Oxyz*(见图 8.6)，*O* 即原点，为双眼视距与人体矢状面的交点，*x* 轴为人体垂直轴，*y* 轴为人体冠状轴，*z* 轴为人体矢状轴。*P*(xp，yp，zp) 为空间点在 *Oxyz* 坐标系中的位置，可根据视锥方程而定。

$$\begin{cases} Q = \dfrac{x^2}{a^2} + \dfrac{y^2}{a^2} - \dfrac{z^2}{c^2} = 0, \\ a = c \cdot \tan\dfrac{\alpha}{2} \end{cases} \tag{8-7}$$

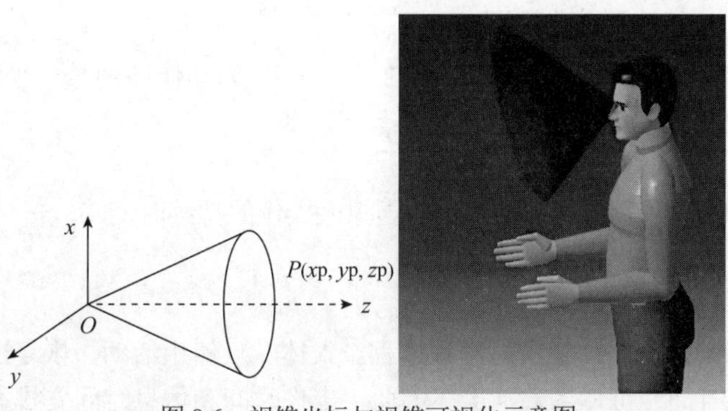

图 8.6　视锥坐标与视锥可视化示意图

式中，α 为视锥顶角；c 为可视距离，根据亮度、环境、视力以及被视物的易识别程度进行修正。若 $P(xp, yp, zp)<0$，则 P 在视锥内，P 点可视；若 $P(xp, yp, zp)>0$，则 P 点在视锥外，P 点不可见。

可视域分析就是根据不同的任务来确定最佳视距和最佳视角，然后根据这两个参数来绘制人眼的视锥。与此同时，在现有的商品化的计算机辅助人机工程设计软件中还可以创建一个人眼的视窗，用来展示当前视野范围，以及视野范围之内可见的物体。视窗、视锥的视距以及视角都可以手动输入。

8.6　新陈代谢和疲劳恢复时间分析

新陈代谢分析，旨在计算人体的体能消耗，用于判断一个作业者持续不断工作时的作业强度，评估其新陈代谢能耗，看作业强度是否过大。疲劳恢复时间分析，旨在判断工作时间和休息时间的安排是否合理。

8.6.1　新陈代谢分析

人体总代谢能量包括动作代谢能量和姿势代谢能量。其中，动作代谢能量的计算必须获得仿真过程中与该人体对应的各项动作参数，包括最低位置(lowest position)、最高位置(highest position)、人体重量(human weight)、人员性别(gender)、负重(load)、受力(force)、斜度(slope)、时间(time)、行走速度(walk speed)、距离(distance)、动作类型(category)、具体类型(detail)、频率(frequency)。人体姿势能量消耗计算公式如下：

$$E_{\text{posture}} = K_{\text{posture}} \cdot \text{weight} \cdot T_{\text{posture}} \tag{8-8}$$

式中，K_{posture} 为姿势是 posture 时的能耗系数；T_{posture} 为姿势是 posture 时的积累持续时间；weight 为人体重量。

不同姿势的能耗系数如下：

$$K_{\text{standing}} = 0.0109\text{，}\ K_{\text{sitting}} = 0.0105\text{，}\ K_{\text{benting}} = 0.0129 \tag{8-9}$$

总能耗为

$$E_{\text{T}} = \sum_{i=1}^{n} E_i + E_{\text{standing}} + E_{\text{sitting}} + E_{\text{benting}} \tag{8-10}$$

式中，每个动作的代谢能量消耗为 E_i，$i=1, 2, \cdots, n$，n 为动作序列号。平均代谢能耗率为

$$E_{\text{r}} = E_{\text{T}} / T_{\text{total}} \tag{8-11}$$

式中，E_{r} 为总代谢能耗；T_{total} 为仿真过程中虚拟人操作的持续时间。

8.6.2　疲劳恢复时间分析

疲劳的产生和消除是人体正常的生理过程。人体一旦停止活动，恢复过程就开始了。通过安排合理的休息时间，可以消除疲劳。因此，工作时间和休息时间安排得是否合理，直接影响作业者的疲劳程度及作业能力。

休息时间计算方法：设作业实际能耗率为 M，工作日总工时为 T，实际作业时间为 T_{work}，

休息时间为 T_{rest}，则

$$\begin{cases} T=T_{work}+T_{rest} \\ T_r=T_{rest}/T_{work} \\ T_w=T_{work}/T \end{cases} \tag{8-12}$$

式中，T_r 是休息率，T_w 是实际作业效率。

8.7　作业强度与标准

作业强度(即国家标准中的劳动强度)是以操作过程中人体的能耗量、氧耗量、心率、直肠温度排汗率或相对代谢率等作为指标分级的。由于最紧张的脑力作业的能量消耗一般不超过基础代谢的 10%，而体力作业的能量消耗可高达基础代谢的 10～25 倍，因此，以能量消耗或相对代谢率作为指标制定的作业强度分级，只适用于以体力作业为主的操作。

8.7.1　作业强度分级

我国于 1983 年制定了按作业强度指数划分的国家标准《体力作业强度分级》(GB 3869—83)，如表 8.8 所示。该标准是以作业时间率和工作日平均能量代谢率[$kcal/(min\cdot m^2)$]为指标制定的，能较全面地反映操作时人体负荷的大小。作业强度指数 I 的计算公式如下：

$$I=3T+7M \tag{8-13}$$

式中，T 为作业时间率；M 为 8h 工作日能量代谢率[$kcal/(min\cdot m^2)$]。

表 8.8　体力作业强度分级

作业强度级别	作业强度指数	作业强度级别	作业强度指数
Ⅰ	≤15	Ⅲ	20～25(含 25)
Ⅱ	15～20(含 20)	Ⅳ	>25

作业时间率为一个工作日内净作业时间(即除休息和工作中间持续 1min 以上暂停时间外的全部活动时间)与工作日总工时之比，以百分率表示，即工作日内净作业时间/工作日总工时(%)。作业时间率可通过抽样测定，再取其平均值。

能量代谢率 M 的计算方法是：将某工种一个工作日内的各种活动和休息加以分类，求出各项活动与休息时的能量代谢率，分别乘以相应的累计时间，最后得出一个工作日内各种活动和休息时的合计能量消耗总值，再除以工作日总工时，即得出工作日平均能量代谢率。各项活动与休息时的能量代谢率 Y_e[$kcal/(min\cdot m^2)$]用下列公式计算。

每分钟肺通气量为 3.0～7.3L 时，有

$$\lg Y_e=0.0945x-0.53794 \tag{8-14}$$

每分钟肺通气量为 8.0～30.9L 时，有

$$\lg(13.26-Y_e)=1.1648-0.0125x \tag{8-15}$$

式中，x 为每平方米人体表面积每分钟呼气量[$L/(min\cdot m^2)$]。

每分钟肺通气量为 7.3～8.0L 时，则采用上述两式的平均值。

8.7.2　最大能量消耗界限

单位时间内人体可承受的体力工作量即体力工作负荷必须处在一定范围之内。负荷过小，不利于操作者工作潜能的发挥和操作效率的提高，造成人力的浪费；负荷过大，超过操作者的生理负荷能力和可提供能量的限度，又会损害操作者的健康，导致不安全事故发生。

通常人体最佳工作负荷是：在正常情况下，操作者个体工作 8h 不产生过度疲劳的最大工作负荷值。最大工作负荷值通常是以能量消耗界限、心率界限，以及最大摄氧量的百分数来表示。国外学者认为，能量消耗 5kcal/min、心率 110～115 次/min、吸氧量为最大摄氧量的 33%左右时，工作负荷为最佳工作负荷。中国医学科学院卫生研究所也曾对我国具有代表性行业中的 262 个工种的作业时间和能量代谢进行调查研究，提出了如下能量消耗界限：一个工作日(8h)的总能量消耗应为 1400～1600kcal，最多不超过 2000kcal。若在不良作业环境中进行操作，上述能耗量还应降低 20%。这一能耗界限比较适合我国作业者目前的能耗水平。

对于重度作业和极重度作业，只有增加工间休息时间，即通过作业时间率来调整工作日中的总能耗，使 8h 能耗量不超过最佳能耗界限。

对于一个工作日中，作业时间与休息时间的数值以及两者的合理配置比例，德国学者 E. A. 米勒研究认为，普通人不休息地进行连续操作 480min 的最大能量消耗界限为 4kcal/min，这一能量消耗水平也称为耐力水平。如果操作时的能耗超过这一界限，作业者就必须使用体内的能量储备。为了补充体内的能量储备，必须在操作过程中插入必要的休息时间。米勒假定标准能量储备为 24 kcal，要避免疲劳积累，则工作时间加上休息时间的平均能量消耗不能超过 4kcal/min。据此，可将能量消耗水平与作业持续时间，以及休息时间的关系通过下列公式表达。

设操作时增加的能耗量为 M、工作日总工时为 T，其中实际作业时间为 T_{L}，休息时间为 T_{R}，则

$$T = T_{\mathrm{L}} + T_{\mathrm{R}} \tag{8-16}$$

$$T_{\mathrm{r}} = T_{\mathrm{R}}/T_{\mathrm{L}} \tag{8-17}$$

$$T_{\mathrm{w}} = T_{\mathrm{L}} / T \tag{8-18}$$

式中，T_{r} 为休息率；T_{w} 为作业时间率。

实际作业时间为 24kcal 能量储备被耗尽的时间，代入得

$$T_{\mathrm{L}} = 24 / (M - 4) \tag{8-19}$$

要求总的能量消耗满足平均能量消耗不超过 4cal/min，代入有

$$\left.\begin{aligned} &T_{\mathrm{L}}M = \left(T_{\mathrm{L}} + T_{\mathrm{R}}\right) \times 4 \\ &T_{\mathrm{R}} = (M / 4 - 1)T_{\mathrm{L}} \\ &T_{\mathrm{r}} = M / 4 - 1 \\ &T_{\mathrm{w}} = 1 / (1 + T_{\mathrm{r}}) \end{aligned}\right\} \tag{8-20}$$

8.7.3　手工处理极限

手工处理极限评估主要包括举、升、放下、推、拉和搬运，降低下背部受到伤害的危

险评估。评估的计算方法有生理学模型法、生物力学模型法(如 8.8 节所述的人体静态生物力学模型法和第 7 章介绍的全身动力学模型法)及 NIOSH。生物力学模型法侧重于人体脊柱的作用力、力矩，其影响因素为躯干前屈、重心与机体的水平距离、提举的速度、提举姿势、搬运距离、提举的速度等。生理学模型法侧重于能耗和 EMG，其影响因素为躯干前屈、扭身、重心与机体水平距离、无把手/连接、提举高度、物体大小、频率/重复次数、工作时间(8～12h)等。NIOSH 是整合的评价。

8.8　人体静态生物力学分析

人体生物力学分析是通过人体模型的单个动作进行生物力学分析，人体模型的姿态是预先给定的，根据这个给定的姿态，计算出腰椎负荷、背部负荷、人体关节受力等。操作者的生物力学分析有多项内容，如频繁负重作业带来腰椎的生物力学分析、人机接触面的视觉生理性指标的分析、坐姿身体部位生理学的分析等。就负荷作业而言，人在搬举重物或做某些体力作业时要提起地面上的重物。如果提起的重量过大，或姿态不正确就容易损伤腰部。针对这一情况，就生物力学分析方面要做如下的工作：对提起重物时人体各部分的受力情况进行分析，确定以何种方式或何种路线提起重物最为合理；根据人体能承受载荷的能力来确定可搬举重量的最大限度(这是制定作业保护规范的必要数据)；将力学、生理学和解剖学的知识结合起来，通过对某个人的具体分析以确定是否适合较频繁搬举重物的作业。人在提起重物时，重物的重量经过手、上肢、胸、腰和下肢而后传入地面。受力较大的部位主要是腕、肘、肩、髋、膝和踝 6 个关节和腰椎。通常搬举重物时人体受力是对称的，并且由于搬举速度一般较慢，所以可忽略重物及人体在运动过程中的加速度效应。根据这一条件得到的模型称为 SSP(静态矢状面运动)模型(见图 8.7)。这个模型由 7 个链(手、前臂、上臂、躯干、大腿、小腿和脚)通过 6 个关节(腕、肘、肩、髋、膝和踝)连接而成。关节可以自由转动，相当于铰结点。所以人能够在一定范围内按自己的意志通过肌肉的伸缩以控制各链之间的角度(也就是人的姿态)。在这种情况下，身体相当于一个多自由度的机构。另外，人还可以通过关节周围的肌肉张紧来维持各链间的角度以保持一定的姿态。在此情况下，关节相当于固接点，它可以传递弯矩。整个人体的躯干、四肢组合系统相当于一个钢架。只要知道它的各部分尺寸和全部作用外力(包括搬举重物的重量和自身重量)，就可以算出其全部内力。图 8.8 所示为人在不同姿态下由于自重而引起的各关节处的力矩，图中的箭头和数字表示力矩的方向和数值，其单位为 kg•cm(1kPa=106 达因)。

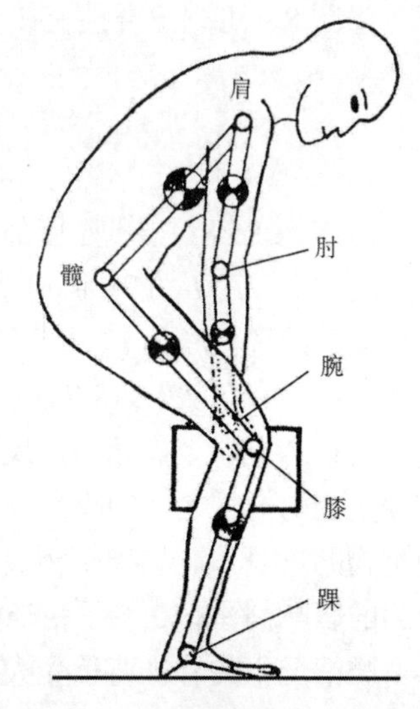

图 8.7　人搬举重物时的 SSP 模型

统计表明，在提起载荷时，腰部损伤最为严重。图 8.9 所示为提起重物时腰椎和腹部的受力情况。此时被提起物体的重力在腰部产生的压力由脊柱承受，在压力传递过程中形成的弯矩由背部肌肉的拉力和脊柱压力所组成的力偶来平衡。另外，提起重物时，由于腹部肌肉的收缩而产生腹腔内压 P_A。它沿人体轴线方向的合成拉力可以卸去一部分脊柱上的压力。腹

腔压力值可由经验公式计算，即

$$P_A=(0.6516-0.005447\alpha)\times(M_h)1.8\times10^{-4} \tag{8-21}$$

式中，α 为提起重物时大腿轴线与人体纵轴之间的夹角，是随重物高度而变化的量，以角度为单位；M_h 为提起重物时髋关节处所经受的力矩，以 kg • cm 为单位。

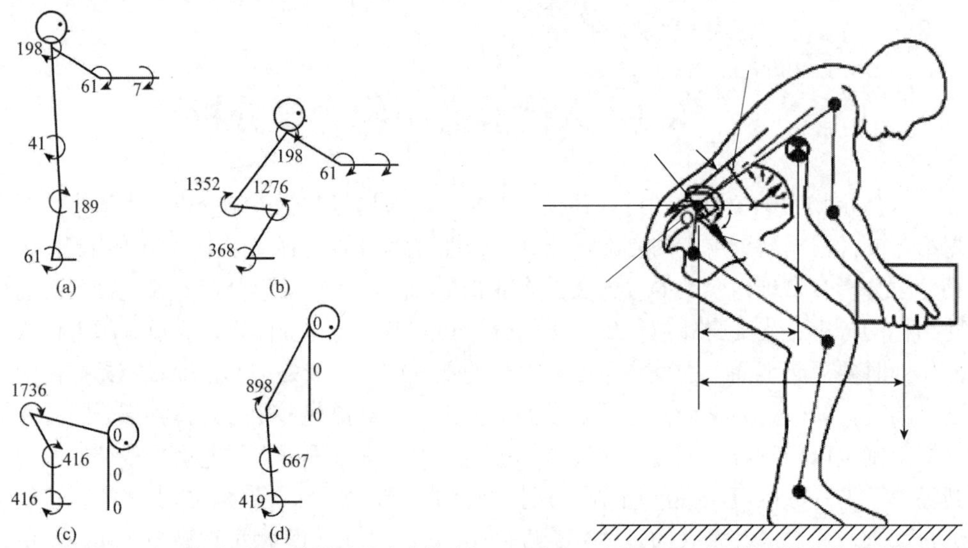

图 8.8　人在不同姿态下由于自身重量而在关节处产生的力矩　　图 8.9　提起重物时腰椎和腹部的受力状况图

由式(8-21)求出的 P_A 值较高的有 90mmHg，个别可高达 150mmHg。P_A 在脊柱轴线方向的合力 $F_A=P_AA$，这里 A 为腹腔在脊柱垂直方向的投影面积。

由图 8.9 可列出脊柱上任一个 O 点处的力和力矩的平衡方程，分别为

$$\sum F_0=0:(W+F_L)\sin\alpha+F_m-F_A=0\,(\text{向切割平面投影}) \tag{8-22}$$

$$\sum M_0=0:W\times b+F_L\times h-(F_m+F_A)\times m=0 \tag{8-23}$$

式中，W 为 L5/S1 腰骶连接部分以上的人体体重；F_L 为被举物体的重量；F_m 为肌肉拉伸力；F_A 为脊柱压力；b 为 W 到 O 点的水平距离，h 为 F_L 到 O 点的水平距离，a 为 F_A 到切割平面垂直面的距离，m 为 F_m 到切割平面垂直面的距离，如图 8.9 所示。

根据方程(8-22)及(8-23)可以求出肌肉与脊柱中的力 F_m 及 F_A。

可以看到，姿态角 α，尺寸 b、h、a、m 都影响脊柱和肌肉上的受力。计算表明，尽量减少重物与脊柱之间的距离 h 就可以显著降低脊柱所受的压力和肌肉中的拉力。因此要力求使重物贴近身体。如果重物尺寸较小，应当在腿间提起。通过计算可得到不同姿态对脊柱中应力的影响。图 8.10 所示为半弯腰和上体垂直两种姿势搬举重物的脊柱受力比较，可以看出，半弯腰情况下的脊柱将承受大得多的压力。因此，提起重物时应尽量采用直腰式。

鉴于作业中经常因搬举重物而导致腰部损伤，所以不少国家的职业安全和作业保护组织都对搬举重物的重量做出了限制。对于间断搬举重物情况(每两次搬举之间的间隔不少于 5min)，按照脊柱的腰椎与骶椎之间的椎间盘(软骨组织)中的总压力来进行控制。美国国家职业安全与健康研究院和联邦职业委员会认为，此压力在 362kPa 以下时，一般人都不会出现腰肌损伤。压力在 634kPa 以上为危险区，将在许多人中引起腰肌损伤，因此必须控制搬举重量

以保证不会出现该情况。在这两个压力之间的范围是控制区，应针对不同作业者的体质加以处理，还应提醒作业者注意搬举姿势和方法。图 8.11 所示为根据这一准则绘出的图线。由图可知 634kPa 曲线以上为危险区，362kPa 以下为安全区，这两条线之间的地带为控制区。只要知道搬举物的重量以及它的重心到人的脊椎骨的距离，就可以确定搬举时的安全性了。

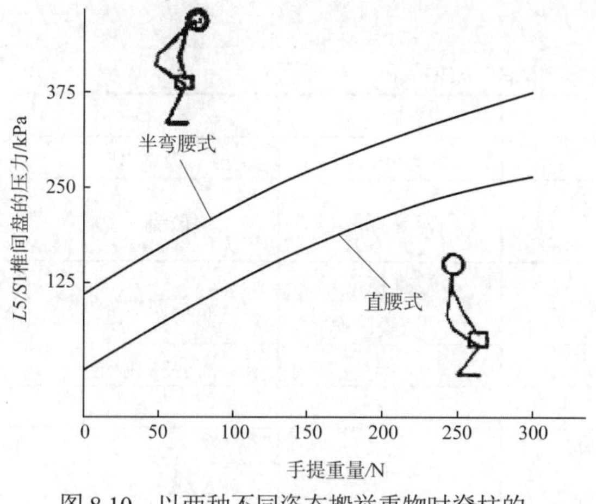

图 8.10　以两种不同姿态搬举重物时脊柱的腰椎下端最大压力

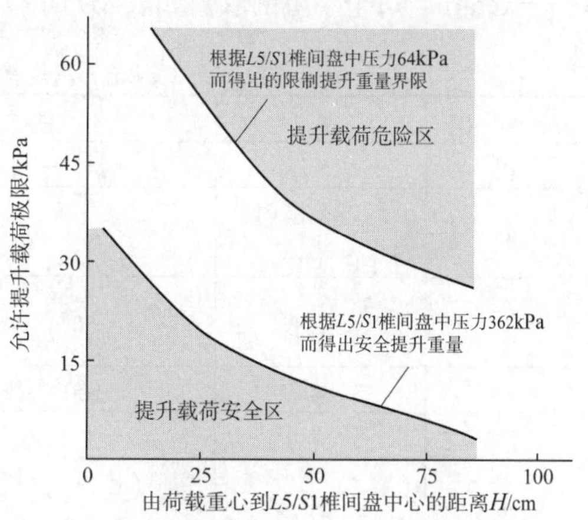

图 8.11　以脊柱中总压力为控制指标的允许搬举重量与搬举位置关系图

8.9　预测工作时间

在人机工程设计领域，作业时间分析的方法主要采用预定时间系统(predetermined time system，PTS，也称预定时间标准系统)来进行，该方法将一个作业周期的任务分解成若干个基本动作，根据基本动作确定标准时间。该方法利用预先为各种动作制定的时间标准来确定作业任务周期所需要的整个时间。不同的 PTS 方法对于动作的分级不同，但是原理都是一样的。由于 PTS 方法能够精确地说明动作并加上预定时间工时值，避免了现场测量或统计抽样中的随机性和不确定性，比用其他方法获得的数据更具有一致性，且更客观、准确。

国际上较为通用和认可的一种分析作业时间的方法是梅纳德操作排序技术(maynard operation sequence technique，MOST)，该方法具有计算速度快且准确率高、简单易学、长短周期作业都可消除人为因素等特点。北京朗迪锋科技有限公司开发的完全知识产权的 SoErgo 系统就具有基于该方法的作业时间预测分析功能。

MOST 方法将任务分解成三种基础的动作序列：①常规移动序列(general move sequence)，物体在空间中自由移动；②受控移动序列(controlled move sequence)，被移动目标与表面或另一个物体接触；③使用工具序列(tool utilization sequence)，使用常见手工工具。每项任务都可以分解成以上三种序列的组合。需要指出的是，MOST 方法中的三种基础动作序列已经定义好，不可修改。序列中的各个动作不可随意增加、省略或者删除。

8.9.1　常规移动序列

常规移动序列中的动作分为以下 4 种。

A(action distance)：身体水平方向发生的距离。

B(body motion)：身体垂直方向发生的距离。

G(gain control)：获得对目标控制的难易。

P(placement)：将目标放置到合适的位置。

由以上四种基本动作，可以组成常规移动序列：ABG——get object，ABP——put object，A——return。每个字母的取值如表 8.9 所示。

表 8.9　常规移动序列(ABG ABP A)

Index(*10)	A	B	G	P
0	≤5cm	—	—	拿着/扔
1	触及范围内(>5cm)	—	容易抓取	放到一边
3	1～2 步	50%弯腰	较难抓取(重、隐藏、遮挡)	需要微调/轻压
6	3～4 步	100%弯腰	—	需要精调/重压
10	5～7 步	坐下/起立	—	—
16	8～10 步	攀登(上/下)、弯腰/坐下、弯腰站着、穿门而过	—	—
24	11～15 步	—	—	—
32	16～20 步	—	—	—
42	21～26 步	—	—	—
54	27～33 步	—	—	—
67	34～40 步	—	—	—
81	41～49 步	—	—	—
96	50～57 步	—	—	—
113	58～67 步	—	—	—
131	68～78 步	—	—	—
152	79～90 步	—	—	—
173	91～102 步	—	—	—
196	103～115 步	—	—	—
220	116～128 步	—	—	—
245	129～142 步	—	—	—
270	143～158 步	—	—	—
300	159～174 步	—	—	—
330	175～191 步	—	—	—

8.9.2　受控移动序列

常规移动序列中被移动目标的自由度受到限制，其动作序列为：ABG ——get object，MXI——controlled move，A——return。其中，A、B、G 的含义与常规移动序列相同。

M(move controlled)：受控制的移动(手动控制)。

X (process time)：处理时间(机器处理，非手动)。

I (align)：对齐。

其中每项的取值如表 8.10 所示。

表 8.10　受控移动序列(ABG MXI A)

Index(*10)	M		X			I
	压/推拉/旋转	曲柄	秒	分	小时	
1	按钮、开关、把手；<=30cm		0.5	0.01	0.0001	单点对齐
3	有阻力；需控制；>30cm；两段<=30cm	1 次	1.5	0.02	0.0004	两点对齐(<10cm)
6	两段>30cm；两个方向	2～3 次	2.5	0.04	0.0007	两点对齐(>10cm)
10	3～5 次；3～4 个方向	3～6 次	4.5	0.07	0.0012	—
16	6～9 次	7～11 次	7	0.11	0.0019	精准对齐
24	10～13 次	12～16 次	9.5	0.16	0.0027	—
32	14～17 次	17～21 次	13	0.21	0.0036	—
42	18～22 次	22～28 次	17	0.28	0.0047	—
54	23～28 次	29～36 次	21.5	0.36	0.006	—
67	29～34 次	—	26	0.44	0.0073	—
81	—	—	31.5	0.52	0.0088	—
96	—	—	37	0.62	0.0104	—
113	—	—	43.5	0.72	0.0121	—
131	—	—	50.5	0.84	0.0141	—
152	—	—	58	0.97	0.0162	—
173	—	—	66	1.1	0.0184	—
196	—	—	74.5	1.25	0.0207	—
220	—	—	83.5	1.39	0.0232	—
245	—	—	92.5	1.54	0.0257	—
270	—	—	102	1.7	0.0284	—
300	—	—	113	1.88	0.0314	—
330	—	—	124	2.05	0.0344	—

8.9.3　使用工具序列

使用工具序列是在常规移动序列和受控移动序列的基础之上，再加入使用工具的具体事件，其动作序列为 ABG ABP * ABP A，其中 ABG——get tool，ABP——put tool in position，*——use tool，ABP——put tool aside，A——return。字母 A、B、G、P 的含义与常规移动序列相同。*代表使用工具的动作，包含以下 7 种：F(fasten)，拧紧，用手或工具；L(loosen)，拧松；C(cut)，切割；S(surface treat)，清理表面；M(measure)，测量；R(record)，记录；T(think)，思考。

F/L 的值取决于身体完成该动作所需要的部位和次数，包括手指动作、手腕动作以及手臂动作。手指动作主要依靠手指转动来完成 F/L，手腕动作分为转动(不重置工具)、转动(重置工具)、绕手腕转动以及轻敲，手臂动作分为近似拉(不重置工具)、近似拉(重置工具)、绕肘/肩转动以及敲击。当用到动力工具来完成 F/L 动作时，可以直接读取数值(见表 8.11 和表 8.12)。

表 8.11　使用工具(ABG ABP * ABP A)

Index(*10)	拧紧(F)拧松(L)									
	手指动作	手腕动作				手臂动作				工具动作
	转动	转动(不重置工具)	转动(重置工具)	绕手腕转动	轻敲	近似拉(不重置工具)	近似拉(重置工具)	绕肘/肩膀转动	敲击	动力工具
	手指/螺丝刀	手/棘轮扳手/螺丝刀	内六角扳手	棘轮扳手	锤子	棘轮扳手	内六角扳手	内六角扳手	锤子	电动/气动
1	1	—	—	—	1	—	—	—	—	—
3	2	1	1	1	3	1	1	—	1	6mm
6	3	3	2	3	6	2		1	3	25mm
10	8	5	3	5	10	4	2	2	5	
16	16	9	5	8	16	6	3	3	8	
24	25	13	8	11	23	9	4	5	12	
32	35	17	10	15	30	12	5	6	15	
42	47	23	13	20	39	15	8	8	21	

表 8.12　工具放置索引号

Index(*10)	工具
0	锤子
1	手或手指
1	刀子
1	剪子
1	钳子
1	书写工具
1	测量工具
1	表面清理工具
3	螺丝刀
3	扳手
3	棘轮扳手
3	内六角扳手
3	动力工具
6	可调扳手

C：根据使用工具的不同进行分类，包括老虎钳、剪刀和刀子。根据操作的不同以及动作次数进行取值。

S：根据使用工具的不同进行分类，包括气嘴、刷子和布。根据清理面积的不同进行取值。

M：主要根据测量工具的不同进行取值。

R：分为铅笔和马克笔，并且根据书写内容进行不同的取值。

T：主要根据任务内容的不同进行分类，分为检查和阅读。检查是指快速检查目标是否存在缺陷，阅读分为数字/单词与段落。

C、S、M、R、T 值可查表 8.13 获得。

表 8.13　使用工具(ABG ABP * ABP A)

Index(*10)	切割(C)				表面清洁(S)			测量(M)	记录(R)			思考(T)		
	老虎钳		剪刀	刀子	空气	刷子	布	测量	铅笔		马克笔	检查	阅读	
	—	金属钳	次数		面积($0.1m^2$)			测量工具	数字	字母	数字	点	数字/单词	段落
1	捏住	—	1	—	—	—	—	—	1	—	—	1	1	3
3	—	单手剪一次	2	1	—	—	0.5	—	2		1 或画线	3	3 (测量数据)	8
6	扭合/接合	—	4	—	1 或单个腔体	1 或较小目标	—	—	4	1	2	5 或接触检查温度	6 (时间/日期)	15(时间/日期)
10	—	单手剪两次	7	3	—	—	1	轮廓量规	6	—	3	9 或接触检查温度	12 (游标卡尺)	24
16	扁销/开口销	—	11	4	3	2	2	固定刻度表(30cm)	9	2	5	—	—	38 (表格)
24	—	双手剪两次	15	6	4	3		间隙测量仪	13	3	7	—	—	55
32	—	—	20	9	7	5	5	深度测量仪	18	4	10	—	—	—
42	—	—	27	11	10	7	7	外径千分尺	23	5	13	—	—	94
54	—	—	33	—	—	—	—	内径千分尺	29	7	16	—	—	119

8.9.4　作业时间计算

通过对上述三种序列进行分析，可以计算该任务需要多少个 TMU，从而得出该任务的作业时间。TMU 和时间的换算率为 1 TMU = 0.0006 min = 0.036s。例如，某任务的动作序列是常规移动序列，通过表 8.9 可以得到 A10 B6 G3 A6 B0 P3 A0。

首先，将每个动作的取值相加，10+6+3+6+0+3+0=28。

其次，乘以常数 10 得到任务的 TMU 数，28×10=280TMU。

最后，计算任务的作业时间，280TMU=280×0.036s=10.08s。

思　考　题

1. 试述力量负荷的评价方法与姿势负荷的评价方法的区别。
2. 什么是可达性与可视域？
3. 试述疲劳恢复时间分析。
4. 试述作业者的作业强度与标准。
5. 人体在静态生物力学分析中做了哪些假设？

第 9 章　人机环境设计数字化评价方法与标准规范

舒适性主要指人的主观感觉，其影响因素与条件十分复杂，不仅受振动、噪声、温度、压力、湿度、照明等诸多因素的影响，而且还受人们健康和心理因素的影响。因此，可以将舒适性定义为大多数人生理与心理方面所达到满意的状态。

目前，多数数字化人机工效评估系统主要针对的是生理性舒适性的评价。舒适性评价又分为静态舒适性和动态舒适性评价两种。静态舒适性主要指人体在生活或工作中摆出各种姿态时的各个生理关节的角度是否在舒适角度范围内(这些舒适角度是通过大量真人实验获得的)，或各种姿态加力负荷下的舒适性。多数数字化人机工效评估系统通过调整人体姿态，判断身体的各关节角度是否均处于合理范围之内，以人机工程学数据(舒适角度范围)为依据，进行简单、快速的比较和分析，就可以给出当前姿态的舒适性评价结果。

动态舒适性主要指人体运动负荷或环境因素(如振动、噪声、温度、压力湿度、照明等)引起的人体生理和心理上的主观感受的评价。所以，在实际人机系统设计中需要根据人体系统的特点来选择静态、动态或静态+动态三种方案，如载运工具上的人体(操控者或搭乘者)，既要考虑其静态舒适性又要考虑其动态舒适性。本章主要介绍人机环境设计数字化评估方法和标准。

【学习目标】

1. 了解人体全身振动舒适性的评价方法与标准。
2. 了解人的热感觉、热舒适及其评价指标与标准。
3. 了解光环境的综合评价方法。
4. 了解噪声评价标准与方法。
5. 了解基于假人模型的汽车碰撞对人体伤害的评价标准与方法。
6. 了解人体暴露于电磁场的评价标准与方法。

9.1　人体全身振动舒适性评价方法与标准

振动普遍存在于人的工作、生活与娱乐环境中，引起人们的广泛关注与研究。至今已建立了多种评价方法与标准。本节主要介绍被广泛引用的国际标准和基于国际标准建立的国家标准与方法。

9.1.1　人体振动的评价标准

振动的评价标准是对接触的振动环境进行人机环境工程评价的重要依据。为统一评价人体承受全身振动的效应，国际标准化组织在综合分析各国大量试验研究资料的基础上，提出《人体承受全身振动的评价指南》(ISO 2631)。另外，针对人体特别是手承受局部振动的效应，国际标准化组织又提出《人体手传振动的测量和评价》(ISO 5349)。这两项标准已被许多国家所采用。图 9.1 所示为人体振动基本坐标系方向。

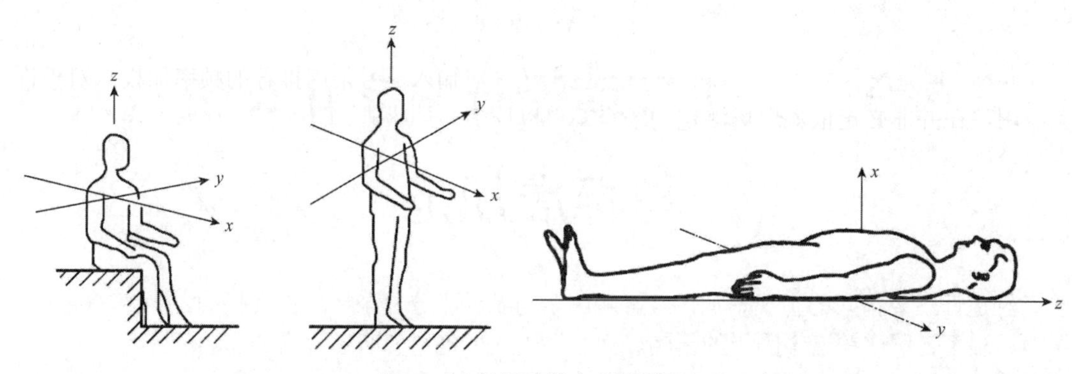

图 9.1　人体振动基本坐标系方向

《人体承受全身振动的评价指南》是以振动强度(用加速度的有效值表示，0.1～20m/s²)、振动频率(1/3 中心频率 1～80Hz)、振动方向(*x*、*y*、*z* 三个方向)和人体接受振动的时间(1min～24h)四个因素的不同组合而制定的。该标准将人体承受的全身振动分为以下三种不同的界限。

(1) 疲劳-工作效率降低界限。疲劳-工作效率降低界限主要应用于对建筑机械、重型车辆等振动效应的评价，超过该界限，将引起人的疲劳，导致工作效率的下降。

(2) 受振极限(健康界限)。受振极限是区分振动强度能否损害人体健康与安全的界限，相当于振动的危害阈或极限。超过该界限，将损害人的健康和安全。它是疲劳-工作效率降低界限的 2 倍，即它比相应的疲劳-工作效率降低界限的振动级高 6dB。

(3) 舒适性降低界限。舒适性降低界限以不影响人的日常活动或工作中的基本动作为基础，此界限与保持在振动环境下人体的舒适感有关。超过该界限，将使人产生不舒适的感觉。疲劳-工作效率降低界限为舒适性降低界限的 3.15 倍，即它比相应的疲劳-工作效率降低界限的振动级低 10dB。

图 9.2 说明了 ISO 2631 中疲劳-工作效率降低垂直方向振动的界限。4～8Hz 的最小值代表身体的固有频率。实际中，可按环境与任务的性质和采纳标准提高或降低疲劳允许界限(FDP)和舒适性界限。FDP 可按任务从 3 到 12dB 发生变化，舒适性界限可按环境因素从 3 到 30dB 发生变化。图 9.2 所示值减去 10dB 即得到略低的舒适界限，加 6dB 即得到安全生理暴露界限。

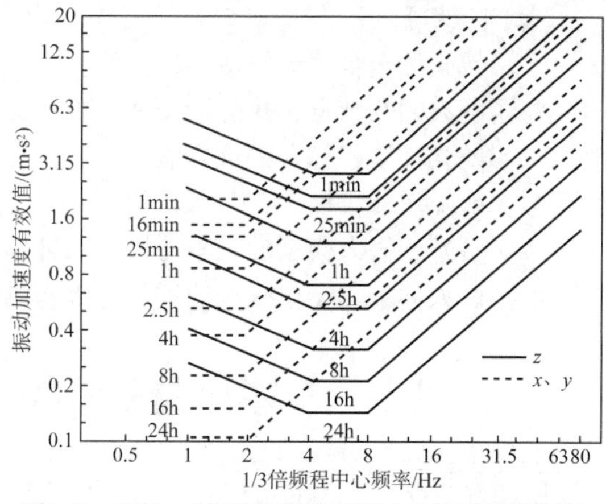

图 9.2　疲劳-工作效率降低垂直方向振动的界限图

9.1.2　坐姿、立姿人体承受全身振动的评价方法

不同的工作环境应选取不同的感觉界限作为评价振动的基本标准。例如，对于拖拉机、工程机械和载货汽车，宜取保持工作效率界限作为评价标准；而对于轿车、小客车和旅游车的乘客和驾驶员则应取保持舒适性界限作为评价标准。

国际标准 ISO 2631 中的评价标准是在实验室中对振动台上站着或坐着的受试者施加单频率的简谐振动，根据受试者的感觉统计得出的一组相互平行的等感觉线，其界限值可直接、有效地用于单频率简谐振动的评价。振动测试设备一般由以下部分组成：传感器或拾振器、放大器(电的、机械的或者光学的)、振幅或振级指示器或记录仪。在适当、可行(如电子仪器)之处，可包含滤波网络来限制设备的频率范围，并对输入信号采用推荐的频率加权。对于许多应用，在并非必定依赖现场测定的场合，可以用适当的磁带记录系统获得样本记录，随后进行分析。为了方便，还可包含有方均根值检波装置，这样可直接读出和记录方根值。

从等效的观点考虑，也可直接用于集中在 1/3 倍频程或更小频带中的窄带随机振动的评价，此时，应以 1/3 倍频程中心频率处的振动加速度有效值的容许界限值，与相应的 1/3 倍频程通带内的实测振动加速度有效值相对比。对于宽带随机振动或多个离散频率的振动，若假设不同频率的振动对人体产生的影响效果之间没有明显的相互干扰，则可根据具体情况和要求而采用 1/3 倍频程分析对比法或频率计权评价法之一进行振动舒适性的评价。

1. 1/3 倍频程分析对比法

这种评价方法将 1～80Hz 频率范围分解为 20 个 1/3 倍频程。所谓 1/3 倍频程，就是按下述规律划分的频带：各频带的上限频率 f_U 与下限频率 f_L 之比为 $f_U / f_L = 2^{\frac{1}{3}}$，且频带中心频率 f_c 为 $f_c = \sqrt{f_L f_U}$；相邻两个频带的中心频率之比也是 $2^{\frac{1}{3}}$。

用 1/3 倍频程分析对比法进行评价时，通常利用专用的频谱分析仪或分析系统将实测的振动加速度信号进行分析处理，求得每个 1/3 倍频程的振动加速度有效值，即 1/3 倍频程振动加速度频谱，然后分别与该频带中心频率处的相应界限值进行对比。若实测的 1/3 倍频移振动加速度频谱中的所有点均低于对应频带的容许界限线(如 4h 界限线)，则认为振动舒适性完全符合标准；若有一个或两个在人体最敏感频率范围之外的点超过所要求的界限线，但仍低于另一条稍放宽的容许界限线(如 2h 界限线)，则可认为基本符合标准；否则，就认为不符合标准。此法比较适合窄带随机振动的评价。

如果有几个 1/3 倍频程的振动同时作用于人体，则认为主要是人体感觉最突出的那个频带的振动影响人体，其余频带的振动对人体的感觉效果不产生明显干扰。

2. 频率计权评价法

频率计权评价法采用总加权加速度有效值作为评价指标。

(1) 计算总加权加速度有效值。用频率计权评价法进行评价时，先用频率加权函数将人体最敏感频率范围之外的各频带振动加速度有效值，折算为人体最敏感频率范围内的加速度有效值，然后求取各折算加速度有效值 a_{W_i} 的平方和的方根值，称为总加权加速度有效值，记作 a_W。

按此算法，折算频带加速度有效值 a_{W_i} 为

$$a_{W_i} = W_{fi} a_{fi} \tag{9-1}$$

总加权加速度有效值 a_W 为

$$a_W = \sqrt{\sum_{i=1}^{20} a_{W_i}^2} \tag{9-2}$$

式中，a_{W_i} 为等效于人体最敏感频率范围内(垂直方向为 4～8Hz，水平方向为 1～2Hz)的第 i 频带的折算加速度有效值，i=1, 2, 3, …, 20 对应 1～80Hz 频率范围内的 20 个 1/3 倍频程的不

同频带(实质上，频率计权法就是将 1～80Hz 频率范围内的全部振动能量换算为人体最敏感频率范围内等效振动加速度有效值)； a_{fi} 为 1～80Hz 频率范围内，1/3 倍频程第 i 个频带中心频率处的实测振动加速度方均根值。

$$a_{fi} = \sqrt{\frac{1}{T}\int_0^T a_{fi}^2(t)\mathrm{d}t} \tag{9-3}$$

式中，T 为振动信号的分析时间；W_i 为频带的加权因子。

不同频率的加权因子 W_i 可按式(9-4)和式(9-5)计算。

垂直方向：

$$W_{ft} = \begin{cases} 0.5f_c & 1 < f_c \leqslant 4 \\ 1 & 4 < f_c \leqslant 8 \\ 8/f_c & 8 < f_c \leqslant 80 \end{cases} \tag{9-4}$$

水平方向：

$$W_{ft} = \begin{cases} 1 & 1 < f_c \leqslant 2 \\ 2/f_c & 2 < f_c \leqslant 80 \end{cases} \tag{9-5}$$

式中， f_c 为各频带的中心频率。

(2) 计算总加权加速度有效值的允许界限，按国际标准 ISO 2631 的规定，与总加权加速度有效值相对应的允许界限值按式(9-6)计算，得

$$[a_W] = \sqrt{20}a_{fm} \tag{9-6}$$

式中，$[a_W]$为总加权加速度有效值的允许界限；a_{fm} 为根据 ISO 2631 标准选取的评价标准，与人体最敏感频率范围的振动加速度的适当界限值相对应。

(3) x、y、z 三个方向复合振动评价。如果人体承受 x、y、z 三个方向的复合振动，x、y、z 三个方向振动的坐标系如图 9.1 所示。评价时，先对每个振动方向的加速度进行频率加权计算，然后按式(9-7)计算总加权加速度有效值 a_W：

$$a_W = \sqrt{(1.4a_{xW})^2 + (1.4a_{yW})^2 + a_{zW}^2} \tag{9-7}$$

式中，前后和左右两个水平方向的加权系数取为 1.4，表示在人体最敏感频率范围内，人体对水平方向的振动更为敏感和更难以忍受。计算得到的总加权加速度有效值 a_W，应同 ISO 2631 标准的垂直振动(z 向)的某一个总加权加速度有效值的允许界限 a_{zw} 进行比较，来评价振动舒适性。

3. 1Hz 以下振动的评价

以上讨论的振动频率范围是 1～80Hz。对低于 1Hz 的振动，不同的人由于个体方面的差异(如视觉、嗅觉、年龄、性别等)，对该频域振动的反应也变化多样，有些人会出现运动病症状。基于严格的观察及实验室和现场研究分析的结果，国际标准 ISO 2631 提出了关于人体承受 0.1～0.63Hz 垂直振动的评价标准，它尤其适合用于离散频率和窄频带振动，并且也暂时适用于特定频率范围的随机振动和非周期振动。

(1) 严重不舒适界限。规定以严重不舒适界限(见表 9.1)作为人体承受该频率范围垂直振

动的允许受振界限。在该频率范围内，许多运输工具都存在不容忽视的振动，它会引起某些有害影响。此标准认为在 0.63～1Hz 范围内很少发生运动病，所以可忽略。严重不舒适是指出现了运动病症状。这些症状按严重程度，从脸色苍白、头昏眼花开始，经过恶心、呕吐，到完全失去工作能力，病态症状连续发生并逐渐加剧。而病态症状的严重程度和持续时间因人而异。对同一个人，病态症状的变化取决于周围环境和本人习惯。如果加速度或者持续时间已超过表 9.1 的量值范围，那么，无经验的(即无依靠地站着或者坐着的正常健康)人都会极度不舒适和暂时性丧失活动能力(约有 10%的人能承受超过界值水平的加速度，因此界值有 90%的覆盖率)。本界值适用于不经常(无经验)的普通公共乘客。许多人已经适应经常承受振动，对这些人中的 90%，则界值可以提高或者界值不变，能合乎界值要求的人数覆盖率可加大为 95%左右。但是对于一般乘客，有大约 5%的少数人对于低于 0.63Hz 的振动一点也不适应。

表 9.1　垂直振动加速度有效值表示的严重不舒适界限

1/3 倍频程中心频率/Hz	垂直振动加速度有效值/(m · s^2)			1/3 倍频程中心频率/Hz	垂直振动加速度有效值/(m · s^2)		
	30min	2h	8h		30min	2h	8h
0.10	0	0.5	0.25	0.315	1.0	0.5	0.25
0.125	1.0	0.5	0.25	0.40	1.5	0.75	0.375
0.16	1.0	0.5	0.25	0.50	2.15	1.08	0.54
0.20	1.0	0.5	0.25	0.63	3.15	1.60	0.80
0.25	1.0	0.5	0.25				

由于女性比男性更易得运动病，对于女性，允许受振界限只有 85%的覆盖率，而有 15%左右的女性在承受所推荐的量级或略高一点的量级时，就会得运动病。通常加速度值降低 20%左右才能使女性保持 90%的覆盖率。故对女性的严重不舒适界限的振动加速度限值应降低。在其他形式的非垂直振动叠加于垂直振动上的场合，为了维持相同程度的保护性，应将严重不舒适界限的振动加速度限值相应降低 25%。同时允许值随年龄的不同也有很大的变化，例如儿童对振动特别敏感，而年纪大的就不敏感(但 18 个月以内的婴儿对运动病有很大的免疫力)。目前尚未提出考虑年龄影响的现实的调整方法。

(2) 降低灵活性。严重不舒适界限包括运动病引起的丧失能量病症。在 1Hz 以下，全身与肢体的惯性反作用非常大，而且在某些振动量级下几乎使双手丧失灵活性。可忍受损伤的等级和相应的加速度水平随着工作性质的不同而变化很大。ISO 2631 提出，在几乎没有这方面数据的情况下，建议对从事书写和精细手控操作的人，可取界限值近似为 1.75m/s^2 的加速度有效值，也即峰值为 0.25g 的加速度值，它与频率基本无关。

(3) 舒适性降低界限。由于缺乏数据和舒适性降低症状的多样性，不可能对 0.1～1Hz 频段给出一个舒适性降低界限与 1～80Hz 频段相协调或延续。

9.1.3　卧姿人体全身振动舒适性的评价方法与标准

国际标准化组织于 1981 年建立了卧姿人体激励点速度阻抗标准(ISO 5982—1981)，该标准是基于对体重在 62.2～104kg 的 12 名试验对象在输入正弦加速度幅值在 1～2.5m/s^2 的实验结果所求得的。

舒适性评价是根据人体在臀、背、头等部位输入的振动加速度综合作用而得出的。

1. 部位计权加速度的计算

一般由加速度自功率谱密度函数 $G_a(f)$ 计算部位计权加速度，计算步骤如下。

步骤 1：按式(9-8)计算 1/3 倍频程加速度均方根值。

$$a_j = \left[\int_{f_{1j}}^{f_{\mathrm{U}j}} G_a(f)\mathrm{d}f\right]^{\frac{1}{2}} \tag{9-8}$$

式中，a_j 为中心频率为 f_j 的第 j(j=1, 2, ⋯, 23)个加速度均方根值，m/s²；$f_{\mathrm{U}j}, f_{1j}$ 为分别是 0.5～80Hz 频率范围的 1/3 倍频程中心频率 f_j (见 GB/T 3240—1982)的上、下限频率，Hz；$G_a(f)$ 为加速度自功率谱密度函数，m²/s³。

式(9-8)中的 a 可以是由支撑面传给仰卧姿人体臀部或头部的加速度 a_{xb}、a_{xh}，$G_a(f)$ 是与 a_{xb}、a_{xh} 的加速度自功率谱密度函数，对应求出的 a_j 是臀部、头部输入的 x 轴振动 1/3 倍频程加速度均方根值 a_{xbj}、a_{xhj}。

步骤 2：按式(9-9)计算部位计权加速度。

$$a_{\mathrm{xbhj}} = W_{\mathrm{xbj}} \cdot a_{\mathrm{xbj}} + W_{\mathrm{xhj}} \cdot a_{\mathrm{xhj}} \tag{9-9}$$

式中，a_{xbhj} 为中心频率为 f_j 的第 j(j=1, 2, ⋯, 23)个 1/3 倍频程臀-头部位计权加速度均方根值，m/s²；W_{xbj}、W_{xhj} 分别为臀、头部输入的 x 轴振动加速度的部位计权系数，无量纲(见表 9.2)；a_{xbj}、a_{xhj} 分别为由臀、头部输入的 x 轴 1/3 倍频程振动加速度均方根值，m/s²。

表 9.2　卧姿人体臀、头部 x 轴振动加速度部位计权系数

1/3 倍频程中心频率 f_j /Hz	臀部		头部	
	W_{xbj}	dB	W_{xhj}	dB
0.5	0.515	−5.76	0.485	−6.29
0.63	0.515	−5.76	0.485	−6.29
0.8	0.515	−5.76	0.485	−6.29
1.0	0.515	−5.76	0.485	−6.29
1.25	0.515	−5.76	0.485	−6.29
1.6	0.515	−5.76	0.485	−6.29
2.0	0.515	−5.76	0.485	−6.29
2.5	0.515	−5.76	0.485	−6.29
3.15	0.515	−5.76	0.485	−6.29
4.0	0.585	−4.66	0.415	−7.64
5.0	0.657	−3.65	0.343	−9.29
6.3	0.733	−2.70	0.267	−11.47
8.0	0.594	−4.52	0.406	−7.83
10.0	0.459	−6.76	0.541	−5.34
12.5	0.329	−9.66	0.671	−3.47
16.0	0.203	−13.85	0.797	−1.97
20.0	0.082	−21.72	0.918	−0.74

(续表)

1/3 倍频程中心频率 f_j /Hz	臀部		头部	
	W_{xbj}	dB	W_{xhj}	dB
25.0	0.082	−21.72	0.918	−0.74
31.5	0.082	−21.72	0.918	−0.74
40.0	0.082	−21.72	0.918	−0.74
50.0	0.082	−21.72	0.918	−0.74
63.0	0.132	−17.59	0.868	−1.23
80.0	0.190	−14.42	0.810	−1.83

2. 频率计权加速度的计算

利用式(9-9)计算出部位计权加速度后，可由式(9-10)计算卧姿人体 x 轴振动的臀-头频率计权加速度。

$$a_{\text{xbhw}} = \left[\sum_{j=1}^{23}\left(W_{\text{xbhj}} \cdot a_{\text{xbhj}}\right)^2\right]^{\frac{1}{2}} \tag{9-10}$$

式中，a_{xbhw} 为卧姿人体臀-头 x 轴振动的频率计权加速度均方根值，m/s^2；a_{xbhj} 为第 j 个 1/3 倍频程中心频率下卧姿人体臀-头 x 轴振动的部位计权加速度均方根值，m/s^2；W_{xbhj} 为第 j 个 1/3 倍频程中心频率下卧姿人体臀-头 x 轴振动加速度的频率计权系数(见表 9.3)。

表 9.3　卧姿人体臀-头 x 轴振动加速度频率计权系数

1/3 倍频程中心频率 f_j /Hz	频率计权系数	
	W_{xbhj}	dB
0.5	0.439	−7.15
0.63	0.439	−7.15
0.8	0.439	−7.15
1.0	0.439	−7.15
1.25	0.439	−7.15
1.6	0.439	−7.15
2.0	0.439	−7.15
2.5	0.439	−7.15
3.15	0.439	−7.15
4.0	0.580	−4.73
5.0	0.760	−2.38
6.3	1.000	0.00
8.0	1.000	0.00
10.0	1.000	0.00
12.5	0.834	−1.58
16.0	0.695	−3.16
20.0	0.580	−4.73
25.0	0.580	−4.73
31.5	0.775	−2.21

(续表)

1/3 倍频程中心频率 f_j/Hz	频率计权系数	
	W_{xbhj}	dB
40.0	1.036	+0.31
50.0	1.036	+0.31
63.0	0.696	−3.15
80.0	0.468	−6.59

3. 卧姿人体全身振动舒适性等级

卧姿人体全身振动舒适性的评价按照表 9.4 的规定进行评定。

表 9.4　卧姿人体全身振动舒适性的评价等级

舒适性等级	a_{xbhw}
一级：感觉不到不舒适	$a_{xbhw} \leqslant 0.315\ m/s^2$
二级：略感不舒适	$0.315m/s^2 < a_{xbhw} \leqslant 0.630m/s^2$
三级：比较不舒适	$0.500m/s^2 < a_{xbhw} \leqslant 1.000m/s^2$
四级：不舒适	$0.800m/s^2 < a_{xbhw} \leqslant 1.600m/s^2$
五级：很不舒适	$1.250m/s^2 < a_{xbhw} \leqslant 2.500m/s^2$
六级：极不舒适	$2.000m/s^2 < a_{xbhw}$

4. 舒适性的评定对象

本标准舒适性的评定适用于正常健康人，即可以从事正常生活起居、旅行，能承受正常工作负荷的人。

9.1.4　手传振动舒适性的评价方法与标准

1. 手臂系统的机械阻抗

人体手臂系统的机械阻抗描述对施加于人手的振动力引起的手臂系统的运动响应。例如，这种振动力在操作振动的手持式动力工具时产生。在进行以下设计及开发时要求给出手臂系统的机械阻抗：①减振和防振装置；②用来测量动力工具手柄振动的试验环。

对机械阻抗的了解可以对传向人手的机械力进行评价，并有助于对手臂系统的生物动力学特性进行描述，人体手臂系统机械阻抗标准化值的确定将有助于有效地减振、防振装置及有意义的试验方法的开发。

当手握住振动物体时，手臂系统的响应取决于多种因素，最重要的因素如下：①按手臂系统考虑的振动方向；②被握物体的几何形状；③由手施加到物体上的力；④姿势；⑤肌肉状态；⑥人体测量学特性。

表 9.5～表 9.8 为 1/3 倍频程中心频率 x_h、z_h和 y_h方向上的手臂系统驱动点的自由机械阻抗值(GB/T 19740—2005/ISO 10068：1998)。这些自由阻抗的参考值在满足下列全部条件时适用于男性人体。

(1) 肘部角度为 90°(允差±15°)，以使手臂相对于躯干的位置处于图 9.3 限定的范围内，即 $75° < \alpha < 105°$，$-15° < \beta < 15°$，$-15° < \gamma < 15°$，$\alpha + \beta < 120°$(当测量方向为顺时针时，角度为正)。

(2) 腕部在中间位置(允差±15°)，如图 9.3 所示。

(3) 手握持手柄(见图 9.4)的直径为 19～45mm。非圆形截面手柄最小截面尺寸和最大截面尺寸为 19～45mm 时，参考值也适用。

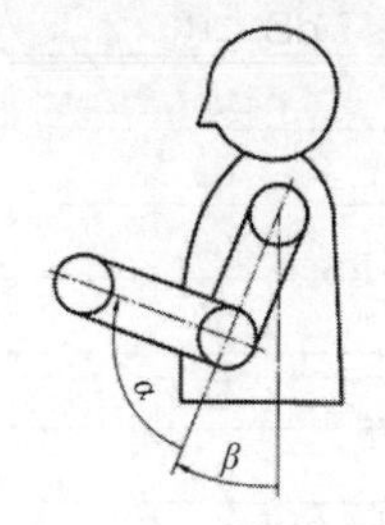

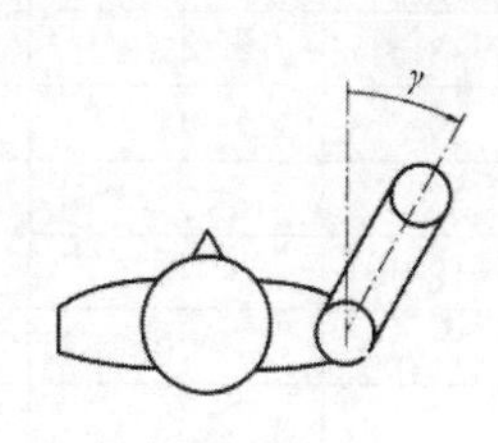

图 9.3　手臂位置允许范围

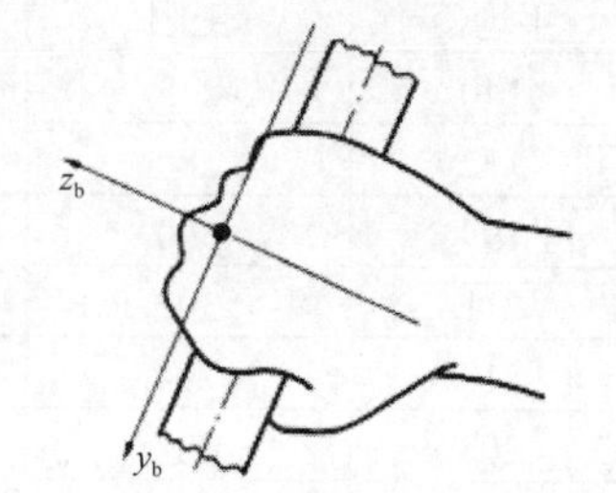

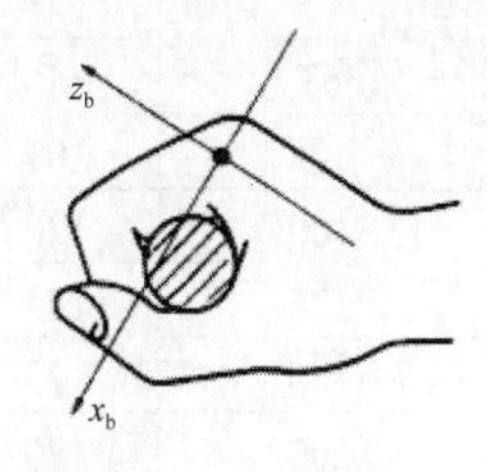

图 9.4　腕部位置(当测量方向为顺时针时角度为正)

(4) 手的握力为 30N±5N，推进力为 50N±8N。

表 9.5　1/3 倍频程中心频率 x_b 和 z_b 方向上的手臂系统驱动点的自由机械阻抗参考值

频率/Hz	x_b 方向		z_b 方向	
	模/(N·s/m)	相位/(°)	模/(N·s/m)	相位/(°)
10	40	53	156	30
12.5	51	53	170	28
16	57	53	185	24
20	67	54	198	19
25	76	57	210	15
31.5	87	53	225	8
40	98	53	228	1
50	114	51	210	-4
63	140	47	181	-6
80	173	43	161	-3
100	204	37	165	2
125	216	31	180	8
160	215	29	190	14
200	213	23	205	18
250	194	24	221	19
315	208	25	236	20
400	229	26	251	20
500	297	29	270	23

表 9.6　1/3 倍频程中心频率 x_h 方向上的手臂系统驱动点的自由机械阻抗值

频率/Hz	模/(N·s/m)			相位/(°)		
	下限	平均值	上限	下限	平均值	上限
10	24	38	59	36	53	68
12.5	30	49	71	38	53	69
16	33	54	80	38	53	70
20	36	64	84	38	54	71
25	43	72	104	38	57	72
31.5	51	80	125	38	53	73
40	62	95	154	37	53	73
50	74	112	189	36	51	70

(续表)

频率/Hz	模/(N · s/m)			相位/(°)		
	下限	平均值	上限	下限	平均值	上限
63	90	140	233	33	47	66
80	109	172	280	29	43	63
100	120	199	300	23	37	60
125	124	211	302	18	31	57
160	123	210	294	11	29	52
200	120	208	287	7	23	48
250	119	189	287	6	24	45
315	120	207	302	6	25	44
400	134	224	360	8	26	45
500	168	292	442	10	29	47

表 9.7　1/3 倍频程中心频率 y_h 方向上的手臂系统驱动点的自由机械阻抗值

频率/Hz	模/(N · s/m)			相位/(°)		
	下限	平均值	上限	下限	平均值	上限
10	21	55	80	20	39	55
12.5	23	62	90	15	35	54
16	26	70	106	11	32	52
20	30	86	119	6	31	49
25	35	96	128	1	23	44
31.5	40	88	132	−6	18	39
40	48	102	135	−12	7	30
50	55	101	130	−18	−1	22
63	61	93	117	−22	−2	16
80	64	86	106	−23	−5	10
100	63	86	106	−23	−9	7
125	60	80	106	−22	−11	6
160	54	77	107	−19	−7	7
200	49	71	108	−16	−6	9
250	45	67	110	−11	0	17
315	45	69	113	−7	8	30
400	51	71	118	−4	16	45
500	66	79	134	1	22	56

表 9.8　1/3 倍频程中心频率 z_h 方向上的手臂系统驱动点的自由机械阻抗值

频率/Hz	模/(N · s/m)			相位/(°)		
	下限	平均值	上限	下限	平均值	上限
10	100	153	200	15	30	44
12.5	104	165	220	10	28	42
16	108	180	241	2	24	40
20	112	190	260	−4	19	38
25	116	200	275	−11	15	34

(续表)

频率/Hz	模/(N · s/m)			相位/(°)		
	下限	平均值	上限	下限	平均值	上限
31.5	121	215	297	−18	8	30
40	125	220	305	−26	1	27
50	126	207	288	-3	-4	25
63	122	181	247	−38	-6	25
80	109	160	219	−31	-3	28
100	105	160	227	−21	2	30
125	110	175	257	−10	8	31
160	120	185	298	0	14	31
200	130	200	325	6	18	32
250	146	216	345	8	19	33
315	160	231	355	7	20	36
400	169	246	365	5	20	43
500	183	265	377	7	23	49

2. 手持振动工具的振级限制图

手持振动工具的振级限制(GB/T 19740—2005/ ISO 5349)如图 9.5 所示。

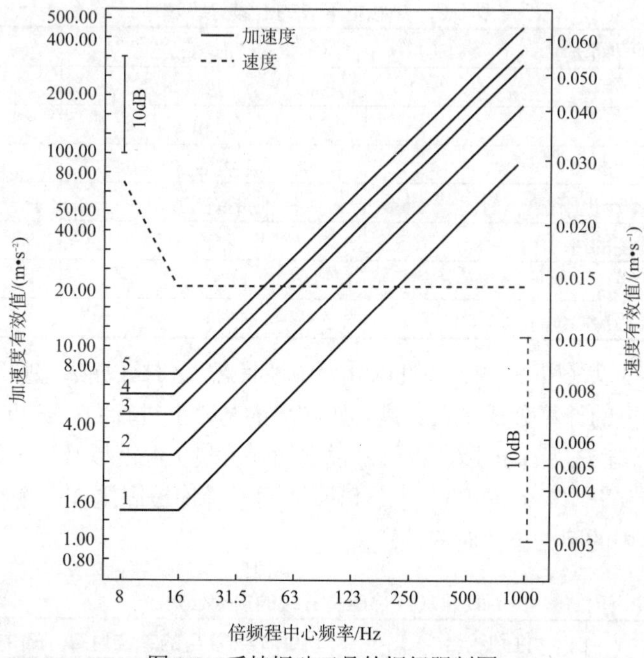

图 9.5　手持振动工具的振级限制图

9.2　人的热感觉、热舒适及其评价指标与标准

设计并创建既舒适又节能的作业空间环境是人机工程设计者致力研究的重要内容之一。

衡量一个作业空间环境的舒适性需要有一定的指标，本节介绍几个热舒适、热感觉的重要评价指标。设计者需要结合领域问题和第 4 章、第 5 章的有关人体热调节模型和热舒适模型来选择相适应的评价指标，以确保环境舒适性评价的可靠性与准确性。

9.2.1　热应力指标

热应力指标(heat stress index，HSI)是表示人体维持热平衡所需的通过皮肤的实际蒸发热损失与可能的最大蒸发热损失之比值。由人体热平衡方程可得

$$\mathrm{HSI}=\frac{M_{\mathrm{SK}}-(R+C)}{E_{\mathrm{M}}}\times 100\% \tag{9-11}$$

式中，E_{M} 为可能的最大蒸发热损失。另外，在实际求 HSI 指标时，还规定了皮肤平均温度 T_{ms}=35℃；这样，当环境的 HIS >100 时，意味着人体开始蓄热，体温升高；当 HIS <0 时，人体开始失热，体温下降；当 HIS = 0 时，则无热应力。

9.2.2　热感觉等级

表 9.9 分别列出了托马斯 • 拜德福(Thomas Bedford)以及 ASHRAE 提出的两种热感觉等级(thermal sensation scale)七级分级法。研究表明，采用七级分级法是适合正常人的分辨能力的，并且七级的好处在于使热舒适或热中性状态正好在等级中心。

表 9.9　热感觉等级的七级分级法

拜德福法	ASHRAE 法	指标值
极热	热	7
太热	暖和	6
适度的热	稍暖	5
舒适(不冷也不热)	中性(舒适)	4
适度的冷	稍凉	3
太冷	凉	2
极冷	冷	1

等级的指标也可以采用−3～+3 并且以 0 为中性状态，这时计算热感觉等级 Y 的经验公式由表 9.10 给出，表中的计算公式是在大量实验结果的基础上进行回归分析获得的。由于这些回归公式仅涉及 T_{a} 与 P_{a} 两个指标，也就是说它们只反映了温度以及湿度方面对人热感觉所造成的影响，而 T_{mr}(平均辐射漏度)、服装以及活动量等均被限定在一个很小的范围内，这一点在使用表 9.10 中的回归公式时应该注意。

表 9.10　热感觉分级的预测公式

暴露时间/h	性别组合	回归公式(T_{a} 的单位为℃，P_{a} 的单位为 kPa)
1.0	男	Y=0.220T_{a}+0.233P_{a}−5.673
	女	Y=0.272T_{a}+0.248P_{a}−7.245
	混	Y=0.245T_{a}+0.248P_{a}−6.475
2.0	男	Y=0.221T_{a}+0.270 P_{a} −6.024
	女	Y=0.283T_{a}+0.210 P_{a} −7.694
	混	Y=0.252T_{a}+0.240 P_{a} −6.859

(续表)

暴露时间/h	性别组合	回归公式(T_a的单位为℃，P_a的单位为 kPa)
3.0	男	Y=0.212T_a+0.293P_a−5.949
	女	Y=0.275T_a+0.255P_a−8.622
	混	Y=0.243T_a+0.278P_a−6.802

9.2.3　热感觉的平均预测指标

热感觉的平均预测指标(PMV)是在范格热舒适方程的基础上建立起来的一种评价指标，它涉及 T_a、P_a、T_{mr}、空气速度 V、服装热阻及人体活动量这 6 个变量。因此建立 PMV 指标的计算公式关键在于找出热感觉的等级值与上述 6 个变量之间的关系。正如生理学基础课程所讲的，人体能够在较大的环境变化范围内维持热平衡，主要靠的是人自身的调节机能(如血管的收缩与舒张、汗液分泌以及肌肉紧张、寒颤、发抖等)。在这样一个较大的范围内，仅有较小的一个区域可以认为是舒适的。假定偏离舒适条件越远，不舒适程度越大，则环境给人体调节机能造成的负荷也就越重。基于 1968 年麦克纳尔(McNall)给出了人体热负荷 L、新陈代谢 M 与热感觉等级 Y 间的经验关系式，导出 PMV 计算式为

$$\begin{aligned}\text{PMV} = &(0.303\text{e}^{-0.036M} + 0.0275)[M(1-\eta) - 3.054(5.765 - 0.007H - P_s) - 0.42(H - 58.15) - \\ &0.0173M(5.87 - P_a) - 0.0014M(34 - T_a) - 3.9\times10^{-8} f_{cl}(T_{cl}^4 - T_{mr}^4) - f_{cl}h_c(T_{cl} - T_a)]\end{aligned} \tag{9-12}$$

这时，PMV 值涉及 M、T_{cl}、T_a、T_{mr}、P_a 与 V 这 6 个变量。此外，表 9.11 还给出了 PMV 值与热感觉的对应关系表，显然当 PMV = 0 时，人的热感觉属于舒适的范围。目前，在许多场合下可以认为 PMV 值取−1～+1，这时的环境可视为热舒适环境。

表 9.11　PMV 值与热感觉的对应关系

热感觉描述	PMV 值	热感觉描述	PMV 值
热	+3	稍凉	−1
暖	+2	凉	−2
稍暖	+1	冷	−3
舒适	0		

9.2.4　PPD 评价指标

人体的体温控制是一个非常完善的温度调节系统，尽管外界环境温度千变万化，但人体的体温波动却很小，这对于保证生命活动的正常进行十分重要。为了延续生命或从事作业，人体要进行能量代谢。能量代谢会产生大量的附加热，只有一小部分用于生理活动和肌肉做功。因此，人体本身也是一个热源。若人体的新陈代谢率为 M，向体外做功为 W，向体外散发的热量为 H，显然当

$$M = W + H \tag{9-13}$$

时，人体处于热平衡状态(此时人体皮温在 36.5℃左右)，人感到舒适；当

$$M > W + H \tag{9-14}$$

时，人感到热；当

$$M<W+H \tag{9-15}$$

时，人感到冷。

当人体内单位时间的蓄热量为 S 时，人体的热平衡方程式可改写为

$$S = -M-W-H \tag{9-16}$$

人体单位时间内向外散发的热量 H 取决于辐射热交换量 R、对流热交换量 C、蒸发热交换量 E 以及传导热交换量 K，即

$$H=R+C+E+K \tag{9-17}$$

人体单位时间的辐射热交换量 R 取决于热辐射常数、皮肤表面积、对流散热系数、服装热阻值、反射率、平均环境温度和皮肤温度等；人体单位时间的对流热交换量 C 取决于气流速度、皮肤表面积、对流散热系数、服装热阻值、平均环境温度和皮肤温度等；人体单位时间的蒸发热交换量 E 取决于皮肤表面积、服装热阻值、蒸发散热系数以及相对湿度等。在热环境中，增加气流速度，降低湿度，可以加快汗水蒸发，以达到散热的目的。人体单位时间的热传导交换量 K 取决于皮肤与物体温差和接触面积的大小以及物体的导热系数。

所谓热舒适环境，在国内的许多教科书中都定义为：人在心理状态上感到满意的热环境。这里所谓心理上感到满意就是既不感到冷，又不感到热。影响舒适环境有 6 个主要因素，其中 4 个与环境有关，即空气的干球温度、空气中的水蒸气分压力、空气流速、室内物体和壁面辐射温度；另外有两个因素与人有关，即人的新陈代谢和人的服装。此外，还与一些次要因素有关，如大气压力、人的汗腺功能等。图 9.6 给出了美国供暖、制冷和空调工程师协会(ASHRAE)公布的经过多年研究改进后的新有效温度 ET*图，图中 ET*值是根据人体生理响应的简化模型而得出的。经数千名受试者测试证实，大部分人在 ET*值 23.9～26.7℃内感到舒适。

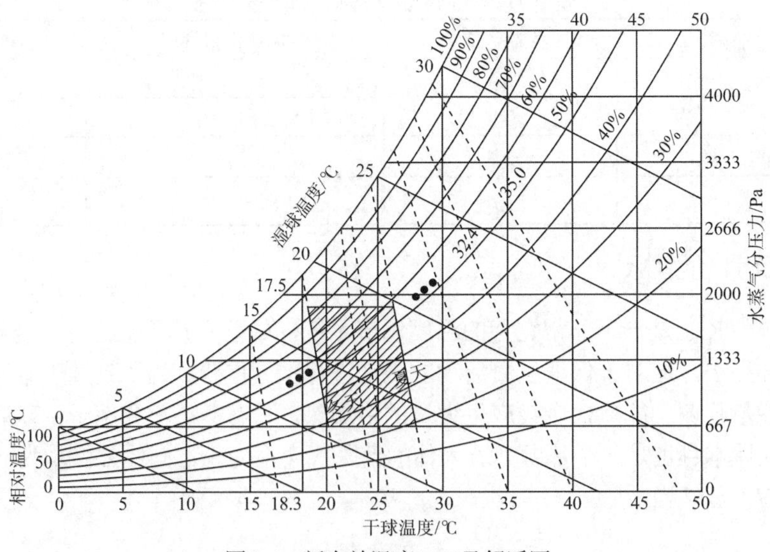

图 9.6　新有效温度 ET*及舒适区

图 9.6 中的左上曲线上的数值代表湿球温度，并由斜线表示；图中虚线为有效温度线，有效温度线与相对湿度 100%线的交点为有效温度(ET)值，而与相对湿度 50%线的交点的横坐标值为新有效温度(ET*)值。图中阴影部分是舒适区。新有效温度适用于海拔高度为 2134m

的室内环境。应指出的是，ET 的概念是 1923 年由 Houghten 和 Yaglou 提出的，ET*的概念是 1971 年由 Gagge 等提出的，PMV 是丹麦的 Fanger 教授提出的，并于 1984 年作为 ISO7730 标准而国际化。PMV 指标是国际上公认的一种比较全面的评价热环境舒适性的指标。PMV 值与温冷感觉的对应关系由表 9.11 给出。

目前，一般认为 PMV 值在-1～+1 范围内均可视为热舒适环境。Fanger 进一步定义了不满足率(PPD)这一概念，并建立了 PPD 与 PMV 间的计算公式：

$$PPD= 100-95\exp[-(0.03353PMV4 + 0.2179PMV2)] \tag{9-18}$$

由式(9-18)可知，即使是 PMV=0(理论上最佳的环境状态)时也会有 5%的人对该环境不满意，这恰恰反映了人的个性、习惯等方面的差异，反映了 PPD 值能较客观地反映这些差异。图 9.7 给出了 PMV 值与 PPD 值之间的关系。

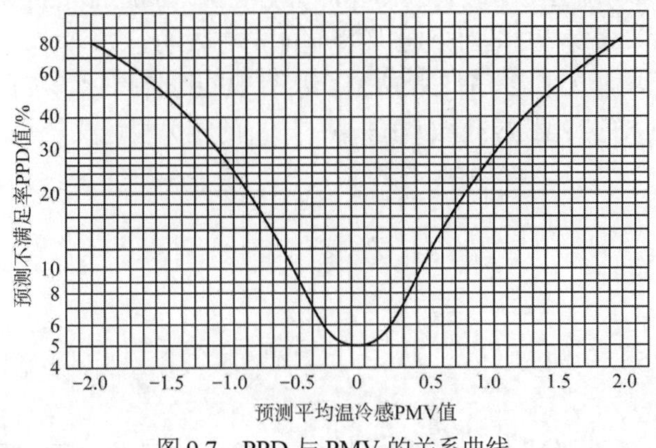

图 9.7　PPD 与 PMV 的关系曲线

9.2.5　EHT 与 EQT 评价指标

在装甲车辆、汽车、宇宙飞船的舱室内，其室内温度多是非均匀分布的，因此针对不匀热环境，Wyon 提出了等效均一温度(equivalent homogeneous temperature，EHT)的概念。Wyon 使用的是男性坐姿的暖体假人，分 19 个加热段，手脚平均温度为 31℃，躯干平均温度为 34℃，采用比例积分微分控制方法，假人局部皮肤温度变化仅为±0.1℃，属于恒温假人。这里 EHT 的定义为：将暖体假人置于无风、所有表面温度等于空气温度的均匀试验室环境中，假人服装不变，保持坐姿，但无椅子热阻(即为带状或网状椅子)，若假人这时的散热量与在原真实环境中的散热量相等，则这时试验室的温度就是原真实环境的等效均一温度 EHT。显然，EHT 是将实际环境与试验室环境做比较，通过测试得到的。由于实际环境中的椅子都有热阻，所以得到的 EHT 将略为偏大。Wyon 等人还通过实验得出了 EHT 与环境空气温度风速的函数关系，用假人和一批受试者同时对某通风系统进行了评价，实验的 EHT 范围为 19～28℃，受试者的主观热感觉(mean thermal vote，MTV)采用了 7 级标度(−3～+3)，得到的主观热感觉 MTV 与 EHT 的关系为

$$MTV =-20.3+0.81EHT \tag{9-19}$$

由式(9-19)计算最舒适(即 MTV = 0 时)的 EHT 约为 25.1℃。

热感觉同人体与环境间的换热有密切关系，许多热感觉指标都是由人体热平衡导出来

的，但是无法用它们来评价不均匀的热环境。与人体形状相同的暖体假人，是测量人体与环境换热的有力工具；等价温度(equivalent temperature，EQT)就是根据暖体假人的散热量导出的热指标。这里等价温度的定义为：假设有一个温度均一的封闭空间，空气温度等于平均辐射温度，气流平稳，相对湿度为50%，暖体假人在该环境中的热损失与在实际环境中相等，则这时封闭空间的温度就是实际环境的等价温度。与 Wyon 的 EHT 不同的是，等价温度的值可以借助实测假人的散热量 Q_t 值得到，即

$$\begin{aligned} \mathrm{EQT} &= 36.4 - \left[0.054 + 0.155\left(I_{\mathrm{cl}} + I_{\mathrm{a}} / f_{\mathrm{cl}}\right)\right] Q_{\mathrm{t}} \\ &= T_{\mathrm{ms}} - 0.155\left(I_{\mathrm{cl}} + I_{\mathrm{a}} / f_{\mathrm{cl}}\right) Q_{\mathrm{t}} \end{aligned} \tag{9-20}$$

式中，I_{cl} 为服装的基本热阻；I_a 为裸体假人外表的空气层热阻；f_{cl} 为服装面积系数。大量的对比实验表明，式(9-20)既适用于假人整体，也适用于假人的局部。用等价温度 EQT 评价局部吹风、不对称辐射等条件下的非均匀热环境是非常有效的。

对于非均匀热环境，EQT 与 EHT 是两个非常有效的评价指标。对于 EQT 指标，式(9-20)给出了借助于暖体假人的实测散热量 Q_t 值去获得 T_{eq} 的相关表达式。另外，Madsen 等人给出了如下经验表达式：

$$T_{\mathrm{eq}}=0.5\,(T_{\mathrm{a}}+T_{\mathrm{mr}})，\text{当}\ \upsilon_{\mathrm{a}} \leqslant 0.1\mathrm{m/s}\ \text{时} \tag{9-21}$$

$$T_{\mathrm{eq}}=0.55T_{\mathrm{a}}+0.45T_{\mathrm{mr}}+\frac{0.24-0.75\sqrt{\upsilon_{\mathrm{a}}}}{1+I_{\mathrm{cl}}}(36.5-T_{\mathrm{a}})，\text{当}\ \upsilon_{\mathrm{a}}>0.1\mathrm{m/s}\ \text{时} \tag{9-22}$$

式中，T_{eq} 为当量温度，即 EQT 值。此外，对于人体各个节段 T_{eq} 的表达式，是通过当量温度的概念以及对人体各节段列能量方程获得的，即

$$C_i+R_i+Q_{\mathrm{s},\,i}=h_{\mathrm{eq},\,\mathrm{c},\,i}S_i(T_{\mathrm{s},\,i}-T_{\mathrm{eq},\,i}) \tag{9-23}$$

式中，C_i 为第 i 节段人体对环境的对流热交换；R_i 为第 i 段人体与车室内环境间的辐射热交换；$Q_{s,\,i}$ 为第 i 节段人体得到的太阳辐射；$h_{eq,\,c,\,i}S_i$ 为在当量温度下第 i 节段的对流换热系数；S_i 为第 i 节段的表面面积；$T_{s,\,i}$ 为人体第 i 节段的表面温度；$T_{eq,\,i}$ 为人体第 i 节段的当量温度。显然，有如下关系式：

$$C_i = h_{\mathrm{c}},\quad i(T_{\mathrm{s},i} \to T_{\mathrm{a},i}) \tag{9-24}$$

$$R_{i,n} = \sigma\varepsilon_i f_{i,n}\left(T_i^4 - T_n^4\right) \tag{9-25}$$

式中，$f_{i,n}$ 为第 i 节段对车室内表面 n 的角系数；T_n 为表面 n 的温度。借助式(9-23)～式(9-25)便可得到 $T_{eq,i}$ 的显式表达式。

对于 Wyon 提出的 EHT 指标的推导，可结合图 9.8 所示 EHT 定义示意图进行。图中理想均匀环境是指为了换算出 EHT 值所假想的均匀热环境，借助于 EHT 的概念，于是有

$$R+C+Q_{\mathrm{s}}=R_{\mathrm{EHT}}+C_{\mathrm{EHT}} \tag{9-26}$$

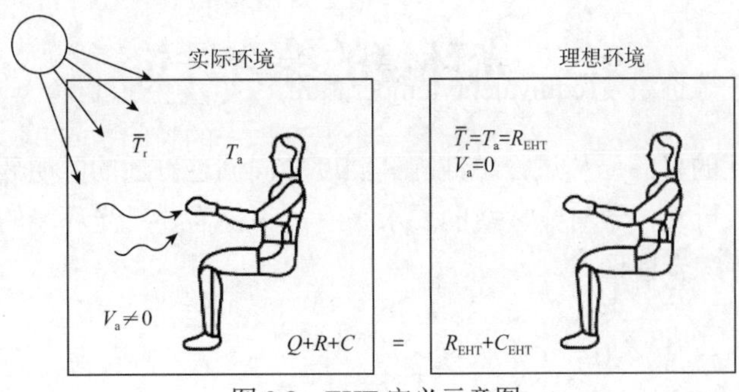

图 9.8　EHT 定义示意图

式中，C 为实际环境下人体皮肤或衣服与环境的对流换热；R 为实际环境下人体与环境的辐射换热；Q_s 为人体得到的太阳辐射热；R_{EHT} 与 C_{EHT} 分别为理想均匀环境下的辐射与对流换热。注意到

$$R=\sigma F_{i,j}\left[\varepsilon_{cl}f_{cl}\left(T_{cl}^4-T_r^4\right)+\varepsilon_{SK}(1-f_{cl})\left(T_{SK}^4-T_r^4\right)\right] \tag{9-27}$$

$$R_{EHT}=\sigma F_{i,j}\left[\varepsilon_{cl}f_{cl}\left(T_{cl}^4-T_{EHT}^4\right)+\varepsilon_{SK}(1-f_{cl})\left(T_{SK}^4-T_{EHT}^4\right)\right] \tag{9-28}$$

$$C=f_{cl}h_c(T_{cl}-T_a)+(1-f_{cl})h_c(T_{SK}-T_a) \tag{9-29}$$

$$C_{EHT}=f_{cl}h_{c,EHT}(T_{cl}-T_{EHT})+(1-f_{cl})h_{c,EHT}(T_{SK}-T_{EHT}) \tag{9-30}$$

将式(9-27)～式(9-30)代入式(9-26)中便得到关于 T_{EHT} 的方程，因篇幅所限，其具体表达式这里就不再给出。另外，在式(9-27)与式(9-28)中，$F_{i,j}$ 为面 i 与面 j 间的角系数。

9.2.6　热环境评价标准

2000 年，我国颁发的中等热环境 PMV 和 PPD 指数的测定及热适应条件的规定 GB/T 18049—2000 是对 ISO7730 的同等采用。这些标准主要应用于以室内热环境的评价，也可作为其他作业空间热环境热适应条件的评估参考。表 9.12 列出常见的热环境评价指标。

表 9.12　常见的热环境评价指标

指标		作者，年份	适用范围
物理指标	卡他冷却力(Hw)	Hill，1914	风速不大，且风向不重要
	当量温度(Teq)	Dufton，1932	供暖房间，气流速度温<0.5m/s，当量温度位于 8～24℃
经验指标	风冷系数(WCI)	Siple	气流速度<20m/s
	有效温度(ET)	Houngton，1923	温度为 1～43℃，气流速度为 0.1～3.5m/s
	不舒适指数(DI)	美国气象局，1957	由温度和湿度来平均闷热环境
基于热平衡的指标	新有效温度(ET*)	Gagge 等，1971	坐姿工作，轻装，适用于未发生寒颤的情况
	热应力指标(HIS)	Belding，1955	温度为 21～60℃，气流速度为 0.25～10m/s
	预测平均投票(PMV)	Fanger，1972	预测接近中性的冷感觉

9.3　光环境的综合评价

由于光环境设计的目的已从过去单纯提高照度转向创造舒适的照明环境，即由量向质的方向转化。因而从人机工程学对光环境的要求来看，不仅需要对光环境的视功能进行评价，更需要对光环境进行综合评价。

9.3.1　评价方法

该评价方法考虑了光环境中多项影响人的工作效率与心理舒适的因素，通过问卷法获得主观判断所确定的各评价项目所处的条件状态，利用评价系统计算各项评分及总的光环境指数，以确定光环境所属的质量等级。

评价方法的问卷如表 9.13 所示，其评价项目包括光环境中 10 项影响人的工作效率与心理舒适的因素，而每项又包括 4 个可能状态，评价人员经过观察与判断，从每个项目的各种可能状态中选出一种最符合自己的观察与感受的状态进行回答。随着虚拟现实技术和光学照明环境建模技术在人机工效数字化设计中的应用，光环境仿真与综合评价也可以在虚拟现实环境下，真人通过立体眼镜观看获得体验。

表 9.13　评价项目及可能状态的问卷

项目编号 n	评价项目	状态编号 m	可能状态	判断投票	注释说明
1	第一印象	1	好		
		2	一般		
		3	不好		
		4	很不好		
2	照明水平	1	满意		
		2	尚可		
		3	不合适，令人不舒服		
		4	非常不合适，看作业有困难		
3	直射眩光与反射眩光	1	毫无感觉		
		2	稍有感觉		
		3	感觉明显，令人分心或令人不舒服		
		4	感觉严重，看作业有困难		
4	亮度分布(照明方式)	1	满意		
		2	尚可		
		3	不合适，令人分心或令人不舒服		
		4	非常不合适，影响正常工作		
5	光影	1	满意		
		2	尚可		
		3	不合适，令人舒服		
		4	非常不合适，影响正常工作		
6	颜色显现	1	满意		
		2	尚可		
		3	显色不自然，令人不舒服		

(续表)

项目编号 n	评价项目	状态编号 m	可能状态	判断投票	注释说明
6	颜色显现	4	显色不正确，影响辨色作业		
7	光色	1	满意		
		2	尚可		
		3	不合适，令人不舒服		
		4	非常不合适，影响正常作业		
8	表面装修与色彩	1	外观满意		
		2	外观尚可		
		3	外观不满意，令人不舒服		
		4	外观非常不满意，影响正常工作		
9	室内结构与陈设	1	外观满意		
		2	外观尚可		
		3	外观不满意，令人不舒服		
		4	外观非常不满意，影响正常工作		
10	同室外的视觉联系	1	满意		
		2	尚可		
		3	不满意，令人分心或令人不舒服		
		4	非常不满意，有严重干扰感或有严重隔离感		

9.3.2 评分系统

对评价项目的各种可能状态，按照它们对人的工作效率与心理舒适影响的严重程度赋予逐级增大的分值，用以计算各项目评分。对问卷的各评价项目，根据它们在决定光环境质量上具有的相对重要性赋予相应的权值，用以计算总的光环境指数。

9.3.3 项目评分及光环境指数

1. 项目评分

项目评分计算式(其结果四舍五入取整数)：

$$S(n)=\sum_{m}P(m)V(n,\ m)/\sum_{m}V(n,\ m) \tag{9-31}$$

式中，$S(n)$为第 n 个评价项目的评分，$0\leqslant S(n)\leqslant 100$；$\sum_{m}$ 为对 m 个状态求和；$P(m)$为第 m 个状态的分值，依状态编号 1、2、3、4 为序，分别为 0、10、50、100；$V(n,m)$为第 n 个评价项目的第 m 个状态所得票数。

2. 光环境指数

总的光环境指数计算式(其结果四舍五入取整数)：

$$S(n)=\sum_{n}S(n)W(n)/\sum_{n}W(n) \tag{9-32}$$

式中，S 为光环境指数，$0\leqslant S\leqslant 100$；$\sum_{n}$ 为对 n 个评价项目求和；$S(n)$为第 n 个评价项目的评

分；$W(n)$为第 n 个评价项的权值，项目编号 1～10，权值均取 1.0。

9.3.4　评价结果与质量等级

项目评分和光环境指数的计算结果分别表示光环境各评价项目特征及总的质量水平。各项目评分及光环境质量指数越大，表示光环境存在的问题越大，即其质量越差。

为了便于分析和确定评价结果，该方法中将光环境质量按光环境指数的范围分为 4 个质量等级，其质量等级的划分及意义见表 9.14。

表 9.14　质量等级的划分及意义

视觉环境指数	S=0	0<S≤10	10<S≤50	S>50
质量等级	1	2	3	4
意义	毫无问题	稍有问题	问题较大	问题很大

9.4　噪声评价标准

噪声普遍存在于人的工作、生活与娱乐环境中，引起人们的广泛关注与研究。面向人机工效设计的需要，至今已建立了多种噪声评价方法与标准，本节主要介绍广泛引用的国内外评价标准与方法。

9.4.1　国外听力保护噪声标准

为了保护经常受到噪声刺激的作业者的听觉，使他们即使长期在噪声环境中工作，也不致产生听力损伤和噪声性耳聋。听力保护噪声标准以 A 声级为主要评价指标，对于非稳定噪声，则以每天工作 8h，连续每周工作 40h 的等效连续 A 声级进行评价。表 9.15 所示为国外几种听力保护噪声允许标准。

表 9.15　国外几种听力保护噪声允许标准(A 声级)

每个工作日允许工作时间/h	允许噪声级/dB		
	国际标准化组织(1971 年)	美国政府(1969 年)	美国工业卫生医师协会(1977 年)
8	90	90	85
4	93	95	90
2	96	100	95
1	99	105	100
1/2(30min)	102	110	105
1/4(15min)	115(最高限)	115	110

9.4.2　我国工业噪声卫生标准

我国 1979 年颁布的《工业企业噪声卫生标准》中，对工业企业的生产车间和作业场所的噪声允许标准的规定见表 9.16。

表 9.16　我国工业企业的噪声允许标准

每个工作日接触噪声的时间/h	新建、改建企业的噪声允许标准/dB(A)	现有企业暂时达不到标准时，允许放宽的噪声标准/dB(A)
8	85	90
4	88	93
2	91	96
1	94	99
最高不得超过	115	115

9.4.3　环境噪声标准

为了控制环境污染，保证人们的正常工作和休息不受噪声干扰，ISO 规定住宅区室外噪声允许标准为 35～45dB(A)，对不同的时间、地区要按表 9.17 进行修正。非住宅区室内噪声允许标准见表 9.17。

表 9.17　ISO 公布的各类环境噪声标准

Ⅰ. 不同时间的修正值/dB(A)		Ⅲ. 室内修正值/dB(A)	
时间	修正值	条件	修正值
白天	0	开窗	−10
晚上	−5	单层窗	−15
夜间	−10～−15	双层窗	−20
Ⅱ. 不同地区的修正值/dB(A)		Ⅳ. 室内噪声标准/dB(A)	
地区分类	修正值	室的类型	允许值
医院和要求特别安静的地区	0	寝室	20～50
郊区住宅，小型公路	+5	生活室	30～60
工厂与交通干线附近的住宅	+15	办公室	25～60
城市住宅	+10	单间	70～75
城市中心	+20	—	—
工业地区	+25	—	—

9.5　基于假人模型的汽车碰撞对人体伤害的评价标准

目前，通过假人模型的汽车碰撞试验数据来评估对人体的伤害程度，已建立了针对人体的头部、颈部、胸部、腹部等的评价标准与方法。

(1) 头部伤害参考标准 HIC(head injury criterion)：

$$\mathrm{HIC}=\left(t_2-t_1\right)\left[\frac{1}{t_2-t_1}\int_{t_1}^{t_2}a\mathrm{d}t\right]^{2.5} \tag{9-33}$$

式中，t_1、t_2 为碰撞过程中任意两个时刻；a 为头部质心的合成加速度。

(2) 颈部伤害标准 NIC(heck injury criterion)：

$$N_{ij}=F_z/F_{zc}+M_{ocy}/M_{yc} \tag{9-34}$$

式中，F_z 为从头部传递到颈部的力；F_{zc} 为颈部所能承受的临界力；M_{ocy} 为颈部所受扭矩；M_{yc} 为颈部临界扭矩。

(3) 胸部黏性指数VC(viscous criterion)：

$$VC = d[D(t)]/dt \times (D(t)/D(0)) \tag{9-35}$$

式中，$d[D(t)]/dt$ 为胸腔变形速率；$D(t)/D(0)$为胸腔挤压变形；$D(0)$为胸腔原始宽度。对胸部由软组织组成的重要器官，如心脏、大动脉、肺等，标准表明当黏性指数大于1.0m/s时，乘员将受到严重伤害。

(4) 胸部变形指数RDC(rib defection criterion)。RDC定义了躯干和肋骨的最大侧向压缩量，反映了胸部骨折的伤害程度。规定RDC不超过42mm。

(5) 骨盆性能指数PSF(public symphysis peak force)。对于骨盆损伤程度通常从骨盆趾骨角度受力来考虑，要求不大于6kN。否则骨盆会发生骨折，甚至伴有软组织受伤。

(6) 腹部性能指数APF(Abdom peak force)。规定腹部内力不超过2.5kN。但是，针对正面碰撞、侧面碰撞、追尾碰撞等不同的碰撞方式，不同的国家在制定标准上具有一定的差异，如在评价头部伤害时，有的采用HIC15，有的采用HIC36，具体差异可参见FMVSS208、NHTSA、ECE-R95和C-NCP、www.google.com。

9.6　人体暴露于电磁场的评价标准

随着人类进入数字化时代，人类无论是生活还是工作时，其周围都充满电磁场。因为人类所处的空间除了地球磁场外，还有越来越多的电气设备、电动运载工具、智能家电系统、网络通信设备和数码产品，不论是强电、弱电还是微电的产品，均会产生电磁场。为了确保人类暴露电磁场时所吸收的电磁量(比吸收率，SAR)在允许范围内，国际非电离性照射保护委员会(International Commissionon Non-Ionizing Radiation Protection，ICNIRP)、国际电子电气工程师协会(Institute of Electrical and Electronics Engineers，IEEE)以及原卫生部均颁布了相关的电磁辐射的评估方法与标准。ICNIRP规定了IEEE l528ASX 1200x标准；IEEE规定了IEEE C95.1—1992安全标准，这是目前国际电信业界的通行标准，它以1g组织为测量单位，该标准给出人体暴露于RF辐射(3kHz～300GHz)下的安全标准为："对于公众场合下的照射，在任意连续30min内，人体全身平均SAR应小于0.08W/kg，任意1g肌体中最大SAR应小于1.6W/kg。"欧洲采用的测试标准的测量单位是10g，对于10MHz～10GHz频段规定的限值是头部和躯干部位，公众暴露每10gSAR限值2W/kg。我国现有的卫生部标准《环境电磁波卫生标准》(GB 9175—88)适用于一切人群经常居住和流动场所的环境电磁辐射，规定平均功率密度不超过40μW/cm^2，显然不适合作为电磁波卫生安全标准。因此，通常是以中国人体测量数据所建立的标准人体模型为基础，对现有通信系统进行有代表性的仿真分析与验证。

9.7　心理认知的舒适性评价方法

本书分别在第8章和第9章介绍了人机工效设计数字化评价方法与标准规范，这些评价方法与标准规范相对来说是比较成熟的。但对心理认知的舒适性评价，如产品(系统)呈现给用户观察的信息显示规则、要求用户的操作程序等是否符合人的心理认知特性等方面的完全数字化评价方法由于还不成熟，所以本书未予以介绍。读者在实际人机工效设计中，可以借鉴以下比较成熟的，且已证明是有效的基于虚拟现实技术、增强现实技术以及混合现实技术发展起来的数字化仿真与评价方法来实现某些心理认知上的人机工效设计与评价。

(1) 视觉上的舒适性，如产品(系统)呈现给用户的信息的颜色、字符字体与字号、亮度、对比度等符合人眼观察要求的程度。

(2) 触觉的舒适性，如操控件形状的舒适性，指产品(系统)供用户使用的手柄、手轮、按钮、按键等的形状、尺寸、提示信息等符合手操控使用要求的程度。

(3) 工作空间布局的舒适性，指用户在操作或使用产品(系统)过程中所处的工作空间符合用户操控要求的程度。

(4) 环境条件(如噪声、温湿度、振动、电磁辐射等)符合用户操控要求的程度。

(5) 工作力、姿势负荷的适当性，如产品(系统)在被操作或使用的过程中，附加给操控者的施力、代谢性能耗、生理性职业病累积风险等方面的数字化评价等。

基于虚拟现实技术、增强现实技术以及混合现实技术发展起来的数字化仿真与评价方法可以有效避免和减少某些建模上的困难。

思考题

1. 试述有哪些人体振动舒适性的评价方法与标准规范。
2. 试述有哪些人的热感觉、热舒适评价指标与标准。
3. 试述有哪些光环境的综合评价方法与标准。
4. 试述噪声评价标准与方法。
5. 试述汽车碰撞对人体伤害的评价标准与方法。
6. 试述人体暴露于电磁场的评价标准与方法。
7. 心理认知上的人机工效设计与评价方法有哪些？

第 10 章　数字化人机工程设计系统

数字化人机工程设计与评价工作要在数字化人机工程设计系统环境下完成，因此，构建结合领域问题的人机工程设计系统显得十分重要。本章介绍构建数字化人机工程设计系统的有关内容，主要包括面向数字化产品开发的数字化人机工程设计系统的基本要求、系统的体系结构与工作流程，基于组件技术的系统构建方法，实现系统的集成性、并行协同性、虚拟现实的 3I 特性的技术方案；还介绍了部分主流商业化的 CAx、DFx、CAEx、PDM 软件组件和 PLM 协同的主要功能与特点等。

【学习目标】

1. 了解面向数字化产品开发的数字化人机工程设计系统的基本要求。
2. 了解面向数字化产品开发平台的数字化人机工程设计系统体系结构。
3. 了解数字化产品开发各阶段需要的 CAEx 技术系统的功能要求。
4. 了解主流商业化的 CAEx 技术系统功能与特点。

10.1　数字化人机工程设计系统概述

数字化人机工程设计系统是一种复杂的系统，需要对系统需求、系统的体系结构、工作流程进行分析与设计，同时还要采取合理的构建策略与方法。

10.1.1　数字化人机工程设计系统的基本要求

数字化产品开发全生命周期包括数字化产品的概念样机设计、虚拟物理与功能样机设计、性能样机仿真分析与评估、数字化产品的虚拟制造(加工、装配与测试)、数字化产品展示与电子商务、产品的虚拟运维和虚拟回收等环节。这些环节中，绝大多数存在人机工效设计问题，例如，概念样机设计环节需要考虑人的因素下的产品形状、大小、颜色、材质、纹理、功能布局、操控方式与装置设计等；物理功能样机设计环节存在人机功能分配、实现原理与装置，以及人机环境空间布局设计等；性能样机仿真分析以及产品虚拟运维环节存在人机环境系统的静动态与职业健康、舒适性设计问题；产品虚拟制造环节存在负荷作业下的舒适与职业健康问题。数字化产品展示与电子商务是充分考虑消费者个性化因素的产品定制与生产模式的一种实践方式，取代了传统线下销售与消费模式。显然，现有的计算机辅助人机工程设计软件均难以有效地支持数字化产品开发各阶段对人机工效的设计工作。面向数字化产品开发的数字化人机工程设计系统与单纯的 CAED 相比，对功能有更多的要求，具体内容如下。

(1) 数字化人机工程设计系统具有较完备的人体测量数据库，包括人体形态尺寸、物理惯性参数、生物力学性能参数、动态特性参数、热物理参数、热生理参数、人体生理机能极限参数和人体电特性参数等。数据库管理系统具有开放的二次开发与数据转换接口、与数字化三维人体测量系统的接口，以及面向数字化产品开发的其他各种资源库，包括领域产品与环境设计标准数据库、人体测量数据库、作业单一动作库、人机工效评价标准、规范与准则库等。

(2) 具有数字化虚拟人体的骨骼肌+皮肤模型的多层次建模功能，具有建立人机环境系统的振动模型、热舒适性仿真分析模型以及电磁与射线辐射仿真分析模型的功能。

(3) 数字化人机工程设计系统与虚拟现实技术系统应实现无缝集成，实现基于 VR 的产品环境在视、听、触觉上对作业空间宜人性进行沉浸式或非沉浸式人机工效评价；实现基于动作捕捉技术的人在回路中的交互动作行为评价。对于一些目前还无法建立数字化评估方法的人机工效设计与评估工作(如传统的主观评价和心理反应评价等)，可以在虚拟现实环境下完成。

(4) 能与 CAx、DFx、CAEx、VR、PDM、PLM 软件组件在信息上实现有效的集成。

(5) 具有数字化产品开发平台的并行协同开发工作机制。

10.1.2　数字化人机工程设计系统的体系结构

数字化产品开发平台的核心部分是数字化人机工程设计系统，依据数字化人机工程设计系统的需求，面向数字化产品开发的数字化人机工程设计系统主要包括如下方面的功能，如图 10.1 所示的点画线框内的部分。

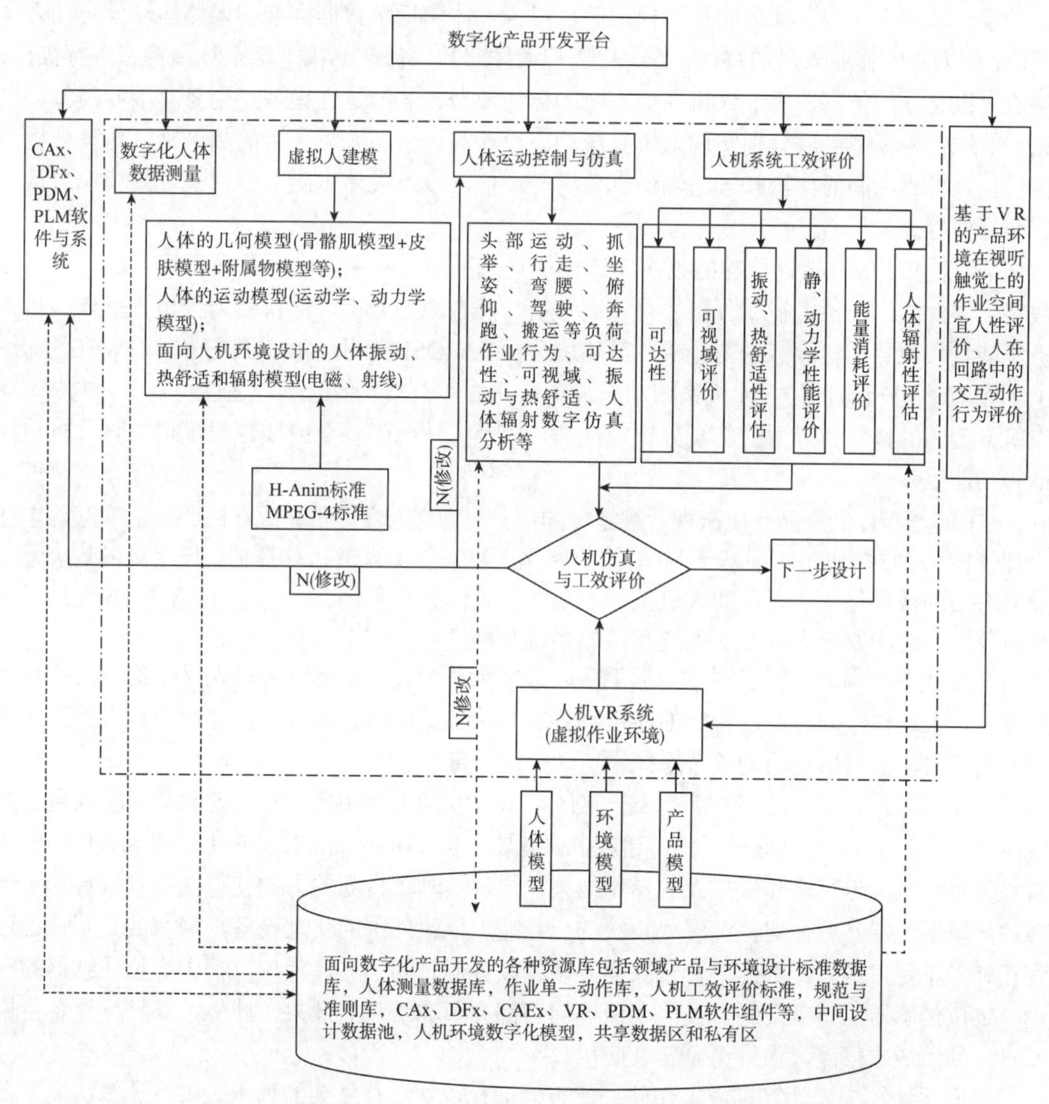

图 10.1　面向数字化产品开发的数字化人机工程设计系统的流程图

(注：图中点画线框内为数字化人机工效设计流程，虚线为数据流向，实线为设计流程)

(1) CAx、DFx、PDM、PLM 软件与系统。该系统是开发数字化产品模型和环境模型的功能模块。此外，该系统还可以对各类资源库及开发过程模型进行管理，支持并行工作机制。基于该系统所开发的数字化产品模型和环境模型是实物样机和现实环境在计算机虚拟作业环境中的本质表示，能够代替实物样机和现实环境用于人机工效分析评价。通过 VRT 可以开展人机界面中的操作部件的操作可达性、仪表可视性和可视域、静态舒适性、各类作业空间的工效性评估工作等。数字化产品模型能够表现实物样机所具有的几何尺寸、结构拓扑关系以及特定的交互属性，在一定程度上为人机工效分析评价提供交互对象，实现某些无法建立有效的数字化评估方法的人机工效主观评价工作的数字化。

(2) 数字化人体测量数据模块。具有非接触式三维人体形态尺寸测量与处理的功能，人体惯性参数测量与处理功能，基于 CT、MRI 的人体实体参数测量与处理等功能。

(3) 数字化虚拟人体模型构建与仿真。数字化虚拟人体模型包括人体的几何与物理模型、运动学与动力学模型、动作的行为模型等，符合人体测量学数据标准和人体运动学与动力学规律，作为实际作业人员的替代，数字化虚拟人体对数字化产品模型甚至环境模型进行操作，完成人机交互的仿真，对于人机环境系统的振动模型、热舒适性模型、全身有限元模型、电磁与射线辐射模型可以分别实现人机系统动态设计与评估、人机环境的热舒适性仿真分析与评估、人机界面间的体压和舒适性仿真分析与评估，以及人体电磁甚至射线辐射模拟仿真分析与评估等。

(4) 人机工效分析评价功能模块。该模块集成了面向数字化产品开发各环节的人机工效数字化评估法，包括可视域分析、可及度分析、静态施力分析、低背受力分析、操作姿势分析、能量代谢分析、疲劳恢复分析、舒适度分析、NIOSH 分析、RULA 分析、OWAS 分析、IK 计算仿真分析与评估、人机系统动态设计与评估、人机环境的热舒适性仿真分析与评估、人机界面间的体压和舒适性仿真分析与评估，以及人体电磁甚至射线辐射模拟仿真分析与评估等功能组件。

(5) 基于 VR 的产品环境在视听触觉上的作业空间宜人性评价、人在回路中的交互动作行为评价模块。该模块是实现基于 VRT 的数字化人机工效仿真分析与评估，甚至实现某些无法建立有效的数字化评估方法的人机工效主观评价工作的数字化。目前，基于 VRT 的人机工效分析评价系统主要分为沉浸式系统和桌面系统两种。

沉浸式系统中，使用者通过数据手套、数字头盔、数据衣等设备输入操作信息，控制系统中虚拟人动作，同时通过特定的显示设备实时输出操作仿真的过程，这种虚拟人被称为使用者的替身，而使用者成为整个系统不可缺少的一部分。

沉浸式系统中，使用者成为系统一部分，即“人在回路中”，使用者的动作输入通过系统中的虚拟人替身得到实时的反馈，通过多通道显示器(如 Powerwall、CAVE、DESKTOP 等)或头盔装置观察虚拟环境和虚拟人的操作结果，这种实时、直观的方式使得使用者像置身于虚拟的环境而沉浸其中。但是沉浸式系统的交互能力依赖外围的交互设备，现有的交互设备还存在许多不足，例如，数据手套、头盔等硬件设备的时间延迟、使用过程中定位传感器的滑动、定位传感器的精度限制、使用不便等问题都会影响仿真的效果。此外，高精度设备价格昂贵，使用成本很高，很难得到普及应用。

桌面系统在个人计算机或工作站上就可以运行，并没有复杂的外围设备。计算机显示器是最常用的显示设备，输入操作设备也只是普通的键盘和鼠标。在桌面系统中是通过计算机程序控制虚拟人同虚拟对象发生交互实现操作仿真的。

采用桌面系统进行人机工效分析评价，构造虚拟人用于人机工效仿真是一种简单可行的方法，具有成本低、易于实现等优点，摆脱了硬件设备的精度和耐用性的限制，可以显著提高仿真效果。

将人机工效分析评价系统应用于产品设计，首先要根据产品的设计信息建立虚拟模型，根据产品面向的消费对象建立虚拟人体模型，经过人机工效分析评价系统的分析评价模块分析、计算得到产品的操作可达性、可视性和操作舒适性等方面的人机工效分析评价结果，根据得到的评价结果对产品设计方案进行修改和完善，这样循环进行，直到产品方案最终确定并投入生产。

需要指出的是，因为本书主要介绍的是数字化人机工程设计技术的相关理论、方法和应用知识，所以在 10.1 中只细化了数字化人机工程设计系统的体系结构与工作流程，而简化了数字化产品与环境模型设计部分的功能组件和工作流程。

10.1.3 数字化人机工程设计系统的工作流程

应用数字化人机工效分析评价系统进行人机工效设计的工作流程如图 10.1 所示，具体步骤如下。

(1) 基于 CAx、DFx、PDM、PLM 软件与系统，根据产品订单与客户需求，对产品进行各种数字化样机的设计与仿真分析。例如，根据产品概念设计中关于产品外形、构造、尺寸、物理属性、特征属性等信息构建产品概念模型的计算机虚拟模型，根据产品面向的消费人群的性别、年龄、人体尺寸百分位等信息构建虚拟人体模型，然后用虚拟人模拟真实人的各种操作动作，由虚拟人对虚拟模型进行各种操作，由人机工效分析模块进行产品的人机工效评价，根据评价结果对产品的设计进行修改，直到设计符合人机工效设计要求，并结束该阶段的人机工效设计工作。

(2) 在数字化物理样机开发阶段，利用 CAx、DFx、PDM、PLM 软件与系统，根据数字化概念样机模型，进行产品的详细结构设计，构建数字化产品物理样机模型，余下的工作与步骤(1)相同。

(3) 基于步骤(2)建立的数字化物理样机模型、所建立的人体模型以及产品的运维环境模型，构建诸如人机系统的动态特性仿真分析模型、人机环境系统的热舒适性仿真分析模型，或者构建人体电磁或射线辐射仿真分析模型或全身有限元模型等，并基于数字化评估方法进行相关的人机系统工效特性评估。如果不满足要求，则修改产品与环境模型，直至满足为止。

(4) 完成了数字化产品性能样机开发的工作后，基于 CAx、DFx、PDM、PLM 软件与系统对产品的制造环境进行建模，显然，这个环境模型与产品的运维环境模型是不同的，人却是制造过程中的制造者，其数字化人体模型也与产品的运维人员的人体模型不同。所以，应根据产品面向的制造人群的性别、年龄、人体尺寸百分位等信息构建虚拟人体模型，然后用虚拟人模拟真实人的各种操作动作，由虚拟人对虚拟模型进行各种制造(加工、装配、检测、包装等)操作，由人机工效分析模块进行产品的人机工效评价。这些工作是检验产品的可制造性、可装配性、可维护性、可回收性的部分工作，评价结果如果不能满足要求，则修改产品模型和制造环境模型，直到设计符合人机工效设计要求，则结束该阶段的人机工效设计工作。

(5) 数字化产品展示与电子商务，即虚拟产品电子交易环节的人机工效设计主要针对面向个性化定制生产模式而设立的环节。在数字化经济时代，将不存在库存的概念，因为消费者可以通过虚拟现实技术手段与计算机中的产品及其运维环境的虚拟现实模型自由交互进行全方面的感知(视、听、触，甚至嗅觉和味觉的感知)，无须对实物样机的感知即可对产品的宜人性进行定性和部分定量评估。

数字化产品开发中的虚拟运维和虚拟回收等环节的人机工效分析与数字化产品的虚拟制造环节的人机工效设计分析基本一致。

值得指出的是，上述各步骤的工作在 PDM、PLM 系统下可以实现并行工作，而非串行工作。

10.1.4　数字化人机工程设计系统的构建策略

由前述可知，数字化人机工程设计系统是一个复杂系统，如果完全从零开始开发，不但存在大量的重复性工作，甚至几乎是不可能实现的。基于软件工程和软件重用技术发展起来的基于软件组件设计技术(compenment based design technology，CBDT)是一种高效解决复杂系统开发的可行技术。CBDT 是一种软件开发方法，该方法可以减少不必要的重复开发工作，而直接或间接引用前人的优秀成果，从而节省时间和工作量完成所需的软件开发。

本小节主要介绍一种基于 PDM 和 CBDT 的数字化人机工程设计系统的快速开发技术路线。按照 CBDT 实现的数字化人机工程设计系统一般包括如下几个功能组件。

(1) 面向数字化产品的概念样机设计的功能组件包括 OA(办公)系统、CAD 软件、CAE 软件、RE(逆向工程)软件。

(2) 面向数字化产品的物理样机设计的功能组件包括 CAD 软件、运动学与控制仿真软件。

(3) 面向数字化产品的物理样机设计的功能组件包括 CAE 软件。

(4) 实现数字化产品的虚拟制造的功能组件包括 CAM、CAPP 软件。

(5) 开发展示与电子交易的数字化产品虚拟现实模型的功能组件包括 VR 软件系统、电子商务平台、RE 软件和运动捕捉技术系统。这些组件的组合还可以进行人在回路的人机系统工效沉浸式评估等工作，实现系统的 3I 特性，即沉浸性(immersion)、交互性(interactivity)和构想性(imagination)。

(6) 实现系统的并行工作机制和功能组件间的信息集成的功能组件包括产品数据管理(PDM)和生命周期管理(PDM)软件。

这些组件的选择原则是根据数字产品开发的要求，从组件的通用性、集成性、开放性、易用性、高效性方面来选择合适的组件。

10.2　实现系统基本特性的技术方案

集成性、并行协同性以及系统的 3I 特性是数字化人机工程设计系统的三个基本特性，本节将介绍其实现的技术方案。

10.2.1　系统的集成性

数字产品虚拟样机的执行环境需要在不同系统间进行转换，不同的应用软件系统都有其独特的数据结构与信息传递模型。目前商用 CAx 软件中，常用的产品数据标准有国际标准化组织的 STEP(standard for exchange of product model)、德国的 VDAFS、美国的 IGES、法国的

SET 及 VRML2.0 等。

目前的计算机辅助技术软件 CAx 大都考虑了跨系统的数据交换需要，并且提供了相应的标准文件交换接口。这些数据交换方式能够满足数字化人机工程设计系统中各组件的信息集成要求。

10.2.2　系统的并行设计机制

并行工程(concurrent engineering，CE)是一种对产品数据及相关开发过程进行管理的系统化工作模式。与传统的串行工作模式相比，并行设计工作更加注重产品开发，是面向整个生命周期的数字化产品设计阶段，它要求产品的设计人员从一开始就需要考虑到产品整个生命周期，包括概念样机设计、虚拟物理与功能样机设计、性能样机仿真分析与评估、数字化产品的虚拟制造(加工、装配与测试)、数字化产品展示与电子商务、产品的虚拟运维和虚拟回收等的所有设计环节与因素，并建立生命周期中各阶段的性能继承、约束关系，以及产品各方面属性之间的关系，以此追求产品在全生命周期过程中性能的最优化。通过产品各功能设计小组，使得产品设计更趋向于协调和完善，满足客户所要求的产品综合性能，最大限度地减少开发过程中的反复设计过程，实现产品质量的提高、开发周期和产品成本的最小化。

在数字产品开发过程中，各环节的设计信息不断完善，直至设计过程全部完成。要保证这个过程的实现，数字化人机工程设计系统必须具备支持并行设计工作的可操作性。

(1) 可以适时地对下游设计环节进行信息传递与发布。数字产品模型信息应具有可修改性和更新性，特别是产品的三维实体数字模型，当下游更改设计需求后，模型不必重新构建，而是在新的要求下进行更新。设计信息的发布可以根据某种机制控制发布的时机。

(2) 下游设计信息的反馈。下游设计信息反馈到上游设计，每个设计环节反馈的信息不同，如文档信息和模型信息。比如，数字产品性能样机的计算结果能够对虚拟物理样机结构设计方案和虚拟概念样机设计方案是否合理提出相应的修改建议。

(3) 设计进程管理的有效性。将设计流程中可并行的节点确定下来，定义各项设计环节的顺序，协调各设计环节的相互关联性，解决设计环节之间的冲突。

(4) 数字产品数字模型应保持模型数据的唯一性和有效性。即使在物理存储上可分布于不同位置，但在逻辑存取上，模型数据的唯一性与有效性必须得到保证。

10.2.3　系统的协同性

在数字产品开发环境中，为用户提供相互交流、信息共享的协作设计环境是非常必要的。该平台为设计人员开发产品提供一个高效的集成环境，实现人员之间各种信息的通信和协调，采用 PDM 系统来实现平台的协同设计问题。PDM 系统提供在 CAD 设计环境下动态捕捉设计变更，并把变更消息通知给相应的产品设计人员，并具备在 CAD 设计环境下同步更新零部件的功能，这对产品设计意义很大。

10.2.4　系统的 3I 特性

虚拟现实(VR)系统是数字化人机工程设计系统的重要组成部分，也是数字化人机工程设计系统发展的最新成就。沉浸感、交互性、构想性，即 3I 特性是此类系统的主要特性。

(1) 沉浸感是指项目参与者在自然状态下，借助虚拟现实交互设备、自身的传感器对所摄入的虚拟环境的投入程度。参与者可以通过听、触、视等感官，多维地体验虚拟世界，形成一种超现实的感知。使用者和虚拟世界中各种对象的相互作用，产生身临其境的感觉，仿佛在现实世界中，达到沉浸其中的效果。

(2) 交互性主要是指用户借助专业的I/O设备，利用人类的自然技能，实现对虚拟环境的考察和操作的程度。虚拟现实技术提供了友好的人机交互环境。

(3) 构想性是指利用虚拟现实技术实现抽象概念的可视化。

考虑到数字化人机工程设计系统的复杂性，采用PDM、PLM系统(如PTC的Pro/E intralink/windchill系统、DSS公司的ENOVIA PLM系统等)进行数字产品数据模型管理，实现各流程信息提取与传递，从而实现应用系统集成、并行与协同设计工作机制，是一种比较有效的技术方案。

而实现系统的3I特性的一种技术方案是将人机环境的数字化模型利用虚拟现实软件(如EON Studio、Viewpoint、Cult3D和Vega等)开发成虚拟现实模型，并通过虚拟现实投影系统进行沉浸或非沉浸人机交互体验式的人机宜人性的评估，其中人的作业动作行为是由程序控制的，如果CAEx组件有与虚拟现实系统的接口，可以通过这个接口实现现实人对虚拟环境中的虚拟人进行操控。

10.3　CAEx主流软件

目前有150多个CAEx系统。表10.1列出了主流商业化人机计算机辅助设计软件的功能与特点。这些商业化软件具有较好的通用性、集成性、开放性、易用性、高效性等特点。

表10.1　主流商业化人机计算机辅助设计软件

主流人机环境工程设计软件	能否建立人的模型	机(产品)的模型建立方式	能否建立人机环境系统的仿真模型	能否与虚拟现实技术集成	数字化分析、评价方法	适用范围
JACK	能建立人的几何、物理模型(68个关节、69个环节、135自由度，有关节约束)	对工作场所的建模，也可通过软件接口导入其他CAD软件对产品的模型	能	能	视域分析、可及度分析、静态施力分析、低背受力分析、操作姿势分析、能量代谢分析、疲劳恢复分析、舒适度分析、NIOSH分析、RULA分析、OWAS分析、IK计算仿真分析与评估等	人机系统设计整个生命周期的人机工效设计评估
SAMMIE	能建立人的几何、物理模型，用椭球体或圆柱体来表达肢体形状(21个关节、23个环节)	自身可以完成对工作场所及某些产品的建模	能	不能	视域分析、可及度分析、静态施力分析、低背受力分析、操作姿势分析、能量代谢分析、疲劳恢复分析、舒适度分析、NIOSH分析、RULA	人机系统设计整个生命周期的人机工效设计评估
		—	—	—	分析、OWAS分析、IK计算仿真分析与评估等，可进行伸及性分析、干涉检测和生成自眼点看到的视景	—

（续表）

主流人机环境工程设计软件	能否建立人的模型	机(产品)的模型建立方式	能否建立人机环境系统的仿真模型	能否与虚拟现实技术集成	数字化分析、评价方法	适用范围
Pro/E Manikin	能建立人的几何、物理模型	对工作场所的建模，也可通过软件接口导入其他 CAD 软件对产品的模型	能	能	视域分析、可及度分析、静态施力分析、低背受力分析、操作姿势分析、能量代谢分析、疲劳恢复分析、舒适度分析、NIOSH 分析、RULA 分析、OWAS 分析、IK 计算仿真分析与评估等	人机系统设计整个生命周期的人机工效设计评估
ANYBODY 1985	能建立人的几何、骨骼肌模型	第三方软件建立人体以外的模型	可与第三方软件集成实现	能	视域分析、可及度分析、静态施力分析、低背受力分析、操作姿势分析、能量代谢分析、疲劳恢复分析、舒适度分析、NIOSH 分析、RULA 分析、OWAS 分析、IK 计算仿真分析与评估等	人机工程、生物医学工程
DELMIA/CATIA/SAFEWORK	能建立第 5、50、95 百分位男女人体的几何、物理模型(103 个尺寸变量、100 个身环节、148 个自由度，有关节约束)	自身可以完成对工作场所的建模，也可通过软件接口导入其他 CAD 软件对产品的模型	能	能	视域分析、可及度分析、静态施力分析、低背受力分析、操作姿势分析、能量代谢分析、疲劳恢复分析、舒适度分析、NIOSH 分析、RULA 分析、OWAS 分析、IK 计算仿真分析与评估等	人机系统设计整个生命周期的人机工效设计评估
SoEgro 2018	能建立具有中国最新人体测量数据的人体的几何、物理模型	对工作场所的建模，也可通过软件接口导入其他 CAD 软件对产品的模型	能	能	视域分析、可及度分析、静态施力分析、低背受力分析、操作姿势分析、能量代谢分析、疲劳恢复分析、舒适度分析、NIOSH 分析、RULA 分析、OWAS 分析、IK 计算仿真分析与评估等	人机系统设计整个生命周期的人机工效设计评估
Mathlab 、ADAMS/vibration MDYNO	人体离散多体系统动力学模型(含集中参数模型)	借助第三方软件建立环境模型	能	不能	振动舒适性分析与评估	人机系统的动态设计领域
TAITherm	仅能构建人体热调节、热适应模型	借助第三方软件	能	不能	人机环境系统热舒适性仿真分析与评估、热仿真、热防护设计、目标热特征模拟	人机环境空间的冷热舒适性、工效评定、冷热防护设计领域

(续表)

主流人机环境工程设计软件	能否建立人的模型	机(产品)的模型建立方式	能否建立人机环境系统的仿真模型	能否与虚拟现实技术集成	数字化分析、评价方法	适用范围
HumanCAD	能建立人的几何、物理模型	对工作场所的建模，也可通过软件接口导入其他 CAD 软件对产品的模型	能	能	视域分析、可及度分析、静态施力分析、低背受力分析、操作姿势分析、能量代谢分析、疲劳恢复分析、舒适度分析、NIOSH 分析、RULA 分析、OWAS 分析、IK 计算仿真分析与评估等	人机系统设计整个生命周期的人机工效设计评估
RAMSIS	能建立人的几何、物理模型	对工作场所的建模，也可通过软件接口导入其他 CAD 软件对产品的模型	能	能	视域分析、可及度分析、静态施力分析、低背受力分析、操作姿势分析、能量代谢分析、疲劳恢复分析、舒适度分析、NIOSH 分析、RULA 分析、OWAS 分析、IK 计算仿真分析与评估等	人机系统设计整个生命周期的人机工效设计评估

10.3.1　西门子 JACK 人机工程设计与分析软件

JACK 软件是在 NASA、JSC 等的资助下，由宾夕法尼亚大学计算机与信息科学系开发。JACK 软件的研制经历了 10 多年时间，收集了上万人的人体测量数据，主要用于多约束分析、人的因素分析、视空域分析等。在描述诸如行走、搬运重物等运动时，引入了舒适性概念，对运动加上必要的约束后，再进行优化处理，比较好地描述了人体一般行为动作。JACK 软件还具有以下特点。

(1) JACK 软件的人体数据库中除了有基本的人体测量数据外，还有人体关节的柔韧性、人的健康状况、劳累程度和视力限制等医学及生理学的参数。因此，几乎可以全真地表示人的许多特征，产生不同类型、不同性别、不同大小的人体模型。

(2) JACK 软件能够驱动虚拟人以和真人一样的姿势行走、爬行或跑动。这些动作可以由程序控制，检测和避免人体各部分与模拟环境相碰撞，还可以对人的关节施加约束，模拟宇宙飞船发射时宇航员身穿航天服固定在安全座椅上的情形。

(3) JACK 软件在视域分析方面有着十分突出的特点。它生成的人眼模型可以像真人眼球一样上、下、左、右转动，清楚地表达信息。通过它可以观察和分析作业人员的视域范围。

(4) JACK 软件是一个高度模块化的程序，具有良好的扩充性、灵活性和开放性，具有友好、方便的用户界面，是能方便地进行复杂的人体建模、显示和调整的应用工具。JACK 软件还可以接受其他建模软件的模型输入，有与虚拟现实设备连接的接口。

(5) JACK 软件已被许多飞机公司、汽车制造商、军用车辆研制机构和人机环境工程研究人员所采用。NASA 使用 JACK 软件进行航天飞机和空间站研究，进行可达性、匹配性和视域分析。美国国家科学基金会利用 JACK 软件产生的交互式人体运动计算机动画，进行安全路径的选择、碰撞回避和运动性能等研究。

10.3.2　DELMIA 人机工程设计与分析软件

DELMIA(Digital Enterprise Lean Manufacturing Interactive Application，数字化企业精益制造的交互式应用软件)是法国达索系统公司(Dassault Systeme)为客户提供的一整套数字化设

计、制造、维护、数据管理的PLM数字化开发解决方案，已广泛应用于汽车、航空航天、船舶制造、厂房设计、电力与电子、消费品和通用机械制造等七大领域的三维数字化设计软件和数字化制造，支持产品的概念设计、物理模型设计、功能性能仿真模拟与分析、虚拟制造方案验证、虚拟制造车间设计和产品运行维护的仿真、人机工效与生物力学分析与评价，具有开放性接口，有可扩充性。它与CATIA、ENOVIA构成产品全生命周期的数字化开发的解决方案，可构成非沉浸式和沉浸式的虚拟产品数字化开发系统。

1. DELMIA软件的组成与运行环境

(1) DELMIA的软件组成。作为面向制造维护过程仿真的子系统，DELMIA的重点是通过前端CAD系统的设计数据结合制造现场的资源(2D/3D)，通过3D图形仿真引擎对于整个制造和维护过程进行仿真与分析，得到诸如可视性、可达性、可维护性、可制造性、最佳效能等方面的最优化数据。DELMIA是达索PLM的子系统，也是一个结构庞大、面向部门的系列解决方案的集合。DELMIA 由如下主要功能组件组成：①制造过程设计的 DPE(DELMIA process engineer)；②面向物流过程分析的QUEST；③面向装配过程分析的DPM；④面向人机工效分析的Human；⑤面向机器人仿真的Robotics；⑥面向虚拟数控加工方针的VNC等。

(2) DELMIA运行环境配置。DELMIA软件在运行数字化工厂仿真的时候需要将生产中所需的产品、厂房、工具、工装等3D数模都调入计算机中，并进行动态的仿真和分析，因此对运行软件的计算机硬件平台配置有一定的要求。另外，平台应该具有良好的可扩展性。好的硬件配置和系统架构有助于系统性能改善。推荐如下架构的硬件平台选择原则：

- 根据装配仿真的特点，服务器应采用稳定、吞吐量大的数据服务器，工作站推荐采用高性能的图形工作站，很多报表数据、文档和相关的输入输出数据可能需要进行处理和打印，一般配置的PC和打印机在实施过程中也不可缺少。
- TCP/IP100/1000M 网络和交换机保证环境能够运行在稳定高速的网络中或自成局域网。TP-Link或D-Link的产品均可采用。

2. DELMIA的功能组件与工作流程

DELMIA的功能组件包括DPE、DPM和人机工效分析功能组件。

(1) 面向制造过程设计的DPE。基于DPE，工艺规划人员可在初始设计产品的基础上，根据不同的规划前提条件，定义制造所需的工艺和资源；通过利用成本驱动和成本核算，工艺规划人员能很快地决定技术上和经济上最优的解决方案。

DPE提供了广泛的规划支持类型来满足所有这些需求，提供了有效的装配结构浏览和高性能的可视化工具。装配过程图表提供了清晰的装配序列关系，以及流程和材料、人和设备资源之间的关联。

作为一个完整的时间测量解决方案，DPE提供了非常有价值的、可以对装配时间和劳动力需求形成科学的评估结果，从而反馈到设计开发和其他的计划分配、项目和质量报告。对目标成本进行预先定义，可以针对材料的使用、资源投产、人力需求和空间需求提出评估结果。

使用DPE提高了规划的准确性，缩短了规划和实现时间，降低了开发成本。

(2) 面向装配过程分析的DPM。DPM Assembly作为DELMIA系统中一个独特的软件模块，充分利用产品数字样机的三维数据，实现在三维基础上的3D工艺规划，并对零件的加工过程、产品的装配过程、生产的规划进行3D模拟并验证，促进工艺应用水平的提高及优秀的工艺经验继承，实现真正的设计与工艺并行工程，提高设计能力及处理ECO的能力。

大多企业设计、加工能力都比较强，工艺弱(并没考虑到产品的可制性)，到生产才发现产品设计、工艺规划问题而进行更改、调整，还是要花大量的时间、金钱进行协调、排故，产生了瓶颈效应，极大地限制了企业的效能，耗费许多时间，产生许多费用。DELMIA 则可以在虚拟环境中实现从工艺设计到生产的整个流程，提前发现问题，避免上述问题。DPM 能真实反映产品从零件到装配、工位、流水线直至工厂的生产过程，直观分析产品的可制性、可达性、可拆卸性和可维护性。在计算机数字环境中随意调整加工工艺，配置加工设备，规划资源，使得企业“硬”设备得到合理利用。

(3) DELMIA 的人机工效分析。DELMIA 提供了工业上第一个和虚拟环境完全集成的商用人机工效模型。DELMIA/Human 可以在虚拟环境中快速建立人体运动原型，并对设计的作业进行人机工效分析。DELMIA 软件中的人机工程设计与分析模块包含 5 个子模块，DELMIA 的人机结构模块功能示意图如图 10.2 所示。

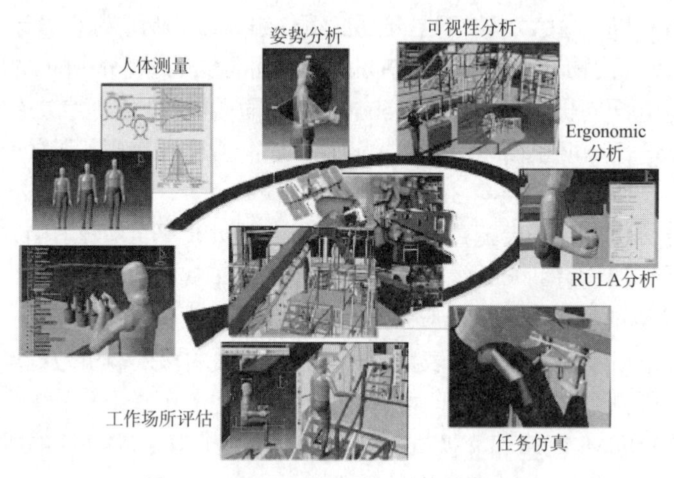

图 10.2　DELMIA 的人机结构模块功能

第一，人体模型构造(human builder，HBR)模块。HBR 模块是在虚拟环境中建立和管理标准的数字化虚拟人体模型，以在产品生命周期的早期进行人机工程的交互式分析。HBR 模块提供的工具包括人体模型生成、性别和身高百分比定义、人机工程学产品生成、人机工程学控制技术、动作生成及高级视觉仿真等。其友好的用户接口确保了人体因素分析能够由非人体分析专家进行研究，有效地将 HBR 与 HME、HPA 及 HAA 结合起来，可以生成更高级的人体模型，得到更详尽的分析结果，使设计更符合人机工程学对舒适性、功能性及安全性的要求，可以为设计人员提供详细的人机工程设计解决方案。

第二，人体模型行为分析(human activity analysis，HAA)模块。HAA 模块作为 HBR 的辅助模块，可以对处于虚拟环境中的人机互动进行特定的分析，其优点在于能够精确地预测人的行为。它提供了多种高效的人机工程学分析工具和方法，可以全面分析人机互动过程中的全部因素。

第三，人体模型测量编辑(human measurements editor，HME)模块。HME 允许设计人员通过大量的先进人体测量学工具生成高级的用户自定义的人体模型。该模型依靠它的指定目标人群，可以用于评价设计与其目标的吻合程度。HME 能够满足专业人机工程分析师、技术支持维护工程师等不同设计人员的需要。

第四，人体模型姿态分析(human posture analysis，HPA)模块。HPA 可以定性和定量地分析人的各种姿态。人的整个身体及各种姿态可以从各方面被全面、系统地反复检验和分析，并可以与已公布的舒适性数据库中的数据进行比较，确定相关人体的舒适度和可操作性。HPA 可快速发现有问题的区域，重新做出分析，并进行姿态优化，允许设计人员根据自己的实际应用，建立自己的舒适度和强度数据库设计，来满足不同的需要。

第五，人体任务仿真(human task simulation，HTS)模块。DELMIA 人体模型中的人体任务仿真是强大的人体建模工具，用来创建 DPM 规划和仿真构建中的人员行为，并进行仿真和校验。工人在 PPR 环境中完成这些行为，可能是走到一个特定的位置，或者从一个目标姿态变换到另一个，跟踪某个轨迹或在工作区域中拾取和放置某个零件。

DELMIA 的人机工程设计模块在功能上只比 CATIA 内嵌的人机工程设计与分析模块多了一个人体任务仿真模块。

通过 RTID(real-time interaction for DELMIA V5)和 ART(advanced real time tracking)接口技术，支持多种虚拟现实外设，包括动作捕捉系统、立体显示系统、数据显示头盔、生理数据采集设备、数据手套等。可在虚拟现实环境中，将 ART 光学方位跟踪系统与 DELMIA 软件有机结合，使基于产品虚拟样机的数字化装配三维工艺设计和装配过程仿真应用延伸至虚拟现实领域，使桌面级仿真应用提升为沉浸式虚拟现实仿真应用，从而得到更加接近真实感受的仿真验证。

10.3.3　Pro/E Manikin 人机工程设计与分析软件

Manikin 模块是 Pro/E4.0 新增加的人机工程学功能模块，可以在组件中增加人体模型，这个人体模型是 Pro/E 自带的一个组件，由头部、手臂、腿部等多个零件组成。在组件模块下，可以插入这个人体模型。这个人体模型可以是坐立的也可以是站立的，而且腿、手可以调整位置，以此来检验设计的产品是否符合人体工程方面的要求，包括手所能伸到的位置、视觉范围、站立/坐立操作高度等内容。

Pro/E 4.0 中的 Manikin 模块提供了如下人机工程的分析与校核工作：①人体测量类型学；②人体平均生长模型；③视野分析；④姿势模拟；⑤执行任务的动画效果；⑥干涉检查；⑦负荷与姿势舒适性分析；⑧与 CAD 系统集成化；⑨数据库系统。

10.3.4　RAMSIS 人机工程设计与分析软件

RAMSIS 是德语 Rechnergestü tztes Anthropologisch- Mathematisches System zur Insassen-Simulation 的缩写，意思是“用于乘员仿真的计算机辅助人体数字系统”，是一种用于乘员仿真和车身人机工程设计的高效 CAD 工具。该软件为工程师提供了一个详细的数字人体模型，来模拟仿真驾驶员的驾驶行为。在产品开发过程的初期，设计者利用该软件在只有少量 CAD 数据的情况下就可以进行大量的人机工程分析，从而避免在后续产品开发过程的较晚阶段进行修改。RAMSIS 已经成为全球汽车工业用于人机工程设计的实际标准，目前已经在全球 70%以上的轿车制造商使用。RAMSIS 的主要特征和强项是自动姿态计算。用户可以载入一个车辆的 CAD 模型，创建 RAMSIS 人体模型并且通过文本格式来定义一些让人体模型来执行的任务。利用真人在大量实车驾驶和操作的试验数据的基础上，RAMSIS 姿态计算流程可以自动计算人体模型的真实姿态。

利用 RAMSIS 可以进行一系列人机工程的分析与校核工作：①真实的人体模型；②人体测量类型学；③人体平均生长模型；④姿势模拟；⑤执行任务的动画效果；⑥干涉检查；⑦舒

适性分析；⑧视野分析；⑨曲面模型；⑩与 CAD 系统集成化；⑪三维测量系统；⑫数据库系统。

10.3.5　SoErgo 人机工程设计与分析软件

SoErgo是中国标准化研究院与北京朗迪锋科技有限公司于2017年研发成功并商业化的。该软件针对国内航空航天、国防军工、轨道交通等行业及高校、研究所等科研单位对人机工程仿真分析需求开发，可以满足工业应用需要。该软件是集数字化人体建模、作业任务仿真与人机工程分析于一体的软件产品，是国内第一套符合最新版中国人体测量数据的专业版全领域人机工程仿真分析软件的解决方案，填补了国内同类技术解决方案的空白。在软件功能与性能上，该软件与国外的商业化软件(如 JACK、DELMIA 等)处于同一级别水平。

1. 主要特点

SoErgo 可以帮助设计者从产品或项目早期的概念设计、造型设计、功能设计，中期的工艺流程、工艺仿真，到后期的维修与维护，对产品全生命周期中的每一个过程进行仿真与分析。使用 SoErgo 可以创建一个虚拟仿真环境(如工厂、车间)，且在该仿真环境中可以定义精确的国标数字人体，并指定其完成特定作业任务(如流水线作业等)，可以利用人机工程分析工具来分析任务绩效和人的表现，如可视性分析、可达性分析、舒适度分析等。

通过采用 SoErgo 技术解决方案，用户可在以下(但不仅限于)研究和设计领域得到人机工程技术的有效支持，能够缩短设计审查和优化时效，提高产品设计和生产工艺流程的效率与品质：

(1) 产品舱内仪表操作面板布局选型和优化；

(2) 探索生产制造环节的失误和风险因素，减少意外事故因素；

(3) 提升产品使用者的体验；

(4) 优化产品使用环境设计方案，提高产品操作过程的安全性和舒适性；

(5) 预演紧急情况操作流程，制定应急备案；

(6) 优化后的设计方案成果可直接作为培训和教学参考资源。

图 10.3 所示为基于 VRT 的人机分析系统框架图。

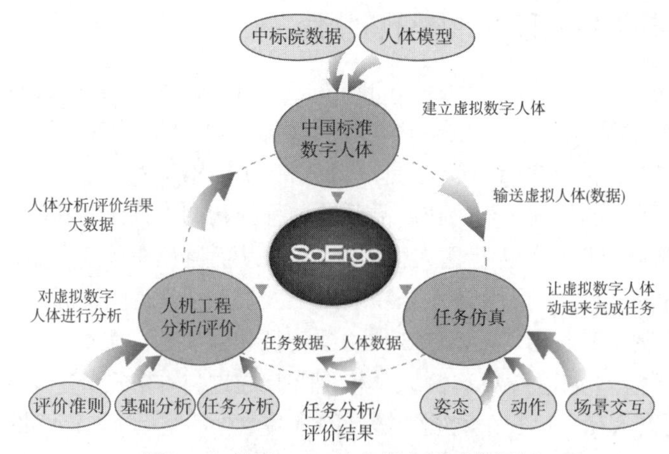

图 10.3　基于 VRT 的人机分析系统框架

2. 功能模块

SoErgo 的核心功能包含三个部分：中国标准数字人体、任务仿真、人机工程分析和评价。其中，利用人机工程分析和评价功能模块可进行一系列的人机工程的分析与校核工作：①真实的人体模型；②人体测量类型学；③人体平均生长模型；④姿势模拟；⑤执行任务的动画效果；⑥干涉检查；⑦舒适性分析；⑧视野分析；⑨曲面模型；⑩与 CAD 系统集成化；⑪三维测量系统；⑫数据库系统。

3. 与 VR 技术的集成应用

SoErgo 支持多种虚拟现实外设，包括动作捕捉系统、立体显示系统、数据显示头盔、生理数据采集设备、数据手套等。

图 10.4 所示为基于虚拟现实技术系统集成的人机分析框架图。

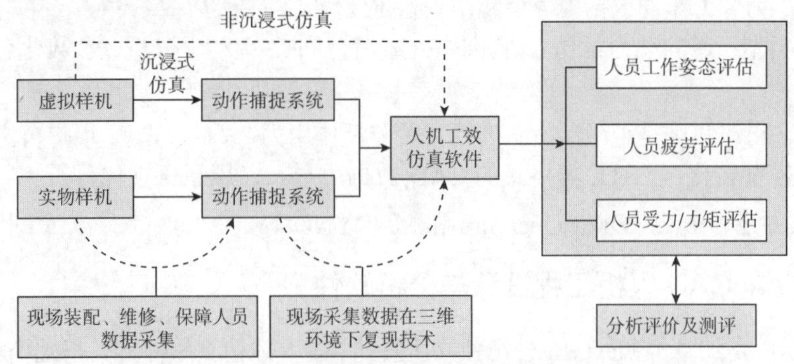

图 10.4　基于虚拟现实技术的人机分析框架图(SoErgo)

北京朗迪锋科技有限公司近年来还推出了基于动作捕捉技术的MakeReal3D。

10.3.6　Anybody 人机工程设计与分析软件

Anybody 人体建模仿真系统是计算机辅助人类工效学和生物力学分析软件，为人机工程学产品性能改进和生物医学工程研究提供了一个新颖的平台。

1. 功能模块

利用 Anybody 可进行如下工作：①人体分析，包括人机工程学研究、反向动力学研究、步态分析等。②轮椅设计，大部分轮椅使用者会感觉负载引起的肩痛。利用 AnyBody 可以分析轮椅的参数对于负载情况的影响，以便对轮椅的直径、推手边缘的位置、车轴的位置和曲轴进行优化设计。③汽车手柄、脚踏板、转向盘、座椅、安全带等的设计。④计划外科手术过程，制订理疗计划，康复工程研究。⑤工具、工作场所、运动器材、家具等人机工程学产品设计。⑥生物力学研究、运动适当性研究。⑦在交通工具领域的应用：汽车出口手柄位置设计。通过窗框上手柄位置的设置，可使通过更便捷。利用 AnyBody 可以分析出窗框上手柄的位置，如何影响从汽车中出去所消耗的必要能量，以便对手柄位置的高低进行优化。踏板和人腿构成了一个非常复杂的机械系统，只有考虑整个系统才能评估踏板的操作性。AnyBody 可以将踏板和人体耦合在一起进行分析，以改善踏板的设计，使得在不造成驾驶员疲劳的情况下，能够更加轻松地控制汽车。汽车在转弯时会产生离心力，F1 赛车的离心加速度可以超过 2g，这使得驾驶员身体上部肌肉处于极限状态，大大降低了对汽车的控制能力。AnyBody 可以分析由座椅、安全带和总体环境提供的支撑力带来的影响。

2. 数据导入/导出接口

(1) 运动学数据导入接口：用户可通过 C3D-to-AnyScript 转化程序导入国际标准格式运动捕捉数据，建立运行学驱动器，用以驱动人体模型。

(2) 有限元模型数据导出接口：用户可将通过 AnyBody 软件系统获得的肌肉力、关节作用等转化为完整、实用的作用于骨骼或假体植入物等的有限元模型的边界条件，并输出给所有有限元计算软件。

3. 软件特点

(1) 关节：球面型、转动型、圆柱型、棱柱型、万能型、用户自定义型等。

(2) 肌肉：三元素 Hill 模型、简化模型等。

(3) 驱动器：内插型、多项式型、傅里叶型、线性型等。

(4) 载荷：力和力矩均包括内插型和用户自定义型。

(5) 分析类型：逆向动力学仿真(肌肉内外载荷分布)、运动学分析、参数化分析、优化分析等。

(6) 结果输出：肌肉是否激活、肌肉力、关节反作用力、关节力矩、用户自定义类型等。

(7) 几何模型转化：*.STL 等格式的 CAD 数据可导入，用于可视化分析。

类似的软件还有 LifeMOD、OpenSim 和 MADYNO 等。

10.3.7　HumanCAD 人机工程设计与分析软件

HumanCAD 是加拿大 NexGen 公司独立研发的 3D 人体仿真软件，其基础构架是 NexGen 公司于 1990 年研发的 ManneQuin 仿真软件，迄今已有 20 年的专业研发技能和经验。

HumanCAD 主要用于人体体力作业的动态、静态模拟和分析。它拥有多个作业工具和环境组件模块，场景逼真、实用，可以对运动和作业过程中的躯干、四肢、手腕等部位的空间位置、姿势、舒适度、作业负荷、作业效率等数据进行采集和分析，在研究领域被广泛使用。

HumanCAD 软件的主要模块有：①HumanCAD 主程序实现主要的编程功能，包括导入/输出人体和实物模型、构造编程环境等；②HumanCAD ErgoTools 扩展人体模型相关的数据库，使分析功能更强大；③HumanCAD 中的 ADExchange 用于扩展软件可识别的三维模块类型，使软件兼容性更强；④针对教育/科研用户，使用指导书及相关资料指导其高效展开科研。

利用 HumanCAD 软件可以完成如下工作：①可及度分析；②视野分析；③抬举力量分析；④作业姿势评估；⑤舒适度分析；⑥基于用户设定的其他人体作业数据。

HumanCAD 软件的特点如下：

(1) 根据用户需求，自动生成三维人体模型；

(2) 设置人体模型的尺寸、姿势、动作；

(3) 设计、生成产品模型，并设定其各种物理参数；

(4) 与各类相关三维建模软件都有良好接口，可实现用户自定义模型的导入与输出；

(5) 具备强大的数据分析功能，可以分析人在作业过程中的姿势、舒适度、做功等数据；

(6) 分析数据可直接导入 Word、Excel 等文件，便于后续分析；

(7) 本身带有庞大的人体参数数据库，为建模和数据分析提供权威而便捷的支持。

系统要求：Windows 2000 及 XP 以上版本，内存 1GB 以上。

硬盘：1GB 以上。

显卡：支持 3D 显示。

10.4　虚拟维修仿真平台和虚拟人运动控制开发平台

通过在虚拟维修仿真平台上进行各种维修活动的模拟，在设计的早、中期即可实现产品维修的实时分析、评价与验证，有利于改善产品维修性设计，降低产品研制费用，缩短产品研制周期。虚拟维修技术起源于飞机等大型复杂系统研制中对维修性工作的迫切需求，国外各大航空制造商、高等院校研究所均在虚拟现实和虚拟维修方面开展课题攻关，取得了一系列卓有成效的技术成果，以达索公司的 DELMIA 和 UGS 公司的 JACK 为主的虚拟仿真平台，可支持复杂产品装配、拆卸操作的虚拟仿真环境已被广泛使用。

虚拟人运动控制开发平台(VHMotion)是由中国科学院计算技术研究所开发的一套在虚拟环境中创建三维虚拟人角色并控制其运动的开发包。VHMotion 包括一套虚拟人模型库和一套基于运动捕获的运动数据库，可以在虚拟环境中快速生成逼真虚拟人角色和各种运动，并可方便地进行交互控制。

VHMotion 能够方便、灵活、快速地在虚拟场景中生成个性化的三维虚拟人角色，并对它们进行交互式控制。

VHMotion 提供了丰富的开发接口，支持通用的建模标准 H-Animl.1，内置多种虚拟人模型模板及虚拟人模型文件，用户可以即时生成个性化虚拟人角色。系统还有一个庞大的行为特征库，可以方便地映射到个性化虚拟模型，产生丰富、逼真的个性化运动，这些运动还能根据不同的虚拟环境进行适当调整。VHMotion 可以广泛应用于工业生产、航空航天模拟训练、军事仿真训练、武器装备论证、游戏中的角色动画、体育训练、人机功效分析设计等领域。

VHMotion 开发平台主要包括虚拟人模型部分、运动数据部分、绘制部分及系统支撑部分四大部分。

(1) 虚拟人模型部分主要包括虚拟人表示及运动驱动方法。该部分定义了一个基于骨架和照片建模的虚拟人模型库。另外，系统还设计了一个基于 MPECA 人脸动画定义的人脸表情控制功能，能够真实地实现人的表情动作，如哭、笑、皱眉、龇牙咧嘴等，体现非常细微的表情变化。

(2) 运动数据部分包括一个虚拟人运动数据库，为虚拟人的运动提供数据支持。运动数据通过 Vioon 三维数据采集设备捕获。

(3) 绘制部分包括图形图像的显示，支持基于 OpenGL 和 DirectX 底层开发平台，以及大部分高层虚拟现实开发环境，如 OpenGVS、Vega、WTK 等。

(4) 系统支撑部分包括系统的组织、网络支持以及开发接口等。网络支持基于 DIS/HLA 的分布式模式。

虚拟人建模常用的方法包括采用人工编辑的方法(使用建模工具，如工程 CAD、3DS Max、Maya、Poser 和 LightWare 等)、基于运动图像序列和基于视频方法来重建虚拟人骨架模型，或使用基于运动捕获的方法来建立虚拟人骨架模型。这里，采用个性化虚拟人体模型骨架生成方法及基于相片的虚拟人体克隆方法相结合的方法进行虚拟人建模。

虚拟人模型采用 CVHBl.0 建立多自由度层次结构模型，CVHBl.0 是一个兼容、符合 VRML97、H-Anim1.1 及 MPEGC-4 相关标准的三维虚拟人体描述和驱动标准。

10.5　人体系统振动分析系统

人们已开发出多种人体系统的振动分析系统，本节主要介绍比较成熟的软件工具，以供参考。

10.5.1　ErgoSIM 人体振动工效学分析系统

在职业安全与健康、职业卫生和职业工效学研究领域，作业过程中，装备对身体的振动和手臂的振动都可能造成身体伤害。由于人体作业过程中暴露于电动工具，与机械车辆、武器装备的振动有关的危害长期存在，存在较高的安全和健康风险，降低作业效能。ErgoSIM的功能包括能够处理多个部位人体振动传感器，并进行工效学分析，以便进行人因评估和职业工效学评价。

ErgoSIM 基于国际标准进行研发，可用于手臂或全身振动工效学分析。手臂振动(hand-arm vibration，HAV)分析基于针对手臂振动的ISO 5349和ACGIH标准。全身振动(WBV)分析基于 ISO 2631-1、2631-5 和 ACGIH 关于全身振动的标准。

10.5.2　VATS 系列人体工程振动分析系统

VATS 系列人体工程振动分析系统包括针对手臂或全身分析功能的独立配套箱。

VATS 既适用于手臂分析，也适用于全身分析。手臂振动分析基于 ISO 5349 和 ACGIH 手臂振动标准。全身振动分析基于 ISO 2631-1/ 2631-5、BS 6841 和 ACGIH 全身振动标准。

软件数据分析功能：快速傅里叶转换、1/3 倍频带分析、加权和为加权均方根、带通 Butterworth 滤波器、过滤窗口、瀑布图、频谱图、1/3 倍频带图、波峰因素、振动暴露值、符合 ISO 和 ACGIH 标准的阈限值/警告区值、均方根历史记录和总结。

应用领域：人体工程研究与教学、生物力学研究、神经&医学研究、运动体能研究、交通驾驶&军事研究、作业与疲劳研究、工作环境与工具设计、步态分析对称性研究和神经康复研究与训练。

10.5.3　ErgoLAB 人机工效分析系统

ErgoLAB 信息产品人机工效分析系统，是北京津发科技依据人因工程与工效学(human factors and ergonomics)和人-信息-物理系统(HCPS)理论自主研发的面向多模态数字化信息产品“以人为中心”的“人-信息系统交互”(HCI)主客观测试与评估系统，可以对信息产品原型进行人机交互原型设计、用户体验与可用性测试、人机交互评估与交互行为分析系统、人因测试与人机工效评价等，广泛用于桌面端 PC 应用程序、Web 网页程序、移动终端 App、虚拟现实应用程序等多类型信息化终端设备，特别是人工智能时代针对人机智能交互程序产品原型等多类型数字化信息产品的交互行为分析和可用性测试、人机交互测试和评价。

10.6　人体热舒适性预测及计算软件

热舒适性是人们生活中重要的生理和心理需求。影响人体热舒适性的因素有很多，包括环境(温度、湿度、风速)、人体活动量以及衣着因素。服装通过改变人体与外界环境间的质热交换率，影响人体的热舒适感。随着生活水平的不断提高，人们对服装有了更多时尚方面的追求，但热舒适性仍是服装设计与消费选择不可缺少的要素。特别是对于工作和生存于极端环境中以及从事体育运动的人群，服装的热舒适性尤为重要。

10.6.1　THESEUS-FE 软件

THESEUS-FE 是一款为汽车设计师们提供的专业热分析软件，现在的汽车非常重视舒适性方面的设计，特别是座舱热舒适性。THESEUS-FE 主要用于预测座舱温度、湿度，乘客温度以及局部和整体舒适性指标。THESEUS-FE 对于座舱的热舒适性分为车辆外部环境、座舱内环境和假人模型三个部分进行分析。

HESEUS-FE 考虑了一系列的外部环境边界条件，例如，图 10.5 所示的车身与周围空气之间的强制对流。外部辐射换热可包含太阳短波辐射(直接照射和漫散射)以及天空和地面的长波辐射。为此，THESEUS-FE 提供了高速射线追踪和几何角系数计算功能。另外，THESEUS-FE 还可以考虑地面反射日光的加热作用。

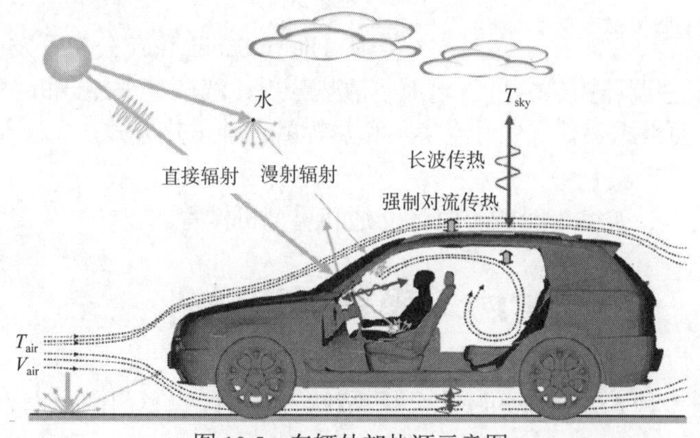

图 10.5　车辆外部热源示意图

THESEUS-FE 基于隐式有限元求解方法分析求解，能够解决各种热分析问题，包括各种形式的热辐射、全三维模拟问题、导热、自由及强制对流，稳态或完全瞬态的热传导和辐射问题等。在汽车行业，THESEUS-FE 被广泛用于各种热管理问题，如空调系统的热分析包括热舒适分析、除冰除霜分析、内饰件的热应力分析，以及整个排气系统、制动盘冷却、热防护、电池布置等问题。

THESEUS-FE 作为先进的热舒适分析工具，FIALA-FE 模型可以考虑人体的各种热反应，如出汗、发抖、呼吸、血液循环的加快和减慢。THESEUS-FE 中包含大量的材料模型，包括夏天和冬天的衣服材料属性以及大量的复合材料属性等，极大地方便了 CAE 工程师的分析工作。

对于座舱内热环境，THESEUS-FE 为了模拟汽车的暖通空调(HVAC)系统而提供的专门的模型——空气区，可将座舱分割成不同区域，每个区域具有相同或线性变化的温度和湿度，并通过对流条件与结构和假人模型相耦合。值得一提的是，THESEUS-FE 还具有通风反演模式，可根据指定的座舱环境温度反算入口温度。另外，还可将 THESEUS-FE 和多种第三方 CFD 软件和 1D 设计软件(如 StarCCM+、Fluent、Flowmaster)进行协同仿真，对座舱内温度湿度场和空调性能进行仿真。

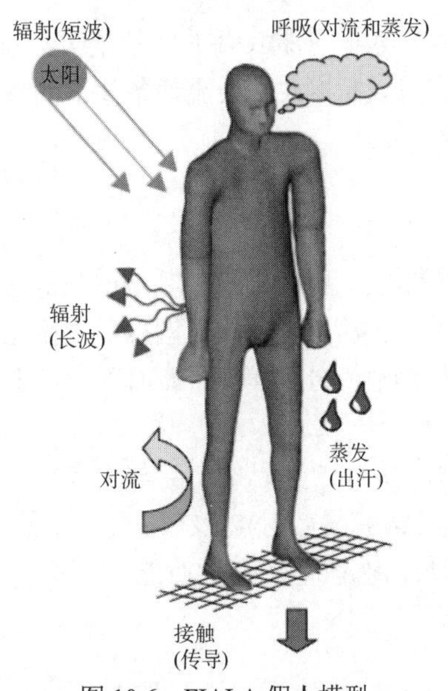

图 10.6　FIALA 假人模型

THESEUS-FE 中提供独特的假人模型(见图 10.6)——FIALA-FE，它吸收了人体热生理学最前沿的研究成果，用来预测人体对环境温湿度的反应，进而准确预测热舒适性。该假人模型可进行近乎真人的仿真，包含血流、呼吸、蒸发、代谢反应、出汗、寒噤、心输出量等复杂的生理过程，并且假人模型与周围环境完全耦合，达到整体能量平衡。FIALA-FE 完全集成在 THESEUS-FE 求解器中，可提供全局和局部的舒适性指标，供模型评估和优化使用。

THESEUS-FE 全面考虑车辆外部热环境、座舱内空调系统性能、乘客对环境的响应与反馈等因素，为车辆座舱的热舒适性提供最为精确、可靠的仿真结果。

10.6.2　TAITherm 热管理与处理软件

美国 ThermoAnalytics 公司开发的专业热管理工具 TAITherm，适用于空调环控热分析、电池包散热分析、汽车整车热分析和制动热分析。

功能模块：全面考虑热传导、对流换热和热辐射三种传热方式，分为人体热舒适度模块、电池模块和并行计算模块。

应用领域：汽车、航空、船舶、轨道交通和重型机械等。

10.7　噪声分析软件

人们已开发出多种人体系统的噪声分析系统，本节主要介绍用途比较广泛的 ACTRAN、SYSNOISE 和 RAYNOISE 软件工具，以供参考。

10.7.1　ACTRAN

ACTRAN 是比利时 FFT 公司的产品。ACTRAN 除了包含其他计算声学软件的全部特征之外，还包含许多独特的技术优势，如声波在非均质运动流体中的传播；模态坐标与物理坐标相结合，可以快速模拟复杂结构的声学问题；对有回响和无回响空间的模拟；声音通过复合材料的传输和吸收；流固耦合效应对声音传播的影响；真实的边界条件和激励，包括声衬边界条件、扩散声场激励、湍流边界层激励、顶棚落雨激励、随机运动学激励和动力学激励。

1. 功能

ACTRAN VibroAcoustics 是完整的振动声学模拟软件。它提供丰富的单元库、材料库以及各种面向工程实际的边界条件，可以模拟振动噪声、声振耦合、声疲劳等复杂问题，与 ACTRAN AeroAcoustics 相结合可以耦合求解当今最具挑战性的振动和流动噪声耦合问题。

ACTRAN for NASTRAN 是包含 ACTRAN 和 NASTRAN 所有技术优势的高级振动声学模拟软件，用来模拟汽车、飞机、航天飞行器的舱室装饰优化及其他所有声振耦合问题。

ACTRAN TM 是分析旋转机械噪声辐射、优化声衬等声学处理部件的专业软件，典型应用包括飞机发动机、管道冷却系统和直升机涡轮噪声模拟等。

ACTRAN DGM 利用非连续有限元求解线性欧拉方程，用于模拟在复杂流动条件下的噪声传播，典型应用包括涡轮排气噪声、大型涡轮进气噪声等。

ACTRAN AeroAcoustics 是专业的湍流噪声模拟工具，既可以求解外部声场(机翼噪声、后视镜噪声、起落架噪声)，也可以求解内部声场(HVAC 内部噪声、管道内流动噪声)。

ACTRAN VI 是 ACTRAN 家族所有产品前后处理工具。

2. 特色

ACTRAN 中含有很多特色解算器，典型的如 ACTRAN 中的快速计算频率响应函数的 Krylov 解算器，不仅革命性地大幅提高了解算效率，而且还带来以下优点：

(1) 计算频率响应函数的速度比传统有限程序至少快一个数量级；

(2) 接近线性的并行加速比；

(3) 既可用于无阻尼系统，也可用于阻尼系统；

(4) ACTRAN 具有 NASTRAN、ABAQUS、ANSYS 结构分析程序的无缝接口；

(5) ACTRAN 具有 Fluent、StarCD、StarCCM、Powerflow、Ensight 等 CFD 程序的直接接口，及通用的 HDF 格式接口，用于提取声源和加入非均质流体效应。

(6) 与主流的有限元前后处理工具直接无缝集成，包括 I-DEAS Master Series、MSC.Patran 及 Hypermesh，用户可以使用这些工具的标准功能以及具有同样风格的 ACTRAN 对话框和图标菜单。

3. 应用领域

(1) 振动结构的声辐射：动力系统、发动机部件(油盘、进气歧管与空气过滤器、阀盖等)、压缩机、电机、扬声器等。

(2) 进气与排气噪声，包括复杂的消音器和静音器。

(3) 空调机组和配电系统(传递矩阵系数的计算)。

(4) 汽车、火车及飞机乘客舱内的声吸收。

(5) 在均质流体或温度梯度场等复杂介质中的声音传播。

(6) 电话、助听器或乐器等音频设备。

10.7.2 SYSNOISE

SYSNOISE 振动和声学测试分析软件在声学计算分析领域占据领先地位，它为噪声控制专业工程技术人员提供了产品设计开始阶段预报和解决声学问题，主要用于美国的 NASA(国家航空航天中心)、Ford 汽车公司、Motorola 公司和 Bose 音箱公司，以及国内著名大学、研究所和一些大公司。

1. 功能

SYSNOISE 有强大的集成前、后处理功能，有网格检查和修正工具。后处理可以画彩图、矢量场、变形后的结构，以及 XY 图线、柱状图和极坐标图，还包括动画显示和声音回放。

(1) 有限元法求解内部噪声。有限元法非常适用封闭区域，如客舱、通风道、保护罩，常用于模拟吸能内衬、孔板或渗透墙、多孔材料；预测共振频率和声振模态；在时域或频域上计算已知激励在空腔中产生的声振响应，可考虑流动的影响。

(2) 无限元(I-FEM)求解辐射声场。SYSNOISE 采用无限元法作为补充，用于计算声振响应和振动结构对外部声场的灵敏度。此法也可用于求解流固耦合问题，且非常适合多种流体问题以及求解时域问题。

2. 特色

(1) 总体灵敏度分析、高速边界元求解器、ATV(声学传递向量)、流体激励噪声分析等技术均是在实际应用的需求上创新的成果，是 LMS 的独有技术。

(2) Virtual.Lab(虚拟试验室)是创新的集成 CAE 环境，其中的 CAE/试验混合仿真更是先锋之作。

(3) SYSNOISE 的开放性。LMS SYSNOISE 是开放的，与所有主流的结构有限元软件、CFD 软件、网格工具有接口。

(4) SYSNOISE 的求解技术领先。SYSNOISE 求解不仅技术全面(声学有限元、无限元、边界元、流固耦合)，而且领先。在 SYSNOISE 5.6 版本中，高速边界元求解器可以将计算时间提高 10 倍。同时，SYSNOISE 具有网络并行分块计算能力，在普通计算机网络上完成超大型问题的计算。

(5) SYSNOISE 具有的高级分析处理能力。ATV(声学传递向量)技术是 LMS 公司的专利。计算大模型、多载荷工况的辐射噪声时，如无 ATV，计算时间可能相当长(数星期)；有 ATV 时，一天内可完成。

(6) SYSNOISE 的高级后处理。SYSNOISE 具有各种高级的声学后处理和图形显示能力，例如可听处理，将计算出的声场响应处理成声音文件，从计算机中播放出来，听到未来的声音；再如，可按国际标准计算辐射声功率。

(7) SYSNOISE 的运行操作方便性。

3. 应用领域

汽车、航空航天、航海、白色家电、电子消费品、扬声器、建筑工业、能源工业的用户是否希望有静音产品？竞争对手是否用优良的音色来竞争？越来越严格的噪音排放法规是否给产品设计带来强烈的冲击？过去对许多产品设计人员来说，只能在产品设计循环的最后阶段——物理样机阶段对产品的声学性能进行简单的改进，这种传统的设计方法不仅花费大量的时间和资源，而且很难得到满意的结果。如何解决这一问题？SYSNOISE 可在新产品设计之初优化设计其声学性能。

SYSNOISE 是全球声振设计、优化的先驱，功能强大，分析功能从空腔的声场分布到环绕物体的声场，甚至可分析声音载荷作用下结构的响应，从而帮助噪音控制工程师优化产品的声振特性。

SYSNOISE 不仅可以预测声音从振动体的辐射，而且可以预测由于偶然的声场所导致的振动水平。SYSNOISE 常见的应用包括：

(1) 来自振源的声辐射。根据振动测量结果或有限元计算结果，SYSNOISE 能够计算出物体表面辐射的声场。例如，发动机、压缩机的噪声，扬声器的声辐射。

(2) 扬声器的辐射声场。

(3) 声场散射：声波传播时，将被声场中的结构反射和衍射，SYSNOISE 可以预测由于相关声波所产生的声场和振动水平，如潜艇探测、道路噪音、隔声效果。

(4) 潜艇声场散射分析(frazer-nash consultancy)。

10.7.3 RAYNOISE

RAYNOISE 是比利时声学设计公司 LMS 开发的一种大型声场模拟软件系统，其主要功能是对封闭空间、敞开空间以及半闭空间的各种声学行为加以模拟。该系统能够较准确地模拟声传播的物理过程，包括镜面反射、扩散反射、墙面和空气吸收、衍射和透射等现象，并能最终重造接收位置的听音效果。该系统可以广泛应用于厅堂音质设计、工业噪声预测和控制、录音设备设计、机场、地铁和车站等公共场所的语音系统设计，以及公路、铁路和体育场的噪声估计等。

RAYNOISE 可以广泛用于工业噪声预测和控制、环境声学、建筑声学以及模拟现实系统的设计等领域，但设计者的初衷还是在房间声学，即主要用于厅堂音质的计算机模拟。进行厅堂音质设计，首先要求准确、快速地建立厅堂的三维模型，因为它直接关系到计算机模拟的精度。

RAYNOISE 系统为计算机建模提供了友好的交互界面。用户既可以直接输入由 AutoCAD 或 HYPERMESH 等产生的三维模型，也可以由用户选择系统模型库中的模型并完成模型的定义。建模的主要步骤包括：①启动 RAYNOISE；②选择模型；③输入几何尺寸；④定义各面的材料及性质(包括吸声系数等)；⑤定义声源特性；⑥定义接收场；⑦其他说明或定义，如所考虑的声线根数、反射级数等。

10.8 光环境设计仿真分析软件

SPEOS 是法国 OPTIS 公司开发的功能强大的专业用于光学设计、环境与视觉模拟、成像仿真、视觉工效学分析系统应用的照明和光学环境模拟仿真工效学分析系统工具，完全兼容 CATIA、UG(NX)、Creo Parametric(Pro/E)和 Spaceclaim 等国际标准的 CAD 平台，强大的解决方案提供完美的可视化光学系统和直观的人机交互平台，其仿真技术已经广泛用于航空、航天、军工、汽车、轨道交通、通用照明等工业领域的研究机构和知名公司。

SPEOS 是全球唯一整合装备结构进行光机系统的模拟仿真设计软件，是全球唯一可依据人眼视觉特征和材料真实光学属性进行场景仿真与视觉工效学仿真分析的专业软件。同时，SPEOS 提供国际领先的数据库，包括材质库、光源库、涂料库及相关各种光度、色度学标准。SPEOS 材质光学属性库提供的玻璃、塑料、铝材、皮革、纺织品已达 1 万多种，光源库可提供 1 万多种。

SPEOS 系统通过 CIE 的标准认证、内嵌 ISO 和 CIE 国际标准的专业光学环境模拟与仿真分析，全天候外部环境光源数据库可提供标准的基于国际 CIE 标准的天空环境库，基于 CIE 标准提供日光模型，可再现任何地理位置的天空光谱亮度，管理远距离成像状态下外界环境光对光学仿真的模拟影响。

SPEOS 直接采用数字产品样机，使用虚拟环境仿真平台和 ErgoVR 人机工效分析平台，可进行视觉工效虚拟分析和人因环境评估。

SPEOS 的特点：

(1) 可进行光度、辐射度和色度分析，人类视觉仿真模拟和分析。

(2) 具有高质量的物体真实感的渲染、强有力的优化性能。

(3) 光的模拟：紫外线、能见光和红外线、微型三维立体模式模拟。

(4) 储存了大量的信息与传感器级材料和设定标准数据。

目前国内常用的照明专业领域的设计仿真分析软件见表 10.2。

表 10.2 常见的照明专业领域的设计仿真分析软件一览表

功能	产地	软件名称
照明计算	欧洲	REALity、LIGHTSTAR、PYTHA、OptiWin、Rayfront、Relux、Thorn Lighting、Cophos、SPEOS
	美国	Lumen micro、AGI32、Autolux、Radiance、Simply lighting、EasyLUX、Light Tresspass、Visual
	日本	Inspire
照明效果仿真	美国	3Dmax、Photoshop、Lightscape
光度数据处理	美国	Photometric Toolbox

10.9 ADAMS 软件

ADAMS 软件由于其领先的虚拟样机理念和技术，迅速发展成为 CAE 领域中使用范围最广、应用行业最多的机械系统动力学仿真工具，占据了全球 CAE 分析领域 53%的市场份额(数据来自 Daratech)，被广泛应用于航天、航空、汽车、铁道、兵器、船舶、电子、工程设备及重型机械等行业，众多国际化大型公司、企业均采用 ADAMS 软件作为其产品设计研发过程中机械系统动力学性能仿真的平台。借助 ADAMS 软件强大的建模功能、卓越的分析能力及方便灵活的后处理手段，可以建立复杂机械系统的虚拟样机，在模拟现实工作条件的虚拟环境下逼真地模拟各种运动情况，帮助用户对系统的各种动力学性能进行有效的评估，并且可以快速分析、比较多种设计思想，直至获得最优设计方案，提高产品性能，从而减少昂贵、耗时的物理样机试验，提高产品设计水平，缩短产品开发周期和产品开发成本。

ADAMS 软件能够让用户通过对其产品的运动情况进行仿真，来验证其产品性能、计算约束反力、间隙、碰撞、电机和作动器的尺寸、运转周期、精密定位，并观察包装封套是否合理等。用户可以快速探索上万个设计变量，并将仿真计算结果以图表和曲线形式表达出来，还可以通过三维动画观察这些结果。用户可以在软件的运动仿真功能基础上增加专业产品、捕捉专业经验、建立专业化模版，在此基础上开发出完整、协调的虚拟样机，并帮助用户在产品设计中做出重大决策。

利用 ADAMS 多体动力学求解技术，ADAMS 仅用 FEA 求解所需的小部分时间便可完成非线性动力学的运行。通过更准确地评估载荷和作用力在各种运动及工作环境中的变化，ADAMS 仿真所计算的载荷和作用力改进了 FEA 的精度，其特色功能模块如下。

(1) MSC.ADAMS/Solver 模块。MSC.ADAMS 模块中包含两种解算器，分别为 FORTRAN 77 Solver 和 C++ Solver。C++ Solver 的变化比较大，便于处理柔性体上的铰链和载荷，定义更为方便，进行柔性体自动替换时，会区分联结点和非联结点，对非联结点处的连接，可以自动生成哑物体，并与柔性体上的节点固接。对于 C++ Solver，用于高频振动系统的二阶 HHT 和 Newmark 积分器可以显著提高计算速度，对于发动机中皮带和链条模型尤其有效；支持 SMP，即单机多 CPU 并行计算，速度可提高 15%～25%；支持 MSC.ADAMS/Controls 和 MSC.ADAMS/Durability 模块；支持 GFORCE、VFORCE 等对象元素的失效命令；函数中支持 3D 表达式；扩展了用户子程序的应用。

(2) MSC.ADAMS/View 增强。MSC.ADAMS/View 模块支持曲线上 Marker 的定义；支持广义约束方程(GCON)的定义；可以一次输入多次分析结果；可以在分析完成后输出分析结果文件；数据导航器内可以分别显示激活的和不激活的模型对象。

(3) MSC.ADAMS/Flex 模块。MSC.ADAMS/Flex 模块中，柔性体可自动替换，可从刚体替换为柔性体，也可从柔性体替换为新的柔性体。

(4) MSC.ADAMS/Autoflex 模块。MSC.ADAMS/Autoflex 模块中，柔性体生成与外接节点相连的柔性体上的节点数；专业模块中柔性体的装配；生成 MNF 文件时可以同时输出 NASTRAN 所使用的 BDF 文件。

(5) MSC.ADAMS/Controls 模块。MSC.ADAMS/Controls 模块中，加强了与 MSC.EASY5 的接口，通过 MSC.ADAMS 中的外部系统库(ESL)直接读入 MSC.EASY5 的模型，同时包含模型中感兴趣的参数和测试请求，利用 MSC.ADAMS 中的优化功能可以实现多领域、多学科的优化分析；基于 TCP/IP 技术，实现不同计算机之间机械系统和控制系统的联合仿真；一阶插值的数据交换技术使联合仿真过程更为迅捷。

(6) MSC.ADAMS/Vibration 模块。MSC.ADAMS/Vibration 模块中，建模时对输入信号可以绘制其幅值、相位与频率的关系曲线；可以定义与频率特性有关的元素，如阻尼、衬套等；柔性体上对应各阶模态的能量分布；可以独立运行；可以将结果保存为 XML 格式，方便保存和回调；在 MSC.ADAMS/Insight 中可将强迫振动分析的数据定义为优化目标。

其他主流 CAx/DFx 软件还有 CATIA、SIMEMS UG NX、MDT、SolidWorks 和 Inventor 等，因篇幅所限，本书不再介绍。

思　考　题

1. 试述面向数字化产品开发的数字化人机工程技术系统的基本要求。
2. 结合自己的专业领域，思考如何构建具有 CAED 功能的数字化产品开发平台。

第 11 章　数字化人机工程设计案例

本章介绍了若干个数字化人机工程设计的案例，包括汽车、拖拉机的 3D 概念设计、热舒适性分析、振动舒适性分析等人机工效设计问题。实际上，目前能够进行全数字化设计的对象有很多，如波音飞机、我国 J20 飞机、汽车等均可进行全数字化设计，其中显然也包括其全生命周期的人机系统工效的数字化设计与评估。

【学习目标】

1. 了解基于人机工程设计原理的载运工具——汽车产品的概念设计与热舒适性设计方法。

2. 了解载运工具——拖拉机产品的振动舒适性设计分析方法。

11.1　汽车概念设计与热舒适设计

汽车概念设计是创造性思维的体现，其主要工作是确定方案和参数，在设计活动过程中占重要地位。

11.1.1　汽车概念设计概述

汽车概念设计包括总布置、造型和结构可行性研究三方面，具体包括动力总成布置、整车和车身布置、整车主要硬点尺寸和性能参数确定、人机工程布置、造型效果图制作、数字模型制作、造型模型制作、测量和线图制作、主要结构断面和分块确定、前期计算机辅助工程分析、结构和工艺可行性分析等工作。现代设计方法中，在概念阶段就充分考虑新技术、新材料、新工艺的应用，由工艺、制造、采购、营销、财务与技术部门的人一起参与概念设计。

11.1.2　汽车总体布置

汽车总体布置设计是概念设计的重要内容，是整车开发周期中至关重要的阶段。汽车总体布置设计是否合理，将直接影响整车的使用性能。汽车总体布置设计的同时，造型设计也在进行。汽车总体布置定型以及造型的确定，标志着概念设计完成。

汽车总体布置设计是将市场的信息输入转化成某一具体车型的最前期工作，这是对汽车的外形和内部形式、发动机舱、底盘系统(动力传动系统、行驶、转向和制动系统，其他底盘总成)、乘员舱和驾驶员操控系统(仪表板、座椅、操纵机构等)、车身结构总体型式(底架、立柱、骨架等承载结构)、行李箱和货箱，以及备胎、燃料箱和排气系统等，在满足整车性能和造型要求的基础上进行尺寸控制和布局的过程。通常由整车总布置、车身、底盘、发动机、电器以及附属设备等部门的设计人员协同完成。

11.1.3　布置硬点和硬点尺寸

1. 布置硬点

硬点是对整车性能、造型和车内布置具有重要意义的关键基准。这些基准在总布置方案确定之后就固定下来，不能够随便改动。经过整车、底盘和人机工程学布置之后，就得到了一些作为造型设计输入的硬点，造型设计过程中必须严格遵守硬点所限定的尺寸和形状。

2. 硬点尺寸

硬点尺寸是指连接硬点、控制车身外部轮廓和内部空间，以满足使用要求的空间尺寸。硬点和硬点尺寸是汽车制造商长期进行产品开发活动总结出来的经验和规范。表 11.1 为常见驾驶室内硬点的尺寸定义与参考值，由美国汽车制造商协会(AAMA)制定。

表 11.1　常见驾驶室内硬点的尺寸定义与参考值

部位	尺寸规格	标注	参考值
前舱	前排两乘员的 SgRP 的距离	L_{31}	1494mm
	有效净空高度	H_{61}	938mm
	伸腿最大有效长度	L_{51}	1094mm
	SgRP 与脚后跟点的高度	H_{30}	177mm
	SgRP 与脚后跟点的长度	L_{53}	917mm
	靠背倾角	L_{40}	25°
	臀部角度	L_{42}	98°12'
	膝部角度	L_{44}	134°04'
	脚部角度	L_{46}	87°
	臀点前后行程	L_{17}	189mm
	驾驶员座椅的标准轨迹行程	L_{23}	189mm
	肩部宽度	W_{3}	1348mm
	臀部宽度	W_{5}	1308mm
	车身上切口与地面的高度	H_{50}	1207mm
	转向盘最大外径	W_{9}	375mm
	转向盘倾角	H_{18}	20°05'
	脚踏加速踏板后的膝盖与转向盘中心的长度	L_{11}	506mm
	脚踏加速踏板后的膝盖与转向盘中心的高度	H_{17}	548mm
	未踩踏后的地板蒙皮厚度	H_{67}	25mm
后舱	前后两乘员的 SgRP 的距离	L_{50}	616mm
	有效净空高度	H_{63}	867mm
	伸腿最小有效长度	L_{51}	688mm
	SgRP 与脚后跟点的高度	H_{31}	265mm
	膝部间隙	L_{48}	−112mm
	肩部宽度	W_{4}	1299mm
	臀部宽度	W_{6}	1146mm
	车身上切口与地面的高度	H_{51}	—
	靠背倾角	L_{41}	28°30'
	臀部角度	L_{43}	82°45'
	膝部角度	L_{45}	65°51'
	脚部角度	L_{47}	106°48'
	踩踏后的地板蒙皮厚度	H_{73}	20mm
	有效容积	V_{1}	—
	提离高度	H_{195}	809mm

汽车公司设计的车型要用一系列硬点尺寸来体现。由于硬点之间的约束数目繁多、关系复杂，很多硬点之间的关系是依靠大量的统计资料和设计者的经验推敲确定的。

11.1.4　乘员空间布置和人机界面设计

对于全新开发的车型，车身布置设计在概念设计初期就开始了。在整车和底盘系统的一些硬点初步确定之后，即开始进行相关的人机工程学布置设计。由于很多设计内容与乘员的驾驶操作、舒适、安全，乃至健康密切相关，因而人机工程学是首先要考虑的因素。驾驶室内部作为乘员的主要活动空间，是人机工程学设计的主要内容，其布置应以乘员为中心，满足操纵方便、乘坐舒适、安全可靠等要求。

1. 人体的舒适驾驶姿势

驾驶员驾驶姿势直接影响驾驶员的舒适和健康，关系着是否能够安全、高效、准确地驾驶。人体驾驶的舒适和疲劳程度与设计中选择的人体各关节角度所确定的驾驶姿势有关。图 11.1 给出了驾驶员舒适驾驶姿势下的人体生理角度范围。

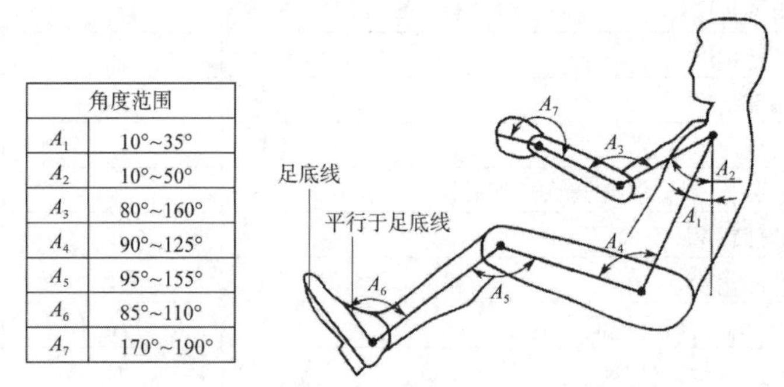

角度范围	
A_1	10°~35°
A_2	10°~50°
A_3	80°~160°
A_4	90°~125°
A_5	95°~155°
A_6	85°~110°
A_7	170°~190°

图 11.1　舒适驾驶姿势下的人体生理角度范围

由于驾驶员的舒适驾驶姿势随车型的不同而变化，往往各自选择的舒适姿势下的关节角度有较大的差别。对于轿车，通常背角 A 最大不超过 33°，最舒适为 23°，人体躯干与大腿的夹角 A_4 最小以 105°为宜，110°～115°为最理想状态，肘角 A_3 为 105°，膝角 A_5 以 112°～118°为好，脚角 A_6 最小为 87°，最大不超过 130°。

2. 座椅调节量设计

座椅调节量也是影响座椅布置设计从而影响室内空间尺寸的因素之一。一般情况下，乘员座椅调节量的设计与驾驶员座椅调节量的设计相仿。由于乘员座椅的基本功能是为乘坐者提供舒适和休息的条件，因此比驾驶员座椅的设计简单一些。下面重点讨论驾驶员座椅调节量的设计。

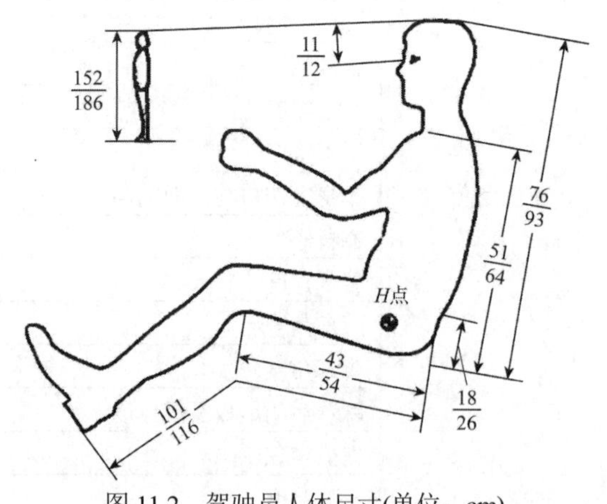

图 11.2　驾驶员人体尺寸(单位：cm)

在讨论驾驶员座椅调节量之前，不妨先从保证良好的视野性及操作转向盘、加速踏板的方便性来分析几种不同的调节方案。分析时，以图 11.2 所示的第 95 百分位数男驾驶员的人体尺寸(见分母数据)和第 5 百分位数女驾驶员的人体尺寸(见分子数据)为依据。

(1) 固定 H 点。图 11.3(a)为 H 点固定即座椅不可调节的方案。第 95 百分位数男驾驶员与第 5 百分位数女驾驶员的 H 点被认为重合于同一点。此时，为适应上述两种百分位身材驾驶员的操作，要求加速踏板的纵向调节量为 190mm，转向盘的纵向调节量为 70mm，转向盘的垂直调节量为 80mm。即使如此，眼睛在垂直方向上的位置变化将达 80mm，可见视野将有明显改变。但是，固定式驾驶员座椅也有其优点，在汽车碰撞时，对驾驶员的伤害会轻些。

(2) 固定转向盘抓握点，如图 11.3(b)所示。不同身材的驾驶员都抓握同一固定点时，座椅应具有的纵向调节量为 70mm，垂直方向调节量为 80mm，且要求加速踏板能提供 120mm 的调节量，方能保证其视野和坐姿的要求。

(3) 固定视点，如图 11.3(c)所示。此时虽然能保证视野性能不变，但是为了操作方便和坐姿舒适，座椅、转向盘及加速踏板都应能调节，方能满足不同身材的要求，这对制造和使用都不方便。此时座椅调节量为纵向 20mm，垂直方向 120mm。转向盘调节量为纵向 80mm，垂直方向 30mm。加速踏板调节量为纵向 210mm，垂直方向 130mm。

(4) 单独固定加速踏板，如图 11.3(d)所示。为保证坐姿舒适，操作方便，座椅应纵向调节 190mm，垂直调节 10mm。另外，转向盘还应在水平和垂直方向做适当调节，其结果是视野变化仍然过大。

(5) 同时固定踏板和转向盘抓握点，靠座椅调节来保证坐姿、视野和操作，如图 11.3(e)所示。制造和使用均表明这种调节方式最实用，经济结构最简单，使用也方便。如果再辅以转向盘的角度调节(并非位移调节)和座椅靠背角调节则更为理想。因此，目前多数轿车均用此方案。本节主要介绍这种类型驾驶空间的布置设计方法。

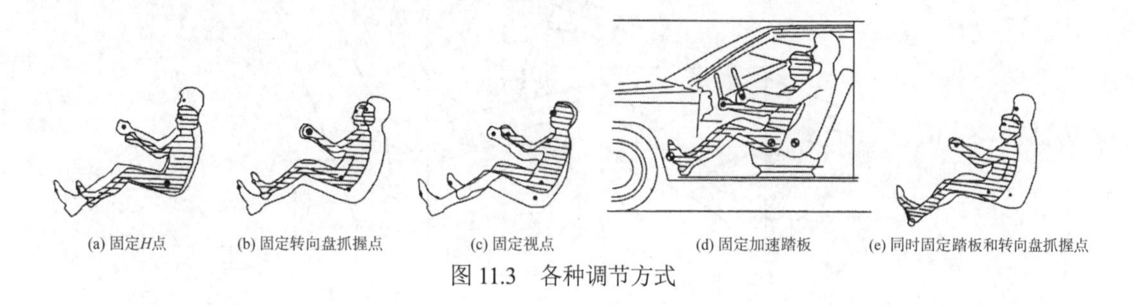

(a) 固定H点　(b) 固定转向盘抓握点　(c) 固定视点　(d) 固定加速踏板　(e) 同时固定踏板和转向盘抓握点

图 11.3　各种调节方式

3. 踏板布置

(1) 加速踏板与人体操纵姿势。由于加速踏板所需的踩力和行程较小，造成驾驶操纵疲劳的主要原因是频繁踩踏。因此，加速踏板的位置布置应使人体保持舒适的驾驶姿势，这也是室内人体布置设计常以踵点作为基准点开始布置人体的原因。加速踏板未踩下时，应保证踝关节角度不小于 87°，踩到底后不大于 105°。加速踏板前后位置在考虑踩踏行程所需的空间后应尽量靠前，以节省空间。因此，加速踏板布置对于操纵舒适性具有重要影响。踏板表面的倾斜角度参照踏平面角来确定，保证在踏板踩踏过程中，尤其是经常使用的位置，使驾驶员鞋底脚掌处能很好地与踏板表面贴合。当踏板和座椅都布置完毕后，必须分析不同百分位驾驶员下肢的舒适性，尤其要考虑女性驾驶员穿高跟鞋驾驶的情况。

(2) 制动器和离合踏板的布置。制动器和离合器踏板的布置应保证人体的腿部保持最佳的施力姿势。由于此类踏板的操纵需要一定的操纵力，采用蹬踏的姿势是必要的，一般从已

确定的 H 点位置开始布置。试验表明，人体双腿只有在屈膝时才能产生蹬踩作用力，从中可以确定适宜的踏板行程方向和布置位置。

同样，在两个踏板的整个蹬踏过程中，人体躯干与大腿的关节角度的变化不应超过 10°，膝关节角不应超过 170°，小腿与脚的关节角应为 90°～110°。从脚踏板的纵向位置来看，制动踏板和离合器踏板比加速踏板离驾驶员要近些。

为保证紧急制动时，驾驶员不会误踩加速踏板，通常制动踏板和加速踏板表面会错开一定距离。确定所有踏板高度和前后位置之后，还要确定侧向的位置，包括离合踏板与驾驶员中心线的距离、制动踏板与驾驶员中心线的距离，以及制动踏板与加速踏板之间的距离。对于轿车，这些参数的选取应保证踏板中心线之间的距离为 100～150mm。对于商用车，由于转向柱布置在左右脚的中间位置，因此，还应使制动和离合踏板与转向柱外壳之间有足够的间隙，以保证驾驶员的鞋距离转向柱外壳仍有少许空间。

4. 人体的布置与设计的 *H* 点位置

驾驶员乘坐位置设计的原理是在保证前方视野与头顶空间等的条件下，确定具有极限人体尺寸驾驶员的乘坐极限位置，据此来确定驾驶员群体的乘坐位置分布范围。驾驶员乘坐位置的设计不能脱离整车的外形、尺寸约束和性能要求。图 11.4 所示为利用人体模板进行人体布置设计的情况，应确定图示布置尺寸参数或角度值。

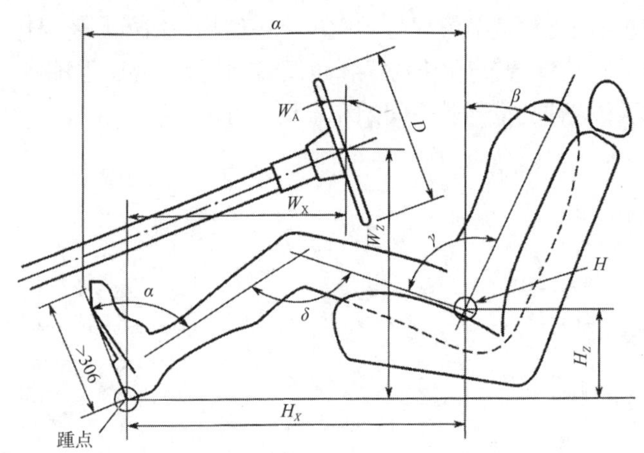

H_Z—H 点到踵点的垂直距离；Hx —H 点到踵点的水平距离；α —脚角；β —靠背角；γ —胯关节角；

δ —膝角；a —踏板上端到 H 点的水平距离；W_x —转向盘中心到踵点的水平距离；

W_z —方向盘中心到踵点的垂直距离；W_A—转向盘的倾斜角；D —方向盘的直径

图 11.4　利用人体模板进行人体布置设计

人体的布置设计步骤如下。

(1) 选择适宜的人体模板，包括百分位和比例等。

(2) 画出加速踏板位置、地板线(先以水平线代表)，确定踵点的位置。一般是将人体的脚跟置于地板上，脚底置于加速踏板上，这时脚跟与踏板支点保持接触的点即为踵点。但有时只有脚的前部置于加速踏板上，脚跟与踏板支点分离，这时定义脚跟的着地点为踵点位置。此外，确定踵点时要考虑地毯的厚度和压缩量。设计中，一般将加速踏板上距离踵点 200mm 的点定义为踏点。

(3) 以踵点为人体布置基准，分别将第 95、50 和 5 百分位数的人体样板按选定的人体驾驶姿势摆放在车身布置图上，使人体的躯干和上、下肢处于最佳的活动范围与角度关系。依据布置好的人体模板位置，根据模板上的 H 点确定人体布置的设计 H 点位置。这样，就得到了分别对应第 95、50 和 5 三种百分位数人体布置的设计 H 点位置 H_{95}、H_{50} 和 H_5 点。确定这些点是室内布置设计的首要工作。如果调节轨迹为曲线，还要根据其他百分位数的驾驶员来设计 H 点位置确定调节轨迹形状。座椅调节机构设计需参照设计 H 点调节轨迹，其调节范围应大于正常驾驶时设计 H 点调节范围。例如，座椅调节机构前调极限位置可参照第 1 百分位数女子设计 H 点确定，后调极限位置参照第 99 百分位数男子设计 H 点确定。根据上述方法建立的 H 点调节范围基本上能够满足工程上的应用要求。

(4) 以 H_{95} 和 H_5 点间的水平距离和垂直距离选定座椅的水平及垂直调节量。

(5) 以第 9 百分位数人体样板和 H_{95} 点位置画出人体布置的轮廓形状曲线，考虑座椅靠背的压缩量与厚度等因素，确定前座舱的最后设计界限，由于人体的布置设计决定了空间大小，在人体布置时必须考虑室内的长和高等设计指标，协调空间大小和驾驶姿势的关系。

(6) 比较三种百分位人体布置的各关节角度变化和坐姿位置变化的情况，确定各 H 点位置和座椅调节行程是否合适。

(7) 分析加速踏板的全程运动中人体姿势的变化情况。

(8) 画出三种百分位人体布置的腿部轮廓线，供设计伸腿空间用。

(9) 后排座人体布置方法与上述类似，只是一般根据第 95 百分位人体数据布置即可，着重考虑搁脚位置、姿势和腿部空间。

5. 人体布置设计参数

表 11.2 为各种车型的人体布置参数的比较，表中所提供的布置参数为各种车型的平均值。表 11.3 为轿车的人体布置最佳坐姿。

表 11.2　各种车型的人体布置参数

车型	H_x/mm	H_z/mm	W_x/mm	W_z/mm	W_A/mm
运动型轿车	830.0	132.0	525.0	500.0	23°
1500cc 级轿车	810.8	252.9	413.2	617.7	26.4°
微型轿车	766.3	254.3	419.8	610.7	28.3°
轻型平头货车	722.3	332.5	330.0	660.0	54.9°
短头型汽车	675.4	364.7	255.8	700.0	55.4°
中型平头货车	584	390	212	730	49°

表 11.3　轿车的人体布置最佳坐姿

符号	尺寸名称	最佳范围	平均值
H_z	跨点到踵点的垂直距离	250～300mm	—
β	靠背角	20°～30°	25°
γ、	躯干与大腿夹角	105°～115°	110°
	大腿与水平面夹角	10°～20°	15°
δ	膝角	100°～130°	115°
α	脚角	105°～130°	118°

11.1.5　室内手操纵装置和操纵钮键的布置

手操纵装置和操纵钮键除应布置在手的操纵范围以内外，还要根据操纵对象、动作作用特点，进行必要的操纵姿势和施力方式设计，才能实现舒适的驾驶性和操纵性。

1. 转向盘的布置

车身设计中，一般通过合理布置转向盘的中心位置和倾斜角，选择适宜的转向盘直径来改善驾驶员操纵转向盘的姿势和减小操纵力，从而降低操纵疲劳程度。

一般转向盘倾角为手容易控制、活动的15°～70°，同时应考虑车身的总体布置方案、车型和驾驶姿势。轿车的转向盘直径通常小于450mm，倾角在20°～30°。

对于转向盘中心位置的确定，应在初步选择的转向盘直径和倾角的基础上，根据人体的舒适驾驶姿势来加以布置。对于轿车，一般取人体的 A_2 为 15°～40°，A_3 为 105°～130°，见图 11.1，并以此布置人体的上臂、前臂和手的位置，使驾驶员能舒适操纵转向盘，从而得到转向盘的中心位置。

应该指出，最终所确定的转向盘中心位置、倾角和转向盘直径，是通过反复进行人体布置、座椅布置、转向盘布置、操纵范围确定及操纵钮键布置和位置校核后得到的。

此外，转向盘的布置还应考虑转向盘与人体的间距、转向盘对视野的影响等，从而改善上下车方便性、安全性等。

2. 室内操纵件布置

(1) 操纵件布置的分区。操纵件有多种操纵形式，如旋转选位开关、肘节式开关、手推式开关、翘板式开关、指拨动开关等。常见操纵件布置区域如图 11.5 所示。A 区为驾驶员与副驾驶共用区域，主要布置收音机、暖风机等与附件相关的操纵件，而不宜布置与驾驶直接相关的操纵件。B 区和 C 区的操纵件主要是由驾驶员操作，宜布置与驾驶和汽车状态相关的操纵件，如发动机点火开关、信号灯开关、电动后视镜开关、雨刮器开关等。其中，行车过程中操作频繁的操纵件应布置在 B 区。D 区一般布置玻璃升降器开关。

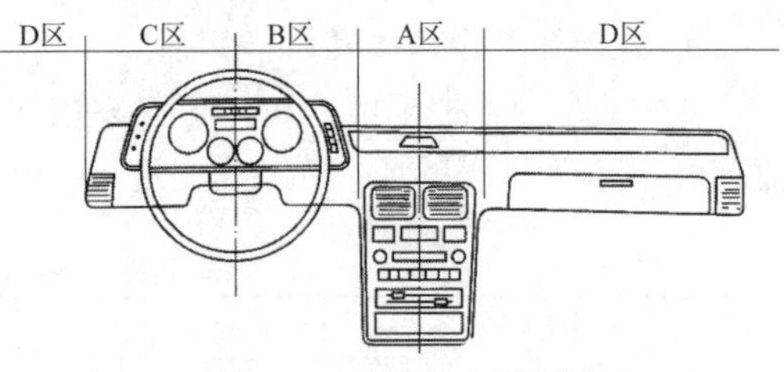

图 11.5　操纵件布置区域

(2) 操纵件的分布和布置。操纵件应根据具体情况，或者布置在仪表板上，或者布置在转向盘上，如表 11.4 所示。

表 11.4　常见的操纵件分布

转向盘上的操纵件	仪表板上的操纵件
刮水器开关、风窗玻璃洗涤器开关、大灯、转向灯、小灯开关，喇叭按钮等	电源总开关、灯光总开关、紧急灯开关、雾灯开关、音响控制按钮、巡航控制开关、危急报警开关、喇叭转换开关、轴间差速锁开关、轮间差速锁开关、取力器开关、发动机诊断开关、怠速控制开关、ASR 开关、ABS 诊断开关、ESP 开关、辅助远光开关、ECU 诊断开关、泊车系统、照明灯开关、除霜开关、空调系统开关及其调节装置、前大灯清洗开关、油箱开启开关、倒车雷达开关、中控锁开关、散热器百叶窗操纵柄等

对于仪表板上的操纵件，仪表板造型必须保证驾驶员在不需要大幅度移动身体躯干部位的情况下就能方便、有效地操作，从而满足驾驶员的生理要求和减缓疲劳，确保操作方便、

迅速、有效。对于商用车而言，由于仪表和操纵件较多，为了改善仪表板上操纵件的手伸及性能，通常将仪表板靠近驾驶员处的表面造型做成围绕驾驶员的形式。此外，还要对这些操纵件进行编排，并考虑使用顺序、频率、重要性和逻辑性等方面，从而进行合理的布置。

对于集成在转向盘上的操纵件，布置时要考虑手指操作的伸及性和舒适性，并适当选择操纵件的形式和操作顺序，以保证操作的方便性。应注意的是，风窗玻璃刮水器和洗涤器开关、前照灯警告开关和变光开关应该各自由同一操纵件完成；灯光总开关不能与喇叭开关、风窗玻璃刮水器和洗涤器、转向指示开关混同操纵。

(3) 操纵件的操纵力。仪表板上和转向盘附近的操纵件大致可以分为启动钥匙、旋钮、按钮、推杆等类别。启动钥匙的操纵力通常为 0.25～0.8N，旋钮的操纵力为 0.1～0.5N，按钮的操纵力为 15～41.5N。对于推杆，当用手指操纵时，操纵力为 18～55N；当用手掌操纵时，操纵力为 20～67.5N。

11.1.6　后排乘员乘坐空间布置

不同类型的车，对乘坐空间要求不同，应选用合适的人体模板。例如，有些紧凑型家庭用车，前排用于夫妇乘坐，而后排则专门为儿童设计，此时可选用小尺寸的人体模板；而有些商务车，后排座专为贵宾设计，需要将空间设计得宽敞些，则选择大尺寸的人体模板。

1. 空间紧凑的乘用车后排乘员布置

乘客座椅多为行程不可调节座椅。布置紧凑型轿车时，必须考虑座椅尺寸、乘员尺寸和姿势的因素，采用合理的方法来布置。一般情况下，后排乘员 *H* 点布置须将选定的人体模板根据地板线(考虑压塌量)和前排座椅来定位。以轿车第二排乘员 *H* 点布置为例，过程如下。

(1) 将前排座椅定于最后、最低位置，并选定合适的人体模板。

(2) 根据乘坐时的臀部最低点(*D* 点)的高度画出 *D* 点高度线。后排乘客座位常常是 3 个，如果整车发动机布置形式和驱动方式采用“前置引擎，后轮驱动”方案，则地板中间的凸包会影响中间乘客座椅高度。为保证舒适性，必须将中间乘客和两旁乘客 *D* 点高度差控制在一定范围内。

(3) 保持踝关节角不大于 130°的条件下，将人体模板脚沿地板线前移，并保证 *D* 点始终位于 *D* 点高度线上，同时躯干也相应前移，直至脚或小腿与前排座椅接触。此时的 *H* 点作为乘坐基准点。

乘客搁脚位置和脚的姿势对前后座椅间距影响很大。考虑到舒适性和腿部空间要求，一般将第二排乘客的脚布置在前座下面，并使乘客的膝盖与前排靠背后面保持必要的间距。采用阶梯地板布置可保证前排座椅下部留有足够的搁脚空间，且前后座椅间距变小，有利于小型轿车布置。座椅靠背厚度对乘坐空间影响很大，应根据车的级别合理选择，乘员 *H* 点布置如图 11.6 所示。

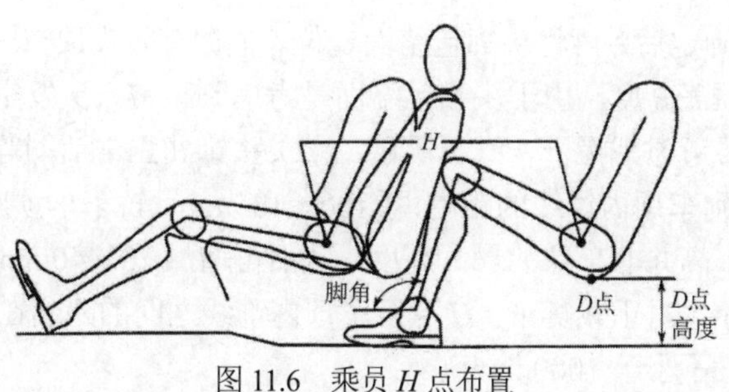

图 11.6　乘员 *H* 点布置

2. 其他车辆的后排乘员布置

对于公交车，应安排适当数量的座位于合适的位置，以方便老人、儿童、孕妇和残疾人乘坐。若同向布置(均朝前)，这些座椅的前后间距不宜太大，否则在紧急刹车情况下不能很好地约束乘员。

对于长途大客车，一般不设立站位，同样要求座椅的前后间距既要保证必要的乘员活动空间，又不能太大，否则不仅不利于约束乘员，还不方便乘员使用前排座椅上的杯架、脚蹬、扶手等装置。

对于一些小型客车、商务车，布置后排座椅尤其要考虑乘员上下车和入座的方便性。

11.1.7　乘员头部空间和顶盖布置

人体头部位置指人体头部的前面、顶部、侧面和后部的位置，其中头顶和头的后部包括头发，用头廓包络线来表示。头廓包络线即为不同百分位身材的驾驶员和乘员在乘坐状态下，其头部位置轮廓线的包络线，它提供了一定百分位的驾驶员和乘员的头部位置的分布范围。

平均头廓线是由美国工程师协会(SAE)根据第50百分位数身材的男女驾驶人及乘员头部特征点，在车身坐标系中的位置统计得出的两条圆弧(侧视图、后视图)，用于表示乘坐状态下的头部外廓线，如图11.7所示。因为头廓包络线是以眼椭圆为轨迹形成的，图中的坐标轴 x、y、z 是头廓线的自身坐标系，眼椭圆模板上的自身坐标系与头廓线模板上的自身坐标系是同一坐标系。头廓包络线是指不同百分位的驾驶人和乘员在乘坐状态下头廓的包络线。将头廓线模板上的眼点沿着眼椭圆模板上的上半部眼椭圆运动，并保持两模板上的自身坐标系平行，描绘出头廓线运动时的包络线便是头廓包络线，如图11.8所示。头廓包络线分为两种形式：一种为座椅可调节式的头廓包络线，另一种为座椅不可调节式的头廓包络线。前者适用于驾驶人的头部位置和头顶空间的设计，后者适用于后排乘员的头部位置和头顶空间的设计。

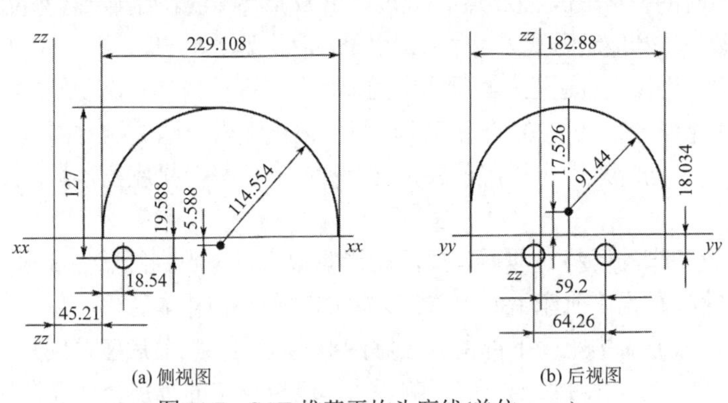

图11.7　SAE推荐平均头廓线(单位：cm)

前后座 H 点位置确定后，可将头廓包络面定位。根据有效头顶空间尺寸的经验值，考虑头顶间隙尺寸可确定顶盖高度。由于头廓包络面是考虑到正常人头发空间后统计出来的，确定头顶空间尺寸时需要考虑戴帽子、汽车颠簸、乘员头饰和正常活动等所需的空间。头顶空间(头廓包络面最高处到车顶内饰线的距离)取100～135mm。轿车车顶厚度取15～25mm，考虑到驾驶员头顶处的车高并非车体的最大高度，从而再增加20～40mm作为车体总高的设计参考值，如图11.9所示。对于载货车，H 点至车顶内饰线之间的距离在与垂直方向夹角为8°的倾斜线上量取，一般不小于1000 mm。

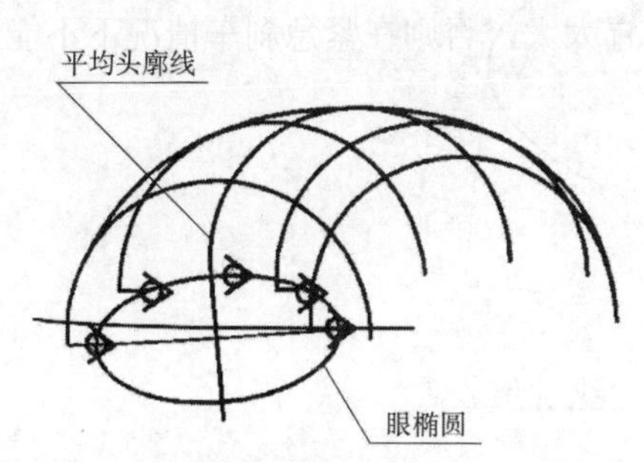

图 11.8　侧视图中头廓包络线与眼椭圆的关系

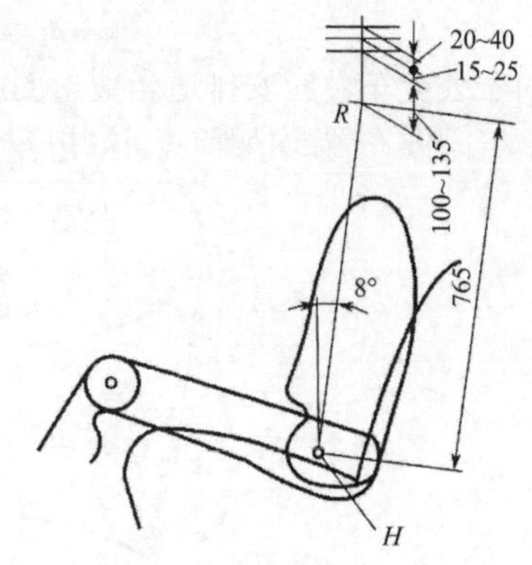

图 11.9　根据人体模板确定内高(单位：mm)

11.1.8　汽车宽度方向乘员布置

对于小型乘用车，乘员在宽度方向的布置要考虑乘员之间，以及外侧乘员头部与侧窗和顶盖、肩部与车门、肘部与车门之间的间隙。一般每名乘员宽度方向最大需要占据 450～470mm 的空间。对于前排(或后排)具有两名乘员的情况，考虑乘员头部空间要求(受限于顶盖宽度和侧窗)和布置操纵杆(变速杆、手制动杆)，以及踏板横向布置的要求，通常将乘员 *H* 点到汽车纵向对称面的距离控制在 310～360mm。对于驾驶员，其宽度方向位置还会影响其视野(如 A 柱盲区和观察外后视镜的视野)。当后排有三名乘员的时候，考虑到外侧乘员头部空间要求，以及为了提高侧碰安全性，会将外侧乘员布置得略微靠近内侧一些。例如，两名外侧乘员 *H* 点的横向距离控制在 630mm 左右，基本上能够满足舒适乘坐要求，多余的空间就能用来布置车门内板上的一些结构。

对于较大型的车辆，宽度方向尺度较大，乘员宽度方向布置更多地考虑进出和入座，以及与底盘零部件布置相关的操纵件(转向盘、踏板和操纵杆)布置的方便性。

11.1.9　汽车视野设计

车身设计应保证驾驶员具有良好的视觉效果，一方面能减轻驾驶员的负担，提高驾驶时的环境适应性；另一方面也是提高汽车驾驶安全性的根本保证之一。

所谓视觉效果良好的汽车，通常是指具有广阔视野、视觉干扰少和良好的视觉适应性的汽车。应从研究人眼的视觉特征、人眼的视野、人眼在车内的位置分布，人车视野及车身结构、形状、布置尺寸和附件的布置位置出发，分析汽车的各种视觉效果。有关这些方面的内容，应在车身布置设计的最初阶段进行讨论、研究，并制订出方案。

1. 驾驶员眼椭圆

(1) 眼椭圆概念。眼椭圆代表了驾驶员以正常驾驶姿势坐在座椅上，其眼睛所在位置的分布范围。它是通过对驾驶员眼睛所在位置的测量、统计分析得到的，由于驾驶员眼睛的位置分布图形呈椭圆状，故称之为眼椭圆。在车身设计中一般采用眼椭圆模板来描述驾驶员的眼睛分布范围，如图 11.10 所示。

眼椭圆已被列为国际标准 ISO 4513—1978《道路车辆-视野性能——关于驾驶员眼睛位置——眼椭圆确定方法》，对应一定的座椅水平调整行程，提供了各种百分位的驾驶员眼睛分布位置，即侧视图和俯视图上的相应眼椭圆模板，并适用于下列尺寸范围的车身。

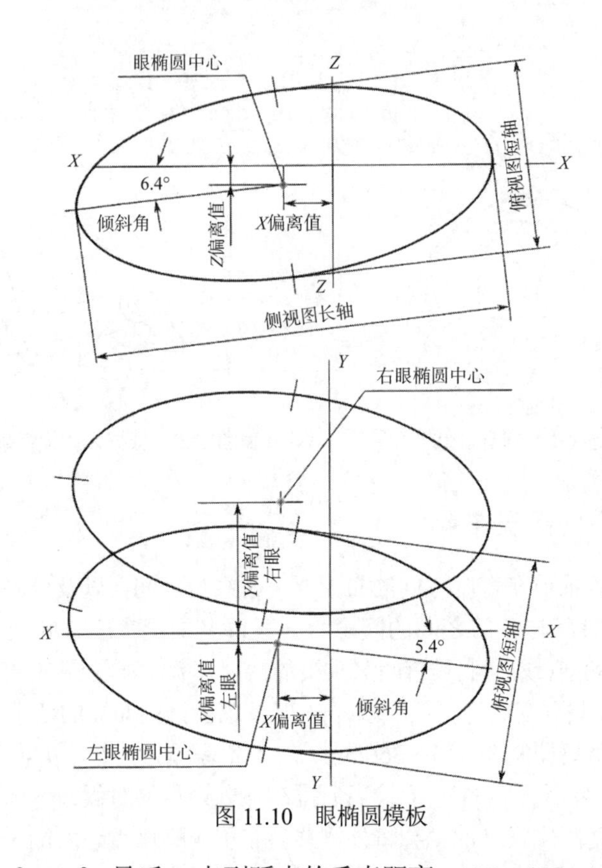

图 11.10　眼椭圆模板

座椅靠背角：5°～40°；最后 *H* 点到踵点的垂直距离：127～457mm；座椅垂直调节范围：0～38mm；座椅水平调节范围：102～165mm；最后 *H* 点到踵点的水平距离：≥508mm。车身设计中，通常采用第 99、95 和 90 百分位的眼椭圆模板。以第 95 百分位模板为例，画一条上切于此模板椭圆的直线，则表示有 95%的驾驶员眼睛位于此切线的下方，而有 5%的驾驶员眼睛位于此切线的上方。同样，画一条下切于此模板椭圆的直线，则表示有 95%的驾驶员眼睛位于此切线的上方，而有 5%的驾驶员眼睛位于此切线的下方，这样在两条切线之间只包括了 90%的驾驶员眼睛位置。由此可见，第 95 百分位的眼椭圆模板实际上只代表了 90%的驾驶员眼睛位置的分布范围。其他百分位眼椭圆模板以此类推。

(2) 眼椭圆模板的制取，包括以下方面。

① 参照图 11.10 画出眼椭圆自身坐标轴 *X*、*Y*、*Z*。

② 根据表 11.5 中列出的 *H* 点水平行程(即座椅水平调节量)查出眼椭圆中心在自身坐标系中的位置值 *X*、*Z*、$Y_{左眼}$、$Y_{右眼}$，从而确定两视图上眼椭圆中心的位置。

表 11.5　眼椭圆中心离 *X*，*Y*，*Z* 轴的距离

H 点水平调整行程/mm	*X*/mm	*Z*/mm	$Y_{左眼}$/mm	$Y_{右眼}$/mm
102	+1.8	−5.6	−6.4	+58.0
114	−4.6	−6.4	−5.6	+58.9
127	−10.7	−7.1	−5.1	+59.0
140	−17.0	−7.6	−4.3	+59.7
152	−20.3	−8.4	−4.1	+60.2
165	−22.9	−8.4	−4.1	+60.5

③ 在侧视图上经眼椭圆中心画倾角−6.4°，前低后高的斜线作为长轴；在俯视图上经左、右眼椭圆中心分别画出倾角为 5.4°，前高后低的两条斜线作为长轴。长轴在侧视图与俯视图上的长度认为相等，其值根据 H 点水平行程从表 11.6 中查出。短轴长度在两视图上不等，由表 11.7 查得。

表 11.6　眼椭圆的长轴长度　单位：mm

H 点的水平调整行程	不同百分位的眼椭圆长轴长度			H 点的水平调整行程	不同百分位的眼椭圆长轴长度		
	90%	95%	99%		90%	95%	99%
102	109	147	216	140	147	185	254
114	122	160	229	152	155	193	262
127	135	173	241	165	160	198	267

表 11.7　眼椭圆的短轴长度　单位：mm

视图	不同百分位的眼椭圆短轴长度			视图	不同百分位的眼椭圆短轴长度		
	90%	95%	99%		90%	95%	99%
俯视图	82	105	145	侧视图	77	86	122

至此，两视图上的眼椭圆已画出，模板便可制取。

(3) 眼椭圆模板的定位。眼椭圆的定位应参照图 11.11(a)进行。

① 根据已确定的 H 点水平行程及眼椭圆百分位值，在模板组中选取最接近的眼椭圆模板。

② 在车身侧视图上，经最后 H 点垂直向上做垂直工作线 Z-Z，并量取 635mm。在该处做水平工作线 X-X，见图 11.11(b)。

③ 为确定眼椭圆在车身俯视图上的位置，首先应确定尺寸 W_7 及 W_3，W_7 是从车辆中心面到转向盘上面中心的水平距离；W_3 是在包含座椅基准点的横断面上，距座椅基准点上方 254mm 以上且在腰线下方的面内测量时，室内左右间的最短距离，扶手、调节器手柄、门把手等除外，如图 11.11(b)所示。于是眼椭圆模板与汽车纵向中心线之间的定位距离为 $0.85W_7+0.075W_3$，通过计算可得。因此，眼椭圆在车身俯视图上的位置也就确定。

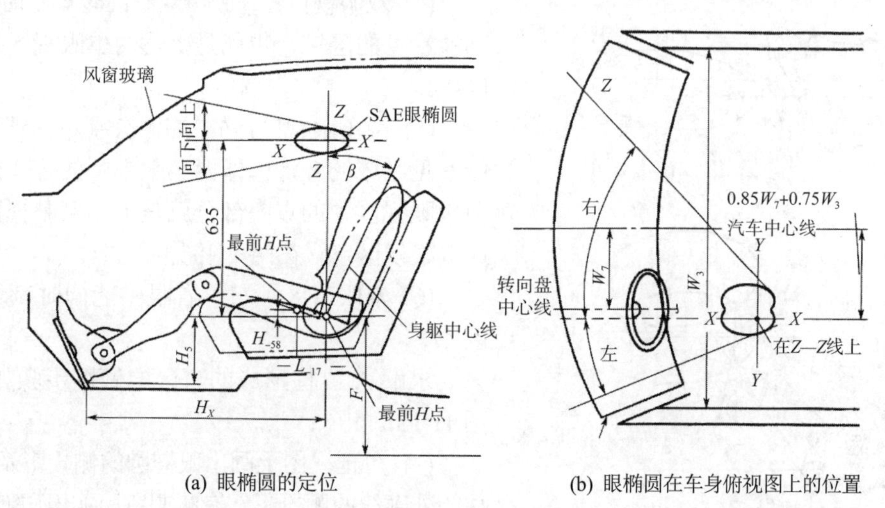

(a) 眼椭圆的定位　　(b) 眼椭圆在车身俯视图上的位置

图 11.11　眼椭圆的定位及在车身俯视图上的位置

上述定位方法适用于 H 点到踵点垂直距离小于 405mm，转向盘直径小于 450mm 的乘用车。其中座椅水平调节行程如果不是表中所列数据，可通过插值法得到相应的数据。

2. 前方视野设计

(1) 最小垂直视角。车辆的前方视野是指驾驶员坐在驾驶座椅上，通过前风窗玻璃和侧面门玻璃观察道路交通情况和交通标志、信号的可见范围。因此应该有足够的前方垂直上视角。但前方上视角过大又会造成入射阳光刺眼。一般最小垂直上视角设计应保证能观察到车辆前方 12m 远、5m 高的信号灯，则最小上视角 a 为

$$\arctan\frac{5-h}{12+s} \tag{11-1}$$

式中，h 为眼点距路面的高度，m；s 为从眼睛到车辆前端的距离(约 2m)，m。

最小垂直下视角不应在车辆前端产生过大的盲区。《日本汽车工程手册》推荐前方上视角 $a_1 \geqslant 15°$，前方下视角 $a_2 \geqslant 11°$。

(2) 最小水平视角。轿车的水平视角一般大于 70%，并随车宽的增加而增大，最小水平视角的设计对后视镜的布置位置确定有直接关系。

3. 车身 A 立柱形成的盲区

转向盘一侧的风窗玻璃框架立柱通常称为 A 立柱，是形成驾驶员前方视野盲区的主要结构因素之一。

驾驶员在行车中往往转动眼睛或头部，或同时转动眼睛和头部来扩大其视野。眼睛和头部的转动范围按舒适与否可分为两种情况，自然转动范围和勉强转动范围。头部转动时，其转动中心在左、右眼连线的中垂线后方约 98.6mm 处。在分析驾驶员视野盲区时，应考虑眼睛和头部的转动因素。

在讨论求解盲区的方法之前，先明确以下有关术语的定义。

(1) 直接视区：驾驶员无须借助汽车后视镜可直接看到的区域。

(2) 间接视区：驾驶员借助汽车后视镜能看到的区域，也就是后视野。

(3) 单眼视区：驾驶员用左眼或右眼单独观察时所能看见的区域。

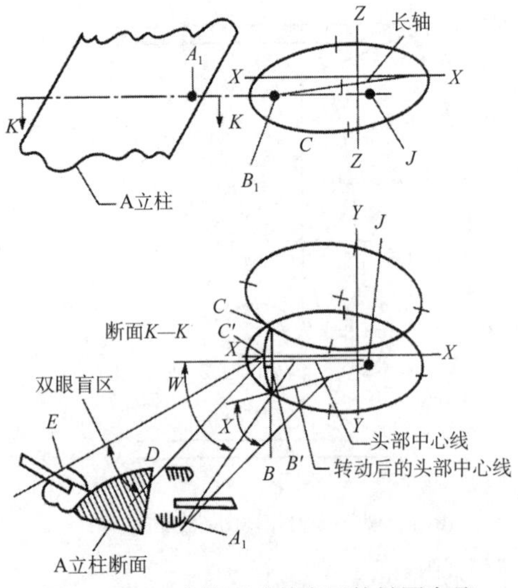

图 11.12　A 立柱形成的盲区的做图步骤

(4) 双眼视区：驾驶员双眼同时观察时，两眼都能看见的区域，也就是上述两单眼视区的重叠区域。

(5) 两单眼视区：左、右眼分别单独观察时所能看见区域的叠加，即两单眼视区的合成。由于两单眼视区中的重叠部分就是上述双眼视区，因此双眼视区包含在两单眼视区之中。

(6) 双眼盲区：左、右眼不能同时都看见的区域。

求解 A 立柱形成的盲区的做图步骤如下(见图 11.12)。

(1) 在正视图上画出眼椭圆的侧投影及 A 立柱的外廓线的侧投影。在俯视图上画出眼椭圆及 A 立柱的 K—K 剖面。K—K 剖面的高度在正视图上

可近似取为眼椭圆长轴与眼椭圆前缘交点的高度。

(2) 在俯视图的左眼椭圆上，找出离 A 立柱水平距离最短的一点 B，B 点代表驾驶员的左眼。由 B 点向立柱剖面做切线(视线)BA_1，A_1 为切点。将 B 点投影到眼椭圆正视图的长轴上，得 B_1 点。

(3) 在俯视图的右眼椭圆上，找出与左眼椭圆上 B 点相对应的点 C，C 点代表驾驶员右眼。BC 之间的距离为瞳孔距，一般取 65mm。由此可求出头部转动中心 J，J 在 BC 中垂线后方 98.6mm 处。

(4) 由于 A 立柱位于左、右眼直前视线 30°之外，超出了眼睛勉强转动角度的范围，因此驾驶员会自然地转动头部，使直前视线射向 A 立柱。头部绕 J 点转动时，左、右眼 B、C 两点随着一起转动，直至转动后的头部中心线与对准了目标(切点 A_1)的新视线 $B'A_1$ 之间的夹角 x=30°为止。30°为眼睛水平方向勉强转动的最大角度。

(5) 在俯视图上，从 C'点做视线 $C'E$，E 点为 A 立柱的左缘切点。视线 $B'A_1$ 与视线 $C'E$ 之间的夹角即为 A 立柱对驾驶员左、右眼形成的双眼盲区。为更直观地表达双眼盲区的角度，可做视线 $C'D$ 平行于视线 $B'A_1$，$C'D$ 与视线 $C'E$ 之间的夹角即为双眼盲区的角度。按同样的方法可求得风窗玻璃框架另一侧立柱形成的双眼盲区。

上述方法虽系近似做图法，但已能满足工程需要。

4. 仪表板视野设计

仪表板主断面位于驾驶员中心对称面处，是驾驶员乘坐环境概念设计的重要内容。

主断面高度不仅受高个驾驶员腿部空间要求制约，还受矮小驾驶员前方下视野要求制约，设计时要综合考虑。如图 11.13 所示，根据驾驶员前方地面盲区大小要求做前方下视野线 L，同时与发动机罩和眼椭圆下方相切，则 L_d 与水平面所成的角度即为驾驶员前方下视野角 a。为保证前方下视野的要求，应该使仪表板上方最高点和转向盘轮缘都低于下视野线 L_d。

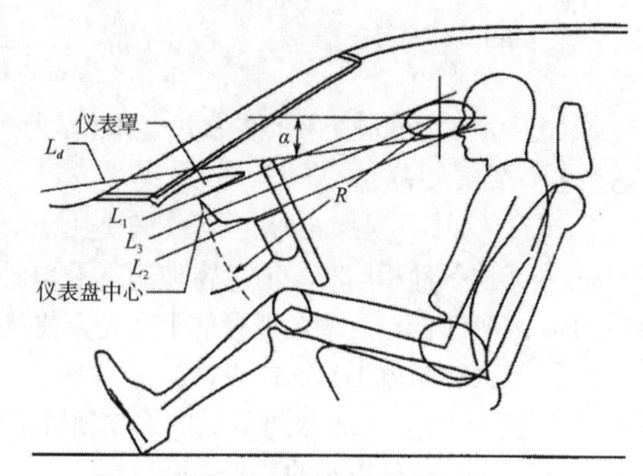

图 11.13　仪表板主断面设计

应保证大多数驾驶员通过转向盘上半轮缘和轮毂、轮辐之间的空隙观察到仪表盘。因此，做转向盘轮缘最高处截面下方和眼椭圆上方的公切线 L_1，做转向盘轮毂上方和眼椭圆下方的公切线 L_2，则仪表盘应该布置在 L_1 和 L_2 之间，如图 11.13 所示。连接仪表盘中心和眼椭圆中心的直线 L_3 应平分 L_1、L_2 之间的空间。

考虑到人眼在垂直方向的自然转动角度范围为上下各 15°，头部在垂直方向的自然转动角度范围为上下各 30°。为使驾驶员能够轻松、自然地观察仪表，仪表盘中心和眼椭圆中心连线 L_3 与水平面的夹角应该在 30°范围内。仪表盘平面到眼椭圆中心的距离称为视距 R，它应该在 650～760mm 范围内选取，对于普通家庭轿车，建议为 710mm 左右。为保证仪表数字的正确读识，仪表盘平面要有恰当的倾角，仪表盘平面与直线 L_3 的夹角一般控制在 90°±10°范围内。

5. 动态前方视野

车辆行驶时，周围目标相对于驾驶员眼睛的位置在不断变化，驾驶员欲保持对目标的注视，就必须转动自己的眼睛。

以驾驶员眼睛的瞳孔距中心点为原点建立坐标系，如图 11.14 所示，设 G 为路面上的某目标，则眼睛转动的视角速度为

$$\omega=\sqrt{\left(\frac{\mathrm{d}\theta}{\mathrm{d}t}\right)^2+\left(\frac{\mathrm{d}\phi}{\mathrm{d}t}\right)^2} \tag{11-2}$$

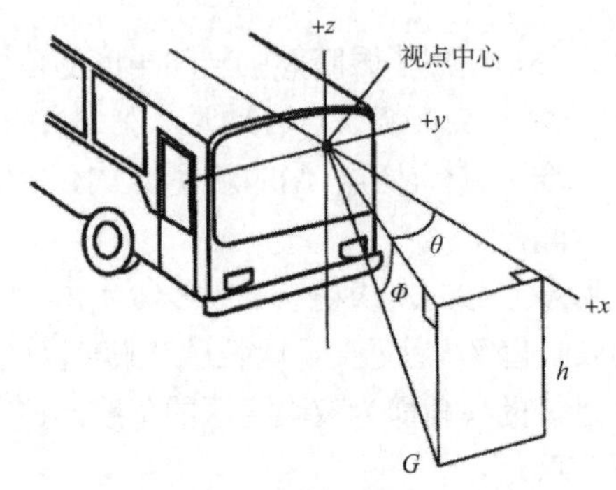

图 11.14　视角速度的定义

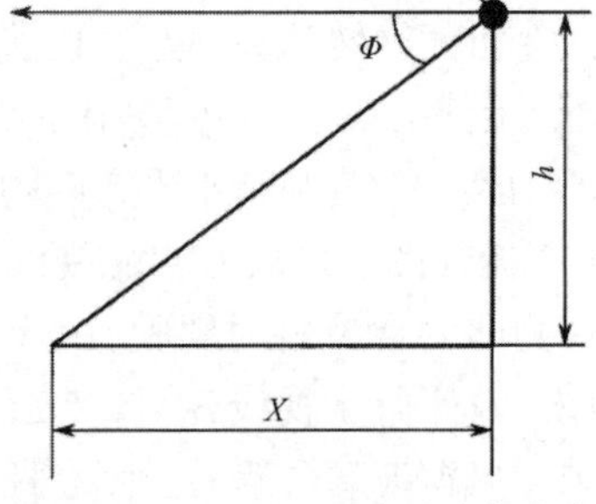

图 11.15　y=0 时，视角速度的定义

式中，ω 为视角速度，rad/s；θ、ϕ 为视线的角度，rad。

当 $y=0$，$\theta=0$ 时，图 11.14 简化成图 11.15，式(11-2)变为

$$\omega=\frac{h}{x^2+h^2}v \tag{11-3}$$

式中，h 为驾驶员视点的高度，m；x 为视线与地面的交点至视点中心的纵向水平距离，m；v 为车速，m/s。

式(11-3)中，视点 h 高度不变，车速越高，则视角速度越大；距离 x 越小，视角速度也越大。当其他条件相同时，前风窗玻璃下沿越低，则距离 x 越小，因而视角速度越大。市区游览车，因车速低，为增大视野便于观光，前风窗玻璃下沿可以适当降低，特别是非驾驶员一侧，但是大客车就不宜这样设计。

试验认为：ω<2rad/s 为舒适的驾驶视野范围，2rad/s<ω<4rad/s 为不舒适的驾驶视野范围；ω>4rad/s 为具有恐惧感的驾驶视野范围。

一般情况下，降低风窗玻璃下沿高度的目的是便于发觉车前突然穿越的行人或自行车等。但是下沿高度过于低时，会导致驾驶员眼睛转动角速度的增大。因此，平头汽车前风窗玻璃下沿的设计高度要兼顾驾驶员静态和动态视觉两个方面的要求。过低的下沿会导致驾驶员前方路面光流快速流逝及眼睛角速度增大等令驾驶员不舒适的后果。这也是国外特大面积前风窗玻璃结构在后置发动机旅游客车上未获推广的原因之一。

6. 后视野设计

(1) 后视野的法规要求。很多国家都制定了法规和标准来规范驾驶员后视野。GB 15084 要求汽车在整车整备质量状态，并且前排具有一名乘客的条件下，达到下述视野要求：对于内后视镜，要求驾驶员借助它能在水平路面上看见一段宽度至少为 20m 的视野区域，其中心平面为汽车纵向基准面，并从驾驶员的眼点后 60m 处延伸至地平线。对于驾驶员侧外后视镜，要求驾驶员借助它能在水平路面上看见一段宽度至少为 2.5m 的视野区域，其右边与汽车纵

向基准面平行，且与汽车左边最外侧点相切，并从驾驶员眼点后 10m 处延伸至地平线。对于总质量小于 2000kg 的 M1 和 N1 类汽车乘客侧外后视镜，要求驾驶员借助它能在水平路面上看见一段宽度至少为 4m 的视野区域，其左边与汽车纵向基准面平行，且与汽车右边最外侧点相切，并从驾驶员的眼点后 20m 处延伸至地平线。对于总质量大于 2000kg 的 M 和 N 类汽车乘客侧外后视镜，要求驾驶员借助它能在水平路面上看见一段宽度至少为 3.5m 的视野区域，其左边与汽车纵向基准面平行，且与汽车右边最外侧点相切，并从驾驶员的眼点后 30m 处延伸至地平线。此外，还要能看见宽度大于 0.75m，并从驾驶员的眼点后 4m 处至上述区域相接的视野区域。图 11.16 为 GB15084 对汽车后视野的要求。

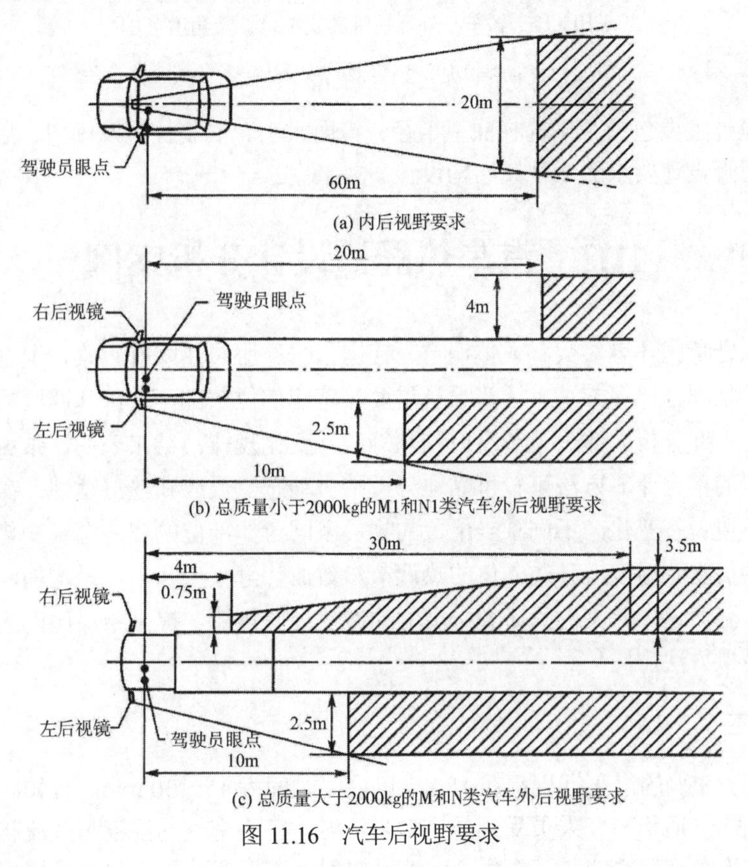

图 11.16　汽车后视野要求

(2) 后视镜的布置设计。确定后视镜的布置位置应充分考虑人眼的视野角度。由于后视镜越靠近直前视线，越容易看清楚，因此，后视镜的位置应以接近直前视线为宜。这样，车后的交通状况就可直接映入直视前方的驾驶员的眼睛。但是，在确定后视镜的位置时还应考虑以下几个方面的问题。

① 尽量减小后视镜对前方视野的影响。

② 根据人眼和人体头部的自然转动角度，后视镜的布置位置在水平方向上应位于从直前视线起向左、右夹角均为 60°的范围之内，在垂直方向上应位于从宜前视线起向上夹角为 45°的范围之内。这样，能使驾驶员在主视野范围内有舒适的观察效果。

③ 如果通过前风窗玻璃观察后视镜，则后视镜的布置应考虑刮扫视野范围。

④ 后视镜的布置位置应考虑车身的具体结构以及造型特点。

图 11.17 为轿车车外后视镜的安装位置及角度范围。

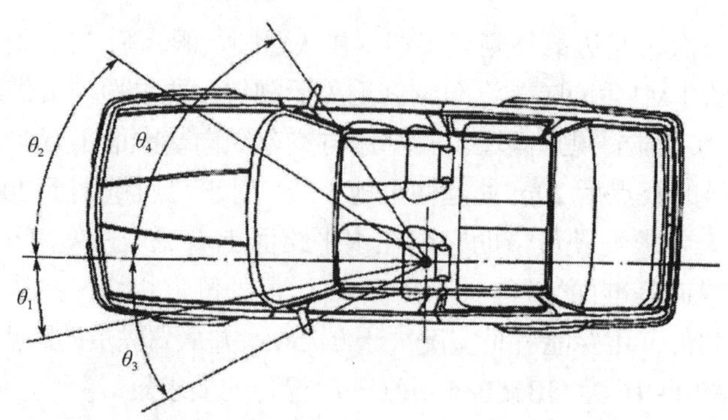

图 11.17　轿车车外后视镜的安装位置及角度范围

(θ_1：12°～18°；θ_1：32°～38°；θ_1：45°～55°；θ_1：65°～75°)

后视镜设计主要包括正确选择曲率半径、镜面大小、安装位置及倾角、后视镜个数，以及为实现后视野设计要求的后视镜结构设计。

11.2　汽车热舒适设计分析案例

本案例综合考虑环境参数、人体调节、代谢水平、服装热阻等因素，根据车内热环境与人体热调节模型耦合计算方法，计算乘员重要热感应部位头部、胸部和四肢的皮肤平均温度动态变化情况，并分析人体热调节反应和热舒适性变化规律。结果表明，乘员舱热环境与人体热调节模型的耦合计算方法可较可靠地分析乘员动态热反应和热舒适性；在暖风系统开启时，车内热环境瞬态变化，不同乘坐位置的乘员不同身体部位的皮肤温度变化存在差异；在热环境中，乘员皮肤温度上升，人体的热调节参数血管舒张量和出汗量增加，从而带走体内热量，维持体温恒定。此案例为研究乘员的动态热反应规律，提高乘员舱内的热舒适性提供了一种数值模拟方法。

11.2.1　概述

研究表明，85%的汽车行程都在 18 km 以内，时间为 15～30 min，在如此短的时间内，人体很难达到热舒适状态。乘员受到外界太阳辐射、车内空气的温度与气流和座椅热传导等因素的影响，人车环境系统是一个集合对流、辐射、蒸发和传导等热交换模型的复杂系统，同时，人体衣服热特性、乘坐空间和人体热调节行为等因素也影响乘员热舒适的稳定性。复杂的人车环境系统和车内不同位置乘员在短时间内对于热舒适性的需求不同，使汽车热舒适性研究存在一定难度。

在传统大多数汽车热舒适性的研究中，是通过计算乘员舱热流场分布，来分析车内热环境对乘员热舒适的影响。虽然有些研究添加了人体几何模型，并考虑人体散热对车内环境的影响，将人体模型的边界条件设置为固定热流量或固定温度，但却忽略了人体热调节反应和人体内部传热过程，因而不能计算人体皮肤温度的变化，致使在人体固定温度和热流量条件下的热舒适评价与考虑人体热调节的舒适度评价结果相差甚远。

实际上，乘员热舒适与人体在环境变化下的热调节反应密切相关，人体热调节机制会影响人体热状态，反之，人体的热状态也会引起热调节反应量的改变。因此，在热舒适分析建模过程中不能忽略人体热调节的作用。而乘员舱内环境参数瞬态变化，人体在不均匀环境中的整体热感觉会受到身体局部热感觉的影响，乘员的局部热响应不容忽视。

本案例中将引入人体热调节模型，计算不同乘坐位置乘员的身体局部皮肤温度，并分析人体热调节参数和人体热舒适的动态变化规律。从而使人体热调节模型的应用较全面地考虑乘员自身热调节和所处环境的影响，使计算结果趋近真实情况。

11.2.2　乘员舱热环境与人体模型耦合计算方法

1. 人体内部传热模型

目前比较完善的人体模型是菲亚拉(Fiala，2001)人体热调节模型，它可综合考虑环境变化和人体内部热调节作用对人体热反应的影响。菲亚拉人体热调节模型把人体划分为 21 个不同的节段，每个节段假设为圆柱体，内部划分不同内径的组织层，图 11.18 为人体模型节段和组织划分示意图。

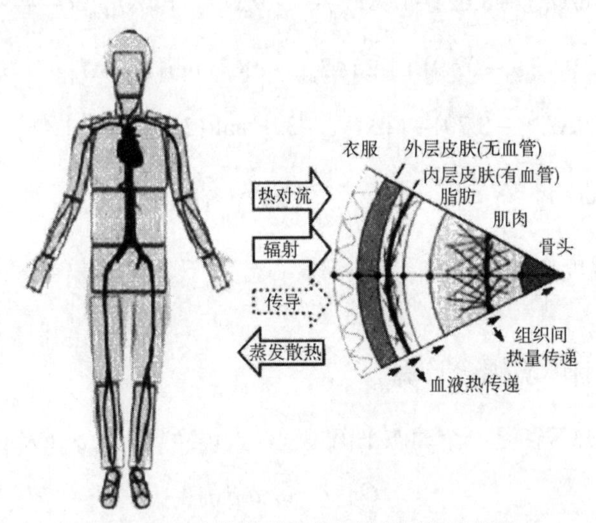

图 11.18　人体模型节段和组织划分示意图

对于人体的不同节段，其内部组织传热存在热平衡关系，用人体的生物热方程表示为

$$k\left(\frac{\partial^2 T}{\partial p^2}+\frac{\omega}{r}\frac{\partial T}{\partial r}\right)+q_{\mathrm{m}}+p_{\mathrm{b1}}w_{\mathrm{b1}}c_{\mathrm{b1}}\left(T_{\mathrm{b1,a}}-T\right)=pC\frac{\partial T}{\partial t} \tag{11-4}$$

式中，k 为人体组织之间的热导率；T 为组织温度；r 为半径；ω 为几何系数，取 1 为柱坐标，取 2 为球面坐标(头部)；q_{m} 为代谢产热量；ρ_{b1} 为血液密度；w_{b1} 为血液灌注速率；c_{bl} 为血液的比热容；T_{b1}，a 为动脉血液温度；ρ 为人体组织密度；C 为组织比热容；t 为时间。

2. 人体热调节反应

图 11.19 为人体热调节系统控制框图。人体实际温度和基准温度的差值产生控制信号，下丘脑体温调节中枢进行综合处理判断，通过排汗、血液舒缩和颤抖生热等改变产热和散热量，以调节体温。人体热调节反应寒颤量 S_{h}(W)、出汗量 S_{w}(g/min)、血管收缩量 C_{s}(W/K)和血管舒张量 D_1(W/K)分别表示为

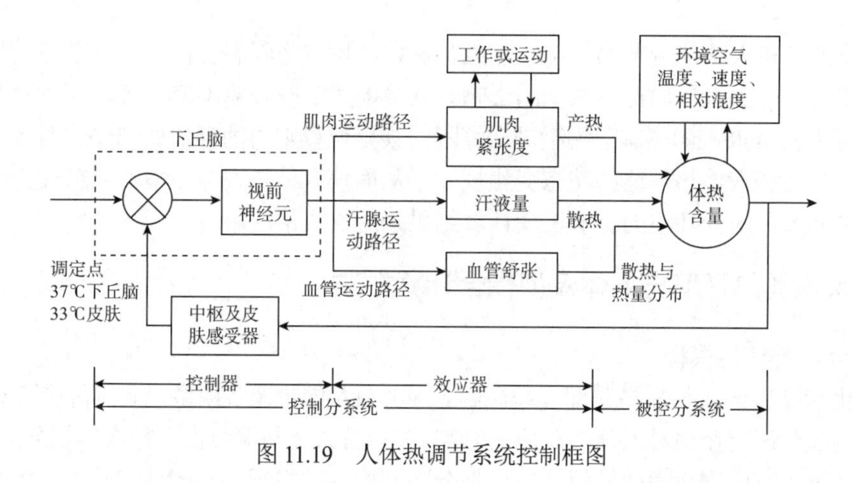

图 11.19　人体热调节系统控制框图

$$\begin{cases} S_{\mathrm{h}} = 10\left[\tanh\left(0.48\Delta T_{\mathrm{skm}} + 3.62\right) - 1\right]\Delta T_{\mathrm{skm}} - 27.9\Delta T_{\mathrm{hy}} + 1.7\Delta T_{\mathrm{skm}} \times \dfrac{\mathrm{d}T_{\mathrm{skm}}^{-}}{\mathrm{d}t} - 28.6 \\ S_{\mathrm{w}} = \left[0.8\tanh\left(0.59\Delta T_{\mathrm{skm}} - 0.19\right) + 1.2\right]\Delta T_{\mathrm{skm}} + \left[5.7\tanh\left(1.98\Delta T_{\mathrm{hy}} - 1.03\right) + 6.3\right]\Delta T_{\mathrm{hy}} \\ D_{\mathrm{l}} = 21\left[\tanh\left(0.79\Delta T_{\mathrm{skm}} - 0.70\right) + 1\right]\Delta T_{\mathrm{skm}} + 32\left[\tanh\left(3.29\Delta T_{\mathrm{hy}} - 1.46\right) + 1\right]\Delta T_{\mathrm{hy}} \\ C_{\mathrm{s}} = 35\left[\tanh\left(0.34\Delta T_{\mathrm{hy}} + 1.07\right) - 1\right]\Delta T_{\mathrm{skm}} + 6.8\Delta T_{\mathrm{skm}} \times \dfrac{\mathrm{d}T_{\mathrm{skm}}^{-}}{\mathrm{d}t} \end{cases} \tag{11-5}$$

式中，ΔT_{skm} 为皮肤温度变化量；ΔT_{hy} 为头部核心温度(下丘脑)误差信号；$\mathrm{d}T_{\mathrm{skm}}^{-}/\mathrm{d}t$ 为人体皮肤温度下降速率。

11.2.3　乘员与周围环境耦合计算

乘员与周围环境热平衡是一个动态平衡过程，人体净热流量 $q_{\mathrm{sk}}\,(\mathrm{W/m^2})$ 的方程为

$$Q_{\mathrm{sk}}=q_{\mathrm{c}}+q_{\mathrm{r}}-q_{\mathrm{sr}}+q_{\mathrm{e}} \tag{11-6}$$

式中，q_{c} 为对流换热量；q_{r} 为周围物体表面辐射；q_{sr} 为太阳辐射；q_{e} 为蒸发换热量。其中

$$q_{\mathrm{c}}=h_{\mathrm{c.mix}}\cdot(T_{\mathrm{sf}}-T_{\mathrm{air}}) \tag{11-7}$$

$$q_{\mathrm{r}}=h_{\mathrm{r}}\cdot(T_{\mathrm{sf}}-T_{\mathrm{sr\cdot m}}) \tag{11-8}$$

$$q_{\mathrm{sr}}=\alpha_{\mathrm{sf}}\cdot\psi_{\mathrm{sf\text{-}sr}}\cdot S \tag{11-9}$$

$$q_{\mathrm{e}}=h_{\mathrm{e}}\cdot(p_{\mathrm{sk}}-p_{\mathrm{air}}) \tag{11-10}$$

式中，$h_{\mathrm{c.mix}}$、h_{r}、h_{e} 分别为对流换热系数、辐射换热系数和蒸发散热系数；T_{sf}、T_{air} 和 $T_{\mathrm{sr.m}}$ 分别为皮肤表面温度、车内空气温度和汽车内表面平均辐射温度；α_{sf} 为表面吸收率；S 为辐射密度；$\psi_{\mathrm{sf\text{-}sr}}$ 为人体与周围围护结构的角系数；p_{sk} 和 p_{air} 分别为皮肤表面水蒸气分压和空气水蒸气分压。

11.2.4　试验研究

1. 试验流程

试验用车为一款本田飞度轿车，试验在我国南方地区冬季 2 月份进行，试验过程中汽车始终静止停放在地下停车场。试验的第 1 阶段为 30 min，车门全部打开，使车内环境与车外

环境一致。第 2 阶段为 20 min，测试人员坐到前排驾驶员位置，关闭车门，同时汽车暖风系统开启吹面模式，对车内环境参数和测试人员皮肤温度进行测量。测试人员进入车内试验之前在车外静止站立 10 min，以保证人体初始状态平稳。测试人员为健康成年男性和女性各 3 名，统一穿着冬季长衬衫、夹克和长裤，每位测量人员进行一次测试。表 11.8 为测量人员身体特征。

表 11.8　测量人员身体特征

特征	男性		女性		全体人员	
	平均值	标准差	平均值	标准差	平均值	标准差
年龄	25.1	0.9	24.7	0.3	24.9	0.6
身高/cm	171	2.5	161	3.5	166	5.6
体质量/kg	65.5	4.7	46	2.5	55	12

车外环境采用黑球温度计和湿度计测量，在每次试验过程中，停车场内环境温度大致为 12℃，湿度 60%，空气流速<0.1 m/s。汽车暖风出风口速度 3 m/s，出风口温度 48℃，每次试验时这些参数保持不变。利用热电偶分别在车内前后排乘员头部区域、胸部区域和下肢区域共 6 个测点测量空气温度变化，并分别在测试人员头部、上臂、胸部、大腿和小腿皮肤表面 5 个测点测量温度。人体皮肤温度及车内空气温度测点如图 11.20 所示。

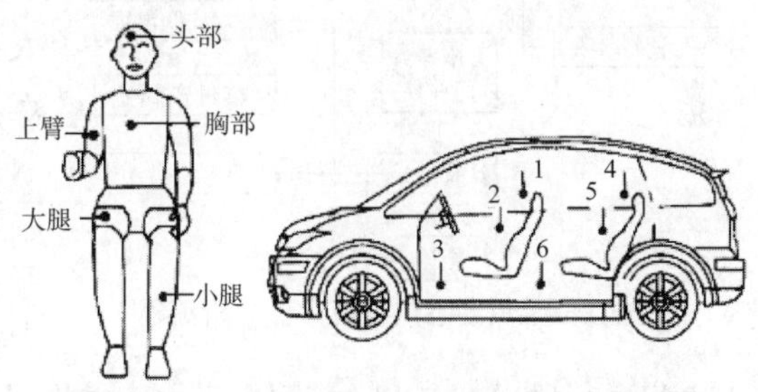

图 11.20　人体温度与车内空气温度测点

2. 试验结果

对前后排乘员头部周围、胸部和腿部周围空气测点的温度进行监测，结果如图 11.21 所示。不论前排还是后排，车内空气温度变化都分为两个阶段。在开始的几分钟，由于暖风开启，将大量热负荷带入车内，车内温度上升很快，之后由于车内温度与暖风出风口处温度差别变小，温度上升速率减缓。

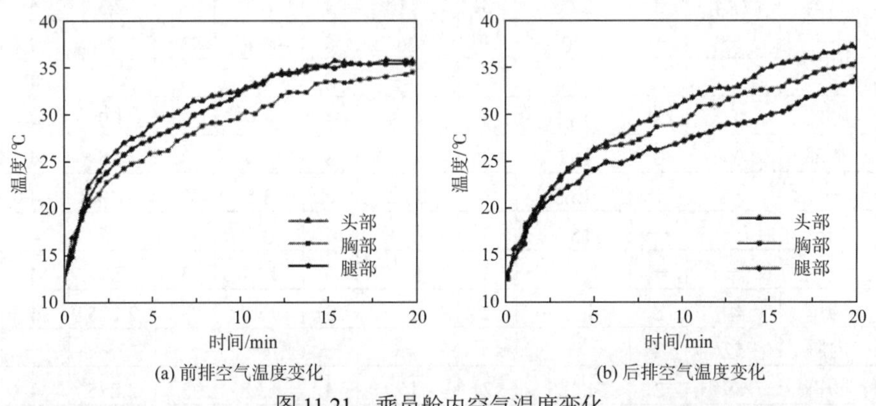

图 11.21　乘员舱内空气温度变化

乘员舱温度分布则呈现瞬态不均匀变化的特征。在车内垂直方向，由于车内暖风系统采用吹面模式，头部区域的空气温度最高，腿部区域的空气温度最低。在整个试验过程中，头部和腿部区域测点的温度差最高约可达到 4℃。在车内水平方向，由于前排更接近出风口，而后排由于座椅对暖风气流的干扰以及气流流动传热的影响，导致后排温度上升速度较慢，最终达到的温度也较低。乘员舱内水平方向和垂直方向都有温度差异，很容易造成不同乘坐位置乘员身体部位的热感觉和热舒适的差异。

11.2.5　数值模拟

采用带有人体热调节模型的 TAITherm 软件(RadTherm 的升级版)进行数值计算。图 11.22 所示为乘员动态热反应数值分析流程，数值计算过程考虑了乘员舱内环境与人体的热交换、人体生理结构和自身活动生热等因素，将车内环境与人体内部生热传热相耦合，计算得到人体的平均皮肤温度、热调节参数和热舒适指标。

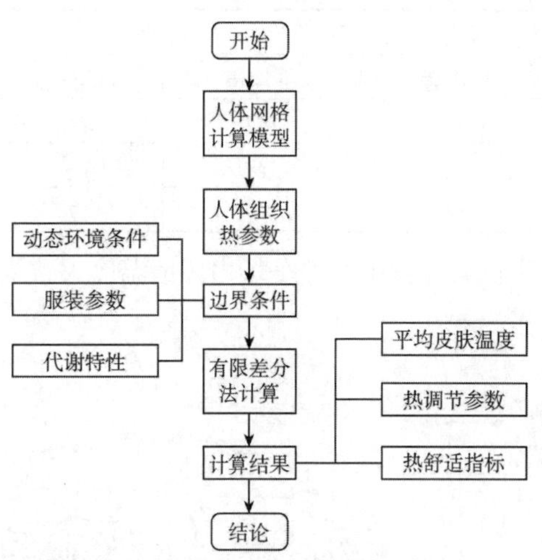

图 11.22　乘员动态热反应数值分析流程

1. 人体模型边界条件

TAITherm 中的人体热调节系统数学模型将人体划分为 21 个节段，每个节段有 16 个组织节点。表 11.9 为不同组织层的厚度和节点分布，从内到外的组织分布一般为中心层、骨骼层、肌肉层、脂肪层和皮肤层，不同身体节段各组织层的厚度和节点数各不相同，表中 r 为组织厚度，n 为组织的计算节点数目，热量在不同组织内的节点之间进行传递。在人体模型中可加入衣物层。人体穿着上衣两件，长裤一件，每件仿真衣物热阻值为 0.155 m^2 • K/W，人体活动水平设置为 70.422W/m^2。

表 11.9　人体模型组织厚度和节点分布

人体	中心层			骨骼层		肌肉层		脂肪层		皮肤层		总节点
节段	名称	r/mm	n	r/mm	n	r/mm	n	r/mm	n	r/mm	n	
头部	脑	83.5	6	13.5	3	—	—	1.1	3	1.9	4	16
脸部	肌肉	21.4	3	22.6	3	11	3	6.7	3	2.3	4	16
颈部	—	—	—	20	3	26	6	10	3	2	4	16
肩部	—	—	—	34	3	4	6	4.6	3	2	4	16
胸部	肺部	94	3	16.2	3	32.5	3	6.9	3	1.9	4	16
背部	肺部	94	3	15.6	3	32.5	3	7.9	3	2.5	4	16
上臂	—	—	—	15.5	3	25.2	6	3.5	3	1.8	4	16
下臂	—	—	—	15.3	3	15.1	6	3.1	3	1.5	4	16
手	—	—	—	9	3	8.2	6	14.1	3	2.7	4	16
腹部	肠胃	49	2	4.225	2	15	3	13.8	3	2.275	4	16
	内脏	52	2			—	—	—	—	—	—	
臀部	肠胃	49	2	4.225	2	15	3	13.8	3	2.275	4	16
	内脏	52	2	—	—	—	—	—	—	—	—	
大腿	—	—	—	22	3	45.45	6	5.5	3	1.5	4	16
小腿	—	—	—	19	3	26.5	6	5.5	3	1.5	4	16
脚	—	—	—	19	3	6	6	11.9	3	2.7	4	16

2. 环境边界条件

由于测试人员进入车内进行测试之前在车外地下停车场环境静止站立，因此人体模型仿真首先将环境边界条件设置为地下停车场，即温度 12℃，湿度 60%，风速 0m/s，得到乘员在加热过程的初始状态。环境边界条件设置包括乘员舱内温度、湿度、风速。温度为试验测得的汽车加热工况下乘员舱内人体周围空气测点的温度；空气速度由流体有限元仿真得到；湿度假设与外界环境相同，设置为 60%。

车内环境参数通常在人体周围不均匀分布，对于人体不同部位，可设置相应的环境边界条件。边界条件设置完成，利用有限元分析算得人体皮肤温度、人体热调节参数和热舒适值。

11.2.6　结果分析

1. 结果验证

乘员进入车内后，在暖风开启的 20 min 过程中，人体的皮肤温度仿真与试验结果对比如表 11.10 所示。仿真与试验相差最大的部位为头部，温度差-2.61℃，相对误差为 7.42%，其余部位误差相对较小。可认为在乘员动态热反应分析中，数值计算方法比较可靠。

表 11.10　仿真计算与试验测试温度对比　单位：℃

人体	0min		10min		20min		最大误差	
部位	实验值	仿真值	实验值	仿真值	实验值	仿真值	实验值	仿真值
头部	32.50	32.06	35.59	33.82	36.15	34.92	−2.61	7.42
胸部	34.26	34.24	35.27	35.15	35.58	35.77	−0.20	0.57
上臂	33.65	32.94	35.17	34.20	35.45	34.71	−1.30	3.73
大腿	31.49	31.84	33.03	34.01	34.39	35.15	1.04	3.16
小腿	31.00	31.21	32.83	33.35	34.31	34.45	0.71	2.21

图 11.23 为前排乘员在暖风开启后 0min、10min 和 20min 时皮肤温度云图。图 11.24 对比了前后排乘员的头部、胸部、上臂、大腿和小腿的皮肤表面平均温度。由图可知，在加热过程中，前后排乘员各部位的皮肤温度都有不同程度的上升。

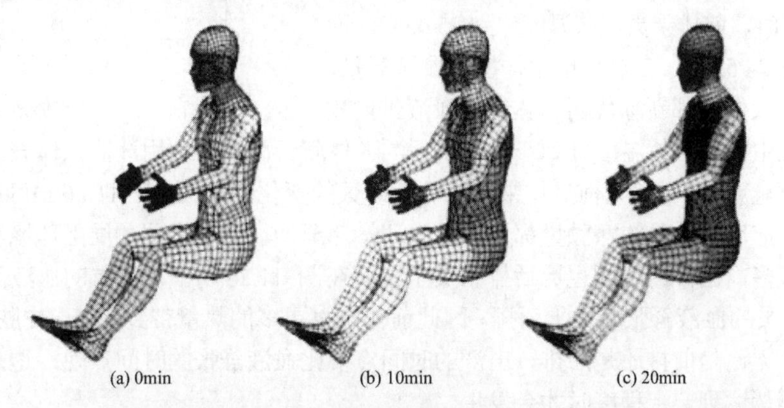

图 11.23　不同时刻前排乘员皮肤温度变化

由图 11.23 可知，前排空气温度较高，因此前排乘员身体部位温度比后排高。由于头部没有衣服的阻挡，对于外界环境变化更敏感，前后位置乘员的头部温度差异较大，试验结束时温度相差约 1℃。前后排乘员胸部和上臂温度差异小，这是因为胸部有两层衣物覆盖，衣物热阻值高，其自身血流的变化及代谢产热对其皮肤温度的影响较大，受外界环境的影响相对较小。

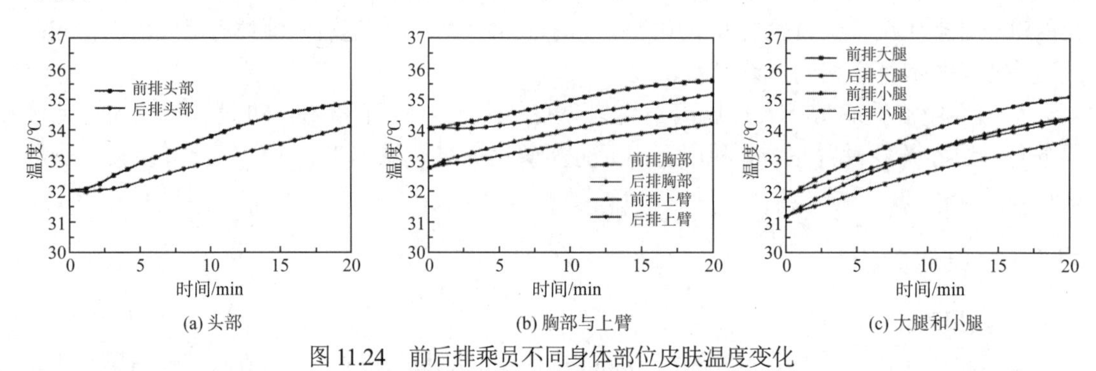

图 11.24　前后排乘员不同身体部位皮肤温度变化

由图 11.24 可以看出，人体各部位皮肤平均温度有一定差别，在暖风开启 20min 时，前排乘员头部、胸部、上臂、大腿和小腿的皮肤温度分别到达了 34.92℃、35.77℃、34.71℃、35.15℃和 34.45℃。头部由于暴露在空气中，且受到出风口气流影响较大，皮肤温度上升很快，温度上升了接近 3℃。而腿部由于只有一层衣服的阻挡，温度上升幅度比胸部和上臂大，大腿、小腿的温度都上升了 3℃左右，而胸部和上臂温度上升幅度小于 2℃。胸部由于基础代谢产热较高，周围环境空气温度较高，因此其皮肤温度始终较高。

2. 乘员整体热反应与热调节

在加热过程中，前后排乘员头部、胸部、上臂、大腿和小腿的皮肤温度都处于上升状态，因此乘员整体的皮肤温度也不断升高。图 11.25 所示为前后排乘员的整体皮肤温度变化。由图 11.25 可以看出，在初始阶段，前后排乘员不同身体部位皮肤温度上升很快，之后由于车内空气温度变化速度减慢，皮肤温度上升速度变缓。前排乘员皮肤温度始终高于后排乘员，最终状态时，前排乘员皮肤温度达到 35.02℃，而后排乘员则为 34.52℃。在热环境中，皮肤血管舒张，血流量增加，人体内部新陈代谢产热通过血液带向皮肤发散到环境中去。当体温上升到一定水平后，人体就会出汗，利用汗液在体表的蒸发带走体内多余的热量。图 11.26 为前后排乘员热调节参数的变化情况。由图 11.26(a)可以看出，在加热工况下，前后排乘员的寒颤量都为 0，出汗量逐渐增加，前排乘员周围环境温度较高，因此出汗量较多，出汗的时间也比后排乘员早。而在图 11.26(b)中，乘员的血液舒张量也在增加，前排乘员的血液舒张量大于后排，因此前排能将更多的热量带到体表，皮肤温度更高。同时还发现，无论是前排还是后排，出汗的时间点要比血液舒张的时间点晚，这是因为出汗需要在身体热量达到一定程度时才会发生。

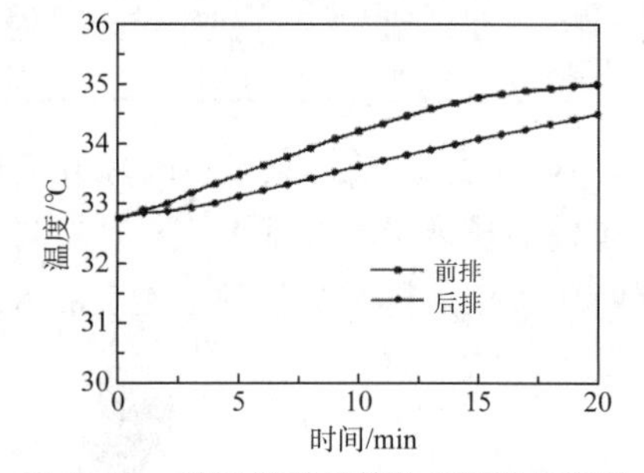

图 11.25　前后排乘员整体皮肤温度变化

3. 乘员整体热舒适性

PMV-PPD 是目前应用较为广泛的人体整体热舒适评价指标，PMV 指数表示人体热感觉投票的平均值，而 PPD 表示热环境中不满意人数的百分比。图 11.27 为前后排乘员 PMV 和

PPD 的变化情况。由图 11.27(a)可知，前后排的热感觉值都处于上升状态。在初始阶段，人体感觉到冷，人体 PMV 为负值。车内暖风开启后，乘员受到热应力的刺激，热感觉急剧上升。由图 11.27(b)可知，在开始阶段，PPD 值较高，不满意人数比例较高。随着人体热感觉渐渐趋于中性状态，不满意人数减少，但当车内温度继续上升，不满意的人数又继续增加。

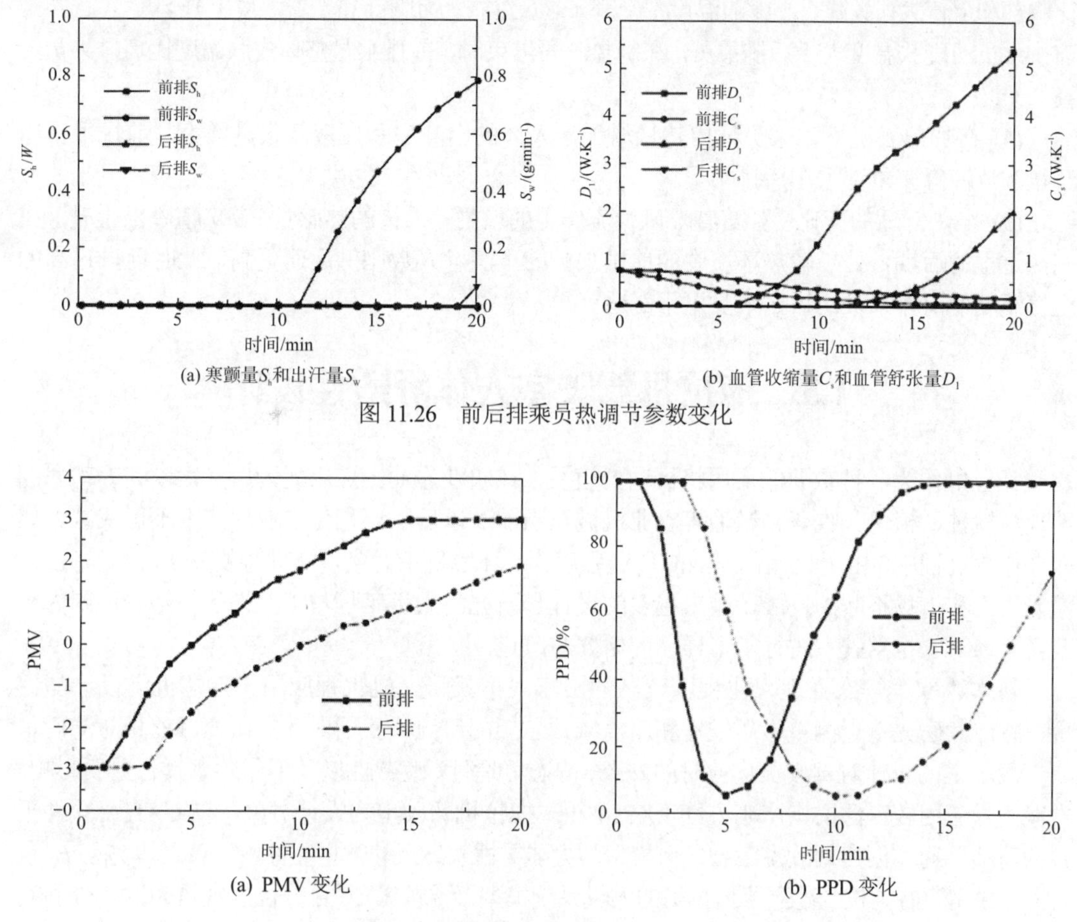

(a) 寒颤量S_h和出汗量S_w　　(b) 血管收缩量C_s和血管舒张量D_1

图 11.26　前后排乘员热调节参数变化

(a) PMV 变化　　(b) PPD 变化

图 11.27　前后排乘员 PMV 和 PPD 变化

综合来看，在暖风开启后的 5min 内，前排 PMV 和 PPD 值都接近 0，说明此时乘员达到了比较舒适的状态，人群的满意人数比例也较高。而后排乘员在 10 min 左右感觉最舒适。在后续阶段，受到汽车暖风气流的持续影响，车内温度继续上升，人体热感觉值过高，不满意人数比例也在上升。在此阶段既消耗了能量，也不利于人体的热舒适，因此对暖风系统参数进行合理调节很有必要。

11.2.7　结论

通过试验与仿真结合的方法，将车内热环境与人体热调节模型相耦合，分析了瞬态变化的汽车内环境下不同乘坐位置乘员身体的热响应，得到以下结论。

(1) 乘员人体热调节模型的计算方法可对瞬态汽车环境中的乘员动态热响应和热舒适进行评价，计算得到的乘员头部、胸部、上臂、大腿和小腿的皮肤温度得到了试验结果的验证，最大误差在 7%，满足工程要求的计算精度。

(2) 在加热过程中，乘员舱空气温度在水平方向和垂直方向都存在差异，车内热环境瞬态不均匀变化。前后排各测点空气温度在前 5 min 温度上升速度很快，温升超过 10℃，在 5～20 min 车内温度上升速度减慢。

(3) 乘员各部位皮肤温度变化有一定差别，腿部由于只有一层衣服的阻挡，温度上升幅度比胸部和上臂大，大腿、小腿的温度都上升了 3℃左右，而胸部和上臂温度上升幅度小于 2℃。前排乘员的皮肤温度大于后排乘员，在制热阶段结束时，前排乘员整体皮肤温度比后排乘员约高 0.5℃。

(4) 在加热工况下，乘员体内热量增加，人体的出汗率和血液舒张量增大，前排乘员出汗量和血液舒张量都大于后排乘员。

(5) 在热舒适的变化中，随着暖风气流作用的增强，乘员的热感觉 PMV 值不断上升。在制热过程的后期，处于较热环境中的前排乘员的不满意人数比例反而更高，此时前排过高的空气温度使前排乘员比后排乘员更不舒适。

11.3　拖拉机驾驶室人体舒适性设计

拖拉机作为一种重要的实用机械动力模块，在农业作业上应用尤为广泛，以其为动力的整地、播种、植保、收获、运输等农业机械在当前及以后的现代化农业生产中不可或缺。然而在作业过程中，由于机械化作业时作业强度大、环境复杂恶劣，使得驾驶员非常容易疲劳。随着用户和市场不断的发展，越来越多的设计和研究将人机工程与工业设计相结合，国内相关学者针对农机驾驶室进行了多样化的研究与改进。

日本、欧美等农业现代化程度较高的国家很早就将人机工程应用于拖拉机的设计与评价，目前其研究重点侧重于驾驶室和座椅减振悬架的研究，我国对此的研究目前相对滞后。

驾驶室的设计对驾驶员作业时的安全、静态舒适性、疲劳性以及工作效率具有重要影响。本案例以应用较广泛的国产东方红 LX854 轮式拖拉机驾驶室为设计对象，以 CATIA 软件平台为基础，通过创建驾驶室三维几何模型与大陆男性人体尺寸数据文件，计算人体实际 H 点对人体模型进行定位，建立了拖拉机的人机系统模型，并以第 50 百分位驾驶员为例，分别对第 5、50、95 百分位人体进行了坐姿舒适性、操纵台可达性以及工作视野仿真分析与研究，并对驾驶室总体布局的合理性进行评价。与此同时，进一步对人拖拉机路面系统的动态舒适性进行仿真分析，建立满足 8 小时连续工作振动舒适性要求的驾驶员座椅减振悬架结构的物理参数的设计方法。

11.3.1　人机系统的构建

1. H 点的确立

H 点是指二维或三维人体模型中人体躯干和大腿的交接点，是与坐姿舒适性和操纵方便性密切相关的车内装置尺寸基准点。确定实际 H 点的方法通常有两种：一种是 SAE 二维人体样板设计法，另一种是 SAE 推荐的适宜 H 点位置线法。本案例主要采用 SAE 推荐的适宜 H 点位置线法确定模型的 H 点。鉴于拖拉机属于 B 类车范畴，其驾驶员男女比例一般为 90:10～95:5，因此可根据公式

$$\begin{cases} X_5 = 762.17 - 0.485Z \\ X_{50} = 855.31 - 0.509Z \\ X_{95} = 922.49 - 0.494Z \end{cases} \tag{11-11}$$

确定驾驶室中的 H 点与人体脚跟着地点(AHP)的水平距离 X。

根据 H 点位置线法，首先应估算出实际 H 点与确定的加速踏板踵点位置的垂直距离，即 Z 值，其值一般应取 450～520mm。由于东方红 LX854 型拖拉机座椅表面距 AHP 的垂直距离为 400mm，而人体正常坐姿下第 5、50、95 百分位人体模型大腿依次为 112mm、130mm、151mm，根据经验分别选取 Z_{95} 为 490mm，Z_{50} 为 470mm，Z_5 为 450mm，代入式(11-11)，得

$$\begin{cases} X_5 = 762.17 - 0.485 \times 450 = 543.92 \\ X_{50} = 855.31 - 0.509 \times 470 = 616.08 \\ X_{95} = 922.49 - 0.494 \times 490 = 680.43 \end{cases} \tag{11-12}$$

结合 GB/T 6235—2004《农业拖拉机驾驶员座位装置尺寸》H 点推荐取值范围，即可确定不同百分位驾驶员实际 H 点的位置，从而实现三维人体模型在驾驶室中的定位。

最终 P_5、P_{50}、P_{95} 驾驶员模型实际 H 点在(X，Z)上的坐标分别为(550，450)、(620，470)、(680，490)，Y 方向上的位置与座椅纵向中心面的位置一致。由此即可确定不同百分位人体模型实际 H 点的空间位置。

2. 驾驶室模型的建立

LX854 拖拉机驾驶室内部总体布局如图 11.28(a)所示，根据 GB/T 6238—2004《农业拖拉机驾驶室门道、紧急出口与驾驶员的工作位置尺寸》与 GB/T 6235—2004《农业拖拉机驾驶员座位装置尺寸》，结合 LX854 驾驶室实际布局和其设计要求，即可采用 CATIA 软件建立其驾驶室的三维实体模型，如图 11.28(b)所示。

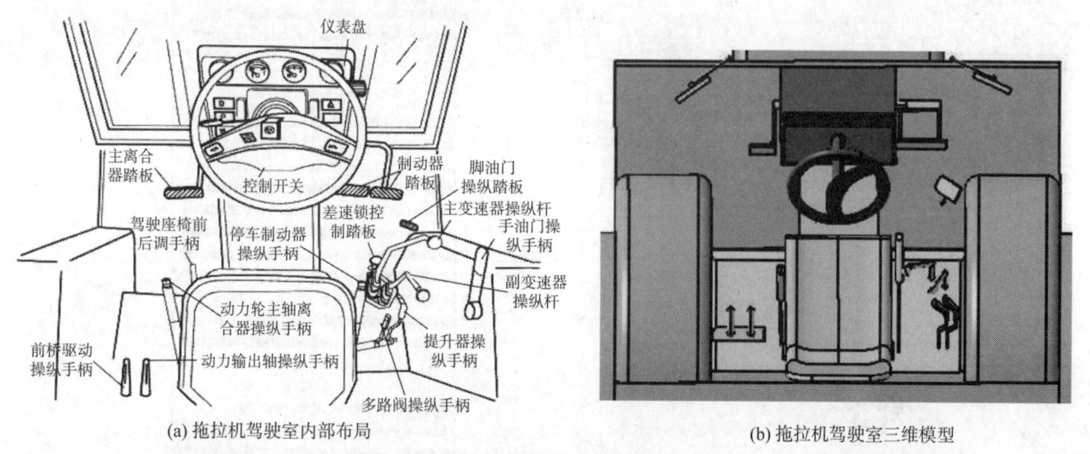

(a) 拖拉机驾驶室内部布局　(b) 拖拉机驾驶室三维模型

图 11.28　拖拉机驾驶室内部总体布局

3. 人体模型的建立

考虑到 CATIA 软件无法提供中国内地成年人人体模型数据，因此需要根据 GB 10000—88《中国成年人人体尺寸》提供的数据建立中国人体尺寸的三维人体模型。鉴于采用 CATIA 软件建立人体模型需要 65 个尺寸变量，而 GB 10000—88 仅能提供 20 个重要的人体参数变量，

因此需要对亚洲人体数据进行合理选择。但由于模型重要尺寸主要基于相关国际标准，其准确性与可靠性并不会受到按经验选取的数据的影响。

此外，为消除测量时穿衣单薄且不穿鞋子以及作业时身体变形的影响，应用国标数据时应引入“着装修正量”与“姿势修正量”2个参数对相关数据进行修正。之后，即可采用软件人机工程模块将驾驶员三维人体模型按实际 H 点的位置坐标在驾驶室中进行定位，建立人机系统的模型。图11.29即为导入人体模型后的拖拉机的人机系统模型。

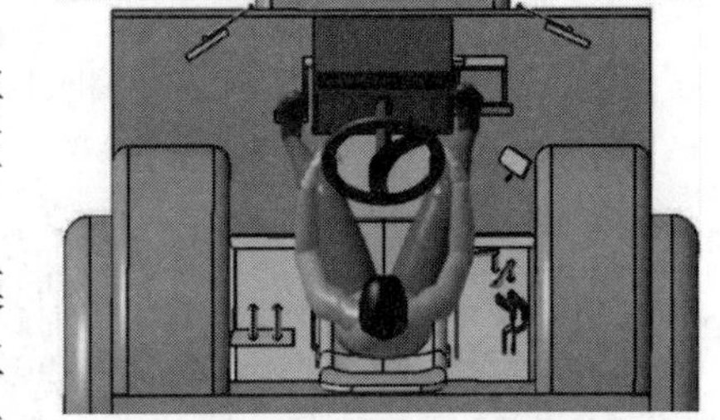

图 11.29　拖拉机的人机系统模型

11.3.2　人机工程学分析与评价

考虑到当前大部分拖拉机驾驶室舒适性研究均以第50百分位数(中等体型)人体模型为对象以满足90%的适应性，文中拟以第50百分位数为例，对第5、50及95百分位的驾驶员进行坐姿舒适性、操纵台可达性以及工作视野仿真分析与研究。

1. 坐姿舒适性评价

根据试验中座椅、踏板、转向盘的空间布置以及正常驾驶状态下姿势参数的不断变化可以获得驾驶员的舒适区域，采用CATIA软件人机工程模块HPA(human posture analysis)工具设定并调节人体模型的各种姿势以便进行分析。默认自由度，根据生理情况和操纵舒适原则，可将人体模型的眼、颈、胸、腰椎、上臂、下臂、大腿、小腿、手腕和脚腕等部位分别划分为5个区域，并结合舒适角度予以评分。最后，利用HPA模块设置驾驶员模型各部位的首选角度，并根据驾驶员当前姿态下各自由度所在位置及对应分值进行加权插值运算，获得评估结果，评分越高则表示舒适性越好。驾驶员的姿态分析报告如图11.30所示。

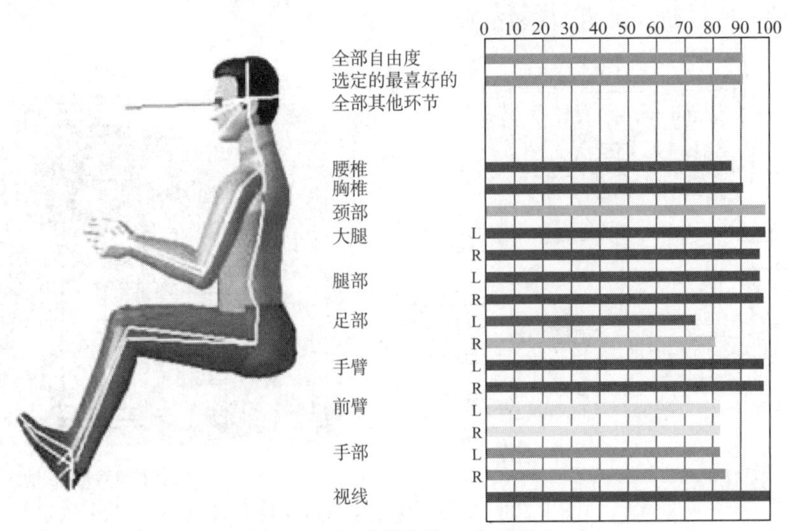

图 11.30　驾驶员的姿态分析报告

图11.30中红色表示95分以上，黄色表示90～95分，绿色表示80～90分，灰色表示70～80分，白色表示60～70分。由图11.30可见，人体大部分部位处于舒适状态，少数部位(如脚腕、颈部)得分在80分以下，说明此部位在当前坐姿下不太舒适。

2. 操纵台可达性仿真

利用人机工程模块中 Manikin Tools 工具条上的手伸及界面计算功能即可对正常驾驶状态下的操纵台可达性进行仿真分析，对左右手可达性进行模拟，结果如图 11.31 所示。

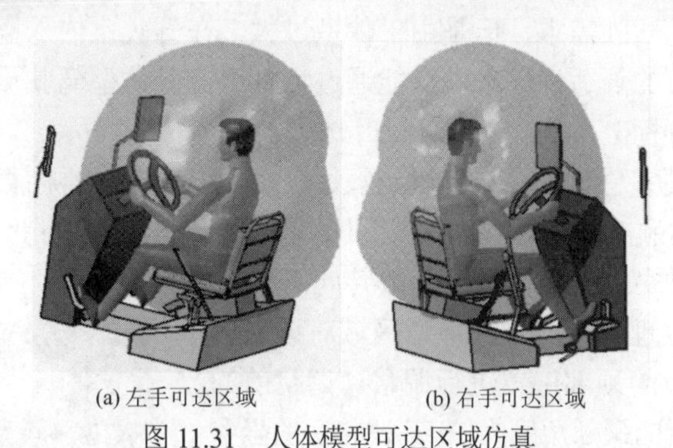

(a) 左手可达区域　(b) 右手可达区域

图 11.31　人体模型可达区域仿真

由图 11.31 可见，左、右手可达范围基本覆盖两侧所有操作装置，满足操作可达区域要求，说明该驾驶室适应性良好，对第 50 百分位的人体模型设计较为合理。

当对第 5 百分位驾驶员模型进行仿真时，由于其臂长较短，左手可达性则稍差，但主要操纵元件仍在左手可达区域内。因此从总体来说，其可达性仍满足驾驶基本要求。第 95 百分位驾驶员较第 50 百分位高大，可达性仿真结果自然优于第 50 百分位人体模型。

3. 驾驶员工作视野仿真

参照 GB/T 3871.7—2006《农业拖拉机试验规程》，并利用人机工程模块中的视野(vision)工具，即可对驾驶员的动态视野进行模拟与仿真。对于所建立的人体模型，其头部可依靠脖颈的扭动分别在上下、左右两个自由度方向上转动一定的角度，因而可进行全方位视野仿真操作。

驾驶员工作视野仿真结果如图 11.32 所示。其中，白色部分为双眼可见区域，阴影部分为单眼可见区域，黑色部分代表驾驶员无法看见的区域。由图 11.32 可见，第 50 百分位驾驶员前方路面、仪表以及加速踏板等均在可视范围之内，驾驶室左右两侧的外界区域也处于人体左右视野范围之内。

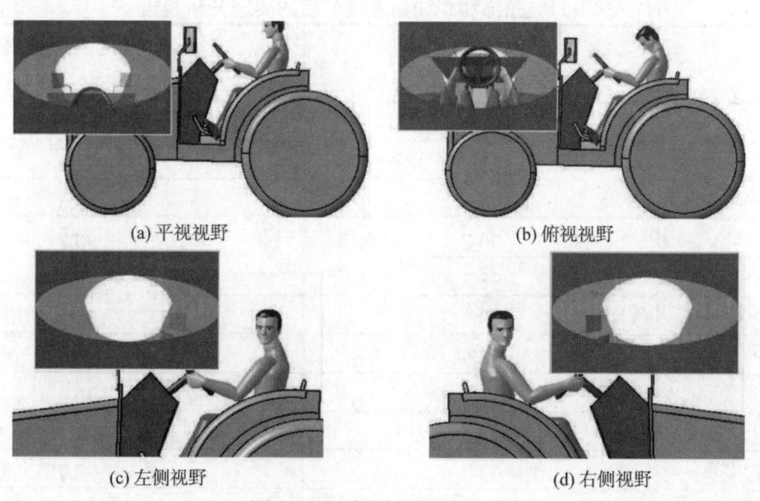

(a) 平视视野　(b) 俯视视野

(c) 左侧视野　(d) 右侧视野

图 11.32　驾驶员视野仿真

4. 结果分析与评价

综上分析，LX854 拖拉机驾驶室的适应性良好，但体型稍小的驾驶员舒适性体验较平均体型驾驶员略差，在操纵台可达性方面仍存在一定的缺陷。对于体型较大的驾驶员来说，虽然其操纵台可达性满足驾驶需求，但是由于体型过大，在驾驶室内入座后会感觉拥挤。但是为满足所有体型驾驶员的舒适性需求，只能通过牺牲小部分体型驾驶员部分方面的静态舒适性以达到舒适性设计目标。

此外，拖拉机驾驶室总体设计虽已达到舒适需求，但从 3 种不同百分位驾驶员的坐姿分析结果中可以看出，其颈部得分均在 80 分以下，明显低于其他部位得分，表明颈部不舒适问题已成为不同体型驾驶员的共性问题。为改善此问题，以第 50 百分位驾驶员人体模型为例，结合实际驾驶情况与生理学上的颈部舒适区域对该人体模型在正常驾驶状态下的颈部位置进行调整，调整前的颈部角度为 0°，调整后的颈部角度为 10°。调整后的坐姿分析报告显示，颈部和总体得分均得到一定的提高，但是此时平视的视野范围不能保证驾驶员能清楚地看见前方道路情况。因此，驾驶员为保证驾驶安全必定会调整视线角度。经过试验仿真，一般情况下视线抬高 12°左右时视野范围才能满足驾驶要求。视线调整后人体模型的坐姿分析结果如表 11.11 所示，视野范围如图 11.33 所示。

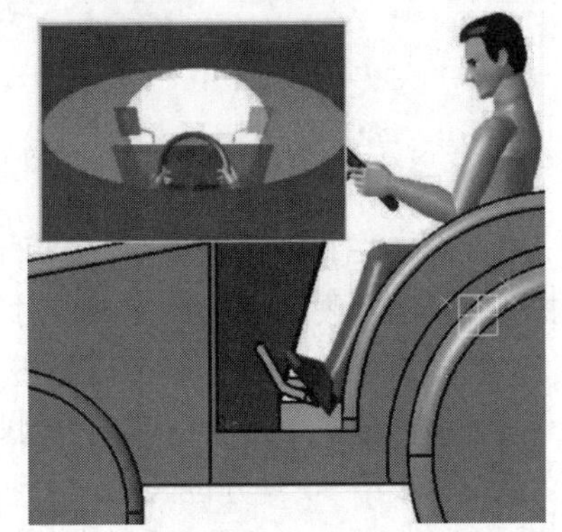
图 11.33　颈部角度调整后的视野范围

对比图 11.30 与表 11.11 可以发现，虽然驾驶员颈部的舒适性大幅提高，但视线的舒适评分却随之降低，而且总体舒适性得分也有所减少。由此说明，为实现整体最佳的目标，只能牺牲部分部位的舒适性。

综上分析，拖拉机驾驶员的颈部不舒适问题在一定程度上是很难避免的，因此采取相应的办法来缓解颈部疲劳显得尤为重要。参考汽车座椅头枕的设计概念，可以在拖拉机座椅上添加类似结构，但是考虑到拖拉机与汽车的工作环境存在差异，类头枕结构与汽车头枕相比尺寸应尽量小一些，从而减小因该结构而导致拖拉机驾驶员后方视野情况变差的可能性。

表 11.11　颈部和视线角度调整后的姿态分析报告

部位	颈部角度调整后的坐姿分析评分	颈部和视线角度调整后的姿态分析评分
全部自由度	89.3	91.3
总评	89.3	91.3
腰部	86.6	86.6
胸部	90.7	90.7
颈部	98.7	98.7
左大腿	98.5	98.5
右大腿	96.5	96.5
左小腿	96.6	96.6
右小腿	97.5	97.5
左脚部	73.7	73.7
右脚部	80.4	80.4
左手臂	98.1	98.1

(续表)

部位	颈部角度调整后的坐姿分析评分	颈部和视线角度调整后的姿态分析评分
右手臂	97.8	97.8
左前臂	90.0	90.0
右前臂	89.7	89.7
左手部	82.0	82.0
右手部	84.3	84.3
视线	67.3	100.0

11.4　人拖拉机环境系统振动模型应用案例

本案例基于人体和拖拉机结构的特点，将人体模化非线性机械系统，并建立一个具有多自由度人拖拉机非线性振动系统模型，通过算例得到理论数值模拟结果，与前人的实验结果比较来验证所建立的模型是正确性的，从而为拖拉机振动舒适性的数字化评估提供工具。

11.4.1　概述

有关轮式拖拉机振动舒适性问题，专家、学者们已进行了许多工作，并取得了许多成果，对提高轮式拖拉机振动舒适性起到重要作用。但是，过去的研究存在两个问题：一是由于人体的复杂性，过去的研究仅将人体作为单个质量块与轮式拖拉机一起进行研究。事实上，人体的不同的生理部位对振动的响应水平是不同的。因此，用单个质量块代替人体进行研究的结果难以确切反映人体的振动响应情况。二是目前研究人机系统的振动问题的主要方法有两种，即物理实验法和数值模拟法。由于用物理实验模拟法研究人体振动问题存在耗资、耗时、振动环境难以模拟以及活体实验的不安全等问题，数值模拟法成为研究应用重点，利用多刚体系统动力学原理和计算机技术、信号处理技术来研究人体振动与碰撞问题，并认为人体在低频振动(<100Hz)环境下可以模化为有限质量块构成的机械系统，而且是非线性系统。同时，轮式车辆行驶时，因道路不平引起的强烈振动可通过轮胎、轮轴、底盘和座椅传给驾驶员(以下称为人体)。实验表明，其振动能量主要集中在低频段内。

11.4.2　人体拖拉机系统振动力学模型

实验表明，人体不同的生理环节部位对振动的响应水平是不同的，人体在低频振动(<100Hz)环境下，可以模化为有限质量块构成的机械系统，而且是非线性系统。为此，本案例将第 4 章的 7 自由度模型进行修改，即将人体模化为图 11.34 所示的非线性振动力学模型。轮式拖拉机模化为线性机械系统。本案例，图 11.34 中质量为 M_s 的构件是个悬臂梁，其左端的 F、D 两点由上、下弹簧支撑在框架内，并可上、下移动。上、下弹簧刚度值是通过数值模拟试验得到，K_{sb}、K_{st} 值和阻尼值 C_{st} 见表 11.12。由图 11.34(b)，利用牛顿第二定律可导出人体拖拉机环境(路面)系统的振动微分方程组。

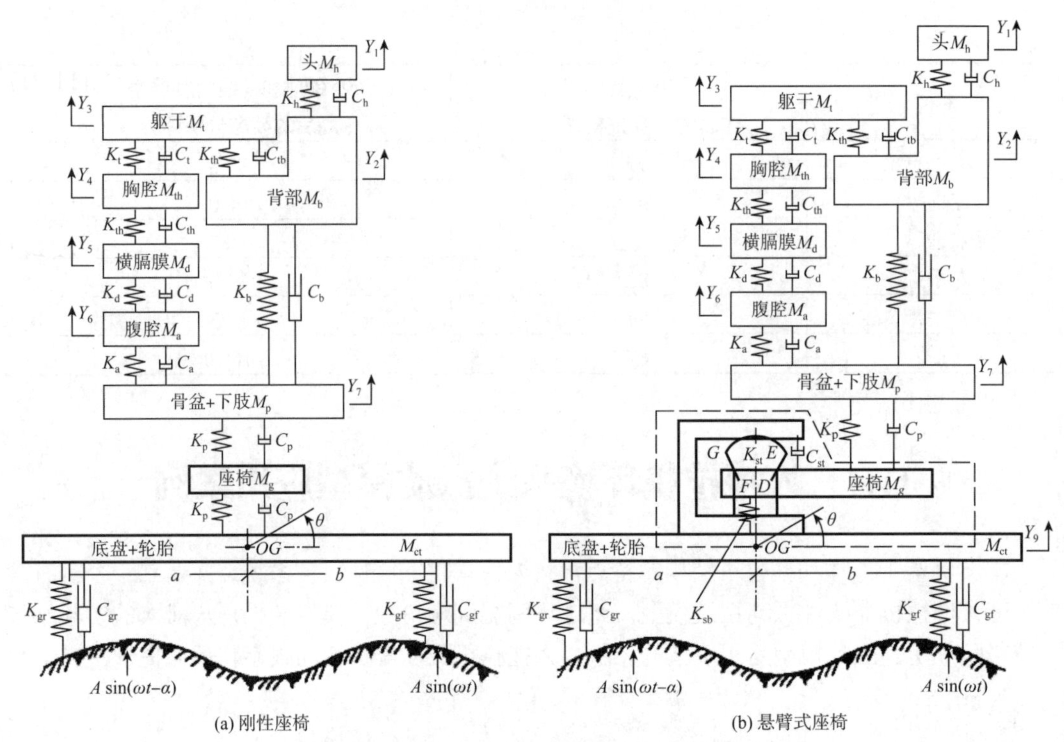

图 11.34　多自由度人拖拉机系统振动力学模型

$$M_h \cdot \ddot{y}_1 + C_h(\dot{y}_1 - \dot{y}_2) + k_h(y_1 - y_2) = 0 \tag{11-13}$$

$$M_b \cdot \ddot{y}_2 + C_h(\dot{y}_2 - \dot{y}_1) + C_b(\dot{y}_2 - \dot{y}_7) + C_{rb}(\dot{y}_2 - \dot{y}_3) + C_{tb}(\dot{y}_2 - \dot{y}_3)^3 + k_h(y_2 - y_1) + k_{tb}(y_2 - y_3) + k_{tb}(y_2 - y_3)^3 + k_b(y_2 - y_7) = 0 \tag{11-14}$$

$$M_t \cdot \ddot{y}_3 + C_{tb}(\dot{y}_3 - \dot{y}_2) + C_{tb}(\dot{y}_3 - \dot{y}_2)^3 + c_t(\dot{y}_3 - \dot{y}_4) + c_t(\dot{y}_3 - \dot{y}_4)^3 + k_{tb}(y_3 - y_2) + k_t(y_3 - y_4)^3 = 0 \tag{11-15}$$

$$M_{th} \cdot \ddot{y}_4 + c_t(\dot{y}_4 - \dot{y}_3) + c_t(\dot{y}_4 - \dot{y}_3)^3 + c_{th}(\dot{y}_4 - \dot{y}_3) + c_{th}(\dot{y}_4 - \dot{y}_3)^3 + k_t(y_4 - y_3) + k_{th}(y_4 - y_5)^3 = 0 \tag{11-16}$$

$$M_d \cdot \ddot{y}_5 + c_{th}(\dot{y}_5 - \dot{y}_4) + c_{th}(\dot{y}_5 - \dot{y}_4)^3 + c_d(\dot{y}_5 - \dot{y}_6) + c_d(\dot{y}_5 - \dot{y}_6)^3 + k_{th}(y_5 - y_4) + k_d(y_5 - y_6)^3 = 0 \tag{11-17}$$

$$M_a \cdot \ddot{y}_6 + c_d(\dot{y}_6 - \dot{y}_5) + c_d(\dot{y}_6 - \dot{y}_5)^3 + c_a(\dot{y}_6 - \dot{y}_7) + c_a(\dot{y}_6 - \dot{y}_7)^3 + k_d(y_6 - y_7) + k_a(y_6 - y_5)^3 = 0 \tag{11-18}$$

$$M_p \cdot \ddot{y}_7 + c_a(\dot{y}_7 - \dot{y}_6) + c_a(\dot{y}_7 - \dot{y}_6)^3 + c_b(\dot{y}_7 - \dot{y}_2) + c_p(\dot{y}_7 - \dot{y}_8) + k_a(y_7 - y_6) + k_b(y_7 - y_8) = 0 \tag{11-19}$$

$$M_s \cdot \ddot{y}_8 + c_p(\dot{y}_8 - \dot{y}_7) + c_{st}(\dot{y}_8 - \dot{y}_9) + k_p(y_8 - y_7) + k_{sb}(y_8 - y_9) = 0 \tag{11-20}$$

$$M_{ct} \cdot \ddot{y}_9 + c_{st}(\dot{y}_9 - \dot{y}_8) + c_{gf}(\dot{y}_9 + b \cdot \dot{\theta}) + c_{gr}(\dot{y}_9 - a \cdot \dot{\theta}) + k_{st}(y_9 + y_8) + k_{sb}(y_9 - y_8) + k_{gf}(y_9 + b \cdot \theta) + k_{gr}(y - a \cdot \theta) = c_{gf} \cdot A \cdot \omega \cdot \cos\omega t + c_{gr} \cdot A \cdot \omega \cdot \cos(\omega t - \alpha) + k_{gf} \cdot A \cdot \sin\omega t + k_{gr} \cdot A \cdot \sin(\omega t - \alpha) \tag{11-21}$$

$$M_{ct} \cdot \rho^2 \cdot \ddot{\theta} + b \cdot c_{gf}(\dot{y}_9 - b \cdot \dot{\theta}) - a \cdot c_{gr}(\dot{y}_9 - a \cdot \dot{\theta}) + b \cdot k_{gf}(y_9 - b \cdot \theta) - a \cdot k_{gr}(y_9 - a \cdot \theta) = b \cdot c_{gf} \cdot A \cdot \cos\omega t - a \cdot c_{gr} \cdot A \cdot \omega \cdot \cos(\omega t - \alpha) + b \cdot k_{gf} \cdot A \cdot \sin\omega t - a \cdot k_{gr} \cdot A \cdot \sin(\omega t - \alpha) \tag{11-22}$$

式中，$\dot{y}_i$、$\ddot{y}_i$、y_i、$\dot{\theta}$、$\ddot{\theta}$、θ 分别表示某广义坐标的一阶导数、二阶导数和位移，其他符号见图 11.34(b)。

为了方便起见，将路面模拟为正弦波形，其参数见图 11.35，考虑系统的纵向对称性，故式(11-13)～式(11-22)构成了人机系统的平面振动微分方程。

表 11.12　模型中的人体和拖拉机有关物理参数

系统中的质量/kg		模型的弹簧系数 /(N · m^{-1})		模型的阻尼系数 /(N · s/m)		系统中的其他参数	
M_h	5.45	K_h	52 600	C_h	3580	θ=160º	相位角
M_b	6.82	K_{tb}	52 600	C_{tb}	3580	L=4.57m	正弦波长
—	—	K_{tb}^{+}	52 600	C_{tb}^{++}	3580	L_1=0.785m	见图 11.34(b)
M_t	32.762	K_t^{+}	877	C_3^{++}	292	L_2=0.847m	见图 11.34(b)
M_{th}	1.362	K_{th}^{+}	877	C_{th}^{++}	292	A=0.05m	正弦波幅值
M_d	0.455	K_d^{+}	877	C_d^{++}	292	ρ=1.0224m	车身惯性半径
M_a	5.921	K_a^{+}	877	C_a^{++}	292	—	—
M_p	27.23	K_p	52 600	C_p	3580	—	—
M_s	4.537	K_s	25 500	C_s	371	—	—
M_{ct}	2667.2724	K_{st}	68 670	C_9	111.6	—	—
—	—	K_{st}	68 915	—	—	—	—
—	—	K_{gr}	496 380	C_{gr}	4434	—	—
—	—	K_{gf}	553 280	C_{gf}	2374	—	—

注：带+者，其线性与非线性单位分别为 N/cm 和 N/cm^3；
带++者，其线性与非线性单位分别为 N/cm/s 和 N/(cm/s)^3。

11.4.3　振动数学模型数值模拟与结果分析

本案例中的人体和拖拉机的 M、K 和 C 元素值见表 11.12。地面的激励为一个波长 L 的正弦函数。通过数值积分法(龙格库塔法，目前有多种软件可求解上述微分方程组，最常用的是 MSC 公司的 AMAMS/Vibration 模块)求解上述方程组，得到人体头部相对于座椅的振动加速度比的频率函数曲线，见图 11.35。该图中的实线即为本案例的数字模拟值结果，虚线是实验测试的结果。由加速度与频率变化趋势的对比可知，数值模拟结果与实验结果具有良好的一致性，说明本案例建立的振动力学模型是正确、有效的。大量实验研究表明：①统一百分位数的人体参数在统计意义上相差不大，尽管每个人对振动的响应有所不同，但在统计意义上讲，同一身体部位的振动响应规律是相似的(在相似的振动激励下)；②本案例设定的拖拉机的结构及其参数是任意给定的，不论是什么样的人体与轮式拖拉机组成的人机系统，在统计意义上讲，人机的振动响应规律是相似的(在相似的振动激励下)。也正因为拖拉机结构(包括座椅的减振结构)及其参数可以任意设定，这就为设计具有良好振动舒适性的拖拉机座椅减振悬架结构及其参数优化提供方便而有效的工具。

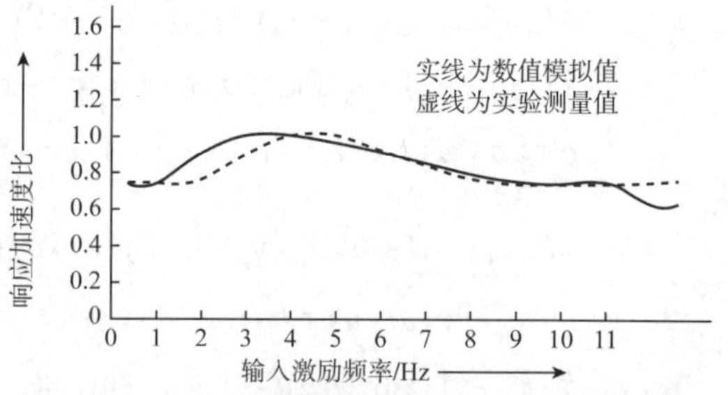

图 11.35　振动加速度比-频率曲线(头部相对座椅)

图 11.36 所示为刚性座椅-头部(虚线)与悬臂式座椅的驾驶员头部-座椅(实线)的振幅比。图 11.37 所示为采用悬臂式座椅后的驾驶员躯干、背部的加速度值。

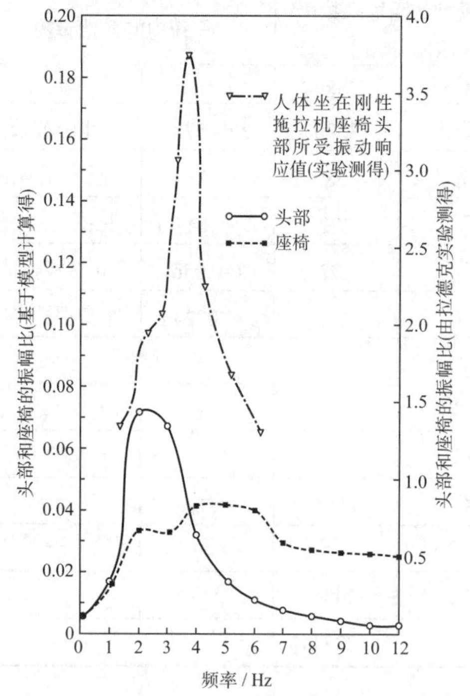

图 11.36　刚性悬架式座椅头部的振幅比(点画线)

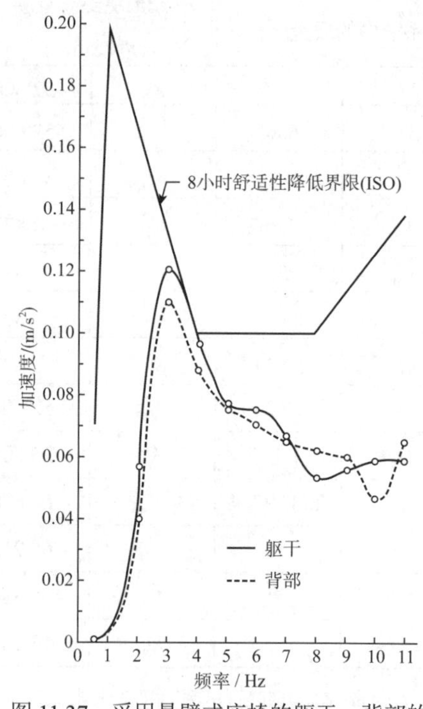

图 11.37　采用悬臂式座椅的躯干、背部的振动加速度(8 小时振动舒适性权限)

11.4.4　不同座椅减振结构的减振效果

在各种运输工具上，采用弹性结构的防振垫来改善乘员的振动环境是最普遍的减振措施。设计良好的座椅以及附加在座椅上的减振垫可以使传递到人体表面的振动值减到最小，所传递来的振动能量大部分被座椅或弹性垫所吸收，这是一种有效而简单的方法。图 11.38 所示为几种飞机座椅的频率特性，从图中可以看出，在频率大于 5Hz 的情况下，各种座椅对振动都有衰减的作用，但不同座椅的特性并不相同。应强调指出，如果座椅或坐垫设计不当，可使某些人体对振动忍耐力最低的频段不仅不起衰减(减振)作用，反而起放大作用。这种情况在实际应用中，应该予以避免。

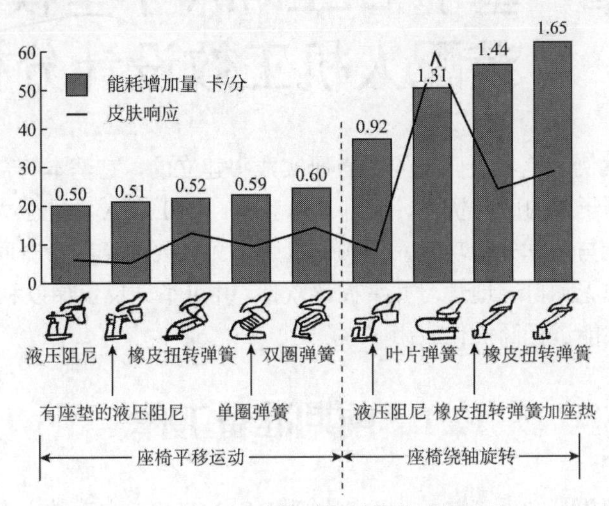

图 11.38　不同座椅减振结构的减振效果

思　考　题

1. 试述基于人机工程设计原理的汽车产品的概念设计与热舒适性设计流程。
2. 试述拖拉机产品的振动舒适性设计分析方法。

第 12 章　基于 DELMIA 小型模具手工装配人机工效设计分析

本章所介绍的案例是笔者及研究生在教研实践中建立的，它基本符合人机工程的数字化设计模式与流程。例子中的所有资料、文件均可获得。DELMIA 功能强大，集成性好，提供了很多人机工效设计与仿真分析功能，但操作复杂，尤其要注意各命令间的衔接操作。读者通过该例子可以实现无师自通地学习并掌握该软件，并可举一反三加以利用。需要注意的是，该软件需要授权后才能进行商业化应用。

12.1　前期准备工作

本章以一副小型模具的手工装配为例来说明 DELMIA V5 中工效学设计分析相关功能的使用与具体操作步骤。尽管 DELMIA 软件已发布多个版本，但各版本软件的操作界面、功能菜单与图标、工具栏以及命令的使用方法基本相同。

12.1.1　启动软件

本章实例所用到的 DELMIA 版本为 V5 R18，其启动图标如图 12.1 所示。双击该图标，即可启动软件。

图 12.1　DELMIA V5 R18 启动图标

12.1.2　DELMIA 软件环境设置

初次使用 DELMIA 进行虚拟装配模拟仿真之前，要进行一些相关的环境设置。启动 DELMIA 软件后，单击 DELMIA 主界面的“工具”→“选项”后，弹出“选项”对话框，如图 12.2 所示。单击“制造的数字化整理”，勾选 Tree→Hierarchy tree 中必要的复选框。单击“确定”按钮，DELMIA 的主界面中将增加一项 Applications，如图 12.2 所示。

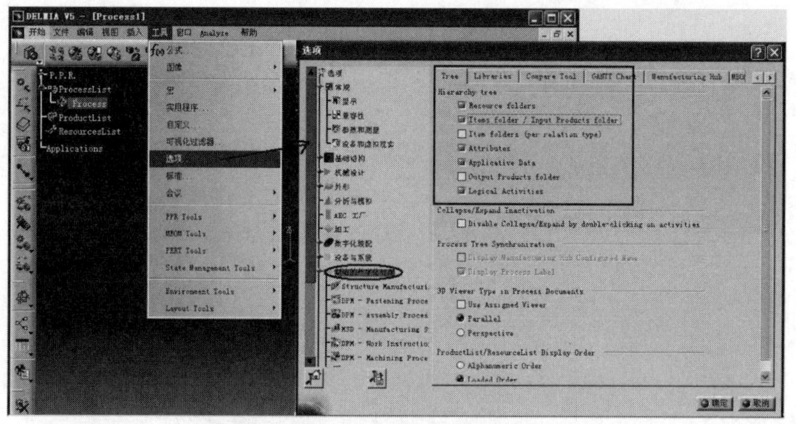

图 12.2　DELMIA 软件的前期环境设置

12.1.3　第三方数据格式转化

对于没有掌握 CATIA、DELMIA 三维建模软件的读者，如果使用的是 UGNX、Pro/E、SolidWorks、MDT 等三维建模软件来建立的素材模型(产品、资源对象等模型)，则需要将这些产品、资源对象等模型导出为 STEP203 格式(*.stp)的模型数据，而后再导入 DELMIA 或 CATIA 环境(后续不再提 CATIA)中，并转存为*. CATProduct 格式文件。

注意，即使是单个零件，也要在装配体模式下存储为*.stp 格式后，才能导入 DELMIA 环境中进行*.CATProduct 格式转化。

1. 导入模型

在 DELMIA 的主界面上单击“文件”→“打开”菜单命令，弹出“选择文件”对话框，在文件的对话框类型下拉框中选择*.stp，选择第三方软件所建立的素材模型文件，单击“打开”按钮，导入 MObilePhoneAssamble.stp 模型，如图 12.3 所示。该模型成功导入 DELMIA 软件后以装配体形式展示，如图 12.4 所示。

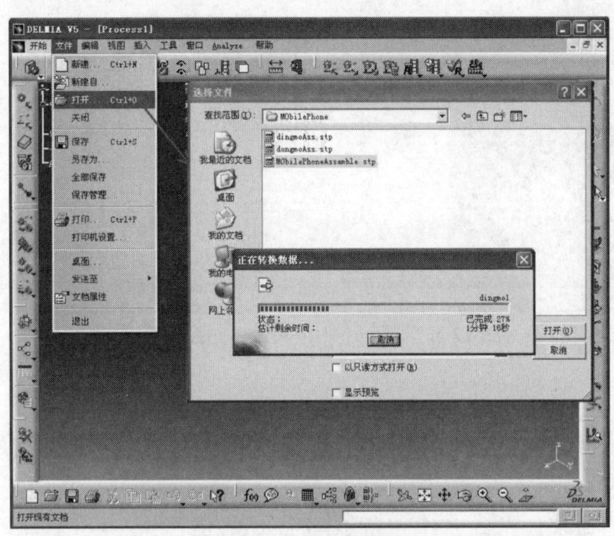

图 12.3　导入素材模型

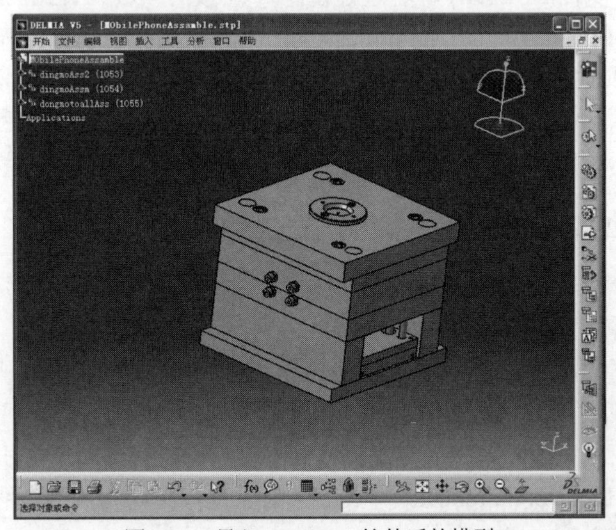

图 12.4　导入 DELMIA 软件后的模型

2. 模型数据格式的转换与转存

将模型导入 DELMIA 软件中后，必须另存为*.CATProduct 文件。单击 DELMIA 主界面上的“文件”→“另存为”菜单命令，打开“另存为”对话框，将文件保存到指定的位置后，选择保存类型 CATProduct 后，单击“保存”按钮，即可另存为*.CATProduct，如图 12.5 所示，并关闭当前子窗口。

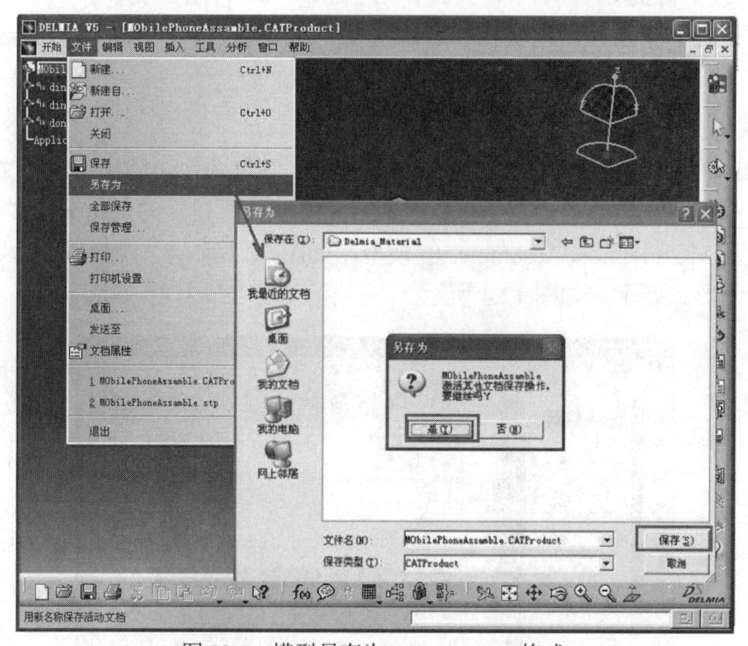

图 12.5　模型另存为*.CATProduct 格式

12.2　构建构成虚拟装配环境的资源素材

虚拟装配的环境包括场地、某个工位上的工作台(桌)、椅子、工具和辅助设备等资源素材，这些资源素材可以在 DELMIA 环境进行设计制作(按第 4、5 章介绍的人机工程设计原理、原则及要求进行设计)，并生成*.CATProduct 文件。当然，这些素材也可以是由第三方三维 CAD 软件设计获得，并导入 DELMIA 中而生成的场景素材。为节省篇幅，本例直接利用 DELMIA 设计场地、人体模型，工作台、椅子则直接从 DELMIA 系统所带的资源素材库中选取。

12.2.1　创建场地的地平面

单击 DELMIA 主界面菜单上的“开始”→“AEC 工厂”→Plant Layout 命令，即可打开图 12.6 所示的设计模块，单击界面右侧工具条上的“区域”命令，弹出 Area Create 对话框，在对话框 Create 栏中单击 Rectangular—Location 按钮，其他参数保持默认，之后在当前界面的任意区域单击，即可完成地平面的创建。单击“全部适应”命令，将平面调整到合适的视角范围，并通过罗盘的操作将地板的位置调整到绝对零点位置(Z=0)，单击“文件”→“保存”菜单命令，命名为 Floor.CATProduct，并关闭当前子窗口。同理，可以采用类似方法建立其他场景素材，并另存为*. CATProduct。

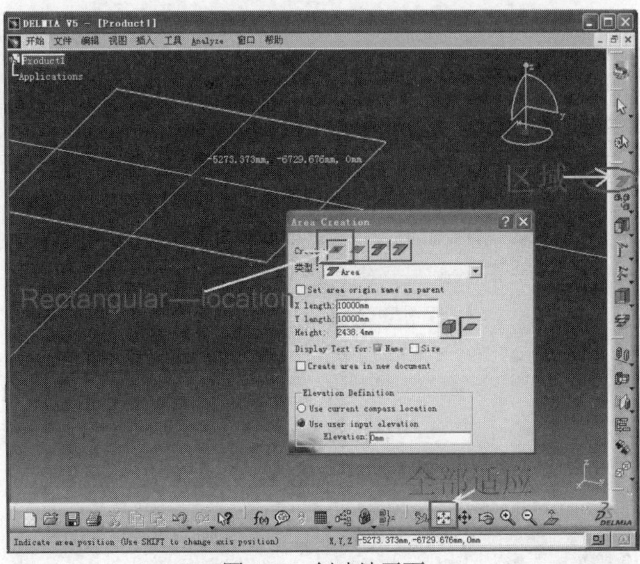

图 12.6　创建地平面

12.2.2　新建人体模型

单击“开始”→“人机工程学设计与分析”→Human Builder 命令，如图 12.7 所示，进入人体建模模块。

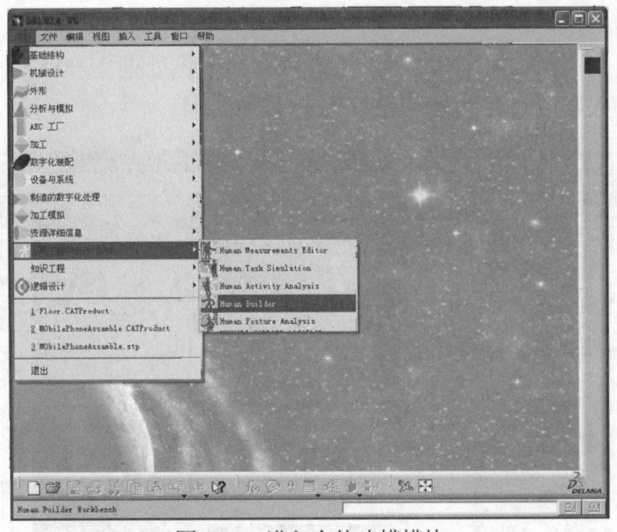

图 12.7　进入人体建模模块

进入人体建模模块后，单击主界面菜单上的“插入”→New Manikin 命令，弹出 New Manikin 对话框，在对话框的 Manikin 选项卡中，需要指定 Father Product，单击选择 P.P.R 中的 Product1 作为新建人体模型的 Father Product(实际操作为：单击对话框中的产品父结点，再单击 PPR 树中 Product1)，其他保持默认。在对话框的 Optional 选项卡中，将 Population 设置为 Korean(东亚人：韩国人体数据，该软件版本还没有中国大陆人体数据库，其高版本已有中国台湾地区人体数据库，可以利用第 2 章介绍的方法创建中国大陆人群的人体测量数据库文件)，将 Referential 改为 Between Feet，其他保持默认，如图 12.8 所示，单击“确定”按钮后就可创建一个人体模型，单击“文件”→“保存”菜单命令，命名为 Manikin.CATProduct，并关闭当前子窗口。

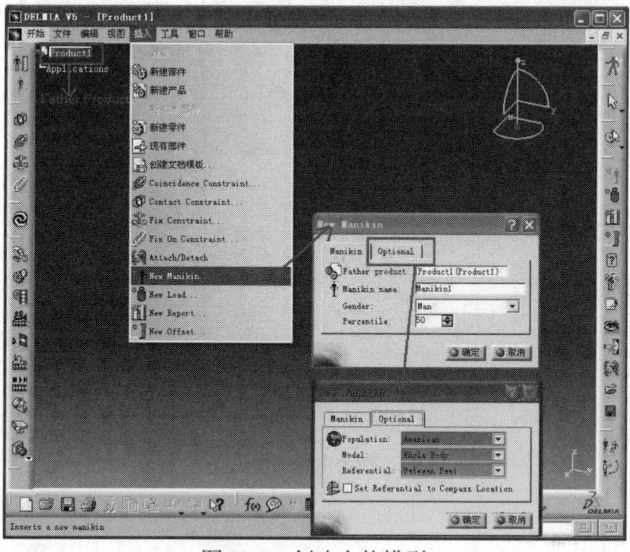

图 12.8　创建人体模型

12.3　创建小型模具手工装配虚拟工作场景

单击 DELMIA 主菜单的“开始”→“制造的数字化处理”→DPM→Assembly Process Simulation 命令，进入装配过程仿真环境，如图 12.9 所示。

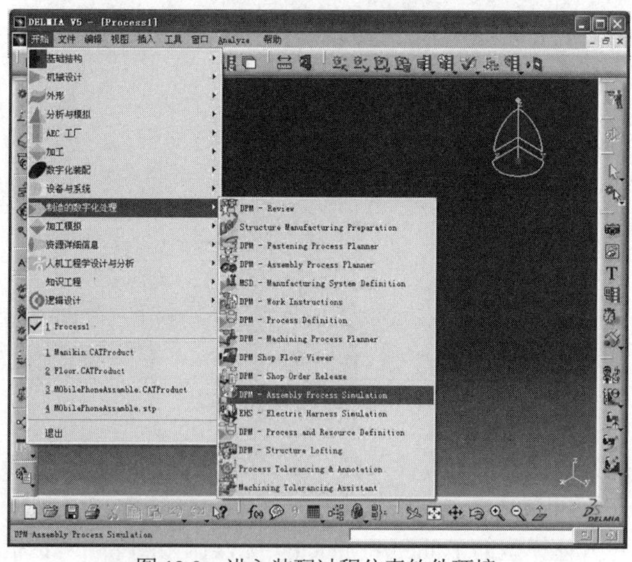

图 12.9　进入装配过程仿真软件环境

12.3.1　导入资源素材

打开后的装配过程仿真界面如图 12.10 所示。若图 12.10 中没有出现 P.P.R.，按 F3 键即可显示出 P.P.R.树(注：按住 Ctrl 键，同时滚动鼠标中键，可以放大或缩小场景的 P.P.R 文字)。

将素材导入虚拟场景要用到的重要工具命令如图 12.10 所示，即 Insert Product、Insert Resource、Catalog Browser。这里将整副模具以 Product 的方式插入，将 Floor、Manikin 以 Resource 的方式插入，对虚拟场景中用到的桌子、凳子通过 Catalog Browser 从 DELMIA 软件所提供的资源库调用。当然，也可导入外部设计的资源素材模型。

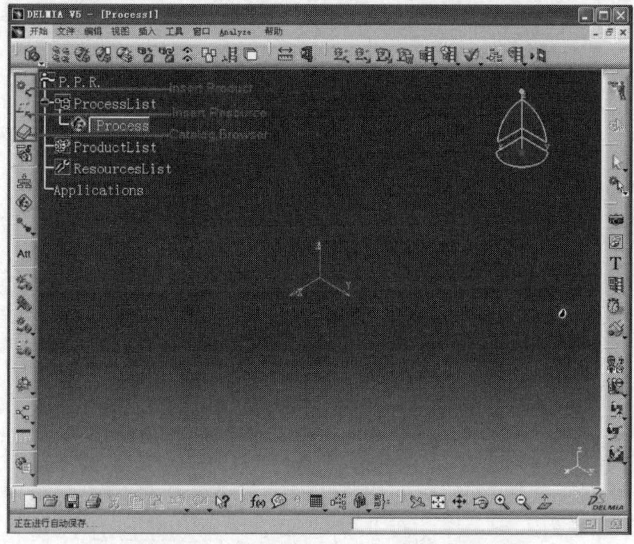

图 12.10　装配过程中的仿真模块界面

1. Insert Product

单击主界面左边的 Insert Product 图标命令，弹出“选择文件”对话框，如图 12.11 所示，找到前面制作好的模具装配体素材 MObilePhoneAssamble.CATProduct，单击即可导入场景中，且自动置于 P.P.R 下的 ProductList 中。

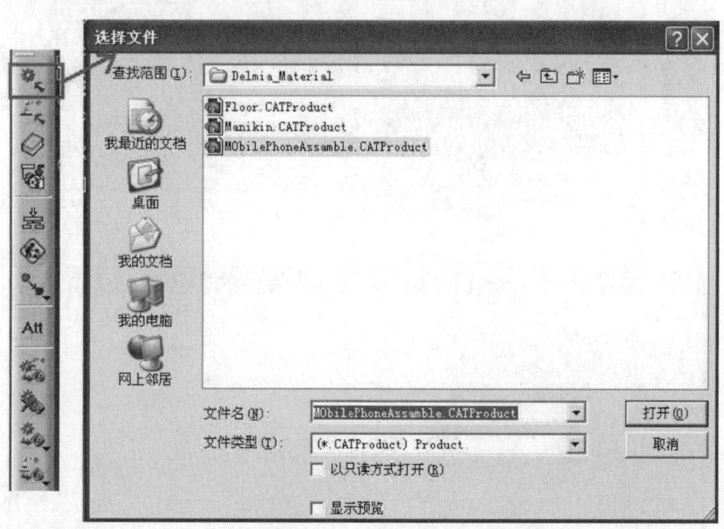

图 12.11　插入产品

2. Insert Resource

单击 Insert Resource 图标命令，弹出“选择文件”对话框，如图 12.12 所示，找到

Floor.CATProduct 和 Manikin.CATProduct 文件，选择这 2 个文件，单击“打开”按钮，即可将这 2 个文件同时导入场景中，且位于 ResourceList 下，也可以逐一导入。

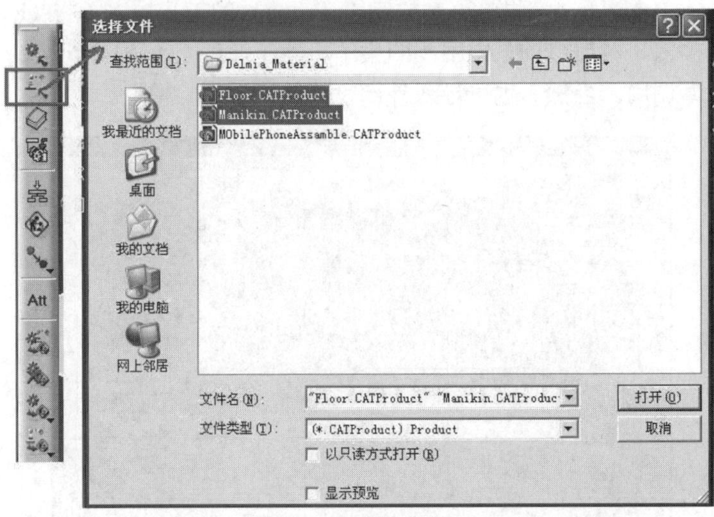

图 12.12　插入资源

3. Catalog Browser

单击 Catalog Browser 图标命令，弹出“目录浏览器”对话框，单击对话框右上角的“浏览其他文件夹”按钮，弹出“选择文件”对话框，找到 DELMIA 安装目录下的\Dassault Systemes\B19\intel_a\startup\components\facility\Furniture.catalog，单击“确认”按钮，将在目录浏览器窗口的右边呈现素材图标。如果看不清，可将显示方式切换为大图标，如图 12.13 所示。

图 12.13　导入 DELMIA 固有素材

在图 12.14 所示的目录浏览器的窗口中选择需要的素材后，在装配过程主窗口单击，即可添加所选择的素材，单击两次就添加了两个，以此类推。这里，向场景添加一个 CHAIR 和两个 WORK_BENCH_60×30×34 的工作台，添加完成后关闭目录浏览器窗口。单击“文件”→“保存”菜单命令，保存到指定的场景资源文件夹里，命名为 PhoneAssm.CATProcess。

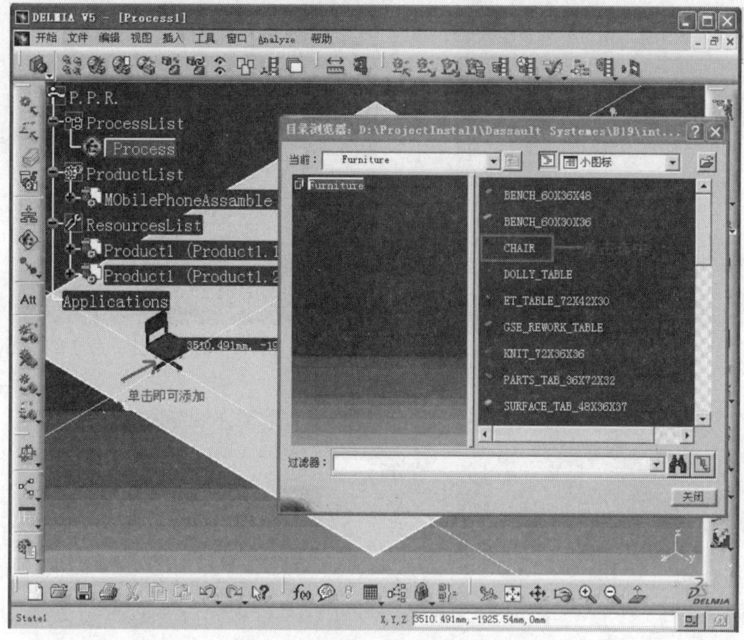

图 12.14　插入椅子和工作台

12.3.2　整理场景

导入装配过程仿真界面中的产品、资源的空间位置是杂乱无章的，需要调整它们的相对位置(调整的依据是本书前述的人机工程空间与人机界面设计的原则)。整理用到的重要工具就是罗盘，如图 12.15 所示。关于罗盘的运用，详细操作方法可参照 DELMIA 官方培训教程。

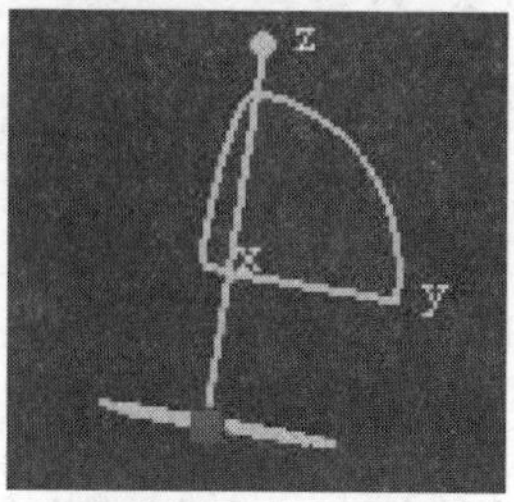

图 12.15　罗盘工具

1. 利用罗盘调整资源的位置

关于如何调整各素材的相对位置，这里以 CHAIR 为例进行讲解。

(1) 在装配过程仿真界面的罗盘上右击，在弹出的快捷菜单中勾选“自动捕捉选定的对象”，如图 12.16 所示。

(2) 在场景中或者在 P.P.R.→ResourceList 下选中 CHAIR 资源，这时罗盘将自动附属在 CHAIR 资源上，如图 12.17 所示。此时可通过对罗盘的拖动来快速移动 CHAIR 资源。

这里需要强调的是，对于移动一个装配体，最优的选择方式不是通过光标直接在场景界面中选取，而是通过展开 P.P.R.→ResourceList→ProductList 的方式选择装配体，这样可以一次性选择装配体的所有零部件，避免在选择时漏选部件，为后续设计带来麻烦。

(3) 为了将 CHAIR 移动到绝对零点(Z=0)，在罗盘处右击，在弹出的快捷菜单中选择“编辑”选项，即可弹出“用于指南针操作的参数”对话框，如图 12.18 所示，将沿 X、沿 Y、沿 Z 的位置全部设置为 0，单击“应用”按钮，然后单击“关闭”按钮，即可快速地将 CHAIR 资源移到绝对零点(即落地)。

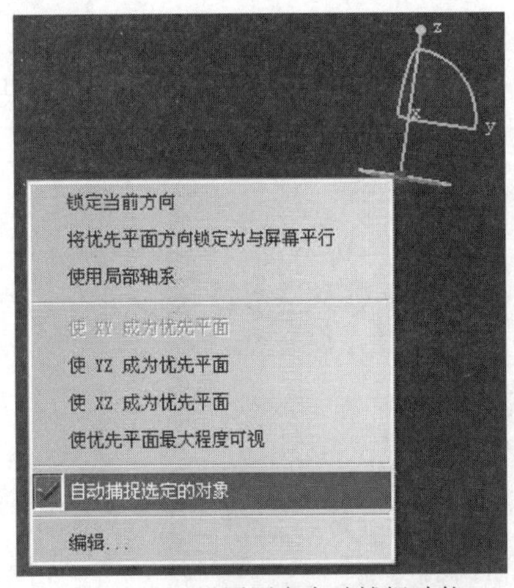

图 12.16　设置罗盘自动捕捉功能

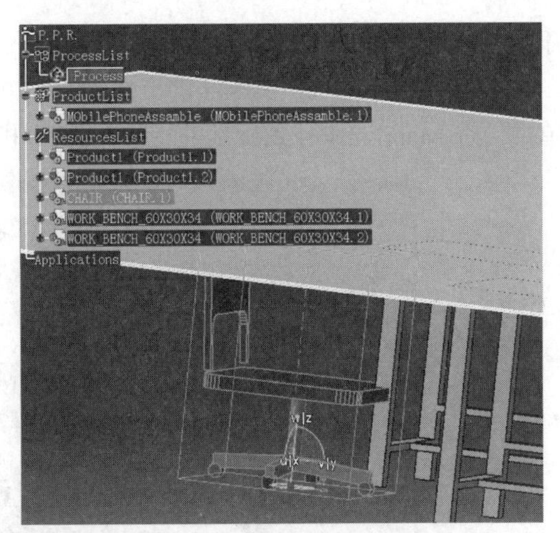

图 12.17　快速定位移动 CHAIR 资源

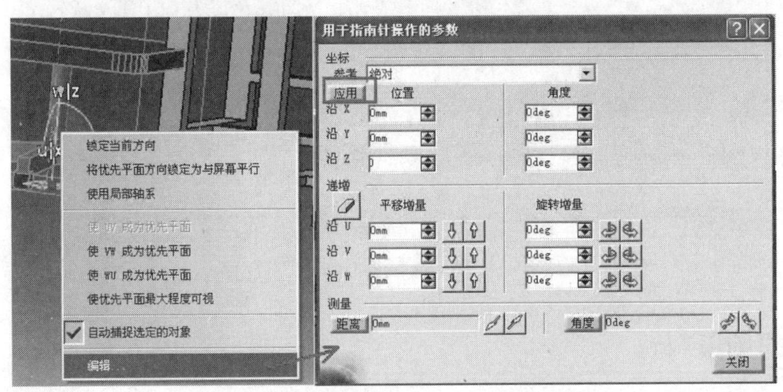

图 12.18　快速将资源移动到指定位置

同理，两个 WORK_BENCH_60×30×34 工作台也可采用这样的方法快速移动，但值得注意的是，应该避免将所有资源移动到同一点，避免导致资源集中到一点。以本例来说，主要想调整的是 *Z* 向的绝对零点，其他方向可暂时不设置为绝对零点，避免对后期位置调整带来不便。在快速调整后，可通过拖动罗盘的 *X*、*Y*、*Z* 三个方向的轴来调整相对素材之间的相对位置。使用完罗盘后，右击，取消“自动捕捉选定的对象”功能，以拖动的方式将罗盘拖放到原处，初步调整后的布局如图 12.19 所示。

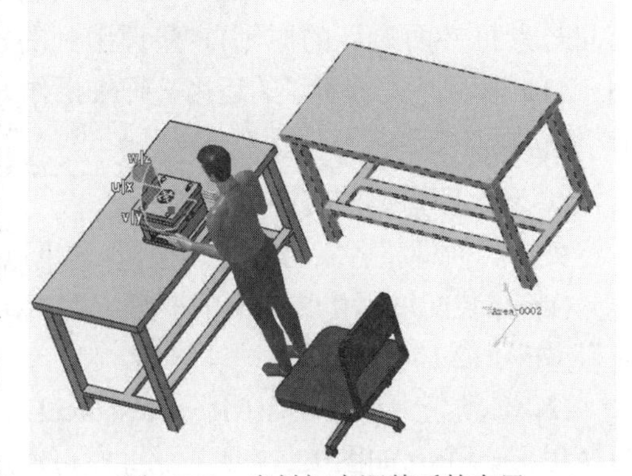

图 12.19　素材初步调整后的布局

Manikin.CATProduct 和 MObilePhoneAssamble.CATProduct 素材通过上述操作初步调整了位置，但是需要采用其他命令进行进一步位置调整。这里首先讲解如何快速地将 Manikin.CATProduct 的脚底绝对定位到地板(即 Floor 资源)上。模具最低边位于桌面上。

2. 利用 Place Mode 快速定位 Manikin

利用 Place Mode 快速定位 Manikin 的步骤如下。

(1) 因为要用到的工具命令 Place Mode 位于 Human task simulation→Manikin Posture 工具条上，所以首先要找到该命令。在装配过程仿真的面板的任意工具条上右击，在弹出的快捷菜单中勾选 Manikin Posture，这样就将命令调出。但有时候选中了该选项，工具条上仍然找不到，这是因为该工具条被其他工具条覆盖了，所以要把覆盖它的工具条先拖拽到图形界面窗口空白处，直到看到被覆盖的含有 Manikin Posture 的工具条露出为止，如图 12.20 所示。

如果上述操作仍然找不到 Manikin Posture 工具条，则先单击 P.P.R.树中的 Process，使操作窗口处在 DPM-Assembly Process Simulation 环境下，这时 Place Mode 命令可通过右击 P.P.R.下的 Manikin，在显示的菜单中选择 Manikin 对象下的“编辑”选项，即可调出 Place Mode 命令图标，但用完该命令后，需再次单击 P.P.R.树中的 Process，使操作窗口处在 DPM-Assembly Process Simulation 环境下，如图 12.21 所示。

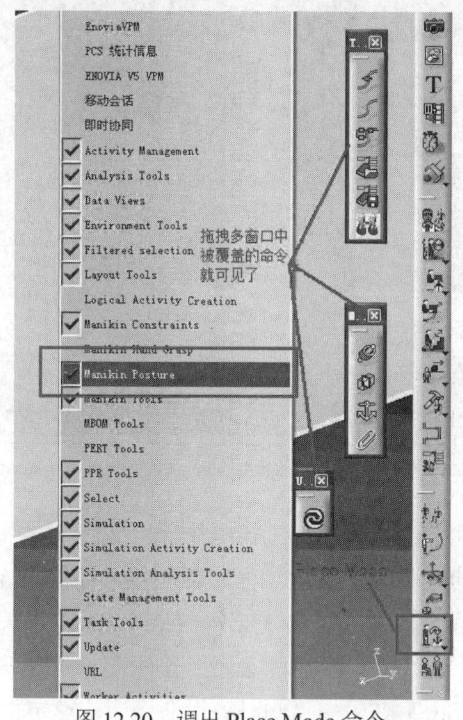

图 12.20　调出 Place Mode 命令

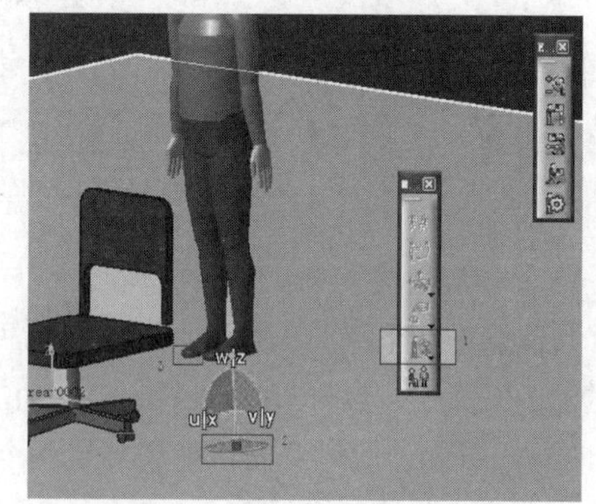

图 12.21　利用 Place Mode 命令快速定位 Manikin

(2) 单击 Place Mode 命令后，在 Floor 的恰当位置(任意性的)单击，然后再单击 Manikin 的脚底部位(注意，此时罗盘没有与人体绑定)。如果在单击 Place Mode 命令前，罗盘已与人体绑定，则单击 Place Mode 命令后，在 Floor 的恰当位置(任意性的)单击，即可实现人体落地，如图 12.21 所示，这样，人就可以绝对定位到 Floor 上。定位完成后，再次单击 Place Mode 命令图标，取消该功能命令(注：DELMIA 中的所有命令使用方法都是如此，必须再次单击图标命令，才能取消已激活的功能)。单击 P.P.R.树中的 Process，使操作窗口处在 DPM-Assembly Process Simulation 环境下。

利用罗盘拖动的方式移动 Manikin 的 X、Y 方向，调整到合适的位置。

3. 利用 Layout Tools 工具条定位 MObilePhoneAssamble

由于 MObilePhoneAssamble 不能绝对地定位到零点，而是需要正确地放置在桌面上，所以必须利用 Layout Tools 来完成定位工作，操作流程如下。

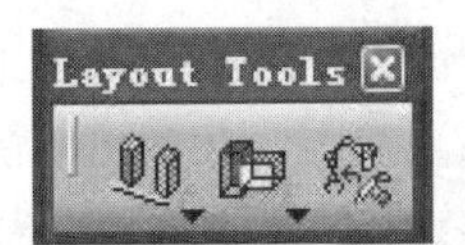

图 12.22　Layout Tools 工具条

(1) 调出该工具条，采用的方法和调出 Manikin Posture 工具条是一样的，在任意工具条上右击，在弹出的快捷菜单中选中 Layout Tools，如图 12.22 所示。

(2) 单击 Layout Tools 中的“侧对齐”命令，在 WORK_BENCK 的桌面上单击一个参考点，展开 P.P.R. 下的 ProductList，选择 MObilePhoneAssamble 装配体，如图 12.23 所示，这样 MObilePhoneAssamble 就快速地定位到 WORK_BENCK 的桌面上，如图 12.24 所示。使用完成后再次单击“侧对齐”命令，取消该功能。

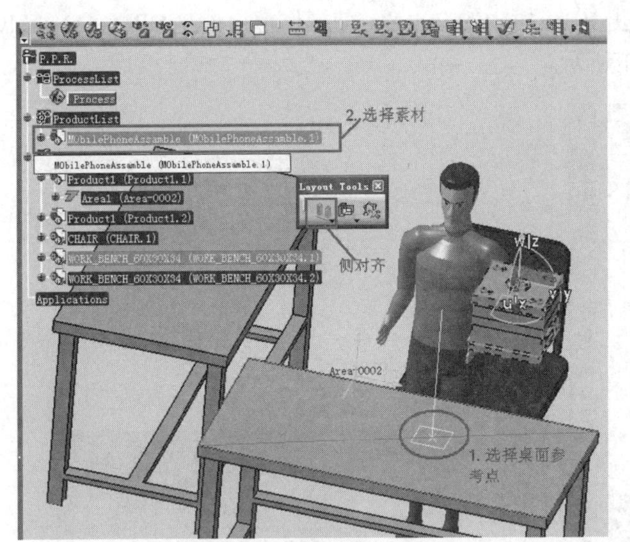

图 12.23　单击“侧对齐”命令快速定位 MObilePhoneAssamble

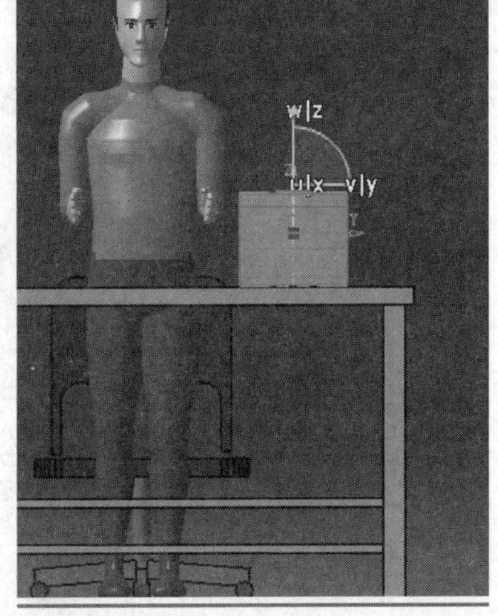
图 12.24　定位后的 MObilePhoneAssamble

由于本节是模具装配过程仿真，所以需要将场景中的注塑模具装配体用罗盘手动方式拆开，具体操作如下：①在罗盘上右击，激活罗盘的“自动捕捉选定的对象”功能，展开 P.P.R. 下的 ProductList，展开 MObilePhoneAssamble 装配体，按住 Ctrl 键，同时选中 dingmoAss2 和 dingmoAssm，此时罗盘将附属到这两个素材上。②拖动罗盘的 Z 轴一定距离，再拖动 Y 轴一定距离，如图 12.25 所示。③利用 Layout Tools 工具条的“侧对齐”命令来快速定位部件。值得说明的是，这需要使用两次“侧对齐”命令，dingmoAssm 对应的参考点是工作台，而 dingmoAss2 对应的参考是 dingmoAssm 中的脱料板下平面，如图 12.26 所示。利用上述方法，结合罗盘操作，移动 dongmobantotalAss 下的 dongmobanAss 和 dingmoganjigounew 位置，适当调整各素材之间的相对位置，完成场景的整理工作，单击“保存”按钮，整理后的场景如图 12.27 所示。

接下来要做很关键的一步就是保存场景的初始状态，这里用到的重要工具是位于主窗口的 Simulation 工具条中的 Save Initial State 和 Restore Initial State 命令，如图 12.28 所示。单击 Save Initial State，将弹出图 12.29 所示的对话框，这里默认设置，单击“确定”按钮即可。下面讲解这两个命令的重要性。

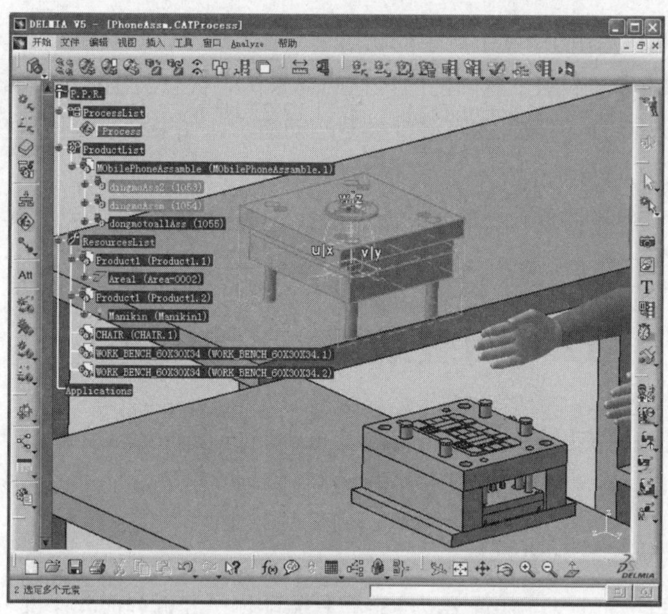

图 12.25　利用罗盘手动拆开装配体

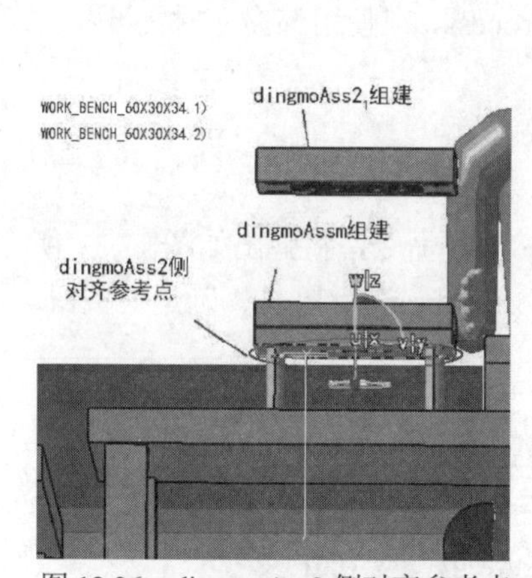

图 12.26　dingmoAss2 侧对齐参考点

图 12.27　整理完成后的场景图

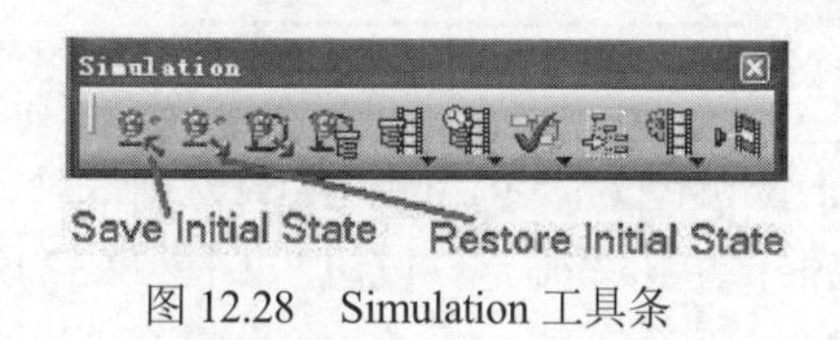

图 12.28　Simulation 工具条

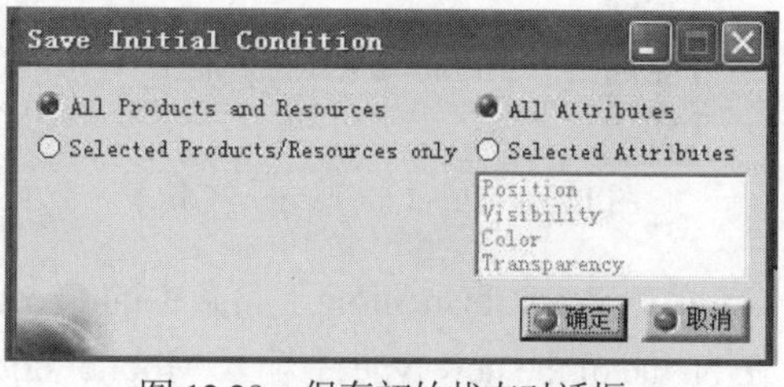

Save Initial Condition

All Products and Resources　　All Attributes
Selected Products/Resources only　　Selected Attributes
Position
Visibility
Color
Transparency
确定　取消

图 12.29　保存初始状态对话框

- Save Initial State：用于保存场景各素材的相对位置的初始化位置，后期的仿真动画都是基于该初始状态的情况下产生的相对空间位置运动。

- Restore Initial State：用于返回前面保存的场景初始状态，当设置一系列的仿真动画后，需要返回场景初始状态，才可进行模型运动演示。如果之前没使用 Save Initial State 命令，初始场景将默认返回所有素材刚导入场景时的时间点。

因此，在进行仿真的时候，一定要灵活运用好这两个命令，否则会带来不可恢复的后果。后面将介绍这两个命令的应用。

12.4　手工装配工艺流程设计

手工装配工艺设计流程是：新建 Process Library，导入 Process Library，将零部件指定到对应的 Process 中，创建零部件装配轨迹(装配路径规划的结果)，人机交互装配。

12.4.1　新建 Process Library

从导入后整理的场景中可以看出，注塑模具装配体已经拆分成 4 个部分，即需要装配的也是这 4 个部分，所以按照 DELMIA 的设计思路，必须有 4 个 Process 与之对应。DELMIA 软件为用户提供了一个专门创建 Process 的模块，即 Process Library。本次实例中用到的工具条是 ProcLibCreation，如图 12.30 所示。工具条上各命令的作用如下。

(1) Create new activity type 命令。用于创建同级 Process，如果要创建多个处于同一级别的 Process 就用该命令。

(2) Create new activity subtype 命令。用于创建子节点 Process，在使用该命令时需要指定已经存在的 Process 作为将要创建 Process 的根节点。

(3) Remove activity type 命令。用于移出创建好的 Process。

创建 Process Library 的方法如下。

(1) 在装配过程仿真的主界面中单击“文件”→“新建”菜单命令，将弹出如图 12.31 所示的“新建”对话框，滑动对话框右侧的滑动条，找到 ProcessLibrary 后单击“确定”按钮，即可进入 Process Library。

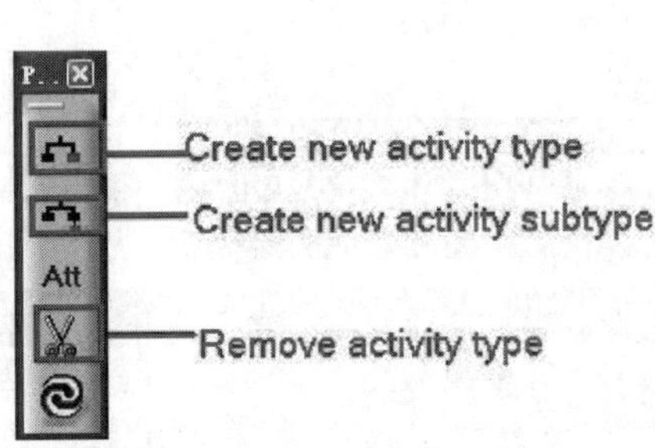

图 12.30　ProcLibCreation 工具条

图 12.31　新建 Process Library

(2) 单击 ProcLibCreation 工具条中的 Create new activity type 命令，将弹出 New type 对话框，在 Name of the new type 中输入 MobilePhoneAssmble，单击“确定”按钮，如图 12.32 所示，即可创建一个 Process，并显示在界面上，如图 12.33 所示。

(3) 接下来需要创建 dingchujigouAss(即后面的 dingganjigouAss)、dongmobanAss、

dingmoAss 这几个 Process，这几个装配 Process 都应该位于 MobilePhoneAssmble Process 下，所以需要用到的命令是 Create new activity subtype 命令。这里以 dingchujigouAss 为例，操作方法为：单击 Create new activity subtype，选择已经创建好的 MobilePhoneAssmble Process，将弹出 New type 对话框。在文本框中输入 dingchujigouAss Process，单击“确定”按钮，即可创建 dingchujigouAss Process，如图 12.34 所示。

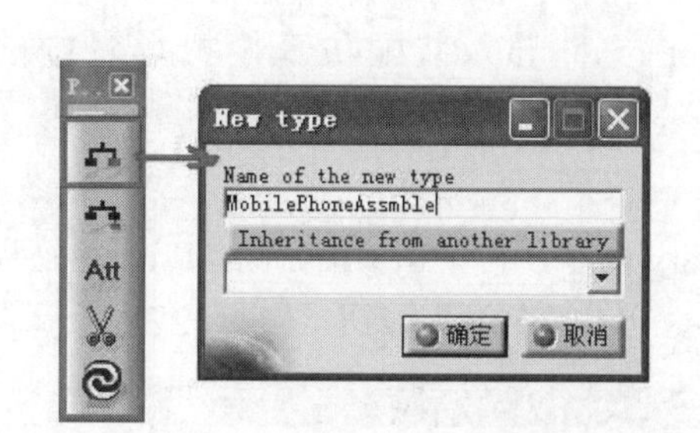

图 12.32　创建 MobilePhoneAssmble Process

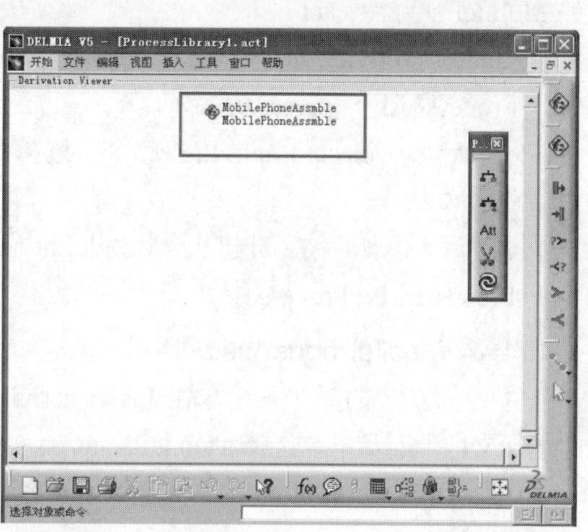

图 12.33　创建好的 MobilePhoneAssmble Process

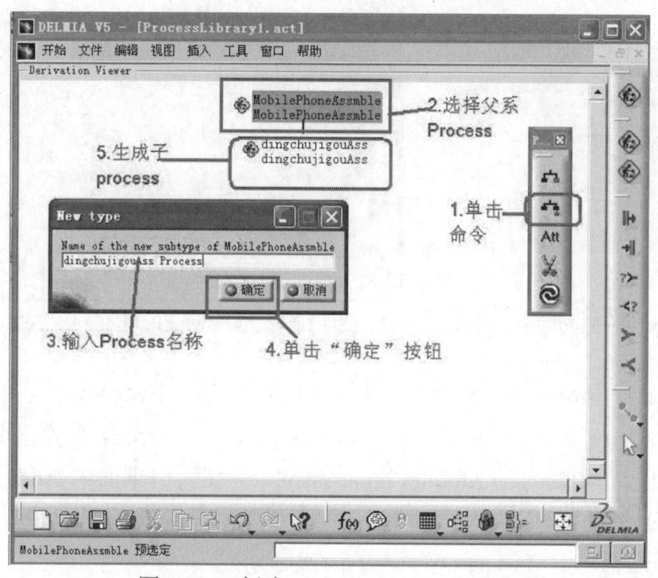

图 12.34　创建 dingchujigouAss Process

(4) 以同样的方法新建 dongmobanAss、dingmoAss，最后的结果如图 12.35 所示，单击“保存”按钮，命名为 MobilePhoneAss.act，存储到指定的文件夹(和其他素材放置到同一文件夹里)，并关闭该窗口，返回装配过程模型主窗口。

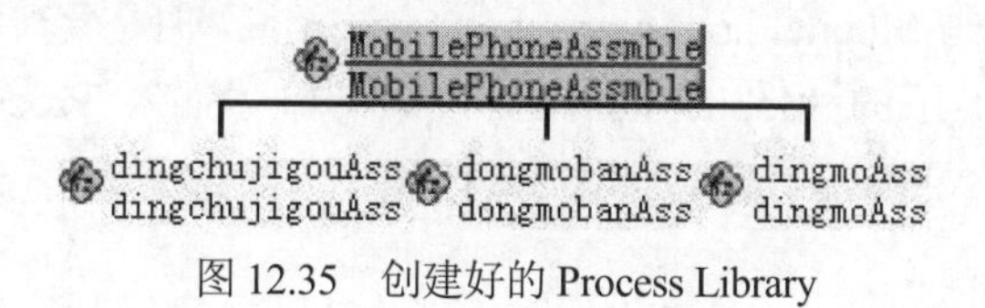

图 12.35　创建好的 Process Library

12.4.2　导入 Process Library

这里主要用到的命令是 Activity Management 下的 Insert Activity Library、Insert Activity、Link the selected activities，如图 12.36 所示。它们的作用如下。

(1) Insert Activity Library 命令。用于导入已经存在的 Activity Library 文件，如本文所创建的 MobilePhoneAss.act。

(2) Insert Activity 命令。将导入场景的 Activity Library 文件的各动作指定到场景的 P.P.R.→ProcessList→Process 中。

(3) Link the selected activities 命令。连接各 Process 的逻辑关系，或者重新排列 Process 的先后逻辑关系。

下面将阐述如何将创建的 MobilePhoneAss.act 文件导入装配仿真模拟场景中的 P.P.R.→ProcessList→Process 中。

1. 导入 MobilePhoneAss.act

在主界面左边的命令条中单击 Insert activity library 命令，再单击 P.P.R.下的 Process，弹出"选择文件"对话框，选择 MobilePhoneAss.act 文件，单击"打开"按钮，如图 12.37 所示。

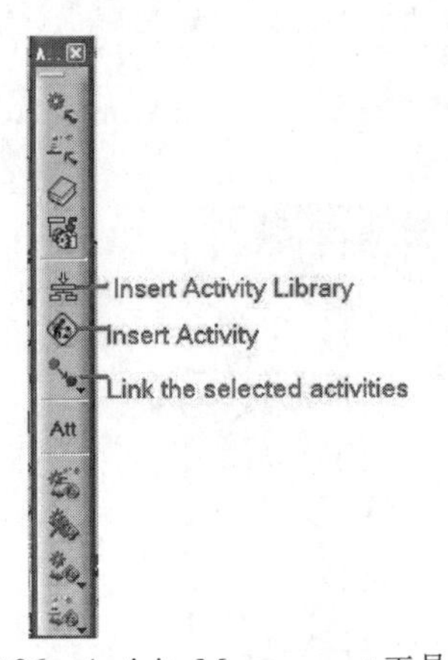

图 12.36　Activity Management 工具条

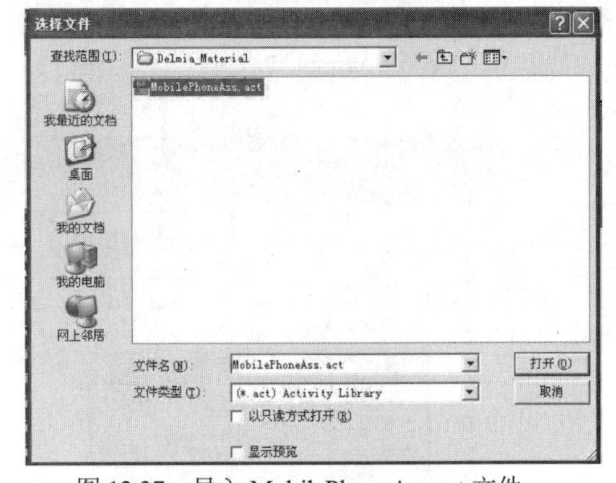

图 12.37　导入 MobilePhoneAss.act 文件

2. 插入 MobilePhoneAss.act 到 P.P.R.→ProcessList→Process

单击 Insert Activity 命令，选择 P.P.R.→ProcessList 中的 Process，弹出 Insert Activity 对话框，在窗口的左边选择要插入的 MobilePhoneAssmble，在窗口下面的 Adding Procdure 选项框中勾选 Add as a Child，并单击"应用"按钮，即可将 MobilePhoneAssmble 以子 Process 的方式插入 P.P.R.→ProcessList→Process 中，如图 12.38 所示。

注：这里需要讲解 Adding Procedure 下的 Add as Child 和 Add as Successor。

- Add as Child。以子 Process 的方式插入 P.P.R.→ProcessList→Process 中。
- Add as Successor。以同级 Process 的方式插入 P.P.R.→ProcessList 中。

3. 插入 dingchujigouAss、dongmobanAss、dingmoAss

这几个组件的插入与 MobilePhoneAssmble 的方法类似，但是要注意的是，在主场景窗口中指定的是 ProcessList 下的 MobilePhoneAssmble(即刚才插入 Process 下的)，在 Adding Procdure 选项框中勾选 Add as a child，如图 12.39 所示。全部完成后，关闭对话框并保存。

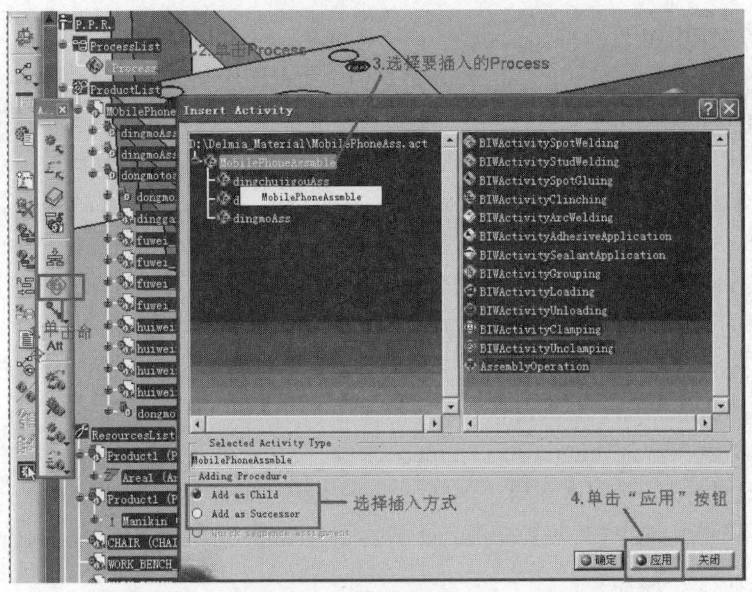

图 12.38 将 Process 插入 P.P.R.→ProcessList→Process 中

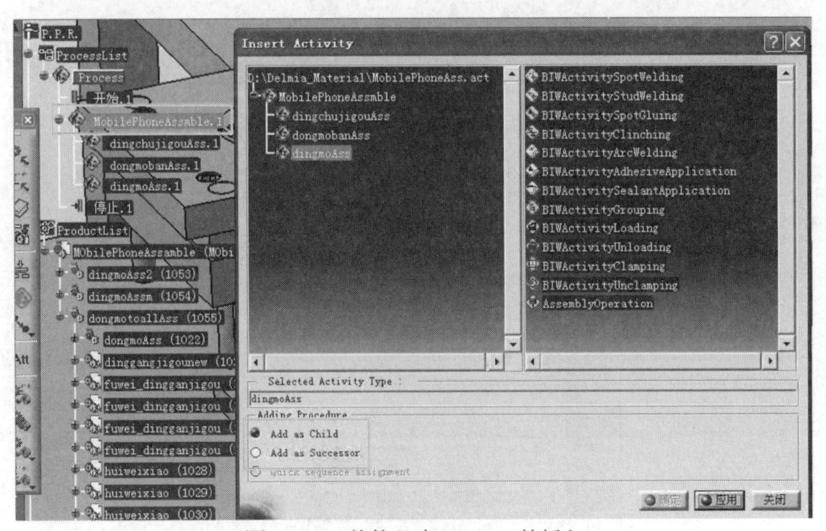

图 12.39 其他几个 Process 的插入

12.4.3 将零部件指定到对应的 Process 中

将零部件指定到对应的 Process，即将组件的装配动作 Process 关联起来。这里将要用到的工具是 Activity Management 中的 Assign an Item、Unassign an Item、Assign a Resource、Unassign a Resource，如图 12.40 所示。

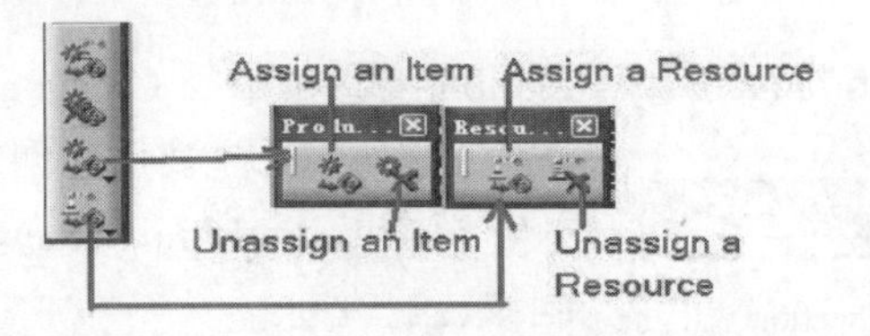

图 12.40 Activity Management 中的相关命令

这些命令的作用如下。

(1) Assign an Item/Unassign an Item 命令适用于 P.P.R.→ProductList 的 Procuct 及其零部件，即用 Assign an Item 命令可将 Product 及其零部件指定到 ProcessList 中的对应 Process。而 Unassign an Item 是移除已经指定到 ProcessList 中的 Process 的 Product 及其零部件。

(2) Assign a Resource/Unassign a Resource 命令适用于 P.P.R.→ResourceList 中的 Resource，用 Assign a Resource 命令可将 Resource 指定到 ProcessList/ResourceList 中的对应 Process。而 Unassign a Resource 是移除已经指定到 ProcessList/ResourceList 中的 Process 的各资源。

下面将阐述如何将模具的各组件指定到 Process 中。

(1) 单击 Assign an Item，在 P.P.R.→ProductList 中展开 MobilePhoneAssemble，按住 Ctrl 键，同时选中 dingmoAssm 和 dingmoAss2，然后展开 P.P.R.→ProcessList，单击 dingmoAss.1，这样这两个组件就指定到 dingmoAss.1 Process 中。

(2) 用同样的方法，分别将 P.P.R.→ProductList→MobilePhoneAssemble 中的 dingganjigounew、dongmobanAssm 指定到 P.P.R.→ProcessList 中的 dingchujigouAss1 和 dongmobanAss1，指定后如图 12.41 所示，并保存。

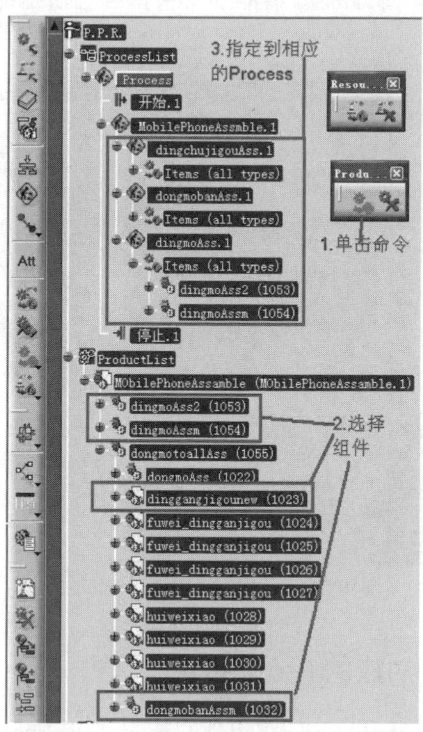

图 12.41　将 Product 指定到 Process 中

12.4.4　创建零部件装配轨迹

这里要用的是 Simulation Activity Creation 工具条中的 Create a Move Activity 命令，如图 12.42 所示，主要用来创建物体装配轨迹。

图 12.42　Simulation Activity Creation 工具条

现在以 dingchujigounew 组件为例，来讲述如何制作装配轨迹。

(1) 单击 Create a Move Activity 命令图标，单击

与 dingchujigounew 组件所关联的 dingchujigouAss1，此时将弹出 Activity Creation 对话框，如图 12.43 所示，保持默认设置，单击“确定”按钮。

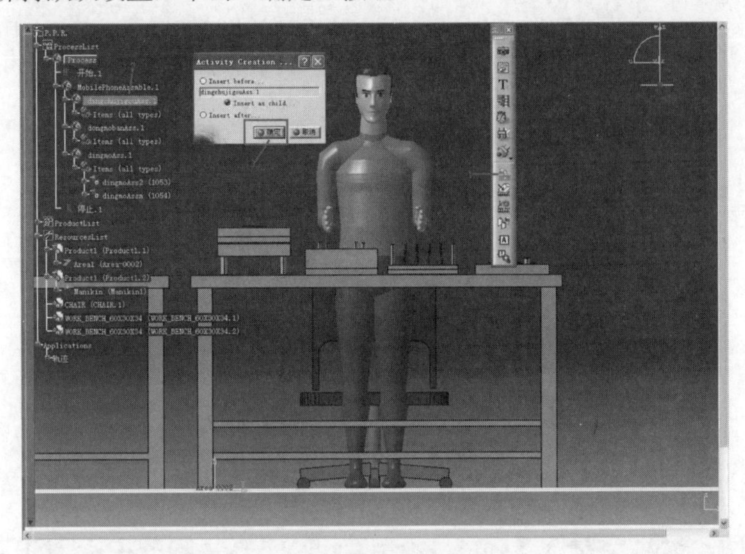

图 12.43　制作装配轨迹前期步骤

(2) 弹出如图 12.44 所示的界面，显示确认是否选对了组件，如果不小心多选了组件，直接在显示窗口中单击多余组件即可去除。如果想添加其他组件到 3D 窗口，只需要在主窗口中选择相应部件即可添加到该窗口中。同时也会弹出如图 12.45 所示对话框，这里保持默认设置，单击“确定”按钮即可。

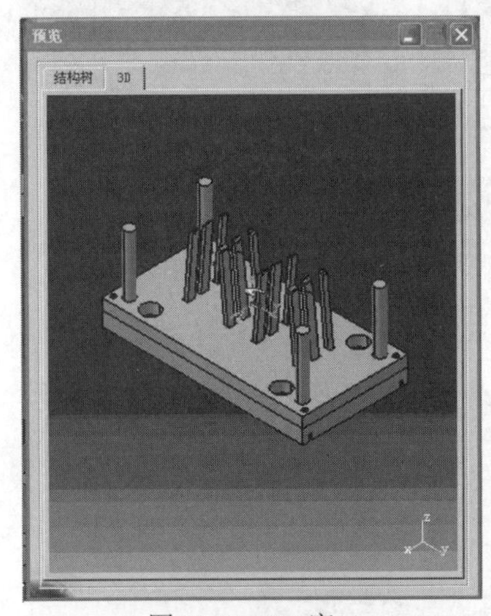

图 12.44　3D 窗口

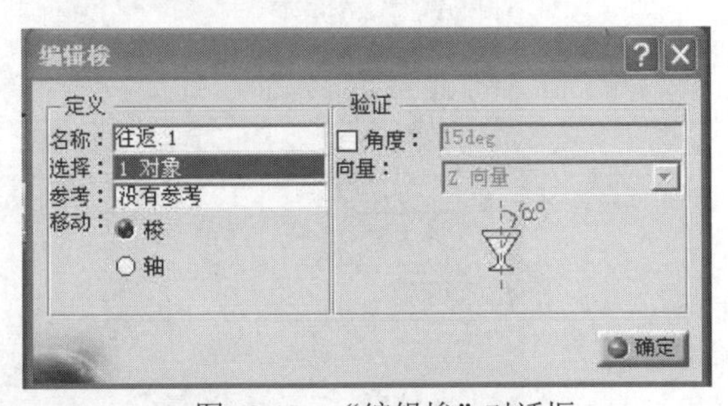

图 12.45　“编辑梭”对话框

(3) 单击“确定”按钮后将弹出 3 个工具条和一个对话框，如图 12.46 所示。

这里，在 Trace 对话框的“名称”文本框中输入 dingchujigouAssTrace，并切换到前视图(见图 12.47)，拖动主窗口的罗盘 Z 轴一定距离，单击记录器工具条中的“记录”(见图 12.46)，将生成一条轨迹线。切换到俯视图，再移动罗盘的 Y 轴一定距离，移动到恰当位置，再次单击“记录”，又生成了一条轨迹线。切换到右视图，移动到正确装配的位置(不一定精确)，再次单击“记录”，如图 12.47 所示。这样一个完整的轨迹线就生成了(可以设计斜直线)，如图 12.48 所示。

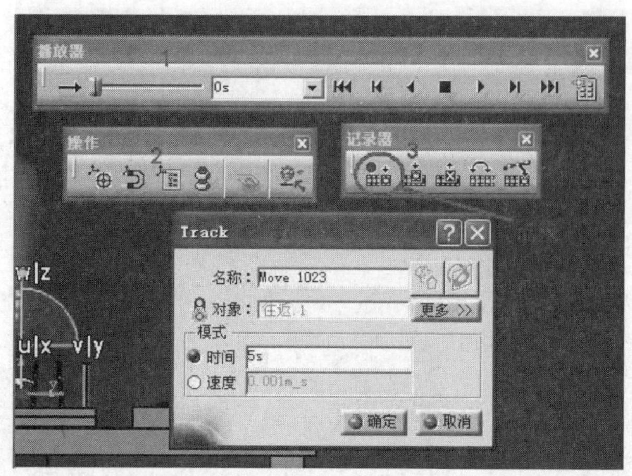

图 12.46　相应操作工具条和对话框

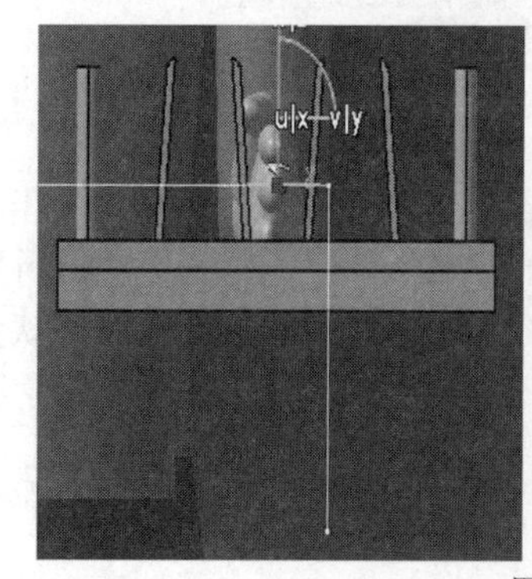

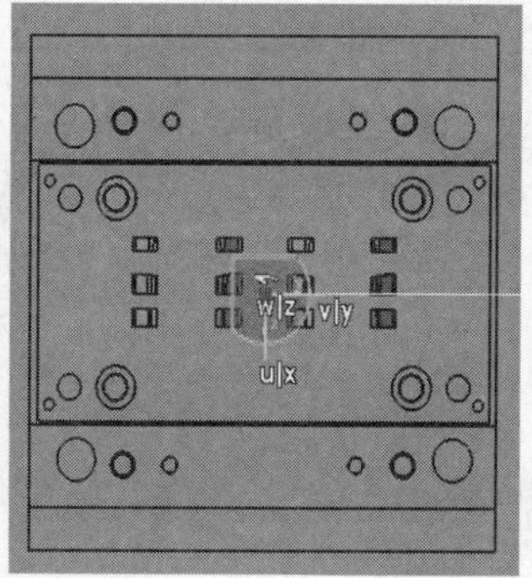

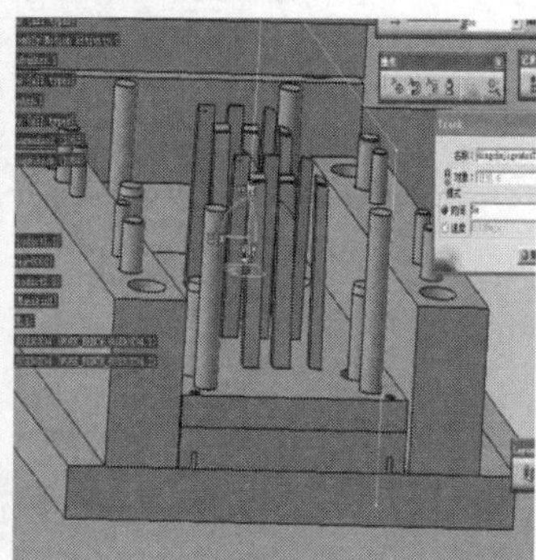

图 12.47　每个视角下调整到的位置

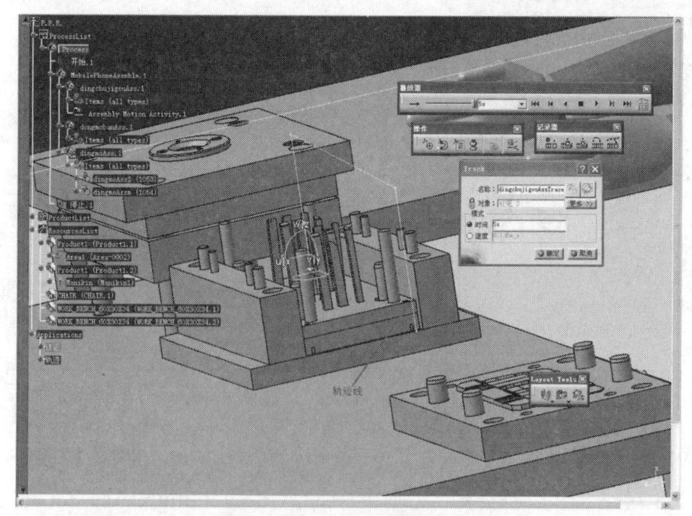

图 12.48　生成后的轨迹线

(4) 利用播放器工具条，如图 12.49 所示，将滑动条拖拉到左端，单击“播放”键，即可预览轨迹运动是否符合规划要求。如果符合要求，单击 Trace 对话框的“确定”按钮，即可创建完成 dingchujigounew 组件装配的轨迹。

图 12.49　播放工具条

(5) 重复步骤(1)～(4)，完成其他组件的装配轨迹规划与生成，并保存。

(6) 返回主窗口，单击 Simulation 工具条中的 Restore Initial State 命令，在弹出的对话框中保持默认设置，单击"确定"按钮即可返回初始场景。

12.5　人体动作与姿态设计

将主场景设计模块切换到 Human Task Simulation，单击主界面菜单上的"开始"→"人机工程学设计与分析"→Human Task Simulation 命令，如图 12.50 所示。

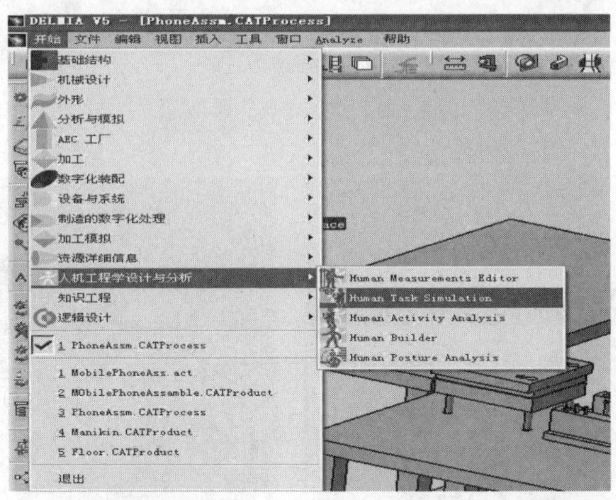

图 12.50　切换到 Human Task Simulation 设计模块

模块中常用的工具条有 Manikin Posture、Task Tools、Uptate 和 Worker Activities，如图 12.51 所示。

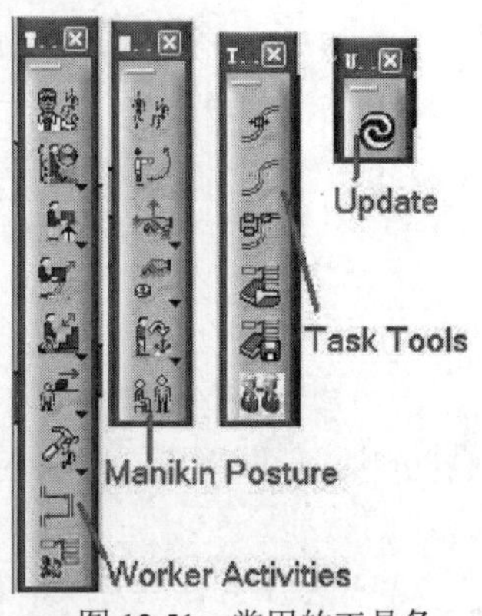

图 12.51　常用的工具条

(1) 调整人体的初始状态。单击 Manikin Posture 工具条中的 Posture Editor 命令，选择主窗口场景中的 Manikin，将弹出如图 12.52(a)所示的对话框，在 Predefined Postures 下拉框中选择 Stand(立姿)，单击 Close 按钮，调整后的人体模型如图 12.52(b)所示。单击"保存初始状态"命令，将当前状态保存为场景初始姿态。

(2) 单击 Worker Activities 中的命令，在 P.P.R.中单击 Manikin 资源，将弹出如图 12.53(a)所示的对话框，默认并单击 Create Activity 按钮，再单击 Close 按钮，这样在 Manikin 中就会出现如图 12.52(b)所示的 HumanTask1。

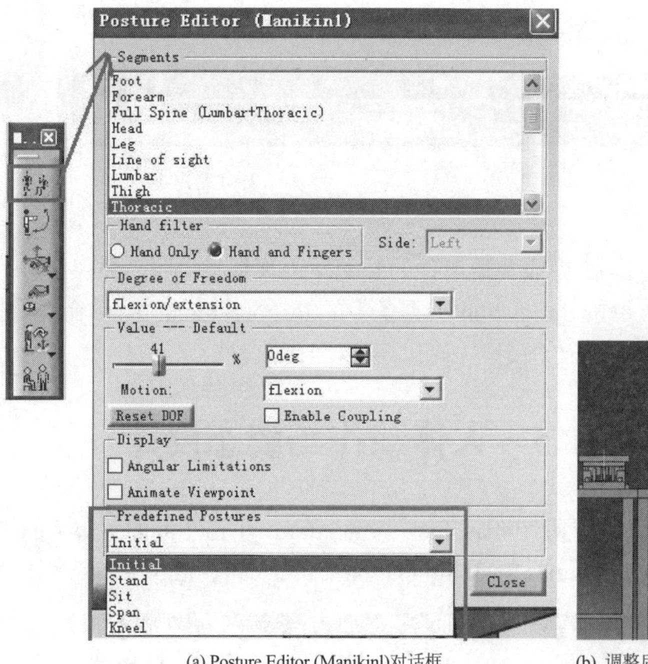

(a) Posture Editor (Manikinl)对话框　　(b) 调整后的人体模型

图 12.52　重新定义人体姿态

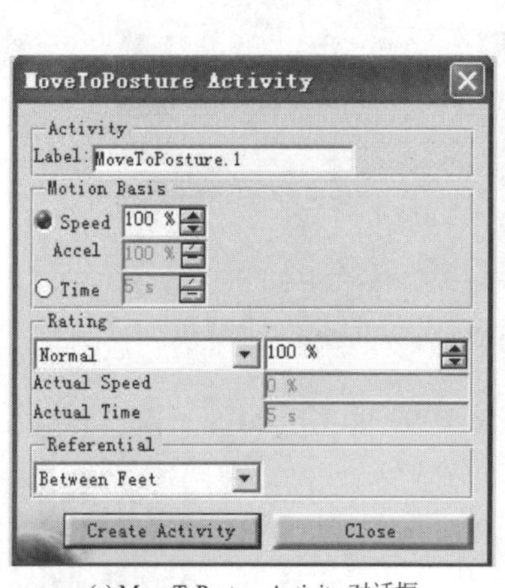

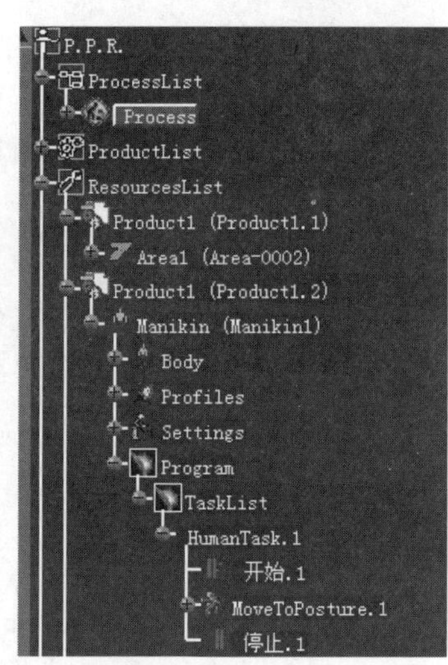

(a) MoveToPosture Activity 对话框　　(b) HumanTask.1 创建完成

图 12.53　创建 HumanTask

(3) 利用 Manikin Posture 工具条中的 Posture Editor 命令，在场景中单击人体胸部(Thoracic)，如图 12.54 所示。选择 Degree of Freedom(自由度)，采用拖动滑动条的方式调整人体的胸部姿态。

(4) 采用同样的方式，并切换 Degree of Freedom 的不同自由度，调整人体腰部、脖子、双手等姿态，调整后的姿态如图 12.55(a)所示。单击▇命令，在 HumanTask.1 下的 MoveToPosture1 上单击，在弹出的对话框中选择 LabelMoveToPosture.2，并单击 Create Activity 按钮，再单击 Close 按钮，这样就在 MoveToPosture.1 后面添加了一个 MoveToPosture.2，如图 12.55(b)所示。

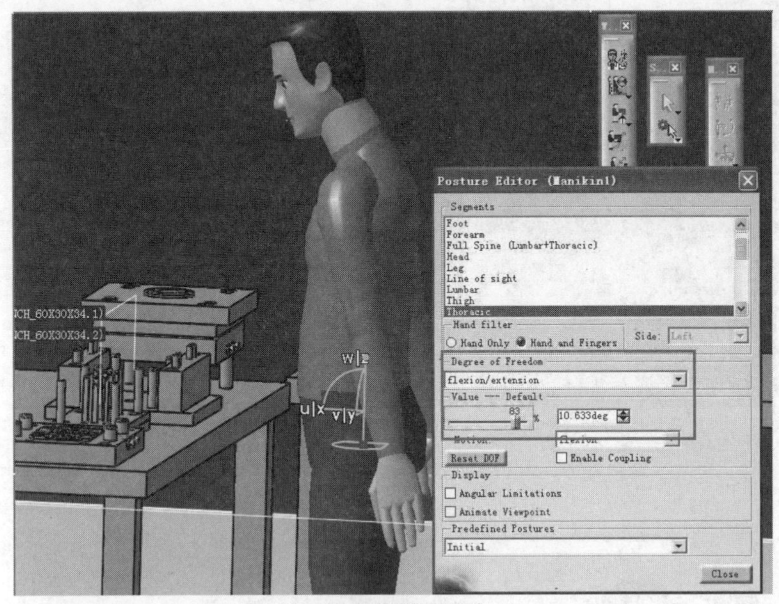

图 12.54　调整胸部姿态

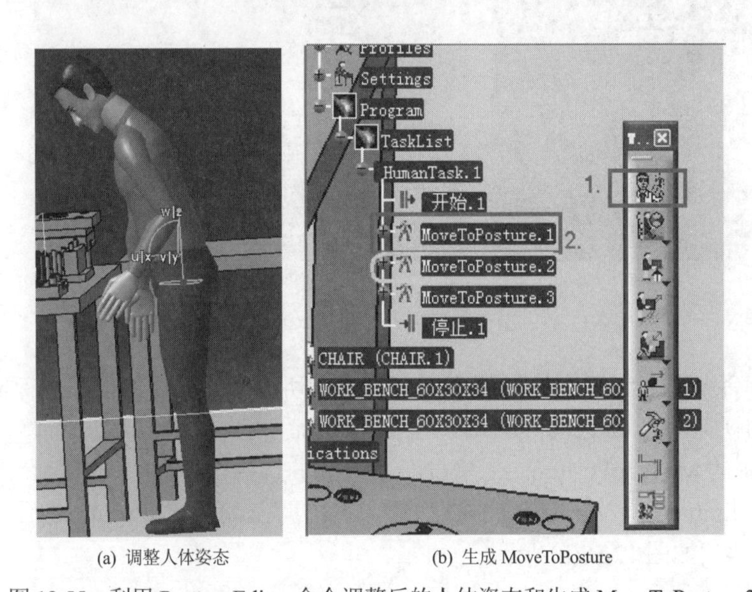

(a) 调整人体姿态　　　　(b) 生成 MoveToPosture

图 12.55　利用 Posture Editor 命令调整后的人体姿态和生成 MoveToPosture.2

(5) 利用 Manikin Posture 工具条中的 Forward Kinematic 命令调整手臂的姿态。激活该命令后，将光标移到人体需要调整的部位，按住鼠标左键不放并拖动鼠标，如图 12.56(a)所示，这样就可以调整人体各个部位在不同自由度下的姿态。当需要切换自由度时，只需要在指定的人体部位上右击，在弹出的菜单中就可以切换相应的自由度，如图 12.56(b)所示。

(6) 以这种的方式调整人体的双手臂姿态，调整后的姿态如图 12.57(a)所示。单击命令，在 HumanTask.1 中的 MoveToPosture.2 上单击，在弹出的对话框中选择 Label：MoveToPosture.2，单击 Create Activity 按钮，再单击 Close 按钮，这样就在 MoveToPosture.2 后面添加了一个 MoveToPosture.3，如图 12.57(b)所示。

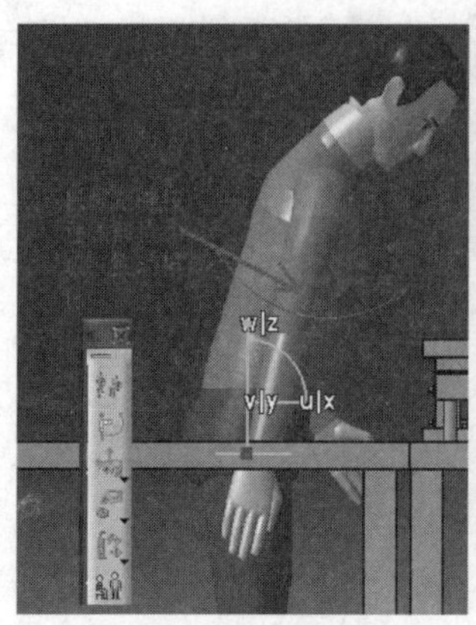

(a) 将光标移到人体需要调整的部位

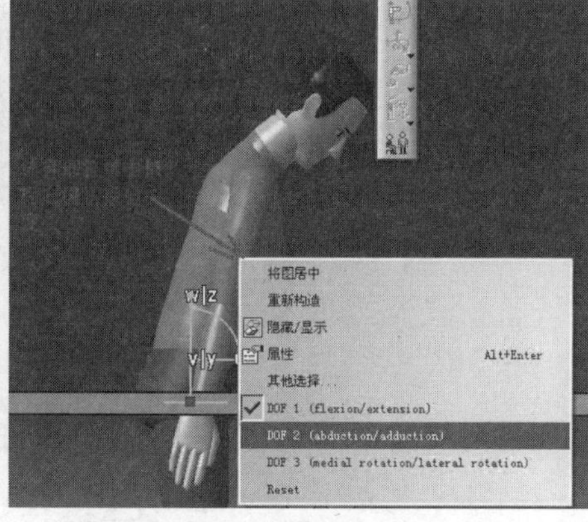

(b) 切换自由度

图 12.56　用 Forward Kinematic 命令调整人体姿态

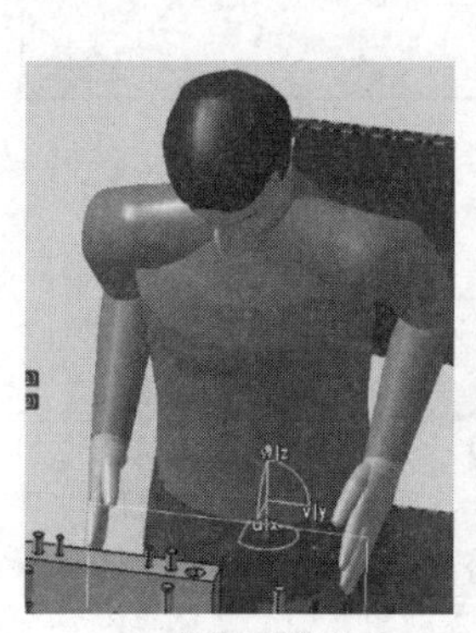

(a) 调整手臂姿态

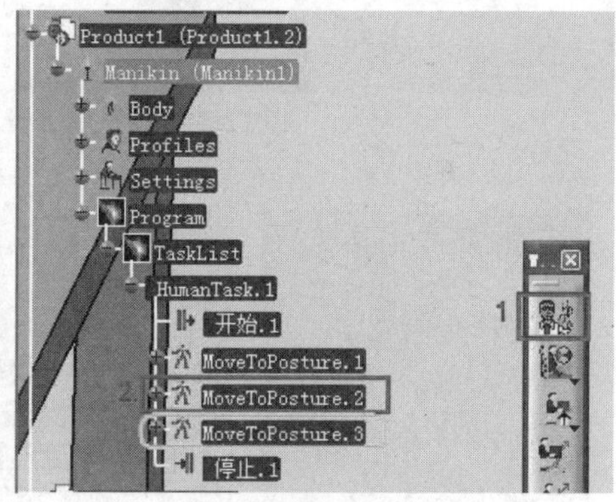

(b) 生成 MoveToPosture.3

图 12.57　调整手臂姿态及生成 MoveToPosture.3

(7) 用命令调整头部的姿态(注意，可以右击所调整的身体部位，进行自调整方式的切换)，让人的视野朝向 dingchujigouAss 组件，调整后如图 12.58(a)所示。单击命令，在 Human Task1 中的 MoveToPosture.3 上单击，在弹出的对话框中选择 Label：MoveToPosture.4，单击 Create Activity 按钮，再单击 Close 按钮，这样就在 MoveToPosture.3 后面添加了一个 MoveToPosture.4，如图 12.58(b)所示。

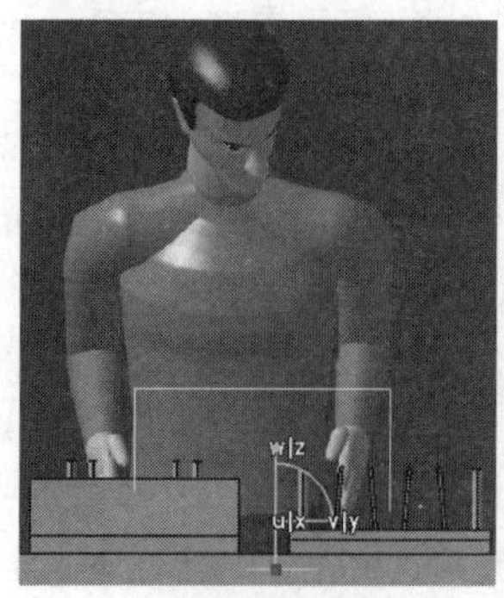

(a) 调整头部姿态

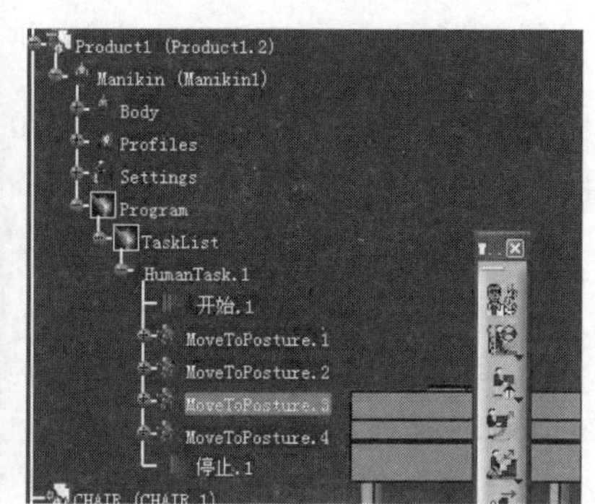

(b) 生成 MoveToPosture.4

图 12.58　调整头部姿态及生成 MoveToPosture.4

(8) 利用命令将手快速定位到 dingchujigouAss 组件上，并通过拖动鼠标左键控制罗盘的快速移动和绕各轴的转动，调整手触及 dingchujigouAss 组件的姿态，如图 12.59 所示。同样地，单击命令，在 HumanTask.1 下的 MoveToPosture.4 上单击，在弹出的对话框中选择 Label：MoveToPosture.5，单击 Create Activity 按钮，再单击 Close 按钮，这样就在 MoveToPosture.4 后面添加了一个 MoveToPosture.5。

(9) 为了防止右手快速定位到组件上和动模部分产生干涉，所以先用命令快速定位到右手，并调整右手姿态和位置，如图 12.60 所示。单击命令→MoveToPosture.5，生成 MoveToPosture.6。

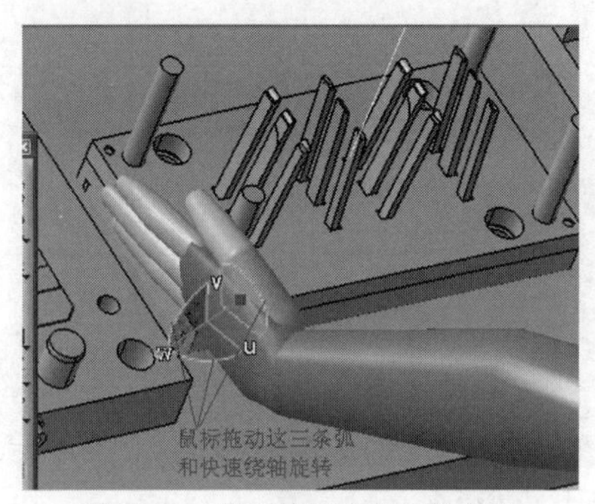

图 12.59　将手快速定位到组件上

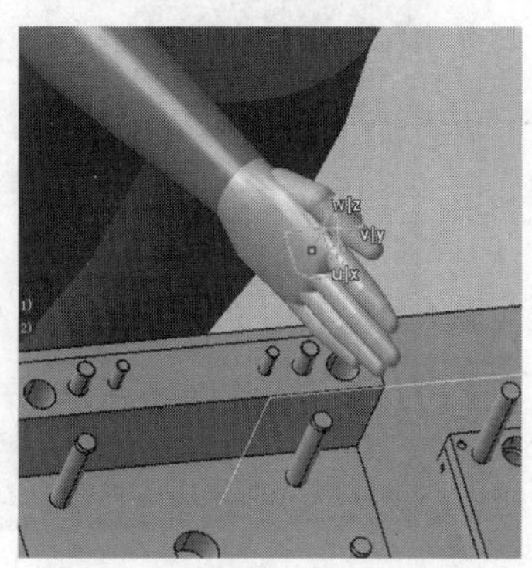

图 12.60　调整右手姿态和位置

(10) 采用步骤(8)中的方法，单击命令，将右手快速定位到组件的左边，并调整姿态，调整好的姿态如图 12.61(a)所示，单击命令→MoveToPosture.6，生成 MoveToPosture.7。

注：这里一定要将抓取组件的双手很好地定位到组件上，否则会产生运动位移差，达不到预定双手抓取部件并一起装配的效果。

为保证在装配件运动时，人的头部和眼睛始终能紧盯着装配件，则需要单击(IK Behaviors)，再单击 P.P.R.下的 Manikin，在弹出的对话框中选中 Hand 和 Active，如图 12.61(b)所示。

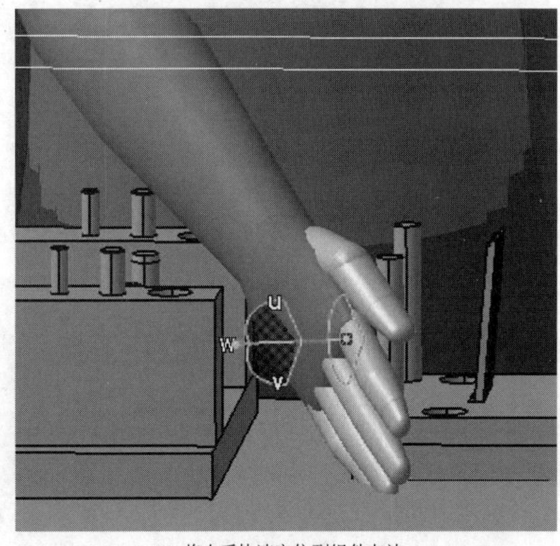

(a) 将右手快速定位到组件左边

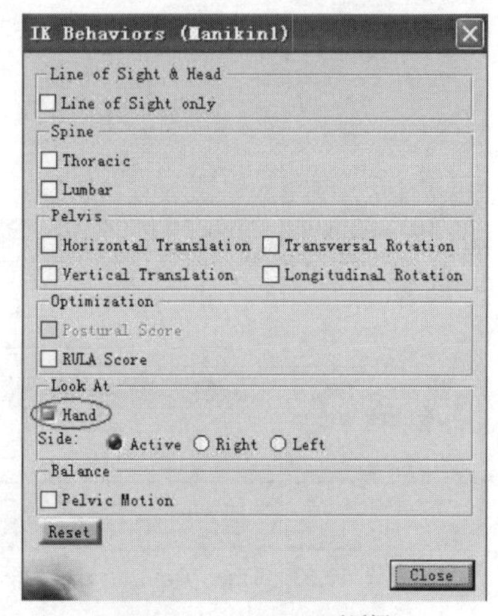

(b) IK Behaviors (Manikinl)对话框

图 12.61　将右手快速定位到组件左边并设置

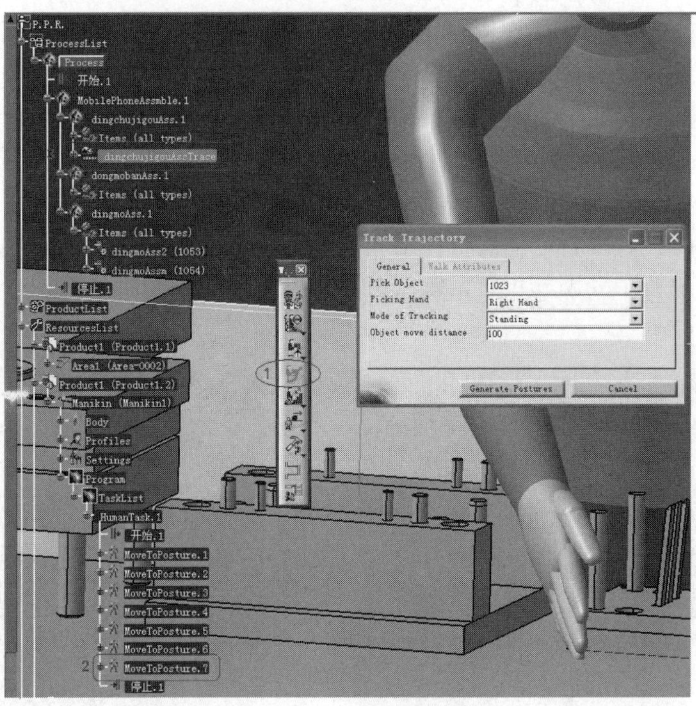

图 12.62　加载轨迹路线

(11) 在 Worker Activities 工具条中单击 命令，选择 MoveToPosture.7→ProcessList 中 dingchujigouAss.1 的 dingchujigouAssTrace 轨迹，如图 12.62 所示，将弹出 Trace Trajectory 对话框，按照图 12.63 所示设置对话框(人站在原位不动)中的参数。单击 Generate Posture 按钮后会弹出警告对话框，单击“确定”按钮后，MoveToPosture.7 生成一连串的动作，如图 12.64 所示。

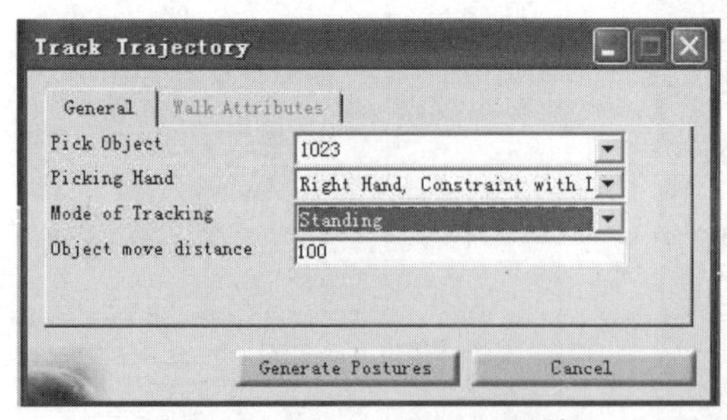

图 12.63　Trace Trajectory 对话框

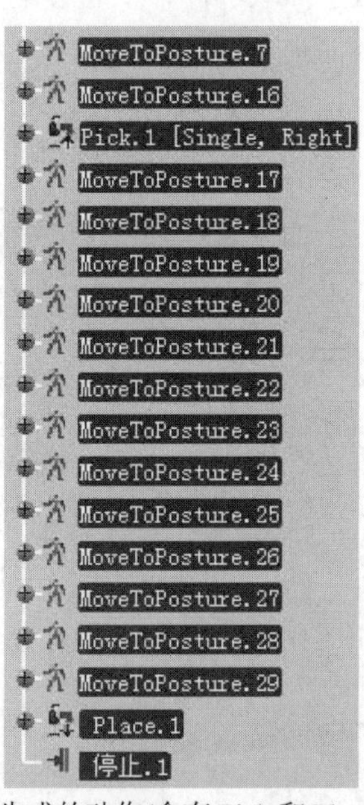

图 12.64　生成的动作(含有 Pick 和 Place 动作)

(12) 使用 命令(Assign a Resource，指派资源的命令)，将 Manikin 资源(主窗口中 Roesouecelist 下的 Manikin 资源(动作序列))指定到 dingchujigouAss.1 中。单击 命令，再单

击 Manikin 资源，接着单击 ProcessList 中的 dingchujigouAss.1。

(13) 指定模拟 HumanTask 任务。单击命令(任务工具条)，在 ProcessList 中单击 dingchujigouAss.1，将弹出如图 12.65 所示的对话框，在右边的下拉菜单中选择加载到这个 Process 下的 HumanTask.1，单击“确定”按钮，这样就在 dingchujigouAss.1 将要模拟的 HumanTask1 指定好了。

(14) 保存文件。单击命令，恢复到场景初始状态，单击主窗口中的命令，将弹出如图 12.66 所示对话框，单击“播放”键即可演示制作好的 HumanTask1 仿真效果。

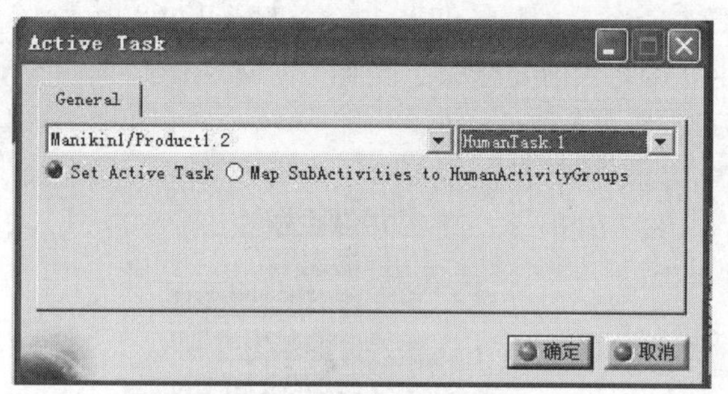

图 12.65　指定活动的 Task

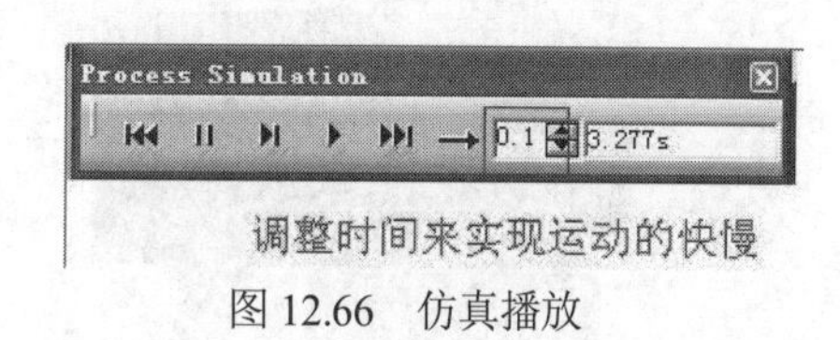

图 12.66　仿真播放

(15) 通过初步仿真可知，生成后还需要进行调整，如人的头部动作、手部产生干涉的动作等，在 HumanTask.1 的动作上双击该姿态，这里以本文的 MoveToPosture.27 为例来讲解，双击 MoveToPosture.27，将弹出如图 12.67(a)所示的对话框(暂时不管它)，利用工具条中的命令综合调整当前人体姿态，这里可以用命令快速调整右手，用命令快速调整人体脖子的旋转自由度，调整后的姿态如图 12.67(b)所示，在达到预定要求后，单击 MoveToPosture Activities 对话框中的 Modify Activity 按钮，单击 Close 按钮，完成当前姿态的修改。

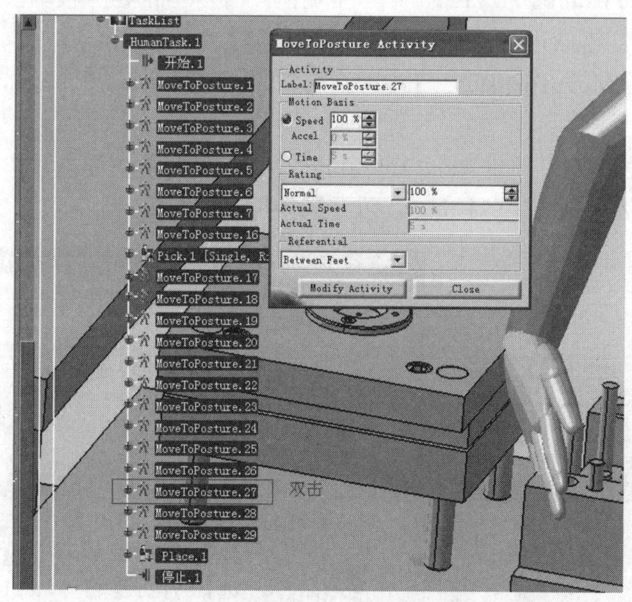

(a) MoveToPosture Activity 对话框

(b) 调整后的姿态

图 12.67　编辑姿态

(16) 以同样的方式微调其他姿态，优化设计效果(注：在调整过程中需要耐心和细心，灵活使用 Manikin Posture 菜单中的状态调整命令)。

(17) 步骤(15)所述的调整方式只是针对某单一 MoveToPosture 的姿态调整，在模拟过程中，MoveToPosture.4 和 MoveToPosture.5 之间的运动姿态变化(或动作)太剧烈，产生了严重的干涉，因此需要在这两个姿态之间插入一个过渡的 MoveToPosture 姿态。方法如下：

① 双击 MoveToPosture.4，将弹出的对话框关闭(这是一种快速定位到某姿态，并添加下一个姿态的操作方法)。

② 利用命令快速拖动和调整人的右手姿态，调整后的右手姿态如图 12.68 所示。

③ 单击命令，选择 MoveToPosture.4，即将当前姿态保存下来，即 MoveToPosture.54，如图 12.69 所示，这样就可以避免运动干涉。

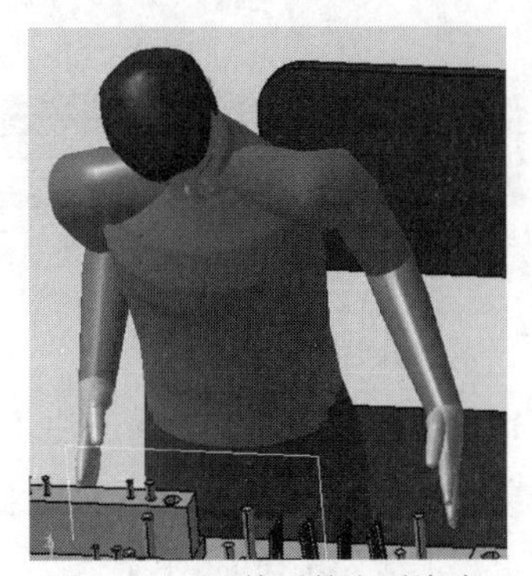

图 12.68　调整后的右手姿态

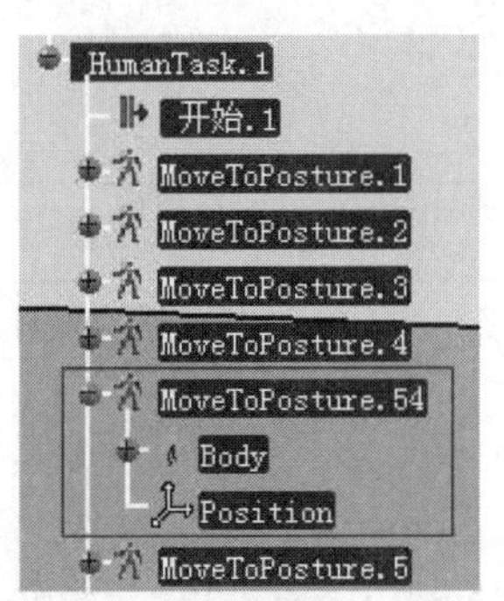

图 12.69　在已有的 MoveToPosture 姿态之间插入新的姿态 MoveToPosture.54

(18) 同样，MoveToPosture.27 后的运动也产生严重的运动干涉现象，而且单纯调整手部姿态不能有效解决这个问题(出现抓取物跟手部一起运动的现象)，这是因为手和被抓取物之间存在约束所致，所以须将 MoveToPosture.27 以后的动作全部删除。删除方法是直接单击右键并选择“删除”命令，即可删除选定项(可结合 Ctrl 和 Shift 组合键多选删除)。

(19) 为了消除约束，首先要删除 MoveToPosture.27 中的约束，如图 12.70 所示，在 LefHand 约束上右击，选择“删除”命令即可。

(20) 利用“放下抓取物体”命令，单击 MoveToPosture.27 即可创建放置姿态动作，在弹出的对话框中将物体加载到右边，如图 12.71 所示，进一步去掉右手约束。

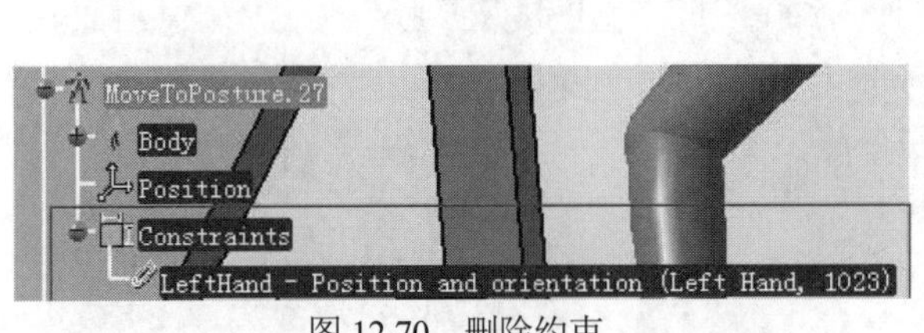

图 12.70　删除约束

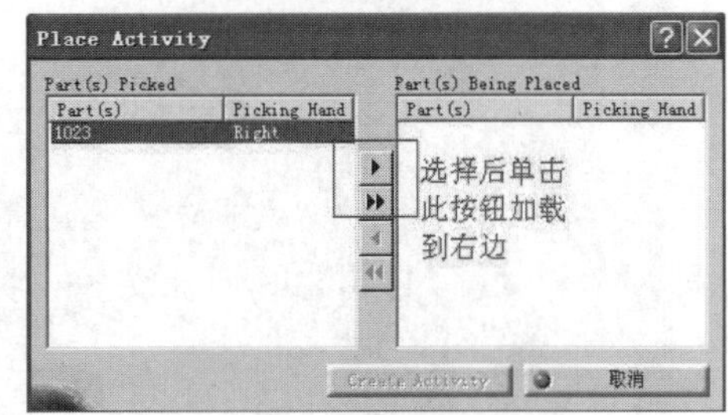

图 12.71　创建 Place 动作

(21) 利用命令，快速调整双手的姿态，并且单击命令，选择刚创建的 Place1，生成 MoveToPosture.28，如图 12.72 所示。

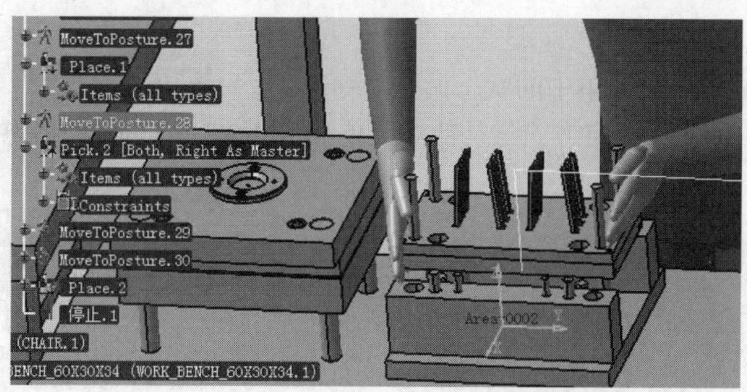

图 12.72　创建 MoveToPosture.28

很显然，到目前为止，组件还没有装配到正确的位置，为了将组件装配到正确的位置，需要手动将组件移动到正确位置，并在移动的过程中记录过程姿态。要想实现双手和组件一起运动，需要重新建立约束。

(22) 单击 Pick 命令，选择 MoveToPosture.28，弹出如图 12.73 所示的对话框，按图 12.73 所示设置对话框中的参数，并在场景中选择 dingganjigouAssnew 组件，单击 Create Activity 按钮，即可生成 Pick2 动作，生成的动作如图 12.73 所示。

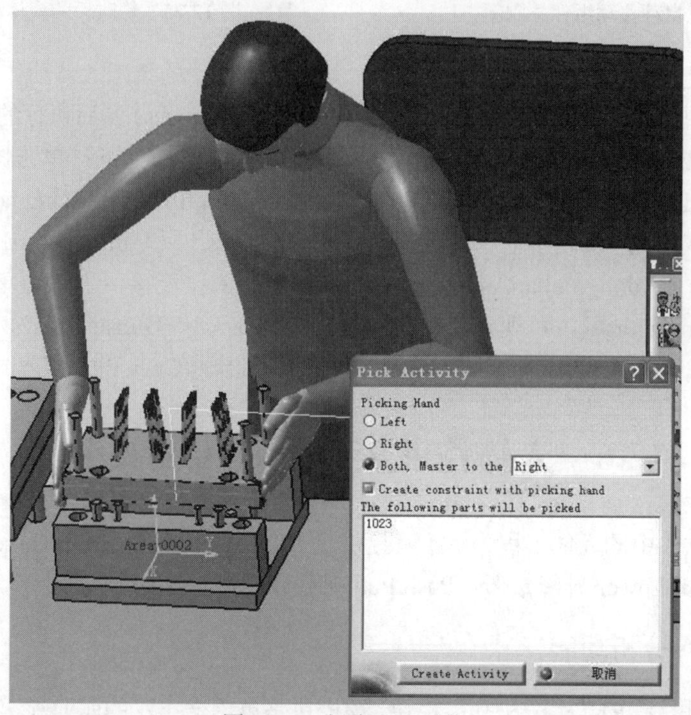

图 12.73　新建 Pick 动作

(23) 激活罗盘的“自动捕捉选定的对象”功能，在场景中选择 dingganjigouAssnew 组件，将组件向下移动一段距离(见图 12.74)，并单击按钮，单击，单击图 12.75 中的 Pick2 动作→MoveToPosture.29。

(24) 重复步骤(23)的方法，生成 MoveToPosture.30。

(25) 需要再一次解除约束，按照步骤(20)的方法，再次创建 Place2 动作。

(26) 单击命令，并保存文件。修改完成后的人体动作序列如图 12.75 所示。

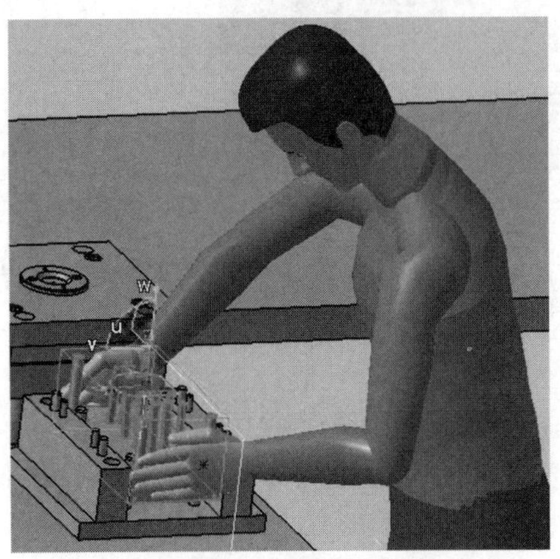

图 12.74　自动移动组件并刷新

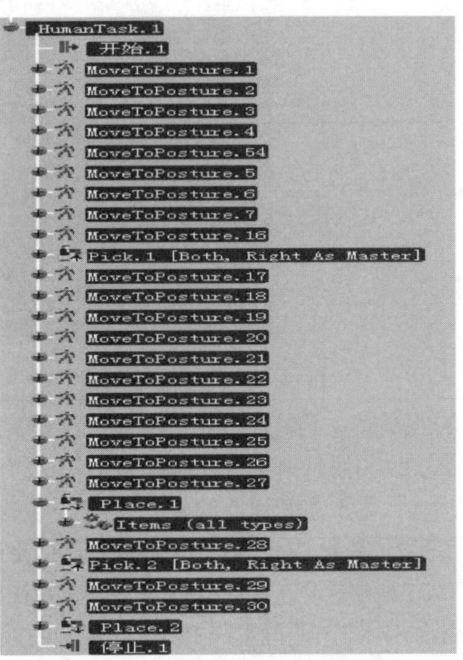

图 12.75　修改后的人体动作序列

以上即为整个人机交互装配运动的流程。其他几个部件的装配人体动作与姿态设计的流程也按照上述步骤(2)～(26)进行，但需要定义各装配件的 Process 先后执行的逻辑顺序。该步骤需要使用 Activity Management 中的命令。操作如下：单击图标，再单击 P.P.R.→ProductList→MobilePhoneAssemble 中的 dingchujigouAss.1 和 dongmobanAss.1，这两项 Process 就依次连接。同理，再连接 dongmobanAss.1 和 dingmoAss.1，从而实现了 dingchujigouAss.1、dongmobanAss.1、dingmoAss.1 的依次连接，之后再单击中的。单击 Process Simulation，可观察到依次完成 HumanTask.1、HumanTask.2、HumanTask.3 的仿真效果。对于多层次、复杂的装配逻辑顺序，可以通过(Open PERT Chart)命令进行定义。

12.6　人体作业姿态舒适度仿真分析

DELMIA 软件中的人体工程分析工具提供了 RULA(rapid upper limb assessment，快速上肢评估)分析、Lift/Lower(升降)分析、Push/Pull(推拉)分析和 Carry(搬运)分析等四个功能模块。

12.6.1　RULA 分析功能

本例主要用的是 RULA 分析功能模块，该模块是英国诺丁汉的职业大学人机工程研究所研制开发的，是针对作业姿势评估与上肢伤害有关的作业危险因子，依据各部位的最大作业角度给予评分，再加上肌肉施力状态和施力大小作为最后评估舒适度的依据。

图 12.76 为 RULA 分析图，该图呈现了人体某作业姿态下的人体各部位的舒适度分值。其中：

(1) RULA 分析图分为两部分，左边是分析的条件，右边是分析的结果。

(2) Side 分为左右两侧，Left 表示左上肢，Right 表示右上肢。

(3) Parameter 指设定的参数，Details 指详细信息。

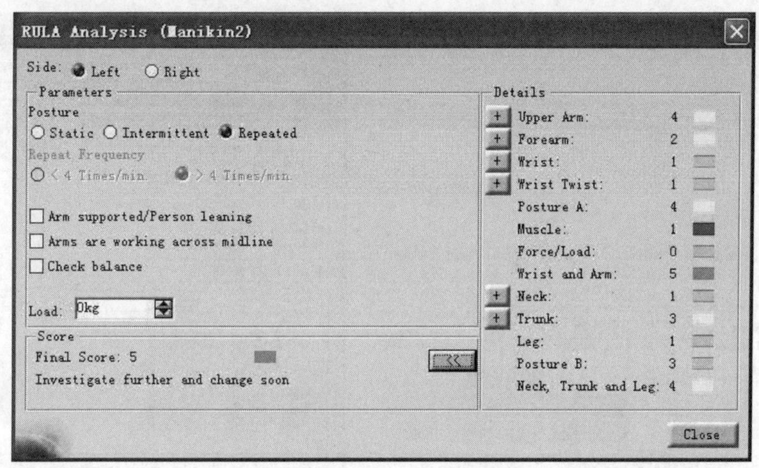

图 12.76 RULA 分析图

(4) Posture 指姿态，分别有 3 种情况：Static 表示静止的、Intermittent 表示断续的、Repeated 表示重复的，重复的状况下又分为两个频率：小于 4 次/min、多余 4 次/min。

(5) 有 3 种情况可以选择，分别是：Arm supported/Person leaning 表示手臂支撑/人体倾斜；Arm are working across midline 表示手臂穿过中线；Check balance 表示检验平衡。

(6) Load 表示负荷，人手的负荷可以在此调节。

(7) Score 栏为总得分。分值越低越舒适，分值越高越紧张。该 RULA 分析考虑了上述(3)～(6)影响舒适度因素的综合作用，并提供了最后的评分值，范围为 1～7。分支含义(参见第 6 章)如下。

- 1～2 分(1 级操作)，表明在没有保持或重复很长时间的情况下，该姿态是可行的(分析结果颜色为绿色)。
- 3～4 分(2 级操作)，表明过较长时间后需要研究并改变该姿态(分析结果颜色变成黄色)。
- 5～6 分(3 级操作)，表明隔一段时间就应研究并改变该姿态(分析结果颜色变橙红)。
- 7 分以上(4 级操作)，表明应立即对当前姿态进行研究并改变该姿态(分析结果颜色变成深红)。

(8) Details 显示了高级模式下人体模型每个人体环节的打分，分数含义参照(7)的介绍，最后得出 RULA 总分。

以下为各部分的英语翻译：Upper Arm(上臂)、Forearm(前臂)、Wrist(手腕)、Muscle(肌肉)、Wrist Twist(手腕扭)、Neck(脖子)、Trunk(躯干)、Leg(腿)。

每个部位旁边显示了一个数字和一个颜色代表，用来最后计算得分。图 12.77 所示为分值范围及相关的颜色。人体单一动作分析结果如图 12.78 所示。

12.6.2 人体动作姿态舒适度仿真分析

动作姿态设计完成后，接下来的就是分析人体在装配组件时人体各部位的舒适度评估值。人体动作姿态舒适度仿真分析的具体操作如下。

(1) 在 HumanTask.1 下双击任意 MoveToPosture 动作，不做修改并关闭对话框，其目的是将人体快速定位到运动过程中的瞬间姿态。双击 MoveToPosture.23，将人体姿态定位到过程姿态中，如图 12.79 所示。

Segment	Score Range	Color associated to the score					
		1	2	3	4	5	6
Upper arm	1 to 6						
Forearm	1 to 3						
Wrist	1 to 4						
Wrist twist	1 to 2						
Neck	1 to 6						
Trunk	1 to 6						

图 12.77　分值范围及相关的颜色

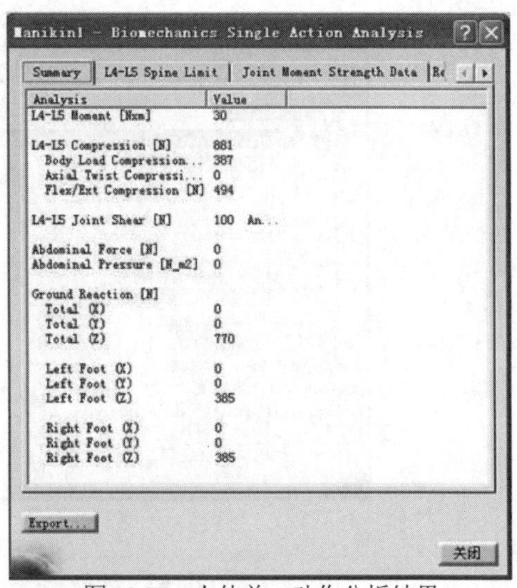

图 12.77　人体单一动作分析结果

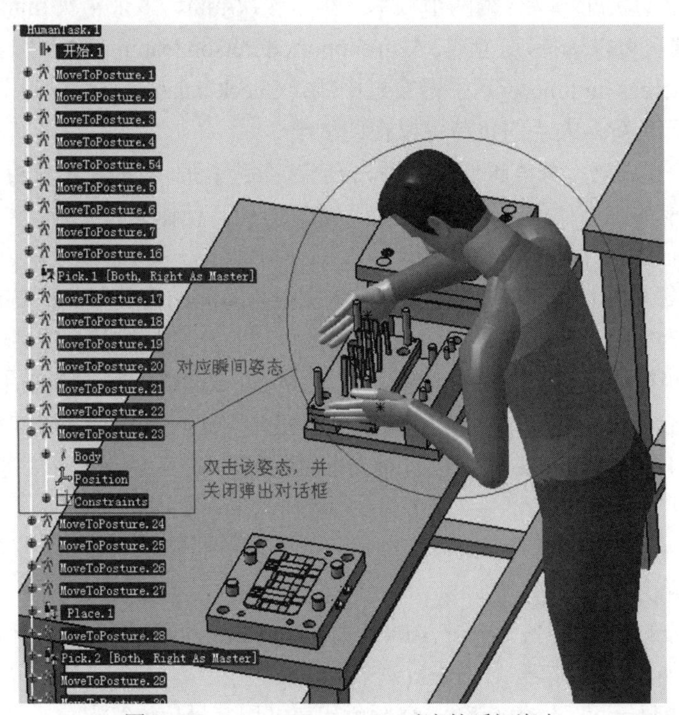

图 12.79　MoveToPosture.23 对应的瞬间姿态

(2) 找到 P.P.R.→ResourceList→Product.1(Product1.2)→Manikin 并双击，进入 Human Activity Analysis 模块，如图 12.80 所示。

注：在装配过程环境下，P.P.R.树由 ProcessList、ProductList、ResourceList、Application 组成，如果要在它们之间进行快速切换，则只需要双击相应组成部分的相应子文件即可。对应如下：

① 双击 ProcessList 中的 Process，进入 Human Task Simulation 模块。

② 双击 ResourceList 中的 Manikin 资源，进入 Human Activity Analysis 模块。

③ 双击主窗口场景中的人体模型，进入 Human Posture Analysis 模块。

④ 其他情况根据导入的 Produ 和 Resource 的自身性质而定。

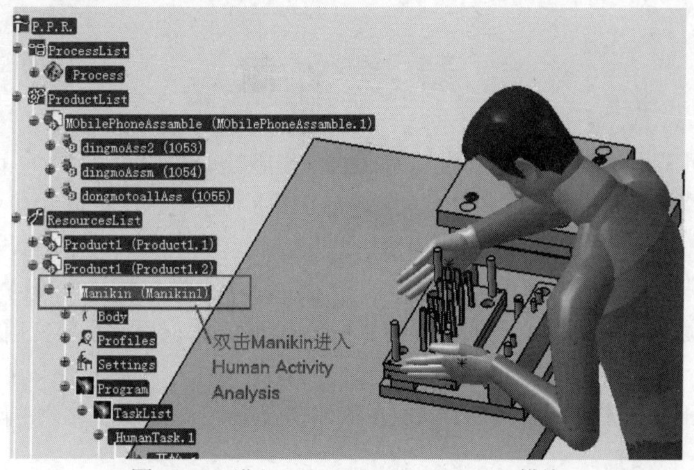

图 12.80　进入 Human Activity Analysis 模块

(3) 进入 Human Activity Analysis 模块后，会弹出 Ergonomic 工具条，如图 12.81 所示。

图 12.81　Ergonomic 工具条

(4) 单击 RULA Analysis 命令，再单击人体的左手臂部位，如图 12.82 所示。参照图 12.82 所示对话框设置 Side、Posture、复选框、Load 等选项的参数，就可以得到最后的 Total Score：6，单击“展开”按钮，得到右边的 Details 信息(人体在该动作姿态下各部位的舒适度得分值)。

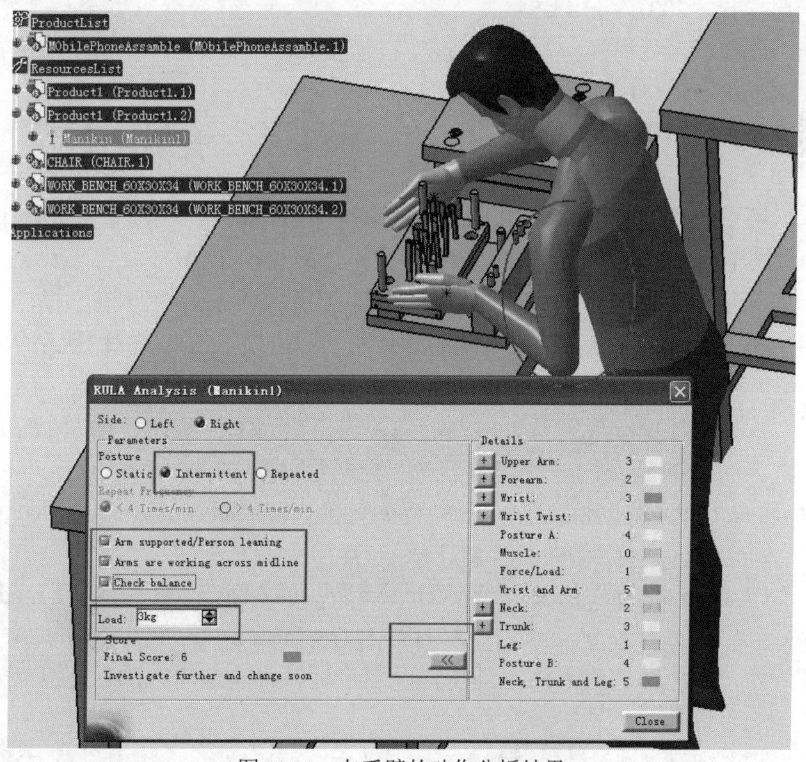

图 12.82　左手臂的动作分析结果

(5) 参照步骤(1)～(4)，以同样的方式获得其他任何动作姿态下的舒适度得分值，此处不再赘述。

参考文献

[1] 丁玉兰. 人机工程学[M]. 北京：北京理工大学出版社，2017.

[2] 苏建宁，白兴易. 人机工程设计[M]. 北京：中国水利水电出版社，2014.

[3] 袁修干. 人体热调节系统的数学模拟[M]. 北京：北京航空航天大学出版社，2005.

[4] 杨欣，许述财. 数字样机建模与仿真[M]. 北京：清华大学出版社，2014.

[5] 袁修干，庄达民，张兴娟. 人机工程计算机仿真[M]. 北京：北京航空航天大学出版社，2005.

[6] 周前祥，谌玉红，牛海燕，等. 工效虚拟人建模技术与应用[M]. 北京：国防工业出版社，2013.

[7] 郝建平，等. 虚拟维修仿真理论与技术[M]. 北京：国防工业出版社，2008.

[8] 孙守迁，吴群，吴剑锋. 虚拟人技术及应用[M]. 北京：高等教育出版社，2010.

[9] 孙守迁，徐江，曾宪伟，等. 先进人机工程与设计[M]. 北京：科学出版社，2017.

[10] 张佳凡，陈鹰，杨灿军. 柔性外骨骼人机智能系统[M]. 北京：科学出版社，2011.

[11] 陈晓，钮建伟，蒋毅. 单兵装备人机工程建模仿真与评价(基础篇)[M]. 北京：科学出版社，2013.

[12] 林欢，刘淑艳，王保国. 非均匀热环境下热舒适评价的两种方法及其关键技术[M]. 中国安全科学学报，2007(8)：48-54.

[13] 姜国华，陈善广，周前祥，等. 虚拟现实技术及其在工效学研究中的应用[J]. 计算机系统应用，2001，21(8)：38-41.

[14] 刘伟，袁修干. 人-机-环境系统虚拟现实技术的应用及发展趋势[J]. 人类工效学，2000，6(2).

[15] 盛选禹，盛选军等. DELMIA 人机工程模拟教程[M]. 北京：机械工业出版社，2009.

[16] 任金东. 汽车人机工程学[M]. 北京：北京大学出版社，2010.

[17] 袁修干. 飞机座舱热力学特性的数学模型及其应用[J]. 中国航空学院学报，1982(4).

[18] 沈海峰，袁修干. 歼击机座舱空气流动和传热的数值模拟与实验[J]. 航空学报，2009，30(1)：30-39.

[19] 张大林. 人机与环境工程中若干问题的数值模拟研究[D]. 南京：南京航空航天大学，2002.

[20] Fanger P O.Thermal comfort-analysis and application in environment engineering[M]. Copenhagen，Denmark：Danish Tech Press，1970.

[21] Gagge A P，Stolwijk A P. An effective temperature scale based on a sample model of human physiological regulatory response[J]. ASHRAE Transaction，1970，77(1)：242-262.

[22] 罗明智. 室内空气流速对人体生理指标及热舒适性影响的研究[D]. 重庆：重庆大学，2005.

[23] 杨昆. 生物组织热物性参数的测量方法及实验研究[D]. 武汉：华中科技大学，2004.

[24] Wang D，Zhang H，Arens E，et al. Observations of upper extremity skin temperature and corresponding overallbody thermal sensations and comfort[J]. Building and Environment，

2007(42)：393-394.

[25] Fiala D，Lomas K J，Stohrer M. Computer prediction of human thermo regulator and temperature responses to a wide range of environmental conditions[J]. International Journal of Biometeorology，2001，45(2)：143-159.

[26] 王保国，王伟，徐燕骥. 人机系统方法学[M]. 北京：清华大学出版社，2015.

[27] 吕治国，李焱，贺汉根. 基于 Poser 模型的三维人体建模方法[J]. 计算机工程. 2008(13).

[28] 马永有. 人体几何建模与姿态仿真的关键技术研究[D]. 上海：上海交通大学，2004.

[29] 王爱文，罗冬梅. 人体运动控制理论及计算模型的研究进展[J]. 体育科学. 2017，37(8).

[30] 肖国兵. 手工操作的工效学评价及提举重量限值的研究[D]. 上海：复旦大学，2004.

[31] 任金东，范子杰，黄金陵. 数字人体模型技术及其在汽车人机工程设计中的应用综述[J]. 汽车工程，2006，28(7).

[32] 王成焘，王冬梅，白雪岭，等. 人体骨肌系统生物力学[M]. 北京：科学出版社，2015.

[33] 樊瑜波，王丽珍. 骨肌系统生物力学建模与仿真[M]. 北京：人民卫生出版社，2018.

[34] 彭照. 人体测量及数字化人体模型技术的应用及进展[J]. 人类工效学，2007(4).

[35] 孙景工，牛福，祁建城，等. 卧姿人体垂直振动模型[J]. 航天医学与医学工程，2002，15(6).

[36] 邓星桥，王进戈. 汽车碰撞仿真技术中人体有限元模型的研究进展[J]. 西华大学学报(自然科学版)，2013(9).

[37] Zhang S X，Heng P A，Liu Z J，et al. The Chinese Visible Human (CVH) datasets incorporate technical and imaging advances on earlier digital humans[J]. Journal of Anatomy，2004，204 (Pt 3)：165-173.

[38] Helgason B，Perilli E，Schileo E，et al. Mathematical relationships between bone density and mechanical properties：A literature review[J]. Clin Biomech (Bristol，Avon)，2008，23(2)：135-146.

[39] 王成焘. 中国力学虚拟人[J]. 医用生物力学，2006，21(3)：172-178.

[40] 黄灿艺，张欣. 青年男性颈部分类与尺寸规格分析[J]. 纺织学报，2007(28)：91-94.

[41] 杨春信. 有限空间内空气流动和换热的数学模拟[D]. 北京：北京航空航天大学，1991.

[42] 李仁欣，唐世军. 穿着服装热舒适性的预测模型和应用[J]. 航空航天医学工程，1994，7(4)：258-265.

[43] 边浪，茅靳丰，刘建飞.关于热舒适几个问题的探讨[D]. 南京：解放军理工大学工程兵工程学院，2006.

[44] 韩占忠，王敬，兰小平. FLUENT 流体工程仿真计算实例与应用[M]. 北京：北京理工大学出版社，2004.

[45] 黄斌，蒋祖华，严隽琪. 汽车座椅系统动态舒适性的研究综述[J]. 汽车科技，2001(6)：13-16.

[46] Habsburg S. What Really Connects in Seating Comfort—Studies of Correlates of Static Seat Comfort.SAE Paper，No.770247.

[47] John V H，Richard T R. The Dynamic Characteristic of Automotive Seats with Human Occuparts.SAE Paper，No.770249.

[48] Mertens H. Nonlinear behaviour of sitting humans under increasing gravity[J]. Aviation Space and Environmental Medicine，1978，64(4)：287-298.

[49] Robert M，Charles D N. A model for the response of seated humans to sinusoidal displacements of the seat[J]. Journal of Biomechanics，1974，7(3)：209-215.

[50] Qassem W，Othman M O，Abdul Majeed S. The effects of vertical and horizontal vibrations on the human body [J]. Medical Engineering and Physics，1994，16(2)：151-161.

[51] Boileau P E，Rakheja S. Whole-body vertical biodynamic response characteristics of the seated vehicle driver measurement and model development[J]. International Journal of Industrial Ergonomics，1998，22(6)：449-472.

[52] Kim Tae-hyeong，Kim Young-tae，Yoon Yong-san. Development of a biomechanical model of the human body in a sitting posture with vibration transmissibility in the vertical direction [J]. International Journal of Industrial Ergonomics，2005，35(9)：817-829.

[53] Barbara Hinz，Sebatian Rutze，Ralph Bluthner et al. Apparent mass of seated man—First determination with a soft seat and dynamic seat pressure distributions[J]. Journal of Sound and vibration，2006，298 (3)：704-724.

[54] Wang W，Rakheja S，Boileau P-E. Relationship between measured apparent mass and seat-to-head transmissibility responses of seated occupants exposed to vertical vibration[J]. Journal of Sound and Vibration，2008，314(3-5)：1-16.

[55] Kim K S，Lee J H，Kim K J，et al. A nonlinear dynamic model of human body seated on vehicles[C]. The 33rd International Congress and Exposition on Noise Control Engineering. Prague，Czech Republic，2004：22-25.

[56] Hou Z C，Gao J H，Zhao P. Research on models about apparent mass for seated human body subjected to vertical vibration[C]. The 13th Asia-Pacific Vibration Conference. Christchurch，New Zealand，2009：22-25.

[57] 房立新. 中国人立姿、坐姿人体振动模型的试验研究[D]. 北京：清华大学，1993.

[58] 用于电磁暴露数值计算的中国人体素化模型的研究. http://www.doc88.com/p-3847501486484.html.

[59] 程梦云，王文，范言昌，等. 基于中国辐射虚拟人 Rad-HUMAN 的中子剂量转换系数及分析[J]. 原子能科学技术. 2015，49(5).

[60] Akua B Ofori-Boateng. A Study of the Effect of Varying Air-Inflated Seat Cushion Parameters on Seating Comfort[D]. Virginia：Virginia Polytechnic Institute and State University，2003.

[61] Marsili A，Ragni L，Santoro G，et al. Innovative systems to reduce vibrations on agricultural tractors：comparative analysis of acceleration transmitted through the driving seat[J]. Bio-systems Engineering，2002，81(1)：35-47.

[62] Nawayseh N，Griffin M J.Tri-axial Forces at the Seat and Backrest During Whole-body Vertical Vibration[J]. Journal of Sound and Vibration，2004，277：309-326.

[63] Naser N，Michael G J. Effect of seat surface angle on forces at the seat surface during whole-body vertical vibration[J]. Journal of Sound and Vibration，2005，284(3)：613-634.

[64] Janeway R N. Human Vibration Tolerance Criteria and Applications to Ride Evolution，SAE Paper，No.750075.

[65] Griffin. Duration of Whole-body Vibration Exposure：Its Effects on Comfort[J]. Journal of Sound and Vibration，1976(48)：333-339.

[66] Paddan G S，Griffin M J. Effect of seating on exposures to whole-body vibration in vehicles[J]. Journal of Sound and Vibration，2002，253(1)：215-241.
[67] 杨利伟. 天地九重[M]. 北京：解放军出版社，2010.
[68] 陈波，李东屹. 基于 CATIA V5 的中国成年人数字人体模型研究[J]. 人类工效学，2001，17(1)：51-54.
[69] 李增勇，王成焘. 驾驶疲劳与汽车人机工程学初探[J]. 机械设计与制造工程，2001，30(5)：12-14.
[70] 毕世英，杨晓京，李哲坤. UG 与 ADAMS/View 之间的图形数据交换研究[J]. 机械设计与研究，2004，31(6)：8-9.
[71] 陈吉清，郑习娇，兰凤崇，等. 基于人体热调节模型的乘员舱热舒适性分析[J]. 汽车工程. 2019，41(6)：723-730.
[72] 潘立. 基于人椅系统三向振动的汽车平顺性建模与仿真[D]. 杭州：浙江工业大学，2004.
[73] 宋宇，郑泉，陈黎卿. 基于 ADAMS/Car Ride 的车辆平顺性仿真研究[J]. 客车技术，2007(5)：14-16.
[74] 李莉. 基于 ADAMS/Car 的某轿车平顺性仿真分析与改进[D]. 长春：吉林大学，2007.
[75] 孙瑞丽，刘哲. 计算机人体建模方法研究进展[J]. 丝绸，2014，5(4).
[76] 钟文杰，徐红梅，徐奥. 基于 CATIA 的拖拉机驾驶室人机系统舒适性分析与评价[J]. 江苏大学学报(自然科学版)，2017，38(1).
[77] 丁艺. 一种轮式拖拉机座椅减振的振动模型[J]. 福建林学院学报，1995，15(3)：231-235.
[78] Thalmann D，Shen J，Chauvi Neau E. Fast realistic human body deformations for animation and VR applications [R]. In ：Proceedings of t he Computer Graphics International 96. I EEE Computer Society Press，1996：166-174.
[79] Grujicic M，Pandurangan B，Arakere G，Bell W C，He T，Xie X. Seat-cushion and soft-tissue material modeling and a finite element investigation of the seating comfort for passenger-vehicle occupants[J]. Materials & Design，2009，30：4273-4285.
[80] Cho-Chung Liang，Chi-Feng Chiang. A study on biodynamic models of seated human subjects exposed to vertical vibration[J]. International Journal of Industrial Ergonomics，2006，36：869-890.
[81] Thalmann D. The role of virtual humans in virtual environment technology and interfaces [A]. Frontiers of human-centered computing，online communities, and virtual environments [C]. Springer，2001(XV)：27-39.
[82] Badler N I. Real-time virtual humans [A]. In ：Proceedings Pacific Graphics 97，Los Alamitos，California，1997：4-13.
[83] Thalmann N M，Thalmann D. Computer Animation- Theory and Practice[M]. 2nd ed. Tokyo：Springer- Verlag，1990.
[84] Thalmann D. Challenges for the Research in Virtual Humans[A]. In ：Workshop Achieving Human-like Behavior in Interactive Animated Agent，Barcelona，Spain，2000.
[85] Lee W，Gu J，Thalmann N M.Generating animatable 3D virtual humans from photographs[A]. In ：Proceedings of the Computer Graphics Forum，Euro graphics'2000，Interlaken，Switzerland，2000：1-10.

[86] Turner R，Thalmann D. The Elastic surface layer model f or animated character construction [A]. In ：Proceedings of t he Computer Graphics International'93[C]. Tokyo ：Springer Verlag，1993：399-412.

[87] Witkin A，Popovie A. Motion warping [J]. In ：Computer Graphics Proceedings ，Annual Conference Series，ACM SI GGRAPH，Los Angeles，Florida，1995：105-108.

[88] Hirose M，Deffaux G，Nakagaki Y. A study on data input of natural human motion for virtual reality system[A]. In：I CAT/VRST'95，ACM- SIGCHI，Makuheri，China，1995：245-251.

[89] Unu ma M，Anj yo K，Takeuchi R. Fourier principles for e motion-based human figure aniation [A]. In：Computer Graphics Proceedings，Annual Conference Series，ACM SIGGRAPH，Los Angeles，Florida，1995：91-96.

[90] Musse S R，Thalmann D. Hierar Cuical model f or real time simulation of virtual human crowds[J]. I EEE Transactions on Visualization and Computer Graphics，2001，7(2)：152-164.

[91] Musse S R，Kall mann M，Thalmann D. Level of autonomy for virtual human agents [A]. In：ECAL'99，Lausanne，Switzerland，1999：345-349.

[92] Tecchia F，Loscos C，Chrysant hou Y. Image based crowd rendering [J]. IEEE Computer Graphics and Applications，2002，22(2)：36-43.

[93] Aubel A，Boulic R，Thalmann D. Real-time display of virtual humans：Level of details and impostors[J]. IEEE Transactions on Circuits and Systems f or Video Technology(Special Issue on 3D Video Technology)，2000，10(2)：207-217.

[94] Krocmer K H E. A survey of ergonomic models of anthropometr，human biomechanics，and operator-equipment interfaces[M]. New York：Plenum Press，1990.

[95] Porter J M，Casek Freer M T，et al.Computer aided ergonomics design of automobiles [M]. London：Taylor & Francis，1993.

[96] Fortin C，Gilbert Beuter，et al. SAFEWORK：A microcomputer-aided workstation design mad analysis[J]. London：Taylor & Francis. 1990.

[97] Andreas Seidl. RAMSIS—A new CAD-tool for ergonomic analysis of vehicles developed for the German automobile industry. SAE Paper，1997.

[98] 林嗣豪. 工作场所人机系统工效学负荷综合评估及其应用研究[D]. 成都：四川大学，2006.

[99] 靳艳梅，王保国，刘淑艳. 车室内人体热舒适性的计算模型[J]. 人类工效学，2005：11(2).

[100] Waters T R，Lu M L，Occhipinti E. New procedure for assessing sequential manual lifting jobs using the revised NIOSH lifting equation[J].Ergonomics，2007，50(11)：1761-1770.

[101] Waters T R，Occhipinti E，Cotombini D，et a1.The Variable Lifting Index(VLI)：a new method for evaluating variable lifting tasks using the revised NIOSH lifting equation[C]，Proceedings 17th IEA World Conference，2009：1-3.

[102] McAtamney L，Nigel Codett E.RULA：a survey method for the investigation of work-related upper limb disorders[J]. APPL ERGON，1993，24(2)：91-99.

[103] Hignett J S，McAtamney L.Rapid Entire Body Assessment (REBA)[J]. APPL ERGON，2000，31(2)：201-205.

[104] 赵鹏飞，马强. 职业性肌肉骨骼疾患的劳动负荷评价研究进展[J]. 职业与健康，2010，

26(14)：1647-1649.

[105] Motamedzade M，Ashuri M R，Golmohammadi R，et a1.Comparison of ergonomic risk assessment outputs from rapid entire body assessment and quick exposure check in an engine oil company[J]. J Res Health Sci，2011，11(1)：26-32.

[106] Farid M L，Amicuche. Modeling of human reactions to whole body vibration[J]. The Journal of Biomechanics，1987：109(8).

[107] Nigam S P，Malik M. A study on vibratory model of a human body[J]. The Journal of Biomechanics，1987：109(8)：148-153.

[108] Xu Mingtao，Wang Xiankun. A new method for calculating the natural frequencies of the standing human body. In：proceedings of ICVPE'90，Vol.2. 961-966.

[109] Hanavan P R. A mathematical model for the human body. A. D. 608463，1964.

[110] 修期顿，刘成群. 生物系统的动力学分析——发展趋势及研究课题[J]. 力学与实践，1990 (12)：20-28.

[111] 马和中. 生物力学导论[M]. 北京：北京航空学院出版社，1986：119-124.

[112] Greene P R，et al. Reflex stiffness of the man's antigravity muscle knee bends while carrying extra weights[J]. The Journal of Biomechanics. 1979(12)：881-891.

[113] 周权. 基于人机工程和虚拟样机的轿车舒适性研究[D]. 武汉：武汉理工大学，2011.

[114] 邱世广，周德吉，范秀敏，武殿梁.虚拟操作仿真环境中基于运动捕获的虚拟人实时控制技术[J]. 计算机集成制造系统，2013(3).

[115] Fiai A I，Lomas K J，Stohrer M. A computer model of human thermoregulation for a wide range of environmental conditions：the passive system[J].Journal of Applied Physiology，1999，87(5)：1957-1972.

[116] 徐孟. 面向人机工程仿真分析的人体生物力学模型[D]. 杭州：浙江大学，2006.

[117] 王鑫，杨延红，陈胜勇. 人体几何建模方法综述[J]. 计算机科学，2015(S2).

[118] 李银霞. 人机工程设计数据库系统的研究与开发[D]. 焦作：焦作工学院，2000.

[119] 孙守迁. 计算机辅助人机工程设计研究[J]. 浙江大学学报，2005，39(6)：805-809.

[120] 杨立强，刘西刚，秦立斌，等. 人机工程学领域人体建模技术发展综述[J]. 装甲兵工程学院学报，2006(4)：13-16.

[121] 未来人机工程学——数字化. http://www.gz-qianghu.com/service.php?id=7.

[122] 浅居喜代治. 现代人机工程学概论[M]. 刘高送，译. 北京：科学出版社，1992.

[123] 刘金秋. 人类工效学[M]. 北京：高等教育出版社，1994.

[124] 袁泉，徐超. 用于人机系统运动仿真的人体模型[J]. 机械设计与制造，2001(1).

[125] 付鹏. 计算机辅助人机工程设计的虚拟人研究[D]. 西安：西北工业大学，2003.

[126] Kayis B，Iskander P A.A three-dimensional human model for the IBM/CATIA system Applied Ergonomics.1994，25(2)：395-397.

[127] Badler N I，Phillips C B，Webba B L. Simulating Human：Compute Graphics，Animation，and Control[M]. London：Oxford University Press，1999.

[128] 赵志键，樊庆文，王德麾，等. 辐射等效假人数字化建模方法[J]. 中国医学物理学杂志，2018，35(3).

[129] 薛超. 基于 CAE 的汽车振动噪声综合优化方法[D]. 天津：天津科技大学，2017.

[130] 张新华，辜小安，邵龙海. 声学仿真软件在噪声预测和评价中的应用[J]. 噪声与振动控制，2002(1).

[131] 尹念东. 汽车-驾驶员-环境闭环系统操纵稳定性虚拟试验技术的研究[D]. 北京：中国农业大学，2001.

[132] 王树凤. 汽车操纵稳定性虚拟试验系统的研究[D]. 北京：中国农业大学，2002.

[133] 彭波.铁道客车乘坐舒适性建模、仿真与虚拟试验研究[D]. 长沙：中南大学，2010.

[134] Malek K，Yeh H J. Analytical boundary of the workspace for general three degree of-freedom mechanisms [J]. International Journal of Robotics Research，1997，16(2)：198-213.

[135] 周翔波，郑飞，曾洪梅，等. 面向人机工程的三维人体尺度空间模型[J]. 计算机仿真，2004，21(3)：61-63.

[136] 涂晓斌，蒋先刚，刘二根. 虚拟人的运动建模与仿真[J]. 华东交通大学学报，2006(4)：36-39.

[137] 陈丽娜，马玉杰. 虚拟现实中图像建模技术的发展[J]. 时代经贸，2006(8Z)：18-20.

[138] 李自力. 虚拟现实中基于图形与图像的混合建模技术[J]. 中国图像图形学报，2001，6(1)：96-101.

[139] Whiteman L，Jorgensen M，Hathiyari Donmalzhn K. Virtual reality：its usefulness for ergonomic analysis[C]. Proceedings of the 2004 Winter Simulation Conference，2003.

[140] Abshire K J，Barron M K. Virtual maintenance real world applications within virtual environments[A]. In：Proceedings of Annual Reliability and Maintainability Symposium，Anaheim，California，1998：132-137.

[141] Antonino G，Zachmann G. Virtual reality as a tool for verification of assembly and maintenance process[J]. Computer and Graphics，1999，23(3)：389-403.

[142] Wampler J L，Bruno J M，Blue Russell R，et a1. Integrating maintainability and data development[A]. In：Proceedings of the Annual Reliability and Maintainability Symposium，Tamp Bay，2003：255-262.

[143] Thomas U，Joerg S. Intuitive virtual grasping for non haptic environment[A]. In：Proceedings of the 8th Pacific Conference on Computer Graphics and Applications，Sindelfingen，Germany，2000：373-380.

[144] Zachmann G. Virtual reality in assembly simulation Collision detection，simulation algorithms，and interaction techniques[D]. Fraunhofer，Germany：Darmstast University of Technology，2000.

[145] 杨英炎，蒋科艺，李本威，等. 虚拟维修仿真的研究进展[J]. 海军航空工程学院学报，2009，24(4).

[146] 王贤坤. 虚拟现实技术与应用[M]. 北京：清华大学出版社，2018.

[147] 齐延庆，郝建平，王松山. 运动捕捉数据在 Jack 平台上的重定向技术研究[J]. 计算机与数字工程，2012，40(8)：101-103.

[148] 沈军行，孙守迁，潘云鹤. 从运动捕获数据中提取关键帧[J]. 计算机辅助设计与图形学学报，2004，16(5)：719-723.

[149]. 戎科，钱竞光. 运动生物力学仿真建模软件 LifeMOD 和 OpenSim 的建模比较[J]. 南京体育学院学报(自然科学版)，2015，14(5)：38-42.

[150] 王贤坤. 冲模 CAD 系统智能开发平台的研究与实践[M]. 厦门：厦门大学出版社，1999.
[151] 陈峰华. ADAMS 2016 虚拟样机技术从入门到精通[M]. 北京：清华大学出版社，2017.
[152] 赵莉，耿军雪，杨国梁. 微软组件技术[M]. 西安：西安交通大学出版社，2013.
[153] 赵韩，董玉德，李延峰. 机械产品并行设计 Pro/INTRALINK[M]. 合肥：中国科学技术大学出版社，2004
[154] 刘贤梅，李冰，吴琼. 基于运动捕获数据的虚拟人动画研究[J]. 计算机工程与应用，2008，44(8)：113-114.